机动车维修技术人员从业资格培训教材
（适用于机动车维修技术负责人）

技术质量管理

（模块B）

中国汽车维修行业协会　组织编写

人民交通出版社

内 容 提 要

本书主要供申请从事汽车维修技术负责人岗位的从业者备考使用。全书共计 14 章，主要内容包括：质量认证体系；质量管理；设备管理；配件管理；计量管理；技术档案和工艺文件管理；环境保护和安全生产管理；维修质量和纠纷鉴定分析及调解；培训管理；故障诊断与疑难故障处理；资料的收集整理；计算机管理系统；制定和组织实施维修工时定额；企业的现场管理。

图书在版编目(CIP)数据

技术质量管理(模块 B)/中国汽车维修行业协会编.
北京：人民交通出版社，2008.9
ISBN 978-7-114-07315-1

Ⅰ.技... Ⅱ.中... Ⅲ.汽车工业-质量管理 Ⅳ.F407.471.63

中国版本图书馆 CIP 数据核字(2008)第 118305 号

机动车维修技术人员从业资格培训教材
(适用于机动车维修技术负责人)

书　　名：技术质量管理(模块 B)
著 作 者：中国汽车维修行业协会
责任编辑：王振军　白　峭　张玉栋
出　　版：人民交通出版社
地　　址：(100011)北京市朝阳区安定门外外馆斜街 3 号
网　　址：http://www.ccpress.com.cn
总 经 销：北京中交盛世书刊有限公司
经　　销：汽车维护与修理杂志社
销售电话：(025)84825381
印　　刷：三河市吉祥印务有限公司
开　　本：787×1092　1/16
印　　张：26.75
字　　数：685 千
版　　次：2008 年 9 月第 1 版
印　　次：2008 年 9 月第 1 次印刷
书　　号：ISBN 978-7-114-07315-1
印　　数：0001—4000 册
定　　价：50.00 元

机动车维修技术人员从业资格培训教材
审定委员会

徐亚华　翁　垒　蔡团结　孟　秋　王振军
王运祥　朱　军　刘春禄　张凤魁　佟浚洲
吴际璋　沈光辉　金守福　杨水阮　范　健
童孟曦　渠　桦　程玉光　蔡伟义　魏俊强

机动车维修技术人员从业资格培训教材
编写委员会

主　任：康文仲
副主任：郭生海　张京伟　徐通法
成　员：于开成　华双法　李东江　张湘衡
杨德华　姚震虞　殷晓辉　袁生林
魏世康　盖　方　袁洁仪

组织编写单位：中国汽车维修行业协会
编写组长：徐通法

机动车维修技术人员从业资格培训教材
《技术质量管理》(模块B)编写组

组　长：华双法　李东江
成　员：路建强　孙兆刚　杨迎春　王　祥

前　言

在原交通部发布的《道路运输从业人员管理规定》中，规定了机动车维修技术负责人、质量检验人员及从事机修、电器、钣金、涂漆、车辆技术评估（含检测）作业的技术人员实行从业资格考试制度。从业资格考试应当按照原交通部编制的考试大纲、考试题库、考核标准、考试工作规范和程序组织实施。

为配合交通运输部机动车维修技术人员从业资格考试，做好相关从业人员的培训工作，受交通运输部公路司委托，由中国汽车维修行业协会组织业内专家、教授和长期从事政策研究、技术管理的有关人员，根据原交通部印发的《中华人民共和国机动车维修技术人员从业资格考试大纲》的要求，编写了《职业道德和法律法规》、《技术质量管理》、《维修检验技术》、《发动机与底盘检修技术》（上、下册）、《电器维修技术》、《车身修复》、《车身涂装》和《车辆技术评估》8个模块的机动车维修技术人员从业资格培训教材。

本套教材是根据现代机动车维修服务的实际需要，按照理论和实践相结合的原则编写的。根据从业人员在职学习的特点，理论部分重点介绍与实际工作紧密相关的基础理论和适应机动车维修发展的前沿技术；实操部分重点突出检测诊断技能及综合分析能力的提高。

本套教材适用于机动车维修技术负责人、质量检验人员及从事机修、电器、钣金、涂漆、车辆技术评估（含检测）作业的技术人员的学习，它包含了这些人员实际工作中所应掌握的理论和实操的基本内容，是机动车维修技术人员从业资格考试的配套教材。

鉴于编写时间仓促和水平所限，书中难免存在疏漏和不妥之处，敬请业内同行和使用者批评指正，以便教材再版时不断修改完善和提高。本书的编写是在交通运输部公路司、交通运输部职业技能鉴定指导中心悉心指导下完成的，在此表示衷心的感谢。

中国汽车维修行业协会

目 录

第一章 ISO 9000族质量认证体系

第一节 ISO 9000族标准简介

一、质量管理体系标准的形成

质量管理体系标准，即ISO 9000族标准，是国际标准化组织（ISO）发布的一组有关质量管理体系的标准，自1987年首次发布以来，在许多领域、行业得到了广泛的应用，主要表现在：

（1）150多个国家或地区已等同采用1SO 9000族标准，作为本国或本地区的标准。

（2）截至2000年底，世界上已有150余个国家和地区颁发了40多万张以ISO 9001标准为依据的质量管理体系认证证书。

（3）采用ISO 9000族标准的单位，从制造业向各行各业延伸，包括商场、宾馆、保险、交通、医院、学校等，现在党政机关也正在积极推行质量管理体系认证。

特别是20世纪90年代以来，质量管理体系标准得到了广泛应用，并产生巨大作用，有其产生背景。

1.是质量管理理论与实践发展的产物

质量管理是一门实践性很强的管理学科，通过不断实践而不断发展。据资料介绍，自从20世纪20年代以来，质量活动先后经历了质量检验、统计质量控制、全面质量管理、质量保证，发展到现在的质量管理体系等五个阶段。

20世纪初，质量管理主要是检验，应用于大量流水作业生产方式。

30年代，将数理统计应用于质量控制，形成统计质量控制，对提高检验效率，增强质量控制的预见性起到了重要作用。

60年代，发现产品质量控制单凭事后检验是不能满足要求的，必须控制产品质量形成的全过程，提出了全面质量控制的理念，质量管理要持续改进，包括采用先进的质量控制技术和方法，如统计技术，体现了预防为主的思想。

70年代末，一些发达国家纷纷效仿建立和实施质量保证体系，制定本国的质量管理和质量保证标准，开展质量体系认证活动，如1979年英国标准化学会发布了BS 5750质量保证标准。

1979年，国际标准化组织成立了质量管理和质量保证技术委员会（简称ISO/TC176），吸取当代质量管理的理论和实践经验，应用一些发达国家质量管理和质量保证标准的成果，开始制定有关质量管理和质量保证国际标准。可以说，ISO9000 族标准是当代质量管理成果的产物。

2. 是组织加强和完善质量管理的需要

顾客的要求通常体现在产品规范中，如果提供和支持产品的组织管理体系不完善，则产品规范本身就不可能始终满足顾客的要求。产品的要求是针对产品特性的要求，不是通用的，具有明显的个性，而质量管理体系要求则是一种对质量保证能力的要求，是通用的，适用于各行各业和各种类型产品，作为对规范中有关产品要求的补充。

3. 激烈的市场竞争促进了质量管理体系应用和发展

为了减少或消除国际贸易中存在的技术壁垒，1979 年，国际贸易组织（WTO）通过了贸易技术壁垒协定条文中一条重要原则就是在实施包括检验、认证、认可等合格评定程序时，都要优先使用国际标准。

ISO 9000 族标准是国际通用的质量管理体系标准，其中 ISO 9001 标准——质量管理体系要求，又是国际公认的质量管理体系评价依据，在 WTO 的推动下，使该标准得到了迅速发展和广泛应用。

二、质量管理体系标准的发展

1. 第一次发布

1979 年，ISO/TC 176 成立后，就着手制定质量管理和质量保证的国际标准，于 1986 年发布了第一个与质量管理相关的标准（ISO 8402:1986 质量术语）。1987 年，又发布了 ISO 9000 系列标准，共有 5 项标准，具体为：

(1) ISO 9000:1987 质量管理和质量保证标准——选择和使用指南。

(2) ISO 9001:1987 质量体系——设计、开发、生产、安装和服务的质量保证模式。

(3) ISO 9002:1987 质量体系——生产、安装和服务的质量保证模式。

(4) ISO 9003:1987 质量体系——最终检验和试验的质量保证模式。

(5) ISO 9004:1987 质量管理和质量体系要素指南。

2. 第一次换版

ISO 9000 族标准发布实施后，取得了较大成绩，同时发现了其不足。1990 年，ISO/TC 176 决定用两个阶段对 ISO 9000 族标准进行修改，第一阶段是针对 1987 版标准的不足，进行内容局部补充和修改，保持原有的结构，于 1994 年完成；第二阶段是对标准的结构和内容进行重大修改，于 2000 年完成。

1994 年，ISO 9000 标准实现了第一次换版，即 1994 版，其标准已扩展到了 16 个，ISO 9000、ISO9004 都出现了分标准，还出现了一批支持性、工具性标准，当时，ISO/TC176 适时地发布了 ISO 9000 族的概念。ISO 9000 标准从 1994 版开始改称为 ISO 9000 族标准。到 2000 年，ISO 9000 族标准已超过 20 个。

ISO 9000 族标准是指由 ISO/TC 176 技术委员会制定的所有标准。

3. 发布 2000 版 ISO 9000 族标准

2000 年 12 月 15 日，发布了 ISO 9000 族国际标准，即 2000 版 ISO 9000 族标准，由核心标准、支持性标准及文件两部分组成，具体内容见表 1-1 所列。

表 1-1　2000 版 ISO 9000 族标准组成

核心标准			
ISO 9000	质量管理体系 基础和术语	ISO 9004	质量管理体系 业绩改进指南
ISO 9001	质量管理体系 要求	ISO 90011	质量和(或环境)管理体系审核指南
支持性标准和文件			
ISO 10012	测量管理体系 测量过程和测量设备的要求	ISO/TR 10014	质量经济性管理指南
ISO/TR 1006	质量管理 项目管理质量指南	ISO/TR 10015	质量管理 培训指南
ISO/TR 1007	质量管理 技术状态管理指南	ISO/TR 10017	统计技术指南
ISO/TR 10013	质量管理体系文件指南	小册子	质量管理原则 选择和使用指南 小型企业的应用

三、2000 版 ISO 9000 族质量管理体系核心标准的作用

1. ISO 9000:2000 质量管理体系 基础和术语

该标准是 ISO 9000 族标准的基础标准，主要内容：

(1)质量管理原则。在标准的引言中，采用了当代最普遍的八项质量管理原则，作为 ISO 9000 族标准的理论基础。

(2)质量管理体系基础。标准中共引用 12 条质量管理体系基础，能帮助使用者更全面、更深入地理解质量管理体系的原理和方法。

(3)术语和定义。标准给出了 80 条术语和定义，还列出了 10 个术语概念图，能帮助标准使用者更准确地理解和应用 ISO 9001 标准和 1S0 9004 标准。

2. ISO 9001:2000 质量管理体系 要求

本标准取代了 1994 版的 ISO 9001、ISO 9002、ISO 9003 三个质量保证标准，是 ISO 9000 族标准中唯一用于内部审核和外部评定组织满足顾客、法律、法规要求和组织自身能力的标准。

本标准名称发生了变化，不再有“质量保证”，反映了该标准规定的质量管理体系要求除了产品质量保证以外，还旨在增强顾客满意。

3. ISO 9004 质量管理体系 业绩改进指南

本标准代替 ISO 9004—1:1994 标准，由于 ISO 9000 族标准许多现有标准条款内容已纳入本标准，因而也将对这些标准进行评审，以决定将其撤销还是作为技术报告发布，包括 94 版 9004 其他分标准。

本标准的题目已作了修改，即从质量管理和质量体系要素指南改为业绩改进指南，反映了质量管理体系的内涵和通过使用更广泛的质量管理的观点为使用者提供如何进行业绩改进的指南。

综上所述，上述三个标准都使用了质量管理体系，代替了 1994 版的质量体系，表明了标准的制定者已将质量管理体系作为组织管理体系的一个组成部分。

4. ISO 90011 质量和(或环境)管理体系审核指南

本标准代替了 ISO 10011—1:1990、ISO 10011—2:1991、ISO 10011—3:1991、ISO 14010:

1996、ISO 14011:1996、ISO 14012:1996 六个标准。

本标准于 2000 年完成,在 ISO 9000 族其他核心标准发布后颁布。本标准还是体现了管理体系一体化思想,即质量管理体系和环境管理体系都是组织管理体系的组成部分,是一些具有共性的活动,可以整合为统一的程序和要求,这个标准就是一个质量管理体系和环境管理体系的共用指南。

四、2000 版 ISO 9000 族质量管理体系标准的特点

当前,组织采用的质量管理体系是 2000 版的 ISO 9001 质量管理体系标准,其理论基础是八项质量管理原则,不同于 1994 版的质量管理体系标准,其核心主要体现在以下几方面:

(1)从思想观念上应用了八项质量管理原则。

(2)在标准结构和质量管理体系的建立、实施、保持和改进上采用了过程方法。

(3)突出了质量管理体系文件的系统性、通用性、灵活性和实用性。

(4)标准更强调了质量管理体系运行的有效性,不注重形式,而讲究实效。

(5)建立一个中心,即以顾客为中心。

(6)强调了领导的重要作用和以全员参与为基础。

(7)具有两个自我诊断的措施,即管理评审和内部质量审核。

(8)通用性强,适合各行各业、各种类型产品的使用需要。

(9)将 ISO 9001 和 ISO 9004 作为协调成对的标准来使用。

(10)与其他管理体系的相容性,质量管理体系、环境管理体系以及职业健康安全管理体系等管理体系都是组织整体管理体系的一个组成部分,一个组织的管理体系的各个部门,连同质量管理体系,可以合成一个整体,从而形成使用共有要素的单一管理体系。

五、ISO 9000 族标准在中国的应用

1. 中国应用 ISO 9000 族标准的过程

1987 年 3 月,ISO 9000 族标准颁布实施后,我国国务院标准化行政主管部门就成立了“全国质量保证标准化特别工作组”,及时跟踪,积极转换,并于 1988 年 12 月等效采用 ISO 9000 族标准,作为我国国家标准,即 GB/T 10300. 1—1988～GB/T 10300. 5—1988 系列标准和一个对应 ISO 8402:86 的质量术语的 GB/T 6583. 1—1986 标准,于 1989 年 8 月 1 日起在全国实施。

GB/T 10300 系列标准发布后,考虑到等效采用国际标准不利于在国际交往中使用,经国务院标准化行政主管部门同意,我国又于 1992 年 5 月等同采用了 1987 版 ISO 9000 族标准,即:GB/T 19000—1992 系列标准。

我国质量管理体系认证起于 1993 年,1994 版 ISO 9000 族标准发布后,我国国务院标准化行政主管部门及时将其等同转换为我国国家标准,即 GB/T 19000—1994 标准,2000 版 ISO 9000 族标准发布后,我国国务院标准化行政主管部门又及时等同转换为 GB/T 19000—2000 标准。

2. 中国等同采用 2000 版 ISO 9000 族标准的国家标准

GB/T 19000—2000 idt ISO 9000:2000 质量管理体系 基础和术语

GB/T 19001—2000 idt ISO 9001:2000 质量管理体系 要求

GB/T 19004—2000 idt ISO 9004:2000 质量管理体系 业绩改进指南

第二节 八项质量管理原则在汽车维修企业管理中的应用

ISO 9000:2000 引言的第 0.2 条“质量管理原则”中的前言,用精练的文字说明了八项质量管理原则的目的和作用。

八项质量管理原则是由 ISO/TC176 下专门成立的一个工作组(WG 15),根据多年来质量管理的实践经验及理论研究,征集了世界上具有知名度的各学派的观点,吸纳了国际上一批资深的质量管理专家的意见,总结了先进的质量管理经验,用了两年的时间进行整理,编写了八项质量管理原则。即:以顾客为关注焦点;领导作用;全员参与;过程方法;管理的系统方法;持续改进;基于事实的决策方法;与供方互利的关系。

八项质量管理原则是质量管理实践经验和理论的总结,尤其是 ISO 9000 族标准实施的经验和理论研究的总结,是质量管理的最基本、最通用的一般性原则,体现了科学的管理理念,被广大的企业管理者所接受,适用于所有类型的产品和组织,是质量管理的理论基础,也是 ISO 9000 族标准的理论基础,不仅适用于质量管理体系,也可为其他管理体系的管理提供帮助。

八项质量管理原则既是标准的理论基础,又是标准的重要内容,标准的具体条款无不渗透着它的深刻内涵。

21 世纪是质量的世纪,随着汽车维修业的发展,维修市场竞争会越来越激烈,汽车维修企业面临着品牌服务竞争、作业方式转变、电子化和信息化趋势明显等形势,只有适应国内、国际市场的变化,将国际质量管理的先进经验应用于汽车维修,加强维修质量管理,提升管理水平,自觉将八项质量管理原则应用于实际工作中去,才能对企业的生存和发展具有现实、长远的意义。

一、以顾客为关注焦点

1.理解

组织依存于顾客。因此,组织应当理解顾客当前和未来的需求,满足顾客要求并争取超越顾客期望。

以顾客为关注焦点是质量管理的最基本的原则,体现了质量管理中最核心的指导思想,提出顾客是组织一切活动、行为、思维的集中点。

因为组织生产的产品或提供的服务必须有接受者、使用者,即顾客。组织如果没有顾客就无法生存。组织应调查研究顾客的当前、未来需求和期望,始终关注顾客要求及顾客对其的满意程度,在理解顾客当前需求的同时,还要识别、理解顾客未来的需求,满足顾客当前要求是组织对顾客最基本的承诺,是必须做到的,否则,组织将被淘汰。由于顾客的需求和期望是不断发展的,组织必须适应这种发展,不断地调整经营策略和采取相应的措施,以满足顾客不断发展的需求和期望。组织为了生存和发展,必须具有超越顾客期望的意识和行动,这样不仅可以赢得现有客户的信赖，还可以招揽潜在的顾客和扩大市场层面，提高市场占有率。一个组织如果遵循以顾客为关注焦点的原则，以增强顾客满意为首要任务，它就能抓住机遇，对市场作出快捷而灵活的反应，在竞争中取得优势，为组织及其相关方带来经济效益。

2.应用

(1)识别汽车维修企业的顾客。汽车维修企业提供产品就是汽车维修服务，包括技术支持和服务质量，不是有形的产品，而是一种无形的产品，是一种活动和通过以汽车为载体的活动来完成的一种服务。汽车维修企业的顾客，即服务对象，是广大汽车车主，他们在职业、年龄、文化水平、服务要求和风俗习惯等方面都有着很大的差异，在服务过程中，要有针对性地为顾客提供汽车维修服务。

(2)了解顾客的需要和期望。针对汽车维修的特点，要及时与托修方沟通，了解托修方每次的汽车维修需求和期望，进行针对性地维修服务，同时要及时更新观念，更新经营理念，改变经营方式，适应市场发展，主动迎合顾客不断变化的需求和期望，不断改善经营理念、服务方式、服务范围，提供大众化服务为主、个性化服务为辅的多种服务模式。

了解顾客的需要和期望可以在维修前、维修过程中和维修后，通过与托修方沟通来实现。汽车维修企业的业务接待、投诉接待人员等在直接与托修方的接触中可以了解其需求和期望，也可以采用问卷调查、设立意见簿、召开座谈会、走访托修方等形式了解其需求和期望。

ISO 9001:2000 标准中第 7.2 节“与顾客有关的要求”的过程、第 8.2.1 条“顾客满意”的过程，对托修方的需求和期望，都有明确的要求。

(3)评价顾客的需求和期望。托修方的需求和期望来自各个方面和层次，对这些需求和期望应进行评价，评价既要考虑其需求的时机合理性、可行性，又要考虑法律法规的要求。评价还应选择出针对性强、适用性广、有代表性的项目优先考虑，作为重点的攻关项目。

(4)采取措施满足顾客要求和期望。汽车维修企业应充分利用其可利用的有效资源，包括人力、设施、设备、技术、信息等资源，采取措施满足托修方的需求和期望。

(5)超越顾客期望。实现这一要求，汽车维修企业要树立创新意识，持续改进经营观念、管理模式，不断创新，建立特色服务。

二、领导作用

1.理解

领导者确立组织统一的宗旨及方向。他们应当创造并保持使员工能充分参与实现组织目标的内部环境。

领导作用是质量管理成败的关键，强调了企业领导在质量管理中的主要作用是确立组织统一的宗旨及方向，创造并保持使员工能够充分参与实现组织目标的内部环境。

2.应用

对照 ISO 9001:2000 标准，汽车维修企业领导在质量管理中，全面履行质量管理的职责为：

(1)根据本企业的特点和实际情况，从托修方及相关方的利益出发，确立方向，策划未来，制定质量方针和质量目标。

(2)建立、实施质量管理体系，持续、稳定地提供满足托修方汽车维修的需要。

(3)确保企业的各岗位的职责、权限得到明确规定和沟通，使全员理解企业的质量方针和质量目标，增强质量意识。

(4)确保汽车维修服务资源的提供，包括厂房、场地、设备仪器等，为员工创造适宜的工作条件和培训机会。

(5)发挥领导作用，不断提高领导艺术、才能，以透明、务实的工作作风，调动全体员工的积极性和主观能动性，促进质量方针、目标的实现。

(6)确保汽车维修服务过程中，满足、超越托修方和相关方的要求。

(7)制定改进质量管理体系的措施。

(8)亲自定期召开会议，评审企业的质量管理体系，包括评审其质量方针、目标。

以上职责通过质量策划、质量控制、质量改进等活动来实施。

三、全员参与

1.理解

各级人员都是组织之本，只有他们的充分参与，才能使他们的才干为组织带来收益。

全员参与是质量管理有效运作的基础，组织中的各级人员是组织最根本的组成部分，是其最重要的资源，各类人员在组织中要有各自的岗位职责和权限，以使组织成为有机的整体，有序地开展各项活动。

2.应用

汽车维修是技术服务性的行业，维修人员既要有服务性，又要有技术性。汽车维修的质量管理工作是通过企业的各级人员的积极参与来完成的，相互依存，不可或缺。因此，企业的各级人员要树立全局观念、整体意识、全员参与、通力协作，做好质量管理，实现质量方针、质量目标。

汽车维修企业实施这一原则，企业应做到以下几个方面：

(1)树立以人为本的人才观，注重人才、注重员工的教育、培训、技能和经验，关注员工的教育程度、培训程度，为员工提供参加教育、培训的机会。

(2)对员工的业务技能定期进行考核，为管理者提供对员工进行评价的依据，为员工树立竞争意识，激励员工提高业务工作能力，对关键、重要岗位规定相应的工作能力要求。

(3)通过对员工的质量意识教育，增强员工的责任感和荣誉感。使员工认识到自己对企业起着至关重要的作用，发挥员工的积极性和创造性。

汽车维修企业实施这一原则，员工应做到以下几个方面：

(1)搞清自己的职责和权限，干什么，怎么干，以及自己的作用。

(2)树立主人翁责任感，认真对待自己的工作，发现问题，解决问题，意识到自己的责任。

(3)自觉寻找、创造提高自身能力的机会。

(4)在工作中，学会考虑问题，解决问题，加强学习，提高自己，提高技能水平。

四、过程方法

1.理解

将活动和相关的资源作为过程进行管理，可以更高效地得到期望的结果。

过程方法就是组织内诸多过程的系统应用，包括这些过程的识别和相互作用及其管理。ISO 9001:2000标准的质量管理模式是以过程管理为基础，强调了组织在建立、实施质量管理体系时要采用过程方法。

2.应用

(1)识别汽车维修过程。系统地识别汽车维修活动的过程是ISO 9001:2000标准强调的核心。汽车维修服务是通过许多相关过程和过程的组合来完成的,汽车维修的过程为业务接待、汽车维修(修前检测诊断、维修及过程检验、竣工检验)、配件管理、客户管理、信息管理等几大过程,其中还有许多小过程。所有过程都是与汽车维修有关的过程、与顾客要求有关的过程及与法律法规要求有关的过程。

(2)识别和管理汽车维修的关键过程和特殊过程。关键过程是在生产和服务中起重要作用的过程,这一过程的实现对其他过程的实现有着重要的影响。特殊过程是对形成的产品是否合格不易或不能经济地进行验证的过程,如汽车维修中的焊接、油漆过程。

(3)规定过程的职责和权限。质量管理与其他管理可以相互影响、相互作用,企业应规定各过程的职责和权限,更好地管理过程。

(4)识别各过程的接口。有效地识别职能之间和过程之间的接口,完成服务工作。

五、管理的系统方法

1.理解

管理的系统方法是将相互关联的过程作为系统加以识别、理解和管理,有助于组织提高实现目标的有效性和效率。

2.应用

汽车维修企业应对企业的质量方针和质量目标确定过程,分析过程之间的关系、作用及相互影响,按照一定方式和规律将过程适当地联系起来,组成一个系统,进行管理,使之协调运行,提高管理效率。

(1)建立质量管理体系。汽车维修企业应根据自身实际情况,确立适宜的质量目标,按照ISO 9001:2000标准要求建立、实施和保持质量管理体系,并不断改进。

(2)建立各职能部门的分目标。企业应根据总目标,建立各过程的分目标。各职能部门按照分目标要求,控制其过程,使各过程协调运行,最终实现总目标。

(3)确定系统的过程之间的相互关系。汽车维修过程是相互联系的,要明白各过程的作用及其相互关系,特别是主要过程和支持过程,汽车维修服务是主过程,其他过程为相关过程。

(4)明确职责分工。企业要按照职责和权限,明确分工,进行内部培训,提高人员素质,同时采用适当的方式进行内部沟通,提高过程的运行效率。

(5)确定资源。分析汽车维修活动的过程所需的各过程,并确保过程必须的资源得以提供,包括人力资源、设备仪器资源、厂房厂地和信息资源。

(6)持续改进服务过程。通过评审和测量来评价过程质量。如顾客满意度、体系的符合性、体系运行的有效性等。

六、持续改进

1.理解

持续改进总体业绩应当是组织的一个永恒目标。

汽车维修企业建立质量管理体系,在实施过程中,应当根据外部和内部环境的变化,不断改进、完善质量管理体系,解决实施和保持质量管理体系过程中的问题,不断完善和持续改进,提高企业的市场竞争力，最大限度地满足顾客需求。

2. 应用

持续改进是汽车维修企业增强顾客满足需求能力永恒追求的方向。在持续改进的活动中，应当将其作为一个过程进行管理，特别是要注重改进的目标，关注质量管理体系的适宜性、符合性和有效性。

(1)建立持续改进的管理理念。汽车维修企业要生存和发展，要建立持续改进的管理理念，要不断满足顾客日益增长的需求和愿望，还要争取超越顾客的期望，适应内外环境的变化，不断改进质量管理体系和维修质量，让所有相关方满意，增强竞争力。

(2)持续改进企业的业绩。对企业的活动或过程的测量和监视、顾客满意度调查、管理评审、内部质量审核、数据分析、纠正和预防措施等进行持续改进，取得最大的效果。对内部质量审核、管理评审发现的问题及顾客反馈的意见，及时采取纠正措施和预防措施。

(3)领导和职工共同参与。持续改进是企业领导和每位职工的重要职责，需要领导和全体职工共同参与。领导要为职工提供有关持续改进的方法和培训手段，采取适宜的方法和手段，如内部评审、体系的内部审核和外部审核等，提高职工的技能。职工要通过学习和培训，掌握持续改进的方法。

(4)建立测量方法，跟踪持续改进。对过程进行测量，跟踪目标和改进措施的结果。

七、基于事实的决策方法

1. 理解

有效决策是建立在数据和信息分析的基础上。决策是一个在活动之前选择最佳行动方案的过程，要建立在数据和信息的基础上，要确保数据的真实性和可靠性。

2. 应用

(1)确保数据的真实性和信息的可靠性。企业要采用适宜的监视测量装置和测量方法获取真实的数据，采用适当的方法获取顾客的满意和不满意的信息。同时，做好数据和信息的收集、记录、保存分析、传递等工作，进行正确决策。

(2)使用正确的方法分析数据。企业应当采用科学的统计技术，如因果图、直方图、排列图、统计表、调查表等，进行数据和信息的分析。

(3)基于事实分析，正确决策。企业要将收集的数据和信息进行客观地分析，进行研究和对比，形成最佳方案，作出决策并采取措施。

八、与供方互利的关系

1. 理解

组织与供方是相互依存的，互利的关系，可增强双方创造价值的能力。社会的进步和发展，生产和服务分工越来越细，专业化程度越来越高，供应链发挥越来越重要的作用。汽车维修的材料、零部件、设备、设施等需要有供方或合作伙伴，这些都直接影响维修质量。

2. 应用

(1)选择合格供方。企业要制定选择和评价供方的准则，并对供方实施控制，对其产品进行验证。

(2)与选择的供方建立稳定的合作关系，进行利益共享。

(3)与供方及时沟通。

第三节　推行 ISO 9001:2000 质量管理体系标准的步骤

如何建立质量管理体系,对于有一定规模的汽车维修企业,一般可以归纳为 5 个阶段 20 个步骤。

一、准备阶段

1.统一思想 领导决策

汽车维修企业开展 2000 版 ISO 9001 质量管理体系认证,关键是要求企业的领导高度重视,统一思想,作出决策,明确推行 ISO 9001:2000 标准及其认证的目的与必要性和可行性,尤其是最高管理者必须认清其作用和目的,通过认证可以促进企业强化基础管理,完善质量管理体系,提高产品质量,增强市场竞争能力,使企业得到更快更好的发展,必须明确目标和方向。

2.建立健全工作机构

2000 版质量管理体系标准十分强调领导作用。汽车维修企业要开展贯彻标准和认证工作,首先,要成立相应的领导班子和工作班子。领导班子应由最高管理者为组长,管理者代表任副组长,工作班子由各中层干部负责人参加,具体负责体系的建立、实施工作。建立这一工作班子是贯彻标准和认证工作的关键,真正形成中层干部成为企业认证工作的骨干队伍成员,既是具体指挥者又是实施者,为认证工作打下很好的基础。

其次,要成立体系文件编写小组,可由技术负责人或质量总检验员负责,由各有关部门参加。有条件的企业,最好是采取谁干什么谁就写什么,可由技术负责人或质量总检验员进行完善并通稿,把编写体系文件作为进一步理解学习标准的过程,作为改进本部门工作的过程,有利于体系贯彻实施和改进。只用几个秀才写文件,或用参考示范性文件为依据,十有八九要反复,或者留下后遗症,使企业的体系在运行中形成先天不足的被动局面。

质量管理是企业管理的核心,必须要设立专门的质量管理机构或人员来实施,该机构或人员是开展质量管理工作参谋部、作战部,又是领导小组和文件编写小组的具体办事机构,应设立专职人员进行管理。

3.培训内部质量审核员

内部质量审核员是企业进行质量认证工作的骨干力量,2000 版标准是以八项质量管理原则作为指导思想,采用过程方法来建立和管理体系,以过程模式建立体系结构,这涉及思想认识要提高、思想观念要转换,要培训熟悉标准的人员,建立认证的队伍。内部质量审核人员通过培训要真正掌握 2000 版 ISO 9000、ISO 9001、ISO 19011 标准的深刻内涵及其对体系的要求和审核的技巧与方法,取得内部审核员资格证书,为建立质量管理体系开展认证工作做好准备。

4.制定认证的计划

汽车维修企业应结合本单位的实际，制定具体的实施计划，实施计划的内容可以分为6个方面。

(1)内部全员培训。

(2)进行质量管理体系的策划。

(3)编制或编写、修改、完善体系文件。

(4)试运行不少于3个月。

(5)开展内部质量审核和管理评审。

(6)申请认证与接受审核。

认证计划应提出进度安排，对责任部门进行分工，任务落实到部门或人员，经最高管理者批准，由管理者代表具体负责，由质量管理部门负责组织实施。

通常，初次进行认证工作的汽车维修企业，体系文件批准后应有3～4个月的体系试运行阶段，要具有体系运行充分的客观证据，加上标准的学习宣贯、文件的编制培训和实施，全体员工思想观念的转变，一般需8～10个月时间，有的甚至超过一年。但是，当前有的企业3个月就可以取得质量认证证书，在如此短的时间内根本形成不了一支熟悉标准而能自如地进行运行的质量管理基本队伍，除非是原有体系和管理模式很有基础、很成熟的，才有可能。

在制订实施计划中，应确定计划实施的原则，以有利于统一思想和明确要求。

5.组织培训

组织培训是建立质量管理体系的重要内容，是是否按照ISO 9001:2000标准建立体系的关键和基础。培训要注重管理意识和员工意识，因为标准更加突出了最高管理者作用，突出了全员参与的意识，突出了以顾客为关注焦点、持续改进的意识，突出了以过程为基础采用过程方法进行管理的意识，突出了要注重体系的充分性、适宜性、有效性的意识，所以，要建立体系首先要实施全员培训工作。

(1)决策层培训工作。企业的最高管理领导层，必须经过培训，理解ISO 9000族标准的基本内容，理解标准的核心思想(八项质量管理原则)，理解标准对领导的要求，尤其是企业的最高管理者，必须明白ISO 9000族标准对自己的要求，明确自己的职责和权限。要认识到领导的作用，贯标工作，领导是关键，最高管理者对体系的建立、实施、保持和持续改进应负有全面的作用。

(2)管理层培训工作。即中层干部和认证的骨干队伍成员，如各职能部门的负责人、内审员、质量检验人员、技术负责人员。这一部分人员是认证工作的具体组织者，日常工作的领导者或是质量管理体系的审核者。他们是培训的重点，要使其真正吃透标准，深化对标准的理解，能自如地应用和不断改进完善体系，能把标准的思想理念贯彻到体系中去，能结合各部门的特点和实际工作有效地实施体系文件。

(3)执行层培训工作。主要是指具体从事实施和操作的人员，如一般管理人员、车间工人、检验人员、仓库保管员等，主要是理解标准的一般概念，理解标准的管理原则，理解方针目标。最主要是要理解本职工作的要求和程序，能严格按照文件要求进行操作，加强全员参与的意识，加强质量意识，加强过程的控制。

培训工作必须加强计划性、有效性，加强规范化管理，原则上培训应进行考试，要做好培训资料的管理和归档工作。按照ISO 9000族标准要求应对培训的有效性进行考核。

二、质量管理体系的策划和体系的结构策划

1.质量管理体系的策划

质量策划在 ISO 9001 标准中具有十分重要的地位，如标准第 5.4.2 节质量管理体系的策划，第 7.1 节产品实现的策划，第 8.1 节测量分析和改进的策划，策划是组织建立体系、改进完善体系的重要措施和手段，所以在建立质量管理体系的初始阶段首先要开展质量策划活动。

如何进行质量管理体系和产品的策划，ISO 9001:2000 标准已作了明确的规定，如第 5.4.2 条质量管理体系的策划，应“满足质量目标”以及第 4.1 节总要求的要求。第 7.1 节产品实现的策划，应“与质量管理体系其他过程要求相一致”。可见，按照第 4.1 节总要求建立一个以过程管理为主导的质量管理体系，应按第 4.1 节总要求的要求，即采用过程方法来进行对质量管理体系和产品实现的策划。

按过程方法开展对质量管理体系和产品实现的策划，可按照以下步骤进行：

(1)识别现有过程及作用。每个部门应识别本部门有哪些过程，顾客是谁，顾客需求是什么，过程输入、输出及活动是什么，过程的顺序和接口，过程的责任部门和相关部门，职责和权限，过程质量的关键因素，过程的特性和测量要求。即通过现状的调查，用过程方法来识别过程，并明确过程在体系中的地位和作用。

(2)过程分析。应对现有的过程进行分析，过程是否理解和满足顾客要求，过程的目标，过程的架构及其业绩和能力，过程效率，即过程成本风险和利益，过程是否增值，过程的有效性，过程文件的适用性，过程接口的合理性及其可操作性，过程资源信息是否得到保证，过程监视、测量和数据分析控制的有效性。通过过程分析对比，要找出过程中存在的问题，从而对现有的质量管理体系进行评价，确定要达到 ISO 9001:2000 标准过程管理模式需要哪些改进和提高。

(3)过程的确定。在分析对比基础上，按照 ISO 9001:2000 标准过程管理模式结构对过程的要求进行确定。要确定需求，建立过程的质量目标和要求，明确职责分工和接口及过程顺序和关系，可采用流程图、过程图进行表述，确定监视、测量点及其控制的准则和方法，确定需要制定哪些文件和质量记录，如何确保资源和信息的获得。要按照 ISO 9001:2000 标准要求来策划过程建立过程。对产品实现策划来说，要确定产品的质量目标和要求，针对产品确定过程、文件和资源，要确定产品所要验证、确认、监视、检验和试验活动，以及产品验收准则，要确定为产品实现过程及其产品满足要求所提供证据的质量记录。

(4)过程的确认。各部门所确定的策划内容，应由质量管理部门进行统一分析认证和协调，形成文件或记录，经管理者代表审核，报最高管理者批准，作为企业建立质量管理体系和编制质量管理体系的基础。当然，是否要形成文件记录应根据企业自身实际确定，有的过程是跨部门的，则主要责任部门负责进行策划，其他部门进行配合。

质量策划的范围，主要是质量管理体系的策划(即主要针对支持性过程所进行的策划)和产品实现的策划，测量、分析和改进可以包含在其中，当然体系的策划是最基本的。

通过策划活动，实际上就是过程方法的具体应用，对标准深化学习的过程，为建立一个以过程管理为主导的体系打下基础。

2.对标准的应用

为了考虑各种组织标准应用的适用性，ISO 9001:2000 标准规定删减仅限于第 7 章中那些不影响组织提供满足顾客和适用法律法规要求的产品的能力或责任的要求。否则，不能声称符合本标准。所以，在体系和产品实现策划的基础上，通过过程作用的分析，就可以确定是

否需要删减。标准的删减范围，应认真对待。

3. 质量管理体系结构的策划

ISO 9001:2000标准已经确定了质量管理体系过程模式，这一模式结构在质量管理体系结构设计中最好不要打破。而是在这一基础上来设计组织的管理机构，机构的职能分工与组织的体系文件总体结构和形式。通过了解顾客的需求和期望，来制定组织的质量方针、总质量目标，确定组织体系文件的具体目录清单。在体系结构设计中，必须符合以过程管理为主导的原则，就是要建立以过程为基础的质量管理体系模式，采用过程方法。

4. 建立机构，明确职责，分工配备资源

在质量管理体系策划和体系结构设计的基础上，应具体落实组织机构、职责权限和分工，通常要制定二图一表，即组织的《行政机构图》和《质量管理体系结构图》以及《各职能部门的职能分配表》，按照ISO 9001:2000标准的过程条款具体明确主管部门、协办部门和相关部门的职能。职能分配表明确了过程要点的责任部门，使体系的运行有了组织保证，具有十分重要的作用。

ISO 9001:2000标准要求配备资源，不仅要对人力资源管理，而且要对设备、设施进行管理，通过体系、过程和产品实现的策划，应充实和完善人力资源、基础设施、工作环境。

三、体系文件的编制

质量管理体系文件的编制，本节后面将专门介绍，这里仅介绍其中一种质量管理体系编制的方法。

1. 制定质量方针和质量目标

质量管理体系文件的编写应当先制定企业的质量方针和质量目标，确定其质量的总宗旨和方向，制定企业的总的质量目标的同时，在相关职能和层次上建立质量分目标，目标应包括满足产品要求的内容。企业应当在最高管理者直接领导下，制定质量方针和质量目标。

通常，相关职能的目标从质量管理体系策划中所确定的过程目标作为其分目标。建立系统的质量目标，有利于考核质量管理体系、过程和产品，有利于有效运行质量管理体系。

2. 编制质量手册

质量手册是企业质量管理体系的最主要的文件之一。制定质量手册时，应当关注其范围、删减等，关注其和程序等其他文件的关系，关注过程之间的相互作用和职能的表述。要考虑企业本身的实际情况和产品的特点，确定程序文件、作业文件和相关记录的数量，质量手册的结构最好与ISO 9001:2000标准结构相一致，使其具有科学性、适用性。

编制质量手册应在质量管理部门的领导下，由体系文件编写小组来进行，可以集中人员编制，但最好还是采取分工合作、上下合作、上下结合的形式，综合性要求由质量管理部门编制，专项性要求由各专业部门编制。这样，可以更好地联系实际，有利于实施。

编制体系文件的过程应当是学习理解标准过程和培养锻炼队伍的过程，要建立一支精干的队伍。要吃透标准，又要吃透实际，将二者结合起来才能编制出实用有效的体系文件。当然，在编制体系文件时，始终要突出一个主题，标准要求建立一个以过程管理为主导的质量管理体系，时时要以此进行衡量和评价。

3. 编制程序文件、质量作业文件和记录

ISO 9001:2000标准规定要求形成6个程序文件，即文件控制、记录控制、不合格品控制、内部质量审核、纠正措施控制和预防措施控制。这是各行各业组织的通用性要求,是管理体系的共同关注点,是通用性过程控制的重要环节。标准明确规定了6个必须形成的程序文件,但企业应当按自身情况和产品特点,增加必要的程序文件,同时也可以减少数量,如把文件控制和记录控制、纠正措施和预防控制编制成一个程序文件,甚至不单独编制程序文件,把其内容一并编入质量手册。

ISO 9001:2000 标准规定了执行性、操作性文件应当制定,即质量作业文件,它主要包括两大方面:管理性文件和技术性文件。管理性文件包括质量管理体系形成程序文件之外的其他管理性文件,如规定、办法、准则、制度等,同时也包括行政性文件。技术性文件包括标准、技术条件、检定规程、工艺规程、检验准则、图纸、作业指导书、设备操作规范等。

在制定程序文件和质量作业文件的同时,要制定质量记录表格和格式,主要是确定记录表格的项目、内容和形式,表格是一种文件,也要进行编号和审批,建立质量记录受控记录。

4.文件的审核、批准和发布

文件编制完成后,应进行文件编号,打印成文件,管理者代表审核,最高管理者批准发布,再组织实施。

四、试运行

1.体系文件的学习培训

体系文件正式发布后,企业即进入试运行阶段,对此,按照全员参与的原则,应当组织所有职工参加学习和培训,深刻理解 ISO 9001:2000 标准的要点和概念。最高管理者在企业内部宣传保证满足顾客和法律法规要求的重要性,保证企业满足顾客要求,增强持续改进意识,增强全员参与意识,增强过程、过程方法意识,增强体系运行有效性意识。通过培训,使职工掌握本部门、本岗位的质量职责、程序和要求,自觉履行标准要求。全员培训教育可分层次进行,建立考核制度,形成必要的记录。

2.体系文件试运行

体系试运行期间,要加强信息沟通,及时了解情况,发现问题,立即采取措施,加强研究,改进体系运行中存在的问题,按照文件要求,修改文件,形成记录,确保真实材料的有效性。一般要求3～4个月的有效试运行,才能证实和评价体系是否符合 ISO 9001:2000 标准。

3.内部审核

为了评价体系运行的符合性和有效性,及时发现问题,及时改进完善体系,应在试运行一段时间后,内部审核员按照体系规定的程序文件,对体系运行情况进行审核。

4.管理评审

体系运行到适当阶段,通过内部审核或试运行后,觉得体系运行中存在着较大的问题或带有全局性的问题,或涉及质量方针、质量目标的问题,则就需要及时开展管理评审活动,管理评审由最高管理者主持,具体由管理者代表、质量部门负责组织,通常用召开管理评审会议来进行,作出评审结论并采取有效措施实施改进,并做好记录。

5.修改完善体系文件

通过试运行、内部审核、管理评审后,应对体系文件再进行一次全面修改,以进一步完善体系文件,修改完善后再发布,必要时,对实施过程及资源、环境、人员等进行调整充实和完善。至此,质量管理体系已基本建立。

五、申请认证,接受审核

1.申请认证

企业可以根据自身的情况选择认证机构,提出认证申请。为了加快认证速度,可以在试运行期间,就与认证机构联系和落实。申请认证时,要附上质量手册、程序文件和作业文件等,与认证机构签订合同,并交纳认证费用,由认证机构组织实施认证。

2.体系认证

认证机构按照合同约定的时间安排审核。审核时,企业安排陪同人员和接待人员,接受审核组实施审核。审核通过,则可以推荐企业进行认证注册,审核通过并不等于认证通过,要经过认证机构对审核结论评审后再确定,并发给质量管理体系认证证书,作为获得认证证书的企业,还要通过监督审核,才可以保持证书的有效性,3 年后,再进行复评,再颁发认证证书。

第四节　质量管理体系文件的编制

一、质量管理体系的策划

ISO 9001:2000 标准第 4 章质量管理体系总要求中明确指出,体系要形成文件。质量管理体系文件是体系的重要组成部分,是一个组织质量管理的核心,按照 ISO 9001:2000 标准建立体系,是一项复杂而又艰巨的工作,具有一定工作量和难度的系统工程。

1.建立质量管理体系的目的和作用

(1)描述组织的质量管理体系。

(2)组织内部识别相互之间的关系,提供信息,加强全面地沟通。

(3)明确内部职责、分工,加强责任感。

(4)明确规定质量方针、目标和有效运行质量管理体系。

(5)持续改进质量管理。

(6)形成文件,提供客观证据。

(7)证明组织的质量管理能力,为顾客提供信任,向相关方证实能力。

(8)为开展质量管理工作,提供明确的依据和要求。

(9)为质量审核、评价体系的有效性、持续的适宜性和持续改进提供依据。

2.质量管理体系的构成

ISO 9001:2000 标准第 4.2 节文件要求中的总则规定,体系文件包括 5 个方面的内容,可以分为 5 类,但按照 ISO/TR 10013:2001《质量管理体系文件指南》技术报告指出,体系文件在层次结构上可分成 3 个层次。两者结合起来,体系文件可以分为 3 个层次 5 个类别的文件,如图 1-1 所示和表 1-2 所列。

这 3 个层次 5 个类别中,质量方针、目标和质量手册是组织的宗旨方向和总的描述,所以是最高层。质量作业文件、记录是执行性证实材料,是客观的运行、证实体系的基础,是最多,从而形成了一个三角形结构,上小下大,说明了数量分布情况,上下结构形式反映了 5 类文件内在的联系和区别。组织在应用时应尽可能将 5 类文件 3 个层次加以区分,以利于加强对文件的控制。

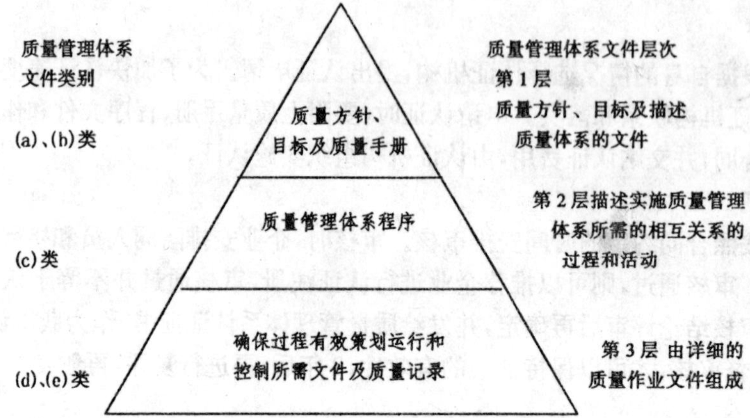

图 1-1 质量管理体系文件构成图

表 1-2 质量管理体系文件层次列表

层次	文件类别	文件内容和要求
第1层次	(a)	形成文件的质量方针和质量目标，是组织总的质量宗旨、方向和所追求的目的及要求
	(b)	质量手册是规定描述组织如何建立质量方针和目标并实现这些目标的体系文件，它要确定体系适用的范围，并对体系过程之间的相互作用进行表述，是组织建立体系的纲领性文件
第2层次	(c)	形成文件的程序，是为进行某项活动或过程所规定的途径的文件，描述实施体系所需的相互关系的过程和活动，规定应做什么，由哪个部门做，如何做，通常程序文件是从体系过程之间的相互作用接口出发，描述该过程所涉及的各职能部门的活动，主要适用于组织的各职能部门如何按程序来加强和实施质量管理，是质量手册的支持性文件
第3层次	(d)	质量作业文件，面广、量大、详细，涉及管理文件，也涉及大量的技术性文件，属于体系中执行性、操作性文件，是体系的基础性文件，也包括有关的质量工作所需的外来文件(包括法律、法规等文件)
	(e)	质量记录文件是阐明取得结果或提供所完成活动作为证据的文件，是体系实施运行的客观证据，是质量手册、程序文件、质量作业文件实施结果及其完成的记录，如各种运作的结果报告，涉及体系实施所规定的措施和要求，过程、产品、体系、业绩监视和测量数据信息的记录，有关规定使用的质量记录表格中应填写的内容等。表格在各个层次上都可能是适用的，但质量记录应属于第3层次文件

组织应制定足够数量的文件，以证明其体系及过程得到了有效策划、运行、控制和持续改进，体系的文件要求和内容，应体现预期满足 ISO 9001:2000 标准的要求。

3.建立质量管理体系的基本要求

(1)体系文件要以八项质量管理原则为指导思想。要以顾客为关注焦点，发挥领导作用，全员参与，注重过程方法、系统的过程方法和基于事实的决策方法，持续改进。

(2)采用过程方法制定体系文件。以过程为基础，采用过程方法去识别过程、确定过程、分析过程的顺序及其相互关系，按过程确定所需要的文件和记录，按过程控制要求来编制文件，把文件和过程活动紧密相连，文件应确保过程输出的有效性，加强过程文件的应用。按过程方法建立体系是 ISO 9001:2000 标准的核心内容，编制体系时应体现过程方法。

(3)结合组织实际。ISO 9001:2000 标准文件具有很大的灵活性，组织应调查研究，总结经验，找出问题和不足，结合标准要求和组织实际，编制文件，强调体系文件的实用性和可操作性。

(4)体系结构应体现以过程为基础的质量管理体系文件模式。以 ISO 9001:2000 标准规定的 4 大板块和 23 个过程要点为基础，以文件的 5 大分类为基本框架，根据自身情况，确定文件的形式和多少，但体系文件的结构应体现其科学性、合理性和系统性。

(5)要以制定最少量的文件对体系实施有效控制。ISO 9001:2000 标准要求文件简练，不重复。文件不是越多越好，而是要少而精，应结合组织实际确定，确保体系的有效运行和控制。

(6)应体现文件具有增值效应，有利于促进评价体系有效性和持续改进。形成文件的本身并不是目的，应是一项增值活动。编制文件时，应注意文件在实施应用中的有效性，并按照 ISO 9000:2000 标准第 2.8.1 条对体系过程评价的(a)～(d)要求来进行对照，在编制文件前后及其实施过程中进行策划检查和评价。

(7)确保文件本身的控制性。ISO 9001:2000 标准十分强调体系文件要加以控制，编制文件时，应采取措施，严格控制文件的审批、发放、控制、更改程序等，保证体系正常运行。

(8)体系文件编制应简练、准确，易于理解，方便使用。编制体系文件时，要按照 ISO 9001:2000 标准的原则和要求，进行理解，具体应用于过程中，文字应简练、准确，易于理解，方便使用。

4.质量管理体系所需过程的策划

过程策划要体现充分性和适宜性，具有符合 ISO 9001:2000 标准中规定的过程(除可以删减的过程外)，并适合企业的需要。

ISO 9001:2000 标准提出了质量管理体系的四大过程，即管理职责、资源管理、产品实现及测量、分析和改进，其中产品实现是直接过程，其余三个过程为支持性过程。支持性过程的所有要求是一定要采用的，不能删减；产品实现过程则可以根据产品的特点由采用单位自己确定。因此，质量管理体系所需过程策划的方法比较简单，支持性过程按照 ISO 9001:2000 标准的要求进行，产品的实现过程由产品的性质决定。对于汽车维修企业来说，其产品实现是汽车维修服务的过程，不存在产品设计和开发，可以删减 ISO 9001:2000 标准第 7.3 节设计和开发，也就是说，除标准第 7.3 节设计与开发规定的过程之外，其余过程均需要。

5.质量管理体系文件的策划

(1)体系文件的类别。ISO 9001:2000 标准的第 4.2.1 条总则规定，体系文件包括：形成文件的质量方针和质量目标；质量手册；本标准所要求的形成文件的程序；组织为确保其过程的有效策划、运行和控制所需的文件；标准所要求的记录。

上述文件中，组织为确保其过程的有效策划、运行和控制所需的文件是组织自身需要的文件，需要进行策划，其余文件在标准中已经确定了，不必进行策划了。

标准中出现“形成文件的程序”之处，即要求建立该程序，形成文件，并加以实施和保持。文件可采用任何形式或类型的媒体。不同组织的质量管理体系文件的多少与详略程度取决于：组织的活动规模和活动的类型；过程及其相互活动的复杂程度；人员的能力。

(2)体系文件策划步骤。体系文件策划步骤如下：

①根据体系策划的过程，列出所有过程。

②根据产品实现的要求，对已确定的过程，策划所要求的文件，包括程序、指导书、规定等，列出所有清单。

③针对其他支持性过程，确定本组织需要增加的文件，列出清单。

6.质量管理体系文件的编写方法

质量管理体系文件的编写方法，按照其编写顺序来区分，主要有顺向、逆向和中间展开编写3种方法。

(1)顺向编写。这种方法就是对照标准要求，按照质量方针、质量目标、程序文件、质量作业指导书、质量记录的顺序进行编写。其编写特点是：

①层次分明，对接清楚，便于理解。先写上一层次的文件，再写下一层次的文件，顺向进行，易于接受；下一级文件是上一级文件的展开，使内容具体化。

②对编写人员要求高。编写人员不但要掌握ISO 9001:2000标准，而且要熟悉企业的质量管理情况，掌握实际生产和管理经验。

③编写人员要具有一定的写作能力和组织能力。

④编写过程要反复修改，导致编写时间长。顺序编写要一步接一步，不能跳跃，造成编写时间很长，这样前面写的东西，容易到后来被遗忘，就需要反复修改，浪费时间。

(2)逆向编写。这种编写方法就是按照质量记录、质量作业指导书、程序文件、质量手册、质量方针的顺序，逆向编写。其编写特点是：

①要求企业管理体系比较健全，人员素质高。由于企业原来的管理体系比较健全，人员条件好，因此，就可以把原有的记录和基础性管理文件，通过整理、归纳、修改，达到符合ISO 9001:2000标准的要求。

②编写时容易造成缺乏系统性和一致性。原来的记录和基础性文件已应用顺手，编写时，容易照搬照抄，容易凭主观、凭经验写，会出现文件混乱，不成体系。

③编写时，要编写质量管理体系的文件清单，针对性编写。

(3)中间展开编写。这种编写方法是先编写程序文件，再编写质量手册、质量作业指导书和质量记录等文件，由中间向两头编写。其编写的特点是：

①符合ISO 9001:2000标准所要求的过程方法。这种方法是从分析过程或活动、确定活动要求、控制方法开始，符合企业的实际情况，编制出的程序文件与实践相结合，具有可操纵性。

②编写效率高，节省时间。程序文件是为进行某项活动或过程所规定途径的文件。确定了程序文件的结构和数量，就确定了质量活动或过程，为产品实现提供了保证。程序文件完成后，按照标准要求，就很容易编制质量手册。对程序文件中没有规定的操作性要求加以展开，比较容易编制质量作业指导书，并制定质量记录文件。这样编写，修改次数少，避免重复劳动，编写时间短。

二、质量方针和质量目标的制定

形成文件的质量方针和质量目标是质量管理体系的第一层次文件，规定了企业的质量宗旨和方向，是企业编制体系文件的总纲领，是质量方面所追求的目标和基本要求，是编制体系文件中的首要任务。

1. 制定质量方针的要求

ISO 9001:2000 标准第 5.3 节质量方针规定，最高管理者应确保质量方针：

(1)与组织的宗旨相适应。

(2)包括对满足要求和持续改进质量管理体系有效性的承诺。

(3)提供制定和评审质量目标的框架。

(4)在组织内得到沟通和理解。

(5)在持续适宜性方面得到评审。

上述前 3 条是对质量方针内容的要求，后 2 条是对质量方针在实施中的要求，可见，其质量方针的制定要围绕"一个适应、一个框架、两个承诺"的要求。

"一个适应"，要与组织的宗旨相适应。质量方针是组织总方针的组成部分，汽车维修企业的生存和发展依存于顾客，其质量方针要体现本企业在管理和发展汽车维修的指导思想，如何实现提供顾客要求的产品，达到增强顾客满意的目的。

"一个框架"，质量方针提出了组织的质量宗旨和方向，是制定质量目标的依据。质量方针是通过制定和实现质量目标来实现的，质量方针和质量目标具有紧密地联系，方针是总的原则和方向，而目标则是对质量方针的展开和实现方针的具体指标和要求。因此，质量方针必须为制定质量目标提供框架，使质量目标的制定具有明确的要求。

"两个承诺"，一是质量方针应具有满足要求的承诺，这种要求来自于顾客要求、与产品有关的法律、法规的要求，来自隐含的或组织自身对产品的要求，这种要求最突出的是提供满足顾客要求产品的承诺。二是质量方针具有持续改进体系有效性的承诺，因为顾客的要求是不断变化的，产品实现是不断发展的，只有不断地持续改进，提高体系的有效性，才会更好地服务于顾客，超越顾客的期望，所以，质量方针中应具有体系有效性持续改进的内容。体现持续性改进的承诺，其目的就是要达到不断增强顾客的满意。

总之，质量方针应联系本企业的实际，要具体化，具有实质性的内容和含义，要严谨、准确、简练、易于理解。

2. 制定质量目标的要求

ISO 9001:2000 标准第 5.4.1 条质量目标指出：最高管理者应确保在组织的相关职能和层次上建立质量目标，质量目标包括满足产品需求所需的内容。质量目标应是可测量的，并与质量方针保持一致。

(1)质量目标建立在企业的相关职能和层次上，包括满足汽车维修需求所需的内容。汽车维修企业要对质量目标的管理，将建立的总质量目标，分解到各职能部门质量目标和各层次质量目标，确保体系运行有效。同时，还要求包括满足汽车维修要求所需的内容，即应建立汽车维修相应的质量目标，因为这是顾客真正所关心的内容，也是质量方针在汽车维修上的具体体现。

(2)质量目标应是可测量的。质量目标是质量方面追求的目的，是评价体系有效性，产品特性的具体指标，故规定应具体，有可操作性，可测量性。可测量就是要可以进行定性或定量的确定，可实施检查、进行比较、通过数据分析实施改进。如：返修率≤1%；返工率≤3%；顾客满意率(度)≥90%；汽车维修出厂一次合格率≥95%等。

(3)质量目标与质量方针保持一致。质量目标应按照企业质量方针提供的框架来制定，要体现方针的基本宗旨和方向，要保持一致，方针的框架应在质量目标中体现出来，这一要求既明确了目标和方针的关系，又提出了目标制定的原则和要求。对部门和层次上建立的质量目标也应与质量方针和总的质量目标保持一致。

3.如何制定质量方针和质量目标

制定质量方针、确保质量目标的制定是最高管理者的职责。制定质量方针和质量目标，一要以质量管理八项原则为指导思想；二要积极采用过程方法。其步骤和方法如下：

(1)调查研究。制定质量方针和质量目标，要根据自身情况，进行调查研究，研究分析：顾客的种类、要求、满意度；企业的总宗旨和方向；维修车型特点、水平；汽车维修有关的法律、法规要求及生产服务情况等等。同时，要考虑满足顾客要求，满足法律、法规的要求以及质量方针能否形成制定质量目标的框架，质量目标是否体现质量方针。

(2)最高管理者亲自主持。制定质量方针和组织的质量总目标，最高管理者应亲自组织主持进行，管理者代表、技术负责人协办，负责具体日常的调研分析工作，由最高管理者组织论证并进行决策。在制定过程中，要充分发挥各职能部门领导的作用，特别是体系编写的主要编写人员。

(3)提出方案进行确认。通过分析研究，确定组织的几套质量方针和质量目标，广泛征求职工意见，进行论证分析修改，确定最后的质量方针和质量目标。对此，最高管理者要积极负责，体现最高决策层对企业的基本宗旨和原则，提出战略性的决策，展现企业文化。制定组织的质量方针和质量目标的过程，是全体职工学习、理解标准、总结经验、找出发展方向的过程，是体系建立的重要环节。

(4)审核批准。制定的质量方针、质量目标要形成文件，并对质量方针的含义、内容要求进行说明，对质量目标的含义及其统计分析、计算方法予以解释。同时，按照文件的管理要求，予以审核、批准、编号、发放、实施。

(5)部门和层次质量目标的分解。ISO 9001:2000 标准要求制定部门和层次上的质量分目标，包括满足产品要求所需的内容，即相应产品质量目标的要求。这些要求在体系策划、汽车维修实现过程策划时同时进行，结合有关职能部门和层次所具有的过程，在策划中制定可测量的质量目标，与组织的质量方针及目标一致。这些过程所形成的对体系、过程、汽车维修的质量目标就是各职能部门和层次的质量目标，是评价各职能部门和层次体系有效性的依据。在部门和层次上形成文件的质量目标，并对其含义及统计分析、计算方法进行说明，必要时对其如何实施、评价、统计分析提出具体要求。总之，制定的各质量目标，是可检查、比较、测量、统计的。

(6)质量方针和目标的持续改进。要不断总结经验，采取措施，持续改进质量方针、质量目标在实施过程中的问题。同时，加强培训学习和沟通，在内审和管理评审的过程中，评价其适宜性，不断进行补充、修改和完善质量方针和质量目标。

三、质量手册的编制

1.质量手册的内容和要求

ISO 9001:2000 标准第 4.2.2 条规定，汽车维修企业应编制质量手册，并对质量手册予以控制。质量手册包括：质量管理体系的范围，包括任何删减的细节与合理性；为质量管理体系编制的形成文件的程序或对其引用；质量管理体系过程之间的相互作用的表述。

质量手册的形式和结构取决于汽车维修企业的规模、文化以及复杂程度，但总体包括以下内容:封面、目录和前言;质量手册的批准令;企业质量方针、质量目标;手册的适用范围,包括删减内容手册引用的标准;手册采用的术语和定义;质量管理体系总要求及管理职责、资源管理、产品实现、测量分析改进各过程的相互作用及控制和要求,必要时将有关程序文件编制于质量手册中;有关程序文件、质量作业文件及质量记录清单。

质量手册是汽车维修企业建立质量管理体系的指令性文件,要以过程为基础,按照 ISO 9001:2000 标准的要求,结合自身实际,根据汽车维修的特点,识别过程、职责分配、提出程序和要求、评价过程的效果来进行编制。质量手册绝不能照抄标准条款作为主要内容,而是应依据标准条款要求结合自身实际情况提出规定和实施方法。

2. 质量手册的章节结构

质量手册的章节结构一般有两种,一种是按照 ISO 9001:2000 标准所阐述的章节,一一对应进行编写,这样能紧密联系标准要求,能做到内容系统全面,有利于理解标准和贯彻实施标准,有利于评价是否满足标准要求,目的明确,规定具体,与标准相呼应,方便查阅使用。另一种是打破标准的章节结构,按照标准的 4 大板块过程进行综合阐述。建议汽车维修企业采用第一种方法编写质量手册。

3. 质量手册具体章节示例

(1)按标准章节条款(过程要点)进行编写

其质量手册的章节目录如下:

封面

目录

01 前言

02 质量手册批准令

03 质量方针和质量目标(也可在 5.3、5.4.1 章节中)

1 范围

1.1 总则

1.2 应用

2 引用标准

3 术语和定义

4 质量管理体系

4.1 总要求

4.2 文件要求

4.2.1 总则

4.2.2 质量手册

4.2.3 文件控制

4.2.4 记录控制

5 管理职责

5.1 管理承诺

5.2 以顾客为关注焦点

5.3 质量方针

5.4　策划
5.4.1　质量目标
5.4.2　质量管理体系的策划
5.5　职责、权限与沟通
5.5.1　职责、权限
5.5.2　管理者代表
5.5.3　内部沟通
5.6　管理评审
5.6.1　总则
5.6.2　评审输入
5.6.3　评审输出
6　资源管理
6.1　资源提供
6.2　人力资源
6.2.1　总则
6.2.2　能力、意识和培训
6.3　基础设施
6.4　工作环境
7　产品实现
7.1　产品实现的策划
7.2　与顾客有关的要求
7.2.1　与产品有关的要求的确定
7.2.2　与产品有关的要求的评审
7.2.3　顾客沟通
7.3　设计和开发
7.3.1　设计和开发策划
7.3.2　设计和开发输入
7.3.3　设计和开发输出
7.3.4　设计和开发评审
7.3.5　设计和开发验证
7.3.6　设计和开发确认
7.3.7　设计和开发更改的控制
7.4　采购
7.4.1　采购过程
7.4.2　采购信息
7.4.3　采购产品的验证
7.5　生产和服务提供
7.5.1　生产和服务提供的控制

7.5.2 生产和服务提供过程的确认
7.5.3 标识和可追溯性
7.5.4 顾客财产
7.5.5 产品防护
7.6 监视和测量装置的控制
8 测量、分析和改进
8.1 总则
8.2 监视和测量
8.2.1 顾客满意
8.2.2 内部审核
8.2.3 过程的监视和测量
8.2.4 产品的监视和测量
8.3 不合格品控制
8.4 数据分析
8.5 改进
8.5.1 持续改进
8.5.2 纠正措施
8.5.3 预防措施
附录1 程序文件和质量作业文件(管理体系文件)目录清单
附录2 适用质量记录目录清单

(2)按标准四大板块过程为主综合进行编写

其质量手册的章节目录如下:

封面
目录
01 前言
02 质量手册批准令
1 范围(包括应用和删减)
2 引用标准、术语和定义
3 质量方针和质量目标
4 质量管理体系
4.1 组织的结构及职责
4.2 体系总要求
4.3 文件要求
5 管理职责过程要求
6 资源提供
7 产品实现
8 测量、分析和改进
附录 适用的质量记录目录清单

四、程序文件的编制

1.程序文件的基本内容

程序是指为进行某项活动或过程所规定的途径。程序可以形成文件，也可以不形成文件。当程序形成文件时，通常称为“书面程序”或“形成文件的程序”。含有程序的文件可称为“程序文件”。

程序文件是质量手册的支持性文件，是组织开展质量管理的基础性文件，主要涉及某项活动或过程怎样实施管理，谁做、做什么、何地、何时间、为什么做、怎样做(即 5W+1H)，通常不涉及技术性细节，所以标准所指形成的程序属于第二层次(c)类文件，主要是指体系文件中有关的管理性文件，用于规定各职能部门之间的相关职能和完成活动或过程所需的途径。

ISO 9001:2000 标准规定了汽车维修企业应当编制的 6 个方面的程序文件，体现了标准应用的通用性和广泛性，有的组织只需要 6 个方面的程序文件，有的汽车维修企业就需要更多的程序文件，可根据需要而定。在实际中，6 个程序文件或其他程序文件在形式上可以合并在一起，编入质量手册中。

程序文件按照 ISO 9001:2000 标准要求，其基本结构和内容为：

封面

文件会签批准页

1 适用范围(明确程序文件控制的范围)

2 职责分配(明确该程序文件的主管负责部门及相关部门和人员的职责权限)

3 过程控制要求(明确程序文件的目的，过程识别和需求，过程输入、输出或活动，过程要求、程序及控制方法，过程控制程序可以用流程图描述，所需的资源信息，过程的监视和测量，过程有效性评价及改进)

4 支持/相关性文件(与本程序有关的程序文件、质量作业文件，附上文件名称和编号)

5 适用的质量记录(该程序所需要使用的质量记录表格，包括表格名称和编号)

程序文件应当使用统一的内部文件格式，格式包括表头为××公司程序文件，表头上方可列出：文件编号、文件标题、版次、第×版、共×页，第×页及更改次数，表格下部为更改/日期、审核/日期、批准/日期，主要用于文件更改时使用。

2.程序文件目录实例

××汽车维修企业程序文件目录见表 1-3 所列。

表 1-3　××汽车维修企业程序文件目录表

序号	程序文件名称	文件编号	备注
1	文件控制程序	××/QC4.2—01	必备
2	质量记录控制程序	××/QC4.2—02	必备
3	内部质量审核控制程序	××/QC8.2—01	必备
4	不合格品控制程序	××/QC8.3—01	必备
5	纠正措施控制程序	××/QC8.5—01	必备
6	预防措施控制程序	××/QC8.5—02	必备
7	管理评审控制程序	××/QC5.6—01	

续上表

序号	程序文件名称	文件编号	备注
8	人力资源控制程序	××/QC6.2—01	必备
9	维修实现的策划控制程序	××/QC7.1—01	必备
10	与维修有关的要求的评审控制程序	××/QC7.2—01	必备
11	采购控制程序	××/QC7.4—01	必备
12	维修服务提供控制程序	××/QC7.5—01	必备
13	标识和可追溯性控制程序	××/QC7.5—02	必备
14	监视和测量装置的控制程序	××/QC7.6—01	必备
15	过程的监视和测量控制程序	××/QC8.2—02	必备
16	维修服务的监视和测量控制程序	××/QC8.2—03	必备
17	数据分析控制程序	××/QC8.3—01	必备

五、质量作业文件的编制

1.质量作业文件的分类及内容

质量作业文件是指质量管理体系文件中，除了质量方针、质量目标、质量手册、程序文件之外的其他所有文件。这类文件是体系文件的基础性文件，数量较多，通常可以分为管理类文件、技术类文件、行政类文件。

(1)管理类文件。体系管理类文件是指在实施体系过程中，为了贯彻实施质量方针、质量目标、质量手册、程序文件，为有效策划、运行和控制过程所需要进一步充实的管理性体系文件。在程序文件减少或与质量手册合并的情况下，这类文件会相应增加。这类文件包括外来有关法律、法规等文件。

(2)技术类文件。体系技术类文件是指按照产品生产技术过程客观规律的要求，对产品设计和开发，生产操作，设备使用、维护，监视、测量装置的使用和维护，安全技术和产品质量检验，服务提供过程等所作的规定和要求及技术性外来文件。这类文件是确保产品质量的重要基础，是确保有序工作，提高工作效率，实施规范化管理的重要保证和技术基础，是量大面广的又一类体系作业文件。

(3)行政类文件。体系的行政类文件是主要指有关质量管理体系策划、运行和控制所需的行政性文件，涉及到体系的策划安排和决策，有时是一种十分重要的证实材料。如开展贯标认证工作的通知、贯标认证工作的分工及人员组成的通知、管理者代表及有关职能机构变化领导人员任命书、内部审核员、检验人员的授权聘任书，重要的质量通报及奖惩文件及行政性外来文件等。这是带有行政管理性质的管理类文件，是属于与质量管理体系有关的文件。

2.质量作业文件的编制

上述三类文件可分别由质量、技术管理部门、办公室统一负责组织编制和管理。管理类质量作业文件，按照体系文件的不同结构形式应分别对待，作为第一类型结构形式，已经有大量的程序文件，作业文件可以大大减少，尽可能把有关管理规定纳入到程序文件中去；作为第二、三类形式，由于程序文件的减少或第三类型程序文件已并入质量手册，此时可能会增加必要的管理类作业文件；对于第四类型，原则上这一类管理类文件应大大简化，尽量纳入质量手册中。

对于只制定6个程序文件，质量手册有关章节也不可能制定那样具体，在必要时，可制定以下管理类质量作业文件：①质量管理体系文件编制、编号规则；②各职能部门及有关人员质量职责规定；③各部门质量目标分解计划；④采用过程方法的有关规定；⑤操作工技艺评定准则；⑥进货检验规程；⑦技术文件管理规定；⑧档案管理规定；⑨汽车维修服务手册；⑩汽车维修工艺规程；⑪有关人员能力要求规定；⑫选择、评价和重新评价供方准则；⑬内部沟通规定；⑭顾客满意度测量办法；⑮焊接作业指导书；⑯油漆作业指导书；⑰汽车维修过程检验规程；⑱汽车维修竣工检验规程；⑲计量管理制度；⑳设备管理维护规定；㉑仓库管理制度；㉒汽车金加工过程、竣工检验规定；㉓维修工种操作规定等。这类文件的多少，按实际需要确定。作为各职能部门也可以制定本部门的质量作业文件，但应经质量管理部门审核协调，统一编号，纳入第 3 层次(d)类文件实施控制。质量作业文件的编制无需统一规定格式，因为要求不同，内容形式很多，可参考程序文件编制，也可采用其他形式。

六、质量记录的编制

1.质量记录的概念

记录是指“阐明所取得的结果或提供所完成活动的证据的文件”。记录可以用于为可追溯性提供文件，并提供验证、预防措施和纠正措施的证据，通常记录不需要控制版本。质量记录是对有关质量活动及其结果提供证据的文件。它在体系文件中具有十分重要的作用，是证实体系建立、实施、保持和改进整个过程的客观证据，具有可追溯性，是验证质量管理体系有效运行的依据，便于分析原因、实施纠正措施和预防措施。

按照作用分类，质量记录可分为两类：一类是验证质量管理体系运行的记录，如设计评审报告、管理评审报告、内部质量审核报告以及有关体系运行的各种表格记录；另一类是证明产品质量的记录，如产品检验试验报告、鉴定报告，以及产品检验的各种记录。

按照 ISO 9001:2000 标准过程体系结构模式分类，可以分为 4 类：管理职责、资源管理、产品实现、测量分析和改进等四个方面的质量记录。也可以按部门分类，有利于对记录进行管理。

2.质量记录的要求

质量记录要按照 ISO 9001:2000 标准要求进行管理，标准规定的记录，应当建立，并可适当增加，但并不是越多越好，要尽量少而精，要按记录的重要性、必要性、充分性进行评审选择。质量记录要规范化，涉及表格形式应统一基本规格和格式要求，每一表格要进行唯一性编号，记录表格形式和栏目应当具有实用性，内容明确，填写方便。它是一种特殊类型的文件，应当按照标准第 4.2.4 条记录控制要求进行控制，要确保记录真实性和准确性，应严肃认真，实事求是，不得任意修改变动。质量记录的编制应考虑记录管理的方便，记录储存、查阅、检索的方便。

质量记录不要认为就是记录表格，这只是一种通用形式，按定义它是取得的结果或提供所完成活动的证据文件，所以，各种报告，重要的会议记录，取得结果所采取的必要的措施等都属于质量记录。当然，主要是质量记录表格，如报告等记录也应编号，记录均应按标准第 4.2.4 条记录控制要求进行受控制。

3.质量记录的编制

每一过程需要哪些质量记录，应当通过质量管理体系过程的策划，按照 ISO 9001:2000 标准要求建立记录。通常质量记录的编制有以下要求：

(1)记录名称。应简短明确反映质量记录的主题内容，必要时可在记录对象前加上说明部分，以确定记录类别，如《管理评审报告》、《质量内部审核报告》等。

(2)记录编号。为加强对记录的管理,方便查找,应对每一种记录表格由质量管理部门统一编号,应在随同文件审批时同时审批表格,编号可采用前面所述方法,要突出文件分类和过程要点序号,对大型组织突出文件部门代号。

(3)记录表格栏目。应按具体需要进行确定,要注意栏目要求明确、合理、简练,方便填写,力求实用。

(4)记录人员。有关检验人员、操作人员、技术人员、管理人员、有关的记录员、起草人员及审核人员、批准人等,必须明确完成记录的责任人,应当签字确认,要求签全名。

(5)记录时间。记录必须注意时间性,必要时应按活动程序填写时间,通常在记录人员签字后填写时间。

(6)记录的格式和更正。记录表格形式应当统一进行审核,规格原则上应尽量一致,可取几种规定的规格尺寸,有利于装订成册归档,表格表头可印出组织的名称。记录通常不得任意改动,但当由于某种客观原因如填写错误、填写不规范,必要时可以更正,但要经确认,采用划改方式(用"="符号),并要在更正处加盖更正印章方可。

ISO 9001:2000 标准规定了 21 项内容必须要有记录,当然组织也可以根据自身要求增加其他记录内容。质量记录必须按不同组织的特点要求进行编制,要联系实际,注重实用性。标准规定的记录内容如表 1-4 所列。

表 1-4 质量管理体系规定的记录清单

序号	标准条款	标准所要求记录的规定内容	备注
1	5.6.1	管理评审记录	
2	6.2.2 e)	教育、培训、技能和经验记录	
3	7.1 d)	产品实现过程及其产品满足要求提供证据的记录	
4	7.2.2	与产品有关的要求的评审结果及由评审而引起措施的记录	
5	7.3.2	与产品有关的要求的设计和开发输入记录	
6	7.3.4	设计和开发评审结果以及任何必要措施的记录	
7	7.3.5	设计和开发验证的结果以及任何必要措施的记录	
8	7.3.6	设计和开发确认的结果以及任何必要措施的记录	
9	7.3.7	设计和开发更改及其评审结果以及任何必要措施的记录	
10	7.4.1	供方评价结果以及由评价所引发而采取的任何必要措施的记录	
11	7.5.2 d)	在输出的结果不能够被随后的监视和测量所证实的情况下,组织要求证实对过程确认的记录	
12	7.5.3	有可追溯性要求时应记录产品的唯一性标识	
13	7.5.4	丢失、损坏或者被发现不适宜使用的顾客财产的记录	
14	7.6 a)	当不能溯源到国际或国家测量标准时,应记录用以检定或校准测量设备依据的记录	
15	7.6	当发现设备已不符合要求时,组织应对以往测量结果的有效性进行评价和记录	
16	7.6	测量设备校准和验证结果的记录	
17	8.2.2	内部审核结果的记录	
18	8.2.4	指明授权放行产品人员的记录	
19	8.3	应保持不合格的性质以及随后所采取的任何措施的记录,包括所批准的让步的记录	
20	8.5.2	记录所采取措施(纠正措施)的结果	
21	8.5.3	记录所采取措施(预防措施)的结果	

七、质量计划的编制

1.质量计划的定义

对特定的项目、产品、过程或合同，规定由谁及何时使用哪些程序和相关资源的文件。

2.质量计划的编制要求

(1)质量计划应符合汽车维修企业的质量方针和质量目标，且与已建立的质量管理体系文件保持一致。质量计划的规定可以由计划文件本身直接加以明确，也可以通过引用相应的书面程序加以明确。

(2)质量计划必须满足托修方在合同中提出的全面质量要求，并且有能保证达到这些要求的质量措施、资源和活动。

(3)质量计划必须具体反映质量策划的结果。质量计划可以是一组文件的组合，也可以是按阶段制定的一组文件。这组文件要具有可操作性。原则性的计划有目标、要求、约束条件、资源配备、组织分工和进度安排等。实施性的文件有针对某项汽车维修、项目或合同的专门管理和作业程序、指导书等。

(4)质量计划仅涉及与汽车维修、项目或合同要求有关的活动，是维修活动的实施顺序、方法、资源配置、进度安排、责任部门及检验方法。

3.质量计划的格式和内容

质量计划的格式和详细程度应与顾客的要求、汽车维修企业的工作要求和所要开展的活动的复杂性相适应。质量计划的格式无固定要求，凡能满足汽车维修、项目合同，明确地作出规定和要求的格式均可采用，通常有文字叙述和图表两种形式，也可以采用图示、文字相结合的办法。

质量计划的主要内容：

(1)需达到的质量目标。

(2)列出应进行的质量活动和实际运作的各过程的步骤。

(3)在活动的各个不同阶段，职责、权限和资源的具体分配，具体责任人。

(4)某项活动的开始和完成时间表。

(5)采用的程序文件和指导书。

(6)适用的试验、检验、检查和审核大纲。

(7)更改和完善质量计划途径和手续。

(8)达到质量目标的测量方法。

(9)达到质量目标必须采取的其他措施。

第五节　质量管理体系的审核

质量管理体系的审核包括内部审核和外部审核。

内部审核用于企业内部管理目的，有时称第一方审核，是企业自己或以企业的名义进行，可作为企业自我合格声明的基础。在许多情况下，尤其在小型企业内，可以由与受审核活动无责任关系的人员进行，以证实独立性。

外部审核是指包括通常所说的第二方审核和第三方审核。第二方审核由企业的相关方(如顾客)或由其他人员以相关方的名义进行。第三方审核由外部独立的组织进行。这类组织提供符合要求(如 GB/T 19001－2000 和 GB/T 24001－1996)的认证或注册。质量管理体系的第三方审核有时也称质量管理体系的认证。

一、质量管理体系的内部审核

(一)质量管理体系内部审核的特点

内部审核的主要动力来自管理者,重点是推动内部工作的改进。内部审核人员来源于企业内部,程序通常比第三方审核简单,规范要求比第三方审核低,对纠正措施的跟踪控制比较及时有效,更有利于提高质量管理体系运作效果,是管理者介入质量管理的重要工具。

(二)内部审核流程

内部审核过程包括内部审核策划、现场内部审核和跟踪审核。

1.内部审核策划

内部审核策划工作主要包括确定审核范围、任命审核组长及组建审核组、编制审核计划、准备审核文件。

首先,内部审核策划应当落实,审核计划得到批准。审核组和受审核部门要充分了解审核计划。其次,责任落实,包括建立审核组并明确分工,各受审核部门负责人在现场,并且有准备。第三,工作文件落实,包括各类工作文件齐全,所有文件、记录都能得到理解并能有效应用。

(1)编制审核计划。审核计划包括年度审核计划和审核活动计划。年度审核计划是审核策划的始端,也是总纲,审核活动计划则是按照年度审核计划安排具体实施。审核计划内容包括:审核目的、审核范围、审核准则、审核组成员及分工、主要审核活动的时间安排、首末次会议时间等。年度审核计划应当以文件形式颁发,审核活动计划应当有审核组长签名和主管领导的批准。审核计划可按部门或活动(过程)来编制,一般按部门编制,审核计划应当指明审核的职能部门、场所,最好注明要审核哪些相应的活动或过程,因此审核组长应当事先熟悉被审核方的质量管理体系文件及部门在相应过程或活动中的职责。审核计划的具体内容应当与受审核方的规模和复杂程度相适应。审核组分工时,应当注意把专业审核员安排在产品实现过程或产品的测量过程,确保审核的有效性。审核计划中应当强调安排对领导层的审核。某汽车维修企业的年度审核计划示例如表 1-5 所列。某汽车维修企业内部审核计划示例如表 1-6 所列。

(2)建立审核组。根据审核活动的目的、范围、部门、过程以及审核日程安排,选定审核组长和成员,建立审核组。审核组成立后,应明确各成员的分工和要求,这是审核组长的责任。审核组长应注意“审核员不能审核自己的工作”的原则。

审核组长的职责为:①全面负责审核各阶段的工作;②审核组长应有管理能力和经验,有权对审核工作的开展和审核发现作最后的决定;③协助选择审核组成员;④制定审核计划;⑤代表审核组与受审核方领导接触。

内部审核员的职责为:①遵守有关的审核要求,并传达和阐明审核要求;②参与制定审核活动计划,编制检查表,并按计划完成审核任务;③将审核发现整理成书面资料,并报告审核结

表 1-5 年度审核计划

编号:

审核目的	评价企业质量管理体系运行的符合性、有效性		
审核范围	总经理、管理者代表、办公室、技术服务部、配件部、维修车间		
审核准则	ISO 9001:2000;企业质量管理体系文件;适用的法律、法规;顾客投诉等		
审核组	×××、×××、××、×××、		
实施内容	时间安排	责任人	备注
准备工作	2~3月	各部门	
第一次内审	5月中旬	内审组长	
不符合项	6月	各部门负责人	
跟踪审核	7月下旬	审核组	
第二次内审	8月上旬	内审组长	
不符合项	9月	各部门负责人	
跟踪审核	10月中旬	审核组	
召开管理评审会议	11月中旬	总经理	
接受第三方审核	12月中旬	管理者代表	

编制:××× 审核:××× 批准:×××

时间:2006年1月5日 时间:2006年1月6日 时间:2006年1月7日

表 1-6 内部审核计划表

编号:

审核时间	2005年6月16日~2005年6月17日		
审核目的	评价质量管理体系的符合性、有效性		
审核依据	ISO 9001:2000标准、质量手册、其他质量管理体系文件(如作业指导书、维修手册)、法律法规及国家标准、行业标准(如《中华人民共和国道路运输条例》、交通部《机动车维修管理规定》、GB/T 18344—2001《汽车维护、检测、诊断技术规范》、GB 7258—2004《机动车运行安全技术条件》、GB 18285—2005《点燃式发动机汽车排气污染物排放限值及测量方法》等)		
审核方法	按部门审核		
审核范围	总经理、管理者代表、办公室、维修部、配件部		
体系覆盖的产品	汽车维修;删减ISO 9001:2000标准"7.3设计和开发"条款		
审核组	审核组长:××× 第一组:×××、×× 第二组:×××、×××		
审核时间安排		第一组	第二组
6月16日	8:00~8:30	首次会议	
	8:30~12:00	办公室 4.2.3、4.2.4、5.4、5.5.1、5.5.3、6.2、6.3、7.2.3、8.2.1、8.2.2、8.2.4、8.5.2、8.5.3	配件部(含仓库)7、4.1、7.4.2、7.4.3、7.5.5、8.3
	13:30~17:30	维修部 6.3、6.4、7.2.1、7.2.2、7.2.3、7.5.1、7.5.2、7.5.3、7.5.4、7.5.5、7.6、8.2.3、8.2.4、8.3	领导层 5.3、5.4、5.5.1、5.5.2、5.5.3、5.6、6.1、8.1、8.5.1
6月17日	8:00~12:00		
	13:30~16:30		
	16:30~17:30	补充审核和审核组内部会议	
		末次会议	

编制:××× 批准:×××

时间:2006年5月6日 时间:2006年5月6日

注:每个部门应审核ISO 9001:2000标准中第5.2、5.4.1、5.5.1、5.5.3、8.2.3、8.5.1条。

果;④验证由审核结果导致的纠正措施的有效性;⑤整理、保存与审核有关的文件;⑥配合和支持审核组长的工作;⑦协助受审核方制定纠正措施,并实施跟踪审核;⑧参加第二方审核。

(3)编制检查表。检查表是审核前需要准备的一个重要工作文件。审核员一般应根据分工,准备现场审核用的检查表。检查表内容的多少,取决于被审核部门的工作范围、职能、抽样方案及审核要求和方法。

总经理和管理者代表,涉及主要的条款有:4.1、4.2.1、4.2.2、5.1、5.2、5.3、5.4.1、5.4.2、5.5.1、5.5.2、5.5.3、5.6、6.1、7.1、8.1、8.5.1。

办公室,涉及主要的条款有:4.2.3、4.2.4、5.4.1、5.5.1、5.5.3、6.2.2、6.3、8.2.1、8.2.2、8.3、8.4、8.5.2、8.5.3。

维修部,涉及主要的条款有:5.4.1、5.5.1、6.3、6.4、7.2.1、7.2.2、7.2.3、7.5.1、7.5.2、7.5.3、7.5.4、7.5.5、7.6、8.2.3、8.2.4、8.3。

配件部,涉及主要的条款有:5.4.1、5.5.1、7.4.1、7.4.2、7.4.3、7.5.5、8.2.3、8.3。

2.现场内部审核

现场内部审核的目的是检查质量管理体系文件运行情况和实际执行情况,通过对现场客观证据的收集,判断体系文件是否符合 1SO9001:2000 标准和法律法规的要求。现场审核以首次会议开始,以末次会议结束。

(1)首次会议。首次会议由内审组长主持,参加会议人员有:内部审核组成员、受审核部门的有关负责人、领导层等,首次会议时间一般不超过 30 分钟,会议议程如下:①参会人员签到;②人员介绍;③申明审核目的和范围;④传达审核计划;⑤强调审核的原则;⑥阐明澄清有关问题,如确定末次会议时间、地点及出席人员等;⑦落实后勤安排;⑧会议结束。

(2)现场审核。现场审核应按审核计划进行,具体的审核内容应按准备好的检查表进行,采用抽样检查的方法,收集客观证据。

(3)现场审核的原则。①坚持以"客观证据"为依据的原则;②坚持标准与实际核对的原则;③坚持独立、公正的原则;④坚持"三要三不要"的原则。即:要讲客观证据,不要凭感情、凭感觉、凭印象用事;要追溯到现实做得怎样,不要停留在文件、回答上面;要按审核计划如期进行,不要"不查出问题不罢休"。

(4)客观证据的收集。审核员收集客观证据的方式有:①与受审核人员的面谈;②查阅文件和记录;③现场观察和核对;④对实际活动及结果的验证;⑤数据的汇总、分析、图表和业绩指标;⑥来自其他方面的报告,如顾客反馈;⑦相关抽样方案的水平和确保对抽样的测量过程实施质量控制的程序。

(5)现场审核记录。在提问、验证、观察中,审核员记录审核过程中听到、看到的有用的真实信息,包括符合和不符合的信息,作为提出报告的真凭实据。①记录应清楚、全面、易懂,便于查阅和追溯;②记录应准确、具体,如文件、物资标识、产品批号、设备编号、记录编号、合同编号、维修时间、维修工单号等;③记录应及时,当场记,尽量避免事后回忆和追忆。

(6)不符合项报告。不符合项报告是对现场审核得到的审核发现进行评审并经受审核方领导确认的,对不符合项的陈述,是审核报告的一部分,是审核组提交给受审核方的正式文件。不符合项性质一般分为严重不符合项和一般不符合项。

严重不符合项通常是指系统性失效或缺陷,主要判断标准有:①质量管理体系与约定的质量管理体系标准或文件的要求严重不符;②造成区域性失效的不符合;③造成系统性失效的不符合;④可造成严重后果的不符合项;⑤违反法律、法规的不合格项。

一般不符合项判断标准有:①不是偶然的,明显不符合文件要求的不符合项;②直接影响产品质量的不符合项;③造成质量活动失效的不符合项。

某汽车维修企业的 3 份不符合项报告示例,如表 1-7～表 1-9 所列。

表 1-7 不 符 合 项 报 告

编号:

审核部门	维修部	部门负责人	×××

不合格事实陈述:查 2002 年 8 月 28 日,斯太尔 7547 车辆的生产通知单中有维修项目 9 项,其中 3 项为"装机油尺、检修后桥漏油、焊后桥刹车分泵定位杆",但相应的"工序/检验流程卡"中无此项目,也没有其他证据表明对此 3 个项目进行了检修

不符合 GB/T 19001－2000 标准第 7.5.1 条款的规定　　　　不符合类型:次要
第 1 份不符合报告　　　　审核员:×××、×××　　　　日期:××年××月××日

不符合原因分析:

责任部门负责人:　　　　日期:

纠正及纠正措施:

预定完成期限:　　　　部门负责人:　　　　日期:
审核员认可:　　　　日期:

纠正及纠正措施:

审核员:　　　　日期:

表 1-8 不 符 合 项 报 告

编号:

审核部门	维修部	部门负责人	×××

不合格事实陈述:对自校尾气分析仪编制了《检、测、试设备对比校验规程》,规定检定周期为 6 个月,但未能提供该检测仪器的对比校验记录。

不符合 GB/T 19001－2000 标准第 7.6 条款的规定　　　　不符合类型:次要
第 1 份不符合报告　　　　审核员:×××、×××　　　　日期:××年××月××日

不符合原因分析:

责任部门负责人:　　　　日期:

纠正及纠正措施:

预定完成期限:　　　　部门负责人:　　　　日期:
审核员认可:　　　　日期:

纠正及纠正措施:

审核员:　　　　日期:

表 1-9 不符合项报告

编号：

审核部门	配件部	部门负责人	×××

不合格事实陈述：WQ/QP08—03《监视和测量控制程序》中第 4.1.2 条规定：外协件由配件部会同技术总监按维修规范要求进行验收。查 2003 年 8 月 5 日的"汽缸体修理前后记录表"，外协件（镗缸）的质量验收由维修的主修人签字验收。

不符合 GB/T 19001－2000 标准第 8.2.4 条款的规定　　不符合类型：次要

第 3 份不符合报告　　审核员：×××、×××　　日期：××年××月××日

不符合原因分析：

责任部门负责人：　　日期：

纠正及纠正措施：

预定完成期限：　　部门负责人：　　日期：

审核员认可：　　日期：

纠正及纠正措施：

审核员：　　日期：

(7)审核报告。在末次会议之前，内部审核组成员要召开内部沟通会议，对审核结果进行汇总分析，对不符合项的数量、性质以及所列不符合要素和各部门的分布情况进行统计，最终由审核组长进行汇总，编制审核报告，对企业的质量管理体系的有效性和符合性作出总体评价。审核报告内容包括：审核目的和范围、审核组长及成员、审核日期及计划主要项目实施情况、实施审核的依据、不符合项的统计分析，对受审核方的综合评价，肯定优点，指出缺点，提出审核结论，提出纠正实施要求，审核报告的发放范围，审核报告的批准等。例：××汽车维修企业质量管理体系内部审核报告如表 1-10 所列。

3. 跟踪审核

跟踪审核是对受审核方采取措施进行评审、验证，并对纠正结果进行判断和记录的一系列审核活动的总称。

跟踪审核的范围是以审核中发现的不符合项纠正情况为主，但常因需要而扩大范围，对有效性的验证也因内部管理的需要而更为严格。

(1)跟踪审核的形式。受审核方将整改文件提供给审核员或跟踪审核员工作负责人，作为实施了纠正和预防措施的证据，由审核员进行实际验证。审核员到现场对不符合项进行复审，并对验证的纠正结果形成记录。

(2)跟踪审核员的职责。对不符合项纠正结果进行验证记录。证实所采取的纠正和预防措施是有效的，必要时应建议纳入文件。发现遗留问题，并提出纠正和预防措施建议。向审核负责人报告跟踪结果。

表 1-10　质量管理体系内部审核报告

审核目的	评价质量管理体系初步运行的符合性、有效性和适宜性。检查各部门对《质量手册》、程序文件的执行情况
审核依据	GB/T 19001－2000/ISO 9001:2000;企业的质量手册及其他质量管理体系文件;与服务有关的法律、法规及标准
审核范围	总经理、管理者代表、办公室、维修部、配件部
审核组成员	×××、×××、×××、×××
审核日期	2006 年 5 月 10 日～5 月 11 日
编制人	×××
编制日期	2006 年 5 月 1 日

质量管理体系综述:

1.质量管理体系运行评价

企业质量管理体系已经得到实施,基本符合 ISO 9001:2000 标准要求,具有以防止不合格满足顾客要求与法律法规的能力,初步建立持续改进机制。在本次内审中,企业质量管理体系在 5.3 质量方针、5.4 策划、5.5.3 内部沟通、7.4 采购、7.5.3 标识和可追溯性等方面做的较好。问题是销售部的合同管理不完整,配件的旧件管理混乱、外来文件的识别和发放做的不够、售后维修无完善检验规程和记录、车间环境需加强等方面,在下一阶段要求进行加强管理,保证符合质量手册、程序文件等要求。

2.不符合数量、分布

本次内部审核共发现 6 项不符合项,其中严重不符合项 1 个、一般不符合项 5 个,详见《不符合项分布表》

纠正措施要求及审核报告分发对象:

总经理、管理者代表、办公室、维修部、配件部、销售部

批准意见:

(略)

企业负责人:×××　　　日期:　2006 年 5 月 18 日

二、质量管理体系的认证

1.质量管理体系认证程序

质量管理体系认证是指经过认证机构对组织质量管理体系的检查和确认并颁发证书,是证明组织质量保证能力符合相应要求的活动。质量管理体系认证的程序大致可分为提出申请、受理申请、审核准备、初访受审核方、现场审核、纠正措施、提交和审议审核报告以及颁布证书等过程,具体流程如下:提出申请→受理申请→签订合同→制定审核方案→审核启动→文件评审→现场审核准备→初访(必要时)→现场审核→编制、批准和分发审核报告,完成审核→纠正措施的跟踪,验证→审核方案监视和评审→认证的评审、批准→颁发认证证书→监督审核→复评→延长证书有效期。

(1)提出申请。第一,要求进行质量管理体系认证审核的汽车维修企业(简称申请方),应当向认证体系机构联系,根据需要索取质量管理体系认证审核申请表,按其内容认真填写。第二,申请方在要求时间内,向体系认证机构报送申请表、质量手册、程序文件、法人营业执照复印件、申请认证审核涉及的产品或服务简介及简要流程图等有关资料,并按规定标准交纳质量管理体系认证审核申请费。

(2)受理申请。体系认证机构对申请方的申请表及有关资料进行审议,交填写质量管理体

系文件初审检查报告。根据申请方的情况，体系认证机构在15日内作出受理、不受理或申请改进后再受理的决定。对是否受理的决定，体系认证机构必须及时书面通知申请方，并说明理由。对决定受理申请的汽车维修企业，体系认证机构必须及时阅卷编号，并与受审核方或委托方签订《认证审核合同书》，双方承担合同责任。

(3)审核准备。第一，认证机构审核部签署任命审核组长。第二，审查受审核汽车维修企业提供的质量管理文件和有关资料。必要时，及时向汽车维修企业提出修改、补充意见以及索取有关补充资料。第三，编制审核计划。审核计划包括：审核目的和范围、审核目的和范围所涉及的有关部门及主要责任者、审核组人员及名单、审核日期及会议安排、编写检查清单。通知受审核方审核计划安排。

(4)初访受审核方。初访一般是由审核组长提出或受审核方提出后才进行。

(5)现场审核。现场审核自首次会议开始，末次会议结束。

①首次会议。首次会议是审核组成员和受审核方的联合会议。主要内容有：a. 介绍审核组成员和受审核方参会的主要成员；b. 受审核方领导简要介绍汽车维修企业的概况；c. 审核组长重申审核依据、审核目的和范围；d. 简要介绍审核方法和程序；e. 确认受审核实施计划；f. 确认受审核方陪同人员；g. 商定提供审核检查期间必需的物资及实施；h. 商定双方认为需要配合的有关事宜。

②现场审核。双方应认真执行审核实施计划，完成审核任务。a. 审核组成员应按检查表，调查事实获取证据；b. 对发现的不合格事实，应征得受审核方管理者代表或陪同人员的确认；c. 审核组成员应对每天的审核检查结果进行小结，评议当天的审核检查工作开展情况；d. 发布不符合事实，明确第二天的审核检查工作内容；对不符合事实，由审核人员填写《不符合项报告》，并由受审核方管理者代表签字确认。

③审核组会议。审核完成后，由审核组长召开审核组成员会议，会议内容包括：a. 对不符合项综合、归类和分析；b. 提出审核检查的结论性意见；c. 当受审核方提出要求时，归纳提出改进意见。

④编写审核报告。由审核组长负责编写审核报告。审核报告的内容包括：a. 审核检查概况；b. 审核依据、目的及范围；c. 不符合项汇总情况；d. 审核检查的总体归纳；e. 审核检查结论，现场审核结论一般包括推荐注册、推迟推荐注册和不推荐注册；f. 附件（审核计划、不符合项报告）。

⑤末次会议。由审核组长代表审核组宣读审核报告，最终确认不符合项。

(6)纠正措施。对发现的不符合项，受审核方应采取纠正行动和纠正措施，在审核组要求的时限内完成，并将整改实施情况和效果抄报认证机构。必要时，体系认证机构可到现场复查整改工作的有效性。

(7)提交和审议审核报告。由审核组长负责，在审核组离开后一周内，把审核报告提交体系认证机构技术委员会审议、批准。经审批后的审核报告书正本送受审核方（或委托方），副本及有关资料送认证机构办公室存档备查。

(8)颁发证书。经技术委员会审议批准，向受审核方颁发国家质量管理体系认证主管部门统一颁布的并印有认证机构认证标志的质量管理体系认证证书。获证方在认证机构进行注册。认证机构以公报形式予以公布，并上报备案，制定公布的管理体系认证证书持有者的注册名录。获证方在规定范围内，允许使用质量管理体系认证标志。

2.质量管理体系认证后的监督管理

按照《质量管理体系认证实施程序规则》的规定，认证机构对获准认证的组织在体系认证证书有效期内实施监督管理，内容包括：换证、质量管理体系更改报告、监督审核、认证撤销、认证有效期满的复评等。

(1)换证。在认证证书有效期内，出现下列情况之一时，应当按照有关规定重新换证：①体系认证标准变更；②体系认证范围变更；③体系认证证书持有者变更。

(2)体系更改报告。获准认证的组织的质量管理体系需作比较重大的变更时，该组织需将更改计划及时报告认证机构，该认证机构将依据更改引起的影响程度，决定是否需要进行重新评定。比较重大的质量管理体系更改通常涉及质量手册基本内容的更改，如质量方针、机构设置、职责分工、质量管理体系要素的重要控制程序的改变等。

(3)监督审核。认证机构对于获准认证的组织在其质量管理体系认证证书有效期内实施的监督审核，按规定每年不得少于一次。监督审核的基本目的是确认获准认证注册组织的质量管理体系继续满足规定的要求。监督检查的审核人数、时间、检查内容通常都比初次现场审核为少，一般审核内容为：①上次检查中发现的不符合项纠正措施的效果；②质量管理体系是否发生更改，查明这些更改对质量管理体系有效性的影响；③抽查部分质量管理体系要素的运行情况。抽查要素的数量大体上按以下原则考虑：受审核方的质量管理体系认证证书的有效期为3年，通常每年检查一次。原则上要求3年有效期内把全部要素检查一遍，有些重要要素则可以安排检查2次，因此，每次检查的要素以三分之一略多的适用要素的总数为宜。

(4)认证暂停。认证暂停是认证机构对获准认证的组织发生违反认证的行为采取的一种警告措施。在认证暂停期间，该组织不得使用体系认证证书和标志进行宣传。认证暂停应由认证机构书面通知停止，并指明消除认证暂停达到的条件。有下列情况之一的，体系认证机构应当暂停体系认证证书持有者使用体系认证证书和标志的资格：①体系认证证书持有者未经体系认证机构的批准，对获准认证的质量管理体系进行更改，且该项更改影响到体系认证资格；②监督审核发现证书持有者质量管理体系达不到规定要求，但严重程度尚不构成撤销体系认证证书资格的；③体系认证证书持有者对体系认证证书和标志的使用不符合体系认证机构的规定；④体系认证证书持有者未按期交纳认证费用且经指出后未予以纠正的；⑤发生其他违反体系认证规则情况的。

体系认证证书持有者在规定的时间内满足规定条件，体系认证机构取消其暂停；否则，撤销体系认证资格，收回体系认证证书。

(5)认证有效期满的复评。体系认证证书持有者需在体系认证证书有效期满后继续保证认证资格时，应按认证机构的规定，在有效期届满前足够的时间内向认证机构提出重新认证的申请。认证机构将按照初次认证的基本程序，对申请方的质量管理体系实施全面地重新评定。合格者，颁发新的体系认证证书，有效期还是3年。

(6)认证撤销。有下列情况之一者，认证机构应撤销体系认证证书持有者使用体系认证证书和标志的资格，收回体系认证证书：①暂停体系认证资格的通知发出后，体系认证证书持有者未按规定采取适当纠正措施的；②监督审核发现体系认证证书持有者质量管理体系存在严重不符合规定要求；③发生体系认证机构与体系认证证书持有者之间正式协议中特别规定的其他构成撤销体系认证资格的情况。被撤销质量管理体系认证资格的，一年后方可重新提出质量管理体系认证申请。

(7)认证注销。认证注销是指认证机构在获准认证的组织不违反认证规则的情况下,中止与该组织认证合同关系的行为,当发生下列情况之一时,认证机构将注销该组织使用体系认证证书和标志的资格,收回体系认证证书:①当体系认证规则发生变化时,组织不愿意或不能确保符合新的要求;②在体系认证证书有效期届满时,组织没有在证书有效期届满前足够时间内向认证机构重新提出认证的申请;③获准认证的组织正式提出注销认证,解除认证合同。

(8)认证撤销、认证注销的公布。体系认证机构关于暂停、撤销、注销体系认证证书持有者使用体系认证证书和标志资格的决定,以及认证有效期复评,应书面通知体系认证证书持有者,并可以予以公布。

本章小结

1. 质量管理体系标准的形成是质量管理理论与实践发展的产物。
2. 2000 版 ISO 9000 族国际标准由核心标准、支持性标准及文件两部分组成。
3. 中国等同采用 2000 版 ISO 9000 族标准。
4. 八项质量管理原则是质量管理体系的理论基础。
5. 汽车维修企业推行 ISO 9001:2000 质量管理体系标准应按步骤开展。
6. 质量管理体系的审核包括内部审核和外部审核。内部审核的主要动力来自管理者,重点是推动内部改进,人员来源于企业内部。外部审核是证明组织质量保证能力符合相应要求的活动,是组织取得质量管理认证证书的必要过程。

复习思考题

1. ISO 9000 族标准由哪些标准组成?
2. 中国是如何应用 ISO 9000 族标准的?
3. 汽车维修企业应如何推行质量管理体系标准?
4. 如果你所在的企业即将推行质量管理体系标准,作为技术负责人,你如何发挥作用?
5. 如果你所在的企业已通过质量管理体系认证,你如何保持、改进企业的质量管理体系?
6. 请你指出所在企业技术管理过程中,与 ISO 9001:2000 质量管理体系要求的差距。

第二章 质量管理

第一节 汽车维修质量管理概述

一、汽车维修质量管理的概念

汽车维修是为汽车运输服务的相对独立的行业，通过维护和修理来维持和恢复汽车技术状况，延长使用寿命，是汽车后市场的重要组成部分。

虽然汽车维护和汽车修理的任务不同、性质不同，但是它们都是以保证汽车安全运行，降低使用成本，延长使用寿命，节约能源，保护大气环境为目的的。

汽车维修包括汽车维修作业过程与服务车主过程，服务功能贯穿于维修作业流程的始终。为此，汽车维修的质量既包含维修技术质量，又包含服务质量，两者相辅相成。汽车维修是集劳动密集型与技术密集型的行业，在进行质量管理的同时，离不开技术管理，因而，汽车维修企业需要进行技术质量管理，以不断持续追求顾客所重视的技术质量与服务质量，提高维修质量。下面将在汽车维修技术质量与服务质量两方面分别论述。

1.质量和质量管理的概念

质量的含义是一组固有特性满足要求的程度。它可以使用形容词，如差、好或优秀来修饰，固有特性就是指在某事或某物中本来就有的，尤其是那种永久的特性。

质量管理的含义，是在质量方面指挥和控制组织的协调的活动。在质量方面的指挥和控制活动，通常包括制定质量方针和质量目标，以及质量策划、质量控制、质量保证和质量改进。质量管理就是用最经济、最有效的手段，把一个组织内各部门在质量发展、质量保持、质量改进的努力结合起来的一个有效体系，进行生产和服务，以便使生产和服务达到最经济水平，并使顾客满意。

质量不是检验出来的，而是每个工作过程质量的综合表现，因而渗透其每个工作过程的质量管理起着决定性的作用。

2.汽车维修质量含义

汽车维修质量可以分为汽车维修技术质量和服务质量两个方面。

(1)汽车维修技术质量。具体是指维修竣工车辆满足相应竣工出厂技术条件的一种定量评价。

(2)汽车维修服务质量。具体是指业务接待、维修进度、维修价格、维修经营管理水平。

3.汽车维修质量管理定义

汽车维修质量管理是为保证和提高汽车维修质量所进行的调查、计划、组织、协调、控制、检验、处理及信息反馈等各项活动的总称。它是一项有计划、全方位、经常性的综合技术管理，是汽车维修行业管理和汽车维修企业管理系统的重要组成部分。

汽车维修的全面质量管理，包括：维修技术质量（性能、寿命、可靠性、安全性）、价格、交货期、维修服务、质量保证期和顾客满意。

全面质量管理的基础工作包括：标准化工作、计量工作、质量信息工作和质量教育工作等。

4.汽车维修技术质量评定参数

汽车维修技术质量的主要衡量标志是经维修的汽车是否符合相应的竣工出厂技术条件，这里所讲述的“技术条件”即汽车主要性能参数（也称为质量特性参数），是评定汽车维修技术质量的主要参数，主要包括：

（1）动力性。汽车动力性评价指标很多，通常用发动机输出功率、底盘输出功率、动力因素、最高车速、最大爬坡度、驱动比功率和汽车直接挡加速时间等来衡量。

（2）燃料经济性。汽车的燃料经济性通常用汽车经济车速百公里所消耗的燃料的升数来衡量。

（3）制动性。汽车的制动性能通常用制动距离、制动减速度、制动稳定性或行车制动力、行车制动力平衡、车轮阻滞力、制动系统协调时间和驻车制动力来衡量。

（4）转向操纵性。汽车的转向操纵性通常用转向轮的侧滑量、转向盘操纵力及最大自由转动量来衡量。

（5）废气排放和噪声。汽车废气排放和噪声测试执行国家标准。

（6）密封性。汽车的密封性有汽车防雨、防尘密封性和连接密封性。

（7）可靠性。汽车各总成部件的连接状况，包括机件、灯光、仪表等工作的可靠程度和密封状况。

5.汽车维修质量考核指标

衡量汽车维修企业的维修质量，应按维修质量考核指标进行考核。通常汽车质量考核指标有：

（1）一次交车合格率。

一次交车合格率＝一次交车合格车辆数÷报告期全部修竣出厂车总数×100％

（2）返修率。指维修后，车辆回厂重新维修的比率。

返修率＝汽车返修辆次÷总修竣车辆数×100％

在质量保证期内返修的，不包括因使用不当而造成损坏的修理。

（3）项次合格率。

项次合格率＝合格项次（得分数）÷规定考核项次（总分数）×100％

项次——可按规定随机抽样检测。

（4）故障诊断差错率。

故障诊断差错率＝故障诊断错误数÷故障总诊断数×100％

（5）配件质量合格率。指外购和外协加工件合格的比率。

（6）返工率。指维修过程中，工序或项目重新维修的比率。

（7）用户满意率。指用户比较满意的车辆数、项次与总修车辆数、总项次的比率。

二、汽车维修质量管理的内容、任务和要求

1.汽车维修企业质量管理的内容

(1)认真贯彻落实国家和行业的质量管理法律、法规、规章，制定汽车维修企业质量管理的各项规章制度。

(2)贯彻执行有关汽车维修国家标准、行业标准、地方标准及企业标准。

(3)制定汽车维修工艺规范和设备安全操作规程。

(4)依据国家标准、行业标准的要求，制定企业的维修作业指导书。

(5)建立健全企业的质量管理体系，实施全面质量管理。

(6)对汽车维修设备进行管理，对维修计量器具、检测设备进行计量管理。

(7)对汽车维修配件的采购、检验进行管理。

(8)对汽车维修过程质量检验管理，掌握质量动态，进行质量分析，根据分析结果，提出改进措施。

(9)进行维修质量纠纷调解和处理。

(10)制定维修技术人员培训和考核制度，组织实施培训。

(11)组织制定维修工时定额与收费标准，并组织实施。

(12)组织进行维修疑难故障的处理和排除。

(13)制定企业技术改造、技术革新方案，推广新技术、新工艺、新设备、新材料。

(14)进行技术质量文件的管理。

(15)组织实施汽车维修的现场管理。

2.汽车维修质量管理的任务

汽车维修质量管理的主要任务是确定合理的质量目标；制定全面的质量计划；建立有效的质量管理体系。其核心是提高维修技术工人的工作质量和维修质量，完善工艺方法和组织形式，保证竣工出厂车辆的技术状况及其使用性能达到最佳状态。

汽车维修质量管理不仅关系汽车维修行业的整体技术水平和服务信誉，而且直接影响运输生产和交通安全。加强汽车维修质量管理，不断提高汽车维修质量，既是各级道路运输管理机构的重要职责和行业管理的核心内容，也是汽车维修企业经营管理的重要任务。

3.汽车维修质量管理的要求

(1)应具有汽车维修的国家标准和行业标准以及相关技术标准。我国的汽车维修标准基本上可归纳为维修基础性标准，维修管理性标准，修理工艺、规范性标准，维护工艺、规范性标准，检测方法、规范性标准，维修设备产品性标准，以及检测设备产品性标准等七类，基本已涵盖了汽车维修的各个分支领域，初步形成了汽车维修标准的体系框架。标准为规范我国的汽车维修发挥了重要作用。汽车维修企业要积极收集掌握有关汽车维修的标准。

(2)应具有所维修车型的维修技术资料及工艺文件，确保完整有效并及时更新。现代汽车工业发展较快，车型日新月异，汽车维修企业应确保及时更新其修理资料，并保持其完整。

(3)应具有汽车进出厂登记、检验、竣工出厂合格证管理、维修质量承诺、技术档案管理、标准和计量管理、设备管理及维护、人员技术培训等制度。

(4)应建立汽车维修档案和进出厂登记台账。

三、汽车维修企业全面质量管理的重要性

全面质量管理也称全面质量控制，是一种质量管理理论和方法，对全球质量管理理论和实践都有巨大贡献，现在被广泛应用。

全面质量管理引入汽车维修企业，一方面能够使已初具规模的企业进一步强化其管理与质量改进体制，减少不良维修产生的机会，提高维修质量水平，并从整体上增强企业持续地提供高维修质量的能力，从而使企业增强市场竞争力，为企业的发展提供了更大的发展空间。汽车维修企业通过全面质量管理能够实现汽车维修企业管理上的理顺→提高→巩固→超越，使各汽车维修企业更快、更好地实现发展目标。汽车维修企业实施全面质量管理具有现实的重要意义。

(1)适应国际化大趋势。我国的市场化进程加快，要求汽车维修企业通过现代质量管理与国际汽车制造企业接轨，适应国内外发展趋势，提高汽车维修管理水平，拓展经营范围，增加经济效益。

(2)建立现代企业管理模式。汽车维修企业通过全面质量管理，以企业原有的质量管理为基地，全方位改进目前在质量管理方面还有待理顺、完善、优化的环节，形成一套现代化汽车维修企业的管理流程，建立一套全面的质量管理模式，既是为同行树立榜样，又是汽车维修企业未来运营的管理规范。

(3)提高企业现有的管理水平。全面质量管理是全球各国百年优秀管理模式的结晶，是国际上管理专家们的共同杰作，对企业的质量控制提出了30余个方面的要求，汽车维修企业借助于全面质量管理，能使目前已形成的管理制度优化，建立正规的文件化管理系统，实施有效的质量管理，进行不断改进，通过培训，提高人员素质，进一步提高现有管理水平。

(4)完善质量监管手段。作为汽车维修企业的管理人员，很希望任何环节都按流程办事，但东方人的传统是重德再重才，凡事希望靠人的自觉行动，履行工作职责；西方人的观念是靠过程监控凭客观证据控制每个环节。全面质量管理非常强调关键过程监控、内部质量审核、顾客与相关方评价、管理评审等4级监督手段。

(5)提高企业的服务水平和市场竞争力。通过全面质量管理，可以对企业的业务接待、修前检测诊断、维修作业、过程检验、竣工检验、人员培训等全方面进行严格控制，保证汽车维修的技术、服务质量。加强汽车维修技术和服务意识的培训，提升人员技术水平和服务意识，提高企业的内部管理水平和服务水平，保证顾客满意，提高市场竞争力。

(6)实现企业持续健康发展。汽车维修企业的管理有共同优化、共同进步的需求，全面质量管理已有了一整套共性化行业规范，但更需要在此基础上的细化、深化、全方位化的质量标准的个性化制度。未来市场竞争力来源于“坚实的基础管理工作＋高度可靠的设备”。

汽车维修企业如能及时地导入全面质量管理，这是一种明智的战略抉择，它意味着汽车维修企业将借鉴发达国家百年管理经验之成果，全面推进和提升企业管理工作。全面质量管理的导入和贯彻是管理理念的一次更新和升华，是管理模式脱胎换骨的转换，运用国际通行的管理语言，高屋建瓴，融汇升华，建立以顾客满意为目标的过程导向管理模式并渐入佳境，秉承其现代的服务理念，弘扬其独有的个性文化，沿着国际管理标准的轨道，去开创无限延伸的发展空间。

第二节　汽车维修质量过程管理方法

一、汽车维修质量管理机构设置

汽车维修企业设立质量管理部门，建立健全质量管理体系，就是要将企业有关部门的质量管理活动组成一个整体，以便相互沟通，协调动作，共同保证和提高维修质量。

汽车维修企业质量管理部门的设置，应根据企业规模的大小而定。规模较大的企业可以单独设立质量管理的具体办事部门——质量检验科，其成员由专业技术人员、专职检验人员等组成。

汽车维修质量管理机构的主要职责是：

(1)认真贯彻执行质量管理法律、法规、制度，以及有关部门制定的汽车维修质量管理的方针和政策。

(2)贯彻执行有关汽车维修的国家标准、行业标准、地方标准及企业标准。

(3)制定汽车维修工艺和操作规程。

(4)依据国家标准、行业标准、地方标准的要求，制定企业的维修作业文件。

(5)建立健全企业的质量管理体系，加强质量检验管理，掌握质量动态，进行质量分析，实施全面质量管理。

(6)开展技术质量评优与奖惩工作，搞好修后跟踪服务。

对于规模小的汽车维修企业，应明确专门的人员负责技术质量管理，履行质量管理部门的职责。

《机动车维修管理规定》明确规定：从事一类和二类汽车维修业务的，应当各配备至少1名技术负责人员和质量检验人员。技术负责人员应当熟悉汽车或者其他机动车维修业务，并掌握汽车或者其他机动车维修及相关政策法规和技术规范；质量检验人员应当熟悉各类汽车或者其他机动车维修检测作业规范，掌握汽车或者其他机动车维修故障诊断和质量检验的相关技术，熟悉汽车或者其他机动车维修服务收费标准及相关政策法规和技术规范。技术负责人员和质量检验人员总数的60%应当经全国统一考试合格。

不论企业的大小，汽车维修企业的最高管理者（总经理、厂长）和企业的技术质量管理部门（人员）是汽车维修企业质量管理的主要负责者，应当建立技术质量管理部门，明确责任人。

汽车维修企业的最高管理者在质量管理体系的建立、实施、改进方面发挥领导作用，要及时向全体员工传达满足顾客和法律法规要求的重要性，制定质量方针，关注质量目标，保证汽车维修所需资源的有效配置，如人员、设备配置和工作环境满足服务要求，赋予所有员工相应职责和权限，建立企业内部的沟通渠道等等。

二、汽车维修技术质量管理依据

在维修过程中，必须有严格的技术标准、工艺规范和竣工检验标准，才能保证汽车维修质量，这些技术标准和规范就是汽车维修质量管理的技术依据。

1.技术标准分级

根据标准的应用领域和有效范围,我国技术标准分四级。即国家标准、行业标准、地方标准和企业标准。

(1)国家标准。国家标准是由国务院标准化行政主管部门制定的全国范围内统一的标准。例如:GB 7258—2004《机动车运行安全技术条件》、GB 18565—2001《营运车辆综合性能要求和检验方法》、GB/T 18344—2001《汽车维护、检测、诊断技术规范》。

(2)行业标准。行业标准是由国务院有关行政主管部门制定,并报国务院标准化行政主管部门备案的标准,是全国性行业范围内的技术标准,在国家标准颁布之后,该项行业标准即行废止。例如:JT/T 198—2004《营运车辆技术等级划分和评定要求》、JT/T 325—2001《营运客车类型划分和等级评定》。

(3)地方标准。地方标准是由各省、直辖市、自治区标准化行政主管部门制定,并报国务院标准化行政主管部门和国务院有关行政主管部门备案的标准。其标准在本地区范围内统一使用。

(4)企业标准。没有国家标准和行业标准的,企业应当制定企业标准,作为组织生产的依据。企业标准须报当地政府标准化行政主管部门和有关行政主管部门备案。对已有国家标准或行业标准的,国家鼓励企业自行制定严于国家或行业标准的企业标准,在企业内部实施。

2.汽车维修技术标准内容

汽车维修技术标准是指为保证汽车维修质量、降低配件、材料消耗的基础性标准,是指导汽车维修生产的技术依据。其主要内容包括:

(1)汽车大修技术标准。汽车大修是整车性能恢复性修理,具有工业生产的性质。它是为保证汽车修复后满足动力性、经济性、可靠性、安全性以及环保性、节能等方面的要求,对整个维修生产过程中拆卸、修理、装配、调试和检验等制定的技术标准。

(2)汽车主要总成修理技术标准。汽车各总成的技术状况直接影响整车的使用性能,在使用过程中,各总成的使用条件、磨损情况和故障规律、修理周期都不相同。各总成的修理技术标准是保证汽车维修质量的专用修理技术标准。主要总成技术标准包括:发动机汽缸体和汽缸盖修理、曲轴修理、凸轮轴修理等发动机修理,传动轴修理、变速箱修理、前桥和转向器修理、驱动桥修理、客车车身修理等技术标准。

(3)主要车型和专项修理标准。汽车的车型复杂、种类繁多。为保证汽车维修质量,国家制定了几个基本车型的专项修理技术标准。

(4)汽车维护标准。根据不同车型、不同使用条件确定的维护级别、作业项目、作业内容和维护周期,就是汽车维护工艺规范。

3.汽车维修技术质量检验标准内容

汽车维修质量检验标准是指汽车或总成维修竣工后的质量检验标准。制定统一的质量检验标准是正确评价汽车维修质量的科学依据和保证汽车维修质量的重要手段,也是道路运输管理机构对汽车维修质量进行监督管理的主要技术依据。其主要内容是汽车整车性能参数标准和主要总成及部件的性能参数标准。

(1)汽车动力性、经济性检验标准。汽车维修竣工后的动力性、经济性参数是衡量汽车维修质量的主要综合性能参数,其中包括汽车底盘输出动率、发动机输出功率、燃料消耗等主要技术参数。这些参数能综合反映汽车各总成、部件的修理质量、装配质量、调试质量。因此,汽车维修竣工后的动力性、经济性检验标准是汽车维修质量检验标准的主要内容。

(2)汽车安全性能检验标准。汽车维修竣工后的安全性能参数是衡量汽车维修质量的重要性能参数,主要包括:汽车制动性能、侧滑性能、转向性能和灯光性能等参数标准。

(3)汽车环境保护标准。汽车在运行过程中的尾气排放和噪声,是空气环境污染源之一,汽车维修是治理汽车对环境污染的重要措施。国家已经制定了有关的汽车环保标准。因此,必须把尾气排放和噪声作为汽车维修质量检验的重要内容。

三、汽车维修质量管理制度

汽车维修质量管理制度是汽车维修企业为贯彻汽车维修质量管理方针、目标,保证维修质量,满足顾客要求,增强顾客满意程度,而必须建立的有关质量管理制度。其主要内容包括:

(1)汽车维修业务培训、考核及持证上岗制度。汽车维修生产中配备相应的维修人员是汽车维修质量的根本保证。加强职工的技术业务培训,是提高人员素质、保证维修质量的重要途径。企业要根据生产情况,组织有关人员参加行业培训,并开展企业内部培训工作,实现关键岗位从业人员持证上岗。

(2)汽车维修质量检验制度。汽车维修企业对机动车进行二级维护、总成修理、整车修理的,应当实行维修前诊断检验、维修过程检验和竣工质量检验制度,并做好检验记录,以备查验。同时,应定期或不定期地组织人员对维修质量进行抽查,以加强日常的质量监督管理工作。

(3)汽车维修配件、辅助原材料检验制度。汽车维修企业应加强对汽车维修配件质量控制,落实对配件、原材料的质量检验工作,把好配件、原材料进厂关,杜绝使用"无厂名、无产地、无合格证"的"三无"产品,做到"质次产品不进厂,伪劣配件不装车",避免因使用有质量问题的配件、辅助原材料而造成的维修质量事故,承担装前未经鉴定的责任。在进厂入库前,必须由专人逐件进行检查验收。完善和加强检验手段,在维修用料时,要认真填写领料单,详细填写规格、型号、材质、产地、数量等,并由领发人分别签字盖章。

(4)计量管理制度。目前,计量管理工作在汽车维修企业不太受重视,这种状况应当改观。在强调汽车维修质量工作目标管理工作中,计量管理是质量管理体系的一个重要环节。计量管理是对汽车维修、检验过程中所使用的计量器具、检测仪器的管理。汽车维修企业应加强计量器具和检测设备的管理,要按照有关法律法规和标准,严格实施计量器具定期检定制度,明确专人保管、使用和检定,保证量值传递的准确性。

(5)汽车维修档案管理制度。汽车维修档案管理是质量信息工作的保证。只有做好汽车维修质量检验原始记录并妥善保存,才能为质量管理提供可靠的质量评定依据和信息反馈,有助于提高汽车维修质量。《机动车维修管理规定》规定:机动车维修经营者对机动车进行二级维护、总成修理、整车修理的,应当建立机动车维修档案。机动车维修档案主要内容包括:维修合同、维修项目、具体维修人员及质量检验人员、检验单、竣工出厂合格证(副本)及结算清单等。

(6)汽车维修竣工出厂合格证制度。实行汽车维修竣工出厂合格证制度,是保证汽车维修质量的一项重要措施,是道路运输管理机构监督检查汽车维修企业维修质量、处理汽车维修质量纠纷的依据。汽车维修竣工质量检验合格的,维修质量检验人员应当签发《机动车维修竣工出厂合格证》;未签发《机动车维修竣工出厂合格证》的汽车,不得交付使用,车主可以拒绝交费或接车。

(7)汽车维修质量保证期制度。实行汽车维修竣工出厂质量保证期制度是提高汽车维修质量、维护客户合法权益的一项重要措施。汽车维修竣工出厂必须达到恢复或维持汽车技术性能，保证一定的质量和使用期限。质量保证期限是根据汽车种类、维修级别、作业深度确定的。机动车维修实行竣工出厂质量保证期制度。

(8)汽车维修质量返修制度。汽车维修企业应当建立包括返修程序、返修记录、责任追究在内的翻修制度。

(9)岗位责任制度。汽车维修质量是靠每个岗位的操作者实现的，是由全体员工来保证的。因此，必须建立严格的岗位责任制度，以增强每个职工的质量意识。定岗前要合理配备，量才使用，定岗后，要明确职责，并保持相对稳定，以便提高岗位技能和责任心。

(10)质量考核制度。汽车维修企业应按照岗位职责，分别制定质量考核奖惩管理办法，进行定期考核。

四、汽车维修质量管理方法

汽车维修质量管理是一项广泛性、经常性的工作，技术性很强，必须综合应用法律的、经济的、技术的和必要的行政手段实施管理。汽车维修质量是汽车维修企业的生命线。维修质量的好坏，是企业管理的综合反映，它关系到企业的生存和发展。不断提高维修质量，是企业质量管理的头等大事。

(一)传统的汽车维修质量管理

传统的汽车维修质量管理工作通常是根据实践和检验发现修理质量上薄弱环节和问题，从技术原理、工艺、装备上研究产生的原因，采取有针对性的改进措施，并组织稳定的生产工艺路线，将改进的结果同原来情况对比，看是否达到预期效果。在主要质量的问题得到解决时，次要问题会上升为主要矛盾，这时再重复上述过程，以解决新产生的质量问题，周而复始，以追求质量的最高目标。其管理方法为：

1.制订质量管理计划

汽车维修企业不仅有生产计划，同时还应制订明确的质量计划，作为企业质量管理和实现维修质量的管理目标，提高维修质量，增进顾客满意度。

维修技术质量指标，一般用合格率表示。合格率是指维修合格的车辆在维修车辆总数中所占的比例。用公式表示为：

$$合格率=合格辆次\div维修总辆次\times100\%$$

维修合格率不是指所维修车辆本身的状况，而是反映车辆在整个维修过程中的质量水平。在一般情况下，维修过程中的工作质量越好，合格率就越高；反之，合格率就要降低。因此，合格率是综合反映企业维修质量的指标之一。运用合格率指标可以对每道工序，每个班组，每个车间，直至整个企业进行考核。有时还用返修率、项次合格率、返工率等指标来考核整个企业的服务质量。返修率是指汽车回厂返修辆次与总维修辆次的比值。返工率是指汽车维修过程中，返工辆次与总维修辆次的比值。

2.建立质量分析制度

进行质量分析的重要步骤之一就是要深入实际，了解维修质量，搞好调查研究。一方面，企业的各级领导要亲自动手，深入现场；另一方面，也要组织车间、班组人员，组成各种调查组深入现场，以质量为中心，从车辆进厂到竣工出厂，从维修设备到检验设备，从维修工人到管理人员，从上道工序到下道工序，从原材料配件入库到外协件验收等方面，层层调查研究，发现问题，解决问题。

质量分析，应当是经常的、全面的，企业各部门都要进行，既要分析发生的质量事故，又要分析合格车辆。

分析质量事故就是要找出发生质量事故的原因和责任者，以便有针对地采取技术组织措施。

分析合格车辆，是为了全面掌握达到质量标准的规律，总结成功经验，鼓励先进，为进一步改善和提高质量奠定基础。

质量分析可以从企业内部和企业外部两个方面进行。在企业内部，除了对日常质量检验的统计资料进行分析外，还可以通过召开质量分析会、专项研究、走访客户等形式进行分析。在企业外部，主要是组织质量调查组深入客户进行跟踪走访调查，更具体地了解客户的意见和要求，为进一步提高维修质量提供资料。

3. 制订提高维修质量措施

质量计划指标应有切实可行的措施来保证。为了实现质量计划指标，就必须制订相应的具体措施。

(1)加强教育，增强全体员工的质量意识，做到人人关心质量，个个负责质量。这是保证和提高维修质量的主要条件。

(2)抓技术管理，建立健全各项有关质量管理的规章制度。做到岗位有职责，检验有标准，操作有规程，优劣有奖惩，不断提高质量管理水平。

(3)以质量为中心，依靠群众，积极推广和应用新技术、新工艺、新材料、新设备、新经验，不断提高维修质量和生产效率。

(4)加强职工的技术业务培训，不断提高工人的技术水平和操作的熟练程度。

(二)现代汽车维修质量管理方法

现代汽车维修质量管理的理念是以客户为关注焦点，以客户为管理中心，而不是以维修营收或质量为管理中心，由原来的对维修质量的单凭事后检验，变为对维修质量的全过程控制。通常采用国际上普遍推行的 ISO 9000 族质量管理标准。它是国际标准化组织(ISO)发布的一组质量保证的国际标准，反映了现代质量管理和质量保证的新概念。汽车维修企业通过推行 ISO 9000 族标准，严格按照 ISO 9000 族标准控制汽车维修质量，有利于加强基础管理，使其步入规范化管理轨道；有利于加强维修质量管理，提高员工的整体素质；有利于与 WTO 接轨，提高市场竞争能力。

汽车维修企业通过推行 ISO 9000 族标准，主要任务是按照 ISO 9001：2000 标准建立、实施、保持和改进企业的质量管理体系。

1. 建立质量管理体系

汽车维修企业要建立健全符合 ISO 9001：2000 标准质量管理体系，形成适用于企业的质量管理体系文件。体系文件要识别汽车维修质量管理所包含的过程，包括识别外包过程，确定过程的顺序及相互作用，确定所需的准则、方法，保证资源、信息的获得，使过程的监视、测量、分析受控，并持续改进。同时，编制形成文件的程序，予以控制，建立并保持记录，确保动态下的有效运行。

2. 实施方针目标管理

以顾客为关注焦点，制定企业的质量方针和质量目标，将可测量的质量目标分解到各相关职能和层次上。同时，确定企业的机构设置，划分职责权限，配备必要的人员，建立各项质量管理制度。

3. 提供和管理汽车维修资源

企业要识别、确定、提供汽车维修的人力资源、专业技能、设施设备、信息技术、检测设备、计算机软件、工作环境等资源，对其管理、维护等方面作出规定。从教育、培训、技能和经验等方面评定维修人员的能力，确定其工作岗位，并保持教育、培训、技能，提高维修人员的工作技能，提升维修质量。

4. 进行汽车维修的全过程、全方位管理

企业汽车维修的全过程、全方位管理，包括设计过程、维修过程、辅助过程、使用过程。具体有：维修的策划过程、与顾客有关的过程、原材料及配件的控制过程、维修控制的过程、监视及测量装置控制的过程。

(1)策划汽车维修所需的过程。按照顾客车辆维修的要求，包括维修技术、质量、价格、时间、质量保证期等要求，策划企业的维修过程，设备、设施、人员、配件、技术资料、作业指导书的配置，同时确定维修的检验及接受准则是否满足要求，制订质量计划，对维修过程和检验过程制定必要的记录。

(2)与顾客有关的过程。提供车辆维修服务前，通过与顾客的交谈来弄清顾客的要求，如汽车故障、维修完成时间要求、对配件的要求、维修价格的要求等，包括顾客没有明示而车辆使用所必需的要求（如顾客等待时间、维修质量保证期、提车时间等）和车辆有关法律法规规定的要求（如安全要求、环保要求、营运车辆要求等）。同时，对顾客的要求进行评审，保证充分理解并满足顾客的要求，维护和保证企业的信誉，如企业的维修能力是否满足顾客要求，对顾客口头要求和变更要求予以确认等，通过合同的评审予以确认。

汽车维修前、维修中、维修后，采用适当的方式，与顾客进行直接或间接的沟通，保证满足顾客的要求。

(3)原材料及配件的控制过程。建立充分、适宜的原材料、配件采购信息，制定配件供应商选择、评价和重新评价的准则，建立采购原材料及配件（包括外协件）的验收、检验、测量、查验的制度，确保采购的原材料及配件符合规定的采购要求，使采购过程在受控条件下进行，实现择优采购。

(4)维修控制的过程。对维修接待、维修作业及交付服务进行全过程控制，包括作业内容的准确传递及理解、使用适宜的设备、获得及使用监视测量装置、实施监视测量和交付过程，对维修关键过程、特殊过程进行控制。对维修汽车进行标识，防止维修状态的混淆。规定顾客财产的防护，并做好记录。

(5)监视及测量装置控制。对所需的监视及测量装置进行控制，定期对量具、检测设备按规定进行校准或检定，保证监视、测量的准确。

5. 测量、分析和改进

通过确定、收集适当的数据，采用适宜的分析方法，准确、及时地了解顾客的满意度，采取措施，持续改进，增强顾客满意。对不合格的维修和不合格的服务进行控制，采取纠正措施和预防措施，增强满足要求的能力。

6.采用管理评审和内部质量审核的方法，自我完善

企业制定管理评审程序和内部质量审核程序，按规定进行管理评审和内部质量审核，进行自我诊断，对发现的不合格，采取纠正措施和预防措施，不断改进和完善质量管理方法。

第三节　汽车维修质量检验

一、汽车维修质量检验概述

1.汽车维修质量检验的目的

汽车维修质量检验的目的是为了对汽车维修全过程实行质量控制，判断汽车维修后是否符合质量标准和规范，向客户提供有关汽车维修的技术数据。

2.汽车维修质量检验的职能

(1)保证职能，即把关职能。对检验不合格的零部件、工序，不得转入下道工序，保证不合格的零部件不装配、不合格的汽车不出厂。

(2)预防职能。及时反馈获得的数据，查找问题，分析原因，采取措施，防止类似的问题再发生。

(3)报告职能。及时报告检验情况，加强维修质量监督管理，提供信息。

保证职能、预防职能、报告职能三者是统一整体，最基本的职能是保证(把关)职能。

3.汽车维修质量检验员基本条件

(1)掌握全面质量管理知识和汽车修理技术标准。

(2)掌握公差配合和技术测量基本知识。

(3)掌握测试技术。

(4)正确使用检测量具。

(5)具有强烈的责任心和良好的职业道德。

(6)能独立行使质量否决权，不受行政领导干预。

(7)通过专业技术培训和资格认证，取得道路运输管理机构颁发的汽车维修质量检验人员证。

(8)具备组织质量分析的能力。

二、汽车维修质量检验的任务

汽车维修质量检验是指采用一定的检验测试手段和检查方法，测定汽车维修过程中和维修竣工后(含整车、总成、零件、工序等)的质量特性，并将测定的结果同汽车维修质量评价参数标准相比较，从而对汽车维修质量作出合格或不合格的判断。它是检查监督汽车维修质量的重要手段。

1.汽车维修质量检验的方法

汽车维修质量检验的方法分为两类：一是传统的经验检视法，凭人的感官检查和判断，在车辆外检中是必不可少；二是借助于各种量具、仪器、设备对车辆进行参数测试的方法，仪器仪

表测试可通过定性或定量的测定和分析，准确地评价或掌握车辆技术状况。

2.汽车维修质量检验手段

质量检验手段亦称检测手段，是指由检测设备、仪器、检验工具和检验方法形成的检验能力。

(1)质量检验项目，包括零配件形位公差、尺寸公差、粗糙度、车辆技术性能、配件及材料性能等技术检验。

(2)质量检验设备分为3类：一是基础检验工具，包括工具、卡具、各种测试仪器仪表；二是专用检测设备，包括发动机测试仪、车轮动平衡机、四轮定位仪、五轮仪、电器试验台、故障检测仪、探伤设备等；三是不解体检验设备，即整车检测设备，如底盘测功机、底盘间隙测试仪、侧滑检验台、制动检验台、前照灯检测仪等。

随着现代科学技术的进步，特别是汽车不解体检测技术的发展，人们可以在室内或特定的道路条件下，不解体测试汽车的各种性能，而且安全、迅速、准确。

3.汽车维修质量检验步骤

(1)熟悉质量检验的步骤。掌握汽车维修相关技术标准和汽车零、部件的技术特性参数，熟悉技术质量标准、检验规则和检验方法，明确检验要求。

(2)检测。按规定的检测方法和手段，测试有关技术性能参数，得出测量值。

(3)比较。将测试所得质量特性参数同质量标准参数比较。

(4)判断。根据比较结果，判断汽车或零、部件维修质量是否合格。

(5)处置。对维修质量合格的汽车发放《机动车维修竣工出厂合格证》，合格的零、部件可装车使用，对不合格的维修汽车或零、部件，做好原始记录，按规定查出原因，进行返修或另行处理。

三、汽车维修质量检验的分类及内容

汽车维修技术质量检验按照3种方法分类。

1.按检验职责分类

按检验职责可分为自检、互检和专职检验。

(1)自检。自检是指维修工人对自己完成的维修项目，对照汽车维修技术标准进行质量评定，判断是否合格，分析原因，提出改进方法。自检是汽车维修中最直接、最根本、最全面的检验，是整个汽车维修质量保证的基础。坚持认真负责和实事求是的态度是自检的关键。

(2)互检。互检是指下一道维修工序对上一道维修工序的质量检验，重点是对关键部位的维修质量进行抽检把关，以免给下一道维修工序维修作业，甚至维修竣工车辆造成不必要的隐患和返工。

(3)专职检验。专职检验是指对车辆维修过程中的质量控制点进行预防性检验和整车维修竣工出厂的把关性总检验。

2.按工艺流程分类

按工艺流程可分为进厂检验、过程检验和竣工检验。

(1)进厂检验。进厂检验是对送修汽车进行外部检视，并根据送修人员反映和汽车技术档案，确定检测项目，进行故障诊断。进厂检验不属于质量检验范畴。进厂检验的目的在于填写双方认可的汽车交接清单，办理交接手续，汽车维修企业通过对送修车辆的外观和行驶检查，制订维修计划、签订维修合同。在现行的汽车维护制度中，要求汽车二级维护前应进行检测诊断，为确定附加作业项目提供分析依据。汽车大修或总成大修送修前应进行技术检验鉴定，以免超前维修或失修。技术鉴定的方法主要是审查车辆技术档案，根据驾驶员的反映、仪器测量和路试，判定汽车的技术状况。

(2)过程检验。汽车维修过程检验又称工序检验。其目的在于防止不合格的零件装配到总成或部件中，防止不合格的总成或部件装到整车上。事故车、大修车或零部件应按技术标准检验后，将零件分辨确定为可用、需修和报废三类。分类的主要依据为：是否超过修理规范中规定的使用极限值，在允许范围内的为可用件；磨损或形位误差超过允许值，但仍可修复使用的为需修件；严重损坏、无法修复或修理成本过高的，为报废件。零件检验分类是维修过程中极为重要的工序，直接影响维修质量和维修成本。汽车维修过程检验由承修工人自检，专职质量检验员抽检。维修中的关键零部件、重要工序及总成的性能试验由专职质量检验员检验。汽车维修企业应根据自身的实际情况，确定必要的维修质量控制点，由专职维修质量检验员进行强制性检验。质量控制点应设在关键、重要特性所在的工序或项目中，以保证质量的稳定性；在汽车维修过程中，重复故障和合格率低的工序及对下一道工序影响较大的工序中应设几个检验点，使影响该工序质量的因素处于受控状态。

(3)竣工出厂检验。竣工出厂检验由专职质量检验员执行。质量检验员应对照维修技术标准，全面检查车辆测试的有关性能参数，认真填写出厂检验单。对二级维护的营运车辆，应由汽车综合性能检测站进行竣工检测，出具检测报告，作为汽车维修企业总质量检验员签发竣工出厂合格证的依据之一。汽车检测合格后，方可签发《机动车维修竣工出厂合格证》，车辆维修竣工出厂时连同有关技术资料一并交付用户。汽车返修检验、判断工作应由专职质量检验员负责。质量检验员通过检验和鉴定，分清责任，组织协调和实施返修，并登记、填写车辆返修记录。汽车综合性能检测机构承担着汽车维修质量竣工检测和车辆技术等级评定检测工作，道路运输管理机构应充分发挥其对汽车综合性能检测的作用，履行质量监督职能。

3.按检验对象分类

按检验对象分为维修技术质量检验、自制件及改装件技术质量检验、原材料及配件(含外购、外协件)技术质量检验、设备器具技术质量检验等。

汽车维修质量检验人员在进行上述类型检验时，应做好相应的检验记录，汽车维修的进厂检验记录、过程检验记录和竣工出厂检验记录是汽车维修技术质量检验的基础原始记录，应具有可追溯性，要认真填写，及时整理，存入档案进行保管。

检验人员在经理或厂长的直接领导下独立开展检验工作，不受外界干扰，对检验结果负责。

四、汽车维修质量检验的标准

汽车维修技术质量检验就是要按照国家和行业标准要求，进行维修质量检验，满足标准要求，保证维修质量。其检验内容已在第二章第一节中阐述，这里仅介绍汽车维修技术质量的主要标准。

汽车维修的技术标准是衡量维修技术质量的尺度，是汽车维修企业进行生产、技术、质量管理的工作依据，具有法律效应。我国现行汽车维修技术标准主要有：

(1)GB 1495—2002《汽车加速行驶车外噪声限值及测量方法》

(2)GB/T 1743—1979《漆膜光泽度测定法》

(3)GB/T 3798.1—2005《汽车大修竣工出厂技术条件 第一部分 载客汽车》

(4)GB/T 3798.2—2005《汽车大修竣工出厂技术条件 第二部分 载货汽车》

(5)GB/T 3799.1—2005《商用汽车发动机大修竣工出厂技术条件 第一部分 汽油发动机》

(6)GB/T 3799.2—2005《商用汽车发动机大修竣工出厂技术条件 第二部分 柴油发动机》

(7)GB 1589—2004《道路车辆外廓尺寸、轴荷及质量限值》

(8)GB/T 18274—2000《汽车鼓式制动器修理技术条件》

(9)GB 3847—2005《车用压燃式发动机和压燃式发动机汽车排气烟度排放限值及测量方法》

(10)GB 4785—1998《汽车及挂车外部照明和信号装置的安装规定》

(11)GB/T 5336—2005《大客车车身修理技术条件》

(12)GB/T 5624—2005《汽车维修术语》

(13)GB 7258—2004《机动车运行安全技术条件》

(14)GB/T 12536—1990《汽车滑行试验方法》

(15)GB/T 12540—1990《汽车最小转弯直径测定方法》

(16)GB/T 12543—1990《汽车加速性能试验方法》

(17)GB/T 12545.1—2001《乘用车燃料消耗量试验方法》

(18)GB/T 12545.2—2001《商用车燃料消耗量试验方法》

(19)GB 12676—1999《汽车制动系统 结构、性能和试验方法》

(20)GB/T 13564—2005《滚筒式汽车制动检验台》

(21)GB/T 18276—2000《汽车动力性台架试验方法和评价指标》

(22)GB 14763—2005《装用点燃式发动机重型汽车燃油蒸发污染物排放限值及测量方法(收集法)》

(23)GB 18285—2005《点燃式发动机汽车排气污染物排放限值及测量方法(双怠速法及简易工况法)》

(24)GB/T 15746.1—1995《汽车修理质量检查评定标准 整车大修》

(25)GB/T 15746.2—1995《汽车修理质量检查评定标准 发动机大修》

(26)GB/T 15746.3—1995《汽车修理质量检查评定标准 车身大修》

(27)GB/T 16739.1—2004《汽车维修业开业条件 第1部分:汽车整车维修企业》

(28)GB/T 16739.2—2004《汽车维修业开业条件 第2部分:汽车专项维修业户》

(29)GB 1958—1980《形状和位置公差 检测规定》

(30)JB/Z 111—1986《汽车油漆涂层》

(31)JT/T 198—2004《营运车辆技术等级划分和评定要求》

五、汽车维修企业服务质量的检验

汽车维修企业服务质量的检验应建立一套以客户为中心的服务标准文件,其中包括服务项目、程序语言、程序行为等文件,此类文件即为检验汽车维修企业服务质量的依据。更实际一点的是考核客户的反馈信息，也就是及时掌握客户对维修的满意度。了解客户的满意程度要有一套合理的、科学的、全面的调查方式与调查表格，并通过适当方式对收集到的综合信息进行对比，检查汽车维修企业的服务质量。

1.客户满意度标准

(1)技术要求:准确可靠的维修。

(2)价格要求:合理收费。

(3)时间要求:快捷有效。

(4)服务要求:真诚对待与沟通。

据统计，客户满意度提高5%，利润将提高25%~85%。

2.客户期望值与企业提供服务能力之间的关系

企业提供的服务小于期望值——客户不满意;企业提供的服务等于期望值——客户无所谓;企业提供的服务大于期望值——客户满意。

基本服务和增值服务:企业要想客户回头，必须在做好基本服务的同时追加增值服务。

增值服务又分为两种:一种是只需付出简单劳动，而不需要付出资金;另一种是需要付出复杂劳动，又需要付出资金的增值服务。

企业做服务，难免会出错，但是对待客户的抱怨是真诚沟通、及时处理，还是相互推诿、延迟处理，这是客户是否流失的关键。一般抱怨，当天及时处理客户流失的可能性只在5%，如果当天不处理，流失可能性将会增加到30%。

客户接触点分析和管理是一种留住客户的很好方法。这种方法是在企业为客户服务过程中对时间、空间上的每一个接触点，进行分析，进行规范，进行管理，每天纠正一点，每天进步一点，久而久之企业与客户的接触链条就会越打越牢，越拉越紧。

传统的中国汽车维修业，面对着新经济的复杂环境，面临着全球性的挑战，应认清形势，转变观念，把握机遇，不断创新。汽车维修市场的竞争的结果一定会是“双赢”和“多赢”。

第四节　汽车综合性能检测要求和方法

《中华人民共和国道路运输条例》对道路运输车辆的技术状况作出了明确规定，要求道路运输经营者定期进行车辆维护和到符合国家相关标准的汽车综合性能检测机构进行检测。汽车综合性能检测机构要按照国家标准和行业标准的规定，进行营运车辆技术等级评定检测和车辆二级维护竣工质量检测，出具全国统一式样的检测报告，作为道路运输管理机构核发《道路运输证》和汽车维修企业质量检验员签发《机动车维修竣工出厂合格证》的依据之一。

汽车综合性能检测机构是道路运输业的重要组成部分，是为汽车及其他机动车的技术状况、维修质量和车辆改装、改造、报废等提供检测、诊断技术服务的独立的、社会化的、自负盈亏的经营实体。

汽车综合性能检测机构应按照国家和行业技术标准要求，独立、公正地开展检测业务。

一、汽车综合性能检测的作用

(1)汽车综合性能检测是运用现代检测诊断技术，准确、快速地鉴定车辆技术状况、工作能力和查明故障部位及原因,保证道路运输车辆经常保持完好技术状况的重要手段。

(2)汽车综合性能检测是科学、客观地鉴定车辆技术状况,评定车辆技术状况等级的重要手段。

(3)汽车综合性能检测是对二级维护以上作业车辆进行安全性、动力性、经济性、可靠性、尾气排放和外观质量检测,判断汽车维修质量是否达到标准要求,监督汽车维修质量的重要手段。

(4)汽车综合性能检测为道路运输管理机构调解汽车维修质量纠纷提供技术分析鉴定的依据,是保证纠纷调解公正、科学、准确、合理的重要手段。

(5)汽车综合性能检测是监督车辆正确使用的重要手段,是促进汽车维修技术发展,实现"定期检测,强制维护,视情修理"的重要保证。

二、汽车综合性能检测机构的主要任务

(1)对在用运输车辆的技术状况进行检测诊断。

(2)对汽车维修企业的维修车辆进行质量检测。

(3)接受委托,对车辆改装、改造、报废及其有关的新工艺、新技术、新产品、科研成果等项目进行检测,提供检测结果。

(4)接受公安、环保、商检、计量和保险等部门的委托,为其进行有关项目的检测,提供检测结果。

三、汽车综合性能检测的要求和方法

(一)动力性检验

1.动力性检验要求

(1)整车动力性,可用底盘测功机检测汽车驱动轮输出功率来评价。

(2)驱动轮输出功率检测工况,采用汽车发动机额定转矩和额定功率时的工况,即发动机全负荷与额定转矩转速和额定功率转速所对应的直接挡(无直接挡时,指传动比最接近于1的挡)车速构成的工况。

(3)在上面两种检测工况下,采用校正驱动轮输出功率与相应的发动机输出总功率的百分比作为驱动轮输出功率的限值。

$$\eta_{VM} = P_{VMo}/P_M \tag{1}$$

$$\eta_{VP} = P_{VPo}/P_e \tag{2}$$

式中:η_{VM}——汽车在额定转矩工况下的校正驱动轮输出功率与额定转矩功率的百分比,%;

η_{VP}——汽车在额定功率工况下的校正驱动轮输出功率与额定功率的百分比,%;

P_{VMo}——汽车在额定转矩工况下的校正驱动轮输出功率,kW;

P_{VPo}——汽车在额定功率工况下的校正驱动轮输出功率,kW;

P_M——发动机在额定转矩工况下的输出功率,kW;

P_e——发动机的额定功率,kW。

国产营运车辆的驱动轮输出功率的限值列于表2-1,其他车辆可参照执行。

表 2-1　汽车驱动轮输出功率的限值

汽车类型	汽车型号		额定转矩工况		额定功率工况	
			直接挡检测车速，km/h	校正驱动轮输出功率/额定转矩功率的限值 η_{Ma}(%)	直接挡检测车速，km/h	校正驱动轮输出功率/额定转矩功率的限值 η_{pa}(%)
载货汽车	1010、1020 系列	汽油车	60	50	90	40
	1030、1040 系列	汽油车	60	50	90	40
		柴油车	55	50	90	45
	1050、1060 系列	汽油车	60	50	90	40
		柴油车	50	50	80	45
	1070、1080 系列	柴油车	50	50	80	45
	1090 系列	汽油车	40	50	80	45
		柴油车	55	50	80	45
	1100、1110 系列 1120、1130 系列	柴油车	50	45	80	40
	1140、1150、1160 系列	柴油车	50	50	80	40
	1170、1190 系列	柴油车	55	50	80	40
半挂列车[1)]	10t 系列	汽油车	40	50	80	45
		柴油车	50	50	80	45
	15t、20t 系列	柴油车	45	45	70	40
	25t 系列	柴油车	45	50	75	40
客车	6600 系列	汽油车	60	45	85	35
		柴油车	45	50	75	40
	6700 系列	汽油车	50	40	80	35
		柴油车	55	45	75	35
	6800 系列	汽油车	40	40	85	35
		柴油车	45	45	75	35
	6900 系列	汽油车	40	40	85	35
		柴油车	60	45	85	35
	6100 系列	汽油车	40	40	85	35
		柴油车	40	45	85	35
	6110 系列	汽油车	40	40	85	35
		柴油车	55	45	80	35
	6120 系列	柴油车	60	40	90	35
	夏利、富康		95/65[2)]	40/35[2)]	—	—
	桑塔纳		95/65[2)]	45/40[2)]	—	—

注：5010～5040 系列厢式货车和罐式货车驱动轮输出功率的允许值按同系列普通货车的允许值下调 2%；其他系列厢式货车和罐式货车驱动轮输出功率的允许值按同系列普通货车的允许值下调 4%。

1) 挂列车按载质量分类；

2) 汽车变速挡使用 3 挡时的参数值。

(4)动力性合格的条件为：

$$\eta_{VM} \geqslant \eta_{Ma} \quad \text{或} \quad \eta_{VP} \geqslant \eta_{Pa}$$

式中：η_{Ma}——汽车在额定转矩工况下的校正驱动轮输出功率与额定转矩功率的百分比的允许值，%；

η_{Pa}——汽车在额定功率工况下的校正驱动轮输出功率与额定功率的百分比的允许值，%。

(5)轿车的动力性按额定转矩工况进行检测和评价，其他车辆应按第(4)款规定的两种合格条件中任选一种工况进行检测和评价。

2. 动力性检测方法

用底盘测功机检测汽车驱动轮输出功率的检测方法：

(1)按表 2-1 中规定的相应车型的检测速度，在底盘测功机上设定检测速度 v_M 或 v_P；

(2)将被检测汽车驱动轮置于底盘测功机滚筒上，启动汽车，逐步加速并换至直接挡，使汽车以直接挡的最低车速稳定运转；

(3)将加速踏板踩到底，测定 v_M 或 v_P 工况的驱动轮输出功率；

(4)测取读数。待汽车速度在设定的检测速度下稳定 15 s 后，方可记录仪表显示的输出功率值。实际检测速度与设定检测速度的允差为±0.5 km/h；

(5)在读数期间，转矩变动幅度应不超过±4%；

(6)记录环境状态及检测数据。

(二)燃料经济性检验

1. 燃料经济性检验要求

按以下的检验方法测得的汽车百公里燃油消耗量不得大于该车型原厂规定的相应车速等速百公里燃料消耗量的 110%。

2. 燃料经济性检测方法

(1)用底盘测功机检测汽车等速百公里燃料消耗量的检测方法

①检测环境条件。环境温度为 0～40 ℃；环境湿度小于 85%；大气压力为 80～10 kPa。

②台架和车辆的准备。台架和车辆应做以下准备：

a. 测试前车辆应预热至正常热状态，车辆轮胎规格和气压应符合该车技术条件的规定；

b. 底盘测功机应预热到正常工作温度，底盘测功机和油耗计应符合使用要求，工作正常；

c. 测量并记录环境温度、大气压力和燃料密度。

③检测方法。用底盘测功机检测汽车等速百公里燃料消耗量的检测方法如下：

a. 在底盘测功机上设定检测车速：轿车为 60 km/h，其他车辆为 50 km/h。

b. 将被测汽车驱动轮平稳驶至底盘测功机滚筒上，启动汽车，逐步加速并换至直接挡(无直接挡至最高挡)，使车速达到规定的车速。给测功机加载 P_{pAU}，使其模拟汽车满载等速行驶在平坦良好路面时的行驶阻力功率

$$P = P_{pAU} + P_{pL} + P_F$$

式中：P——汽车满载等速行驶在平坦良好路面时的行驶阻力功率；

P_{pAU}——底盘测功机吸收单元的吸收功率；

P_{PL}——测功机内部摩擦损失功率，由底盘测功机生产厂家给出；

P_F——汽车驱动轮、传动系等的摩擦损失，由测功机使用者自行测定。

当 $P_{PL}+P_F>P$ 时，则车辆不能在该测功机上进行检测；当 $P_{PL}+P_F<P$ 时，则需调整 P_{pAU}，使 $P_{pAU}+P_{pL}+P_F=P_0$。其中行驶阻力功率 P 可按 GB 18352.1—2001～GB 18352.2—2001 附件 CC 的有关规定试验测得，试验时基准质量为车辆满载；也可以按汽车在平坦良好路面等速行驶所消耗的功率值计算得到。

c. 待车速稳定后开始测量，要求测量不低于 500 m 距离的燃料消耗量。连续测量两次并记录测量段的燃料消耗量、时间和距离。

d. 计算等速百公里燃料消耗量和 2 次的算术平均值。

④检测结果的重复性检验。检测结果的重复性检验方法如下。

a. 检验结果的重复性按第 95 百分位来判断；

b. 标准差：第 95 百分位分布的标准差 R 与重复性检测次数 n 有关，如表 2-2 所示列；

表 2-2 标准差 R 与重复性检测次数 n 的对应关系

n,次	2	3	4	5	6
R,(L/100km)	$0.053Q_{mp}$	$0.063Q_{mp}$	$0.069Q_{mp}$	$0.073Q_{mp}$	$0.085Q_{mp}$

注：Q_{mp} 为每次检测时，n 时检测所得百公里燃油消耗量算术平均值(L/100 km)。

c. 重复性检验。Q_{mp} 为每次检测时，n 次检测结果中最大值与最小值之差，单位为 L/100 km。$Q_{mp} < R$ 时，则检测结果的重复性好，不必增加检测次数。$Q_{mp} > R$ 时，则检测结果的重复性差，必须增加检测次数。

⑤检测数据的校正。燃料消耗量的检测值均应校正到标准状态下的数值。

a. 标准状态。环境温度为 20 ℃，大气压力为 100 kPa，汽油密度为 0.742 g/cm³，柴油密度为 0.830 g/cm³；

b. 校正公式。校正公式为

$$Q_{mj} = Q_{mp}/(C_1 \times C_2 \times C_3)$$

式中：Q_{mj}——检测百公里燃料消耗量校正值，L/100 km；

Q_{mp}——检测百公里燃料消耗量算术平均值，L/100 km；

C_1——环境温度校正系数，$C_1 = 1 + 0.0025(20 - T)$；

C_2——大气压力校正系数，$C_2 = 1 + 0.0021(P - 100)$；

C_3——燃料密度校正系数，汽油机：$C_3 = 1 + 0.8(0.742 - G_s)$；柴油机：$C_3 = 1 + 0.8(0.83 - G_d)$；

T——检测时的环境温度，℃；

P——检测时的大气压力，kPa；

G_s——检测时的汽油平均密度，g/cm³；

G_d——检测时的柴油平均密度，g/cm³。

(2)用路试检测汽车百公里燃料消耗量的方法

不能用底盘测功机检测汽车百公里燃料消耗量的，可按 GB/T 12545—1990 中第 6.1～6.3 节的规定，采用道路试验进行规定检测车速的等速试验。试验条件应符合该标准第 3 章的规定。检验方法：汽车用直接挡(无直接挡的用最高挡)等速行驶，轿车车速为 60 km/h，其他车辆车速为 50 km/h，通过 500 m 测试路段，测量通过该路段的时间及燃料消耗量。往返试验两次，取其平均值，根据测得的数据计算汽车的百公里燃料消耗量。路试百公里燃料消耗量的检测值应按规定校正到标准状态下的数值。

(三)制动性能检验

1. 制动性能要求

(1)用制动距离检验行车制动性能

机动车在规定的初速度下的制动距离和制动稳定性要求应符合表 2-3 的规定。对空载检验的制动距离有质疑时，可用表 2-3 规定的满载检验制动距离要求进行。制动距离是指机动车在规定的初速度下急踩制动时，从脚接触制动踏板(或手触动制动手柄)时起至机动车停住时止机动车驶过的距离。制动稳定性要求是指制动过程中机动车的任何部位(不计入车宽的部位除外)不允许超出规定宽度的试验通道的边缘线。

表 2-3　制动距离和制动稳定性要求

机动车类型	制动初速度(km)/h	满载检验制动距离要求(m)	空载检验制动距离要求(m)	试验通道宽度(m)
三轮汽车	20	≤5.0		2.5
乘用车	50	≤20.0	≤19.0	2.5
总质量不大于 3 500 kg 的低速货车	30	≤9.0	≤8.0	2.5
其他总质量不大于 3 500 kg 的汽车	50	≤22.0	≤21.0	2.5
其他汽车、汽车列车	30	≤10.0	≤9.0	3.0
两轮摩托车	30	≤7.0	——	
边三轮摩托车	30	≤8.0	2.5	
正三轮摩托车	30	≤7.5	2.3	
轻便摩托车	20	≤4.0	——	
轮式拖拉机运输机组	20	≤6.5	≤6.0	3.0
手扶变型运输机	20	≤6.5	2.3	

(2)用充分发出的平均减速度检验行车制动性能

汽车、汽车列车在规定的初速度下急踩制动时充分发出的平均减速度及制动稳定性要求应符合规定,且制动协调时间对液压制动的汽车不应大于 0.35 s,对气压制动的汽车不应大于 0.60 s,对汽车列车、铰接客车和铰接式无轨电车不应大于 0.80 s。对空载检验的充分发出的平均减速度有质疑时,可用表 2-4 规定的满载检验充分发出的平均减速度进行。充分发出的平均减速度 $MFDD$

$$MFDD=\frac{v_b^2-v_e^2}{25.92-S_e-S_b}$$

式中:$MFDD$——充分发出的平均减速度,m/s²;

v_b——$0.8v_o$,试验车速,km/h;

v_e——$0.1v_o$,试验车速,km/h;

S_b——试验车速从 v_o 到 v_b 之间车辆行驶的距离,m;

S_e——试验车速从 v_o 到 v_e 之间车辆行驶的距离,m。

制动协调时间是指在急踩制动时,从脚接触制动踏板(或手触动制动手柄)时起至机动车减速度(或制动力)达到表 2-4 规定的机动车充分发出的平均减速度(或所规定的制动力的 75%时所需的时间)。

(3)进行制动性能检验时的制动踏板力或制动气压应符合以下要求

①满载检验时。对于气压制动系,气压表的指示气压≤额定工作气压;对于液压制动系,乘用车制动踏板力≤500 N,其他机动车制动踏板力≤700 N。

②空载检验时。对于气压制动系,气压表的指示气压≤600 kPa;对于液压制动系,乘用车制动踏板力≤400 N,其他机动车制动踏板力≤450 N;两轮、边三轮摩托车和轻便摩托车检验时,制动踏板力应不大于 400 N,手握力应不大于 250 N;三轮汽车、正三轮摩托车和拖拉机运

输机组检验时，制动踏板力应不大于 600 N。

表 2-4 制动减速度和制动稳定性要求

机动车类型	制动初速度(km/h)	满载检验充分发出的平均减速度(m/s^2)	空载检验充分发出的平均减速度(m/s^2)	试验通道宽度(m)
三轮汽车	20	≥3.8		2.5
乘用车	50	≥5.9	≥6.2	2.5
总质量不大于 3 500 kg 的低速货车	30	≥5.2	≥5.6	2.5
其他总质量不大于 3 500 kg 的汽车	50	≥5.4	≥5.8	2.5
其他汽车、汽车列车	30	≥5.0	≥5.4	3.0

(4)汽车、汽车列车制动性能检验

在符合以上(3)规定的制动踏板力或制动气压下的路试行车制动性能若符合 (1) 或 (2)，即为合格。

(5)应急制动性能检验

汽车(三轮汽车除外)在空载和满载状态下，按表 2-5 所列初速度进行应急制动性能检验，应急制动性能应符合表 2-5 的要求。

表 2-5 应急制动性能要求

机动车类型	制动初速度(km/h)	制动距离(m)	充分发出的平均减速度(m/s^2)	允许操纵力不应大于(N)	
				手操纵	脚操纵
乘用车	50	≤38.0	>2.9	400	500
客车	30	≤18.0	>2.5	600	700
其他汽车(三轮汽车除外)	30	≤20.0	>2.2	600	700

注：在规定的测试状态下，机动车使用驻车制动装置能停在坡度值更大且附着力符合要求的试验坡道上时，应视为达到了驻车制动性能检验规定的要求。

(6)驻车制动性能检验

在空载状态下，驻车制动装置应能保证机动车在坡度为 20%(对总质量为整备质量的 1.2 倍以下的机动车为 15%)、轮胎与路面间的附着系数不小于 0.7 的坡道上正、反两个方向保持固定不动，其时间应不少于 5 min。对于允许挂接挂车的汽车，其驻车制动装置必须能使汽车列车在满载状态下时能停在坡度为 12% 的坡道(坡道上轮胎与路面间的附着系数应不小于 0.7)上。检验时操纵力按规定要求。

(7)台试检验制动性能

台试检验制动性能检验包括行车制动性能检验和驻车制动性能检验。

①行车制动性能检验要求：

a. 汽车、汽车列车在制动检验台上测出的制动力应符合表 2-6 的要求。对空载检验制动力有质疑时，可用表 2-6 规定的满载检验制动力要求进行检验。摩托车及轻便摩托车的前、后轴制动力应符合表 2-6 的要求，测试时只允许乘坐一名驾驶员。检验时制动踏板力或制动气压按以上(3)的规定。

表 2-6 台试检验制动力要求

机动车类型	制动力总和与整车重量的百分比		轴制动力与轴荷[a]的百分比	
	空载	满载	前轴	后轴
三轮汽车	≥45		—	≥60[b]
乘用车、总质量不大于 3500kg 的货车	≥60	≥50	≥60[b]	≥20[b]
其他汽车、汽车列车	≥60	≥50	≥60[b]	—
摩托车	—	—	≥60	≥55
轻便摩托车	—	—	≥60	≥50

注：a)用平板制动检验台检验乘用车时应按动态轴荷计算。
b)空载和满载状态下测试均应满足此要求。

b. 制动力平衡要求(两轮、边三轮摩托车和轻便摩托车除外)。在制动力增长全过程中同时测得的左右轮制动力差的最大值,与全过程中测得的该轴左右轮最大制动力中大者之比,对前轴应不大于 20%,对后轴(及其他轴)在轴制动力不小于该轴轴荷的 60%时应不大于 24%;当后轴(及其他轴)制动力小于该轴轴荷的 60%时,在制动力增长全过程中同时测得的左右轮制动力差的最大值应不大于该轴轴荷的 8%。

c. 汽车的制动协调时间,对液压制动的汽车应不大于 0.35 s,对气压制动的汽车应不大于 0.60 s;汽车列车和铰接客车、铰接式无轨电车的制动协调时间应不大于 0.80 s。汽车车轮阻滞力要求。进行制动力检验时各车轮的阻滞力均不应大于车轮所在轴轴荷的 5%。

②驻车制动性能检验。当采用制动检验台检验汽车和正三轮摩托车驻车制动装置的制动力时,机动车空载,乘坐一名驾驶员,使用驻车制动装置,驻车制动力的总和应不小于该车在测试状态下整车重量的 20%(对总质量为整备质量 1.2 倍以下的机动车为不小于 15%)。当机动车经台架检验后对其制动性能有质疑时,可用上述规定的路试检验进行复检,并以满载路试的检验结果为准。汽车制动完全释放时间(从松开制动踏板到制动消除所需要的时间)应不大于 0.80 s。

2. 制动性能检验方法

(1)路试制动性能检验方法

路试制动性能检验方法如下:

①路试检验制动性能应在平坦(坡度应不大于 1 %)、干燥和清洁的硬路面(轮胎与路面之间的附着系数应不小于 0.7)上进行。

②在试验路面上画出规定宽度的试验通道的边线,被测机动车沿着试验车道的中线行驶至高于规定的初速度后,置变速器于空挡(自动变速的机动车可置变速器于 D 挡),当滑行到规定的初速度时,急踩制动,使机动车停止。

③用制动距离检验行车制动性能时,采用速度计、第五轮仪或用其他测试方法测量机动车的制动距离,对除气压制动外的机动车还应同时测取踏板力(或手操纵力)。

④用充分发出的平均减速度检验行车制动性能时,采用能够测取充分发出的平均减速度(*MFDD*)和制动协调时间的仪器测量机动车充分发出的平均减速度(*MFDD*)和制动协调时间,对除气压制动外的机动车还应同时测取踏板力(或手操纵力)。

可采用非接触式速度计和能直接测取车辆充分发出的平均减速度、制动协调时间和制动距离的汽车制动性能测试仪进行路试制动性能检验。

(2)台试制动性能检验方法

台试制动性能检验方法如下：

①用滚筒式制动检验台检验。滚筒式制动检验台滚筒表面应干燥，没有松散物质及油污，滚筒表面当量附着系数应不小于0.75。

驾驶人将机动车驶上滚筒，位置摆正，置变速器于空挡。启动滚筒，在2 s后测取车轮阻滞力；使用制动，测取制动力增长全过程中的左右轮制动力差和各轮制动力的最大值，并记录左右车轮是否抱死。

在测量制动时，为了获得足够的附着力，允许在机动车上增加足够的附加质量或施加相当于附加质量的作用力(附加质量或作用力不计入轴荷)。

在测量制动时，可以采取防止机动车移动的措施(例如，加三角垫块或采取牵引等方法)。当采取上述方法之后，仍出现车轮抱死并在滚筒上打滑或整车随滚筒向后移出的现象，而制动力仍未达到合格要求时，应改用本标准中规定的其他方法进行检验。

②用平板制动检验台检验。制动检验台平板表面应干燥，没有松散物质及油污，平板表面附着系数不应小于0.75。驾驶员将机动车对正平板制动检验台，以5～10 km/h的速度(或制动检验台制造厂家推荐的速度)行驶，置变速器于空挡(自动变速的机动车可置变速器于D挡)，急踩制动，使机动车停止，测取制动所要求的参数值。

③检验方法的选择。机动车安全技术检验时机动车制动性能的检验宜采用滚筒反力式制动检验台或平板制动检验台检验制动性能，其中前轴驱动的乘用车更适合采用平板制动检验台检验制动性能。不宜采用制动检验台检验制动性能的机动车及对台试制动性能检验结果有质疑的机动车应路试检验制动性能。对满载/空载两种状态时后轴轴荷之比大于2.0的货车和半挂牵引车，宜加载(或满载)检验制动性能，此时所加载荷应计入轴荷和整车重量。加载至满载时，整车制动力百分比应按满载检验考核；若未加载至满载，则整车制动力百分比应根据轴荷按满载检验和空载检验的加权值考核。

(四)转向操纵性检验

1.转向操纵性检验要求

(1)转向盘的最大自由转动量

最大设计车速大于或等于100km/h的汽车为20°；最大设计车速小于100 km/h的汽车为30°。

(2)转向轮的横向侧滑量

前轴采用非独立悬架的汽车，转向轮的横向侧滑量，用侧滑仪(包括单、双板)按国家标准规定的方法检测时，侧滑量值应不大于5 m/km；前轴采用独立悬架的汽车，可以前轮定位参数值符合原厂规定的该车有关技术条件为合格。

(3)悬架特性

①悬架特性对于最大设计车速大于或等于100km/h、轴载质量小于或等于1 500 kg的载客汽车，应进行悬架特性检测。

②用悬架检测台检测时，受检车辆的车轮在受外界激励振动下测得的吸收率(被测汽车共振时的最小动态车轮垂直载荷与静态车轮垂直载荷的百分比值)应不小于40%，同轴左右轮吸收率之差不得大于15%。

③用平板检测台检测时，受检车辆制动时测得的悬架效率应不小于45%，同轴左右轮悬架效率之差不得大于20%。

2.转向操纵性检验方法

(1)转向盘的最大自由转动量检验

①汽车应保持直线向前状态,置于平坦、干燥和清洁的硬质路面上。

②将转向力一角仪安装在转向盘上。

③转动转向盘至一侧有阻力止,再转至另一侧有阻力止,测出其最大自由转动量。

(2)转向轮横向侧滑量检验方法

①转向轮横向侧滑量的检验应在侧滑检验台上进行,将汽车对正侧滑检验台,并使方向盘处于正中位置。

②使汽车沿台板上的指示线以 3～5 km/h 车速平稳前行,在行进过程中,不允许转动方向盘。

③转向轮通过台板时,测取横向侧滑量。

(3)悬架特性检验方法

用悬架试验台检验悬架特性:

①汽车轮胎规格、气压应符合规定值,车辆空载,不乘人(含驾驶员)。

②将车辆每轴车轮驶上悬架试验台,使轮胎位于台面的中央位置。

③启动试验台,使激振器迫使汽车悬挂产生振动,使振动频率增加过振荡的共振频率。

④在共振点过后,将激振源关断,振动频率减少,并将通过共振点。

⑤记录衰减振动曲线,纵坐标为动态轮荷,横坐标为时间,测量共振时动态轮荷,计算并显示动态轮荷与静态轮荷的百分比及其同轴左右轮百分比的差值。

用平板检测台检验悬架特性:

①平板检测台平板表面应干燥,没有松散物质及油污。

②驾驶员将车辆对正平板台以 5～10 km/h 的速度驶上平板,置变速器于空挡,急踩制动,使车辆停住。

③测量制动时的动态轮荷。

④记录动态轮荷的衰减曲线。

⑤计算并显示悬架效率和同轴左右悬架效率之差值。

(五)滑行性能检验

1.滑行性能要求

(1)用底盘测功机检测时,测得的初速为 30 km/h 的滑行距离,应符合表 2-7 的规定。

表 2-7 车辆滑行距离要求

汽车整备质量 M(kg)	双轴驱动车辆滑行距离(m)	单轴驱动车辆滑行距离(m)
$M\leqslant1000$	⩾104	⩾130
$1000<M\leqslant4000$	⩾120	⩾160
$4000<M\leqslant5000$	⩾144	⩾180
$5000<M\leqslant8000$	⩾184	⩾230
$8000<M\leqslant11000$	⩾200	⩾250
$M>11000$	⩾214	⩾270

(2)路试检测时,测得的初速为 30 km/h 的滑行距离应符合表 2-7 的规定。

(3)按下列规定的方法测得的滑行阻力 P_s 应符合

$$P_s \leqslant 1.5\% Mg$$

式中:P_s——滑行阻力,N;

M——汽车的整备质量,kg;

g——重力加速度,9.8 m/s^2。

车辆的滑行性能符合上述三项中任一项即为合格。

2.滑行性能检验方法

(1)用底盘测功机检测滑行距离

①汽车轮胎气压应符合规定值,传动系润滑油油温不低于 50 ℃。

②根据测试汽车的基准质量,选定底盘测功机的相应当量惯量,当底盘测功机所配备的飞轮系统的惯量级数不能准确满足测试汽车的当量惯量需要时,可选配与测试汽车整备质量最接近的转动惯量级,但应对检测结果作必要的修正。

③将试验车辆驱动轮置于底盘测功机滚筒上,启动汽车,按引导系统提示加速至高于规定车速(30km/h)后,置变速器于空挡,利用车一台系统贮藏的功能,使其运转直至车轮停止转动。

④记录汽车从 30 km/h 开始的滑行距离。

(2)路试检验滑行距离

①应在平坦(纵向坡度不应超过 1%)、干燥和清洁的硬路面上进行,风速不大于 3 m/s。

②车辆空载,轮胎气压应符合规定值。

③被试车辆行驶速度高于 30 km/h 后,置变速器于空挡,开始滑行,当速度为 30 km/h 时,用速度计或第五轮仪测量滑行距离。

④试验至少往返各滑行一次,往返区段尽量重合。

(3)滑行阻力测试

①应在平坦、干燥和清洁的硬路面上进行。

②车辆空载,轮胎气压应符合规定值。

③解除制动,置变速器于空挡。

④用拉力传感器拉(或用压力传感器推)被试车辆,当被试车辆从静止开始移动时,记下传感器的拉(压)力值。

(六)前照灯光束照射位置检验

1.前照灯光束照射位置要求

(1)在正常使用条件下,机动车前照灯光束照射位置应保持稳定。

(2)装有前照灯的机动车应有远、近光变换装置,并且当远光变为近光时,所有远光应能同时熄灭。同一辆机动车上的前照灯不允许左、右的远、近光灯交叉开亮。

(3)前照灯的远、近光灯上下并列设置时,近光灯应位于上侧,其他情况下近光灯应位于外侧。

(4)所有前照灯的近光都不允许眩目。

(5)汽车(三轮汽车除外)、摩托车及轻便摩托车装用的前照灯应分别符合 GB 4599、GB 5948及 GB 19152 的规定。

机动车每只前照灯的远光光束发光强度应达到表2-8的要求。测试时，其电源系统应处于充电状态。

表2-8 前照灯远光光束发光强度最小值要求

单位：坎德拉

机动车类型		检查项目					
		新注册车			在用车		
		一灯制	两灯制	四灯制[a]	一灯制	两灯制	四灯制[a]
三轮汽车		8 000	6 000	—	6 000	5 000	—
最高设计车速小于70 km/h的汽车		—	10 000	8 000	—	8 000	6 000
其他汽车		—	18 000	15 000	—	15 000	12 000
摩托车		10 000	8 000	—	8 000	6 000	—
轻便摩托车		4 000	—	—	3 000	—	—
拖拉机、运输机组	标定功率＞18 kW	—	8 000	—	—	6 000	—
	标定功率≤18 kW	6 000[b]	6 000	—	5 000[b]	5 000	—

注：a)四灯制是指前照灯具有四个远光光束；采用四灯制的机动车其中两只对称的灯达到两灯制的要求时视为合格。
b)允许手扶拖拉机运输机组只装用一只前照灯。

在检验前照灯近光光束照射位置时，前照灯照射在距离10 m的屏幕上时，乘用车前照灯近光光束明暗截止线转角或中点的高度应为0.7～0.9 H（H为前照灯基准中心高度，下同），其他机动车（拖拉机运输机组除外）应为0.6～0.8 H。机动车（装用一只前照灯的机动车除外）前照灯近光光束水平方向位置向左偏不允许超过170mm，向右偏不允许超过350mm。

在检验前照灯远光光束及远光单光束灯照射位置时，前照灯照射在距离10 m的屏幕上时，要求在屏幕光束中心离地高度，对乘用车为0.9～1.0 H，对其他机动车为0.8～0.95 H；机动车（装用一只前照灯的机动车除外）前照灯远光光束水平位置要求，左灯向左偏不允许超过170mm，向右偏不允许超过350mm；右灯向左或向右偏均不允许超过350mm。

2.前照灯光束照射位置检验方法

（1）屏幕法。在屏幕上检查，检查用场地应平整，屏幕与场地应垂直。被检验的机动车应空载、轮胎气压正常、乘坐一名驾驶员的条件下进行。将机动车停置于屏幕前，并与屏幕垂直，使前照灯基准中心距屏幕10 m，在屏幕上确定与前照灯基准中心离地面距离H等高的水平基准线，及以机动车纵向中心平面在屏幕上的投影线为基准确定的左右前照灯基准中心位置线，分别测量左右远近光束的水平和垂直照射方位的偏移值。

（2）用前照灯检测仪检验。将被检验的机动车按规定距离与前照灯检测仪对正（宜使用车辆摆正装置），从前照灯检测仪的显示屏上分别测量左右远、近光束的水平和垂直照射方位的偏移值。

（3）检验方法的选择。机动车安全技术检验时宜采用前照灯检测仪检验前照灯光束照射位置。

（七）汽车排气污染物检验

1.汽车排气污染物排放限值

（1）装用点燃式发动机的在用汽车，排气污染物排放限值见表2-9。

表 2-9 点燃式发动机在用汽车排气污染物排放限值(体积分数)

车辆类型	怠速		高怠速	
	CO,%	HC,10^{-6}	CO,%	HC,10^{-6}
1995 年 7 月 1 日前生产的轻型汽车	4.5	1200	3.0	900
1995 年 7 月 1 日起生产的轻型汽车	4.5	900	3.0	900
2000 年 7 月 1 日起生产的第一类轻型汽车①	0.8	150	0.3	100
2001 年 10 月 1 日起生产的第二类轻型汽车	1.0	200	0.5	150
1995 年 7 月 1 日前生产的重型汽车	5.0	2000	3.5	1200
1995 年 7 月 1 日起生产的重型汽车	4.5	1200	3.0	900
2004 年 9 月 1 日起生产的重型汽车	1.5	250	0.7	200

注:对于 2001 年 5 月 31 日以后生产的 5 座以下(含 5 座)的微型面包车,执行此类在用车排放限值。

说明:

①一氧化碳(CO)、碳氢化合物(HC)和一氧化氮(NO)的体积浓度:排气中一氧化碳(CO)的体积分数即为一氧化碳(CO)体积浓度,以"%(体积分数)"表示;排气中碳氢化合物(HC)的体积分数即为碳氢化合物(HC)的体积浓度,以"10^{-6}(体积分数)"表示,体积分数值按正己烷当量;排气中一氧化氮(NO)的体积分数即为一氧化氮(NO)体积浓度,以"10^{-6}(体积分数)"表示。

②额定转速指发动机发出额定功率时的转速。

③怠速与高怠速工况。怠速工况指发动机无负载运转状态。即离合器处于接合位置、变速器处于空挡位置(对于自动变速箱的车应处于"停车"或"P"挡位);采用化油器供油系统的车,阻风门应处于全开位置;加速踏板处于完全松开位置。高怠速工况指满足上述(除最后一项)条件,用加速踏板将发动机转速稳定控制在 50%额定转速或制造厂技术文件中规定的高怠速转速时的工况。现国家标准中将轻型汽车的高怠速转速规定为 2 500±100r/min,重型车的高怠速转速规定为 1 800±100r/min;如有特殊规定的,按照制造厂技术文件中规定的高怠速转速。

④过量空气系数(λ)是指燃烧 1 kg 燃料的实际空气量与理论上所需空气量之质量比。

过量空气系数(λ)的要求:对于使用闭环控制电子燃油喷射系统和三元催化转化器技术的汽车,进行过量空气系数(λ)的测定。发动机转速为高怠速转速时,λ 应在 1.00±0.03 或制造厂规定的范围内。进行 λ 测试前,应按照制造厂使用说明书的规定预热发动机。

(2)压燃式发动机在用汽车的排气污染物排放限值见表 2-10 和表 2-11。

表 2-10 装配压燃式发动机的在用汽车自由加速试验排气可见污染物限值

车辆类型	光吸收系数(m^{-1})
2005 年 7 月 1 日后生产的在用汽车	不大于车型核准批准的自由加速排气烟度排放限值,再加 0.5m^{-1}
2001 年 10 月 1 日起至 2005 年 7 月 1 日期间生产的自然吸气式在用汽车	2.5m^{-1}
2001 年 10 月 1 日起至 2005 年 7 月 1 日期间生产的涡轮增压式在用汽车	3.0 m^{-1}

表 2-11 装配压燃式发动机的在用汽车自由加速试验烟度排放限值

车辆类型	烟度值 R_b
1995 年 6 月 30 日以前生产的在用汽车	5.0
1995 年 7 月 1 日起至 2001 年 9 月 30 日期间生产的在用车	4.5

2.在用汽车的排放监控

(1)点燃式发动机在用汽车排放监控。自 2005 年 7 月 1 日起,全国点燃式发动机在用汽车排放监控,采用 GB 18285—2005 标准规定的双怠速法排气污染物排放限值及测量方法;在机动车保有量大、污染严重的地区,也可按规定采用 GB 18285—2005 标准附录 B 稳态工况法测量方法、附录 C 瞬态工况法测量方法、附录 D 简易瞬态工况法测量方法中所列的简易工况法。各省级环境保护行政主管部门可根据当地实际情况,确定在用汽车排放监控方案,选择双怠速法或简易工况法中的一种方法作为在用汽车排气污染物排放检测方法。对于同一车型的在用汽车实施排放监控,环保定期检测时,不得采用两种或两种以上的排气污染物排放检测方法。采用简易工况法的地区,应制定地方排气污染物排放限值,经省级人民政府批准,报国务院环境保护行政主管部门备案后实施。简易工况法排气污染物排放限值确定的基本原则和方法由国务院环境保护行政主管部门另行制定。

(2)压燃式发动机在用汽车的排放监控。自 2005 年 7 月 1 日起,压燃式发动机在用汽车排放监控,采用 GB 3847—2005 标准规定的排气烟度排放限值及测量方法。在机动车保有量大、污染严重的地区,可采用 GB3847—2005 标准附录 J 在用汽车加载减速试验不透光烟度法中所规定的加载减速工况法。在用汽车的排放监控也可采用目测法,对高排放汽车进行筛选,由具有资格的人员进行。各省级环境保护行政主管部门可根据当地实际情况,确定在用汽车排放监控方案,选择自由加速法或加载减速工况法中的一种方法作为在用汽车排气污染物排放检测方法。对于同一车型的在用汽车实施排放监控或环保定期检测时,不得采用两种或两种以上的排气污染物排放检测方法。采用加载减速工况法的地区,应制定地方排气烟度排放限值,经省级人民政府批准,报国务院环境保护行政主管部门备案后实施。加载减速法排气烟度排放限值确定的基本原则和方法由国务院环境保护行政主管部门另行制定。

3.汽车排气污染物检验方法

(1)点燃式发动机汽车怠速和高怠速测量方法

①测量仪器。点燃式发动机汽车排气污染物怠速和高怠速测量仪器要求如下:

a.对于按照 GB 14761.1—1993《轻型汽车排气污染物排放标准》的要求生产制造的点燃式发动机汽车和装用符合 GB14761.2—1993《车用汽油机排气污染物排放标准》点燃式发动机的汽车,使用的排放测量仪器应符合 HJ/T 3—1993《汽油机动车怠速排气监测仪技术条件》的规定。

b.对于按照 GB 18352.1—2001《轻型汽车污染物排放限值及测量方法(Ⅰ)》或 GB 18352.2—2001《轻型汽车污染物排放限值及测量方法(Ⅱ)》的要求生产制造的点燃式发动机汽车以及装用符合 GB 14762—2002《车用点燃式发动机及装用点燃式发动机汽车排气污染物排放限值及测量方法》第二阶段排放限值的点燃式发动机的汽车,使用的排放测量仪器应符合双怠速法排放气体测试仪器技术条件的规定。

②测量程序。点燃式发动机汽车怠速和高怠速测量方法测量程序如下:

a. 应保证被检测车辆处于制造厂规定的正常状态，发动机进气系统应装有空气滤清器，排气系统应装有排气消声器，并不得有泄漏。

b. 应在发动机上安装转速计、点火正时仪、冷却液和润滑油测温计等测量仪器。测量时，发动机冷却液和润滑油温度应不低于 80℃，或者达到汽车使用说明书规定的热车状态。

c. 发动机从怠速状态加速至 70%额定转速，运转 30 s 后降至高怠速状态。将取样探头插入排气管中，深度不少于 400mm，并固定在排气管上。维持 15 s 后，由具有平均值功能的仪器读取 30 s 内的平均值，或者人工读取 30s 内的最高值和最低值，其平均值即为高怠速污染物测量结果。对于使用闭环控制电子燃油喷射系统和三元催化转化器技术的汽车，还应同时读取过量空气系数(λ)的数值。

d. 发动机从高怠速降至怠速状态 15 s 后，由具有平均值功能的仪器读取 30 s 内的平均值，或者人工读取 30 s 内的最高值和最低值，其平均值即为怠速污染物测量结果。

e. 若为多排气管时，取各排气管测量结果的算术平均值作为测量结果。

f. 若车辆排气管长度小于测量深度时，应使用排气加长管。

③单一燃料车和两用燃料车。对于单一燃料汽车，仅按燃用气体燃料进行排放检测；对于两用燃料汽车，要求对两种燃料分别进行排放检测。

④测量结果判定。对于进行双怠速检测的车辆，如果检测污染物有一项超过规定的限值，则认为排放不合格。对于使用闭环控制电子燃油喷射系统和三元催化转化器技术的车辆，如果检测的过量空气系数(λ)超出上述要求，则认为排放不合格。

(2)点燃式发动机轻型汽车稳态工况法测试程序

点燃式发动机轻型汽车稳态工况法测试程序如下：

①车辆驱动轮位于测功机滚筒上，将分析仪取样探头插入排气管中，深度不小于400mm，并固定于排气管上。对独立工作的多排气管应同时取样。

②ASM 5025 工况。车辆经预热后，加速至 25 km/h，测功机根据测试工况要求加载，工况计时器开始计时(t=0 s)，车辆保持 25±1.5 km/h，等速 5 s 后开始检测。当测功机转速和扭矩偏差超过设定值的时间大于 5 s，检测应重新开始。然后，系统根据 ASM 5025 工况所规定开始预置 10 s 之后开始快速检查工况，计时器为 t=15 s 时，分析仪器开始测量，每秒钟测量一次，并根据稀释修正系数及湿度修正系数计算 10 s 内的排放平均值。运行 10 s(t=25 s) ASM 5025 快速检查工况结束。车辆运行至 90 s(t=90 s)，ASM 5025 工况结束。测功机在车速 25.0±1.5 km/h 的允许误差范围内，加载扭矩应随车速的变化作相应的调整，保证加载功率不随车速改变。扭矩允许误差为该工况设定扭矩的±5%。在测量过程中，任意连续 10 s 内第一秒至第十秒的车速变化相对于第一秒小于±0.5km/h，测试结果有效。快速检查工况的 10 s 内的排放平均值经修正后如果等于或低于限值的 50%，则测试合格，检测结束；否则，应继续进行至 90 s 工况。如果所有检测污染物连续 10 s 的平均值均低于或等于限值，则该车应判定为 ASM 5025 工况合格，继续进行 ASM 2540 工况检测；如任何一种污染物连续 10s 的平均值超过限值，则测试不合格，检测结束。在检测过程中如任意连续 10s 内的任何一种污染物 10 次排放值经修正后均高于限值的 500%，则测试不合格，检测结束。

③ASM 2540 工况。车辆从 25 km/h 直接加速至 40 km/h，测功机根据测试工况要求加载，工况计时器开始计时(t=0 s)，车辆保持 40±1.5 km/h，等速 5 s 后开始检测。当测功机转速和扭矩偏差超过设定值的时间大于 5 s，检测应重新开始。然后系统根据 ASM 2540 工况

所规定开始预置 10 s 之后开始快速检查工况，计时器为 t=15 s 时，分析仪器开始测量，每秒钟测量一次，并根据稀释修正系数及湿度修正系数计算 10 s 内的排放平均值。运行 10 s（t=25 s），ASM 2540 快速检查工况结束。车辆运行至 90 s（t=90 s），ASM 2540 工况结束。测功机在车速 40.0 km/h±1.5 km/h 的允许误差范围内，加载扭矩应随车速的变化作相应的调整，保证加载功率不随车速改变。扭矩允许误差为该工况设定扭矩的±5%。在测量过程中，任意连续 10 s 内第一秒至第十秒的车速变化相对于第一秒小于±0.5 km/h，测试结果有效。快速检查工况的 10 s 内的排放平均值经修正后如果等于或低于限值的 50%，则测试合格，检测结束；否则，应继续进行至 90 s 工况。如果所有检测污染物连续 10 s 的平均值均低于或等于限值，则该车应判定为合格。如任何一种污染物连续 10 s 的平均值超过限值，则测试不合格，检测结束。在检测过程中如任意连续 10 s 内的任何一种污染物 10 次排放值经修正后如高于限值的 500%，则测试不合格，检测结束。

④排气污染物测量值的计算。排放测试结果应进行稀释校正及湿度校正，计算 10 次有效测试的算术平均值。

(3)点燃式发动机轻型汽车瞬态工况法测试程序

①根据需要，在发动机上安装转速表和润滑油测温计等测试仪器。

②车辆驱动轮停在底盘测功机的转鼓上。

③按照试验运转循环开始进行试验：

a.启动发动机　按照制造厂使用说明书的规定，使用起动装置启动发动机。使发动机保持怠速运转 40 s。在 40 s 终了时开始循环，并同时开始取样。

b.怠速。对于手动或半自动变速器，怠速期间，离合器接合，变速器置于空挡位置；为了按正常循环进行加速，车辆应在循环的每个怠速后期，即加速开始前 5 s，使离合器脱开，变速器置于一挡。对于自动变速器，在试验开始时，放好选择器后，除了在规定时间内不能完成加速工况或选择器可以使超速挡工作外，在试验期间，任何时候不得再操作选择器。

c.加速。进行加速时，在整个工况过程中，应尽可能地使加速度恒定。如果在规定时间内未能完成加速工况，如果可能，所需的额外时间应从工况改变的复合公差允许的时间中扣除，否则，应该从下一等速工况的时间内扣除。自动变速器如果在规定时间内不能完成加速工况，则应按手动变速器的要求，操作挡位选择器。

d.减速。在所有减速工况时间内，应使加速踏板完全松开，离合器接合，当车速降至 10 km/h时，使离合器脱开，但不操作变速杆。如果减速时间比相应工况规定的时间长，则允许使用车辆的制动器，以使循环按照规定的时间进行。如果减速时间比相应工况规定的时间短，则应由下一个等速或怠速工况中的时间补偿，使循环按规定的时间进行。

e.等速。从加速工况过渡到下一等速工况时，应避免猛踏加速踏板或关闭节气门。等速工况应采用保持加速踏板位置不变的方法实现。当车速降低到 0 km/h 时（车辆停止在转鼓上），变速器置于空挡，离合器接合。

④排气污染物测量值计算。排气污染物测量值应由系统主机自动进行计算和修正。系统主机最后应给出各污染物排放计算结果。测试过程及结果数据应在系统数据库进行记录存储。

(4)点燃式发动机轻型汽车简易瞬态工况法检测程序

①根据需要，在发动机上安装冷却水和润滑油测温计等测试仪器。

②车辆驱动轮停在转鼓上，将分析仪取样探头插入排气管中，深度不少于400mm以上，并固定于排气管上。

③按照试验运转循环开始进行试验：

a. 启动发动机。按照制造厂使用说明书的规定，使用起动装置启动发动机。发动机保持怠速运转40 s。在40 s终了时开始循环，并同时开始取样。

b. 怠速。对于手动或半自动变速器，怠速期间，离合器接合，变速器置空挡；为了按正常循环进行加速，车辆应在循环的每个怠速后期，加速开始前5 s离合器脱开，变速器置一挡。对于自动变速器，在试验开始时，放好选择器后，在试验期间，任何时候不得再操作选择器，但除了加速不能在规定时间内完成工况或选择器可以使超速挡工作外。

c. 加速。进行加速时，在整个工况过程中，应尽可能地使加速度恒定。若加速度未能在规定时间内完成，如有可能，超出的时间应从工况改变的复合公差允许的时间中扣除，否则，必须从下一等速工况的时间内扣除。自动变速器若加速不能在规定时间内完成，则应按手动变速器的要求，操作挡位选择器。

d. 减速。在所有减速工况时间内，应使加速踏板完全松开，离合器接合，当车速降至10km/h时，离合器脱开，但不操作变速杆。如果减速时间比响应工况规定的时间长，则应使用车辆的制动器，以使循环按照规定的时间进行。如果减速时间比响应工况规定的时间短，则应在下一个等速或怠速工况时间中恢复至理论循环规定的时间。

e. 等速。从加速过渡到下一等速工况时，应避免猛踏加速踏板或关闭节气门。等速工况应采用保持加速踏板位置不变的方法实现。

循环终了时(车辆停止在转鼓上)，变速器置于空挡，离合器接合。同时停止取样。

④排气污染物测量值计算和试验结果修正。排气污染物测量值应由系统主机自动进行计算和修正，计算公式如下：

单位时间排放质量(g/s) = 浓度 × 密度 × 气体总流量

气体污染物密度和气体流量都应修正为标准状态下的对应值。系统主机最后应给出各污染物排放因子计算结果，计算公式如下：

排放因子(g/km) = 单位时间排放质量(g/s)/ 车辆单位时间当量行驶距离(km/s)

一氧化氮(NO)的测量值应由系统主机自动进行计算和修正后，以氮氧化物(NO_X)的形式表示，氮氧化物(NO_X)用二氧化氮(NO_2)当量表示。试验过程及结果数据应在系统数据库进行记录存储。

(5)压燃式发动机在用汽车自由加速试验(不透光烟度试验方法)方法

①目测检测车辆的排气系统的相关部件是否泄漏。

②发动机包括所有装有废气涡轮增压的发动机，在每个自由加速循环的起点均处于怠速状态。对重型发动机，将加速踏板放开后至少等待10 s。

③在进行自由加速测量时，必须在1 s内，将加速踏板快速、连续地完全踩到底，使喷油泵在最短时间内供给最大油量。

④对每一个自由加速测量，在松开加速踏板前，发动机必须达到断油点转速。对带自动变速器的车辆，则应达到制造厂申明的转速(如果没有该数据值，则应达到断油转速的2/3)。

关于这一点，在测量过程中必须进行检查，例如：通过监测发动机转速，或延长油门踏到底后与松开油门前的间隔时间，对于重型汽车，该间隔时间应至少为2 s。

⑤计算结果取最后 3 次自由加速测量结果的算术平均值。在计算均值时，可以忽略与测量均值相差很大的测量值。

(6)压燃式发动机在用汽车自由加速试验(滤纸烟度法测量程序)

①安装取样探头：将取样探头固定于排气管内，插深等于 300mm，并使其中心线与排气管轴线平行。

②吹除积存物：进行 3 次自由加速工况，以清除排气系统中的积存物。

③测量取样：将抽气泵开关置于加速踏板上，按自由加速工况规定的工况及循环组成规定的循环测量 4 次，取后 3 次读数的算术平均值即为所测烟度值。

④当汽车发动机出现黑烟冒出排气管的时间和抽气泵开始抽气的时间不同步的现象时，应取最大烟度值。

(7)压燃式发动机在用汽车加载减速试验(不透光烟度法)

如果受检车辆顺利通过了检测系统检查规定的检测，则可以接着进行下述加载减速排气烟度检测。

①检测前的最后检查和准备。在开始检测以前，检测员必须检查用于通信的系统是否能够正常工作。除检测员外，在检测过程中，其他人员不得在测试现场逗留。如果发动机冷却液温度低于正常温度，应进行发动机预热操作。这时需要将测功机切换到手动控制模式，检测驾驶员应在小负荷下预热发动机，直到冷却液的温度达到制造厂规定的正常温度范围为止。发动机熄火，变速器置空挡，检查不透光烟度计的零刻度和满刻度。检查完毕后，将合适尺寸的采样探头插入受检车辆的排气管中，注意连接好不透光烟度计，采样探头的插入深度不得低于 400mm。不应使用太大尺寸的采样探头，以免受检车辆的排气背压过大，影响输出功率。在检测过程中，必须将采样气体的温度和压力控制在规定的范围内，必要时可对采样管进行适当冷却，但要注意不能使测量室内出现冷凝现象。

②检测程序。正式检测开始前，检测员应按以下步骤操作，以使控制系统能够获得自动检测所需的初始数据。

a. 启动发动机，变速器置空挡，逐渐增大加速踏板直到开度达到最大，并保持在最大开度状态，记录这时发动机的最大转速，然后松开加速踏板，使发动机回到怠速状态。

b. 使用前进挡驱动被检车辆，选择合适的挡位，使加速踏板处于全开位置时，测功机指示的车速最接近 70 km/h，但不能超过 100 km/h。对装有自动变速器的车辆，应注意不要在超速挡下进行测量。按照加载减速的自动试验规程进行检测。

计算机对按上述步骤获得的数据自动进行分析，判断是否可以继续进行检测，所有被判定为不适合检测的车辆都不允许进行加载减速烟度检测。

在确认机动车可以进行排放检测后，将底盘测功机切换到自动检测状态。

a)加载减速测试的过程必须完全自动化。在整个检测循环中，都是由计算机控制系统自动完成对测功机加载减速过程的管理。

b)自动控制系统采集三组检测状态下的检测数据，以判定受检车辆的排气光吸收系数 k 是否达标，三组数据分别在 VelMaxHP 点、90%VelMaxHP 点和 80%VelMaxHP 点获得。

c)上述三组检测数据包括轮边功率、发动机转速和排气光吸收系数 k，必须将不同工况点的测量结果都与排放限值进行比较。若修正后的最大轮边功率低于所要求的最小功率，或者测得的排气光吸收系数超过了标准规定的限值，均判断该车的排放不合格。

检测开始后，检测员始终将油门保持在最大开度状态，直到检测系统通知松开油门为止。在试验过程中检测员应实时监控发动机冷却液温度和机油压力。一旦冷却液温度超出了规定的温度范围，或者机油压力偏低时，都必须立即暂时停止检测。冷却液温度过高时，检测员应松开加速踏板，将变速器置空挡，使车辆停止运转。然后使发动机在怠速工况下运转，直到冷却液温度重新恢复到正常范围为止。检测过程中，检测员应时刻注意受检车辆或检测系统的工作情况。检测结束后，打印检测报告并存档。

(八)汽车噪声控制

1.要求

汽车定置噪声其限值见表 2-12。

表 2-12　汽车定置噪声限值(dB)

车辆类型	燃料种类		车辆出产日期	
			1998 年 1 月 1 日以前	1998 年 1 月 1 日及以后
轿车	汽油		87	85
微型客车、货车	汽油		90	88
轻型客车、货车 越野车	汽油	$n_r \leqslant 4\,300$r/min	94	92
	汽油	$n_r > 4\,300$r/min	97	95
	柴油		100	98
中座客车、货车大型客车	汽油		97	95
	柴油		103	101
重型货车	$N \leqslant 147$ kW		101	99
	$N > 147$ kW		105	103

注：N—汽车发动机额定功率。

n_r—发动机额定转速。

客车车内噪声声级应不大于 82 dB(A)，中级以上营运客车车内噪声声级应不大于 79 dB(A)。汽车驾驶员耳旁噪声声级应不大于 86 dB(A)。汽车喇叭声级在距车前 2 m、离地高 1.2 m 处用声级计测量时，其值应为 90～115 dB(A)。

2.检验方法

汽车定置噪声检验按 GB/T 14365—1993 第 1.5.3 条的规定进行。客车车内噪声检验按 GB/T 1496 的规定进行。驾驶员耳旁噪声检验方法如下：

(1)车辆应处于静止状态且变速器置于空挡，发动机应处于额定转速状态。车辆门窗应紧闭。

(2)测量位置应符合 GB/T 1496 的要求。

(3)声级计应置于“A”计权、“快”挡。

(九)车速表检验

1.要求

车速表指示误差(最高设计车速不大于 40 km/h 的机动车除外)，车速表指示车速 v_1(单位：km/h)与实际车速 v_2(单位：km/h)之间应符合下列关系式：

$$0 \leqslant v_1 - v_2 \leqslant (v_2/10) + 4$$

2. 检验方法

(1)车速表指示误差的检验宜在滚筒式车速表检验台上进行。对于无法在车速表检验台上检验车速表指示误差的机动车(如全时四轮驱动汽车、具有驱动防滑控制装置的汽车等),可路试检验车速表指示误差。

(2)将被测机动车的车轮驶上车速表检验台的滚筒上,使之旋转,当该机动车车速表的指示值(v_1)为40 km/h时,车速表检验台速度指示仪表的指示值(v_2)为32.8~40 km/h范围内为合格。当车速表检验台速度指示仪表的指示值(v_2)为40 km/h时,读取该机动车车速表的指示值(v_1),当v_1的读数在40~8 km/h范围内时为合格。

(十)密封性检验

客车防雨密封性应达到QC/T 476的有关要求,检验方法按GB/T 12480的规定进行。汽车上各连接件无漏雨、渗水和漏气现象。

营运车辆技术等级评定检测时,技术等级为一级或二级的车辆技术要求应当符合JT/T 198—2004的规定,检验方法不变。

第五节 营运车辆技术等级要求和检测方法

营运车辆技术等级是定量测得的表征某一时刻汽车外观和性能的参数值,结合指标评价汽车使用性能的物理量和化学量,汽车的使用性能主要取决于:一是基本性能,包括动力性、经济性、操纵稳定性、舒适性、尾气排放和外观;二是可靠性能,包括耐久性、安全性。

一、营运车辆技术等级要求

《中华人民共和国道路运输条例》规定:申请从事道路运输经营者应当具有与其经营业务相适应并经检测合格的运输车辆。交通部2005年第6号令《道路货物运输及站场管理规定》、第9号令《道路危险货物运输管理规定》、第10号令《道路旅客运输及客运站管理规定》等对营运车辆技术的具体要求如下:

1. 一般要求

(1)车辆技术性能应当符合国家标准《营运车辆综合性能要求和检验方法》(GB 18565)的要求。

(2)车辆外廓尺寸、轴荷和载质量应当符合国家标准《道路车辆外廓尺寸、轴荷及质量限值》(GB 1589)的要求。

(3)营运车辆在规定时间内,到符合国家相关标准的汽车综合性能检测机构进行检测。汽车综合性能检测机构按照国家标准《营运车辆综合性能要求和检验方法》(GB 18565)和《道路车辆外廓尺寸、轴荷和质量限值》(GB 1589)的规定进行检测,出具全国统一式样的检测报告,并依据检测结果,对照行业标准《营运车辆技术等级划分和评定要求》(JT/T 198)评定车辆技术等级。车辆检测结合车辆定期审验的频率一并进行。车籍所在地县级以上道路运输管理机构应当将车辆技术等级在《道路运输证》上标明。

(4)汽车综合性能检测机构应当使用符合国家和行业标准的设施、设备,严格按照国家和行业有关营运车辆技术检测标准对营运车辆进行检测，如实出具车辆检测报告，并建立车辆检测档案。

2. 其他要求

(1)对于普通货物运输车辆

①普通货物运输车辆技术等级分为一级、二级和三级。车辆技术等级低于行业标准《营运车辆技术等级划分和评定要求》(JT/T 198)规定三级的，不得从事营运。

②从事大型物件运输经营的，应当具有与所运输大型物件相适应的超重型车组。

③从事冷藏保鲜、罐式容器等专用运输的，应当具有与运输货物相适应的专用容器、设备、设施，并固定在专用车辆上。

④从事集装箱运输的，车辆还应当有固定集装箱的转锁装置。

(2)对于营运客车

①从事高速公路客运或者营运线路长度在 800 km 以上的客运车辆，其技术等级应当达到行业标准《营运车辆技术等级划分和评定要求》(JT/T 198)规定的一级技术等级；营运线路长度在 400 km 以上的客运车辆，其技术等级应当达到二级以上；其他客运车辆的技术等级应当达到三级以上。所称高速公路客运，是指营运线路中高速公路里程在 200 km 以上或者高速公路里程占总里程 70%以上的道路客运。

②从事高速公路客运、旅游客运和营运线路长度在 800 km 以上的客运车辆，其车辆类型等级应当达到行业标准《营运客车类型划分及等级评定》(JT/T 325)规定的中级以上。

(3)对于危险货物运输车辆

从事危险货物运输车辆技术等级应达到行业标准《营运车辆技术等级划分和评定要求》(JT/T198)规定的一级技术等级。

二、营运车辆技术等级评定目的、周期和标准

1. 营运车辆技术等级评定目的

(1)保证投放道路运输市场的车辆技术性能良好。

(2)促进驾驶人员正常维护、修理和合理使用车辆，保持车辆技术状况完好。

(3)保障运输质量和人身安全。

车辆技术状况等级评定结果应记入《道路运输证》“车辆技术等级评定”栏内，作为发放道路运输证》车辆审验和车辆技术管理的监督检查内容。

2. 营运车辆技术等级评定周期

车辆技术等级评定周期原则上每年进行一次。

3. 营运车辆技术等级评定的标准

我国实行改革开放以来，国民经济迅猛发展，特别是近几年来国家加大对公路建设的投入，大大促进了公路运输事业的发展。我国营运车辆迅速增加，目前已达 670 多万辆，约占全国汽车保有量的 42%以上。这些车辆的技术状况，不仅影响汽车运输效率，而且直接关系到我国道路交通的合理性、经济性、安全性和可靠性。所以，加强对营运车辆的技术管理，通过汽车综合性能检测，对营运车辆技术状况分级评定，从而促进和提高营运车辆的技术状况，以达到营运车辆高效、节能、安全和减少公害的目的。为此，原交通部在 1995 年组织制定并颁布了《汽车技术等级评定标准》(JT/T 198—1995)和《汽车技术等级评定的检测方法》(JT/T 199—

1995)两项行业标准。这两项标准的贯彻实施,提高了营运车辆的管理水平,促进了营运车辆技术水平和检测技术水平的提高。但是,随着汽车技术的进步,相关检测标准的修订和制定及检测技术水平的发展,1995 年颁布的这两个标准已不能适应目前评定营运车辆技术状况分级的要求,需及时进行修订。考虑到检测车辆的技术状况和检测方法直接相关,所以将汽车等级评定标准和评定的检测方法合并在一起,原交通部于 2004 年 3 月 17 日发布了交通行业标准 JT/T 198—2004《营运车辆技术等级划分和评定要求》,代替 JT/T 198—1995 和 JT/T 199—1995 两项行业标准,于 2004 年 6 月 1 日实施。

交通行业标准《营运车辆技术等级划分和评定要求》(JT/T 198—2004)适用于从事汽车运输业的车辆,即适用于"营运车辆"。

在中华人民共和国交通部令 第 13 号《汽车运输业车辆技术管理规定》中,明确规定了汽车运输业车辆应按规定进行车辆技术状况等级的评定。JT/T 198—2004 标准规定的是汽车运输业车辆即营运车辆技术状况等级评定的内容、评定规则、等级划分、评定项目和技术要求。

三、营运车辆技术等级评定规则

1.评定规则的变化

(1)取消了"汽车使用年限"的规定。原标准 JT/T 198—1995 中规定,使用年限在 7 年以内。也就是说,营运车辆从取得道路运输证参与营运 7 年后,不管运行多少里程及维修保养的状况如何,均不能再被评为一级车。

JT/T 198—2004 标准在修订过程中,通过调查研究和广泛征求用户及运输管理部门的意见,发现对此项反应非常强烈。有些车辆使用得很好,日常注意维修保养,经过 7 年的使用,技术状况仍然很好;有些车辆(例如:危险货物运输车)因其运输货物的特殊性,利用率很低,7 年下来没有运行多少里程。如果按原标准的规定,它们就不能再评为一级车。不能评为一级车,对于客车不允许上高速公路;对于危险货物运输车就得退出营运市场。这些车辆都是比较昂贵的,这样一来,势必造成巨大的经济损失,同时影响正常的营运。引起车辆用户的不满,甚至影响社会的安定团结。

修订后的 JT/T 198—2004 标准在"评定规则"中,取消了"汽车使用年限"的规定。而以车辆的技术状况和性能的变化作为车辆分级的主要依据。

(2)修订后的 JT/T 198—2004 标准在评定规范中取消了"关键项"、"一般项"和"项次合格率"的规定,而直接规定各等级车辆应达到的技术要求。

原标准 JT/T 198—1995 中把规定的评定项目分为"关键项"、"一般项",同时对不同级别的车辆规定了"项次合格率"的要求,这就是说,一级车项次合格率达到 90%;二级车达到 80%就可以了,其余 10%或 20%的项次允许不合格。而原标准引用的技术要求基本是强制标准 GB 7258－1987 等的规定,与引用的强制性标准的要求产生矛盾。

修订后的 JT/T 198—2004 标准取消了"关键项"、"一般项"和"项次合格率"的规定。完全按照车辆的技术状况分级,从而,与该标准引用的国家强制性标准 GB 18565—2001《营运车辆综合性能要求和检验方法》等的规定取得了一致。

(3)营运车辆技术等级仍划分为三级,即分为一级、二级和三级。原标准"三级车"已不能参加营运,修改后 JT/T 198—2004 的标准,"三级"是营运车辆技术等级中最低一级要求。

(4)在汽车动力性检测项目中,取消了原标准中"发动机功率"和"汽车直接挡加速时间"两项内容，统一按《汽车动力性台架试验方法和评价指标》(GB/T 18276—2000)和 GB 18565—2001 中“用底盘测动机检测汽车驱动轮输出功率来评价”。

(5)营运车辆技术等级评定的检测方法引用了《营运车辆综合性能要求和检验方法》(GB 18565—2001)的有关规定。

(6)评定技术要求参照了 GB 18565—2001《营运车辆综合性能要求和检验方法》等相关标准的最新版本的有关规定编制的。

2.评定原则

(1)凡是投入营运的车辆都应达到《营运车辆综合性能要求和检验方法》(GB 18565—2001)规定的要求。因为 GB 18565—2001 是强制性国家标准，该标准规定的要求是投入营运的车辆都应达到最基本的要求，凡是投入营运的车辆，不论哪一级，都必须达到这些要求。

(2)在 JT/T 198—2004 标准表 2－13 中规定了不同等级(一级、二级、三级)的营运车辆需评定的项目和技术要求，营运车辆应按达到表 1 中规定的分级要求来确定。

(3)营运车辆进行技术等级评定的检测方法应按照 GB 18565—2001 规定的方法进行。

(4)等级划分：

一级——表 2-13 中分级的项目(5.1.1、5.1.2、5.1.3、5.1.9、5.2.1、5.3.1、5.4.2、5.4.4、5.5.2、5.7 、5.10) 应达到规定的一级技术要求；没分级的项目应达到合格要求。

二级——表 2-13 中 5.1.2、5.1.9 和 5.4.2 应达到的二级技术要求；5.1.1、5.1.3、5.2.1、5.3.1、5.4.4、5.5.2、5.7、5.10 八个项目中至少有三项达到规定的一级技术要求；没分级的项目应达到合格要求。

三级——表 2-13 中分级的项目应达到的三级技术要求；没分级的项目应达到合格要求。

三级是营运车辆最低要求，也就是对营运车辆最起码的要求，达不到三级的车辆不能参与营运。

四、营运车辆技术等级评定内容

(1)整车装备及外观检查。主要评定整车装备及主要总成和部件的技术状况、安全防护装置的装备和技术状况等。

(2)车辆主要技术性能，如动力性、燃料经济性、制动性、转向操纵性、前照灯发光强度和光束照射位置、排气污染物排放等。

(3)其他技术要求，如喇叭声级、车辆防雨密封性、车速表示值误差等。

营运车辆技术等级的评定项目和技术要求，见表 2-13 所列。

表 2-13 营运车辆技术等级的评定项目和技术要求

序号	项目	技术要求		
		一级	二级	三级
1	整车装备与外观			
1.1	整车装备与标识	(1)整车装备应齐全、完好、有效，各连接部件紧固完好，车体应周正；车体外缘左右对称部位(在离地高 1.5m 以内测量)高度差不大于轴距的 1.2/1000 (2)GB 18565—2001 第 11.1.2、11.1.3	GB 18565—2001 第 11.1 条	

续上表

序号	项目	技术要求		
		一级	二级	三级
1.2	车架、车身、驾驶室	(1) GB 18565—2001 第 11.8.1、11.8.2、11.8.4、11.8.5、11.8.7 条 (2)无脱掉漆、表面无锈迹	GB 18565—2001 第 11.8.1、11.8.2、11.8.4、11.8.5、11.8.7 条	
1.3	车门、车窗	(1)GB 18565—2001 第 11.8.6.1 条 (2)玻璃应完好无损	(1) GB 18565—2001 第 11.8.6.1 条 (2)玻璃不得缺损	
1.4	驾乘座椅	GB 18565—2001 第 11.8.3、11.8.10 条		
1.5	卧铺	GB 18565—2001 第 11.8.12 条		
1.6	行李架(舱)	GB 18565—2001 第 11.8.11 条		
1.7	安全出口、安全带	GB 18565—2001 第 11.8.9、11.11.1 条		
1.8	车厢、地板、护轮板(挡泥板)	GB 18565—2001 第 11.8.3、11.8.15 条		
1.9	车轮、轮胎	微型车辆胎冠花纹深度不小于 3.2mm,其他车辆转向轮的胎冠花纹深度不小于 3.5mm,其余轮胎花纹深度不小于 2.5mm	GB 18565—2001 第 11.9.1 条	
1.10	悬架装置	GB 18565—2001 第 11.9.2、11.9.3、11.9.5 条		
1.11	传动系、车桥	GB 18565—2001 第 11.10、11.8.4 条		
1.12	转向节及臂,横、直拉杆及球销	GB 18565—2001 第 7.11 条		
1.13	制动装置(行车、应急、驻车)	GB 18565—2001 第 6.1、6.2、6.9、6.13.2.2 条		
1.14	螺栓、螺母紧固	GB 18565—2001 第 11.9.1.8、11.9.2 条		
1.15	灯光数量、光色、位置	GB 18565—2001 第 8.4～8.13 条		
1.16	信号装置与仪表	GB 18565—2001 第 8.14～8.20 条		
1.17	漏气、漏油、漏水、漏电	GB 18565—2001 第 10.2、8.21 条		
1.18	底盘异响	GB 18565—2001 第 11.6.2 条		
1.19	发动机异响	GB 18565—2001 第 11.6.1 条		
1.20	润滑	GB 18565—2001 第 11.7.1、11.7.3 条		
1.21	灭火器	GB 18565—2001 第 11.11.12 条		
1.22	车内外后视镜、前下视镜	GB 18565—2001 第 11.11.2 条		
1.23	侧面、后下部防护装置	GB 18565—2001 第 11.11.9 条		
2	动力性			
2.1	驱动轮输出功率	GB/T 18276—2000 表 1 中额定值的要求	GB/T 18276—2000 表 1 中允许值的要求	
2.2	滑行性能	GB 18565—2001 第 11.5 条		

续上表

序号	项目	技术要求		
		一级	二级	三级
3	燃料经济性			
3.1	等速百公里油耗	不大于该车型制造厂规定的相应车速等速百公里油耗的103%	GB/T 18566	
4	制动性			
4.1	制动力	GB 18565—2001第6.13.1.1、6.13.1.2款		
4.2	制动力平衡	在制动力增长全过程中同时测得的左右轮制动力差的最大值，与全过程中测得的该轴左右轮最大制动力中大者之比；对前轴不得大于16%，对后轴不得大于20%；当后轴制动力小于后轴轴荷的60%时，在制动力增长全过程中，同时测得的左右轮制动力之差的最大值不得大于后轴轴荷的5%	GB 18565—2001第6.13.1.3款	
4.3	制动协调时间	GB 18565—2001第6.13.1.4款		
4.4	车轮阻滞力	各轴的阻滞力均不得大于该轴轴荷的2.5%	GB 18565—2001第6.13.1.5款	
4.5	驻车制动	GB 18565—2001第6.13.3条		
5	转向操纵性			
5.1	转向轮横向侧滑量	GB 18565—2001第7.3条		
5.2	转向盘最大自由转动量	最大设计车速大于或等于100km/h的汽车为15°，最大设计车速小于100km/h的汽车为20°	GB 18565—2001第7.1条	
5.3	悬架特性	GB 18565—2001第7.6条		
6	前照灯			
6.1	发光强度	GB 18565—2001第8.2条		
6.2	光速照射位置	GB 18565—2001第8.1.1～8.1.3条		
7	排放污染物控制			
7.1	汽油车怠速污染物排放	轻型：CO≤3.5%，HC≤700×10^{-6}；重型：CO≤4.0%；HC≤1000×10^{-6}	GB 18565—2001第9.1.1.2款	
7.2	汽油车双怠速污染物排放	M1类怠速：CO≤0.7%，HC≤135×10^{-6}；高怠速：CO≤0.25%，HC≤90×10^{-6}；NI类怠速：CO≤0.85%，HC≤180×10^{-6}；高怠速：CO≤0.45%，HC≤130×10^{-6}	GB 18565—2001第9.1.1.1条表4	
7.3	柴油车自由加速烟度	R_b≤3.6	GB 18565—2001第9.1.2.2条表8	
7.4	柴油车排气可见污染物	光吸收系数(m^{-1})：2.2	GB 18565—2001第9.1.2.1条表7	

续上表

序号	项目	技术要求		
		一级	二级	三级
8	喇叭声级	GB 18565—2001 第 9.2.4 条		
9	车辆防雨密封性	QC/T 476		
10	车速表示值误差	车速表示值误差 0～+15%	GB 18565—2001 第 11.4 条	

本章小结

1. 汽车维修质量管理的内容、任务和要求。

2. 汽车维修质量管理的主要衡量标志是所维修的汽车是否符合相应的竣工出厂技术条件，维修质量具有考核指标。

3. 汽车维修企业应当重视质量管理，建立健全质量管理机构和规章制度，实现全面质量管理。

4. 汽车维修质量检验可分为进厂检验、汽车维修过程检验和汽车维修出厂竣工检验三类。

5. 汽车综合性能的检测要求和检测方法。

6. 营运车辆技术等级要求和检测方法。

复习思考题

1. 汽车维修技术质量的评定参数有哪些？

2. 汽车维修质量考核指标有哪些？

3. 结合本章内容，完善本企业汽车维修质量管理的内容、任务和要求。

4. 你所在企业的质量管理体系与全面质量管理要求有哪些差距？

5. 结合本章内容，完善本企业汽车维修质量管理制度。

6. 作为技术负责人，如何管理汽车维修质量检验工作？

7. 结合本企业实际，制定本企业的汽车维修质量检验标准。

8. 汽车综合性能检测有哪些要求和检测方法？

9. 营运车辆技术等级评定有那些要求和检测方法？

第三章 设备管理

第一节 汽车维修设备管理的概念及内容

一、汽车维修设备管理概念

汽车维修设备是指在汽车维修生产过程中所需要的机械及器具等，这些机械及器具供长期使用，基本保持原有的实物形态。它是汽车维修生产过程中不可缺少的。

汽车维修设备管理是一项系统工程，以汽车维修企业生产经营目标为依据，通过一系列的技术、经济和组织措施，对设备的采购、安装、使用、维护、修理、改造、更新直至报废的全过程进行的管理。

汽车维修设备管理包含以下 3 个方面：

(1)汽车维修设备管理是对设备从选型采购开始，直至设备报废为止的全过程管理，涉及选型、采购、安装、使用等，客观上，设备全过程管理是社会管理；企业内部上，设备全过程管理包括设备选型采购、安装调试、合理使用、维护修理，应为全员参与。

(2)汽车维修设备管理应从技术、经济、组织三方面着手进行综合管理。一方面，从设备采购安装直至更新报废进行管理，另一方面，对设备的采购费用、维修费用、折旧更新改造费用进行管理。对此，汽车维修企业应建立设备管理机构，健全设备管理体系，推行责任目标管理，落实到部门和人员。

(3)汽车维修设备全过程管理的保障工作。设备制造商要设计、制造最经济、可靠、使用寿命长的设备，要提供必要的技术文件和维修备件、配件，为用户提供技术培训。汽车维修企业的保障工作包括保存设备的技术资料，设备的备件、配件，以及对设备使用人员的培训等。

通过对汽车维修设备的管理，达到使维修设备处于完好状态，降低能耗，保证安全生产，其作用是：

(1)汽车维修设备管理是充分利用维修机具、检测设备，提高维修质量和生产效率，以获得最大经济效益为前提的。

(2)汽车维修设备管理是保证设备具有良好的技术状况，保证汽车维修生产正常进行。

(3)汽车维修设备管理是以不断改善设备技术状况和提高设备的技术性能，为优质、安全运行提供保障，取得良好的效益。

二、汽车维修企业的设备配备和分类

按照原交通部2005年第7号令《机动车维修管理规定》和《汽车维修业开业条件 第一部分 整车维修企业》(GB/T 16739.1—2004)的规定,汽车一、二类维修企业应配备与其所承修车型相适应的量具、机工具及手工具,量具应定期进行检定。汽车维修设备应配备表3-1、表3-2所列的通用设备、专用设备及检测设备,其规格和数量应与其生产规模和生产工艺相适应,各种设备应符合相应的产品技术条件等国家标准和行业标准的要求,能够满足加工、检测精度的要求和使用要求。表3-3所列检测设备要通过型式认定,并按规定经有资质的计量检定机构检定合格。允许外协的设备,应具有合法的合同书,并能证明其技术状况符合规定的要求。

表3-1 通用设备

序号	设备名称	序号	设备名称
1	钻床	4	压力机
2	电焊及气体保护焊设备	5	空气压缩机
3	气焊设备		

表3-2 专用设备

<table>
<tr><th>序号</th><th>设备名称</th><th>大中型客车</th><th>大型货车</th><th>小型车</th><th>其他要求</th></tr>
<tr><td>1</td><td>换油设备</td><td colspan="3">√</td><td></td></tr>
<tr><td>2</td><td>轮胎轮辋拆装设备</td><td colspan="3">√</td><td></td></tr>
<tr><td>3</td><td>轮胎螺母拆装机</td><td>√</td><td>√</td><td>—</td><td></td></tr>
<tr><td>4</td><td>车轮动平衡机</td><td colspan="3">√</td><td></td></tr>
<tr><td>5</td><td>四轮定位仪</td><td>—</td><td>—</td><td>√</td><td></td></tr>
<tr><td>6</td><td>转向轮定位仪</td><td>√</td><td>√</td><td>—</td><td></td></tr>
<tr><td>7</td><td>制动鼓和制动盘维修设备</td><td>√</td><td>√</td><td>—</td><td></td></tr>
<tr><td>8</td><td>汽车空调冷媒加注回收设备</td><td>√</td><td>—</td><td>√</td><td></td></tr>
<tr><td>9</td><td>总成吊装设备</td><td colspan="3">√</td><td></td></tr>
<tr><td>10</td><td>汽车举升机</td><td>—</td><td>—</td><td>√</td><td>一类应不少于5台</td></tr>
<tr><td>11</td><td>地沟设施</td><td>√</td><td>√</td><td>—</td><td>一类应不少于2个</td></tr>
<tr><td>12</td><td>发动机检测诊断设备</td><td colspan="3">√</td><td>应具备示波器、转速表、发动机检测专用真空表的功能</td></tr>
<tr><td>13</td><td>数字式万用电表</td><td colspan="3">√</td><td></td></tr>
<tr><td>14</td><td>故障诊断设备</td><td>—</td><td>—</td><td>√</td><td></td></tr>
<tr><td>15</td><td>汽缸压力表</td><td colspan="3">√</td><td></td></tr>
<tr><td>16</td><td>汽油喷油器清洗及流量测量仪</td><td>—</td><td>—</td><td>√</td><td></td></tr>
<tr><td>17</td><td>正时仪</td><td colspan="3">√</td><td></td></tr>
<tr><td>18</td><td>燃油压力表</td><td>—</td><td>—</td><td>√</td><td></td></tr>
<tr><td>19</td><td>液压油压力表</td><td colspan="3">√</td><td></td></tr>
<tr><td>20</td><td>连杆校正器</td><td colspan="3">√</td><td>允许外协</td></tr>
</table>

续上表

序号	设备名称	大中型客车	大型货车	小型车	其他要求
21	无损探伤设备		√		修理大中型客车必备，其他允许外协
22	车身清洗设备	—	—	√	
23	打磨抛光设备	√	—	√	
24	除尘除垢设备	√	—	√	
25	型材切割机		√		
26	车身整形设备		√		
27	车身校正设备	—	—	√	
28	车架校正设备	√	√	—	二类允许外协
29	悬架试验台	—	—	√	二类允许外协
30	喷烤漆房及设备	√	—	√	
31	喷油泵试验设备		√		允许外协
32	喷油器试验设备		√		
33	调漆设备	√	—	√	
34	自动变速器维修设备(见GB/T 16739.2—2004中5.4.4)	—	—	√	
35	立式精镗床		√		
36	立式珩磨机		√		
37	曲轴磨床		√		
38	曲轴校正设备		√		
39	凸轮轴磨床		√		
40	激光淬火设备		√		
41	曲轴、飞轮与离合器总成动平衡机		√		

注：1. √ 为要求具备，— 为不要求具备。
2. 大中型客车：车身总长超过6 m的载客车辆。
3. 大型货车：最大设计总质量超过3 500 kg的载货车辆、挂车及专用汽车的车辆部分。
4. 小型车：车身总长不超过6 m的载客车辆和最大设计总质量不超过3 500 kg的载货车辆。

表3-3 整车维修企业主要检测设备

序号	设备名称	其他要求
1	声级计	
2	排气分析仪或烟度计	
3	汽车前照灯检测设备	二类允许外协
4	侧滑检验台	二类允许外协
5	制动检验台	修理大型货车及二类允许外协
6	车速表检验台	二类允许外协
7	底盘测功机	允许外协

三、汽车维修设备管理内容

汽车维修设备管理对保证汽车维修企业生产的正常进行，促进维修技术进步，提高经济效益具有重要意义。汽车维修设备管理工作主要内容是：

(1)建立汽车维修设备管理机构，配备专职或兼职设备管理人员，对操作人员进行技术培训，提高操作人员技术水平，保证合理使用设备，精心维护、维修设备，发挥设备应有的作用。

(2)根据汽车维修设备的性能及维修工艺要求，正确合理地使用设备，保持设备良好技术状况和应有的精度，防止违章操作和超负荷使用，减少磨损，杜绝设备事故发生。

(3)认真贯彻执行汽车维修设备维修制度，制订和组织实施设备维修计划，减少维修停机时间，发挥其效能。

(4)做好汽车维修设备的日常维护工作，使设备处于良好的润滑状态，减少磨损，延长使用寿命。

(5)做好汽车维修设备的日常管理工作，包括设备的调入、调出，建立档案和台账，维修保管，报废及事故处理。

(6)从设备技术的先进性与经济的合理性，全面考虑，组织汽车维修设备的改造更新，适应新型车辆的维修工作。

(7)进行调查与分析研究，有选择地引进国外先进设备，满足汽车维修设备、检测设备需要，促进技术进步。

第二节 汽车维修设备管理基础

一、汽车维修设备管理机构与人员配备

汽车维修设备管理机构的设置应根据汽车维修企业的规模、经营方式和维修设备拥有量，以及设备复杂程度来设置，一般应遵循以下原则：

(1)统一领导，分级管理。设置汽车维修设备管理机构，应根据维修企业规模和生产的要求，在厂长、经理的统一领导下，充分调动管理人员的积极性，实行分级管理，企业内部各级管理组织在规定的职责范围内，管好、用好汽车维修设备。

(2)分工协作。设置汽车维修设备管理机构，要合理分工，并注意协作与配合，根据设备的分布，对各级设备管理部门之间、部门内部之间都要进行合理分工，划清职责范围。在分工的基础上加强合作，相互配合，以达到管好、用好、维修好设备的目的。

(3)职、责、权、利的一致。汽车维修设备管理机构的方案确定后，在安排机构人员时，要坚持以能授职，尽量做到能力与职务的统一，责和权要适应，管理人员除了有职、有责、有权之外，还应享有相应的利益，做到职、责、权、利的统一。

根据汽车维修企业的规模和设备拥有量，一类维修企业可设设备科，二类维修企业可设专职设备管理员。

二、汽车维修设备管理制度

汽车维修设备管理制度是汽车维修企业保证汽车维修设备正常安全运行，保持其技术状

况完好，不断提高企业装备技术力量而制定的规章制度。汽车维修企业应根据国家法律法规的要求，结合自身的实际，制定本企业的汽车维修设备管理制度。其内容一般包括：

(1)总则。明确制定汽车维修设备管理制度的指导思想和管理范围。

(2)管理机构与人员职责。根据企业维修生产规模和设备拥有量，建立健全汽车维修设备管理机构，配备专职、兼职管理人员，明确管理权限和职责范围。

(3)设备购置与安装调试。汽车维修企业应根据汽车维修生产工艺要求选购设备，制定购置设备审批程序，编制设备购置计划，对选购设备进行技术经济论证，并按有关规定上报审批，制定设备安装、调试、验收有关规定。

(4)设备档案的建立与管理。汽车维修企业应建立设备档案，并对档案进行规定。应包括：设备购置合同，设备购置技术经济分析评价书，自制专用设备任务书和鉴定书，检验合格证，设备装箱单和开箱检验记录(包括随机备件、附件、工具等)，设备使用说明书，设备易损件图纸，设备安装调试记录和验收移交书，设备登记卡，设备运行维修记录，设备事故报告，设备定期维护和检修记录，设备大修竣工记录，设备封存记录，设备报废记录等。

(5)设备使用与维护。根据设备特性和结构特点，对设备使用作出有关规定，包括建立健全设备使用、维护规程和岗位责任制，并对操作人员遵守规程作出明确规定。

(6)设备检修。明确设备管理部门，根据设备运行情况制订检修计划，对执行检修技术标准、检修时间和质量保证作出明确规定。

(7)设备改造更新与报废。对设备改造更新提出具体要求，包括对设备的技术经济论证以及设备更新后的处理。提出设备报废的条件及要求。

(8)教育与培训。明确职工技术培训的职能部门，提出对设备操作人员技术培训和设备管理人员培训的具体要求。

(9)奖惩。提出开展设备管理评优活动的要求，制定对设备管理工作作出成绩人员的奖励及对违反设备管理制度的处理规定。

第三节　汽车维修设备的管理

一、汽车维修设备使用管理

汽车维修设备的合理使用是保持设备处于正常运行状态、保证汽车维修质量、降低汽车维修成本的重要环节，是汽车维修设备管理的基础。合理使用汽车维修设备的要求：

(1)合理配备维修设备。汽车维修企业应根据生产规模、工艺流程和作业方法，配备专用设备和通用维修设备，以适应汽车维修生产的需要。

(2)合理配备操作人员。汽车技术日新月异，汽车维修设备朝着精密化、自动化、电子化方向发展，对操作者的要求越来越高，因此必须配备与设备相适应的操作人员，才能充分发挥设备的性能，使设备经常处于最佳的工作状态。

对于引进的设备，特别是成套检测设备，应配备具有专业知识和技能的高级技工和专业技术人员，避免因设备的操作不当造成不应有的损失。

(3)培训操作人员。设备操作人员在使用汽车维修设备前,应进行培训,掌握设备的构造和操作要领,使其具备“三好”(管好、用好、维护好)、“四会”(会使用、会维护、会检查、会排除故障)的基本功,方可独立使用汽车维修设备。

(4)创造汽车维修设备良好的工作环境。工作环境直接影响汽车维修设备的正常运行、使用寿命和安全生产。为此,应根据汽车维修设备的不同要求,将汽车维修设备安装在适宜的工作环境中。一般来说,安装汽车维修设备的厂房应清洁、宽敞、明亮。根据设备的具体要求,必须配备必要的防尘、防振、防潮、防腐、保温、通风等装置。维修检测设备仪器应设立单独的工作室,其室内的温度、湿度、防尘、防振等工作条件应符合设备使用说明书。

(5)对职工进行正确使用和爱护汽车维修设备的宣传教育活动。汽车维修企业的领导和设备管理部门应积极组织职工开展正确使用和爱护汽车维修设备的竞赛活动,使设备操作人员养成维护设备的良好习惯。教育职工要像战士爱护武器一样爱护设备,使设备经常处于良好的技术状况。

(6)建立汽车维修设备规章制度。汽车维修企业必须根据汽车维修的特点,建立一套科学的管理制度,保证汽车维修设备的合理使用,岗位责任制就是管理制度一种。

汽车维修设备管理的岗位责任制是本着设备谁使用、谁管理、谁负责的原则,明确规定职责。它是加强设备管理的好办法。岗位责任制,一般采用定人定机管理,其目的是把设备的使用、维护和保管的各项规定落实到人,要求每一台汽车维修设备有人管理,同时根据具体情况制定相应的定机保管办法。公用设备应指定专人负责保管。实行定人定岗的好处是把设备的使用、保管责任落实到操作者本人,使设备使用、保管工作建立在群众管理的基础上。

(1)交接班制。在两班制操作设备的情况下,必须在交接班时,办理交接手续,做好设备使用记录,以便相互检查,明确责任。

交接人员应将汽车维修设备使用情况,特别是隐患和设备故障排除经过及现状,详细告诉接班人员,并在交接班记录本上作好详细的记录。

(2)安全生产制。汽车维修设备的安全操作,是严格执行各种设备操作维护规程的结果。设备的操作维护规程,有技术方面的,也有安全方面的,所以,分为技术操作规程和安全操作规程两种。一般情况下,两者合并为一种操作规程,统称为技术安全操作规程。

二、汽车维修设备维护管理

汽车维修设备在使用过程中,随着作业时间的延长,零部件在运转过程中将发生磨损。正常的配合间隙、良好的润滑条件,可减低零部件的磨损。设备的维护可使设备经常保持在正常状态下运转,可减少设备的磨损,延长设备的使用寿命。

根据汽车维修设备的摩擦、磨损,汽车维修设备的维护,一般采用三级维护制,即日常维护、一级维护、二级维护。维护制度周期一般根据设备分类和设备利用率而确定。一级维护一般 3 个月进行一次;二级维护 12 月进行一次。实践证明,凡严格执行三级维护制的单位,其汽车维修设备完好率都比较高。

汽车维修设备维护作业内容:

(1)日常维护。每日由设备操作人员进行。要求设备操作者,班前对设备进行检查、润滑,班中严格按作业规程使用设备,下班前 15 分钟对设备进行认真清扫、抹擦,做到清洁、整齐、无油污、无灰尘、无杂物,并将运行情况记录在交接班记录本上。日常维护是维护作业的基础,要求做到经常化、制度化。

(2)一级维护。以设备操作人员为主,设备维修工辅导,按维修计划对汽车维修设备进行局部或重要部位拆卸和检查,彻底清洗设备外表面和设备内部,疏通油路。清洗或更换滤油器,调整各部间隙,紧固各部位,并做好维护记录。

(3)二级维护。以设备维修工为主,设备操作工参加作业。二级维护对汽车维修设备进行检查和修理,更换或恢复磨损件,清洗、换油,检查修理电器部分,使设备局部恢复精度,满足汽车维修工艺要求。二级维护后要做好维护记录。

三、汽车维修设备更新与报废管理

1.汽车维修设备更新应坚持的原则

(1)经过大修已不能达到维修生产工艺要求的汽车维修设备。

(2)技术性能落后,经济效益很差的汽车维修设备。

(3)耗能大或严重污染环境,危害人身安全与健康,进行技术改造又不经济的汽车维修设备。

2.汽车维修设备有下列情况之一的,予以报废

(1)已超过使用年限,其主要结构和主要部件磨损,已无法修复的老旧汽车维修设备。

(2)因灾害和意外事故,设备受到严重损坏,已无法使用、修复和改造的汽车维修设备。

(3)自制非标准的汽车维修设备,经维修生产验证和技术鉴定,确认已不能使用,也无法修复、改造和调出的汽车维修设备。

(4)严重污染环境,已超过法定标准而又无法改造治理的汽车维修设备。

(5)型号过于老旧,性能达不到最低使用要求,又失去修理与改造价值的汽车维修设备。

3.设备更新、改造制度

(1)为保证设备的技术性能符合生产要求,特制定设备更新、改造制度。

(2)技术部决定设备的选型、改造处理,在作出决定前应听取生产部、质保部及财务部门的意见。

(3)设备的更新、改造需征得生产部同意,能满足生产需要。

(4)选择设备供应商。主要条件是技术和经济两项指标。

(5)购置设备。根据生产需要采购具备某种功能,达到某种效率的设备。

4.设备报废制度

(1)年久陈旧不适应工作需要或无再使用价值的设备,使用部门申请报损、报废之前,由技术部进行技术鉴定与咨询。

(2)技术部指派专人对设备使用年限、损坏情况、影响工作情况、残值情况、更换新设备的价值及货源情况等进行鉴定与评估,填写意见书交使用部门。

(3)使用部门将"报废、报损申请单"附意见书一并上报,按程序审批。

(4)申请批准后,交付采购部办理,新设备到位后,旧设备报损、报废。

(5)报废的设备不得摆放在生产区内,应征求分管经理意见另行处理。

(6)报废、报损的旧设备由技术部负责按有关规定处置。

第四节 汽车维修设备的安全操作规程

汽车维修设备技术安全操作规程，一般包括下列内容：

(1)汽车维修设备的使用范围和操作规定。

(2)汽车维修设备的润滑注油规定。

(3)汽车维修设备的维护事项。

(4)使用汽车维修设备的严禁事项和事故紧急处理步骤。

本章小结

1.汽车维修设备分为通用设备、专用设备、检测设备三类。企业应配备维修设备的规格和数量与其生产规模、生产工艺相适应。

2.汽车维修企业应对设备实施综合管理和分级管理。

3.保证汽车维修设备的正常使用，对汽车维修设备的维护一般采用三级维护制。

4.强调设备的安全，掌握设备安全操作。

复习思考题

1.根据企业的规模和特点，并对照法规要求，落实企业设备配置。

2.对企业设备建立分类管理台账。

3.制订本企业汽车维修设备的维护和修理计划。

4.完善本企业的设备管理机构和管理制度。

5.制订本企业汽车维修设备使用的注意事项。

6.制订本企业汽车维修设备维护工艺规程。

7.完善本企业汽车维修设备的安全操作规程。

8.制订本企业汽车维修设备管理的具体内容。

第四章　配件管理

第一节　常用汽车配件的使用性能

一、常用金属材料性能

汽车常用材料分为常用金属材料、常用非金属材料和常用运行材料。金属材料的主要性能包括机械性能(强度、弹性、塑性、韧性、硬度、疲劳强度)、物理性能、化学性能(密度、导热性、导电性、热膨胀性、熔点、抗腐蚀性、抗氧化性)、工艺性能(铸造性能、压力加工性能、焊接性能、切削加工性能和热处理性能)等。

二、常用非金属材料性能与质量控制常识

汽车常用非金属材料包括橡胶件、塑料件、摩擦件。

1.橡胶件

橡胶制品在汽车工业中被广泛应用,许多零、配件都是用橡胶制成的,如轮胎、连接软管、密封件、防振件、传动件、衬垫等。一辆汽车上的橡胶件约占全车整备质量的5%。橡胶分为天然橡胶和合成橡胶两类。

天然橡胶是从橡胶树上采集的胶乳,经过一系列处理,制成生胶。一般胶乳中水分占50%～60%、橡胶烃(制造橡胶的主要成分)占30%～40%。天然橡胶弹性好,具有良好的热可塑性和绝缘性,耐撕裂,低的导热性,水、气的不渗透性和一定的耐寒性。主要缺点是易老化,受外界影响随时间的增加,会出现变色、发粘或变硬、变脆龟裂。合成橡胶又称人造橡胶,由丁二烯、异戊二烯等低分子化合物,经过一系列复杂的化学反应制成。合成橡胶根据其性能,可分为通用合成橡胶和特种合成橡胶。

通用合成橡胶的物理、机械性能好,可制作轮胎和其他一般的橡胶制品。丁苯橡胶的耐磨性、耐老化性、抗撕裂性、抗滑性特别是抗湿滑性均较好,但耐热、耐寒性差,弹性差,主要用于轿车轮胎。

特种合成橡胶具有特殊性能,用来制作要求耐油、耐热、耐寒、耐化学腐蚀的制品。

(1)连接软管及其质量检验

汽车中的橡胶连接软管大致可分为一般低压软管、耐高压制动软管和耐油软管三类。软管的结构虽各有不同,但大体由内胶层、增强层和外胶层三个基本部分组成。内

胶层是软管接触介质的工作层，长期受输送介质浸泡、腐蚀、摩擦，同时还起着封闭介质、保护增强层的作用。为满足工作的需要，要求内胶层有一定的厚度，能耐温、耐介质腐蚀、耐摩擦，并且具有一定的气密性、柔韧性、强度等性能。增强层是软管承受压力的部分，还给整个软管提供必要的刚度和强度。外胶层是软管的保护层。由于与外界环境接触，不仅要求耐磨，具有一定的厚度，还应具有一定的耐侵蚀性、耐老化性。

①一般低压软管的检验。汽车上常用的低压软管有散热器连接软管、制动放气软管等。散热器连接软管是不耐油类侵蚀的，对它的机械性能要求不高，在选配时，主要检查外观应无脱层、缩孔、起泡、皱折、裂纹、凹痕、扭曲、壁厚不匀等缺陷。必要时，可进行散热器连接软管的热老化试验(标准要求在 70 ℃，做 40 h 试验)。

②耐高压软管的检验。汽车制动系统、液压系统所用连接软管，是事关安全行驶及安全操作的配件，突出的要求是耐高压。因此，软管的增强层采用编织胶管和缠绕胶管，此外还要求软管耐绕曲性好、经－40℃耐寒试验后无裂纹、耐振动，膨胀性小。要求内胶层均匀、表面平整无气孔，增强层紧紧缚住内胶层；外胶层同样要紧贴增强层，使之不受损伤；两端的金属接头螺纹紧紧地嵌在胶面中。除需检查耐高压软管的外观尺寸外，使用前也要逐根进行耐压试验。

③耐油软管的检验。耐油软管有汽油软管、柴油软管、润滑油软管、机油散热器软管等。凡是输送油类的软管都必须具有耐油性，在 0.39 MPa 的工作压力下可持续使用(环境温度不低于－40℃，汽油温度不高于 60℃，润滑油温度不高于 100℃)，外观尺寸应符合规定，软管接头的螺纹应无损坏，避免拧紧后漏油。

(2)密封件及其质量检验

橡胶密封件种类多，结构简单，是体积小、价值低的配件，但关系到汽车各部分的运转和汽车的正常工作。通常有 O 形密封圈、骨架油封、皮碗、门窗玻璃密封条。

①O 形密封圈。O 形密封圈有的为固定装置，即 O 形圈在无流体情况下，通过安装时给 O 形密封圈截面 8%～25%的压缩变形产生的接触压力造成密封作用，弥为固定(静)密封；有的是浸在具有压力的流体情况下(如在液压设备中)，称为往复密封。第一种情况是装配时密封圈变形所产生的接触压力形成密封作用；第二种情况是由密封介质传递到接触表面的压力形成密封作用。O 形密封圈结构虽然简单，但尺寸必须符合规定。安装后，固定密封的 O 形密封圈拉伸量约为 1.03～1.04mm(在油中)，压缩率为 15%～25%，最大不能超过 30%；往复密封及旋转密封的 O 形密封圈，其拉伸量和压缩率都要比固定密封的略小些。掌握合适的拉伸量和压缩率是使用 O 形密封圈的关键。此外，O 形密封圈的外观表面必须光滑，无毛刺、气泡、裂纹、缺损等缺陷。

②骨架油封。骨架油封的内径比轴颈小，装配后，在夹紧力和弹簧附加力的作用下，油封对轴作用一径向力，使油封唇口紧贴轴表面。工作时，油封唇口与轴的界面间产生厚约2.5 μm的油膜，这是骨架油封起密封作用的实质所在。径向力的大小直接影响油膜厚度，而油膜超过一定厚度即造成泄漏。因此，径向力是油封起到密封作用的关键。对骨架油封的质量检验，需按下列要求进行：首先检查外观质量，油封表面应光滑，无毛刺、裂纹、气泡、缺角及杂质嵌入等缺陷；护油唇的边缘为锐角，无缺口、毛边及不均匀等现象；唇口与轴的接触宽度一般为 0.13～0.50mm，最佳宽度为 0.25mm；橡胶与加强环的粘合紧密无松动，加强环不允许偏位，内、外表面不得露铁；油封平面上压出的凸字标明

“轴径×外径×高度”的尺寸、制造厂名和商标，字迹应清晰。其次，用游标卡尺测量油封尺寸，测内径最好用标准塞规，检查其松紧度是否适当。如油封内径大于30～90mm时，公差为－1.0～＋0.70mm；高度大于4～10mm时，公差为－0.30～＋0.40mm。第三，根据需要和条件，可进行耐油性能试验，在70±5 ℃时的25号变速器油中浸24h，油封重量变化应在－3%～＋5%范围内；在20±5 ℃的汽油（75%）和苯（25%）的混合液中浸24 h，重量变化不超过＋20%。

③皮碗。在液压制动缸中的皮碗，既起密封作用又起传递压力作用。因此，不仅要求胶料具有良好的强度和弹性，而且尺寸和形状要精确。

④门窗玻璃密封条。汽车的门窗玻璃密封条的作用是防止风雨侵袭车内，同时还兼有防振作用。它的横断面形状有两种：一是“H”形，安装时再压上楔形胶条，接触十分紧密，有粗细多种规格；一是“槽形”，其端面尺寸是一定的。

(3)传动件及其质量检验

汽车中的风扇和发电机，很多是由曲轴通过风扇传动带带动的。风扇传动带的中心层是玻璃纤维、聚酯纤维或钢丝的线绳，工作时伸长变形小，传动效能好；上部为伸张胶层；下部为压缩胶层；四周为耐磨的尼龙帆布。

风扇传动带的长度应符合规定，两侧应平整而无凸起，适当拉长传动带以检查有无裂纹、折痕等缺陷。传动带的断面尺寸很重要，除测量传动带的顶宽和厚度外，还可用角度规夹在传动带两侧测量角度，在漏光情况最小时，读出角度值。角度不准的风扇传动带与传动带轮的接触面小，不耐用，传动效率也不高。

风扇传动带是受力配件，必要时可进行机械性能检验。为了不破坏传动带，可按邵氏硬度测定法进行硬度试验，其硬度值应为70±5，当硬度符合要求时，其机械性能在一般情况下也是符合要求的。

(4)减振件及其质量检验

汽车用的减振橡胶件，除离合器中吸收颤抖的橡胶呈星形盘带外，多数是块状。在形状上虽不同于减振金属弹簧，但它具有内摩擦和三向弹簧常数的减振效率高的特点。呈块状的减振橡胶件，在垂直、横向、纵向三个方向都有减振功能，即橡胶在拉伸、压缩、剪切等各个方面都产生弹性变形而吸收振动。经过良好硫化的橡胶，其内摩擦比金属弹簧大1000倍以上，不仅在低频振动时可有效减振，在高频振动时也可有效减振。减振块的结构形状和尺寸是经过精确计算确定的，有的还经过试验确定。为充分发挥其三向弹簧常数的作用，选用配件时，不要选用与原减振块结构形状、尺寸不一致的减振块，也不能任意代用。选用时还要注意安装部位和安装角度的正确，以及减振块与金属底板的粘结质量一定要好，这是保证减振块正常使用的一个关键措施。

2.塑料件

汽车上的仪表盘、转向盘、凸轮轴正时齿轮、蓄电池壳等配件均是由塑料制成的。随着汽车工业的发展，汽车上采用塑料的零配件日益增多，目前已有全塑车身的汽车。

塑料的主要特性。塑料具有质量轻、比强度高、化学稳定性好、绝缘性能好、减摩耐磨性能好、消声性能好等特点，因而在汽车上应用日益广泛。但它也有不少缺点，如有的塑料强度低，耐温性能较低，一般塑料只能在100℃以下工作，少数的才能在200℃以上工作；导热性只有钢的1/200～1/600；热膨胀系数大，容易受温度变化而影响尺寸的稳定性;易老化,表现为缓慢氧化、变色、开裂及机械强度下降等。

3.摩擦件

摩擦材料是汽车消耗性较大的材料之一,汽车用摩擦件,按照摩擦特征可分为高摩擦系数件和低摩擦系数件两大类。高摩擦系数件又叫摩阻件,如制动摩擦片、手制动摩擦片、离合器摩擦片等;低摩擦系数件又叫减摩件,如万向节轴承、转向节衬套、钢板弹簧衬套、车门球形轴承等。高摩擦系数件主要用于传递动力、制动减速;低摩擦系数件主要用于减小摩擦。

(1)制动摩擦片及其质量检验

制动摩擦片的质量要求:

①摩擦系数足够高且稳定。摩擦系数是摩擦材料的一个最主要的技术指标,通常它不是一个常数,随温度、压力、速度或者表面状态、摩擦环境而变化。

②具有良好的耐磨性,这是衡量摩擦材料使用寿命的一个重要指标。

③具有较好的物理—机械性能。既能满足加工工艺要求,又能保持良好的使用性能。

④工作噪声小。

制动摩擦片的质量检验:制动摩擦片除进行尺寸、外观检查外,最主要是检查其摩擦性能。在没有力矩试验台时,一般都需装在汽车上作行车试验,制动性能符合GB7258—2004中的规定。

(2)离合器摩擦片及其质量检验

汽车离合器摩擦片主要工作是传递动力,对它除要求单位面积传递的转矩值符合要求外,其他与制动摩擦片相似。以往常采用带铜丝的石棉线或织物等材料制造离合器摩擦片,现在已越来越多地用其他纤维(例如玻璃纤维)来代替铜丝制造离合器摩擦片。离合器摩擦片的尺寸除检查内、外圆直径外,对厚度的要求一般比制动摩擦片精确。如厚度不一致将直接影响工作时的接触面。为了保证离合器摩擦片在传动时结合平稳,在不同速度、不同压力及不同温度时,摩擦系数需保持稳定性,而且要求静摩擦系数符合规定。

三、汽车常用运行材料性能与质量控制常识

1.车用燃料

车用汽油的质量要求。当前,汽油仍然是汽车的主要燃料,在我国汽车保有量中,汽油车约占75%。汽油机在汽缸外部形成混合气,点燃着火。爆燃是汽油机的一种不正常燃烧。汽油的使用性能主要包括蒸发性、抗爆性、氧化安定性、腐蚀性、无害性、机械杂质和水分等评定指标。含铅汽油是在汽油中添加四乙基铅[$Pb(C_2H_5)_4$]提高汽油的抗爆性,无铅汽油是在汽油中添加甲基叔丁醚(MTBE)提高汽油的抗爆性。

我国目前执行GB17930—1999《车用无铅汽油》这一强制性国家标准。车用无铅汽油按研究法辛烷值划分为90号、93号、95号三种牌号,市场上还有按照企业标准生产的97号、98号车用无铅汽油,与GB 17930—1999标准所属产品相比,具有更高的辛烷值的优良的抗爆性,应根据发动机压缩比选择车用汽油的牌号。

车用汽油的质量要求主要有:首先,抗爆性好,辛烷值合乎规定,以保证发动机运转正常,不发生爆震,充分发挥功率;其次,蒸发性好,保证发动机在冬季易于启动,在夏季

不易发生气阻，并能较完全燃烧；第三，氧化安定性好，诱导期长，实际胶质少，能长期储存；第四，抗腐蚀性好，在储存和使用过程中储油容器和发动机供油系零部件腐蚀较小。

车用含铅汽油品质的简易检验：第一，颜色呈浅黄色、橙黄色或浅红色（含铅汽油）；第二，气味有强烈的汽油味；第三，摇动后，气泡随产生随消失；第四，手感发涩有凉感，蒸发后皮肤干燥呈白色。

无铅汽油并不是不含铅，除了含有微量铅外，还含有芳香烃成分，芳香烃易蒸发并有毒。为了与含铅汽油区别，车用无铅汽油不添加着色染料，为无色。无铅汽油若存放过久，颜色也会变深，将无铅汽油试样注入 100mL 玻璃量杯中观察，应没有机械杂质及水分的悬浮沉降。凡向用户销售无铅汽油所使用的加油泵和容器上，都应标明"××号无铅汽油"，并标志在司机可以看见的地方。

2.车用轻柴油及其质量检验

在我国汽车保有量中，柴油车约占 25%。柴油机在汽缸内部形成混合气，压燃着火。粗暴是柴油机的一种不正常燃烧。柴油的使用性能主要包括低温流动性、燃烧性、雾化和蒸发性、安定性、腐蚀性、无害性和清洁性等评定指标。轻柴油在使用前须进行沉淀和滤清。

我国目前执行 GB252－2000《轻柴油》国家标准，轻柴油按凝点分为 10 号、5 号、0 号、－10 号、－20 号、－35 号、－50 号七个牌号，轻柴油牌号的选择应使最低使用温度等于或略高于轻柴油的凝点，一般来说，最低使用温度应高于牌号 5 个数值，即：－20 号轻柴油的最低使用温度约为－15℃。

车用轻柴油的质量要求主要有：燃烧性好，十六烷值适宜，自燃点低，燃烧完全，使发动机工作稳定，不易发生爆震现象；蒸发性好，蒸发速度要合适，否则，会使发动机油耗增大，磨损加剧，功率下降；黏度适中，以保证高压油泵的润滑和雾化质量；安定性好，在储存中生成胶质及燃烧后生成积炭的倾向都比较小；含硫量小，对发动机零部件的腐蚀较小。

车用轻柴油质量的简易检验：颜色，呈茶黄色，表面蓝色；气味，有强烈的柴油味；摇动，气泡漩涡消失比汽油慢；手感，光滑、手沾后有油感。

3.发动机油

发动机油是由基础油与不同种类、起不同作用的添加剂配制而成的。不同的添加剂使得机油具有不同方面的性能以满足发动机的使用要求。发动机机油的主要作用是润滑、冷却、清净、密封和防蚀。发动机的结构和生产时期不同对机油的使用要求也不同，随着技术的发展，机油的品质不断提高，品种不断增加，随之发动机的性能也在不断提高。机油品质的高低直接关系到发动机的性能及使用寿命。

发动机油的性能要求：

(1)黏度和黏温性。黏度大，其润滑性、密封性、缓冲性较好，但冷却、洗涤效果差，发动机低温起动性也受影响；黏度小，其结果刚刚相反。黏温性是指机油的黏度随温度的变化而变化，温度升高，黏度减小，温度降低，黏度增大。为使发动机得到良好的润滑，要求机油具有合适的黏度和良好的黏温特性；

(2)清净分散性。通常在发动机油中加入清净分散添加剂，以吸附机油中的固体污染颗粒，减少机油的沉淀物和漆膜的形成；将低温油泥分散于油中，以便在机油循环过程中将其滤掉；同时还兼有洗涤、抗氧化及防腐作用；

(3)抗泡沫性。在机油中加入抗泡沫添加剂。这是因为发动机油由于快速循环和飞溅而产生泡沫，若泡沫太多或不能迅速消除，将会造成摩擦表面供油不足，以致破坏正常的润滑；

(4)抗氧化性。指机油抵抗大气的氧化作用的能力。通常在机油中加入抗氧化添加剂；

(5)抗磨性。发动机中摩擦副表面负荷大，滑移速度高，速度变化频繁，因此磨损和疲劳损伤较严重，所以加入抗磨剂使发动机油具有良好的抗磨性。

我国发动机油使用性能分类：我国国家标准 GB11121－1995《汽油机油》规定了 SC、SD、SE、SF 等四个级别汽油机油规格；GB11122－1997《柴油机油》规定了 CC、CD 两个柴油机油规格；GB11121－1995《汽油机油》规定了 SD/CC、SE/CC、SF/CD 三个级别汽油机/柴油机油的规格。

SAE 黏度代号。发动机油的黏度级别以 6 个含 W 的低温黏度级号(0W、5W、10W、15W、20W、25W)和 5 个不含 W 的高温黏度级号(20、30、40、50、60)表示。发动机油低温黏度级号以最大低温黏度、最高边界泵送温度及 100℃时的最小运动黏度划分，数值越小表示其低温流动性越好。发动机油最低使用温度等于－35 与其低温黏度级号之和，例如：15W 的最低使用温度为－35＋15＝－20℃。发动机油高温黏度级号以 100℃运动黏度划分，数值越大表示高温下的最低黏度越好。

单级机油是指只满足低温或高温一种黏度级要求的机油，如 10W、30、40 等；多级机油是指既能满足低温时黏度级要求，又能满足高温时黏度级要求的机油，标记为 5W/40、10W/30、15W/40 等。

发动机油使用注意事项：

(1)严格按照汽车使用说明书中的规定，选用与该型汽车相适应的机油；

(2)汽油机油和柴油机油原则上应区别使用，只有在汽车制造厂有代用说明或标明是汽油机和柴油机通用油时，才可代用或在标明的级别范围内通用；

(3)应尽量使用多级机油；

(4)按汽车说明书推荐或该车型规定的换油里程换油。换油时要放净旧油，同时还应更换滤芯。

发动机油质量的简易检验：

(1)看包装，国内汽油发动机油的代号已统一改用国际通用的“S”，凡包装上用“Q”作代号的均为不合格油品；汽油机油标准 GB11121－95 已于 1996 年 8 月 1 日实施，凡外包装说明的是“行业标准”或将“SE 15W/40”写为“15W－40－30”的皆为不合格油品。

(2)进行外观检查，合格油品颜色呈深棕色到蓝黑色，有酸性气味，摇动时气泡少而大，且消失慢，有黄色油迹挂壁；触摸时手感黏稠，用手沾水后捻搓，油稍乳化；若油色为黑色或含固体杂质为使用过的油。

(3)进行爆裂试验，用一只干净的玻璃试管加入 25mm 高的油样，经充分摇匀后，放到酒精灯上加热，加热中若无显著声响，也无泡沫，则可判定油样不含水分；加热中如有连续声响，且持续时间在 20s～30 s 之内响声消失，可判定含水量小于 0.30%；若连续响声持续时间在 30s 以上，则含水量大于 0.30%。此外，将油样滴在 110℃以上的铁片上，如果油品出现爆裂现象，表明含水量大于 0.1%。

(4)用滤纸斑点试验测定在用发动机油质量，可按照 GB/T8030—1987《润滑油现场检验法》有关规定，获取油样滤纸斑点，并与典型斑点图谱对比分析，从而判断含有清净剂和分散剂的发动机油的清净分散性，以此反映发动机油的清净作用和分散作用丧失程度。

4.车辆齿轮油

齿轮油以精炼润滑油为基础，通过加入抗氧化剂、防腐蚀剂、防锈剂、消泡剂、抗磨剂等多种添加剂配制而成。齿轮油用于汽车机械变速器、驱动桥齿轮和传动机构。

齿轮油的性能特点：车辆齿轮油应具有优良的极压抗磨性、氧化安定性、防锈性、防腐蚀性和剪切安定性，在使用中不产生泡沫，具有良好的低温流动性，以满足汽车传动齿轮在各种工况下的润滑要求。

极压抗磨性是指齿面在极高压(或高温)润滑条件下，防止擦伤和磨损的能力。

氧化安定性是指齿轮油在与空气中的氧接触氧化后，不易出现黏度升高、酸值增加、颜色加深、产生沉淀和胶质的现象，延长齿轮油使用寿命。

剪切安定性是指齿轮油在齿轮啮合运动中会受到强烈的机械剪切作用，使齿轮油中添加的高分子化合物(黏度指数改进剂和某些降凝剂)分子链被剪断变成低分子化合物，从而导致齿轮油黏度下降。

车辆齿轮油的工作温度变化很大：冬季冷启动时，温度可在0℃以下，要求齿轮油黏度不超过150Pa·s；当正常工作时，其工作温度可达100℃以上，此时要求齿轮油黏度不能太小。所以，要求齿轮油要具有良好的黏温特性。

齿轮油的规格：选用车辆齿轮油时，一是要根据齿面压力、滑移速度和油温等工作条件选择使用性能级别(API质量代号)；二是要根据最低气温、最高油温和换油周期选择黏度级别(SAE黏度代号)。API质量代号，根据齿轮负载能力分为GL－1、GL－2、GL－3、GL－4、GL－5、GL－6个级别。

车辆齿轮油黏度级别分为70W、75W、80W、85W、90、140、250七个牌号(等级)。含字母W的是冬季用齿轮油，以低温黏度达到150Pa·s时的最高温度和100℃时最低运动黏度划分；不含字母W是夏季用齿轮油，以100℃运动黏度范围划分。齿轮油的黏度等级也有单级黏度和多级黏度之分，例如：GL－5 85W/90表示低温黏度符合SAE85W要求、高温黏度符合SAE90的要求的重负荷车辆齿轮油。

选用车辆齿轮油注意事项：

(1)根据季节，对照当地冬季最低气温适当选择齿轮油的黏度级别，标号为75W、80W、85W的齿轮油分别适用于最低气温为－40℃、－26℃、－12℃的地区。尽可能使用合适的多级车用齿轮油。

(2)根据齿轮类型和工况选择齿轮油的使用性能级别，对于一般工作条件下的螺旋锥齿轮主减速器(驱动桥)、变速器和转向器，可选用普通车辆齿轮油；准双曲面齿轮主减速器必须根据工作条件选用中负荷车辆齿轮油或重负荷车辆齿轮油，绝不能用普通车辆齿轮油代替准双曲面齿轮油。馏分型双曲面齿轮油的颜色一般为黄绿色到深绿色及深棕红色，其他齿轮油一般为深黑色，使用时应注意区别。

(3)因某些指标不尽相同，不同产地的车用齿轮油，即使是同质量、同黏度等级也不能混用。

(4)加油量应适当。油量过多不仅增加搅油阻力和燃油消耗，而且易导致齿轮油经后桥壳进入制动鼓造成制动失灵；油量过少会导致润滑不良，工作温度升高，加速齿轮磨损。齿轮油一般应加到与齿轮箱加油口下缘平齐。

(5)按规定期限及时更换车辆齿轮油，一般换油里程为3万～4.8万km。

5.车用润滑脂

润滑脂实际上是一种稠化了的润滑油，是将稠化剂分散在液体润滑剂中所组成的一种固体或半固体产品。润滑脂主要用于汽车车轮轮毂轴承及底盘各活络关节处的润滑。选择的润滑脂必须与使用条件(温度、速度、负荷和环境等)相适应，这些都与润滑脂基本特性有关，而润滑脂的基本特性取决于基础油和稠化剂种类。

润滑脂的性能特点：

(1)稠度适当；耐热性好。润滑脂应具有很强的附着能力，要求在温度升高时也不易流失。

(2)抗磨性和抗水性好。润滑脂应具有良好的抗磨性和抗水性，不会在遇水后稠度下降，甚至乳化而消失。

(3)胶体安定性和抗腐蚀性好。用于防止储存、使用时胶体分解，析出液体润滑油。

润滑脂有钙基润滑脂、钠基润滑脂、钙钠基润滑脂、通用锂基润滑脂、汽车通用锂基润滑脂、极压锂基润滑脂、石墨钙基润滑脂等种类，其特性和适用范围如表4-1所列。

表4-1 润滑脂的特性和适用范围

品种	特性	适用范围
钙基润滑脂	抗水性好、耐热性差、使用寿命短	使用温度为-10～60℃
钠基润滑脂	抗水性差、耐热性好、有较好的极压抗磨性能	使用温度可达120℃
钙钠基润滑脂	抗水性、耐热性介于钙基润滑脂和钠基润滑脂之间	适用于不太潮湿条件下的滚动轴承的润滑，如底盘、轮毂等处的轴承
通用锂基润滑脂	具有良好的抗水性、机械安定性、防锈性、氧化安定性	适用于各种机械设备的滚动和滑动轴承及其他摩擦部位的润滑，是一种长寿命通用润滑脂
汽车通用锂基润滑脂	良好的机械安定性、胶体安定性、防锈性、氧化安定性、抗水性	适用于汽车轮毂轴承、水泵、发电机等摩擦部位的润滑，国产和进口车型普遍推荐使用
极压锂基润滑脂	有极高的极压抗磨性	适用于高负荷机械设备的齿轮和轴承的润滑，部分国产和进口车型推荐使用
石墨钙基润滑脂	具有良好的抗水性和抗碾压性能	适用于重负荷、低转速和粗糙的机械的润滑，如汽车钢板弹簧、起重机齿轮转盘等承压部位的润滑

润滑脂使用注意事项：

(1)推荐使用锂基润滑脂。

(2)不同种类的润滑脂不能混用，新旧润滑脂也不能混用，即使是同类的润滑脂也不可新旧混用。

(3)润滑脂用量应适当。

(4)合理选用润滑脂。

车用润滑脂质量的简易检验：

(1)不要购买存储时间超过1年的润滑脂。

(2)钙基润滑脂为外观呈浅黄色至暗黑色的油膏；石墨钙基润滑脂为外观呈黑色的均匀油

膏;通用锂基润滑脂为外观呈均匀光滑的油膏;合成锂基润滑脂为外观呈浅褐色的均匀油膏;复合钙基润滑脂为外观呈浅黄色至暗褐色的均匀块状油膏。

(3)手感光滑,手捻不拉丝,钙基润滑脂沾水后手捻不乳化。

6.车用制动液

制动液用于液压制动系统和液压离合器操纵系统的能量传递,制动液的质量直接关系着行车安全。为了保证汽车行驶安全,汽车制动液必须具有适当的黏度、沸点、氧化安定性及橡胶溶胀性等。

制动液的性能特点:制动液应有合适的高、低温黏度,良好的低温性能,必要的润滑性,在−40～150℃温度范围内,保持良好的工作状态,使制动灵敏可靠;制动液在150℃以下不得气化,吸水后沸点下降不大,不分层沉降,保持混溶状态;制动液对橡胶件溶涨率小,确保皮碗、密封件能正常工作;制动液抗氧化安定性与热安定性好,遇热不分解、不腐蚀金属,可防锈。

根据原材料的不同,制动液分为醇类型、矿物油型和合成型三类。此外,国外还生产了高沸点制动液和低吸湿性制动液等。

醇类型制动液由低碳醇和精制蓖麻油配制而成,工作温度范围为−30～50℃。由于低温时黏度易增大,沸点低,与水互溶性差,已不适应现代高速、大功率、高负荷汽车的要求,我国已于1990年停止使用。

矿物油型制动液以精制的柴油馏分,经深度脱腊后的组分为基础油,再加入多种添加剂调和而成,具有润滑性能好,对金属腐蚀性小,使用周期长且不受地区、季节和车型限制等优点,能在−50～150℃温度范围内长期使用。但该制动液对天然橡胶和丁苯橡胶溶胀率大,此外,与合成型制动液混合使用易导致油液分层,性能下降,甚至失去效能。

我国矿物油型制动液的主要产品有7号和9号两个牌号。9号油用于温度不低于−20℃地区;7号油呈红色透明液体,可在全国各地通用,但主要用于严寒地区。

合成型制动液主要由溶剂、润滑油和各种添加剂组成。黏度随温度变化平稳,能在−40～150℃温度范围内顺利供油,对橡胶件不产生侵蚀,且溶胀率小。适用于高速轿车、大功率和大负荷汽车。

制动液主要产品牌号有719、746及HZY2、HZY3、HZY4等,此外,我国还生产了4603、4603—1、4604合成型制动液。牌号中的H、Z、Y分别为“合成、制动、液体”汉语拼音的第1个字母,阿拉伯数字作为区别标志,无其他含义。

HZY2、HZY3及HZY4型制动液是无沉淀、无悬浮物的透明液体;4603、4603—1、4604型制动液呈浅黄色至琥珀色透明液体。

高沸点制动液是以高沸点聚乙二醇醚为主,最低回流沸点为288℃,其他性能与合成型制动液相似,常用于高速、大负荷汽车的液压制动系统。

低吸湿性制动液是以乙二醇醚酯、乙二醇酯或复合基础油为主。它是针对水分侵入而降低制动液的沸点,使制动系统产生气阻,造成制动失效这一问题而生产的一种制动液,是现代汽车制动液中的优良品种,如SAE J1702、SAE J1703等。

我国生产的4603、4603−1、4604合成型制动液的低温流动性、沸点等主要使用性能指标,已与SAE J1702、SAE J1703、SAE J1704水平相似,其沸点分别超过193℃、230℃、200℃,但吸湿性、吸湿后的沸点与美国联邦机动车辆安全标准(简称DOT)还有差别。凡是规定使用SAE J1703、SAE J1704或DOT−3、DOT-4水平制动液的汽车,均可使用上述国产制动液。

制动液使用注意事项：

(1)禁止不同类型的制动液混合使用，不同厂家生产的同黏度、同牌号的制动液也不宜混合使用，否则，会因制动液分层而失去制动作用。

(2)制动液应保持清洁，严防水分、矿物油及杂质污染制动液，使用前必须检查制动液，如有白色沉淀、杂质等，应过滤后再使用。

(3)制动液应注意防潮，防止制动液吸收水分后导致沸点下降，存放制动液的容器应当密封，更换下来和装在未密封容器内的制动液不允许继续使用。

(4)制动液应定期更换，一般为1～2年，更换制动液时，需彻底清洗制动系统。

(5)山区下坡连续使用制动或在高温地区长期频繁制动，制动液温度可达150～170℃，已超过一般合成制动液的潮湿沸点，因此要注意检查制动液温度，以防气阻导致制动失效。

(6)使用合成型制动液的制动系统应防止矿物油或矿物油型制动液混入，使用矿物油制动液时，制动系统应换用耐油橡胶件。

车用制动液使用范围见表4-2所列。

表4-2 车用制动液使用范围

制动液牌号	适用范围
719、746号	轿车，或代替SAE J1703
4604	高级轿车，全国四季通用
4603－1	货车、工程机械，温度在－30℃以上地区
4603	与4603－1相同，但不宜在湿热条件下使用
7号	所有车型，全国四季，尤其适用于寒冷地区
9号	所有车型，全国四季，用于温度在－25℃以上地区

国内外合成型制动液近似对照见表4-3所列。

表4-3 国内外合成型制动液近似对照

标准	制动液牌号					
GB 10830－89	JG0	JG1	JG2	JG3	JG4	JG5
GB 12981－91	—	—	HZY2	HZY3	HZY4	—
SH 0462－92	4603、4603－1	—	—	—	—	—
SH 0463	—	—	4604	—	—	—
SAE	—	—	J1703	—	—	—
ISO	—	—	—	4925	—	—
DOT	—	—	—	DOT－3	DOT－4	—
JISK	—	—	—	2233	—	—

7.车用液力传动油

液力传动油使用在自动变速器中，又称为自动变速器油(ATF)。在液力变矩器中，它作为流体动力能的传递介质；在液压控制装置中，它作为液体静压能的传递介质；在换挡执行器中，它作为机械摩擦能的传递介质；在摩擦片表面和油冷却系统中，它作为热量传递介质；在齿轮、轴承中，它作为润滑介质。由于液力传动油的使用寿命超过10万km，所以，要求它具有良好的液力传动、液压传动、润滑、冷却性能。主要要求液力传动油具有稳定的黏度和良好的低温流动性、抗磨性、热氧化安定性、抗泡沫性、密封材料适应性、良好的抗摩擦特性、防腐蚀性和贮存安定性。

有些轿车的转向助力器也使用与本车自动变速器油同型号的液力传动油。

车用液力传动油的性能特点：

(1)应具有适宜的黏度和良好的黏温性能，以保证自动变速器能在－40～170℃温度范围内正常工作。

(2)应具有良好的润滑性的抗摩擦特性，能保证不同材质的液力传动、液压传动、机械传动、摩擦传动部件不易被磨损。

(3)应具有热稳定性和抗氧化安定性好，能保证在70～140℃(甚至更高温度)的工作条件下长期使用。

(4)应具有良好的低温流动性，凝点低，能适应冬季运转的工作条件，使冷启动容易、变速平稳。

(5)应具有优良的抗泡沫性，使油液在不断搅拌的工作条件下产生的泡沫易于消失。

(6)对橡胶密封材料有良好的适应性，不会导致密封材料产生过大的膨胀、收缩和硬化，否则，会引起漏油故障。

车用液力传动油主要以美国通用公司的“DexronⅡ－E”和福特公司的“Mercon”这两种规格为代表，其他欧洲、日本制造厂家近年来也制定了各自的新规格。例如，捷达轿车使用的自动变速器油规格为“VW ATF”，日本的规格为“Original ATF”，用以代替“DexronⅡ－E”和“Mercon”。各类车型一定要按制造厂家推荐的规格选用相应的液力传动油。

我国兰州炼油厂和上海炼油厂生产的液力传动油按运动黏度分为6号和8号两种，8号油的使用水平与通用汽车公司DexronⅡ液力传动油相当。

第二节　汽车配件质量的鉴别和检验

在汽车维修企业和汽车零配件经营企业，通常将汽车零部件、汽车标准件和汽车材料三种类型的产品统称为汽车配件。在汽车配件中，还有一个重要的概念，那就是“纯正部品”。纯正部品是进口汽车配件中的一个常用名称，指的是各汽车厂原厂生产的配件，而不是副厂或配套厂生产的协作件。纯正部品虽然价格较高，但质量可靠，坚固耐用，故用户均愿采用。凡是国外原厂生产的纯正部品，包装盒上均印有“GENUINE PARTS”或中文“纯正部品”字样。

一、如何选购汽车配件

配件质量的好坏不仅直接影响汽车维修质量，而且关系到行车安全。因此，如何选购好汽车配件，怎样判断配件质量优劣，已成为汽车维修人员关注的焦点。众多采购人员的经验是：走正门、货比货、不贪便宜。所谓走正门，就是到信誉高，即信得过的配件商店和有关特约维修站去购买需要的配件；所谓货比货，就是将购买的配件与原来使用过的配件对比外观质量及加工精度，与原配件相同是合格品(或正品)，否则就值得怀疑；所谓不贪便宜，是从“一等价钱一等货”的道理来说的。

配件采购时应遵循“5R”原则:即:通过适当的供应商(right vendor),在确保适当的品质(right quality)下,以适当的价格(right price),于适当的时间(right time),获得适当的数量(right quantity)。

在选购配件过程中,不仅要注意防止“以次充好”的配件,还要特别注意“以旧充新”的翻新件。某些经维护换下的总成,可能通过更换简单的零件,外表重新油漆,充当新的配件出售。但只要能仔细观察,就可以发现可疑处,如有拆卸敲打的痕迹,未油漆处有油污等。同时,还可通过检查有无原厂说明书、产品合格证、生产厂名、厂址等来判别真伪。

在选购配件时,特别是进口车的配件,还要注意区别不同年代生产的配件规格差异。为了满足市场的需求和适应技术的发展,汽车制造商每年都会改进某些零部件,生产新车型。新、老车型的同一种零件外形虽然相似,但只要编号改了,其参数就有变化。在选购配件之前,一定要弄清楚车辆型号、生产年份,同时也要掌握选购配件的性能和参数。

为了鉴别判断配件质量的优劣,大体上可检查以下几个方面,即:一是检查包装,二是检查配件外观,三是必要时进行力所能及的检验。

二、检查汽车配件外部包装

(1)检查商标。选购配件时要认真查看商标,商标图案是否标注清楚、图案清晰、色彩鲜艳,上面的厂名、厂址、等级和防伪标记是否真实。因为对有短期行为的仿冒制假者来说,防伪标志的制作不是一件容易的事情,需要一笔不小的支出。另外,在商品制作上,正规厂商在零配件表面有硬印或化学印记的商标,并注明了零件的编号、型号、出厂日期。一般采用自动打印技术,字母排列整齐,字迹清楚,小厂和小作坊一般是做不到的。

(2)检查外部包装。汽车零配件的互换性很强,精度很高,为了能较长时间存放、不变质、不锈蚀,需在出厂前用低度酸性油脂涂抹。正规的生产厂家,对包装盒的要求也十分严格,要求无酸性物质,不产生化学反应,有的采用硬型透明塑料抽真空包装。考究的包装能提高产品的附加值和身价,箱、盒大都采用防伪标记,常用的有镭射、条形码、暗印等,在采购配件时,这些信息很重要。

国产汽车的配件有正厂配件(即正厂生产的配件)、副厂配件;进口汽车和中外合资厂生产的汽车配件除正厂配件、副厂配件外,还有国产配件。这些配件的共同特点是包装规范、有配件商标图案、零件号标注清楚。具体包装盒上有生产厂名、厂址、零件名称、零件编号、包装盒内附有合格证;进口配件有中文说明,有的还有产地、经销点等信息。

(3)检查产品说明书。产品说明书是生产厂商进一步向用户宣传产品,为用户作某些提示,帮助用户正确使用产品的资料。通过产品说明书可增强用户对产品的信任感。一般来说,每一个配件都应配一份产品说明书(有的厂商配用户须知)。

如果交易量大,还应该查询技术鉴定资料。进口配件还要查询进口报关资料。国家规定,进口商品应配有中文说明,一些假冒进口配件一般没有中文说明,且包装上的外文,存在拼写错误或语法错误,一看便能分辨真伪。

三、检查汽车配件外观

选购汽车配件时应认真检查配件外观。铸件表面不允许有裂纹、孔眼、缩孔和疏松夹渣,其加工面应平整、清洁，不应有磕碰、划痕、毛刺和锈蚀；冲压件表面应光滑，不得有皱折、裂纹和锈蚀；磨削加工件表面应光亮如镜，不得有划痕、黑点、碰伤、腐蚀，用放大镜检查时加工面不得有未磨光的部分；焊接件的焊缝厚度均匀整齐，表面无波纹、夹渣和裂纹。

一般非配套厂生产的配件外表面粗糙度、尺寸精度、硬度达不到技术要求。

(1)检查表面处理工艺。鉴别金属机械零件，可以查看表面处理。所谓表面处理，即电镀工艺、油漆工艺、电焊工艺、高频热处理工艺。汽车配件的表面处理是配件生产的后道工艺，商品的后道工艺尤其是表面处理涉及到很多现代科学技术。国际和国内的名牌大厂，在利用先进工艺上投入的资金是很多的，特别是对后道工艺更为重视，投入的资金少则几百万元，多则上千万元。一些制造假冒伪劣产品的小工厂和手工作坊有一个共同点，就是采用低投入掠夺式的短期经营行为，很少在产品的后道工艺上投入技术和资金，而且也没有这样的资金投入能力。

查看表面处理具体有以下几个方面：

①镀锌技术和电镀工艺。汽车配件的表面处理，镀锌工艺占的比重较大。一般铸铁件、锻造件、铸钢件、冷热板材冲压件等大多采用表面镀锌。质量不过关的镀锌工艺，表面一致性很差；质量过关的镀锌工艺，表面一致性好，而且批量之间一致性也没有变化，有持续稳定性。明眼人一看，就能分辨真伪优劣。

电镀的其他方面，如镀黑、镀黄等，大工厂在镀前处理的除锈酸洗工艺比较严格，除锈比较彻底，这些工艺要看其是否有泛底现象。镀铝、镀铬、镀镍可看其镀层、镀量、镀面是否均匀，以此来分辨真伪优劣。

②油漆工艺。现在一般都采用电浸漆、静电喷漆技术，有的还采用真空手段和高等级静电漆房喷漆。采用先进工艺生产的零部件表面，与采用陈旧落后生产的零部件表面有很大差异。目测时可以看出，前者表面细腻、有光泽、色质鲜明，而后者则色泽暗淡无光亮，表面存在气泡或流痕现象，用手抚摸有砂粒感觉，相比之下，真伪非常分明。

③电焊工艺。在汽车配件中，减振器、钢圈、前后桥、大梁、车身等均有电焊焊接工序。正规配件生产企业的电焊工艺技术大多采用自动化焊接，能定量、定温、定速，有的还使用低温焊接法等先进工艺，产品焊缝整齐、厚度均匀，表面无波纹形，直线性好，即使是点焊，焊点、焊距也很规则，这一点哪怕再好的手工操作也无法做到。

④高频热处理工艺。汽车配件产品经过精加工后才进行高频淬火处理，因此，淬火后各种颜色都留在产品上。如汽车万向节内、外球笼经淬火后，就有明显的黑色、青色、黄色和白色，其中白色面是受摩擦面，也是硬度最高的面。目测时，凡是全黑色或无色的，肯定不是高频淬火。

工厂要配备一套高频淬火设备，其中包括硬度、金相分析测试仪器和仪表的配套，它的难度高、投入大，还要具备供、输、变电设备条件，供电电源在3万V以上。小工厂、手工作坊是不具备这些设备条件的。

(2)检查非使用面的表面伤痕。从汽车配件非使用面的伤痕，也可分辨配件的真伪。表面伤痕是在中间工艺环节由于产品相互碰撞留下的痕迹。优质的产品是靠先进的科学管理和先进的工艺技术制造出来的。生产一个零件有时要经过几十道甚至上百道工序，而每道工序都要配备工艺装备，其中包括工序运输设备和工序安放的工位器具。高品质的产品有很好的工艺装备作为保障，所以高水平工厂的产品是不可能在中间工艺过程中互相碰撞的。以此推断，凡在产品不接触面留下伤痕的产品，肯定是小厂、小作坊生产的劣质品。

四、检查汽车配件材质

1.检视法—"看"

(1)检视配件材质是否正确。绝大多数配件都经过切削加工。不同的金属材料切削加工后的表面物理特性不同。例如，灰口铸铁加工面光泽较暗，球墨铸铁则较亮，两者表面都较粗糙；钢加工面光泽明亮，组织细密。

(2)检视配件表面硬度是否达标。配件表面硬度都有规定的要求，在征得厂家同意后，可用钢锯条的断茬去试划(注意试划时不要划伤工作面)：划时打滑无划痕的，说明硬度高；划后稍有浅痕的说明硬度较高；划后有明显划痕的说明硬度低。

(3)检视配件结合部位是否平整。零配件在搬运、存放过程中，由于振动、磕碰，常会在结合部位产生毛刺、压痕、破损等缺陷，影响零件使用，选购和检验时要特别注意。

(4)检视配件几何尺寸有无变形。有些零件因制造、运输、储存、保管不当，易产生变形。检查时，可将轴类零件沿玻璃板滚动一圈，看零件与玻璃板贴合处有无漏光来判断是否弯曲。选购离合器从动盘片时，可将从动盘片举在眼前，观察其是否翘曲变形。选购油封时，带骨架的油封端面应呈正圆形，能与平板玻璃贴合无挠曲变形；无骨架油封外缘应端正，用手握使其变形，松手后应能恢复原状。选购各类衬垫时，也应注意检查其几何尺寸及形状。

(5)检视总成件有无缺件。正规的总成件必须齐全完好，才能保证顺利装配和正常运行。一些总成件上的个别小零件若漏装，将导致总成件无法正常工作，甚至报废。

(6)检视配件转动部件是否灵活。在检验机油泵等转动部件时，可用手转动泵轴，应感觉转动灵活无卡滞。检验滚动轴承时，一手支撑轴承内圈，另一手打转轴承外圈，外圈应能快速自如转动，然后逐渐停止转动。若转动零件发卡、转动不灵，说明内部锈蚀或产生变形。

(7)检视配件装配记号是否清晰。为保证配合件的装配关系符合技术要求，有一些零件，如正时齿轮表面均刻有装配记号。若无记号或记号模糊无法辨认，将给装配带来很大困难，甚至错装。

(8)检视接合零件有无松动。由两个或两个以上零件组合成的配件，零件之间有时是通过压装、胶接或焊接在一起的，它们之间不允许有松动现象。如油泵柱塞与调节臂是通过压装组合的，离合器从动毂与钢片是铆接接合的，离合器摩擦片是铆接或胶接的，纸质滤清器滤芯骨架与滤纸是胶接接合的，很多电器设备是焊接接合的。检验时，若发现松动应予以更换。

(9)检视配件配合表面有无磨损。若零件配合表面有磨损痕迹，则多为旧件翻新。细小的表面磨损、烧蚀、橡胶材质变质等缺陷可借助放大镜目视观察。

2.敲击法——"听"

判定部分壳体和盘形零件是否有裂纹、铆钉连接的零件有无松动，以及轴承合金与钢片的接合是否良好时，可用小锤轻轻敲击并听其声音。如发出清脆的金属声音，说明零件状况良好；如果发出的声音沙哑，可以判定零件存在裂纹、松动或结合不良等缺陷。

敲击配件也可以简易判断零件的材质：声音清脆响亮的是钢，声音低哑的是铸铁。低碳钢比中碳钢声音稍清脆些，白口铸铁的声音比灰口铸铁清脆些。

3.锉削法——"试"

在配件的非工作面进行锉削，可以简易判断零件的材质。但应注意做到不影响工作面，不破坏工作性能。

灰口铸铁锉削时，有"唰唰"声，锉削阻力小，锉刀表面基本不粘屑，锉屑粒大小不一，以细为主，手指碾研锉屑易染黑。

球墨铸铁锉削时也有明显的"唰唰"声，锉削阻力略大，锉刀表面极少粘屑，碾研时，手指染黑程度比灰口铸铁轻。

白口铸铁锉削时，有"咯咯"声，无锉屑，配件上无锉痕，用力大时锉刀面上出现划痕。

低碳钢锉削时，有较轻的"咯咯"声，锉屑呈亮灰色，碾研时不染手指，锉刀面粘有少量屑末，但一刷就掉。

例如，气门应在气门头部锉削，如有锉痕，即为硬度合格；活塞销应锉削端部，若锉刀打滑，端部没有痕迹，即为合格。

4.检验法——"测"

(1)配件的几何尺寸、形状和位置公差的检验；

(2)配件力学性能的检验；

(3)配件(零件)的探伤检验。

第三节　配件采购、入库、出库管理

汽车维修的零配件在现代汽车维修产值中占65%左右，汽车维修企业的零配件管理直接关系到汽车的维修工期、出厂质量和企业的信誉。汽车维修企业要做好零配件管理工作，首先，要建立零配件的科学管理程序，即制订采购配件计划→主管审批→采购→验收入库→库存配件定位保管→出库通知领料→统计核算。其次，要抓好零配件质量管理的采购、入库检验、装配检验的三个环节。三要重视仓库管理工作，包括入库验收、仓库定位存放、出库发料、建账统计核算等四方面的工作。

一、汽车配件采购

1.采购原则

(1)汽车配件采购应当制订采购计划，防止盲目无计划的采购。由于汽车维修企业需用配件品种多、规格广，因此，对汽车配件和辅助材料的采购，要根据本单位维修车辆情况，提出采购计划，并得到批准，方可进行采购。

(2)采购的配件和辅助材料要保证质量，用途不明、质量不符合标准和规格不清的不采购，不得采购假冒伪劣配件。

(3)采购计划是进行采购订货的依据，未经主管领导的同意，不得随意采购计划外的配件。

(4)建立采购配件登记制度，记录购买日期、供应商名称、地址、产品名称及规格型号等，并查验产品合格证等相关证明。

(5)因车辆急修需临时应急采购配件时，凭车间报料单经仓库核实后，报分管配件领导批准，再及时采购。

(6)应选择供应商或签订供货合同的定点配件供应商，进行配件采购。

(7)坚决反对盲目采购和回扣等不正之风，严禁采购低劣产品。

2.采购方法

汽车维修企业应当对汽车配件市场进行预测，掌握配件行情和掌握市场需求变化，预测发展趋势，是企业组织货源，做好采购订货工作的前提。对采购配件的过程在受控条件下进行，确保采购配件符合规定要求，实行择优采购。对采购配件控制的类型取决于采购配件对随后的维修/服务实现或最终产品的影响程度。汽车维修企业应当根据供应方按企业的要求提供配件的能力评价和选择供方，这种能力包括质量保证的能力（设备、技术、管理、人员）、售后服务及其他方面的能力（生产能力、运输能力），制定选择、评价和重新评价的准则。评价准则应包括产品质量、价格、交货情况、售后服务、安装、相关经验、历史业绩、质量管理体系保证能力、遵纪守法情况、提供类似产品方面的顾客满意程度、与履约能力有关的财务情况、本企业试用或使用情况，评价结果要予以保持。汽车维修企业采购配件要在已选择的供方范围内进行采购，确保配件的质量，实现最优选择。还要掌握这些配件的供应网和采购网及其动态等。

3.供货方式

企业选择配件的供应方式，根据情况而定，但应在受控状况下选择供货方式。

(1)对于需要量大的配件，应尽量选择定点供应、直达供货的方式。

(2)尽量采用与配件商签订合同直达供货方式，以减少中转环节，加速配件周转。

(3)对需要量少的配件，宜采取临时采购方式，以减少库存积压。

(4)采购形式，现货与期货。现货购买灵活性大，能适应需要的变化情况，有利于加速资金周转；对需要量较大，消耗规律明显的配件，采用期货形式，签订期货合同，有利于供应单位及时组织供货。

二、零配件入库

零、配件入库是仓库业务管理的重要活动。这一活动主要包括零、配件的接运、验收和办理入库手续等环节。

1.接运

接运是配件入库的第一步。它的主要任务是及时而准确地接收入库配件。在接运时，要对照货物运单认真检查，做到交接手续清楚，证件资料齐全，为验收工作创造有利条件。避免将已发生损失或差错的配件带人仓库，造成仓库的接收或保管出现困难。

2.验收入库

凡要入库的配件，都必须经过严格的验收。验收为配件的保管和使用提供可靠依据，验收记录是仓库对外提出换、退货、索赔的重要凭证。因此，要求验收工作做到及时、准确，在规定期限内完成，要严格按照验收程序进行。验收入库应按企业采购配件接收准则或验收标准及验证记录进行。验收作业程序是：验收准备→核对资料→检验实物→作出验收记录。

(1)验收准备。搜集和熟悉验收凭证及有关订货资料；准备并校验相应的验收工具，准备装卸搬运设备、工具及材料；配备相应的人员，根据配件数量及保管要求，确定存放地点和保管方法等。

(2)查对资料。凡要入库的零配件，应具有凭批准的《配件采购计划单》、供货单位提供的质量证明书、发货明细表、装箱单，进行整理和核对，无误后才可进行配件检验。

(3)货物验证。主要包括对零配件的数量和质量两个方面的验证。数量验证是查对所到配件的名称、规格、车型型号、数量等是否与配件采购清单、运单、发货明细表一致。质量验证就是按照企业的配件入库的质量抽查制度,进行质量检验,认真填写《配件入库质量抽查记录》,对抽查出的质量问题,要记录处理结果。

验证配件要规范填写《入库验收单》,要求品名正确、数量准确、价格真实,并有采购人、验收保管人和仓库主管的签字确认。

货物验证的方式,可以在企业内部进行,对采购的配件进行验收、检验、试验、测量、查验供方的文件等,也可以在供方货源处进行验收。

3.办理入库手续

经验收无误后即办理入库手续,进行登账、立账、标识建卡、建立档案,妥善保管配件的各种证件、账单资料。

(1)登账。仓库要建有分类清晰的手工《配件台账》和计算机《配件台账》,对每一品种规格的零配件都必须建立收、发、存明细账,及时、准确地反映零配件储存动态的基础资料。动态确保账物相符。

(2)标识建卡。标识卡一般是直接挂在货位上,它反映库存配件的名称、规格、车型零配件号。同时,应当将原厂配件、副厂配件和修复件分别标识,明码标价。

(3)建档。技术资料及出入库有关资料应存入档案,以供随时查阅。档案应一物一档,统一编号,以便查找。

三、零配件出库

零、配件出库是仓库业务的最后阶段,它的任务是把配件及时、迅速、准确地发放到使用者。出库工作的好坏直接影响企业的生产秩序,影响配件的盈亏、损耗和周转速度,因此,仓库应努力做好出库工作。

为保证配件出库的及时、准确,使出库工作尽量一次完成。同时,要认真实行"先进先出"的原则,减少物资的储存时间,特别是有保管期限的配件,应在限期内发出,以免配件变质损坏。一切应严格按照出库程序进行。出库程序是:出库前准备→核对出库凭证→备料→复核→发料和清理。

(1)配件出库前的准备。仓库管理人员要深入实际,掌握用料规律,根据出库任务量安排好所需的设备、人员及场地等,及时供应生产所需配件。

(2)核对出库凭证。仓库发出的配件,主要是车间所领用。车辆维修领料应要求持有任务《委托书》或《派工单》。仓库应根据需要制定领料审批相关规定,防止重复领料、超量领料、虚报领料以及不负责的随意领料。领料时,须填写《领料单》,《领料单》应有领料人、发料人和批准人签字,建立交旧领新制度,健全索赔旧件、交客户带走旧件、废品旧件等分类处理旧件的办法,除办理厂方索赔需要外,维修换下的配件、总成应交托修方自行处理。严禁无单或白条发料。保管员接到发料通知单,必须仔细核对,无误后才能备料。

(3)备料。按照出库凭证进行备料。同时变动料卡的余存数量,填写实发数量和日期、提供质量证明书等。

(4)复核。为防止差错,备料后必须进行复核。复核的主要内容:出库凭证与配件的名称、规格、质量、数量是否相符，技术证件是否齐全。复核方法可采取保管员自己复核，或保管员之间交叉复核，或由专职复核员复核。

(5)发料和清理。复核无误后即可发料。配件出库后，应及时对《配件台账》中发出配件消账处理，动态保证账物相符，并清理、整理现场。

四、配件仓库管理

1.配件仓库管理的基本要求

(1)对进厂配件认真检查、验收、入库。

(2)采用科学方法，根据配件不同性质，进行妥善地维护保管，确保零配件的安全。

(3)配件存放应科学合理、整齐、有条不紊，便于收发查点、检查和验收，并保持库容的文明整洁。

(4)配件发放要有利生产，方便工人，做到深入现场，送货上门，满足工人的合理要求。

(5)定期清仓、盘点，及时掌握配件变动情况，避免积压浪费和丢失，保持账、卡、物相符。

(6)不断提高管理和业务水平，使验收分类、堆放、发送、记账等手续简便、迅速和及时。

(7)做好旧配件和废旧物资的回收利用。

2.配件定位

仓库保管货物应合理摆布，对库房按照分类区统一编号存放，编号采用四位编号，第一位数表示库或场，第二位数表示架或货区，第三位数表示货架的层或区的排，第四位数表示货位。

3.清仓盘点

为了及时掌握库存配件的变化情况，避免配件的短缺丢失或超储积压，必须对配件进行经常和定期的盘点。

(1)盘点的内容。查明实际库存量与账、卡上的数字是否相符；检查收发有无差错；查明有无超储积压、损坏、变质等。

(2)盘点的形式。盘点主要有永续盘点、循环盘点、定期盘点和重点盘点等形式。

永续盘点是指保管员每天对有收发动态的配件盘点一次，以便及时发现和防止收发差错；循环盘点是指保管员对自己所管物资分别按轻、重、缓、急，作出月盘点计划，按计划逐日盘点；定期盘点是在月、季、年度组织清仓盘点小组，全面进行盘点清查，并造出库存清单；重点盘点是根据季节变化或工作需要，为某种特定目的而对仓库物资进行的盘点和检查。

(3)盘点中出现问题的处理。对于盘点后出现的盈亏、损耗、规格串混、丢失等情况，应组织复查落实，分析产生的原因，及时处理。

①储耗。对易挥发、潮解、溶化、散失、风化等物资，允许有一定的储耗。

凡在合理储耗标准以内的，由保管员填报《合理储耗单》，批准后，即可转财务部门核销。储耗的计算，一般一个季度进行一次，计算公式如下：

$$合理储耗量 = 保管期平均库存量 \times 合理储耗率$$

$$实际储耗量 = 账存数量 - 实存数量$$

$$储耗量 = 保管期内实际储耗量 \div 保管期内平均库存量 \times 100\%$$

实际储耗量超过合理储耗部分作盘亏处理，凡因人为的原因造成物资丢失或损坏，不得计人储耗内。

②盈亏和调整。在盘点中发生盘盈或盘亏时，应反复落实，查明原因，明确责任。由保管

员填制《库存物资盘盈盘亏报告单》,经仓库负责人审签后,按规定报经领导审批。

③报废和削价。由于保管不善,造成霉烂、变质、锈蚀等配件;在收发、保管过程中已损坏并已失去部分或全部使用价值的;因技术淘汰需要报废的,经有关方面鉴定,确认不能使用者,由保管员填制《物资报废单》,经审批处理。由于上述原因需要削价处理者,经技术鉴定,由保管员填制《物资削价报告单》,按规定报上级审批后处理。

④事故。由于被盗、火灾、水灾、地震等原因及仓库有关人员失职,使配件数量和质量受到损失者,应作事故向有关部门报告。

在盘点过程中,还应清查有无本企业多余或暂时不需用的配件,以便及时把这些配件调剂给其他需用单位。

4.废旧物资的回收和利用

对维修过程中产生的一些边角料、废配件、废料、报废的设备、工具等,凡具有残余价值的,都应积极组织回收。其中在经济合理、不影响产品质量的前提下,本企业应加以修复改制和利用。修旧利废应做到经常化、制度化。

五、零配件质量管理制度

为了加强配件及材料的质量管理,提高经济效益,制定的配件质量管理制度内容如下:

(1)用系统管理方式,把配件管理工作纳人质量管理体系。

(2)提高配件采购人员和配件管理人员的服务意识和质量意识。

(3)通过选择和评价供方,建立固定的正规供应渠道采购配件,以避免假冒伪劣配件。

(4)采用各种技术手段加强对购人配件的质量检验工作。在配件入库之前的周转区内设置质量控制点,并有专职(兼职)人员负责质量检验。

①加强配件质量控制,避免因使用有质量问题的配件、辅助原材料而造成的维修质量事故,承担装前未经鉴定的责任。

②落实配件、原材料入库的质量检验工作,认真制作入库检验单,把好配件、原材料进厂关。

③杜绝采购“无厂名、无产地、无合格证”的“三无”产品和伪劣产品。

④确实做到质次产品不进厂,伪劣配件不出库。

(5)收集配件装配后的质量信息反馈,及时调整供应渠道。

(6)加强配件采购人员的质量意识、职业道德教育和专业技术培训,提高配件质量鉴别能力。

(7)做好配件的运输、库存、发放工作,防止磕碰损伤,并加强储存过程中的防水、防潮、防腐工作。对于有特殊要求的配件应做到恒湿、恒温储存。

(8)建立完善的配件档案和账务管理,以便对出现的质量问题有据可查。

(9)配件采购要有固定进货网点,因固定网点无货,需要其他点进货的,需先请示,经同意后方能购买。

(10)严格进货检验手续,所有采购回来的配件,进库时必须核对数量、价格、质量,特别要防止假货入库。发现假货和质量问题要追究责任。

(11)修理工领料要有派工单,由库管员填写,领料人签名,总成或价值较大的配件要有厂部审批手续。

(12)仓管员在发料时,应填写发料单,领料人必须在发料单上签章,仓管凭领领料人签认的发料单及时登记库存做账,发料应与派工单核对。

(13)严格执行交旧领新制度。领新料同时交回旧件,旧件必须编上号,贴上标签,交回车主。

六、零配件采购制度

(1)根据车间维修任务、配件销量和仓库储备情况,及时编制采购计划,经分管配件的领导审批形成《配件采购计划》,实行采购人员按照《配件采购计划单》采购的制度。配件供应工作要做到:供应及时、保证质量、品种齐全、加快周转、减少库存。

(2)因客户车辆急修临时采购配件时,凭车间报料单经仓库核实后,报分管配件领导批准及时采购。采购后立即入库并通知维修班组领料。

(3)采购人员对采购配件质量承担责任,无特殊情况应选择原厂供应商或经过选择、评价签订合同的定点配件供应单位采购。同时做到无计划不采购、规格不明不采购,“三无”(无产品合格证、厂名、厂址)配件不采购,无商品销售有效票据不采购。

(4)建立采购配件登记制度,记录购买日期、供应商名称、地址、产品名称及规格型号等,查验产品合格证相关证明。

(5)外购件确需即时付款的,由分管配件领导在《配件采购计划单》上签批具体金额后,采购人员凭此签单到财务组办理借款手续。

(6)零配件采购回厂后,必须交由技术主管人员进行技术鉴定,鉴定合格后,由技术主管在零配件采购申请单和发票上签章。

(7)仓管员在办理入库手续时,必须认真地清点核对所购物品与《配件采购计划单》中所列物品是否相符,并据实填制入库单,登记入库存材料台账。

(8)采购人员必须凭有效申请单、购件凭证、入库单等,及时到财务组办理报账事宜。

(9)挂账配件,必须将配件商出具的有效凭据,及内部控制凭证交出纳核对后,由出纳将凭证移交财务。

(10)采购人员不得有利用采购谋取回扣行为。

(11)采购结束,采购人员应及时办理实物入库验收和票据财务结算手续。

第四节 配件库存管理方法

加强库存管理就是要尽可能让更多的客户满足,减少费用,增加效益。

一、仓库库存管理

仓库库存管理保管的6个原则:

(1)一个项目(编号)一个料位。

(2)重的放在下方。

(3)按形状来分类管理。

(4)扁的放纵方向。

(5)货架高度,人的高度。

(6)异常情况一目了然。

二、提高效率的保管方法

(1)合理利用空间。

(2)快件放近的地方。

(3)流动的拿货。

(4)整理。

本章小结

1.汽车配件具有一定的使用性能。

2.汽车配件有汽车零部件、汽车标准件和汽车材料三种类型的产品。

3.汽车维修企业对采购的汽车配件应当进行质量检验。

4.配件采购应由仓库保管员按储备量,提出月度采购计划,列出采购计划,经审批后进行采购。

5.仓库保管管理包括出库管理、入库管理、仓库管理、呆废料管理、备件盘点等。

6.企业应当建立零配件质量管理制度和质量采购制度。

复习思考题

1.汽车常用金属材料有哪些使用性能?

2.怎样控制汽车常用非金属材料质量?

3.汽车常用运行材料有哪些?怎样控制其质量?

4.如何选购汽车配件?

5.判别汽车配件质量优劣,应从哪些方面来检查?

6.本企业对配件供应商是否进行有效评价?

7.如何通过管理手段采购到质量优、价格低的配件?

8.本企业的配件仓库管理方法有哪些需要改进?

9.计算出常用维护配件的合理库存量、月消耗量。

第五章　计量管理

计量工作是各个经济建设部门的一项重要技术基础工作，对建设社会主义的现代化强国有重要的作用。凡是进行物资生产、商业流通和科学研究的一切地方和部门，都离不开计量。科研工作者、生产工人、质量检查员、化验员、营业员和医疗工作者，每天不知要进行多少次计量测试活动，检测出多少技术数据，这些计量测试工作，是国民经济中一项重要的技术基础工作。

第一节　常用计量基础名词术语

1.计量

计量是实现单位统一和量值准确可靠的测量。

2.测量

测量是指以确定被测对象量值为目的的全部工作。

3.测试

测试是具有试验性质的测量。

4.计量器具

计量器具是指用以直接或间接测出被测对象量值的装置、仪器仪表、量具和用于统一量值的标准物质，包括计量基准、计量标准、工作计量器具。

计量基准一般分为国家基准、副基准和工作基准。国家基准是用来复现和保存计量单位，具有现代科学技术所能达到的最高准确度，经国家鉴定并批准，作为统一全国计量单位量值的最高依据的计量器具。通过直接或间接与国家基准比对来确定量值，并经国家鉴定批准的计量器具称为副基准。经与国家基准或副基准校准或比对，并经国家鉴定，实际用以检定计量标准的计量器具称为工作基准。

计量标准是指按国家规定的准确度等级，作为检定依据用的计量器具或物质。

工作用计量器具是不用于检定工作而用于日常测量的计量器具。

5.计量检定

计量检定是指为评定计量器具的计量性能，确定其是否合格所进行的全部工作，包括检验和加封盖印等。它是进行量值传递的重要形式，是保证量值准确一致的重要措施。

6.计量检定规程

计量检定规程是指对计量器具的计量性能、检定项目、检定条件、检定方法、检定周期以及检定数据处理等所作的技术规定。

7.量值传递

通过对计量器具的检定或校准，将国家基准所复现的计量单位量值通过各级计量标准传递到工作计量器具，以保证对被测对象量值的准确和一致，该工作的逆过程称之为计量器具的溯源。

8.周期检定

根据检定规程规定的程序及确定的周期，对使用过一段时间的计量器具进行的周期检定。

9.检定周期

计量器具距相领两次周期检定的时间间隔。

10.强制检定和非强制检定

强制检定是指由县级以上人民政府计量行政部门指定计量检定机构或授权的计量检定机构，对社会公用计量标准，部门和企业、事业单位使用的最高计量标准，以及用于贸易结算、安全防护、医疗卫生、环境监测方面的列入强制检定目录的工作计量器具实行的定点定期检定。

非强制检定是指由计量器具使用单位自己或委托具有社会公用计量标准或授权的计量检定机构，依法进行的一种检定。

11.检定证书和检定结果通知书

检定证书是指证明计量器具检定合格，具有法律效力的技术文件。

检定结果通知书是指证明计量器具经过检定不合格的文件。

第二节　汽车维修计量器具、检测诊断设备的检定

汽车维修计量器具、检测诊断设备是维修技术人员和质量检验员保证维修质量的得力助手，必须实行强制检定，经常保持其有效精度。

《中华人民共和国计量法》第九条规定："县级以上人民政府计量行政部门对社会公用计量标准器具，部门和企业、事业单位使用的最高计量标准器具，以及用于贸易结算、安全防护、医疗卫生、环境监测方面的列入强制检定目录的工作计量器具，实行强制检定。未按照规定申请检定或者检定不合格的，不得使用。…… 对前款规定以外的其他计量标准器具和工作计量器具，使用单位应当自行定期检定或者送其他计量检定机构检定，县级以上人民政府计量行政部门应当进行监督检查。"

汽车维修企业使用了较多的量具及检测设备，无论是从执行国家法律角度，还是从保持仪器使用精度的角度来看，维修用的主要检测设备应依法进行定期检定。

《中华人民共和国强制检定的工作计量器具检定管理办法》规定：

(1)使用强制检定的工作计量器具的单位或者个人，必须按照规定将其使用的强制检定的工作计量器具登记造册，报当地县(市)级人民政府计量行政部门备案，并向其指定的计量检定机构申请周期检定。当地不能检定的，向上一级人民政府计量行政部门指定的计量检定机构申请周期检定。

(2)强制检定的周期，由执行强制检定的计量检定机构根据计量检定规程确定。

(3)属于强制检定的工作计量器具，未按照本办法规定申请检定或者经检定不合格的，任

何单位或者个人不得使用。

(4)执行强制检定的机构对检定合格的计量器具,发给国家统一规定的检定证书、检定合格证或者在计量器具上加盖检定合格印;对检定不合格的,发给检定结果通知书或者注销原检定合格印、证。

(5)县级以上人民政府计量行政部门按照有利于管理、方便生产和使用的原则,结合本地区的实际情况,可以授权有关单位的计量检定机构在规定的范围内执行强制检定工作。

(6)被授权执行强制检定任务的机构,其相应的计量标准,应当接受计量基准或者社会公用计量标准的检定;执行强制检定的人员,必须经授权单位考核合格;授权单位应当对其检定工作进行监督。

(7)被授权执行强制检定任务的机构成为计量纠纷中当事人一方时,按照《中华人民共和国计量法实施细则》的有关规定处理。

(8)企业、事业单位应当对强制检定的工作计量器具的使用加强管理,制定相应的规章制度,保证按照周期进行检定。

(9)使用强制检定的工作计量器具的任何单位或者个人,计量监督、管理人员和执行强制检定工作的计量检定人员,违反本办法规定的,按照《中华人民共和国计量法实施细则》的有关规定,追究法律责任。

(10)执行强制检定工作的机构,违反本办法第八条规定拖延检定期限的,应当按照送检单位的要求,及时安排检定,并免收检定费。

(11)国务院计量行政部门可以根据本办法和《中华人民共和国强制检定的工作计量器具目录》,制定强制检定的工作计量器具的明细目录。

计量检定工作应当按照经济合理的原则,就地就近进行。

汽车维修企业的检测设备和量具要按规定定期经有资质的计量检定机构检定合格,方可使用。

所配备的检测设备要通过型式认定,以提高汽车维修质量和检测诊断的准确性,保障维修作业安全性、检测诊断结果的准确性和可比性,提高产品技术水平和质量水平。因为,目前国内一些汽车维修、检测、诊断设备产品存在较严重的产品缺陷和安全隐患,检测设备检测重复性差,不同产品检测数值没有可比性等问题,为此,对涉及安全、环保的主要检测设备,规定了应通过型式认定的要求。

为从硬件条件保障汽车维修质量与检测相关政策、制度措施的有效落实,促进汽车维修与检测行业健康发展,汽车维修企业应当选择购买通过交通部汽车保修设备质量监督检验测试中心质量检验,符合相关的产品标准或计量检定规程的汽车维修、检测、诊断设备。

第三节 计量器具检定的周期和标准

一、计量器具的检定周期

汽车维修企业应当按照国务院计量行政部门和各省、自治区、直辖市人民政府计量行政部门对各种强制检定的工作计量器具进行周期检定。

根据中华人民共和国计量检定规程规定，汽车维修检测设备和量具的检定周期一般为一年。根据使用频繁程度可适当缩短检定周期，修理后的应及时检定。

二、计量器具检定的标准

国家计量检定规程是由国家质量监督检验检疫总局组织制定并批准颁布，在全国范围内施行，作为计量器具特性评定和法制管理的计量技术法规。涉及汽车维修检测设备、量具的计量检定的标准主要有：

(1)JJG22—2003 内经千分尺检定规程

(2)JJG427—1986 带表千分尺检定规程

(3)JJG 26—2001 杠杆式千分尺、杠杆卡规检定规程

(4)JJG 24—1986 深度千分尺检定规程

(5)JJG 21—1995 千分尺检定规程

(6)JJG 30—2002 通用千分尺检定规程

(7)JJG 31—1999 高度卡尺检定规程

(8)GB/T 11798.1—2001 机动车安全检测设备 检定技术条件
第1部分：滑板式汽车侧滑试验台检定技术条件

(9)GB/T 11798.2—2001 机动车安全检测设备 检定技术条件
第2部分：滚筒反力式制动试验台检定技术条件

(10)GB/T 11798.3—2001 机动车安全检测设备 检定技术条件
第3部分：汽油车排气分析仪检定技术条件

(11)GB/T 11798.4—2001 机动车安全检测设备 检定技术条件
第4部分：滚筒式车速表试验台检定技术条件

(12)GB/T 11798.5—2001 机动车安全检测设备 检定技术条件
第5部分：滤纸式烟度计检定技术条件

(13)GB/T 11798.6—2001 机动车安全检测设备 检定技术条件
第6部分：对称光前照灯检测仪检定技术条件

(14)GB/T 11798.7—2001 机动车安全检测设备 检定技术条件
第7部分：轴(轮)重仪检定技术条件

(15)GB/T 11798.9—2001 机动车安全检测设备 检定技术条件
第9部分：平板制动试验台检定技术条件

(16)JJG 688—1990 汽车排放气体测试仪检定规程

(17)JJG 745—2002 机动车前照灯检测仪

(18)JJG 847—1993 滤纸式烟度计

(19)JJG 865—1994 汽车底盘测功机

(20)JJG 906—1996 滚筒反力式制动检验台仪检定规程

(21)JJG 907—1996 轴(轮)重仪检定规程

(22)JJG 908—1996 滑板式汽车侧滑检验台检定规程

(23)JJG 909—1996 滚筒式车速表检验台检定规程

(24)JJG 976—2002 透射式烟度计

(25)JJG(交通) 007—1996 汽车转向盘转向力——转向角检测仪检定规程(试行)

(26)JJG(交通) 008—1996 汽车制动踏板力计检定规程

(27)JJG(交通) 009—1996 四活塞联动式油耗仪检定规程

(28)JJG(交通) 010—1996 车轮动平衡机仪检定规程

(29)JJG(交通) 011—1996 就车式车轮动平衡机检定规程(试行)

(30)JJG(交通) 012—1996 汽车发动机曲轴箱窜气量测量仪检定规程

(31)JJG(交通) 013—1996 汽车发动机检测仪检定规程(试行)

第四节 计量器具的保管、使用和维护

一、计量管理制度

为加强对汽车维修、检验过程中使用的计量器具、检测仪器的管理，严格实施计量器具定期检定制度，保证量值传递的准确性，制定本制度。

(1)所有计量器具、检测仪器必须经计量检定合格，经常保持其有效精度。

①使用强制检定的计量器具，必须按照规定登记造册，报计量行政部门备案，并按期向合法的计量检定机构申请周期检定。

②强制检定的周期，由计量检定机构根据计量检定规程确定。

③属于强制检定的计量器具，未按照规定申请检定或者检定不合格的不得使用。

④检定机构对检定合格的计量器具，发给国家统一规定的检定证书，即检定合格证或者在计量器具上加盖检定合格印；对检定不合格的，发给检定结果通知书或者注销原检定合格印、证。

⑤经检定合格的计量器具，在使用前专职计量员应根据计量器具的使用情况，进行一次认真地检验。

(2)使用计量器具、检测仪器必须具备正常的工作环境条件。

(3)配备专职保管、维护和使用计量器具、检测仪器的人员

专职计量员必须按照规定将使用的强制检定的计量器具登记造册，报当地县(市)级人民政府计量行政部门备案，经检定合格的计量器具，在使用前应根据计量器具使用情况，进行一次认真地检验。

二、计量器具及检测仪器保管、维护和使用

计量管理是质量管理的基础，计量的正确与否决定着技术质量标准的好坏，加强计量管理企业至关重要的工作。

(1)所有计量器具、检测仪器及相关资料登记注册，妥善保管。

(2)所有计量器具、检测仪器必须定期维护，并做好维护记录。

(3)所有计量器具、检测仪器必须按规定进行定期标定，做好记录，并将年审检定标签贴在

计量器具、检测仪器的显著位置。

(4)按规定集中保管计量器具、检测仪器(除钢板尺、卷尺、计算器外),并完善借用手续。

(5)按技术要求使用计量器具、检测仪器,不得将计量器具、检测仪器挪作他用或违章使用。

(6)计量器具、检测仪器一旦发生损坏,应立即上报管理部门,责任人应负责赔偿。

(7)计量器具、检测仪器的更新,需做详细记录,并在有关计量标定单位登记。

(8)采购新的计量器具、检测仪器时,必须杜绝无标志产品流入企业。

国家计量实施细则规定,计量器具的使用必须具备下列条件:

(1)经计量检定合格。向指定的计量检定机构申请周期检定。当地不能检定的,向上一级人民政府计量行政部门指定的计量检定机构申请周期检定。属于强制检定的计量器具,未按照规定申请检定或者检定不合格的,任何单位或者个人不得使用。

(2)具有正常工作所需要的环境条件。

(3)具有专职保管、维护和使用人员。保管使用人员或专职计量员应按照规定将使用的强制检定的计量器具登记造册,报当地县(市)级人民政府计量行政部门备案,此外,经检定合格的计量器具,在使用前还应根据计量器具的使用情况,进行一次认真的检定和检验。

(4)具有完善的管理制度。

本章小结

1. 汽车维修计量器具、检测诊断设备必须实行强制检定,经常保持其有效精度。
2. 汽车维修检测设备和量具的检定周期一般为一年。
3. 汽车维修检测设备和量具的检定标准由国家批准发布。
4. 汽车维修企业应当建立汽车维修检测设备和量具的的保管、使用、维护制度。

复习思考题

1. 本企业哪些汽车维修设备和器具需要进行计量检定?
2. 本企业的常用计量器具是否进行了有效分类和管理?
3. 国家发布了哪些汽车维修检测设备和量具的检定标准?
4. 完善本企业汽车维修检测设备和量具的保管、使用、维护制度。
5. 哪些部门或单位可以进行计量器具检定?
6. 汽车维修企业计量器具管理重点是什么?
7. 新购置的汽车尾气分析仪是否需要进行计量检定?
8. 计量器具的检定周期如何确定?

第六章　机动车维修技术档案和工艺文件管理

第一节　机动车维修技术档案

交通部7号令第34条规定:“机动车维修经营者对机动车进行二级维护、总成修理、整车修理的,应当建立机动车维修档案。机动车维修档案主要内容包括:维修合同、维修项目、具体维修人员及质量检验人员、检验单、竣工出厂合格证(副本)及结算清单等。机动车维修档案保存期为二年。”

机动车维修技术档案是机动车维修档案的重要组成部分。根据(GB/T15746—1995)《汽车修理质量检查评定标准》的要求,汽车修理质量检查评定内容包括了修理质量检验技术文件的完善程度。因此,检验技术文件是修理质量检查评定的重要内容。根据交通部7号令的有关规定和维修企业质量管理日常工作的需要,机动车维修技术档案应包括以下内容。

一、汽车维修合同

根据《中华人民共和国合同法》的有关规定,1992年,由中华人民共和国交通部和国家工商行政管理局共同制定发布了《汽车维修合同实施细则》,对各类维修企业与托修方签订书面“汽车维修合同”的有关事项作了相关规定。

1.汽车维修合同签订的范围

汽车维修合同签订的范围包括:汽车大修、主要总成大修、二级维护和维修预算费用在1 000元以上的小修。

2.合同的主要内容

合同作为经营活动中制约双方行为的具体条约,主要内容包括:承、托修双方的信息,送修车的情况,维修类别及项目,交接车辆的日期,验收标准和方式及质量保证期,预计费用和结算相关事项,违约责任及纠纷处理等。一般由各级汽车维修管理部门为企业提供合同示范文本。表6-1为某省提供的“汽车维修合同”式样,合同示范文本见“合同文书”,供学习参考。

表 6-1 汽车维修合同

合同编号：

承修单位：

地址：

联系电话：　　　　　　传真：

开户银行：　　　　　　账号：

托修单位/人：　　　　地址：　　　　电话：

车牌号码		车型		车身颜色	
发动机号		车架或 VIN 号		行驶里程	
送修方式		送修日期		进厂检验单号	
交车方式		预计交车日期		接待人	

维修类别：□整车大修　□总成大修　□二级维护　□保养　□小修　□事故车　□其他

序号	维修项目	工时定额	需更换材料
1			
2			
3			
4			
5			
6			
7			
8			
9			
10			

预计材料费（含管理费）		预计工时费		预计修理费总计	

维修过程发生需要增加项目内容

序号	维修项目	工时定额	需更换材料	客户确认
1				
2				
3				
4				
5				

需增材料费（含管理费）		需增工时费		需增修理费总计	
验收标准		验收方式			
交车日期修定		客户确认		交车地点修定		客户确认	

合同文本

第一条 二级维护以上作业的车辆维修作业均须签订本合同。为保护托修方的正当权益，鼓励托修方在进行专项修理、小修作业时也与承修方签订本合同。

第二条 承、托修双方的义务

(一)托修方的义务：

1.按合同规定的时间送修车辆和接收竣工车辆；

2.提供送修车辆的有关情况(包括送修车辆基础技术资料、技术档案等)；

3.按合同规定的方式和期限交纳维修费用。

(二)承修方的义务：

1.按合同规定的时间交付修竣车辆；

2.按照有关汽车维修技术标准(条件)修车，保证维修质量，向托修方提供____省交通厅监制的全国统一式样的《机动车维修竣工出厂合格证》；

3.建立承修车辆维修技术档案，并向托修方提供维修车辆的有关资料及使用的注意事项；

4.按规定收取维修费用，并向托修方提供全省统一式样的结算清单。

第三条 维修项目和费用结算

(一)在签订本合同时，承修方应告知托修方此次维修作业的维修项目和预计材料费(含管理费)、预计工时费、预计修理费总计。

(二)承修方在维修过程中，发现其他故障需增加维修项目，应告知托修方需增材料费(含管理费)、需增工时费、需增修理费总计，征得托修方同意后，方可承修。

(三)维修费用按实际发生额结算，承修方应向托修方提供全省统一式样的结算清单。若承修方不出具全省统一式样的计算清单，托修方有权拒绝支付费用。

(四)工时费用的计算按下面第________种方式计算：

1.以物价局、交通厅发布的工时定额和工时单价为准；

2.以承修方报当地县级以上道路运输管理机构备案的工时定额和工时单价为准；

3.以承修车型的生产厂家公布的工时定额和工时单价为准(本条的工时定额和工时单价应报当地县级以上道路运输管理机构备案)；

注：承修方应向社会公布以上三种计算方式中的工时定额和工时单价，托修方在签订本合同前应明确了解。若托修方在签订本合同时没有选择工时费用的具体计算方式，则工时费用以第1种计算方式为准。

4.材料费用的计算以承修方公示的价格为准，在签订本合同前，托修方应明确了解承修方公示的材料收费标准(含管理费)；托修方可自带材料，但因自带材料而产生的质量问题，承修方不承担相关责任。

(五)费用结算按下面第____条的约定执行：

1.接车时现金支付；2.银行转账；3.其他________________。

第四条 本次维修作业的质量保证期按下面第________条的规定为准：

1.以《机动车维修管理规定》中的质量保证期为准。

2.以承修方向社会承诺的质量保证期为准。

注:若托修方选择第2条,则承修方承诺的质量保证期应作为本合同的附件附后,且有托修方的签字认可;若托修方在签订本合同时没有选择质量保证期的具体条款,则以第2条为本次维修作业的质量保证期,但承修方没有向社会承诺质量保证期的,以第1条为本次维修作业的质量保证期。

第五条　对二级维护以上作业的,承修方应按照国家有关标准对维修车辆竣工检验,并出具相应的检测报告单。对竣工检测合格的车辆,承修方必须向托修方提供由质量总检验员签字的《机动车维修竣工出厂合格证》,《机动车维修竣工出厂合格证》中的质量保证期应与本合同第四条规定的质量保证期一致。为保护托修方的权益,鼓励托修方要求承修方在所有的维修作业结束后都签发《机动车维修竣工出厂合格证》。

第六条　托修方若对本次维修作业的质量有疑问,在接车前可要求与承修方一同将车辆送往当地的机动车维修质量监督检验中心对本次维修作业项目进行维修质量监督检测。若检测合格,检测费用由托修方承担;若检测不合格,检测费用由承修方承担,且承修方还应承担返修后的检测费用。

第七条　汽车维修合同签订后,任何一方不得擅自变更或解除。当事人一方要求变更或解除维修合同时,应及时以书面形式通知对方。因变更或解除合同使一方遭受损失的,除依法可以免除责任外,应由责任方负责赔偿。

第八条　托修方按本合同规定对竣工车辆进行验收签字后,方能接收车辆。承修方必须按本合同规定的义务提供有关资料。

第九条　承修方未按合同规定时间交付竣工车辆,应按合同规定支付对方违约金;托修方不按本合同规定交付维修费,从应付费次日起,每日按不超过维修费的0.1%向承修方交纳滞纳金。

违约金、滞纳金金额由双方商定,但法律另有规定的除外,商定的结果作为本合同的附件附后。除双方另有商定的外,违约金、滞纳金应在明确责任后十日内赔付,否则按逾期付款处理。

第十条　承、托修双方在履行合同中发生纠纷时,应及时协商解决;协商不成的,任何一方均可向当地经济合同仲裁部门申请仲裁或直接向当地人民法院起诉。维修车辆在质量保证期内发生质量问题,当事人也可到所在地道路运输管理机构提请调解处理。

第十一条　本合同一式两份,承、托双方各执一份,具有同等的法律效益。

第十二条　未尽事宜,由双方协商解决。

托修方(签字):　　　　　　　　　　　　　　承修方(章):

年　　月　　日　　　　　　　　　　　　　　年　　月　　日

3.维修合同签订与管理的要求

一般维修企业与托修方签订维修合同的工作由业务部门完成,但是其中有一些重要的内容,比如维修类别(项目)、需更换材料、维修过程发生需要增加项目内容、验收标准和方式、质量保证期、提供《机动车维修竣工出厂合格证》等,都需要质量检验人员参与和确定。其中,有关验收标准和方式、质量保证期等,应严格按照交通部《机动车维修管理规定》和行业及地方有关规定执行。

在管理方面《汽车维修合同实施细则》要求:承修方应建立健全合同管理制度,并有专(兼)

职人员负责合同管理工作。对已签订的合同要建立登记台账并妥善保管。

二、汽车维修进厂检验单

汽车维修进厂交接时需要进行检验，其目的，一是对送修车装备的齐全状况进行鉴定，二是对送修车的技术状况进行实际了解，以为竣工出厂时判断维修实际效果和交接车辆提供依据。当然，由于汽车维修项目不同，进厂检验的内容和侧重点也有所不同，主要体现在各类维修不同的“汽车维修进厂检验”上。

（一）大修进厂检验单

1.汽车整车大修进厂检验表（交接单）

（1）检验表内容。汽车整车大修需要一定工期，即停厂车日，所以进厂时双方首先需要对送修车装备的齐全状况进行鉴定和交接，其次，应结合车主报修内容进行送修车各部技术状况的检验，这是非常必要的。因为整车大修以全面恢复车辆技术性能为目标，对送修车技术状况有详细地了解，为制定合理的维修方案和修理工艺，为出厂检验时对维修质量，即整车技术状况的控制，都有着非常重要的作用。因此，整车大修进厂检验主要包括：车辆交接和整车技术状况检验两部分，详见表 6-2 所列。

表 6-2 汽车大修进厂检验交接单

托修方　　　　　　　　　　　　　　　　　　　　　　　　派工号

承修单位　　车辆牌号　　厂牌车型　　底盘号　　发动机号　　进厂日期　　年　　月　　日

汽车状态（行驶或不能行驶原因）				大修后行驶里程（时间）		
发动机和底盘缺损何件				里程表记录里程		km
汽车装备检视一览表	大灯	小灯	点火开关	点火钥匙	车门钥匙	前照灯
	电喇叭	气喇叭	门内拉手	门外拉手	升降器摇把	转向灯
	刮水器	刮水片	冷却液罐	清洗液箱	油箱盖	制动灯
	全车玻璃	全车座垫	小油底壳	油尺	机油口盖	车门锁
	前拖钩	后拖曳钩	轮毂装饰罩	备胎及架	倒车镜	散热器感
	空气滤清器	空气压缩机	车轮挡泥板	车厢脚垫	后视镜	减振器
	蓄电池	收音机	CD 机	天线	安全气囊	点烟器
	电风扇					
	遮阳板					随车工具
报修项目及说明						
技术状况检验	发动机： 底　盘： 电　器： 车　身：					
进厂交接签字			出厂交接签字			
托修方代表		承修方代表	托修方代表		承修方代表	

预定出厂日期　　年　　月　　日

(2)检验表使用要求。检视、清点汽车装备主要部件的情况可用符号表示,其中:"√"表示完好,"○"表示缺少,"×"表示损坏。特殊情况可用文字说明。托修方报修项目及说明中的"说明"是关于送修前车辆故障现象的描述,要求所提供信息尽量详细、准确。"技术状况检验"要求根据汽车综合性能要求并结合报修内容,以不解体方式逐项进行,认真记录。

2.总成大修进厂检验表

(1)检验表的内容。总成大修在技术、工艺上与整车大修类似,进厂检验的目的和要求与整车大修基本类同,也包括车辆交接和总成技术状况检验两部分。以GB/T3799.1《商用汽车发动机大修技术规范 汽油发动机》中规定了"发动机总成大修进厂检验表"为例(表6-3),加以说明。

表6-3 发动机大修进厂检验单(汽油发动机)

进厂日期		进厂编号	
厂牌车型		车牌照号码	
发动机型号		发动机号码	
送修单位		单位地址	
联系电话		送修人	
用户报修项目及发动机现状	维修前使用此发动机的汽车驶入或拖入_______ 总行驶里程_______km 已进行发动机大修_______次 进厂前主要问题是_______ 此次要求_______		
发动机主要问题及重点修理部位			

发动机外观及装备(完整"○",缺少"△",损坏"×")

检验项目	检验结果	检验项目	检验结果
空气滤清器		各传感器	
燃油滤清器		机油散热器及管道	
机油滤清器		加机油口盖	
化油器、喷油器(电控)		机油尺、放油塞	
机油泵		水泵	
燃油泵		风扇电机	
汽缸体、汽缸盖		风扇皮带	
进、排气歧管		风扇叶	
起动机		排气管、消声器	
发电机		尾气净化器	
火花塞		油管、真空管	
分电器			
电控系统			
点火线圈			
备注:			

进厂检验员:________ ___年___月___日

(2)检验表使用要求：

①检视、清点汽车装备主要部件的情况可用符号表示，其中："√"表示完好，"○"表示缺少，"×"表示损坏。特殊情况可用文字说明。

②"托修方报修项目及说明"中的"说明"是关于送修前车辆故障现象的描述，要求所提供信息尽量详细、准确。

③"技术状况检验"要求根据汽车综合性能要求并结合报修内容和故障现象，以不解体方式逐项进行，认真记录。

(二)汽车二级维护进厂检验表

GB/T18344－2001《汽车维护、检测、诊断》规定："汽车二级维护首先要进行检测，汽车进厂后，根据汽车技术档案的记录资料(包括车辆运行记录、维修记录、检测记录、总成修理记录等)和驾驶员反映的车辆使用技术状况(包括汽车动力性，异响，转向，制动及燃、润料消耗等)确定所需检测项目，依据检测结果及车辆实际技术状况进行故障诊断，从而确定附加作业。"表6-4 所列为 GB/T18344－2001 列出的"汽车二级维护检测项目"。

(1)汽车二级维护进厂检验表内容。根据国家标准的要求，汽车二级维护进厂检验(维护前检验)应围绕表 6-4 所列项目，以"维护前检测诊断、确定附加作业"为重点，以不解体方式逐项进行，见表 6-5。

表 6-4　汽车二级维护检测项目

序号	检测项目
1	发动机功率，汽缸压力
2	汽车排气污染物，三效催化装置的作用
3	电控燃油喷射系统
4	柴油车检查供油提前角，供油间隔角和喷油泵供油压力
5	制动性能，检查制动力
6	转向轮定位，主要检查前轮定位角和转向盘自由转动量
7	车轮动平衡
8	前照灯
9	操纵稳定性，有无跑偏、发抖、摆头
10	变速器，有无泄漏、异响、松脱、裂纹等现象，换挡是否轻便灵活
11	离合器，有无打滑、发抖现象，分离是否彻底，接合是否平稳
12	传动轴，有无泄漏、异响、松脱、裂纹等现象
13	后桥，主减速器有无泄漏、异响、松动、过热等现象

(2)检验表使用要求。检验表的使用要求主要有以下几个方面：

①根据报修项目及车辆技术状况，确定检测项目，达到准确确定以消除汽车故障为目的的二级维护附加作业项目和作业内容，恢复汽车的正常技术状况的目的。

②"托修方报修项目及说明"中的"说明"是关于送修前车辆故障现象的描述，要求所提供信息尽量详细、准确。

表 6-5　车辆二级维护进厂检验单

托修方　　　　　　　　进厂日期　　年　　月　　日　　　　　　　　派工号

车辆牌号		厂牌车型		底盘号		发动机号	

车辆进厂基本情况检查(正常√,不正常×)

一、车身(□碰撞　□划痕　□破损)

二、电器部分(□部件　□线路灯光　□空调)

三、发动机部分(□异响　□技术状况)

四、底盘部分(□前桥　□传动系　□后桥)

五、仪表(□各种故障灯　□各种仪表)

六、随车物品(前□有/无　√/×,后□正常/不正常　√/×)
□备胎□　□灭火器□　□随车工具□　□千斤顶□　□标志□　□行驶证□　□随车资料□　□贵重物品□　旧件交还客户(是/否)

托修方报修项目及说明		行驶里程(km)	

检测项目	检测仪器/方法	检测结果						
发动机功率	发动机综合测试仪 底盘测功机	kW						
单缸转速降	发动机综合测试仪	缸序	1	2	3	4	5	6
		r/min						
汽缸压力	汽缸压力表	kPa						
机油压力	机油压力表	怠速:　　kPa　　中速:　　kPa						
燃油系统压力	发动机综合测试仪	kPa						
点火提前角	发动机综合测试仪	(°)						
蓄电池端电压	高频放电计	V						
汽油车排放	废气分析仪	怠　速:CO　　%;HC　　$\times10^{-6}$						
		高怠速:CO　　%;HC　　$\times10^{-6}$						
柴油车排放	不透光度计/烟度计	光吸收系数:　　m^{-1}						
		烟度值:　　Rb						
电控故障指示	电控系统故障诊断仪							
前轮定位	前轮定位仪、前束尺	前束值　主销内倾角: 主销后倾角:前轮外倾:						
转向盘自由转动量	转向盘角度仪							
空调制冷系统工作压力	压力表	高压侧:　　kPa 低压侧:　　kPa						

续上表

检测项目		检测仪器/方法	检测结果
前照灯远光发光强度		前照灯检测仪/屏幕法	外侧左: 右: 内侧左: 右:
前照灯远光光束中心高度			左: 右:
前照灯远光水平偏移量			左: 右:
前照灯近光光束中心高度			左: 右:
前照灯近光水平偏移量			左: 右:
离合器踏板自由行程		检视	
制动踏板自由行程		检视	
驻车制动有效行程		检视	
制动性能		制动试验台或路试	
离合器工作状况		路试	
变速器工作状况		路试	
传动轴工作状况		路试	
后桥工作状况		路试	
操作稳定性		路试	
车身表面状况		检视	
车轮动平衡		测试	
其他			
确定附加作业项目	发动机		
	底　盘		
	车　身		
	电　器		
	其　他		

检验员:　　　　　　　　　　　　　　　　　　　　检验日期:　　年　　月　　日

③“检测仪器/方法”提供参考,原则要求“不解体检测”。

④“检测结果”应逐项准确填写。

(三)汽车小修进厂检验单

汽车小修作业以排除故障为目的,因此进厂检验以了解故障现象、判断故障部位,确定修理方案为目标,也包括进厂交接的内容,见表6-6所列。

(1)本次进厂检验查出的故障如用户在本企业维修,检验费用包含在修理费用内;如用户不在本企业维修,请您支付检验费用,本次检验费:￥________元。

(2)预计维修费用详见维修合同。

(3)车内贵重物品请随身带走,如有遗失,本企业恕不负责。

接车员:__________ 客户:__________ 电话:__________

表6-6 车辆小修进厂检验单

派工单号 编号：

托修方	行驶里程	km	进厂时间		
车牌号码	车型	车架号/VIN号			

顾客陈述及故障发生时的状况：

车辆进厂基本情况检查(正常√,不正常×)

一、车身(□碰撞 □划痕 □破损)

二、电器部分(□部件 □线路灯光 □空调)

三、发动机部分(□异响 □技术状况)

四、底盘部分(□前桥 □传动系 □后桥)

五、仪表(□各种故障灯 □各种仪表)

六、随车物品(前□有/无—√/×,后□正常/不正常—√/×)
□备胎□ □灭火器□ □随车工具□ □千斤顶□ □标志□ □行驶证
□□随车资料□ □贵重物品□ 旧件交还客户(是/否)

检验结果及主要故障零部件：

检验、维修项目确认：(请客户在□内打√,否则打×,并签字)

序号	进厂检验、维修项目	工时	客户确认	
1			□	
2			□	
3			□	
4			□	
5			□	
6			□	
7			□	
8			□	

三、过程检验

汽车维修过程检验是对维修过程实施质量控制的重要内容，主要控制目标，一是检查维修工艺执行情况，即作业项目的完成有无缺项漏项现象，二是对影响维修质量的主要作业项目进行严格地作业质量检验，特别是有配合间隙、调整数据或紧固力矩等技术参数要求的作业项目。过程检验的执行情况和检验结果，以过程检验表做好相应记录，为汽车竣工出厂检验提供依据。

根据不同作业类别，维修过程检验的内容和重点有所不同，介绍如下。

(一)汽车整车大修、总成大修过程检验单

汽车整车大修过程检验主要体现在各总成大修的工艺过程和主要零、部件的质量检验方面,故以国家标准 GB/T3799.1—2005 中规定的"发动机大修过程检验单"(表 6-7)为例加以分析如下。

表 6-7 发动机大修过程检验单(汽油发动机)

进厂编号		厂牌车型		车牌照号码	
发动机编号		施工日期		主修人	

主要零部件换/修记录

部件名称	续用	更换	修理	加大	缩小
汽缸体					
汽缸盖					
汽缸套					
进、排气歧管					
活塞					
曲轴					
曲轴轴承					
连杆轴承					
凸轮轴					
凸轮轴轴承					
气门					
气门导管					
正时皮带(齿轮)					

汽缸直径检验记录(mm)

汽缸直径	1缸		2缸		3缸		4缸		5缸		6缸	
	纵	横	纵	横	纵	横	纵	横	纵	横	纵	横
上部												
中部												
下部												
圆度												
圆柱度												

活塞连杆组检验记录(mm)

活塞直径	1缸	2缸	3缸	4缸	5缸	6缸
横向						
纵向						
活塞环(开口)						

续上表

活塞质量(g)
活塞连杆组质量(g)
活塞与缸壁间隙

曲轴与轴承检验记录(mm)

曲轴		1	2	3	4	5	6	7
主轴颈	圆度							
	圆柱度							
连杆轴颈	圆度							
	圆柱度							
主轴颈与轴承配合间隙								
连杆轴颈与轴承配合间隙								
曲轴端隙								

凸轮轴及轴承检验记录(mm)

凸轮轴	1	2	3	4
轴颈直径				
轴颈与轴承配合间隙				
凸轮升程				
备注：				

过程检验员：＿＿＿＿＿＿ ＿＿年＿＿月＿＿日

(二)汽车二级维护过程检验记录表

国家标准 GB/T18344—2001《汽车维护、检测、诊断技术规范》规定：二级维护中要始终贯穿过程检验，并作检验记录；过程检验中各维护项目的技术要求需满足相应的有关技术标准，或出厂说明书的有关规定。为此，汽车二级维护过程检验作为维护质量控制的重要手段，其检验项目应包含汽车二级维护作业的所有内容(基本作业项目和附加作业项目)，作业合格与否应以“各维护项目的技术要求需满足相应的有关技术标准”为依据。

汽车二级维护过程检验记录表具体内容和检验要求见表 6-8 所列。

四、竣工检验表

汽车维修竣工应满足相应竣工出厂条件，因此，竣工检验的项目设置及检验要求，应严格按相应维修竣工出厂技术条件，即各类相关技术标准为依据。

(一)大修竣工出厂检验表

1.汽车整车大修竣工出厂检验表

汽车整车大修以全面恢复车辆技术性能为目标，因此，竣工检验应该是全方位的。

(1)汽车整车大修竣工出厂检验表内容见表 6-9。

表 6-8　汽车二级维护过程检验记录表

托修方　　　　　　　　　　　　　　　　　　　　　　　　　　　派工号

承修单位　　　　车辆牌号　　　　厂牌车型　　　　底盘号　　　　发动机号　　　　进厂日期　　年　　月　　日

序号	项目	作业内容	技术要求	检验记录	检验员
1	发动机机油	更换	①机油规格符合要求； ②液面高度符合规定		
2	机油滤清器	视情更换	密封良好，无堵塞，完好有效		
3	空气滤清器、	清洁、检查	①清洁有效，安装可靠； ②恒温进气装置工作灵敏		
4	燃油箱及油管、燃油滤清器、燃油泵	检查接头及密封情况；清洁燃油滤清器，视情更换；检查燃油泵	① 接头无破损、渗漏，紧固可靠； ② 燃油滤清器工作正常； ③ 燃油泵工作正常		
5	燃油蒸发控制装置	检查、清洁，视情更换	工作正常		
6	曲轴箱通风装置	检查、清洁	清洁畅通，连接可靠，不漏气；各阀门无堵塞、卡滞现象，灵敏有效		
7	散热器、膨胀箱、水泵、节温器、传动带	①检查密封情况、箱盖压力阀、液面高度、水泵； ②检视传动带外观，调整松紧度	①散热器及软管无变形、破损及渗漏；箱盖结合面良好，胶垫不老化、；水泵不漏水，无异响；节温器工作性能符合规定； ②传动带无裂痕和过量磨损，表面无油污，松紧度符合规定		
8	进、排气歧管、消声器、排气管、汽缸盖	检查、紧固	①无裂纹、无漏气，消声器性能良好； ②汽缸盖螺栓拧紧力矩符合规定	汽缸盖螺栓拧紧力矩： ______N·m	
9	增压器、中冷器	检查、清洁	符合规定		
10	发动机支架	检查、紧固	连接牢固，无变形和裂纹		
11	化油器及联动机构	清洁、检查、紧固	清洁，联动机构运动灵活，连接牢固，无漏油、气现象，工作系统和附加装置工作正常		
12	喷油器	检查喷油器工况	喷油器工作正常，雾化良好，无滴油、漏油现象		
13	喷油泵	必要时检测喷油压力，视情调整供油提前角	①喷油压力符合规定； ②供油提前角符合规定		
14	分电器、高压线、分缸线	清洁、检查	分电器无油污，触点间隙符合规定，无松旷、漏电现象，高压线、分缸线性能符合要求	触点间隙/气隙： ______mm	
15	火花塞	清洁、检查或更换火花塞，调整电极间隙	电极表面清洁，间隙符合规定	电极间隙： ______mm	
16	气门间隙	检查、调整	符合规定	进：______mm 排：______mm	
17	三效催化装置	检查其作用，必要时更换	作用正常		
18	离合器	检查调整离合器踏板自由行程	离合器踏板自由行程符合规定	自由行程： ______mm	

续上表

序号	项目	作业内容	技术要求	检验记录	检验员
19	鼓式制动器	拆检、清洁总成	各零部件清洁、完好		
		校紧各部螺栓	按规定力矩拧紧螺栓		
		检查支承销与制动蹄承孔衬套配合间隙	间隙符合规定	支承销配合间隙:______mm	
		检查制动蹄复位弹簧自由长度、拉力	自由长度、拉力符合规定		
		测量制动摩擦片厚度	制动摩擦片厚度符合规定	摩擦片厚度: 前左:____mm 前右:____mm 后左:____mm 后右:____mm	
		测量制动鼓内径尺寸、圆度误差、左右内径差	内径尺寸、圆度误差、左右内径差符合规定	制动鼓内径: 前左:____mm 前右:____mm 后左:____mm 后右:____mm	
		检查半轴	无明显弯曲,不磨套管,无裂纹,花键无过量磨损或扭曲变形		
		校紧轮胎螺栓、内螺母	轮胎螺栓齐全完好,规格一致,按规定力矩扭紧	轮胎螺栓力矩:________N·m	
		装复前后轮毂、调整轴承松紧度及制动间隙	①装复支承销,制动蹄支承销孔均应涂润滑脂,开口销或卡簧齐全有效		
			②润滑轴承		
			③制动鼓、制动摩擦片表面清洁,无油污		
			④制动摩擦片与制动鼓的间隙应符合规定,转动无碰擦现象或声响,检视孔挡板齐全	摩擦片与制动鼓间隙: 前左:____mm 前右:____mm 后左:____mm 后右:____mm	
			⑤轮毂转动灵活,用拉力计测量时可转动,且无轴向间隙		
			⑥锁紧螺母按规定力矩扭紧		
			⑦保险可靠,防尘罩、衬垫完好,螺栓垫圈齐全紧固(螺栓规格一致)		
20	盘式制动器	拆检、清洁总成	各零部件清洁、完好		
		检查制动盘表面,测量厚度	制动盘表面无明显凸槽、凹坑,厚度不逾限	制动盘厚度:________mm	
		校紧各部螺栓	按规定力矩拧紧螺栓		
21	气压制动操作系统	检查空气压缩机、储气筒、安全阀、制动阀、制动气室	各部工作正常,充气速度、安全阀工作压力符合规定		

续上表

序号	项目	作业内容	技术要求	检验记录	检验员
22	液压制动操作系统	检查制动主缸、制动轮缸、制动液	①制动液不变质液位符合要求； ②制动主缸、轮缸密封良好、工作正常		
23	制动管路	检查紧固制动阀和管路接头	①制动阀和管路接头连接可靠，无漏气； ②液压制动管路内无空气		
24	制动踏板	检查自由行程	制动踏板自由行程符合规定		
25	驻车制动	检查驻车制动器有效行程	符合规定，作用正常		
26	转向器、转向传动机构	①检查系统工作状况和密封性； ②校紧各部螺栓； ③检查调整转向盘自由转动量	①转向盘自由转动量符合规定； ②转向盘轻便、灵活，无卡滞和漏油现象； ③垂臂及转向节臂无弯曲及裂损，各部螺栓连接可靠		
27	前束及转向角度	调整	符合规定	前束： ____mm	
28	变速器、差速器	检查密封状况和操纵机构，清洁通气孔	密封良好，通气孔畅通，操纵机构作用正常，无异响、跳动、乱挡现象		
29	传动轴、中间轴承及支架	①检查防尘罩； ②检查传动轴万向节工作状态； ③检查中间轴承间隙	①防尘罩不得有裂纹、损坏，卡箍可靠，支架无松动； ②万向节不松旷，无卡滞，无异响； ③传动轴承支架无松动； ④中间轴承间隙符合规定		
30	悬架	①检查、紧固各部连接； ②检查减振器密封及工作状况	①各部完好，连接可靠； ②减震器无泄漏、工作正常		
31	轮胎(包括备胎)	检查紧固，补气，进行轮胎换位，视情更换	气压符合规定，清洁，无裂损、老化、变形，气门嘴完好，轮胎螺栓紧固，轮胎装用符合规定		
32	发电机及调节器、起动机	清洁，润滑	符合规定		
33	蓄电池	检查、清洁、补给	清洁，安装牢固，电解液液面符合规定		
34	前照灯、仪表、喇叭、刮水器，全车电器线路	检查、调整，必要时修理或更换	①前照灯、喇叭，各仪表及信号装置功能齐全、有效，符合规定； ②刮水器电动机运转无异响，连动杆连接可靠； ③全车线路整齐、连接可靠、绝缘良好		
35	车身、车架、安全带	检查、紧固	车身、车架无变形、断裂、脱焊，连接螺栓、铆钉紧固，安全带完好		
36	内装饰	检查、紧固	设备完好，无松动		
37	空调装置	检查空调系统工作状况、密封状况	①制冷系统密封，制冷效果良好； ②暖气装置工作正常		
38	润滑	①检查各部润滑油规格和液面高度，视情补给； ②各润滑脂加注点润滑良好	①润滑油规格和油位符合出厂规定； ②润滑脂嘴齐全有效，润滑良好		

续上表

序号	项目		作业内容	技术要求	检验记录	检验员
附加作业项目	发动机					
	底盘					
	车身					
	电器					
	空调					
	其他					

注:技术要求栏中的"符合规定"指符合实际应用中有关技术规定或技术要求

表 6-9　汽车整车大修竣工出厂检验表

托修单位　　　　送检时间:　　年　　月　　日

车牌号码		车型		发动机号码		车架号/VIN	

序号	检验项目	检验结果	序号	检验项目	检验结果
1.1	一般技术要求		1.1.11	转向机构	
1.1.1	驾驶室总成、客车车厢		1.1.2	涂漆质量	
1.1.2	涂漆质量		a.	照明及信号	
1.1.2.1△	喷(烤)漆		b.	仪表	
a.	漆外观		c.	导线	
b.	漆硬度		d.	漏电	
1.1.2.2	刷漆		1.1.13	整备质量	
1.1.3	保险杠、翼子板		1.1.14	润滑	
1.1.4△	驾驶室、货厢、车厢		a.	装置(油嘴)	
1.1.5	总成、零部件及附件装备		b.	油(脂)规格及填加量	
a.	总成、零部件		1.1.15	轴距	
b.	附件装备		1.1.16	紧固件	
1.1.6	座椅		a.	关键紧固件	
1.1.7	门窗及玻璃		b.	一般紧固件	
a.	门窗		1.1.17	铆接与焊接	
b.	玻璃		a.	铆接件	
1.1.8	离合器、制动踏板、驻车制动拉杆		b.	焊缝	
a.	踏板自动行程		1.2	主要性能要求	
b.	制动器		1.2.1*	动力性	
c.	驻车制动拉杆		1.2.1.1	底盘输出功率	
1.1.9	轮胎		1.2.1.2	加速时间	
a.	胎压		a.	台试	
b.	轮胎规格型号及花纹		b.	路试	
1.1.10	车轮		1.2.2	经济性	
a.*	车轮圆跳动量		a.	台试	
b.	车轮动不平衡量		b.	路试	

续上表

序号	检验项目	检验结果	序号	检验项目	检验结果
1.2.3	滑行性能		1.2.7.1	车速表波动	
1.2.3.1	滑行距离		1.2.7.2*	车速表指示误差	
a.	台试		1.2.8	排放、噪声	
b.	路试		1.2.8.1*	汽油车怠速污染物排放	
1.2.3.2	滑行阻力		1.2.8.2*	柴油车尾气排放	
1.2.4	转向操纵性		1.2.8.3	噪声	
1.2.4.1*	侧滑量		a.	车内噪声	
1.2.4.2*	前轮定位		b.	车外噪声	
1.2.4.3	转弯直径		c.	喇叭声级	
1.2.4.4	方向盘转动性能		1.2.9△	密封性	
1.2.4.5	方向盘操纵力		1.2.9.1△	防雨密封性	
1.2.5*	制动性能		1.2.9.2△	防尘密封性	
1.2.5.1*	汽车行车制动性能		1.3	发动机运转	
a.	路试		1.3.1*	起动性能	
b.	台试		1.3.2*	发动机怠速运转	
1.2.5.2*	汽车驻车制动性能		1.3.3*	发动机运转性能	
a.	路试		1.3.4*	机油压力	
b.	台试		1.4	传动机构工作状况	
1.2.6	前照灯		1.4.1	离合器	
1.2.6.1	发光强度		1.4.2	变速器	
1.2.6.2	光轴位置		1.4.3	传动轴及中间轴承	
1.2.7	车速表		1.4.4	差速器、减速器	

(2)汽车整车大修竣工出厂检验表使用要求。检验项目要求:①“*”为关键项。②“Δ”为轿车关键项,货车为一般项。检验方法供选择,如:台试和路试只选择其一。检验结果表示方法:检验合格打“√”,不合格打“×”。利用综合性能检测线进行检测的项目,以检测报告为准,附于该表后作为竣工出厂检验依据。

2.总成大修竣工出厂检验表

总成大修竣工出厂以该总成修理技术条件为依据进行检验,如以国家标准 GB/T3799.1 标准中对发动机总成大修竣工出厂技术条件的规定,设置了发动机大修竣工检验单(汽油发动机),见表 6-10 。

表 6-10　发动机大修竣工检验表(汽油发动机)

进厂编号		厂牌车型		牌照号码	
发动机编号		竣工日期		主修人	

<table>
<tr><td colspan="9">发动机外观、装备及性能(mm)</td></tr>
<tr><td>检验内容及结果</td><td colspan="8">检验内容及结果</td></tr>
<tr><td>发动机外观：</td><td colspan="8">怠速转速($r\cdot min^{-1}$)</td></tr>
<tr><td>喷(涂)漆：</td><td colspan="8">运转状况
怠速：　中速：　高速：　加速及过渡</td></tr>
<tr><td>四漏检查
油：　水：　电：　气：</td><td colspan="8">发动机异响：</td></tr>
<tr><td>螺栓螺母：</td><td colspan="8">机油压力(MPa)
怠速：　高速：</td></tr>
<tr><td rowspan="3">润滑油：</td><td colspan="8">汽缸压力(MPa)</td></tr>
<tr><td>1</td><td>2</td><td>3</td><td>4</td><td>5</td><td>6</td><td>7</td><td>8</td></tr>
<tr><td colspan="8">汽缸压力差(MPa)</td></tr>
<tr><td>空气滤清器</td><td colspan="8">真空度(kPa)
怠速：　波动范围：</td></tr>
<tr><td rowspan="4">限速装置：</td><td colspan="8">排放污染物：</td></tr>
<tr><td colspan="4">怠速　(r/min)</td><td colspan="4">高怠速　(r/min)</td></tr>
<tr><td colspan="2">CO(%)</td><td colspan="2">HC(10^{-6})</td><td colspan="2">CO(%)</td><td colspan="2">HC(10^{-6})</td></tr>
<tr><td colspan="2"></td><td colspan="2"></td><td colspan="2"></td><td colspan="2"></td></tr>
<tr><td rowspan="2">起动性能</td><td colspan="4">额定功率(kW)</td><td colspan="4">最大转矩(N·m)</td></tr>
<tr><td colspan="8">发动机燃油消耗率[$g(kW\cdot h)^{-1}$]</td></tr>
<tr><td>电控系统有无故障码显示：</td><td colspan="8">发动机噪声：</td></tr>
<tr><td colspan="9">备注：</td></tr>
</table>

竣工检验员：＿＿＿＿＿＿　　　　＿＿年＿＿月＿＿日

汽车发动机大修竣工出厂检验表使用要求。总成大修竣工检验项目分为人工检查和仪器测试项目。"发动机燃油消耗率"测试项目一般维修企业可能不容易做到,可以委托综合性能检测站实施,或采用装车后路试汽车 100 km 耗油量的方法,进行间接判断。"电控系统有无故障码显示"项目检测,除直观判断故障灯以外,应利用发动机故障诊断仪进行发动机燃油喷射系统电控元件工作参数测试,即数据流分析,以更准确掌握电控发动机大修后各部的工作性能。

(二)汽车二级维护竣工出厂检验表

GB/T18344—2001 规定,汽车在维修企业进行二级维护后,各项目参数应符合国家或行业及地方标准,并将相应的汽车二级维护竣工要求,在标准中以表 4 作了明确规定。

(1)汽车二级维护竣工检验表的内容。根据国家标准的规定,汽车二级维护竣工检验表应如表 6-11 所列。

表 6-11 汽车二级维护竣工检验表

序号	部位	检验项目	技术要求	检验方法	检验记录
1	整车	(1)清洁	汽车外部、各总成外部、三滤应清洁	检视	
		(2)面漆	车身面漆、腻子无脱落现象，补漆颜色应与原色基本一致	检视	
		(3)对称	车体应周正，左右对称	汽车平置检查	
		(4)紧固	各总成外部螺栓、螺母按规定力矩扭紧，锁销齐全有效	检查	
		(5)润滑	发动机、变速器、转向器、减速器润滑符合规定，各通气孔畅通。各部润滑点润滑脂加注符合要求，润滑脂嘴齐全有效，安装位置正确	检视	
		(6)密封及电器	全车无油、水、气泄漏，密封良好，电器装置工作可靠，绝缘良好	检视	
		(7)前照灯、信号、仪表、刮水器、后视镜等装置	稳固、齐全、有效，符合有关规定	检视	
2	发动机	(1)发动机工作状况	发动机能正常启动，低、中、高速运转均匀及稳定，水温正常，加速性能良好，无断缸、回火、放炮等现象，发动机运转稳定后应无异响	路试	
		(2)发动机功率	无负荷功率不小于额定值的 80%	检测	
		(3)发动机装备	齐全有效	检视	
3	离合器	(1)踏板自由行程	符合原厂规定	检测	
		(2)离合情况	接合平稳，分离彻底，无打滑、抖动及异响	路试	
4	转向系	(1)转向盘自由转动量	符合规定	检查	
		(2)横、直拉杆装置	球头销不松旷，各部螺栓螺母紧固，锁止可靠	检查	
		(3)转向机构	操作轻便、转动灵活，无摆振、跑偏等现象，车轮转到极限位置时，不得与其他部件有碰擦现象	路试	
		(4)前束及最大转向角	符合规定	检测	
		(5)侧滑	符合 GB7258 中的有关规定	检测	
5	传动系	变速器、传动轴、主减速器	变速器操纵灵活，不跳挡，不乱挡。变速器传动轴、主减速器各部无异响，传动轴装配正确	路试	

续上表

<table>
<tr><th>序号</th><th>部位</th><th>检验项目</th><th>技术要求</th><th>检验方法</th><th>检验记录</th></tr>
<tr><td rowspan="5">6</td><td rowspan="5">行驶系</td><td>(1)轮胎</td><td>轮胎磨损应在规定范围内，同轴轮胎应为相同的规格和花纹，转向轮不得使用翻新轮胎，轮胎气压符合规定，后轮辋孔与制动鼓观察孔对齐</td><td>检查</td><td></td></tr>
<tr><td>(2)钢板弹簧</td><td>钢板弹簧无断裂、位移、缺片，对形螺栓紧固，前后钢板支架无裂纹及变形</td><td>检查</td><td></td></tr>
<tr><td>(3)减震器</td><td>稳固有效</td><td>路试</td><td></td></tr>
<tr><td>(4)车架</td><td>车架无变形，纵横梁无裂纹，铆钉无松动，拖车钩、备胎架齐全，无裂损变形，连接牢固</td><td>检查</td><td></td></tr>
<tr><td>(5)前后轴</td><td>无变形及裂纹</td><td>检查</td><td></td></tr>
<tr><td rowspan="3">7</td><td rowspan="3">制动系</td><td>(1)制动性能</td><td>应符合 GB 7258 中的有关规定</td><td>路试或检测</td><td></td></tr>
<tr><td>(2)制动踏板自由行程</td><td>符合规定</td><td></td><td></td></tr>
<tr><td>(3)驻车制动性能</td><td>应符合 GB 7258 中的有关规定</td><td>路试或检测</td><td></td></tr>
<tr><td>8</td><td>滑行</td><td>滑行性能</td><td>符合规定</td><td>路试或检测</td><td></td></tr>
<tr><td rowspan="2">9</td><td rowspan="2">车身、车厢</td><td>车身</td><td>驾驶室装置紧固，门锁链灵活无松旷，限动装置齐全有效，驾驶室门关闭牢靠，无旷动，风窗玻璃完好，窗框严密，门把、门锁、玻璃升降器齐全有效，发动机罩锁扣有效，暖风装置工作正常</td><td>检查</td><td></td></tr>
<tr><td>车厢</td><td>车厢不歪斜，整体不变形，底板无损坏，边板、后门平整无变形，铰链完好，关闭严密，前后锁扣作用可靠</td><td>检视</td><td></td></tr>
<tr><td>10</td><td>排放</td><td>尾气排放测量</td><td>符合有关标准的规定</td><td>检测</td><td></td></tr>
<tr><td>检验结果</td><td colspan="5"></td></tr>
<tr><td rowspan="2">检验员</td><td rowspan="2" colspan="2"></td><td>出厂合格证编号</td><td colspan="2"></td></tr>
<tr><td>出厂日期</td><td colspan="2">年　月　日</td></tr>
</table>

(2)汽车二级维护竣工检验表使用要求。检验方法可以根据维修企业实际进行选择；凡检测项目应正确填写检测结果数据；对检验技术要求中"符合有关标准的规定"的，必须查询出具体规定的参数，作为合格与否的评定依据。

(三)汽车小修竣工出厂检验表

汽车小修竣工出厂检验，交通部 7 号令当中没有严格规定，但是作为质量控制的需要，竣工出厂是必须进行检验的，这是维修服务过程必不可少的一项内容。表 6-12 是某地区地方法规中对汽车小修竣工出厂检验提出的要求，供学习参考。

表 6-12　汽车小修竣工检验表

送修单位：　　　　　　　　　　　　　　　　　　　　　　　　电话：

厂牌车型			牌照号码				
进厂日期			出厂日期				
维修项目							
汽车尾气检测	怠速				高怠速		
	CO	(%)	HC	(10^{-6})	CO	(%)	HC (10^{-6})
检验结果					检验员签章		
					接车人签章		
备注							

说明：此汽车小修竣工检验表中提出了小修竣工出厂尾气检测的要求，突出了经维修的出厂车辆在环保方面维修企业应严格把关的责任，对于建立和谐社会、树立行业良好形象有利，值得各地效仿。

五、机动车综合性能检测报告单

为切实贯彻强制性国家标准(GBl8565—2001)《营运车辆综合性能要求和检验方法》，进一步规范营运汽车综合性能检测工作，交通部 2002 年组织制订了全国统一的"汽车综合性能检测报告单"(见表 6-13)。

表 6-13　汽车综合性能检测报告单

车辆单位		车牌号码		厂牌型号		车辆类别		载质量(座位数)		出厂日期	
送检单位		营运证号		发动机号		车架号码		燃料		检测日期	

类别	序号	检测内容		检测结果	评价
发动机	1	怠速转速		r/min	
	2	机油压力		MPa	
驱动轮输出装置	3 (1)	校正驱动轮输出功率		kW	
		额定转矩功率			
	3 (2)	校正驱动轮输出功率		kW	
		额定功率			
油耗	4	等速百公里油耗		L/100 km	
制动性	5	轴荷	一轴	N	
			二轴	N	
			三轴	N	
			四轴	N	

类别	序号	检测内容		检测结果	评价
制动性	6	行车制动	整车	%	
			前轴	%	
	7	制动力平衡	一轴	%	
			二轴	%	
			三轴	%	
			四轴	%	
	8	制动协调时间		s	
	9	车轮阻滞		一轴左:% 一轴右:%	
				二轴左:% 二轴右:%	
				三轴左:% 三轴右:%	
				四轴左:% 四轴右:%	

类别	序号	检视内容		检视结果	评价
制动性	10	驻车制动		%	
转向操纵性	11	转向轮侧滑量		m/km	
	12	转向轮自由转动量		(°)	
	13	转向盘操纵力		N	
	14	转向轮最大转角	左转	内/外(°)	
			右转	内/外(°)	
悬架效率	15	吸收率或悬架效率		前左:% 前右:%	
				后左:% 后右:%	
	16	同轴左右差值		前轴:% 后轴:%	

续上表

类别	序号	检测内容			检测结果	评价
前照灯	17	发光强度			左:cd	
					右:cd	
	18	近光光束上下偏移量			左:mm	
					右:mm	
	19	近光光束水平偏移量			左:mm	
					右:mm	
	20	远光光束上下偏移量			左:mm	
					右:mm	
	21	远光光束水平偏移量			左:mm	
					右:mm	
排气污染物	22	怠速			CO:%	
					HC:10^{-6}	
	23	(1)	双怠速	怠速	CO:%	
					HC:10^{-6}	
				高怠速	CO:%	
					HC:10^{-6}	
		(2)	ASM	5025	HC:10^{-6}	
					CO:%	
					NO:10^{-6}	
			工况法	2540	HC:10^{-6}	
					CO:%	
					NO:10^{-6}	
	24	柴油车自由	光吸收系数		m^{-1}	
	25	加速工况	烟度		R_b	

类别	序号	检测内容			检测结果	评价
噪声	26	定置噪声			dB(A)	
	27	客车车内噪声			dB(A)	
	28	喇叭声级			dB(A)	
其他	29	客车防雨密封性				
	30	车速表示值误差			%	
	31	滑行性能	(1)	距离	m	
			(2)	阻力	N	
整车装备及外观检查	32	整车装备及标识				
	33	车架、车身、驾驶室外形与连接				
	34	车门、车窗、刮水器				
	35	驾乘座椅				
	36	卧铺				
	37	行李架(舱)				
	38	安全出口、安全带				
	39	车厢、地板、挡泥板				
	40	车轮、轮胎				
	41	悬架装置				

类别	序号	检视内容	检视结果	评价
整车装备及外观检查	42	传动系、车桥		
	43	转向节及臂、横直拉杆及球销		
	44	制动装置(行车、应急、驻车制动)		
	45	螺栓、螺母紧固		
	46	灯光数量、光色装置		
	47	信号装置与仪表		
	48	漏气、漏油、漏水、漏电		
	49	底盘异响		
	50	发动机异响		
	51	润滑		
	52	灭火器		
	53	车内外后视镜，前下视镜		
	54	汽车和挂车侧面、后下部防护装置		
检测结论：				
检测单位技术负责人(签章) 年 月 日				
(检测专用章) 年 月 日				

“汽车综合性能检测报告单”(以下简称检测报告单)是根据国家标准(GBl8565—2001)《营运车辆综合性能要求和检验方法》而制订的，是汽车综合性能检测站为所检车辆开具的书面凭证，是道路运政管理机构评定营运车辆技术等级、进行营运车辆年度审验和判定营运车辆进入或退出道路运输市场的重要依据。从 2003 年 1 月 1 日起，所有开展营运车辆年度检测业务的 A 级汽车综合性能检测站都必须使用全国统一式样的检测报告单，并要求全面规范检测站计算机控制系统，实现计算机自动生成检测报告单。交通部规定检测报告单由省级交通主管部门统一编号，任何单位和个人不得伪造、倒卖。

由于目前大多汽车维修企业在维修竣工检验过程中，对整车大修和二级维护竣工检验所涉及的部分汽车综合性能检测项目实施条件有限，特别是广大的二类汽车维修企业。因此，需要委托汽车综合性能检测站完成，其检测结果一般也以上述“检测报告单”列出，具有书面凭证功效。

1.报告单的内容

本报告单依据中华人民共和国现行国家标准（GBl8565—2001）《营运车辆综合性能要求和检验方法》编制，主要用于汽车综合性能检测。检测项目包括9个方面、54个相关参数和检测内容。

为了更好地掌握检测数据的变化情况，有的地区在检测表上还设置了表示各车轮制动力动态变化情况的“制动力曲线图”，给技术人员分析车辆制动性能提供依据；有的地区结合当地检测条件，对检测项目单的表式设计也作了一些调整，更方便使用。

2.识读“汽车综合性能检测报告”

以表6-14汽车综合性能检测记录表（实例内容摘录）所列，介绍检测报告的分析方法，以及正确选择维修方案的思路。

（1）初步解读报告，明确检测项目、检测结果、评价结论。汽车综合性能检测项目54项主要分量化检测参数和定性检验项目两大类，应在报告单上分别读取。检测结果数据由计算机自动打印在相应表格内。评价结论以相应符号显示。“O”表示合格项目，“×”表示不合格项目；“－”或“//”表示本次未检或不作评价的项目。报告中各检测参数标准以中华人民共和国国家标准（GBl8565—2001）《营运车辆综合性能要求和检验方法》，以及（GB7258—2004）《机动车安全运行技术条件》等为依据。因此，要能真正读懂“检测报告”，首先应认真学习掌握国家及行业相关技术标准的有关内容，明确各参数的检测方法和标准，才能对检测结果进行科学分析，准确找出检测合格与否的原因，指导维修生产。

（2）对检测报告进行数据分析。该项检测类别为“技维”即二级维护、技术评定检测，是在安全性能检测线上按（GB/T18344—2001）《汽车维护、检测、诊断技术规范》中有关竣工检验技术要求和（JT/T198—2004）《营运车辆技术评定方法与评定标准》进行的综合性能检验。该项检测结论为“经检测，该车二级维护竣工质量不符合GB/T18344－2001有关技术要求，技术状况不符合JT/T198—2004关于一级车的有关技术要求”。此例主要进行的检测项目及检测结果分析如下：

①排放性能检测合格。检测了汽油车怠速排放CO和HC含量，均合格。其中，CO含量0.06%（合格标准为：0.8%）；HC含量为120×10^{-6}（合格标准为：900×10^{-6}）。［参见GB18565－2001：9.1.1装配点燃式发动机的车辆排气污染物控制中“表6装配点燃式发动机的车辆怠速试验排气污染物限值”。

②制动性能检测部分不合格。制动性能检测部分不合格主要有以下几个方面：

a.制动力大小不合格。通过分别检测各轴轴荷和四轮制动力，计算出整车质量（重量）、整车制动力和轴制动力，以及制动力差，分别符合国家标准（GB7258—2004）的要求。

制动力和的数据分析。由表6-15可知：四轮制动力和为720N，整车重量为1143N，则制动力总和与整车重量的百分比为：720/1143＝63%＞60%，符合GB7258中表6台试制动力要求，故判为合格。

表 6-14 汽车综合性能检测记录表(内容摘录)

检测单位 ×××××　　检测日期:2005—04—15 14:03:33　　检验号:220059312

检测环境　天气:晴 温度:19℃　湿度:48%　大气压:100 kPa　检验流水:220103595

车辆牌号	××××	厂牌车型	富康/ZX	车型类别	小型客车		检测类别	二维、技评
车主	×××××××		许可证号	01090107	t/座位	5	出厂日期	1998.7
送检单位	×××××××		营运证号	01097803	燃油	汽	行驶里程	40 万 km
检测结论	经检测,该车二级维护竣工质量不符合 GB/T18344—2001 有关技术要求,技术状况不符合 JT/T198—2004 关于一级车的有关技术要求						车型类别	小型客车

类别	序号		检测内容		检测内容	评价
发动机	1		怠速转速		r/min	//
	2		机油压力		MPa	//
驱动轮输出装置	3	①	校正驱动轮输出功率		kW	//
			额定转矩功率			//
		②	校正驱动轮输出功率		49.2 kW	O
			额定功率		55.5 kW	
油耗	4		等速百公里油耗 L/100 km	额定	5.30	O
				实侧	5.15	
制动性能	5		轴荷	一轴	688 N	
				二轴	455 N	
				三轴	N	
				四轴	N	
	6		行车制动	整车	N	
				一轴	左 258 N 右 220 N	O
				二轴	左 114 N 右 128 N	O
	7		制动力平衡	一轴	左 255 N 右 216 N	O
				二轴	左 26 N 右 64 N	×
				三轴	N	
				四轴	N	
	8		制动协调时间		s	
	9		车轮阻滞	一轴左 二轴右	2.3 % 1.9 %	O
				二轴左 二轴右	3.5 % 2.0 %	O
				三轴左 三轴右	% %	
				四轴左 四轴右	% %	
	10		驻车制动		左 162 N 右 173 N	O

类别	序号		检测内容		检测内容	评价
转向操纵性	11		转向轮侧滑量		外 7.5 m/km	×
	12		转向轮自由转动量		16°	O
	13		转向盘操纵力		N	//
	14		转向轮最大转角	左转	(°)	//
				右转	(°)	//
悬架效率	15		吸收率或悬架效率		前左(%) 前右(%)	//
					后左(%) 后右(%)	//
	16		同轴左右差值		前轴(%) 后轴(%)	//
前照灯	17		发光强度		左 13 200 cd	O
					右 27 400 cd	O
	18		近光光束上下偏移量		左 mm	//
					右 mm	//
	19		近光光速水平偏移量		左: 右 282mm	O
					右: 左 162mm	O
	20		远光光束上下偏移量		1.15H	×
					0.46	×
	21		远光光束水平偏移量(mm)		左:右 282	O
					右:左 162	O
排放污染检测	22		怠速		CO 0.06%	O
					HC12 010^{-6}	O
	23	①	双怠速	怠速	CO(%)	//
					HC(10^{-6})	//
				高怠速	CO(%)	//
					HC(10^{-6})	//
		②	ASM 工况法	5025	HC(10^{-6})	//
					CO(%)	//
					NO(10^{-6})	//
				2540	CO(%)	//
					HC(10^{-6})	//
					NO(10^{-6})	//

续上表

类别	序号	检测内容		检测内容	评价	类别	序号	检测内容		检测内容	评价
排放污染检测	24	柴油车自由加速工况	光吸收系数	m^{-1}	//	其他	30	车速表示值误差		36.7	O
	25		烟度	R_b	//		31	滑行性能 ①	距离	m	//
其他	26	定置噪声		86.1 dB	×			滑行性能 ②	阻力	N	//
	27	客车车内噪声		dB	//	检测结论	经检测，该车二级维护竣工质量不符合 GB/T 18344—2001 有关技术要求，技术状况不符合 JT/T 198—2004 关于一级车的有关技术要求				
	28	喇叭声级		dB	//						
	29	客车防雨密封性			//						
制动力曲线											
审核意见	检测单位技术负责人(签字)					检测单位				(检测专用章)	

检验人员：××××× 检测设备：安检小车线 A－1000/综检机

检测依据：GB 18565—2001，GB/T 18344—2001，JT/T 198—2004，GB 7258—2004

说明："O"表示合格项目，"×"表示不合格项目；"//"表示不检或不作评价。

表 6-15 台试制动力要求

机动车类型	制动力总和与整车质量的百分比		轴制动力与轴荷[a]的百分比	
	空载	满载	前轴	后轴
三轮汽车	≥45		—	≥60[b]
乘用车、总质量不大于 3 500 kg 的货车	≥60	≥50	≥60[b]	≥20[b]
其他汽车、汽车列车	≥60	≥50	≥60[b]	—
摩托车	—	—	≥60	≥55
轻便摩托车	—	—	≥60	≥50

注：a. 用平板制动检验台检验乘用车时应按动态轴荷计算。

b. 空载和满载状态下测试均应满足此要求。

轴制动力的数据分析。由表 6-15 可知：前轴制动力和为 258＋220＝478N，前轴轴荷为 688N，两者之比为：478/688＝69.5％ ＞60％；后轴制动力和为 114＋128＝242N，后轴轴荷为 455N，两者之比为：242/455＝53.2％ ＞20％。因此，前后轴制动力均符合 GB7258—2004 中表 6 台试制动力要求，故判为合格。

b. 制动力平衡后轴不合格。前轴制动力差为 258－216＝42N，与前轴左右轮最大制动力中大者(258)相比为 42/258＝16.3％＜20％ 符合标准；后轴制动力差为 64－26＝38N，由于后轴制动力与后轴轴荷之比为(114＋128)/455＝53％＜60％，所以，后轴制动力差与后轴左右轮最大制动力中大者(128)相比为 38/128＝29.7％，不合格。参见 GB7258—2004 第 7.14.1.2

条制动力平衡要求(两轮、边三轮摩托车和轻便摩托车除外)在制动力增长全过程中同时测得的左右轮制动力差的最大值,与全过程中测得的该轴左右轮最大制动力中大者之比,对前轴不应大于 20% ,对后轴(及其他轴)在轴制动力不小于该轴轴荷的 60% 时不应大于 24%;当后轴(及其他轴)制动力小于该轴轴荷的 60% 时,在制动力增长全过程中同时测得的左右轮制动力差的最大值不应大于该轴轴荷的 8% 。

c. 驻车制动性能。测得左右轮驻车制动力分别为 162N 和 173N,驻车制动力和与整车重量相比为(162+173)/1143=29.3%>20%。参见 GB7258-2004 第 7.14.2 条驻车制动性能检验。当采用制动检验台检验汽车和正三轮摩托车驻车制动装置的制动力时,机动车空载,乘坐一名驾驶员,使用驻车制动装置,驻车制动力的总和不应小于该车在测试状态下整车重量的 20%(对总质量为整备质量 1.2 倍以下的机动车为不小于 15%)。

d. 轮阻滞力。测得前后轴左右轮阻滞力与轴荷的比值分别为,2.3%、1.9%、3.5%和 2.0%,均小于 5%,判为合格。参见 GB7258—2004 第 7.14.1.4 款汽车车轮阻滞力要求:进行制动力检验时各车轮的阻滞力均不应大于车轮所在轴轴荷的 5%。

③前照灯性能部分不合格。

a. 前照灯发光强度。测得其前照灯发光强度左、右侧分别为 13200 cd 和 27400 cd,由于富康车前照灯采用二灯制,对照标准(GB7258 表 7 前照灯远光光束发光强度最小值要求)为 15 000 cd,因此,可以判定左灯不合格,右灯合格。

b. 前照灯照射位置偏差。测得前照灯远光水平方向位置偏差左灯向右偏 282mm <350mm、右灯向左偏 162mm<350mm,对照 GB7258—2004 第 8.4.7.3 款的要求,均合格。测得前照灯远光垂直方向位置,左灯 1.15 H mm、右灯 0.46 H,对照 GB7258—2004 第 8.4.7.3款的要求,均不合格。

参见 GB7258-2004。

8.4.7.1 在检验前照灯近光光束照射位置时,前照灯照射在距离 10 m 的屏幕上时,乘用车前照灯近光光束明暗截止线转角或中点的高度应为 0.7~0.9 H (H 为前照灯基准中心高度,下同),其他机动车(拖拉机运输机组除外)应为 0.6~0.8 H 。机动车(装用一只前照灯的机动车除外)前照灯近光光束水平方向位置向左偏不允许超过 170mm,向右偏不允许超过 350mm。

8.4.7.2 轮式拖拉机运输机组装用的前照灯近光光束的照射位置,按照上述方法检验时,要求在屏幕上光束中点的离地高度不允许大于 0.7H ;水平位置要求,向右偏移不允许超过 350mm,不允许向左偏移。

8.4.7.3 在检验前照灯远光光束及远光单光束灯照射位置时,前照灯照射在距离 10 m 的屏幕上时,要求在屏幕光束中心离地高度,对乘用车为 0.9~1.0 H ,对其他机动车为 0.8~0.95 H;机动车(装用一只前照灯的机动车除外)前照灯远光光束水平位置要求,左灯向左偏不允许超过 170mm ,向右偏不允许超过 350mm ,右灯向左或向右偏均不允许超过 350mm 。

④发动机功率检测合格。实测发动机功率为 49.2 kW,相对额定功率 55 kW 为 89.1%,对照汽车二级维护竣工检验标准(发动机功率应>80%),为合格。

⑤燃油经济性检测合格。测得等速百千米燃油消耗量为 5.15 L/100 km,额定燃油消耗标准为 5.30 L/100 km,相比为 97.2%,符合要求。参见 GB18565—2001 第 5 章燃油经济性,按第 12.2 节规定的检验方法测得的汽车百公里燃料消耗量不得大于该车型原厂规定的相应

车速等速百公里燃料消耗量的110%。

⑥侧滑量检测不合格。测得侧滑量7.5 m/km(外滑),按GB7258—2004的有关标准,侧滑量判为不合格。参见GB7258—2004第6.11节汽车(三轮汽车除外)的车轮定位应符合该车有关技术条件,车轮定位值应在产品使用说明书中标明。对前轴采用非独立悬架的汽车,其转向轮的横向侧滑量,用侧滑台检验时侧滑量值应在±5 m/km之间。

⑦噪声检测不合格。测得定置噪声为86.1 dB(A),按GB18565—2001的有关规定,判为不合格。参见GB18565—2001第9.2节表9汽车定置噪声限值(dB),1998年1月1日及以后出厂的汽油轿车,定置噪声限值为85 dB。

⑧车速表误差检测合格。测得检验台速度指示仪表的指示值为36.7 km/h,对照GB7258—2004的有关标准,车速表误差判为合格。参见GB7258－2004附录A车速表指示误差检验方法。

A.2 将被测机动车的车轮驶上车速表检验台的滚筒上使之旋转,当该机动车车速表的指示值($V1$)为40 km/h时,车速表检验台速度指示仪表的指示值($V2$)为32.8~40 km/h范围内为合格。

⑨转向盘自由转动量检测合格。测得转向盘自由转动量为16°,对照GB7258—2004的有关标准,判为合格。参见GB7258—2004第6.4节机动车方向盘的最大自由转动量不允许大于:

a.最高设计车速不小于100km/h的机动车:20°;

b.三轮汽车:45°;

c.其他机动车:30°。

(3)根据数据分析确定返修方案。针对该送检车的问题,有以下几个方面必须经过维修、调整,才能通过复检,合格出厂。

①检查两后轮制动器。检测线判定后轴制动力平衡不合格,虽然反映的是两轮制动力之差距问题,但从检测数据看,制动力最大差值出现在制动力增长的初期,即两轮制动器反映快慢有问题或间隙大小有差距,导致制动踏板踩下去的最初阶段,两后轮制动力增长的偏差与轴荷的比值较大、达到29.7%(国家标准规定小于8%)。

②前照灯检查、紧固、调整。检测线测得前照灯远光光束照射位置垂直方向偏差,左右灯均不合格,其中,左灯光束倾斜偏上,在相当于10m远的屏幕上,前照灯远光光束照射高度达到1.15H(H－前照灯安装高度),右灯倾斜偏下,仅0.46H。因此,需要检查、紧固、调整前照灯的安装位置。

③检测调整四轮定位参数。由于侧滑量为7.5 m/km(外滑),不合格,因此需要检测调整四轮定位参数,检查前桥连接件。在条件不方便的情况下,可以先通过测量、调整前束来作初步判断。

④检测发动机等部异响。由于噪声检测不合格,需要检查各部连接件紧固、运动部位润滑与配合,尤其是发动机各部的运行情况。

六、汽车维修竣工出厂合格证

汽车维修竣工出厂合格证是道路运输管理机构监督、检查汽车维修企业维修质量和售后服务质量及处理汽车维修质量纠纷的依据。"机动车维修竣工出厂合格证"式样正面如图6-1

所示，反面如图 6-2 所示。

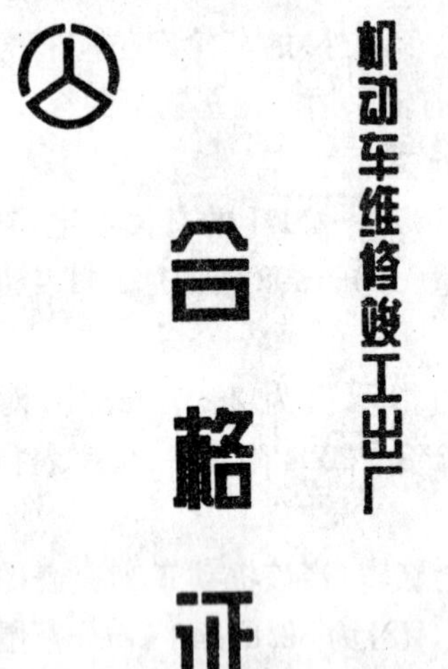

××××省交通厅监制

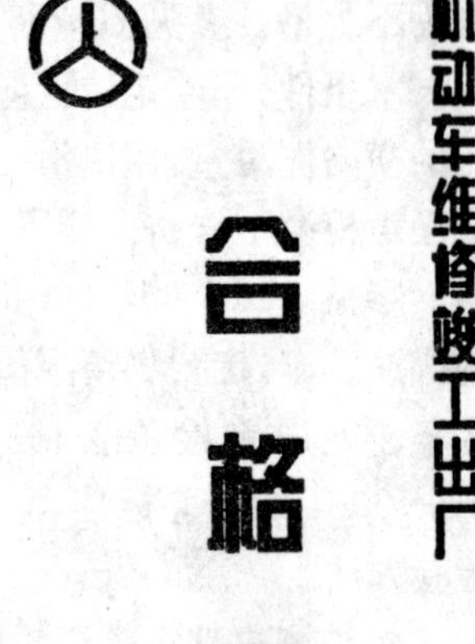

××××省交通厅监制

图 6-1 “机动车维修竣工出厂合格证”式样正面

No.00000000

存根

托修方 ________

车牌号码 ________

车型 ________

发动机型号/编号 ________

底盘（车身）号 ________

维修类别 ________

维修合同编号 ________

出厂里程表示值 ________

该车按维修合同维修，经检验合格，准予出厂。

质量检验员：（盖章）

承修单位：（盖章）

进厂日期：　　出厂日期：

托修方接车人：　　（签字）

接车日期：

No.00000000

车属单位保管

托修方 ________

车牌号码 ________

车型 ________

发动机型号/编号 ________

底盘（车身）号 ________

维修类别 ________

维修合同编号 ________

出厂里程表示值 ________

该车按维修合同维修，经检验合格，准予出厂。

质量检验员：（盖章）

承修单位：（盖章）

进厂日期：　　出厂日期：

托修方接车人：　　（签字）

接车日期：

No.00000000

质量保证卡

该车按维修合同进行维修，本厂对维修竣工的车辆实行质量保证，质量保证期为车辆行驶______万公里或者______日。在托修单位严格执行走合期规定、合理使用、正常维护的情况下，出现的维修质量问题，凭此卡随竣工出厂合格证，由本厂负责包修，免返修工料费和工时费，在原维修类别期限内修竣交托修方。

返修情况记录：

次数	返修项目	返修日期	修竣日期	送修人	质检员

维修发票号：

图 6-2 “机动车维修竣工出厂合格证”式样反面

编号，县级道路运输管理机构按照规定发放和管理。禁止伪造、倒卖、转借机动车维修竣工出厂合格证。按照维修管理部门的要求，维修企业应由专人保管和使用“机动车维修竣工出厂合格证”。凡是进行二级维护、总成修理、整车修理的作业项目，经竣工质量检验合格必须签发“机动车维修竣工出厂合格证”。

要严格按“机动车维修竣工出厂合格证”反面的要求填写有关内容，尤其对质量保证卡上应承诺的质量保证期，应按规定予以写明。在交付“机动车维修竣工出厂合格证”予托修方时，应予以交代，以提醒托修方在质量保证期内出现问题及时处理。

七、返修记录单及返修率统计表

在交通部7号令规定的机动车维修质量保证期或维修企业承诺的质量保证期内，因维修质量原因造成机动车无法正常使用，需要进厂进行修理的作业项目，属于返修。

返修检验和修理情况应作记录，填入“返修记录单”作为维修质量考核和管理的依据之一。返修记录单的内容和填写要求见表6-16。

表6-16　返修记录表

厂牌车型　　　　牌照号码　　　　编号

原维修项目		出厂合格证编号		竣工出厂日期	
派工单号		主修人/检验员		返修进厂日期	

质量投诉内容：

签名：　年　月　日

原维修情况：

主修人：

竣工出厂检验情况：

检验员：

故障鉴定结果：

签名：　年　月　日

返修情况：

返修项目		返修工时		返修主修人	
换件情况					

返修费用：　工时费　材料费　合计：

出厂日期		合格证编号	

汽车维修返修率作为企业质量考核的重要指标，直接反映了企业质量管理的基本水平，也是客户对企业维修质量最直接的感受，在企业质量管理工作中应加以重视，维修质量检验员应作专项统计、随时掌握其动态，为有针对性地展开质量管理工作提供第一手资料。维修企业返修率统计分析表的内容及统计分析要求见表6-17所列。

表 6-17　返修率统计分析表

单位(部门)　　　　　　　　　　　　　　　　　　　　　　　　　　　　　　统计时间　　年　　月

序	原维修出厂日期	返修进厂日期	原维修项目	返修内容	责任分析	责任人
1						
2						
3						
4						
5						
…						
返修率统计：　%	本期维修总台次：　次,其中:大修　维护　小修					
返修率限值：　%	返　修　车　台　次：　次,其中:大修　维护　小修					

第二节　工艺文件管理

一、工艺文件的类型

工艺文件是汽车维修工作中的重要规范,是汽车维修质量的关键保障性技术文件。汽车维修技术负责人的一个重要职责是制定科学、规范、合理的工艺文件并监督实施。

汽车维修企业的工艺文件按照其作用不同可以划分为维修工艺文件、质量检验工艺文件、配件管理工艺文件、设备管理工艺文件、岗位职责和技术要求工艺文件、维修生产流程控制工艺文件、返修纠纷投诉和索赔工艺文件等 7 大类。

二、工艺文件的制定

1.维修工艺文件的制定

此类工艺文件主要包括定车型二级维护工艺规程(例如,上海桑塔纳 2000GSi 轿车二级维护工艺规程、广州本田 2.4 i－VTEC 轿车二级维护工艺规程)、定车型定总成大修工艺规程(如,上海桑塔纳 2000GSi 轿车 AJR 发动机大修工艺规程、上海别克君威轿车 4T65E 型自动变速器大修工艺规程等)、定车型定项目维修作业技术规范(例如,上海桑塔纳 2000GSi 轿车 AJR 发动机配气正时机构拆装技术规范、东风标致 206 轿车制动器检修技术规范等)、定车型、定总成、定部件检修技术规范、车身碰撞修复作业工艺规程、车身涂装作业工艺规程等。此类工艺文件主要用来规范汽车维修企业维修作业行为,是汽车维修质量的重要保证。在制定此类工艺文件时要注意以下几个方面的问题。

(1)由于现代汽车结构和技术要求的差异化非常明显,无法用一个工艺文件约束所有车型的维修作业,因此,在制定此类工艺文件时,一定要具体到车型、总成、系统,甚至是一个具体的部件，千万不能统而概之。所以，制定出来的工艺文件一定是一个具体的而不是笼统的工艺文件。例如，要制定桑塔纳、广州本田车辆的二级维护工艺规程，制定出来的工艺文件应该是“上海桑塔纳 2000GSi 轿车二级维护工艺规程”、“广州本田 2.4 i—VTEC 轿车二级维护工艺规程”等，而不是笼统的“桑塔纳轿车二级维护工艺规程”和“广州本田轿车二级维护工艺规程”，因为广州本田轿车有广州本田 2.3 VTEC 轿车、广州本田 2.0 VTEC 轿车、广州本田 3.0 VTEC 轿车、广州本田 2.4 i—VTEC 轿车、广州本田奥德赛汽车、广州本田飞度轿车、广州本田思迪轿车等多种车型，这些车型虽然有很多共性之处，但是车辆的很多地方结构有很大差异、配置也不完全一样、性能参数不尽相同，所以无法用一个工艺文件进行约束，即使是适应一个文件平台，在有差异的地方一定要明确注明。

(2)制定此类工艺文件时，要写明每一个技术参数要求，如，拧紧螺栓是多少牛·米(N·m)、配合间隙是多少毫米(mm)，均要在工艺文件中标出，绝对不能笼统地将××××符合车辆技术要求，如果这样工艺文件将等同于一纸空文。

(3)制定此类工艺文件时，要有详细的操作步骤，例如，拆装的具体步骤是什么，先拆什么后拆什么，安装时的位置和方向要求等等都要写明。

(4)制定此类工艺文件时，要标明每一个作业步骤使用什么样的工具，对于容易发生错误的地方要特别标明。

(5)制定此类工艺文件时，要严格遵守国家相关标准(如 GB/T18344—2001《汽车维护、检测、诊断技术规范》)和严格遵照原厂维修手册的技术要求。

2.质量检验工艺文件的制定

此类工艺文件主要包括车辆进厂检验技术要求、维修过程质量检验技术要求、维修竣工质量检验技术要求、车辆送检规定、定车型定配件质量检验技术要求等。在制定此类工艺文件时要遵循以下几个基本原则：

(1)明确写明质量检验的项目、检验方法、检验设备、检验技术要求、检验流程等。

(2)明确写明质量检验中对工量具的检定要求。

(3)要明确要求质量检验人员必须填写详细的检验记录并签名。

(4)明确写明质量检验人员发现质量问题后的处理流程，并详细记录处理后的检验数据。

(5)对于配件质量，检验技术文件要细化到具体的某个配件，定车型定配件给出质量检验方法和检验要求。

3.配件管理工艺文件的制定

此类工艺文件主要包括配件的采购、入库检验、库存管理、出库等的相关文件。此类工艺文件在配件管理章节中已经详细阐述，在此不再赘述。

4.设备管理工艺文件的制定

此类工艺文件主要包括汽车维修中各种设备的操作工艺规程，例如，××四轮定位仪操作工艺规程、××汽车故障电脑检测仪操作工艺规程、××举升机操作工艺规程、××车身测量和整形设备操作工艺规程、××喷烤漆房操作工艺规程、××焊接设备操作工艺规程等等。在制定此类工艺文件时，要注意以下几个方面的问题：

(1)不同的检测诊断设备由于测量原理、操作步骤的差异，应根据不同型号的设备制定合理的操作工艺规程，即在制定设备操作工艺规程时要定设备，例如，博达 APL 四轮定位仪操作工艺规程、SY380 汽车故障电脑检测仪操作工艺规程等。

(2)工艺文件要明确写明各种设备操作前的详细准备工作，以及设备对工作环境的要求等。

(3)工艺文件要明确写明各种设备的操作注意事项。

(4)设备操作工艺规程中应根据不同型号的设备给出对应的规范操作步骤。

(5)工艺文件中要明确各种设备的检定、标定方法。

5.岗位职责和技术要求工艺文件的制定

此类工艺文件主要包括技术负责人岗位职责和技术要求、质量检验人员岗位职责和技术要求、机修人员岗位职责和技术要求、电器维修人员岗位职责和技术要求、车身修复人员岗位职责和技术要求、车身涂装人员岗位职责和技术要求、车辆技术评估人员岗位职责和技术要求、业务员岗位职责和技术要求、价格核算人员岗位职责和技术要求、设备管理人员岗位职责和技术要求、配件采购人员岗位职责和技术要求、配件管理人员岗位职责和技术要求等等。制定此类工艺文件时要注意以下几个问题：

(1)岗位职责和技术要求工艺文件的制定一定要定岗位、定人员，不能统而概之。

(2)一定要明确各类人员的权利、义务、责任。

(3)技术要求指标一定要量化，以便于考核，避免全是套话、空话。

(4)一定要明确追责制度。

(5)要注意各类人员岗位职责和技术要求不要存在交叉和矛盾，杜绝推诿。

6.维修生产流程控制工艺文件的制定

汽车维修企业生产的是一种维修服务的产品，生产的对象是车辆，服务的对象是车主。维修产品生产过程的时间、质量主要表现在流程控制上。在维修的过程中我们会与生产对象、服务对象发生一个个的接触点，接触点有先后顺序、流动方向和路线、步骤，还有层次和内容、时间等问题。这样，工作的接触点就需要有一个过程，过程中有质量、时间、费用和标准的问题，因此这些工作的接触点就需要一个科学、合理的方向、路线、层次、步骤来流动，这就是流程的概念。所谓流程就是将工作(工艺)过程科学合理地分解为最简单、最基本的工序，工序告诉各个接触点的人员第一步应该做什么，不应该做什么，第二步应该做什么，不应该做什么，……各个接触点的人员在一定的时间、空间中只需要重复一种简单的操作，然后将这些简单的工作组合起来，同时对各个过程的质量实施严格控制，从而保证整个工作任务做好，不出错。合理的维修生产流程是保证汽车维修质量的重要前提，这个管理理念是最近才得到重视的。制定一个合理有效的维修生产流程控制工艺文件必须注意以下几个方面的问题：

(1)对流程进行分类。一个维修企业应该有一个生产和服务流程，这个体系按工作步骤可以分为核心流程(关键步骤)、子流程(主要步骤)、微流程(一般步骤和主要接点)；按工作性质可以分为工作流程和工艺流程。一个现代化的维修企业主要的流程应该有：大修流程、事故车修理流程、二级维护流程、快修流程、一般维修流程、接车流程、索赔流程、报料备料流程、备件采购流程、设备采购流程、结算流程、预检流程、质量检验流程、单据管理流程、增加维修项目流程、疑难故障维修流程、跟踪回访流程、返修流程、质量投诉处理流程等。

(2)建立一个合理的流程步骤。一辆报修车辆进入维修企业后，要经过业务接待、故障诊断、报价、签订合同、派工、进行维修作业、领料、质量检验、结算、交车、跟踪回访等步骤，我们将上述步骤称之为维修企业的核心流程和步骤(图6-3)。

(3)建立一个子流程。图6-3所示的每一个关键的步骤又可细分为若干个步骤。例如，

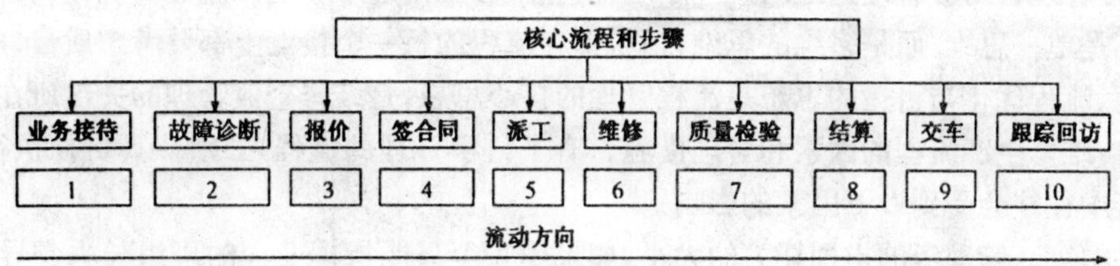

图 6-3　核心流程和步骤

报修接待的关键步骤中可以细分为事故车报修接待、大修车报修接待、维护车辆接待、故障车辆接待、咨询接待、投诉接待和其他接待等，我们将这些称之为子流程(图 6-4)。一个核心流程是由若干个子流程组成的。每一个子流程的工作步骤、工作内容和工作标准也是不相同的。这里我们对每一个子流程都要建立一个工艺文件，规定每个子流程做什么，怎么做。

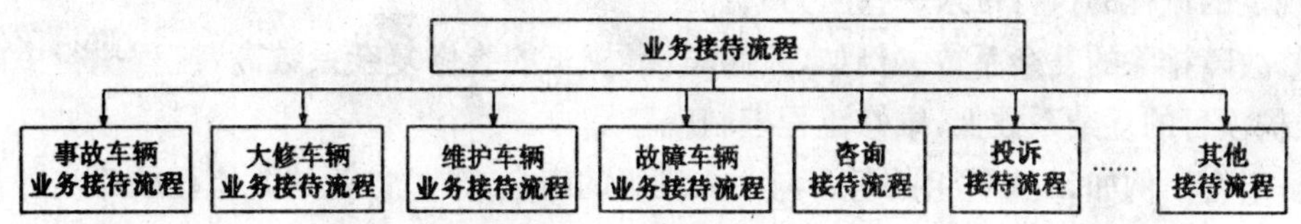

图 6-4　子流程

(4)对子流程进行分解建立微流程。子流程的每一个步骤还可以分解为若干个步骤，例如，在“故障诊断”子流程中可以分解为常见故障诊断流程和疑难故障诊断流程，常见故障诊断流程中又分为经验诊断(问诊、听诊、路试)、仪器诊断(仪器静态检测、仪器动态检测)，然后建立图 6-5 所示的微流程。

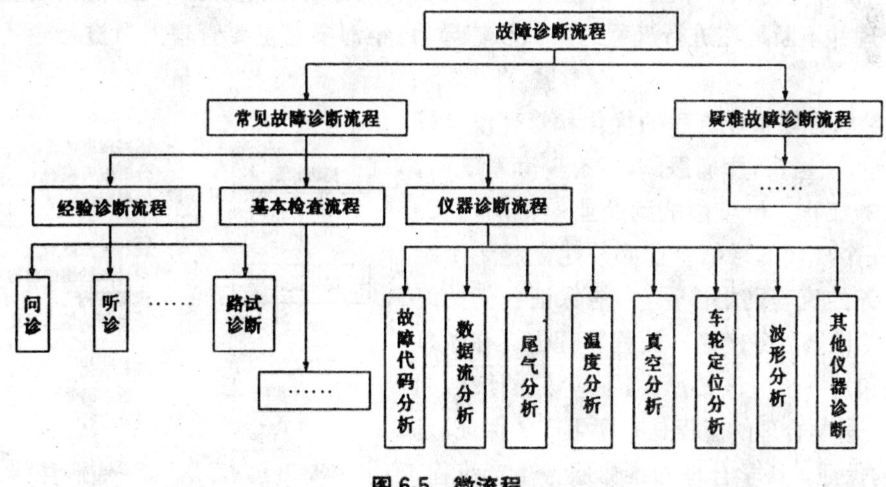

图 6-5　微流程

(5)流程的优化和再造。维修企业的客户群在不断变化，需求也在不断变化，同时维修企业内部的条件和外部环境也在不断地变化，所以流程也应该不断进行优化和改造，特别是子流程和微流程方面。维修生产流程的设计、优化和改造的核心始终要围绕客户的需求来对流程的顺序、步骤、接点进行完善和改进。传统维修企业的流程管理往往是事后的、静态的，各个部门之间缺乏及时的交流和沟通。上下级之间也缺乏交流，车间主管将派工单布置下去之后，有关人员给出相应的要求，但给出之后双方往往就不再沟通，等到期一检查，往往发现这样和那样的问题，使管理者与被管理这之间产生矛盾，给生产和工作带来影响。流程的优化和再造的思维方式不是单一思维，而是多维的思维方式，即在流程的每一个接点上都要考虑质量、成本、时间。因而，流程优化与再造的思想是流程管理的核心思想，是维修企业管理的关键所在。

(6)影响维修生产流程的因素和管理措施。有了科学合理的流程，必须认真贯彻执行，但在实际执行中往往会受到以下因素的影响：

①管理幅度。管理者的指挥能力的大小，如果用一个只能指挥 2 人的班组长去领导一个 4 人的班组，执行力就会差。

②工作环境。即工种(工作)作业地点之间的距离、工具设备有无、通信设备是否齐全等都会影响到流程执行的时间和速度。

③管理者习惯。例如，某些管理者习惯了某种流程，如果换一种新流程使用就会抵制。

④客户习惯。例如，某些客户习惯找他熟悉的业务接待和找他熟悉的技术人员维修车辆，这给我们规定的流程的执行带来一些阻力。

⑤维修故障排除的复杂系数。例如，大修车、事故车的维修复杂系数高，流程执行中的问题就多；维护项目的复杂系数低，维修流程控制就容易。

⑥人员组合。例如，2 人班组的组合与 4 人班组的组合，维护作业的微流程顺序步骤都会发生变化。

⑦员工素质。员工素质高，执行力就强，反之，员工素质低，执行力就差。

⑧制度和标准的完善。有完善的制度和标准，执行力就高，没有完善的制度和标准，执行力就差。

⑨员工的培训和辅导。有了一个好的流程后，执行和贯彻的关键就是对员工进行培训和辅导，并把督导坚持执行下去。从近几年 4S 店的售后服务管理经验来看，他们的重点是在抓流程管理并不断地在进行流程的培训和辅导，每年都要对主要管理人员进行轮番的流程的培训。

我国的综合维修企业流程的优化和管理没有好好地做，而是头痛医头，脚痛医脚，没有一套系统的、适应本企业的流程。严重影响到企业效益的增长。因此，作为一个现代的维修企业必须建立起一个维修生产与服务的流程网络体系，才能保证我们始终产出高质量的维修服务产品。流程管理告诉你做事的先后顺序和每一步应该做什么，不应该做什么，如图 6-6 所示。科学合理的流程是有序生产的保证，是质量、效益的保证。科学合理的维修服务生产流程，如图 6-7 所示，是现场管理的基础，它决定了合理的车流、客流、信息流、价值流的路线和合理的业务接点，保证了空间和时间上每一个岗位、每一个人的职责分明，减少了相互之间的摩擦和无效劳动的产生，使每一个接触点的工作完整，不会遗漏，保证相互之间的联系衔接紧密无缝、控制严密，从而形成一个有机接点网络管理链。

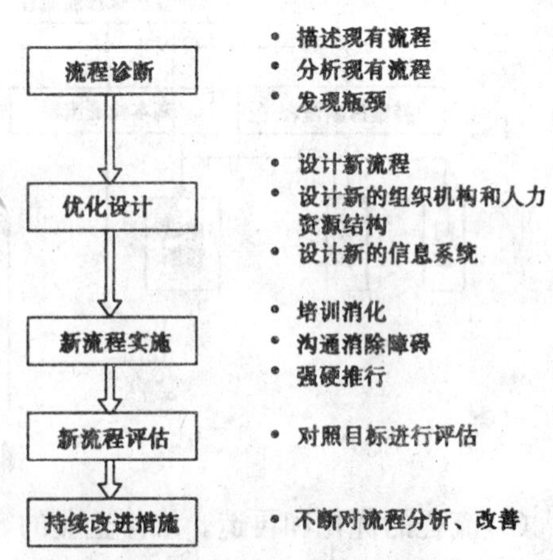

图 6-6　流程优化与再造的步骤

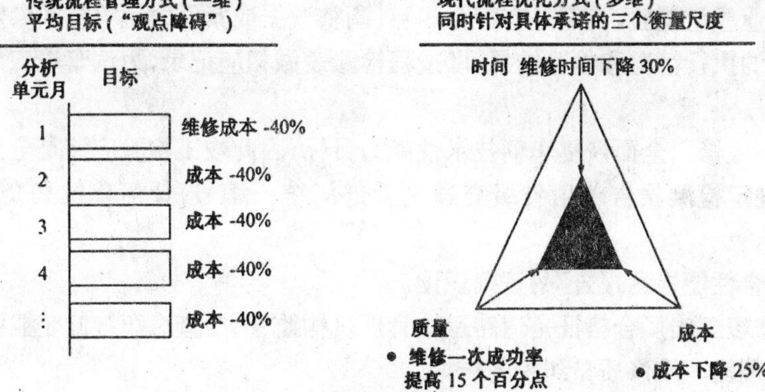

图 6-7　传统流程管理与现代流程优化的区别

本章小结

1. 交通部 7 号令第 34 条规定:“机动车维修经营者对机动车进行二级维护、总成修理、整车修理的,应当建立机动车维修档案。机动车维修档案主要内容包括:维修合同、维修项目、具体维修人员及质量检验人员、检验单、竣工出厂合格证(副本)及结算清单等。机动车维修档案保存期为二年。”

2. 汽车维修合同签订的范围包括:汽车大修、主要总成大修、二级维护和维修预算费用在1000 元以上的小修。

3. 汽车维修合同的主要内容包括:承、托修双方的信息,送修车的情况,维修类别及项目,交接车辆的日期,验收标准和方式及质量保证期,预计费用和结算相关事项,违约责任及纠纷处理等。

4. 汽车维修进厂交接时需要进行检验,其目的,一是对送修车装备的齐全状况进行鉴定,一是对送修车的技术状况进行实际了解,以为竣工出厂时判断维修实际效果和交接车辆提供依据。

5. 整车大修进厂检验主要包括:车辆交接和整车技术状况检验两部分。

6. 总成大修在技术、工艺上与整车大修类似,进厂检验的目的和要求与整车大修基本类同,也包括车辆交接和总成技术状况检验两部分。

7. 汽车二级维护首先要进行检测,汽车进厂后,根据汽车技术档案的记录资料(包括车辆运行记录,维修记录,检测记录,总成修理记录等)和驾驶员反映的车辆使用技术状况(包括汽车动力性,异响,转向,制动及燃、润料消耗等)确定所需检测项目,依据检测结果及车辆实际技术状况进行故障诊断,从而确定附加作业。

8. 根据国家标准的要求,汽车二级维护进厂检验(维护前检验)应以“维护前检测诊断、确定附加作业”为重点,以不解体方式逐项进行。

9. 汽车小修作业以排除故障为目的,因此进厂检验以了解故障现象、判断故障部位,确定修理方案为目标,也包括进厂交接的内容。

10. 汽车维修过程检验是对维修过程实施质量控制的重要内容,主要控制目标,一是检查维修工艺执行情况，即作业项目的完成有无缺项漏项现象，二是对影响维修质量的主要作业项目进行严格地作业质量检验，特别是有配合间隙、调整数据或紧固力矩等技术参数要求的作业项目。过程检验的执行情况和检验结果，以过程检验表做相应记录，为汽车竣工出厂检验提供依据。

11. 汽车整车大修以全面恢复车辆技术性能为目标，因此竣工检验应该是全方位的。

12. 交通部规定检测报告单由省级交通主管部门统一编号，任何单位和个人不得伪造、倒卖。

13. "汽车综合性能检测报告"的正确识读。

14. 汽车维修竣工出厂合格证是道路运输管理机构监督、检查汽车维修企业维修质量和售后服务质量及处理汽车维修质量纠纷的依据。

15. 汽车维修竣工出厂合格证的正确填写。

16. 返修记录单的正确填写。

17. 返修率统计分析表的正确使用。

18. 汽车维修企业的工艺文件按照其作用不同可以划分为维修工艺文件、质量检验工艺文件、配件管理工艺文件、设备管理工艺文件、岗位职责和技术要求工艺文件、维修生产流程控制工艺文件、返修纠纷投诉和索赔工艺文件等 7 大类。

19. 维修工艺文件、质量检验工艺文件、设备管理工艺文件、岗位职责和技术要求工艺文件、维修生产流程控制工艺文件等制定方法及应注意的问题。

20. 维修生产流程的优化和再造。

复习思考题

1. 什么情况下应当建立机动车维修档案？
2. 机动车维修档案主要内容包括哪些？
3. 汽车维修合同签订的范围包括哪些？
4. 汽车维修进厂交接时需要进行检验，其目的是什么？
5. 整车大修进厂检验主要包括哪些内容？
6. 汽车小修作业的目的是什么？
7. 汽车维修过程检验的主要控制目标是什么？
8. 如何正确识读"汽车综合性能检测报告"？
9. 如何正确填写汽车维修竣工出厂合格证？
10. 如何正确填写返修记录单？
11. 如何进行返修率的统计？
12. 汽车维修企业的工艺文件按照其作用不同可以分为哪些类型？
13. 在制定维修工艺文件时应注意哪些问题？
14. 在制定质量检验工艺文件时应注意哪些问题？
15. 在制定设备管理工艺文件时应注意哪些问题？
16. 在制定质量检验工艺文件时应注意哪些问题？
17. 在制定岗位职责和技术要求工艺文件时应注意哪些问题？

18. 在制定维修生产流程控制工艺文件时应注意哪些问题？
19. 如何进行维修生产流程的优化和再造？
20. 一个现代型的维修企业主要的流程应该有哪些？
21. 维修企业的核心流程和步骤包括哪些？
22. 影响维修生产流程的因素和管理措施有哪些？

第七章　环境保护与安全生产管理

第一节　安全生产管理

一、汽车维修企业安全生产管理的意义

生产必须安全，这是古今中外企业管理应遵循的原则。

江泽民同志指出："要坚决树立安全生产第一的思想，任何企业都要努力提高经济效益，但是必须服从安全第一的原则。""隐患重于明火，防范胜于救灾，责任重于泰山"。简明的几句话为汽车维修企业安全生产管理指明了方向。

我们生活在国民经济飞速发展的时代，社会经济和科学技术使得人民的生活水平不断提高，人民对于生活、环境和生存的概念有了和以往不同的认识，安全作为现代文明社会的标志和基础越来越得到社会各阶层的重视，"安全第一、预防为主、综合治理"已经列为我国人民处理生产生活问题的基本思维模式和行为准则，对于专门研究安全生产这样的系统工程，正成为各行各业管理的新兴学科。目前，我国安全生产法律法规体系已经基本形成，国家《安全生产法》这部法典的制定，使企业走入安全生产管理新的时期。在我国汽车业发展中使得更多的汽车维修企业和4S店成为工业化社会的基本构成单位，汽车维修企业内部安全生产状况及其和谐稳定程度，直接影响整个社会。

国家《安全生产法》中的条文是由以往的经验和安全事故的教训铸成的。这些条文落实到汽车维修企业安全生产各个方面，使得企业的安全生产有可依照的、明确的法律规范。维护汽车维修劳动就业人员职业安全卫生利益，对从业人员生命质量提出更高的要求，制定、完善和强制推行企业安全卫生标准体系，从而进一步科学和严格地实施汽车维修企业的安全生产管理，已成为当今汽车维修行业内的共同行动。

贯彻"预防为主"的理论，我国依法治国的方略是坚定不移的，机构改革中各个方面都围绕精简原则，唯有安全生产监督管理机构，国务院规定增设单列机构，可见安全生产的重要性和国家加大安全管理的决心。为此，汽车维修企业需要树立正确的企业安全生产观念，要将汽车维修企业作为一个立体的、多元的社会细胞组成，不能将其看作只追求利润的一元体。一个成功的汽车维修企业应该在企业利润和社会责任、安全生产、竞争与效益之间找到平衡，这样才能促进和实现企业的可持续发展。我们应充分认识到社会责任尤其安全责任的重要性及不可回避性，在维修企业的经营方针、业绩考核体系中，必须将社会责任和安全责任纳入其中，并

付诸实践。充分认识到企业的价值是在为社会创造财富的同时勇于承担社会、安全责任，也就是说，企业在创造利润、对股东利益负责的同时，还要承担对员工、对消费者、对安全和环境的社会责任，其中包括遵守安全生产、职业健康、保护劳动者的合法权益、保护弱势群体等，以承担社会责任来体现企业自身的价值。

汽车维修企业安全管理牵动着整个社会和家庭的脉搏，“坚持安全发展，强化安全生产管理和监督，有效遏制重特大安全事故”，“完善突发事件应急管理机制”，“保障人民生命财产安全”，安全是第一位的。汽车维修企业责任重大，安全生产工作任重道远。做到安全环保需要汽车维修企业首先尊重劳动者的价值，不断改善企业工作环境与职工生产生活环境，注重对企业员工的安全教育投入，为员工创造宽松、和谐、愉快和安全的工作气氛，促进企业向安全和环保的目标前进。激发员工的安全意识，努力提高全体员工的社会安全责任感和使命感，使汽车维修企业通过自己的工作来带动整个社会走向安全、繁荣和文明。

汽车维修企业安全生产管理和环境污染防治，对于社会和企业的发展有着深远的意义。

二、贯彻“安全第一、预防为主、综合治理”的安全理论

“安全第一、预防为主、综合治理”，是现代企业管理的基本原则。“预防为主”是建立在科学理论基础上的安全生产方针，维修企业安全生产的原则是确保工作安全、符合环保要求、客户需求优先；要满足这个原则，必须首先以保护客户的利益为出发点，对现场管理做到标准化、职业化，使汽车维修企业现场管理能满足客户对汽车维修质量的要求。实现这个原则的中心就是抓安全生产，实行预防为主。

“安全第一、预防为主、综合治理”，就是要求在生产过程中，劳动者的安全摆在第一位，最主要的。生产必须安全，安全才能生产。确保安全生产的最有效的首要措施就是积极预防、主动预防。荀子曰：“先其未然谓之防，发而止之谓之救，行而责之谓之戒，防为上，救次之，戒为下”。其意思是说，在事情没有发生之前未雨绸缪是为预防，事情或其征兆刚出现就及时采取措施加以制止，防止事态扩大是为补救，事情发生后再行责罚教育称为惩戒，预防为上策、补救次之、惩戒为下策。用在安全管理上也同样非常恰当，即安全工作的重心应放在预防事故发生上，大力推行“安全第一、预防为主、综合治理”工作方针才是实现安全生产的上策。汽车维修企业作为既集结多工种作业、又有劳动密集、作业层次交叉的特殊行业，自觉做到有法必依，认真地执行各项法律规定，落实八字方针，做好安全管理工作显得尤为重要。

安全第一，保护广大员工的生命安全与健康，不仅是企业的责任和任务，也是保障生产顺利进行，实现企业可持续发展和经济效益的基本条件。企业只有实现安全生产，才能减少发生事故带来的经济损失、信誉损失和由此产生的负面效应；只有实现安全生产，广大员工才有安全感，才能增强企业凝聚力，提高企业信誉，也才可以最终获取经济效益和社会效益。

生产活动中又客观上存在着各种不安全因素，既有人的不安全行为，也有物的不安全状态，只有设法预先加以消除，才能最大限度地实现安全生产，相应地，预防事故发生应该是安全工作的主要着眼点。

“安全第一、预防为主、综合治理”已列为安全工作方针，但在实际应用中，如何真正贯彻执行到位，值得每一位安全生产工作者思索。汽车维修企业安全生产管理应该从人员、管理、技术等方面提出一些贯彻安全生产方针的措施，概述如下。

1. 增强员工安全生产意识

员工具备较强的安全意识，是有效预防事故发生的基础。只有全体员工自觉地参与安全管理，自觉遵循生产安全规程，自觉维护自身的生命安全，才能实现安全生产。对员工安全意识的培养、强化，可以从正面培育和侧面引导两个角度进行。

首先，汽车维修企业员工只有真正了解所在工作环境的危险因素，才可能在日常工作中有意识地做到“三不伤害”，即“不伤害自己、不伤害别人、不被别人伤害”的安全生产观念。也就是确立全局“安全链”。一般来说，职工“不伤害自己”比较容易做到，因为人人都有对危险的生理防护本能。“不伤害别人”也好理解，只要做好本职工作就是对别人的一种保护。但“不被别人伤害”却不容易做到，因为这种“伤害”很大程度上是自己不能预料和防护的，它的不确定性往往掌握在他人的手里。综观以往发生的生产事故，都是违章操作造成的，都是“被别人伤害”的事故。汽车维修企业都是综合作业，环环相扣，每个职工都是这个“链条”上的一环，一“扣”松动都将影响到下一个环节。企业安全生产正是靠环环相扣又环环监督才保证了整体上的安全生产。因此，在安全这个问题上仅有“不伤害自己”的良好愿望，仅有“一相情愿”是不够的，必须要从全局来看问题，来设计安全生产这根“链条”，重点要放在如何“不被别人伤害”上。安全教育和培训是这根“链条”基环，是保障。在培训过程中应根据企业实际，考虑到大多数职工(特别是应考虑到部分高年龄、低文化层次职工)的实际接受和理解情况，不厌其烦地反复宣讲，必须使人人掌握。培训形式可以不拘一格，如安全活动月、班前班后会、安全例会、案例分析会、安全墙报等。

其次，还应从侧面进行引导，将安全生产与员工切身利益联系起来，将员工个人的身心健康与家庭、父母、妻子、儿女的生活联系起来，大力宣传“一人安全，全家幸福”观念，使员工发自内心的重视人身安全，重视安全生产，实现从“要我安全”到“我要安全”的转变，从而让员工自主地预防安全事故的发生。

2. 提高员工安全生产技能

落实“预防为主”方针，要求全体员工必须较好地掌握安全生产技能。加强技能培训，必须建立完善的培训机制，对岗前、岗中及年度安全培训必须纳人工作计划，企业应配套建立与安全生产技术相关的激励机制，鼓励员工不断提高技能水平。

安全生产工作者应针对企业实际情况，就生产技术教育、安全应知应会等通用知识编写教材，组织学习、考评，务必使人人过关。对不同岗位所涉及的专项安全知识培训，应以实操培训为主。对重大危险源，安全工作者还应组织开展事故预防及应急演练，并将以往或类似岗位发生的具体案例作为关键内容进行经常性培训。

车间(班组)可以定期组织开展岗位劳动安全竞赛活动，这也是提高员工安全生产技能的有效途径。每年至少组织一次消防演练、安全合格班组考评竞赛等，编撰安全应知应会图册下发到各班组，有效地提高员工安全生产技能。

3. 发动全员广泛参与

企业生产活动讲求团队协作，安全工作只有发动全员参与，“安全第一、预防为主、综合治理”的工作方针才能真正得到落实。

首先，保障全员参与，企业管理者应当真正参与进来，由他们自上而下推动，安全工作才能彻底深入。公司内部自上而下重视安全生产工作，是预防事故发生的一个必要条件。企业应成立由主管领导挂帅的安全委员会，形成公司、分厂、车间、班组等多级安全网络，下属各层级的安全工作应统一纳入监管，形成全员广泛参与，安全工作应始终处于受控状态。

其次，管理者在执行强制性的安全措施的同时，应把员工的自主管理引入到安全工作中来。具体方式可以结合生产实际状况定期举行改善议案活动，由员工们把存在的安全问题写成提案（安全建议书），提交给安全职能部门加以解决。

管理者以消灭现场中存在的危险点和问题点为安全工作主要着眼点，调动全员自觉主动参与，对现存和潜在安全问题进行认真整改，最终达到消除事故隐患的目的。

4.主抓生产一线现场管理

生产现场是企业生产组织结构的基础层次，现场管理是企业的基础管理，是各种专项管理综合作用的结果。正是由于这种因素，汽车维修生产现场也是安全事故多发场所和主要场所，落实“安全第一、预防为主、综合治理”工作方针，最终也必须归结于维修班组和生产现场这个层面。汽车维修企业安全生产管理通用流程如图7-1所示。

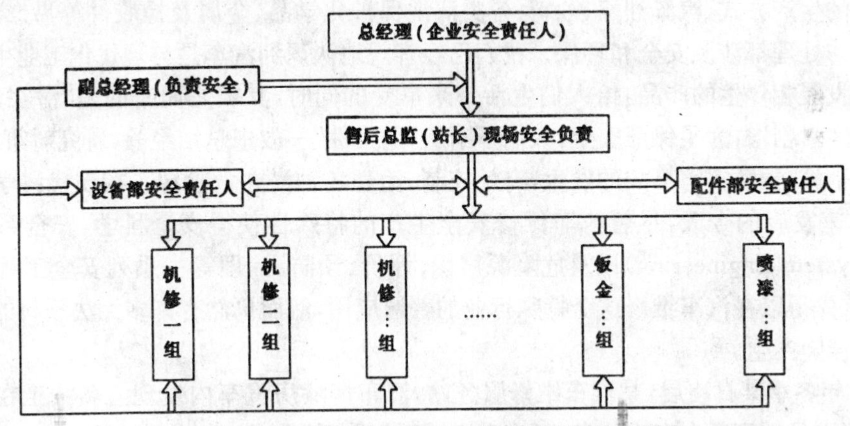

图7-1 汽车维修企业安全生产管理通用流程图

对一线现场安全管理，应对工作进行细分，实现交叉立体监管，除班组自身安全管理人员（正副班长、班组安全员等）现场把关外，还应加强上一管理层级的安全督导力度。采取专职督导和兼职巡检相结合的方法，即：专职管理人员每天定时进行现场巡视，并做好检查日记；生产一线兼职安全员负责汇总出所在责任区域的不安全因素，及时进行处理，并记录在案，供今后借鉴和归纳总结。

抓好生产现场安全管理，除细化基层作业外，有条件的单位还可以尝试实施公司级的安全督导制度。具体操作方式为：由公司安全主管副总（或专责部门）委派代表定时抽检一线员工对安全生产知识的掌握情况，并将结果纳入考核，每个班次安排安全督导员巡岗，督促员工遵照规程操作，及时纠偏，对重点安全防范岗位还应加大巡查力度，预先将安全隐患消灭在萌芽状态，有效地预防安全事故的发生。

5.量化并加大安全考核力度

在班组月度考核中，应引入安全生产的相关内容，且这些内容必须是可以量化考核的，具体操作时按项目计分，月度汇总，当月兑现考核结果，年终再进行总评比。汽车维修车间按照这种模式，可制定详细的班组安全考核细则，其内容细分为：安全教育、例会制度、安全检查、防护装置、防护用品、安全卫生要求、电器安全、设备安全、安全警示及专项维修作业员工管理等十项。实施上述量化细则并在班组之间评比，加大考核力度，通过安全生产管理，杜绝轻伤以上事故，逐步降低安全隐患的生成。

汽车维修安全生产管理纳入管理考核，预先拟定奖罚标准：如严格查处安全“三违”现象并予以处罚、消除一次隐患给与奖励，量化考核并加大力度，既解决了生产现场的实际问题，更强化了员工们的安全意识，可以有效地落实“预防为主”方针。

按照上述五方面措施开展安全工作，可望有效地消除事故隐患，但安全管理是一种动态管理，原有的安全隐患解决了，新的不安全因素又会不断地产生，形成新的威胁，需要进一步加以解决。正是由于安全工作的这种繁琐复杂和永无终点特性，每一位安全生产工作者必须时刻抓住“安全第一、预防为主、综合治理”这条工作主线，兢兢业业防患于未然，最终达到实现安全生产的目的。

三、安全生产的特殊性

交通行政主管部门将汽车维修企业列为有特殊技术要求的企业，这是因为汽车维修企业有着特殊的生产方式，汽车油漆、油料、各类清洗保护化学品、金属及橡胶件等易燃易爆品，废弃污染物的处理都涉及安全和环保。我们已经客观地认识到汽车是与现代化工业生产和科学技术飞速发展相伴生的产品，给人们生活带来享受的同时，其随之而来的是“潜在危险性”和“不安全”因素剧增，为了保证安全，人们不断从“危险性”事故中总结经验，研究对策、采用各种安全技术措施，预防灾害事故的发生，有效控制、治理各种潜在危险源。在现代科学技术和汽车工业飞速发展的今天，尽管汽车维修安全生产的特殊性使得安全科学、安全系统工程学(Safety System Engineering)以及危险源辨识、评价、预防、治理等一系列安全工程的系统技术，已经首先得以在汽车维修这个特殊行业的普遍应用，然而仍然有许多无法预料的安全隐患随时随地伴随产生。

2003年冬季某日凌晨，某汽车维修服务站，汽车烤漆房汽车内发现三名漆工在发动的车内死亡，原因是加班后在车内休息，开汽车空调暖气取暖，造成二氧化碳中毒。

某汽车快修点夜间作业，关门后发动机运转工作，造成一氧化碳伤害，死亡一人，三人不同程度中毒。

某修理厂出厂试车，由于加制动液加注后没有将制动管路内空气放干净，试车撞击造成一人死亡，三人不同程度受伤，车辆严重损坏。

某维修企业车辆维修中焊接油箱管道，造成油箱内剩余汽油爆燃，车辆报废，人员重伤。

某维修企业在地沟上维修卡车，由于车辆停车时固定不牢，作业中卡车溜坡，造成维修人员当场碾压死亡。

以上种种事故血的教训，足以引起维修企业引以为戒，前车之覆，后车之鉴。安全隐患随时都在，安全工作对于汽车维修企业有特殊的重要性。客观上汽车维修企业相对单一的流程式产品生产企业而言，存在着人、机、环境匹配复杂得多的生产因素，潜在事故隐患随时随地都可能产生。只有不折不扣地遵守国家的法律法规，严格执行《危险化学品管理条例》、《职业病防治法》和《安全生产法》，重视全过程安全管理和环境污染防治，积极推广安全生产管理，才能使企业有良好的生产环境。

由于行业特殊性，有关安全生产的法律、法规、规章和标准相继出台后，针对汽车维修的有关规定、法规都有明确体现，使得汽车维修企业有法可依：

2002年11月1日起施行《中华人民共和国安全生产法》；

1994年7月5日全国人大第八次会议通过的《中华人民共和国劳动法》；

1993年12月28日交通部交运发〔1993〕1382号文《道路危险货物运输管理规定》，其中对道路危险货物运输车辆维修条件和运输企业有明确规定：

第二十一条 道路危险货物运输企业或者单位应按照《道路货物运输及站场管理规定》中有关车辆管理的规定，维护、检测、使用和管理专用车辆，确保专用车辆技术状况良好。

第二十四条 专用车辆应当到具备道路危险货物运输车辆维修条件的企业进行维修。

1989年1月3日国务院34号令《特别重大事故调查程序暂行规定》；

1991年5月1日国务院第75号令《企业职工伤亡事故报告和处理规定》；

2001年4月21日国务院302号令《国务院关于特大安全事故行政责任追究的规定》。

安全事故处理规定都分别明确了事故的报告程序、事故的性质判定、事故调查组成部门、事故调查组成员条件和调查组的权限，规定了事故的处理方法和处理时限，特大事故明确了审批处理人的责任和权力，说明了国家和政府在安全工作上的决心。也给汽车维修企业明确了事故处理的方向。

2004年，由国家技术监督局发布了中华人民共和国国家标准GB/T16739.1－2004《汽车维修业开业条件》，其中维修企业特别提出了安全生产条件，应达到要求：①企业应有与其维修业有关的安全管理制度和各工种、各机电设备的安全操作规程；②对有毒、易燃、易爆物品，粉尘，腐蚀剂，污染物，压力容器等均应有安全防护措施和设施；③应具有并执行保证汽车维修质量的工艺文件、质量管理制度、检验制度、技术档案管理制度、标准和计量管理制度、机具设备管理及维修制度等。对负责危险品运输车辆维修的企业强调了必须具备一类汽车维修资质。维修企业的开业审批条件限制是安全管理的第一步，也就是说，汽车维修的安全管理范畴落实，首先要从行业开业门槛开始抓起。

汽车维修开业条件国家标准中，相关安全部分有明确规定，尤其是针对特种车辆的维修企业，用特殊技术要求设置了认证和管理的条件：

(1)范围：从事具有特殊技术要求的汽车维修企业，是交通行政主管部门对特殊技术要求企业认证和管理的依据。

(2)规范性引用文件：GB5624 汽车维修术语和 GB/T 16739.1～GB/T 16739.3 汽车维修业开业条件。

(3)术语和定义。特殊技术认证是指除须具备相应类别的开业条件外，还须按规定具备一些相应的附加条件，满足特定技术要求和管理要求的汽车维修。开业条件指进行各类汽车维修作业必须具备的人员、设施、设备、经营管理、质量管理、安全生产、环境保护和特殊技术认证等条件。

(4)危险货物运输车辆维修：

①从事危险货物运输车辆维修的企业，须具备一类维修企业的各项条件。

②必须具备与维修车辆所装载、接触的危险货物相适应的清洗、去污、熏蒸、防爆、防火、防污染、防腐蚀、试压设备和专用拆装、维修、测试设备、工具以及污水处理、危险品处理、残余物回收装置，配备维修人员防护用具用品。

③必须具有维修车辆上装载、接触危险货物的容器、管道、装置、总成、零部件的专用修理间。专用修理间应远离其他生产、生活场所，独立设置，通风良好。专用修理间结构、建筑材料、设置的设施应与维修车辆所装载、接触的危险货物相适应。专用修理间适用面积不少于90 m^2，周围须设置相应的警戒区，警戒区内无火源、热源，并设置警示牌。

④必须具有与维修车辆所装载、接触的危险货物相适应的专门的安全生产和劳动保护的制度、设施。

⑤化学危险品车辆维修企业，至少配有一名专职安全管理人员，必须配备直接从事危险货物运输车辆维修的专职的生产工人和测试分析人员。

⑥安全管理人员、生产工人和测试分析人员必须经过岗前培训，掌握维修车辆所装载、接触的危险货物的性能和防爆、防火、防中毒、防污染、防腐蚀的维修知识以及维修操作技能，持证上岗。

(5)特约维修站：

①特约维修站的建立须符合行业管理部门的规划要求，符合汽车维修市场资源的管理和配置要求。

②具备与经营规模和经营范围相适应的一类或二类汽车维修企业的相应条件。

③必须与汽车生产厂商签订特约协议书或合同。

④具有维修车型的标准、规范以及相应的技术资料。

⑤在技术能力、质量管理、业务管理、人员素质、配件供应等方面具有较强的优势，必须具备计算机管理的条件。

汽车维修企业在保护环境方面应突出以下几个方面：在保护环境方面发挥主导作用，特别是在推动环保技术的应用方面发挥示范作用；以“绿色产品”为研究和开发应用的主要对象，使用和应用环境友好产品；重视治理环境，不但治理好企业自身的环境污染问题，还要支持政府加大对企业以外环境的治理。同时，倡导企业实施安全生产和环保的管理体系，通过系统化的预防管理机制，彻底消除各种事故、环境和职业病隐患，真正做到“安全第一、预防为主、综合治理”。

四、安全生产管理和实施

国家标准和地方、企业标准都分别明确了安全生产条件和环保条件，给维修企业的经营有了明确的条件限制和运营范围，汽车维修的安全生产条件分为安全管理制度、安全防护措施和安全操作规程三部分。

1.安全管理制度

企业应具有与其维修作业内容相适应的安全管理制度，建立并实施安全生产责任制。安全管理制度应包括安全生产和消防两大方面，在具体制度建立中要包含停车场、维修车间、库房、重要工位等，并应注重发生事故处理预案的制定。下面是一个典型的安全生产管理制度范例。

(1)为加强公司安全生产管理，防止和减少事故发生，保障职工的生命和财产安全，特制定本制度。

(2)凡在本公司管理范围内从事与安全生产活动有关的单位和个人，必须遵守本制度。

(3)安全生产贯穿于汽车维修生产的全过程，必须贯彻“安全第一，预防为主”的方针，坚持区域(专业)管理和谁主管谁负责、谁审批谁负责的原则。

(4)各部门必须严格遵守国家有关安全生产的法律、法规，正确处理安全与效益、安全与生产、安全与发展、安全与稳定的关系，努力改善劳动条件，确保安全生产。

(5)公司经理、各部门主要负责人是本公司本部门安全生产的第一责任人，分别对其所辖区域的安全生产工作全面负责。

(6)各部门从业人员有依法获得安全生产保障权利，并应依法履行安全生产方面的义务。

(7)各级工会组织应依法组织职工参加本单位安全生产工作的民主管理和民主监督，维护职工在安全生产方面的合法权益。

(8)建立公司安全生产委员会和各部门(专业)安全生产委员会分会，加强对安全生产工作的领导，支持、督促各有关部门或个人认真履行安全生产管理职责。

(9)各部门应采取各种形式，加强对有关安全生产的法律、法规和安全生产知识的宣传，提高职工的安全生产意识。

(10)公司鼓励和支持安全技术研究和安全生产先进技术推广应用，提高安全生产管理水平。公司对在改善安全生产条件、防止安全事故、参加抢险救护等方面取得显著成绩的部门和个人给予奖励。

本制度依据国家现行的有关安全生产的法律、法规、标准、规范、规程和上级部门对安全生产管理的规定编制。

上述制度要求设立公司内部安全生产工作的综合监督管理部门，依照国家有关安全生产的法律、法规和本制度的规定，对安全生产工作实施归口管理。做好安全管理的根本是落实安全管理制度，以此建立健全维修企业安全生产的责任制。安全管理制度是汽车维修企业的根本。

2.人的安全防护措施

(1)人在作业过程中的不安全行为和因素。汽车维修过程中，作业人员时刻都受到工伤和职业病的威胁，所以汽车维修过程人的安全是至关重要的。在大多数情况下，人们在作业时以安全为前提，安全已经作为一种目标。但是，由于人自身意识、环境和物质条件的影响，正常的作业可能变得无法进行，只能被动地改变正常的动作行为，从而成为不安全的行为。产生不安全的行为的主要原因如下：

①接受安全教育不够，缺乏安全常识，对潜在危险因素无意识，从而产生不安全行为；

②准备工作不充分，安全隐患没有排除即开始作业；

③作业方法不正确，造成操作失控导致事故；

④简化规定操作程序，监督不严格，造成违章作业、产生不安全因素；

⑤安全保护由于人为和其他原因失效或取消，机械设备处于不安全状态；

⑥危险场所没有保护措施，进入危险场所没有防护；

⑦检修、保养、清洁工作在机械设备未作停机、断电状态进行；

⑧在危险和有污染危害的场所作业，未作人体保护处理。

以上产生不安全行为有生理和心理因素，但环境因素更重要，对于生产作业环境和员工行为要加强管理，使得操作者养成按章作业的习惯，避免不安全因素的产生，严格规定生产作业程序，强化生产过程监督，按生产维修流程执行，那么事故就会远离作业人群。

(2)维修作业中个人的安全防护是企业安全管理的执行基础条件，做好个人防护的条件是要有一定的安全防护措施，包括一定技术条件下采取的特殊措施。个人防护安全措施主要是对作业中可能产生对人体危害的防范，包括动力电和压缩气体使用、手动工具的使用、危险和有毒气体场合施工的安全保护和防范，目的是明确使用安全条件，保证人的安全。手动工具品种繁多，是作业中最常用的，也是最多出现安全问题的。工具使用手册的学习培训是关键，安全使用距离是保证。维修作业中大型车辆维修作业的高空作业，如离地 2m 以上进行手工维修、除锈作业，必须使用脚手架及使用安全带保护，脚手板应采用金属镂空结构等防滑措施，脚手板和坐身板应牢固平稳。工具放置固定可靠，不使坠落。焊接钣金作业安全保护除个人防护用品必须正确穿戴外，作业安全距离同样重要，作业安全距离包括：氧气与乙炔气瓶间的安全距离、作业点与气瓶的安全距离、作业场地中非作业人员与作业点的安全距离都要达到标准。作业场所的各项设备应采取减振、隔声、消声、吸声等项措施，使操作区的噪声级不超过卫生部、(原)国家劳动总局颁发的《工业企业噪声设计卫生标准(试行草案)》的规定。

根据以往作业经验教训，企业对维修作业个人制定通用安全防护技术措施有：

①按作业性质穿好工作服、防护用品。严禁穿带金属饰件、宽松服装和风衣，作业时不戴手表、手链和手镯；不穿被汽油等易燃物污染的服装。使用梯子时，用前应检查梯子是否完好，踏步不许有裂纹损坏，且应有防滑措施。梯子与地面之间以 75°角为宜，高处要绑牢。站在人字梯子上作业时，应挂好搭勾，并有专人扶持。不准使用钉子钉成的木梯。

②使用设备前先检查设备的完好和可靠性，排除安全隐患；运转设备必须指定人员看管，不熟悉的设备未经培训严禁使用；使用完毕设备必须清洁归位。

③维修操作必须严格按照厂家维修手册进行，严禁违章作业，维修说明书中规定的禁止作业方式不得使用。用电作业人员和电器操作维护人员必须经过电工专业安全技术培训，考试合格，持特种作业证上岗。学徒工和其他非持证电工，必须在持证电工的监护和指导下才准许操作。应该了解岗位责任区域内的供电线路及电器设备的性能。作业人员必须熟练掌握触电急救方法和事故紧急处理措施。

④压缩空气使用严格按照作业规章进行，严格规定压缩空气的使用范围，严禁将压缩空气对准人体的任何部位，不准将压缩空气对准有毒的液体和粉尘。

⑤车辆停放必须制动，同时将前后轮制动，车轮前后放置垫木，举升机托举汽车作业时，应在车辆下方放置马凳，千斤顶作业时，应选择车辆指定顶起点，顶起后在顶起部位塞上垫木，保证车辆稳固，才能作业；坡道禁止停车作业，推动车辆时应检查制动情况，坡道推行应有统一指挥，注意溜坡危险；竣工车辆在作业场地严禁模拟道路试验，厂区内转移车辆速度严禁超过5 km/h。

⑥使用磨、镗、钻和切削机床时必须专人作业，按机床操作规定作业，操作人员必须专业培训持证上岗，使用小型压力机等加工机械工件必须夹持稳固，确定在安全状态下操作。使用台钳时，台钳在钳工工作台上必须装置牢固，工件必须卡紧，钳口使用行程不超过其最大行程的三分之二。

⑦在易燃易爆、有毒环境作业，必须有通风设施并通风良好。严禁在通风不良的烤漆房发动车辆、使用空调，避免 CO 中毒。工人应熟悉作业区内的防火器材、个人保护用品的存放地点以及使用方法。

⑧钣金作业必须在独立隔离区域内，使用氧气、乙炔气必须与火源保持安全距离，切割金属物体时远离周围作业人员，远离车辆汽油箱和可燃物。

⑨尽量使用清洗液，少用汽油作为清洗剂，使用完毕归仓存储。严禁在油漆区域使用明火，严禁在工作场所吸烟。

⑩工具设备严禁放置在发动机舱和车辆其他部位，避免损坏机器或发动机旋转带动飞出伤人。手动扳子、大力钳、手工除锈钢刷、铲刀和铁锤等工具，作业前应检查可靠性，相邻操作

人员的间距应达到 1m 以上。

(3)特殊作业条件个人安全防护技术措施。化学物质和有毒气体对人体的危害是目前维修企业面临的最大的安全问题，有条件的维修企业和专营店对尾气的排放都采取了集中车间排放管道系统，保持车间的空气治理达到标准，而对汽车维修中特殊的人体伤害污染源的处理需要特定作业环境和进行防范限制处理。传播污染中，对人体的危害主要为有害气体和粉尘，危害人体的有毒的物质中，游离二氧化硅粉尘对人体的危害最大，当粉尘中游离二氧化硅达到10%则视为矽尘，含量越高危害性越大；其次，常见对人体有害的有毒物质有：苯、硫化氢、一氧化碳是急性职业中毒中的前三位，铅及其化合物、苯系列、锰及其化合物是慢性中毒前三位。因此，需要采取主动防毒措施，尤其对苯、二甲苯、香蕉水、正已烷、二氯乙烷等有机溶剂、易挥发气体及各种色粉等。平时应做好个人防护措施是关键，避免溶剂或油漆与眼睛、皮肤和身体接触，眼睛、皮肤接触可能会引起皮肤红斑、疼痛、发痒和光敏感等症状，戴化学/灰尘防护眼镜，穿防静电服装，戴乳胶手套或橡胶手套。人体吸入有害的挥发气体和粉尘后会对鼻子、喉咙、呼吸道产生刺激作用，并造成中枢神经系统麻痹而引起头疼、恶心、晕眩、倦睡甚至昏迷；高浓度蒸汽下眼睛可能会引起刺激反应，吞食会引起中枢神经系统麻痹，并出现如眼花、反胃、呕吐、虚弱等症状，如吸入肺部将引起肺部损伤，甚至死亡。因此，必须保持足够的通风，若通风不足或特殊场合，必须使用呼吸器或防毒面具。

汽车维修作业中，汽车漆工个人作业安全防护技术措施如下：

①现场保持良好的通风状态，空气中稀释剂的浓度超标时，尤其是挥发性稀释剂，在不通风的环境中，含量超过 5%，会因静电而发生爆炸。喷漆涂装作业时必须戴防毒面具，戴化学/灰尘防护眼镜，穿防静电服装，戴防护手套，其中的活性炭防毒剂要求定期更换。

②通风设备的使用：应使用不会产生火花且接地良好的通风设备。设备排气口直接通室外。供给充足的新鲜空气，用以补充排气系统抽出的空气。

③生产现场操作：取用汽车油漆和香蕉水时要小心慢抽，不要速度太快，溶剂桶均不得使用塑料制品，以防止静电产生，引起爆炸，大容量溶剂桶必须有接地。空气中的天那水的含量超过规定的含量 5%时，应立即打开通风设施通风，并且注意不要有任何的大力撞击坚硬物体，以免因撞击的火花引起爆炸和火灾。

④喷漆生产车间的电线和电灯均要采用防爆装置，防止电线走火。生产现场地面被油漆搞脏后，不要用香蕉水拖地，防止空气中的香蕉水的含量超标引起火灾或对人体产生危害。

⑤喷漆车间不要穿容易产生静电的工作服，更应注意不要穿带铁钉及绝缘鞋底的鞋，以免因静电引起火灾的发生。

⑥不要将废溶剂及油漆倒入排水沟，以免引起污染、燃烧和爆炸。每次油漆及溶剂使用完毕后应将容器密封保存，以免结块硬化及引起火灾。

⑦空溶剂桶不可用电焊及砂轮片切割，以免里面气体会产生爆炸，酿成人身安全事故。

⑧勿在工作现场使用手机、电话、调频收音机等电子设备，以免产生静电起火。

⑨生产车间领用油漆和溶剂材料时，应使用接地线的金属勺或纸勺，严禁使用塑胶勺子，防止产生静电引起爆炸。用塑胶桶倒香蕉水时，注意流速不能超 15 L/s，否则，容易产生静电引起火灾。

⑩严禁在油漆区域使用明火，严禁在工作场所吸烟。此外，工作场所严禁嬉戏打闹、开玩笑、跑步、做游戏；严格禁止作业时间饮酒，个人疲劳或虚弱时，绝不勉强作业。

(4)设备操作的安全防护措施。现代汽车维修是人与设备的共同完成的,设备动力来源除气动外,主要是电力驱动,因此设备的使用安全首先是用电安全,汽车维修作业人员首先经身体检查,无妨碍从事设备操作工作病症,如高血压、聋哑、色盲、肢体残废功能受限,然后进行上岗培训和用电设备操作培训,才能正式上岗作业。

用电安全要素和用电安全措施是用电安全的关键。安全要素包括电器绝缘、安全距离、设备导体的安全载流量和用电设备标志,设备在厂家出厂时都有规定,必须严格按规定处理;用电安全措施主要为设备保护接地和安全低电压作业,安全低电压在我国设置为36V和12V,36V多用于2.5 m以下或危险环境照明,12V低电压用于狭窄、行动困难及大面积接地的手提照明。汽车维修用的低压设备最多的是带金属网罩安全电压行灯,用电设备和电气作业是安全生产的关键控制点,必须是全员参与,用电设备和电气作业安全条例必须让每个在岗员工遵守以下原则:

①防护用品:机电工上岗,必须正确穿戴合格的服装、劳动防护用品,如特殊场合的绝缘鞋、工作服。必要时,还应戴安全帽,系安全带及其他防护用品。

②必须正确使用和保管高、低压基本、辅助绝缘安全用具及一般防护用具,使用前要认真检查外观及试验日期,并作必要的性能检验。破损、失效的一律禁用。对不同电压等级、工作环境、工作对象,要选用参数、性能相匹配的用具,用毕按规定要求存放,所有安全用具及防护用具不许当作其他工具使用。

③在供、配电线路及设备上作业时,必须设持证并有经验人员监护,监护人不得从事操作或与监护无关的事情。

④任何电气线路、设备未经电工验电以前一律视为有电,不准触及。需接触操作时,应切断该处电源,并经验电(对电容性设施还应放电)确认,方能接触作业。

⑤对与供、配电网络相联系部分,除进行断电、放电、验电外,还应挂接临时接地线,开关上锁,防止停电后突然来电。

⑥动力配电盘上的闸刀开关,禁止带负荷拉、合闸,必须先将用电设备开关断开方能操作。手工合(拉)闸刀开关时,应一次推(拉)到位。处理事故需拉开带负荷的动力配电盘上闸刀开关时,应戴绝缘手套和防护眼镜,或采取其他防止电弧烧伤和触电措施。

⑦改造电气设施的结构、元件变更,需经电气技术负责人许可和批准。电工不得自行改变电气设施的原有结构、接线方式及元件参数。

⑧各种电器接线的接头,需保证导通接触面积不小于导线截面积。接线应采用坚固的压接或用工具轧接,不许用手拧接。接头不得松动,防止带电体碰触屏护。

⑨电工必须熟练地掌握万用表、钳形电流表及兆欧表的正确使用方法和安全注意事项,使用前认真检查,合理选择,精心调整。操作时,既要注意不损坏仪表,又要确保人身安全。用后妥善保管。

⑩使用电动工具时应遵守电动工具的操作要求。严禁将电动工具外壳接地和工作零线拧在一起插入插座,必须使用单相三眼(孔)、三相四眼(孔)插座和三芯或四芯橡皮护套电缆。使用I类手持电动工具时应配漏电保护装置、隔离变压器,操作人员应戴绝缘手套。

其他个人安全防范措施参考——钣金作业安全防范措施:

①工作前,要将工作场地清理干净,以免其他杂物妨碍工作,并认真检查所用的工具、机具技术状况是否良好,连接是否牢固。

②进行校正作业或使用车身校正台时，应正确夹持、固定、牵制，并使用适合的顶杆、拉具及站立位置，谨防物件弹跳伤人。

③使用车床、电焊机时，必须事先检查焊机接地情况，确认无异常情况后，方可按启动程序开动使用。

④电焊条要干燥、防潮，工作时应根据工件大小选择适当的电流及焊条。电焊作业时，操作者要带防护面罩及劳动保护用品。

⑤焊补油箱时，必须放净燃油，彻底清洗确认无残油，敞开油箱盖谨慎施焊。

⑥氧气瓶、乙炔气瓶要放到离火源较远的地方，不得在太阳下暴晒，不得撞击，所有氧焊工具不得粘上油污、油漆，并定期检查焊枪、气瓶、表头、气管是否漏气。

⑦搬运氧气瓶及乙炔气瓶时，必须使用专门搬运小车，切忌在地上拖拉。

⑧进行氧焊点火前，先开乙炔气后开氧气，熄火时先关乙炔气阀，发生回火现象时应迅速卡紧胶管，先关乙炔气阀再关氧气阀。

使用喷灯时，油量不得超过容积的四分之三，禁止在使用煤油或酒精的喷灯内注人汽油。打气要适当，不得使用漏油漏气的喷灯。在高压设备处使用喷灯时，火焰与带电部分应保持安全距离；电压在 10 kV 及以下者，不小于 1.5 m，电压在 10 kV 以上者不少于 3 m。充油设备及易燃物旁禁止使用喷灯。

带电设备的灭火必须正确使用电气火灾的常用灭火器材。二氧化碳、1211、干粉灭火器的灭火剂都不导电，可用来带电灭火。灭火时，灭火器本体、喷嘴及人体与带电体要保持一定距离：电压在 10 kV 及以下者不小于 0.4 m；电压在 35 kV 及以上者不小于 0.9 m。使用二氧化碳灭火器时，应保持通风良好，要离灭火区 2～3 m，并注意防止干冰沾着皮肤。

由于企业在用电管理上的条件不同，设计、制造、安装差别，以及设备绝缘和电器设施的老化等问题的存在，使得用电带来的人体伤害、财产损失事故时有发生，坚持定期的安全教育，防止用电事故发生，建立事故监测体系，成为企业的头等大事。电器事故种类和关系如图 7-2 所示。

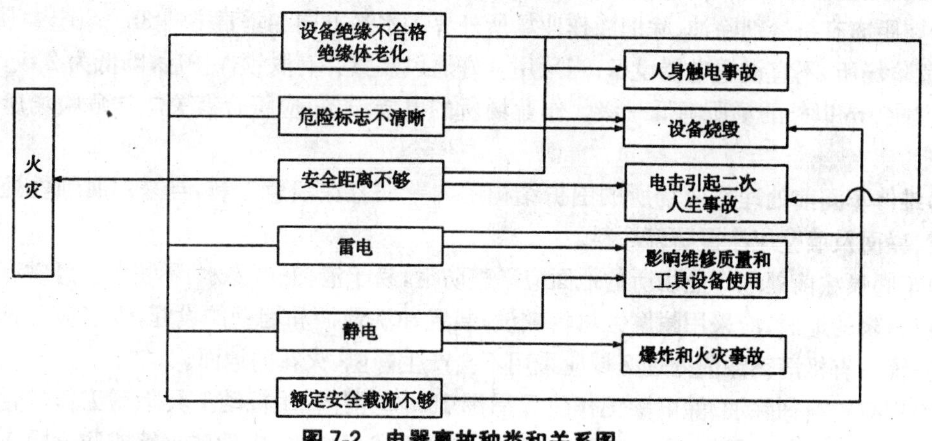

图 7-2 电器事故种类和关系图

3. 安全操作规程

首先，汽车维修必须严格按照企业或国家规定制定的安全管理制度、规程和技术规范操作；其次，企业在编制维修规章制度和组织作业时，应当根据企业自身维修特点制定相应的安全防护作业技术措施；第三，对专业性较强的作业项目，如钣金、喷漆应当编制专项安全作业规范，并采取专项安全技术措施。维修企业应当在维修现场采取维护安全、防范危险、预防火灾等措施，制定安全操作规程。

汽车维修企业安全操作规程包括常用设备和专业设备的安全操作规程，常用设备有：电动机床，如车、铣、刨、磨、镗设备；气动设备，如拆胎机、打气泵；气焊、气割和气体保护焊接设备；剪板机、电焊机、空压机等。

这里对通用设备的安全操作规程不作重复叙述，仅对汽车维修的专用设备和工艺的安全操作规程举例阐述。专用设备有汽车漆喷涂设备、汽车喷烤漆房、汽车安全检测线设备、汽车高压清洗设备、汽车举升设备、汽车发动机缸体专业清洗槽，设备的安全操作规程根据厂家出厂安全使用手册制定，安全操作规程兼顾企业的生产作业条件制定。

1）汽车喷烤漆作业安全操作规程：

(1)为使汽车喷烤漆作业符合劳动安全卫生要求，保障作业人员的安全和健康，保护环境，促进生产建设发展，特制定本规程。

(2)本规程适用于室内进行的维修车辆金属表面喷涂处理作业；在室外进行的机动车车辆、大型车辆车身金属构件喷涂前处理作业，可参照本规程的原则，结合实际条件，制定相应的安全技术要求和措施。

(3)喷涂作业(车间、工段)的喷涂前处理工艺应采用先进技术，以无尘毒或低尘毒、低噪声、不需防火防爆的安全工艺代替有尘毒、高噪声、易爆、易燃的不安全工艺。

(4)车间(工段)喷涂前处理作业的场所，应设置在厂区通风区，并宜与生产过程相衔接的钣焊、机械加工、装配、金属材料库、成品库分隔，应一侧近外墙。

(5)油漆喷涂和汽油储存区、用有机溶剂除油、除旧漆的前处理作业场所，同样属于甲、乙类火灾危险性生产区域。作业场所应有泄压面积，其面积与厂房体积的比值，及与相邻生产车间建筑物的防火间距，建筑物防爆，以及消防车道等，均应符合建筑设计防火规范要求。

(6)用有机溶剂除油、除旧漆的作业场所必须有良好的通风，严禁吸烟和引入火种，作业过程中不准蓄电池车、汽车和金属轮车进入。

(7)在距离有机溶剂除油、除旧漆作业场所外界的水平方向和垂直方向 3m 范围内，属于 1 级爆炸危险场所，不宜设置电器设备；当采用良好通风装置并有联锁保护后，降低为 2 级；在相距水平方向 3m 以外的场所降低一级。作业场所的电器设备，应符合有关爆炸危险场所电气安全规定。

(8)维修车间前处理作业场所的围护结构的内壁面宜涂浅色涂料，当采用腐蚀性处理液时，屋梁、屋面及墙壁应涂覆防腐涂料。

(9)车间喷涂前处理作业场所的地面应平整防滑，易于清扫、不渗水、不积水。经常有酸碱液流散或积聚的地面，应采用耐腐蚀材料敷设，装置冲洗地面和墙壁的设施，废水应能排向废水处理系统。有机溶剂漆前处理区域应采用不会产生静电、火花的地面。

(10)用有机溶剂除油、除旧漆工作位置周围 15m 范围内，用机动工具除锈工作位置周围 5m 范围内，均严禁堆积易燃、易爆物料，当不能满足上述要求时，应设防火墙或防火隔离带等阻隔措施。

(11)与高压喷射清洗装置配套的泵、配件及管路系统和喷丸除锈(或除旧漆)装置的筒体和软橡胶管，应按国家有关规定作耐压试验和密封性试验。

(12)喷涂前处理作业用的手持照明灯具，应符合国标安全电压的规定。

(13)作业劳动卫生:维修车间喷涂前处理作业场所当采用混合照明时,最低照度为150lx;采用一般照明时,最低照度为50lx。

(14)喷涂前处理作业场所,空气中有害物质的最高容许浓度,应符合国家标准规定。

(15)维修车间喷涂前处理作业场所应设置更衣室、休息室和吸烟室,并在其附近设置事故应急冲洗用水,供水压力根据需要确定,最高不超过 1.76×10^5Pa;应配有快开阀门和长度1.2m以上的软管。喷涂前处理作业场所的卫生特征级别为2级。

(16)喷涂前处理机械除锈限制使用干喷砂,应用真空喷砂、湿式喷砂、喷丸和抛丸代替,当工艺有特殊要求,上述工艺方法不能代替时,允许使用干喷砂,但应在密闭箱内进行,并必须隔离操作。

(17)大面积除油和清除旧漆作业中,禁止使用甲苯、二甲苯和汽油,应分别采用水基清洗液或碱液和水冲型脱漆剂代替。

(18)喷涂前处理作业中产生的漂洗水、冲淋水、废液和废酸的排放,应符合《工业三废排放标准》的规定。

(19)机械方法除锈或清除旧漆必须设置独立的排风系统和除尘装置,对于大中城市排放至大气中的粉尘含量不大于150mg/m³。

(20)喷涂前处理车间(工段)的化学用品存放量不许超过两个工作班的需要量。用品储存柜应靠近使用点。

(21)喷涂前处理作业人员应按国家有关劳动保护规定穿戴个人防护用品,当进行喷丸、除旧漆操作时应佩戴长管面具。

(22)除油清洗:用可燃性有机溶剂除油时,应先拆去产品或部件上的蓄电池或其他电源装置;其作业场所应设有醒目标牌,并配置可燃气体快速测量仪,定期检测。用可燃性有机溶剂除油清洗作业完毕,必须将废料集中移放于指定的安全地点。供除油清洗用的机动工具,所配置的电机、电器、照明灯具等宜采用密闭型,防止清洗液溅人。

(23)大型浸渍清洗槽应配置起重设备,桥式和梁式起重机的驾驶室应避开清洗槽。向浸洗槽中吊装工件时应采用起重设备吊钩和专用工具,严禁操作人员直接用手搬运或使用钢丝绳吊装。大型浸渍清洗槽的槽口宜高出地面0.8m,并配置活动网盖。当槽体全部埋人地面时,在槽边四周应按GB4053.3—83《固定式工业防护栏杆》设置防护栏杆,并按GB 2894—82《安全标志》的规定,设置警告标志。

(24)采用水基清洗液或碱液的大型浸渍清洗槽,其槽体内底部宜设置活动底盘或金属网架,便于清除污泥。同时宜设置配料槽,配料槽上加盖封闭,盖上设置开启门。喷淋除油清洗的结构应为密闭式或半封闭式,制件出人口两端应设置防清洗液飞溅的屏幕室,屏幕室的门洞用挡帘隔开,并设置独立的排风系统。

(25)高压喷射清洗装置应配置水压压力控制和联锁装置,并与驱动高压水泵用的主动电动机联锁。长臂高压喷枪必须配置自锁安全机构,喷射间歇应将喷枪自锁。高压水泵短期停止工作时,必须清洗保养,重新使用前应检查各处密封质量,并作耐压试验。

(26)气相除油清洗可利用半封闭槽进行,应有严格的防止清洗液蒸气逸出的措施;槽体内壁衬里材料宜用不锈钢、陶瓷、阻燃型不饱和聚酯树脂玻璃钢。气相除油清洗装置应具有清洗液的温度和液位的自动控制、监视,以及冷凝器冷却水的供水监视器,其中测温用温度计的分度值应不大于0.5℃。

(27)除锈用手持式电动打磨工具必须符合国标《手持电动工具的安全》的规定。

(28)除锈用风动打磨工具或液压打磨工具，应按照所选用的磨片材料限制其线速度。作业前进行空载试转 2min，检验机动工具的可靠性，作业过程应经常检查磨具的材质损耗，超过限度不准使用，并符合磨具安全规则的规定。

(29)砂轮、磨片、磨丝盘的回转强度的检查应按国标《砂轮回转强度的检验方法》和 JB/GQ—Z 32《磨具的检查方法》执行。

(30)直径 60mm 以上的风动打磨机应设置防护罩壳，罩壳开口夹角不大于 150°。

(31)当采用升降装置或脚手架进行喷丸除锈时，操作人员站立的板应为栅栏或网状底板，四周设置高度为 1.2m 的栏杆保护。

(32)喷涂底漆的组分中，不得含汞、砷、铅、镉和锑等组分，清除旧漆宜用机械方法、碱液、水基清洗液，减少或避免用有机溶剂或脱漆剂清除，严禁使用火焰法清除旧漆。

(33)机械方法清除旧漆有手工具清除，机动工具清除，喷丸清除，湿式喷砂清除，真空喷砂清除和喷丸清除等，其安全技术要求需要专业支持。用有机溶剂或脱漆剂清除旧漆，不得同时使用钢制的刷、铲刀等易产生火花的工具，而应采用有色金属制备的不发火的工具。高处作业的安全要求 2m 以上应设置保护栏和使用脚手架。

(34)地面残留的脱漆剂残液不得用木屑和化纤织物揩擦清扫，应采用棉纱头、抹布等揩擦干净。废脱漆剂和沾有脱漆剂的废纱头、抹布等应集中回收处理。

(35)用脱漆剂和有机溶剂除旧漆的工作场地，操作人员不得穿着不防静电的化纤工作服和带钉靴鞋。用脱漆剂清除旧漆时，操作人员脸手等暴露部分应涂覆防护膏，但禁止用有机溶剂擦洗皮肤。

(36)车间底漆烘干装置应设置通风系统，通风系统发生故障应能自动切断加热系统。

(37)烤漆房和密闭空间内的喷涂前处理。密闭空间内喷涂前处理作业是指密闭空间本身进行喷涂前处理以及固定于密闭空间内的装置进行喷涂前处理作业，如罐、箱、容器、车厢等场所。进入密闭空间作业前，应由具有一定资格的人员先行作业环境测定，以确定空间内可燃气体和有毒气体的浓度，只有当可燃气体浓度低于其爆炸下限的 20%，氧气含量为 10%～20%，有害物质蒸气浓度应符合 GB 6514 第 3.4 条的规定，才允许操作人员进入作业。当在密闭空间作业区域内测知可燃气体浓度高于其爆炸下限的 20%时，操作人员应离开作业现场，并应立即进行强制通风。

(38)进入密闭空间内作业的操作人员一般至少要有 2 人，在进口处外面设置标志，并应有专人负责安全监护，随时与密闭空间内操作人员保持联系。在密闭空间进行前处理作业的附近禁止焊接、切割等明火作业，应符合 GB 6514—86《涂装作业安全规程 喷涂工艺安全》的规定。

2)举升机安全操作规程：

(1)举升的车辆不得超过该产品的额定举升质量。

(2)举升过程中严禁车下和车内有人。

(3)非使用人员未经允许不得操作本设备。

(4)当举升机长期停止使用或下班后，应将控制盒电源切断。

(5)应将车辆较重部件置于短托臂上。

(6)举升车辆时，将托臂放到被托汽车合适位置后，再分别转动四只橡胶托盘，使四只托盘距车身位置相等，再按上升按钮，当车离地面 100mm 左右时，应检查托盘位置，并晃动一下车辆，检查是否安全，确信安全后，方可继续工作。

(7)液压举升上升后，其安全保险锁止手柄必须处于锁止位置。

3)制冷剂回收充注设备安全操作规程：

(1)不使用未经特别认证的工作罐，不把制冷剂收到非重注制冷剂罐中。

(2)移动本设备要小心，在有压条件下，所有软管都可能带有液态制冷剂，与制冷剂接触可能引起冻伤，拆下软管时须特别小心。

(3)操作板内有高压电，在维修设备前一定要切断电源，以避免电击的危险。

(4)为减少火灾危险，应避免使用过长的电源线，如需使用长导线，导线规格应不小于14AWG，并尽量短。在有溢出汽油、敞开汽油桶或其他可燃物的环境中不能使用本设备，要在能提供至少每小时换气四次的机械通风处使用本设备，或将设备置于高出地面 18 英寸处。在使用设备之前，要确认所有安全装置处于良好状态。

(5)必须由专业人员进行操作，操作者必须熟悉空调系统，了解制冷剂和有压部件的危险性。

(6)当温度超过 49℃时，两次回收工作应间隔 10min。

(7)严禁不同制冷剂混合。

4)空气压缩机安全使用操作规程：

(1)应在安全阀限定压力和规定排气量的条件下使用设备。

(2)必须保证空压机使用现场环境的清洁和通风，严禁在空气中尘量过高或有腐蚀性和易燃性气体的场合使用。

(3)空压机严禁断油运行，使用要经常注意检查机油油位是否正常，要定期更换机油。

(4)不要使用小于 $1.5mm^2$ 而长度大于 5m 的导线作电源线。

(5)每日工作结束后，必须旋开储气罐放污阀排出污水，第二日空压机启动前再合上放污阀。

(6)空压机运转时，当停电或临时停机时，需要重新启动，应将储气罐中的压缩空气排放放完后再开机。

第二节　汽车维修企业消防安全基础知识

一、燃烧与火灾

燃烧是指可燃物质与氧化剂作用发生的一种放热发光的剧烈化学反应。燃烧必须具备的三个条件，即可燃物、氧化剂和温度（点火源），只有在三个条件同时具备的情况下，可燃物质才能发生燃烧。

燃烧有许多种类型，主要是闪燃、着火、自燃和爆炸。着火是指可燃物在空气中受着火源的作用而发生持续燃烧的现象。

火灾是指在时间和空间失去控制的燃烧所造成的灾害。火灾的过程可分为以下几个阶段：

(1)初始阶段。这个阶段着火的面积小，燃烧速度相对缓慢，火焰不高，热辐射小，烟雾和气体流动速度不快，是扑灭火灾的最佳时机。

(2)发展阶段。随着燃烧时间的加长，燃烧速度加快，环境温度升高迅速，火焰周围的可燃物质被迅速加热，气体对流加强和加快，对扑救产生一定的难度。

(3)猛烈阶段。随着燃烧时间的进一步加长，已经燃烧物质的燃烧速度加快，形成火场，环境温度迅速提高，火焰周围的可燃物质被迅速点燃，热辐射增强，火场物体承受能力下降，承重物和建筑物承受能力消失，随时崩塌，扑救人员和设备无法接近，损失已经无法挽回。

(4)下降和熄灭阶段。随着燃烧时间的延长，已经燃烧物质所剩无几，扑救工作已经失去意义，损失达到最大状态。

因此，火灾的扑救要抓住扑救时机，正确运用灭火原理，最快制定最佳方案，恰当选择灭火设备，迅速采取扑救措施，有效控制火灾局势，最大限度的降低火灾损失。

防火的基本措施是：控制可燃物，隔离助燃物，消除着火源，阻止火势蔓延。

二、火灾的分类和灭火方法

(1)火灾的分类。根据国家标准 GB5907－86《火灾分类》的规定，将火灾分为 A、B、C、D 四类。A 类火灾：指固体物质的火灾；B 类火灾：指液体火灾和可熔化的固体物质火灾；C 类火灾指气体火灾；D 类火灾：指金属火灾。

(2)灭火的方法。灭火的基本原理可归纳为冷却灭火，窒息灭火，隔离灭火，化学抑制灭火四种。

①扑救 a 类火灾一般可采用水冷却法，但对于忌水的物质，如布、纸等应尽量减少水渍所造成的损失。对珍贵图书、档案应使用二氧化碳、卤代烷、干粉灭火剂灭火。

②救 b 类火灾，首先应切断可燃液体的来源，同时将燃烧区容器内可燃液体排至安全地区，并用水冷却燃烧区可燃液体的容器壁，减慢蒸发速度；及时使用大剂量泡沫灭火剂、干粉灭火剂将液体火灾扑灭。

③扑救 c 类火灾：首先应关闭可燃气阀门，防止可燃气发生爆炸，然后选用干粉、卤代烷、二氧化碳灭火器灭火。

④扑救 d 类火灾：如镁、铝燃烧时温度非常高，水及其他普通灭火剂无效。钠和钾的火灾切忌用水扑救，水与钠、钾起反应放出大量热和氢，会促进火灾猛烈发展。应用特殊的灭火剂，如干砂等。

⑤扑救带电火灾：用“1211”或干粉灭火器、二氧化碳灭火器效果好，因为这三种灭火器的灭火药剂绝缘性能好，不会发生触电伤人的事故。

(3)电气火灾是最常见的火灾之一，由于其特殊性，在操作救灾时需要特殊处理。电气火灾形成的主要原因是指电器短路和电器设备的选用不当，安装不合理，操作失误，违章操作，长期过负荷运行等引起的电弧、电火花和局部过度发热等引起的。

电气线路或设备发生短路、超过负荷、接触不良或漏电的情况下，事故电流将是正常电流的几十倍到上百倍，所产生的电弧、电火花和表面高温，将使电器设备的温度急剧上升，严重的可引燃物导致电气火灾或爆炸事故。

电源线路在投入运行前，必须用兆欧表测量其线间、线对地的绝缘电阻是否符合绝缘要求。

电气线路短路瞬间会产生很高的温度和热量，大大超过了线路正常输电时的发热量，可以使电源线的绝缘层燃烧、金属融化，引起附近的可燃物质燃烧，造成火灾。

扑救带电设备、线路火灾时，为防止发生触电事故，首先要经领导批准并与有关单位的专业人员合作，在允许断电时，尽快切断电源，然后进行扑救。

扑救电器设备初起火灾时，灭火器的选用首选灭火器是“1211”灭火器，其次是二氧化碳灭火器，再次才是干粉灭火器。在未切断电源的情况下，严禁直接使用泡沫灭火器、清水灭火器进行灭火。

使用灭火器进行灭火时，首先拆下铅封，拔掉保险卡(保险销)，在灭火器有效喷射范围内，将喷嘴(或胶管喷口)对准火焰根部，按下启动压把后进行喷射。

(4)火灾报警。火灾发生后靠自己的力量是不够的，为使火灾造成的损失最小，需要牢记火警电话“119”，迅速报警，其操作步骤如下：接通“119”火灾报警电话后，要向接警中心讲清失火单位的名称、地址、什么东西着火、火势大小，以及火的范围；同时还要注意听清对方提出的问题，以便正确回答；把自己的电话号码和姓名告诉对方，以便联系；打完电话后，要立即派人到主要路口迎接消防车；要迅速组织人员疏通消防通道，清除障碍物，使消防车到达火场后能立即进人最佳位置灭火救援。如果着火地区发生了新的变化，要及时报告消防队，使他们能及时改变灭火战术，取得最佳效果。在没有电话或没有消防队的地方，如农村和边远地区，可采用打锣、吹哨、喊话等方式向四周报警，动员乡邻一齐来灭火。

三、灭火剂的种类和适用范围

1. 干粉灭火器

使用手提式干粉灭火器时，应撕去头上铅封，拔去保险销，一只手握住胶管，将喷嘴对准火焰的根部；另一只手按下压把或提起拉环，干粉即可喷出灭火。喷粉要由近而远，向前平推，左右横扫，不使火焰窜回。

2. 泡沫灭火器

要将灭火器平稳地提到火场，注意筒身不宜过度倾斜，以免两种药液混合。然后用手指压紧喷嘴口，颠倒筒身，上下摇晃几次，向火源喷射，如是油火，使用手提式化学泡沫灭火器时，应向容器内壁喷射，让泡沫覆盖油面使火熄灭。在使用舟车式灭火器时，先将器盖上的手柄向上扳转，中轴即自动弹出，再启瓶口，用手指压紧喷嘴口，然后颠倒器身，上下摇晃几次，松开手指，按照上述方法灭火即可。

3. “1211”灭火器

使用“1211”灭火器时，首先撕下铅封、拔掉保险销，然后在距火源 1.5～3 m 处，将喷嘴对准火焰的根部，用力按下压把，压杆就将密封开启，“1211"灭火剂就在氮气压力作用下喷出，松开压把，喷射中止。如遇零星小火，可采取点射方法灭火。

4. 二氧化碳灭火器

手提式二氧化碳灭火器开启方式不同，使用方法也不同。如果是手动开启式(即鸭嘴式)的灭火器，使用时先拔去保险销，一手持喷筒把手，一手紧压压把，二氧化碳即自行喷出，不用时将手放松即可关闭。如果是螺旋开启式(即手轮式)的二氧化碳灭火器，使用时，先将铅封去掉，翘起喷筒，一手提提把，一手将手轮顺时针方向旋转开启，高压气体即自行喷出。

5.使用灭火器应注意的事项

(1)金属钾、钠、镁、铝和金属氢化物等物质火灾,禁止用二氧化碳扑救。因为这些物质的性质十分活泼,能夺取二氧化碳中的氧而燃烧。

(2)二氧化碳灭火,主要是隔绝空气,窒息灭火,而干粉、“1211”等属化学灭火,通过中断燃烧的链式反应,使火熄灭。用于粉、“1211”灭火器灭火时,喷嘴要对准火源上方往下扫射;而用二氧化碳灭火器灭火时,喷嘴要从侧面向火源上方往下喷射,喷射的方向要保持一定的角度,使二氧化碳能迅速覆盖着火源。灭火器应放置在被保护物品附近,干燥通风和取用方便的地方;要注意防止受潮和日晒;灭火器各连接部件不得松动,喷嘴塞盖不能脱落,保证密封性能良好;灭火器应按规定的时间进行检查;使用后必须进行再充装。

四、汽车维修企业消防工作

汽车维修企业是多工种的生产企业,相对生产作业环境复杂,尤其是危险货物运输车辆维修,如果对火灾没有充分认识,对防火工作掉以轻心,加上使用的化学品如汽油、油漆、清洗用品都是易燃易爆品,火灾随时都会带来威胁,维修企业需要在火灾的防范上有周全的预防措施。

1.汽车维修企业的安全防火工作

汽车维修企业的安全防火工作应该从以下几个方面着手:

(1)划定特殊作业区域。汽车维修作业的特殊性是工种多,工序交替,但对特定的维修作业必须有特别指定的作业区域,如钣焊区,这个区域内作业主要是焊接和切割作业为主,需要通风和远离危险品库,和易燃易爆品如香蕉水、油漆、化学清洗剂品库隔离,保证动火安全,同时作业人员必须经过专业培训,持证上岗。

(2)杜绝明火。杜绝明火是消防工作的重中之重,落实一把手负责制度,制定切实可行的方案,防止火种的产生和蔓延,要执行“四个坚持”、“十项禁令”。

四个坚持:坚持一把手负责和轮流值班制度,坚持定时巡检制度,坚持生产区域无火作业制度,坚持危险品隔离制。

维修车间十项禁令:①不准吸烟;②不准使用电热水器、电炉等电热器具;③不准存放与设备无关的资料和备件外的其他材料物品;④不准作临时仓库用;⑤不准设置沙发;⑥不准无关人员进入;⑦不准乱拉乱搭电线;⑧不准用汽油等易燃液体擦拭地板;⑨不准存放易燃、可燃液体和气体;⑩不准把香烟带入车间。

(3)重点保护。汽车维修企业要根据自身特点,划定专项作业区域,列出可能出现的火灾重点部位,如汽油库、油漆库、易燃装潢材料,如海棉库,遇上火种非常容易出现火灾,应予以重点保护。

(4)设置专用消防通道。对危险品堆放、停车、办公、维修作业、仓库存储时首先要考虑消防安全通道的设置,管理中应该做到井然有序,不要乱放车辆物料,以免堵塞大门、道路。

(5)完善消防系统配置。首先,要从组织着手,落实第一责任人负责制度,按维修企业规模形成多级管理网络,划定责任区域、指定区域负责人,做到定时巡检、轮流值班、交接检查,确保每天都有记录。其次,要保证设施齐全,即做到灭火器材充足,规格型号适当;配齐消防水栓、消防砂箱、消防水桶;落实责任人,固定配置地点。每次检查的记录必须完善。

(6)制定消防预案。火灾事故的责任主要有:直接责任;间接责任;直接领导责任;领导责任。消防工作的方针是"预防为主,防消结合"。在上述工作安排就绪同时,维修企业应该根据自身特点预见火警部位,分析火灾特点,提前制定消防预案,防患于未然。预见火警部位的关键是确定危险品的位置,汽车维修企业的划分一般按办公区域、维修车间、停车场、配件仓库和危险品库组成,但由于规模不大,结构却复杂,处处都有危险存在,因此火灾的隐情具有区域的不定性,类型的综合性,需要制定的消防预案要按部门、按人员划分。做到以下几个方面。

①明确责任内容:火灾扑救指挥、值班、报警。

②落实专业责任人:危险区迅速采取措施,进行断电、关气。

③全体员工调动:就近灭火设备定人负责、全员投人扑救。

④迅速组织疏散:紧急情况下迅速疏通消防通道。

2.汽车维修企业防火工作措施

(1)落实危险品仓库的防强电、防煤气侵人的保安防护措施。危险品仓库接地线应性能良好,能可靠防雷,其接闪装置和引下线的电阻不应大于10 Ω,每年雷雨季节之前应对接地电阻进行测试,不合格的要及时整改。

(2)避雷装置的地线与设备、信号线、电源线的地线按照联合接地的要求进行连接。

(3)电脑机房、油库和危险品库的防强电侵人的保安防护装置要经常测试与维护,保安装置受到损坏的、动作迟缓不起作用的要及时更换。

(4)严格库房装修和仓库内部的安全管理。库房不准使用木板、纤维板、宝丽板、塑料板、聚苯乙烯泡沫塑料等易燃材料装修。吊顶、隔墙、空调通风管道、门窗窗帘等均应采用非燃烧材料制作;使用易燃可燃材料装修的,要拆除,或采用防火涂料进行防火处理,提高耐火等级。仓库需要施工时要严格审批制度,要与施工部门签订安全协议书,严格防火安全管理。库房实行防火区域分隔,楼内电缆竖井、孔洞必须全部封堵,安装和管理好中央空调和通风管道。不同危险等级库房与库房、维修区域与办公区要有防火区域分隔。中央空调通风管道穿越库房隔墙、楼板时,与垂直总风管交接的水平管道上应设防火阀门。通风管道的隔热材料,应使用硅酸铝、矿渣棉等非燃烧材料。

(5)加强易燃易爆物品的管理。库房和维修生产场地严禁吸烟。

(6)消防通道、楼道内、库房内的包装箱、废包装纸、打印纸等易燃物品要随时清理,不得积压。

(7)严格明火管理,明火作业要报安保部门批准,核发"动火证",并制定安全防范措施。

(8)维修必须使用的少量汽油、煤油、丙酮等易燃液体,应限量储存,严格管理。

(9)不准在通信机房内进行设备清洗,不准使用汽油等易燃液体擦拭地板;使用汽油等少量可燃液体擦拭设备接点时,应在不带电的情况下进行,如必须带电操作要有可靠的防火措施。

3.汽车维修企业火灾扑救

《中华人民共和国消防法》规定:任何单位和个人在发现火警的时候,都应当迅速准确的报警,并积极参加扑救。汽车维修企业也不例外,起火单位必须及时组织力量,扑救火灾。临近单位应当积极支援,消防队接到报警后,必须速到火场,及时扑救。明确地提出了把必须及时扑救火灾的责任落实到单位这个关键问题。

灭火首先要查明火情和火势发展蔓延的途径。方法是:三查三看五定。三查就是:一查火场是否有人被困,二查燃烧什么物质,三查从哪里进火场最近。三看五定是:一看火烟,定方向、定火势、定性质；二看建筑，定结构、定通路；三看环境，定重点、定战力、定路线，然后迅速果断确定灭火策略：室内火灾，内攻近战；楼房火灾，分层截击；上层火灾，下层设防；低层房屋火灾，邻近高层楼房设防；成片火灾，下风、高处设防；金属砖木建筑结构楼房着火，预防全幢忽然起火。战斗力的分配上要做到：灭火救人同步进行；灭火部分要把主力用于直接灭火上，同时以小部分力量在可能蔓延的地方设防，以防止火势蔓延；当火势已经扩大，就应以主力用于堵截火势方面或可能造成更大灾害方面。

对发生的火灾，要做到三不放过：原因和教训没有查清不放过，整改措施不落实不放过，有关责任者不及时处理不放过。

第三节　汽车维修企业环境保护

一、汽车维修企业环境保护要素

汽车维修企业的运作对环境的侵害已经引起国内外的一致重视，维修中产生的噪声、空气污染、污水、废油和其他化学废弃物对环境不同程度的伤害。因此，汽车维修企业的环境保护在当前成为了环境保护的重点。

1.汽车维修企业的环境污染相关问题

汽车维修企业的环境污染相关问题包括：

(1)不合适的选址。过于靠近学校、商业区和居住区，造成噪声污染。

(2)排放污染。发动机废气排放，包括测试调校发动机产生的废气；车身喷漆产生的污染气体；有机溶剂去除旧漆层、清洗发动机零件产生的有机挥发气体；打磨车身产生的粉尘；烧焊产生的光污染和烟雾；切割金属车身产生的气体。

(3)废水排放。清洗厂房工地的废水；清洗车身、发动机、机械部分产生的废液和污水；空调压缩机冷媒产生的废液；其他污水排放。

(4)化学废物。废机油；废化学清洗剂；废发动机冷却液；废冷媒；废油漆和有机溶剂；废蓄电池；废轮胎；废机油、机油格；沾有机油的油格、清洁布、沙土；含有石棉材料的刹车片。

2.汽车维修企业环境保护要素

汽车维修的环境保护要素包括：维修区域环境、钣金区域环境、漆工区域环境、其他区域环境。每个要素都有不同的特点和要求。

3.环境保护要求

(1)维修区域环境。维修区域环境保护要求有以下几点：

①员工着装必须标准统一，禁止穿污染过的工作服和工作鞋。

②工位保持干净整洁，工具箱工具放置统一，工作台工件摆放有序，废气排放系统稳定可靠。

③工位处应摆放废油、废物桶，机油格专门放置架，定时回收处理。

④废蓄电池、废轮胎等有害物质必须集中分类存放，定期处理。

⑤维修车辆必须停放在规定的位置，维修时必须摆放前脸和叶子板护垫，凡维修和保养发

动机相关部件的必须检测尾气排放值。

(2)钣金区域环境。钣金区域环境保护要求有以下几点：

①工位应保持干净整洁，工具箱工具放置统一。

②维修使用的氧气、乙炔气应保持3～5 m距离，电焊机应保证安全可靠，在使用以上工具设备时应有专门防护的用品(防护镜、皮手套、皮鞋等)。

③工件架应整齐有序，工件应摆放在标识的位置。

④氧气、乙炔气气管使用后整理整齐圈放。

(3)漆工区域环境。漆工区域环境保护要求有以下几点：

①工位应保持干净整洁，工具和设备应放置在规定位置。

②作业时应按照规定的标准流程进行，采用干打磨工艺的应有粉尘收集装置和除尘设备，员工操作时应着防护服。

③漆工区域应有通风设备，烤漆房的排放应符合环保要求，喷漆车间的废水排放也要有专门的处理设施。

④油漆、香蕉水等应设置危险品库，有配套消防安全设施和措施。

(4)其他区域环境。

①维修和附属设施应有明显的标识，维修车辆的状态应有相对的停放区域；

②维修车辆的进出口通道应有明显的标识，并保持畅通。

二、汽车维修企业环境保护要求

国家已经制定了汽车维修经营的准入条件。其中对汽车维修环境保护要求有了明确的条文规定：

1997年，颁布了国家标准(GB/T16739.1～GB/T 16739.3—1997)《汽车维修业开业条件》。2004年，由国家技术监督局重新修改发布了中华人民共和国国家标准GB/T16739.1—2004《汽车维修业开业条件》，根据《汽车维修业开业条件》的规定，不同类别的汽车维修企业或业户有不同的准入条件。一类汽车维修企业准入条件的依据是(GB/T16739.1—2004)《汽车维修业开业条件》，二类汽车维修企业准入条件的依据是(GB/T16739.2—2004)《汽车维修业开业条件》，三类汽车维修业户准入条件的依据是(GB/T16739.3—2004)《汽车维修业开业条件》，必须分别满足有相应的机动车维修场地，有必要的设备、设施和技术人员，有健全的机动车维修管理制度和有必要的环境保护措施的要求。环境保护是汽车维修企业必须重视的生产环节。

1.一类汽车维修企业的准入条件

(1)场地条件。有相应的机动车维修场地，是指应当有相应的生产厂房和停车场。生产厂房和停车场的结构、设施必须满足汽车大修和总成修理的要求，并符合安全、环境保护、卫生和消防等有关规定，地面应坚实、平整；企业生产厂房和停车场的面积应与其生产规模和生产工艺相适应。主要总成和零部件的修理、加工、装配、调整、磨合、试验、检测应在生产厂房内进行。主要设备应设置在生产厂房内。主生产厂房面积应不少于800 m^2，停车场面积应不少于200 m^2。

(2)设备条件。应当具备清洗拆装作业设备、发动机总成修理作业设备、底盘各总成修理作业设备、电器修理作业设备、车身总成修理作业设备、通用设备、计量器具和主要手工具。

(3)环境保护措施。企业的环境保护条件必须符合国家的环境保护法律、行政法规和国家环境保护部门的规章、标准;应积极防治废气、废水、废渣、粉尘、垃圾等有害物质和噪声对环境的污染与危害,按生产工艺安装、配置的处理三废、通风、吸尘、净化、消声等设施应齐全可靠,符合环境保护法律、法规、规章、标准的规定。

2.二类汽车维修企业的准入条件

二类汽车维修企业比一类汽车维修企业的准入条件低,必须具备以下条件:

(1)场地条件。有相应的机动车维修场地,是指应当有相应的生产厂房和停车场,基本要求与一类汽车维修企业的一样,但主生产厂房和停车场的面积要求不同。主要总成和零部件的维护和小修作业应在生产厂房内进行,主要设备应设置在生产厂房内。主生产厂房面积应不少于200平方米,停车场面积应不少于150 m^2。

(2)设备条件。应当具备清洗作业设备,补给、润滑、紧固作业设备,检查、调整作业设备,通用设备,计量器具和主要手工具。

(3)环境保护措施。机动车维修管理制度和环境保护措施的要求与一类汽车维修企业的条件基本一致。

3.三类汽车维修业户的准入条件

三类汽车维修业户的准入条件最低,必须具备以下条件:生产厂房和停车场的结构、设施必须满足专项修理(或维护)作业的要求,并符合安全、环境保护、卫生和消防等有关规定。如,车身修理的作业间面积不少于80m^2,停车场面积不少于40m^2。设备技术状况应完好,满足加工、检测精度要求和使用要求。计量器具须经计量检定机构检定,并取得计量合格证。应具备并执行与其专项修理(或维护)作业有关的技术标准、工艺规范、技术资料,应有质量检验、管理办法。环境保护条件必须符合国家的环境保护法律、行政法规和国家环境保护部门的规章、标准。

三、汽车维修企业环境保护工作的实施

汽车维修企业环境保护条件分为环境保护管理制度和环境保护措施两部分。

1.环境保护管理制度

环境保护是我国的国策,为了国家的可持续发展,社会各界对环境保护都应积极参与。废油、废液、废气、废蓄电池、废轮胎及垃圾等有害物质是维修企业生产的产物,对环境造成较大的污染,企业应具有废油、废液、废气、废蓄电池、废轮胎及垃圾等有害物质集中收集、有效处理和保持环境整洁的环境保护管理制度。汽车维修企业的环境保护制度如下:

(1)认真贯彻执行"预防为主、防治结合、综合治理"的环境保护方针,遵守国家《环境保护法》、《大气污染防治法》、《环境噪声污染防治法》等有关环境保护的法律法规、规章及标准。

(2)积极防治废气、废水、废渣、粉尘、垃圾等有害物质和噪声对环境的污染与危害,按生气工艺安装、配置"三废"处理、通风、吸尘、净化、消声等设施。

(3)定期进行环境保护教育和环保常识培训,教育职工严格执行各工种工艺流程、工艺规范和环境保护制度。

(4)严格执行汽车排放标准,全面实施在用车辆的检查/维护制度(I/M制度),控制在用车辆的排放污染,在维修作业过程中,严禁使用不合格的净化装置。

(5)严格执行车辆噪声抑制技术标准,确保修竣车辆的消声器和喇叭技术性能良好,在维

修作业过程中，严禁使用不合格的消声装置。

(6)车辆竣工出厂前，要严格检查车辆尾气排放和噪声指标，对尾气排放和噪声指标不符合国家标准的，不得出厂。

2.环境保护措施

汽车维修企业必须有必要的环境保护措施。有必要的环境保护措施，是为了保护环境，实现可持续发展。这里所指的环境保护措施是指可以积极防治废气、废水、废渣、粉尘、垃圾等有害物质和噪声的措施。对于汽车维修企业，在环境保护方面要对有害物质存储区域应界定清楚，必要时应有隔离、控制措施；作业环境以及按生产工艺配置的处理"三废"(废油、废液、废气)、通风、吸尘、净化、消声等设施，要符合有关规定；喷涂车间应设有专用的废水排放及处理设施，采用干打磨工艺的，应有粉尘收集装置和除尘设备，应设有通风设备；调试车间或调试工位应设置汽车尾气收集净化装置。

第四节　汽车维修企业职工卫生保健和职业病防治

一、汽车维修企业职工卫生保健的意义

近年来，汽车维修业的飞速发展，汽车维修企业越来越体会到劳动条件和汽车维修职工的健康之间的联系，汽车维修企业的劳动条件包括维修生产过程、劳动保护措施和维修生产条件三方面，不良的生产条件和劳动保护措施容易引发各种职业危害。同时，由于汽车维修行业人员流动率大，劳动环境复杂，劳动强度变化大，突发事件多，如果汽车维修企业缺乏职业安全保护管理意识，对职业卫生保健的重视程度不够，企业很容易产生以下几个方面的问题：企业制度不健全；缺乏安全防护措施；个人防护用品不到位；维修工艺落后；劳动组织不合理；工人缺少培训和缺乏防护意识。从而造成职业病隐患和职工工伤，由轻微的疾病变成严重的职业伤害，甚至导致伤残和死亡。汽车维修行业存在的问题是无法否认的，所带来的后果也是非常突出的。它不仅影响到职工的健康，也会带来了诸如贫困、公众不满情绪增加、企业和职工群体间关系失衡等一系列社会问题；多数职工在医疗问题上没有意识和消极预期，已经成为导致汽车职业卫生保健问题。长此以往，不仅影响企业发展，同时会影响社会的稳定。

近十几年来，我国汽车工业得到迅速发展，汽车维修业随着各种新材料、新工艺、新技术的大量引用，职业病隐患不断增大，危害日趋严重化，在常见职业病发生不断增多的同时，又出现了不少新的严重的职业卫生事故。每年因粉尘、化学毒物而导致劳动者患职业病死亡、致残或部分丧失劳动能力的人数不断增加。大量职业病人的出现，不仅给劳动者及其家庭带来灾难，也严重地影响了企业的正常生产，给企业和社会造成了重大经济损失，有的企业甚至因此而破产、倒闭。国家《职业病防治法》的颁布与实施，给汽车维修企业的经营管理带来了福音，汽车维修企业通过贯彻和执行，可以有效地预防、控制和消除职业病危害。防止职业病发生，实施《职业病防治法》不仅不会影响企业的发展，反而会使企业得到快速健康的发展。

二、汽车维修企业的职业病种类

汽车维修企业职业性疾病分为职业病和职业多发病两大类。《中华人民共和国职业病防

治法》所称职业病，是指企业、事业单位和个体经济组织（以下统称用人单位）的劳动者在职业活动中因接触粉尘、放射性物质和其他有毒、有害物质等因素而引起的疾病。而职业性多发病是指的某一种疾病或伤害，由于在职业环境中有某些因素，很容易引发和促成。比如，支气管炎，它可以因风寒感冒而引发，也可以因职业环境中烟熏火燎或化学酸雾所促成，它虽然常见于某些职业工种，却只能算是这种职业工种的职业性多发病。如，相当数量的汽车维修人员很容易犯胃病和高血压病，因为他们职业性质的因素，无固定作业时间，长时间修车，精神紧张，食无定时，也可以说是和职业有关的多发病，却也不能算是职业病。换言之，职业性多发病有下面三层含义：第一，职业因素不是唯一的直接因素，而是该病发生和发展的诸多因素之一；其次，职业因素影响了健康，从而使得潜在的疾病显露和加重；第三，通过控制或改善工作条件，可以使所得疾病得到防止和缓解。

在某种意义上说，汽车维修企业职业性多发病得病的人更多，影响面更大。它发生之后，就会对企业职工健康产生影响，有的可能就是某种职业病的早期症状。所以不能不加以注意，采取一定的防护和防治措施。职业病和职业性多发病都是可以通过企业改善综合劳动条件得到控制。

汽车维修企业由于劳动环境复杂，接触的各类粉尘、化学物质和物理环境面广量大，职业疾病种类繁多，大致分类如下：

1. 粉尘类

(1)矽尘（游离二氧化硅含量超过10%的无机性粉尘）。可能导致的职业病是矽肺。

(2)石棉尘。可能导致的职业病是石棉肺。

(3)铝尘（铝、铝合金、氧化铝粉尘）。可能导致的职业病是铝尘肺。

(4)电焊烟尘。可能导致的职业病是电焊工尘肺。

(5)铸造粉尘。可能导致的职业病是铸工尘肺。

(6)其他粉尘。可能导致的职业病是其他尘肺。

2. 化学物质类

(1)铅及其化合物（铅尘、铅烟、铅化合物，不包括四乙基铅）。可能导致的职业病是铅及其化合物中毒。

(2)氮氧化合物。可能导致的职业病是氮氧化合物中毒。

(3)一氧化碳。可能导致的职业病是一氧化碳中毒。

(4)二氧化碳。可能导致的职业病是二氧化碳中毒。

(5)氟及其化合物。可能导致的职业病是工业性氟病。

(6)四乙基铅。可能导致的职业病是四乙基铅中毒。

(7)有机锡。可能导致的职业病是有机锡中毒。

(8)苯。可能导致的职业病是苯中毒。

(9)甲苯。可能导致的职业病是甲苯中毒。

(10)二甲苯。可能导致的职业病是二甲苯中毒。

(11)汽油。可能导致的职业病是汽油中毒。

(12)苯胺、甲苯胺、二甲苯胺、N，N－二甲基苯胺、二苯胺、硝基苯、硝基甲苯、对硝基苯胺、二硝基苯、二硝基甲苯。可能导致的职业病是苯的氨基及硝基化合物（不包括三硝基甲苯）中毒。

(13)甲醇。可能导致的职业病是甲醇中毒。

(14)甲醛。可能导致的职业病是甲醛中毒。

(15)二氯乙烷、四氯化碳、氯乙烯、三氯乙烯、氯丙烯、氯丁二烯、苯的氨基及硝基化合物、三硝基甲苯、五氯酚、硫酸二甲酯。可能导致的职业病是职业性中毒性肝病。

根据职业性急性中毒诊断标准及处理原则,可以诊断的其他职业性急性中毒危害因素。

3.物理因素

(1)高温。可能导致的职业病是中暑。

(2)高气压。可能导致的职业病是减压病。

(3)低气压。可能导致的职业病是高原病和航空病。

(4)局部振动。可能导致的职业病是手臂振动病。

4.导致职业性皮肤病的危害因素

(1)导致接触性皮炎的危害因素。硫酸、硝酸、盐酸、氢氧化钠、三氯乙烯、重铬酸盐、三氯甲烷、β—萘胺、铬酸盐、乙醇、醚、甲醛、环氧树脂、尿醛树脂、酚醛树脂、松节油、苯胺、润滑油、对苯二酚等。

(2)导致光敏性皮炎的危害因素。焦油、沥青、醌、蒽醌、蒽油、木酚油、荧光素、六氯苯、氯酚等。

(3)导致黑变病的危害因素。焦油、沥青、蒽油、汽油、润滑油、油彩等。

(4)导致痤疮的危害因素。沥青、润滑油、柴油、煤油、多氯苯、多氯联苯、氯化萘、多氯萘、多氯酚、聚氯乙烯。

(5)导致溃疡的危害因素。铬及其化合物、铬酸盐、铍及其化合物、砷化合物、氯化钠。

(6)导致化学性皮肤灼伤的危害因素。硫酸、硝酸、盐酸、氢氧化钠。

(7)导致职业性皮肤病的危害因素。油漆可能导致的职业病是油彩皮炎;高湿可能导致的职业病是职业性浸渍、糜烂;有机溶剂可能导致的职业病是职业性角化过度、皲裂。

5.导致职业性眼病的危害因素

(1)导致化学性眼部灼伤危害因素。硫酸、硝酸、盐酸、氮氧化物、甲醛、酚、硫化氢。

(2)导致职业性白内障的危害因素。放射性物质、三硝基甲苯、高温、激光等。

(3)导致职业性耳鼻喉口腔疾病的危害因素。导致噪声聋的危害因素是噪声。

6.职业性肿瘤的职业病危害因素

(1)石棉可能会导致肺癌、间皮瘤。

(2)苯可能会导致白血病。

(3)铬酸盐可能会导致铬酸盐制造业工人肺癌。

7.其他职业病危害因素

(1)氧化锌可能导致的职业病是金属烟热。

(2)二异氰酸甲苯酯可能导致的职业病是职业性哮喘。

(3)棉尘可能导致的职业病是棉尘病。

三、汽车维修企业职业病预防

职业病预防需要汽车维修企业全面贯彻落实国家《职业病防治法》,从下列几个方面开展工作,确保企业利益和职工的健康得到保障:

(1)汽车维修企业领导、管理人员和劳动者都要认真学好《职业病防治法》。通过学习、培训，使企业主明确企业所负的法律责任和义务，劳动者懂得运用法律保护自己的健康权益。

(2)企业设置或者指定职业卫生管理机构或者组织，配备专职或者兼职的职业卫生专业人员，负责本单位的职业病防治工作。

(3)制定好本单位的职业病防治计划和实施方案。

(4)建立和健全各种职业卫生管理制度和操作规程，包括工作场所职业病危害因素检测、评价制度，职业健康检查制度，个人防护用品购买、使用制度，岗前培训制度等。

(5)对照《职业病防治法》所规定的用人单位的义务和职责逐项落实。

(6)积极配合职业卫生监督机构和职业卫生技术服务机构开展各项职业病防治工作。

1.汽车维修企业维护劳动者健康权益的措施

(1)依法参加工伤社会保险。

(2)建立和健全职业卫生管理机构、相关的职业卫生管理制度和操作规程。

(3)采取有效的职业病危害防护措施，为劳动者提供符合国家职业卫生标准和卫生要求的工作场所、环境和条件。

(4)采用有利于防止职业病危害、保护劳动者健康的新工艺、新技术和新材料。

(5)为劳动者提供合格的职业病防护用品并注意维护。

(6)定期对工作场所进行职业病危害监测和评价，并将结果向劳动者公布。

(7)对劳动者进行岗前职业卫生知识的培训。

(8)与劳动者签订劳动合同时应将工作过程中可能产生职业病危害及其后果，职业病防护措施和待遇如实告知劳动者，存在职业病危害的岗位应设置警示标志。

(9)从事职业病危害作业的劳动岗位，如汽车油漆工种、蓄电池工、轮胎工等，应进行上岗前、在岗期间和离岗时职业健康检查。

(10)不得安排未成年人从事职业危害作业，不得安排孕妇、哺乳期的女工从事对本人和胎儿、婴儿有害的作业。

(11)对接触职业病危害因素的劳动者给与适当的岗位津帖，妥善安置有职业禁忌或有与所从事的职业相关的健康损害的劳动者，对疑似职业病者及时安排诊断，对职业病病人及时安排诊断、治疗、康复，妥善安置并依法予以赔偿。

(12)发生或可能发生职业病伤害事故时，应及时采取应急救援措施，对遭受或可能遭受职业病危害的劳动者应及时组织救治、进行康复检查和医学观察。

(13)不得将产生职业病危害的作业转移给不具备职业病防护条件的单位和个人。

(14)劳动者申请作职业病鉴定时，用人单位应如实提供职业病诊断所需的有关职业卫生和健康监护等资料。

2.职业中毒的预防

(1)铅中毒的预防

铅中毒多发于蓄电池工位。铅(Pb)是灰白色金属，原子量 207.20，比重 11.34，熔点 327.5℃，沸点 1620℃，加热至 400～500 ℃时，即有大量铅蒸汽逸出，并在空气中迅速氧化成氧化亚铅，而凝集为铅尘。随着熔铅温度的升高，可进一步氧化为氧化铅、三氧化二铅、四氧化三铅，但都不稳定，最后离解为氧化铅和氧。职业性铅中毒是指在铅接触行业工作的人，如汽车蓄电池工，因铅在体内聚集而导致的急性或亚急性中毒。职业性铅中毒通常呈慢性，铅中毒的临床指标主要是尿铅超过 0.08mg/L，血铅超过 50μg/t，职业史和临床症状是诊断的依据。职业性铅中毒临床上为神经、消化、血液等系统的综合症状。

①神经系统。主要表现为神经衰弱，多发性神经病和脑病。神经衰弱，是铅中毒早期和较常见的症状之一，表现为头昏、头痛、全身乏力、记忆力减退、睡眠障碍、多梦等，其中以头昏和全身乏力，最为明显，但一般都较轻，属功能性症状。尚有不少早期铅中毒者，上述症状也不明显。多发性神经病，可分为感觉型、运动型和混合型。感觉型的表现为肢端麻木和四肢末端呈手套袜子型感觉障碍；运动型的表现为肌无力，握力减退出现较早，也较常见，进一步发展为肌无力，多为伸肌无力，肌肉麻痹亦称铅麻痹，多见于神经支配的手指和手腕伸肌呈腕下垂，亦称垂腕症；腓骨肌、伸总趾肌、伸蔗趾肌节呈足下垂，亦称垂足症。脑病为最严重的铅中毒，表现为头痛、恶心、呕吐、高热、烦躁、抽搐、精神障碍、昏迷等症状，类似癫痫发作、脑膜炎、脑水肿、精神病或局部恼损害等综合征。国内由于劳动条件改善，较少发生。

②消化系统。轻者表现为一般消化道症状，重者出现腹绞痛。消化道症状包括口内金属味，食欲不振，上腹部胀闷、不适，腹隐痛和便秘，大便干结呈算盘珠状，铅绞痛发作前常有顽固性便秘作为先兆。腹绞痛为突然发作，多在脐周，呈持续性痛，阵发时加重，每次发作从数分钟至几小时，疼痛剧烈难忍常弯腰曲膝，辗转不安，手按腹部以减轻疼痛。同时，面色苍白，全身出汗，可能有呕吐。检查时，腹部平坦柔软，可有轻度压痛，无固定压痛点，肠鸣声减少，常伴有暂时性血压升高和眼底动脉痉挛。

③血液系统。主要是铅干扰血红蛋白合成过程而引起代谢产物变化，最后导致贫血。

④其他系统。铅对肾脏的损害多见于急性、亚急性铅中毒或较慢性病历，出现氨基酸蛋白尿，红细胞、白细胞和管性及肾功能减退，提示中毒性肾病，伴有高血压。女工对铅较敏感，特别是孕期和哺乳期，可引起不育、流产、早产、死胎及婴儿铅中毒。男工可引起精子数目减少、活动减弱及形态改变，此外尚可能引起甲状腺功能减退。

预防铅中毒的措施有：

①采用工程技术措施，控制铅有害因素的扩散。应采用合理的技术措施，如维修过程中禁止使用含铅汽油，尽早消除和减轻危害；预防和控制职业性铅中毒危害，首先，含铅物料采用适当的工艺，包括加料、出料、包装等方法，以减少空气污染，储存中注意温湿度，用低毒物质代替高毒物质；其次，对含铅粉尘产生的有毒蒸汽或气体的操作在密闭情况下进行，辅以局部通风，有热毒气发生时，可采用局部排气罩，控制职业性铅有害因素的扩散；第三，采取远距离操作，自动化操作，辅以个人防护用品，防止直接接触。

②控制职业性铅有害因素的作用条件。职业有害因素的作用条件是否能引起职业病的决定性前提之一，其中最主要是接触机会和作用强度（剂量），决定接触机会的主要因素是接触时间。因此，在保护职业人群健康时还应考虑作用条件，通过改善环境措施，严格执行卫生标准来达到控制职业性有害因素，蓄电池作业应该设置独立隔离区域，工作人员作业时带好防护用品。

③控制人的因素。为了预防职业性铅有害因素对接触者的危害，应重点加强第一级和第二级预防，以便及早的发现受到影响的人群。

(2)苯、二甲苯中毒的预防

甲苯（分子式 C7H8）、二甲苯（C8H10）均为无色透明、带有芳香味、易挥发的液体。甲苯沸点为 110.4℃，蒸汽相对密度为 3.90。二甲苯有邻位、间位和对位三种异构体，其理化特性很相近，沸点 138.4～144.4℃，蒸汽相对密度为 3.66，均不溶于水，可溶于乙醇、丙酮和氯仿等有机溶剂。高度易燃，蒸汽有爆炸性。与强氧化剂可猛烈反应，有着火和爆炸危险。汽车维修企业作业过程中主要用于油漆的稀释。汽车维修中常用的香蕉水，一般称为稀释剂，是含苯和二甲苯的溶剂，20 世纪 20 年代进口的硝基漆的稀释剂因有香蕉味的乙酸正丁酯和乙酸乙酯，俗称香蕉水。现在各种漆类的稀释剂的配方不一样，一般的硝基漆的稀释剂的配方参考为乙酸正丁酯 20%，乙酸乙酯 20%，正丁醇 10%～15%，乙醇 5%，丙酮 5%～10%，甲苯 40%，高级品中另加乙二醇乙醚醋酸酯 5%～10%，甲基异丁酮 10%。苯不要用，沸点太低，挥发速度太快，容易白化，尤其是湿度较大时，危害性和危险性很大。

①急性中毒。迅速将中毒者移至新鲜空气处，急救同内科处理原则。可给葡萄糖醛酸或硫代硫酸钠，以促进甲苯的排泄；如合并心、肾、肝、肺等器官的损害。病情稳定后，一般休息 3～7 d 可恢复工作，较严重者可适当延长休息时间，痊愈后可恢复工作。

②慢性中毒。主要是对症治疗。轻度中毒患者治愈后可恢复工作；重度中毒患者应调离原工作岗位，并根据病情恢复情况安排休息或工作。

③降低空气中的浓度。通过工艺改革和密闭通风措施，将空气中甲苯、二甲苯浓度控制在国家卫生标准以下。

④加强对作业工人的健康检查。做好就业前和 2 年一次的定期健康检查工作。

⑤卫生保健措施。对作业现场进行定期劳动卫生学调查，监测空气中甲苯、二甲苯的浓度。作业工人还应该加强个人防护，如戴防毒口罩或使用送风式面罩。进行周密的就业前和定期体检。女工怀孕期或哺乳期必须调离作业，以免对胎儿产生不良影响。

⑥职业禁忌症。神经系统器质性疾病、明显的神经衰弱综合征、肝脏疾病不能安排在漆工、蓄电池工岗位。

(3)汽油中毒的预防

汽油属混合烃类，为脂肪烃、环烃和芳香烃 3 种烃的混合物。为无色或淡黄色液体，具有特殊气味。汽油也是工业用途很广的溶剂和燃料，是汽车维修中常接触的化学品。

①中毒特征。经呼吸道、消化道吸收，皮肤吸收很少。汽油是一种麻醉性毒物，能引起中枢神经系统功能障碍。

②中毒表现。吸入高浓度汽油蒸汽后，出现头痛、头晕、四肢无力、恶心、呕吐、视物模糊、步态不稳，眼睑、舌、手指细微震颤、易激动等。严重者可迅速出现意识丧失、呼吸停止。吸入汽油可引起吸入性肺炎。汽油蒸汽对黏膜有刺激性，引起流泪、流涕、咳嗽、结膜充血等。口服者可出现口腔、胸骨后烧灼感，恶心、呕吐、腹痛、腹泻，呕吐物或大便带血。

③紧急处理。皮肤接触后要及时脱去污染的衣服，用肥皂水及清水冲洗。眼睛溅入要立即翻开上下眼睑，用流动水冲洗 20 min 或用 2%碳酸氢钠溶液冲洗并敷硼酸眼膏。吸入中毒者要尽快脱离污染环境至空气新鲜处。误服者可口服活性炭 100 克或饮牛奶，不要催吐。出现中毒症状者要及时到医院就诊。

④预防。加强个人防护，避免长时间接触。工作场所加强通风，在用汽油作为零部件清洗剂的场合注意个人保护措施。

3.职业皮肤病预防

职业性皮肤病是职业病的一种，以皮肤症状为主要的表现，而一般也只是皮肤会受到损伤，不会伤及内部各器官。职业性皮肤病的特点是与工作环境有密切的关系，如果病人暂时离开了目前的工作环境，则病况自然地逐渐缓解，而当病人再回到工作环境时，病情马上严重起来。修理作业都会接触汽油、机油、油漆、甲苯、二甲苯、清洁剂和洗衣粉等带有刺激性的物质。作业人员戴工作手套是唯一的办法。汽车维修作业时双手都会粘满油污，而切削油、润滑油、防锈剂等都可引起皮肤炎。电镀工作、电工作业、汽车装潢玻璃工作业这些工作经常要接触一些化学药剂，尤其一些本身过敏的人更容易引起皮炎。

(1)职业性皮肤病种类

常见的职业性皮肤病有以下几种。

①急性湿疹。急性湿疹是职业皮肤病中最常见的一种，一般在皮肤接触了强烈刺激的化学品，或者本身会对物品产生过敏就会突然出现湿疹。大多数只在直接接触的皮肤处出现，如双手、手臂。特点为皮肤上出现红斑、疹子、水泡、肿胀，水泡破裂后产生糜烂、溃疡，病人会觉得很痒而不断地搔抓。

②慢性湿疹。慢性湿疹很少会发红、肿胀，有时只有很小的疹子，轻微的发痒。开始时皮肤没有明显的变化，慢慢的皮肤变厚、干燥，甚至裂口子。这种皮炎一般是由于长期接触肥皂、清洁剂、脱水剂，脂溶剂等化学药品而引起。

③毛囊炎及痤疮样皮炎。毛囊炎常发生于手臂或大腿，由于长期接触油脂类堵塞毛孔而引起发炎，机械工人最常出现。而看上去很像痤疮一样的皮炎，则是接触了机油、石油、焦油、石蜡等矿物油的缘故，与痤疮不同的是，这种皮炎除了在脸部出现以外，手背、前臂也会出现。

④皮肤颜色异常。皮肤可因为接触煤焦油、石化衍生物或某些化学刺激物而出现色素沉着，也有些时候由于皮肤发炎、受损或接触化学用品而出现白斑。

(2)职业性皮肤病预防方法

职业性皮肤病预防方法有：

①远离致病因素。除了化学物品、油脂这些主要因素以外，还有一些因素也会促使职业皮肤病的发生。季节性影响主要是夏天气候闷热，一般穿着较少，身体容易与外界的刺激物直接接触，增加皮炎的机会。需要在汽车维修过程中远离和隔离致病的因素。

②工作中的自我保护。有经验的维修工人通常都知道那些会引起皮炎的物品，也都会尽量地去避免，不过新进的人员则缺乏经验，难免有许多意外。

③养成清洁习惯。不当的清洁习惯常会加重已有的皮肤病，尤其是用强烈的有机溶剂除去身上残留的机油、铁锈、油漆或其他化学品等。

④设置良好工作环境。包括通风、温度、湿度等在预防职业皮肤病时也有很重要的地位。

4.噪声性耳聋

噪声性耳聋是由于长期待在噪声环境中所发生的一种进行缓慢的感声性耳聋。一般来说，凡是长期在85 dB (A)以上噪声环境下工作的职工均可能发生职业性噪声性耳聋。汽车维修是综合作业，汽车维修具体如从事风动工具、铆焊、空压机、发动机试验、鼓风机、机床、电刨、电锯、柴油机、打磨设备等作业均有可能发生噪声聋。预防噪声性耳聋，一般采取有效的防噪防振综合措施，使工作场所的噪声强度降至国家规定的卫生标准，同时加强个人防护。佩戴防噪耳塞、耳罩，是预防职业性噪声聋的有效措施。

5.肌肉骨骼疾病

肌肉骨骼疾病是汽车维修作业中常见的多发性职业病，包括滑囊炎、狭窄性腱鞘炎、腰肌劳损、急性扭伤、腰部慢性扭伤、腕骨扭伤和综合征等。主要症状为疼痛，反复发作，疼痛可随气候变化或劳累程度而变化，时轻时重，缠绵不愈。腰部可有广泛压痛，脊椎活动多无异常。急性发作时，各种症状均明显加重，并可有肌肉痉挛、脊椎侧弯和功能活动受限。部分患者可有下肢牵拉性疼痛，但无串痛和肌肤麻木感。疼痛的性质多为钝痛，可局限于一个部位，也可散布整个背部。

长期从事作业工作的人群最易患肌肉骨骼劳损和疾病，这就要求工作时要经常变换体位，纠正不良姿势。平时要加强腰背肌及脊椎间韧带的锻炼和保护，在体育运动或搬抬重物前要做好准备活动，防止突然用力使腰部扭伤。还可以经常参加太极拳、五禽戏、健身操的锻炼，这些传统的健身方法对预防腰肌劳损都有益处。

四、汽车维修企业劳动保护和工伤急救

1.汽车维修企业职工劳动保护

作为汽车维修企业，首先要了解并注意的是职工职业卫生和劳动保护；根据《中华人民共和国劳动法》和有关劳动保护条例的规定，结合企业实际情况制定相应办法。可根据工作特点参照如下：

(1)劳动防护用品(以下简称防护用品)，是指保护劳动者在生产过程中免遭事故伤害或职业危害所配备的防护装备；是保护职工在生产过程中的安全和健康，保证安全生产的必备用品。

(2)防护用品的选定应遵循“安全、实用、经济、美观”的原则。

(3)职工在生产、施工中应正确穿用防护用品。

(4)职工应严格按照劳动人事部门确定的工种(岗位)和企业职工劳动防护用品发放标准发放防护用品。

(5)根据不同工种对防护用品的需要，制定防护用品发放标准，不得以货币或其他物品替代应当配备的防护用品，也不得随意延长或缩短防护用品的使用期限。

(6)工种相同且劳动条件相同，应当发放相同的防护用品；从事多样工种作业，按其经常从事或主要从事的工种发放相应的防护用品。如果发放的防护用品在从事其他工种作业时确实不能适用，还可以另发放其所必需的防护用品，作为备用。

(7)对于经常参加汽车维修生产岗位工作的管理人员及在现场指挥或在现场从事安全、质量监察的人员，可发放必要的防护用品。

(8)对于在易燃、易爆、烧灼及静电发生的场所作业的工种，禁止发放化纤防护用品。

(9)企业有专人负责劳动防护用品的综合管理，制订发放计划，发放标准。

(10)购买直接与安全生产有关的(如工作服、绝缘鞋等)防护用品，必须是经国家劳动部门或有关部门批准认定的产品；未指定的，必须事先上报行政保卫处批准后方可购买。

(11)专门有部门负责建立防护用品采购、验收制度，负责防护用品的监督检查工作，以确保防护用品质量的安全性、可靠性。

生产作业场所不可避免地会存在生产性粉尘、毒物、噪声等一些职业有害因素，这些有害因素对人的生理功能会产生不良效应，为了防止职业病的发生，针对具体情况需要采取不同的劳动保护措施，以下为某大型综合维修企业劳动用品一览表(表 7-1)。

2.汽车维修企业劳动保护

汽车维修企业劳动保护是为保障企业职工的安全健康，防止职业危害，促进企业生产正常

发展，根据国家有关劳动保护法规，制定企业劳动保护制度。

表 7-1 某维修企业劳动防护用品发放一览表

序号	工种	工作服	工作帽	工作鞋	劳防手套	防寒服	雨衣	胶鞋	眼护具	防尘口罩	防毒护具	安全帽	安全带	护听器
1	加油站操作工	jd	jd	fz ny jd	✓	jd	✓	jd ny	1	1	1	1	1	1
2	电镀工	sj	sj	sj fz	sj	✓	1	sj	fy	1	✓	1	1	1
3	喷砂工	✓	✓	fz	✓	✓	✓	jf	cj	✓	1	✓	1	1
4	钳工	✓	✓	fz	✓	✓	1	1	cj	1	1	✓	1	1
5	车工	✓	✓	fz	1	1	1	1	cj	1	1	1	1	1
6	油漆工	✓	✓	✓	✓	✓	1	1	1	1	✓	1	1	1
7	电工	✓	✓	fzjy	jy	✓	✓	1	1	1	1	✓	1	1
8	电焊工	zr	zr	fz	✓	✓	1	1	hj	1	1	✓	1	1
9	冷作工（钣金）	✓	✓	fz	✓	✓	1	1	cj	1	1	✓	1	1
10	电系操作工	✓	✓	jy fz	jy	✓	✓	jf jy	1	1	1	✓	✓	1
11	沥青加工工	✓	✓	fz	fs	✓	✓	jf	fy	1	✓	✓	1	1
12	汽车维修工	✓	✓	fz	✓	✓	✓	✓	fy	1	1	1	1	1
13	中小型机械操作工	✓	✓	fz	✓	✓	✓	jf	1	✓	1	✓	1	1
14	调漆工	sj	sj	sj fz	sj	✓	1	1	✓	✓	1	1	1	1
15	超声探伤工	ff	ff	fz	fs	✓	1	1	1	1	1	1	1	1

注："✓"表示改种类劳动防护用品必须配备；字母表示该种类必须配备的劳动保护用品还应具有附录"防护性能字母对照表"中规定的防护性能。

cc···	防刺穿	cj······	防冲击	fg······	防割
ff···	防辐射	fh······	防寒	fs······	防水
fy···	防异物	fz······	防砸(1～5)	hj······	焊接护目
hw···	防红外	jd······	防静电	jf······	胶面防砸
jy···	绝缘	ny······	耐油	sj······	耐酸碱
zr···	阻燃耐高温	zw······	防紫外		

(1)汽车维修企业劳动保护工作，在各级人民政府的领导下，由企业主管部门管理，劳动部门负责监察和业务指导。

(2)汽车维修企业必须认真贯彻执行国家和地方的劳动保护法规,贯彻“安全第一,预防为主”的方针,采取有效的技术措施和组织措施,防止伤亡事故和职业病。

(3)汽车维修企业的领导者对劳动保护工作应全面负责,执行“管生产必须管安全”的原则。企业无论实行何种经营承包责任制,必须有劳动保护的内容。

(4)汽车维修企业应配备专职安全管理干部,管理汽车维修企业的劳动保护工作。汽车维修企业应根据生产需要,配备专职或兼职的安全管理人员。企业的车间、班组应有兼职安全员。协助行政领导做好劳动保护工作。

(5)安全管理机构要贯彻执行劳动保护法规,组织研究改善劳动条件的措施,制定劳动保护管理办法、安全生产责任制和安全操作规程,组织安全生产检查,做好伤亡事故的统计、分析和报告工作。

(6)汽车维修企业安全管理人员应经常进行现场检查,督促企业及有关部门消除事故隐患,制止违章指挥和违章作业。遇有危及职工生命安全的险情时,有权先停止作业,再报告领导处理。

(7)职工必须严格遵守劳动保护法规和安全生产的各项规定。职工有权拒绝违章指挥;险情特别严重时,有权停止作业,采取紧急防范措施;对漠视职工安全健康的领导者,有权批评、检举、控告。

(8)有易燃、易爆和尘毒危害作业的新建汽车维修企业,由建设单位提出申请书(生产规模、生产工艺、初步设计、安全卫生设施和企业负责人等),经主管部门、劳动部门和公安部门审批。安全卫生工程设施必须与主体工程同时设计、同时施工、同时投产。

(9)汽车维修企业劳动场所应符合以下要求:

①劳动场所布局合理,要有足够的采光、照明。在坑、壕、池、走台、升降口等处,应有安全设施和明显的安全标志。

②维修、试验、运输、储存和使用易燃易爆物品,应符合国家法规和标准的要求,并设置防爆、防火的安全设施和有应急的措施。

③使用易挥发性有毒害物品和产生粉尘的劳动场所,应有良好的通风和防护设施。

(10)各种设备的安全装置应齐全、有效,并建立检查、维修、保养制度。各种冲压、锯、刨等设备的危险部位及各种机构设备传动、转动装置的外露部分,必须有安全防护装置。

(11)电气设备和线路、锅炉、压力容器、起重机械、运输工具、物料输送设备,必须符合国家有关安全规定。报废的锅炉、压力容器严禁作承压设备使用。

(12)从事特殊化学品车辆维修的废水、排污、尘毒危害严重的汽车维修企业,要结合技术改造,限期改善劳动条件。

(13)汽车维修企业在承接危险品车辆作业时,必须具备有效的安全卫生工程防护措施,保障职工的安全健康。

(14)没有取得压力容器安装许可证的汽车维修企业,不准安装燃气车辆。

(15)汽车维修企业应筹集安全技术措施资金,用于安全卫生工程设施和改善劳动条件,并保证专款专用。

(16)汽车维修企业必须为职工配备符合国家标准的防护用品用具,并教育工人正确使用。

(17)汽车维修企业及其主管部门和劳动部门应有计划、有组织地进行安全卫生教育与技术培训:

①汽车维修企业主管部门和劳动部门应对企业的负责人进行安全技术教育和培训。

②汽车维修企业必须经常对职工进行安全教育。对新进厂人员，应进行厂、车间、班组三级安全教育；职工变换工种时，必须进行相应的安全技术知识教育，经考核合格者，方准上岗操作。

③对电气、起重、锅炉、焊接等特种作业的工人，必须进行专业训练，并经县以上(含县)劳动部门(或委托其主管部门)考核合格发证后，方准独立操作。

(18)严禁汽车维修企业招用未满十六周岁的少年、儿童。对不满十八周岁的未成年工和在妊娠、哺乳期的女职工，不得安排其从事有毒有害作业和繁重的体力劳动。

(19)汽车维修企业发生职工伤亡事故，要按国务院《工人职员伤亡事故报告规程》的规定执行。

(20)汽车维修企业违反劳动保护法规时，要限期整改。逾期不改或造成重大伤亡事故的，劳动部门要给予处罚，直至提交工商管理部门吊销营业执照；触犯刑律的，移交司法部门依法惩处。

3.工伤急救

(1)意外伤害事故紧急处理。意外伤害事故紧急处理要做到以下几点：

①作业人员发现伤害事故时，应立即报告单位主管，单位主管应负担指挥联络与紧急处理之责。

②发生伤患时，应利用各单位预备之急救药品、器材给予必要的暂时处理，以便将灾害降至最低。

③确定事故现场对伤者及他人无进一步的危险。

④救护人员应镇定，谨慎判断当时情况，给予最迅速且正确地处理。

⑤若伤患人多，则应依患者严重情况，安排急救的优先等级，并请求公司医务室人员或政府部门(医院)参与救治。

⑥急救应考虑伤员伤害程度，并根据情况制定抢救措施。

⑦单位主管应向公司高层主管报告，并督促安卫干事如实填具《安全卫生事故表》，逐级呈报。

⑧发生单位应配合人事科及保险公司的取证工作。

(2)爆炸及火灾伤患急救。爆炸及火灾伤患急救要做到以下几点：

①在爆炸、火灾或其他灾害发生后可能有人员伤亡，主管及救护人员应立即到灾害区施以紧急应变并急救。

②在进入灾区之前，救护人员应先了解危急状况是否被控制，没有再次发生之可能；电源、气阀及其他能源供给阀门是否关闭；房屋和设备是否有倒塌之危险情况等。

③现场主管应立即指挥并运用各种方法尽最大努力抢救灾区伤患人员。搬运伤者之前应先查明受伤之部位与种类，下列情况需特别小心，并立即施行急救：头部、胸部、腹部、脊椎、下肢部位之严重伤患应以担架搬运，并保持伤患者之体温；伤者如昏迷不醒应以担架搬运，并保持头部不低于胸部。

④医护人员应立即赶往现场进行急救，并决定是否送医院救治。

⑤通知救护车，如情况许可医护人员可随车照料伤员。

(3)消化道食入性中毒之急救。对于神志清醒的中毒者，先问清楚是何种化学药品中毒，以免他突然神志丧失，不能问起；饮用加有二汤勺盐的一大杯温水；服用吐根糖浆；了解中毒物性质，并引发呕吐；速送就医。对于神志丧失的中毒者，留下任何可判断毒剂种类的物品；检查口唇有无烧灼现象、脉搏、呼吸；预防休克；不可给任何食物，也不可诱发呕吐；速送就医。

(4)皮肤粘膜接触性中毒之急救。对于皮肤接触的急救，将污染衣物脱除；用肥皂和水彻底清洗受污染区之皮肤；若为腐蚀性化学物质引发接触性烧伤，则依据化学物质之特性进行处理；密切关注患者状况，并速送就医。眼内进入化学物质的急救，分秒必争，立刻将眼睑翻开，用清水轻轻冲洗 15min 以上；不可揉眼睛，并不能用任何化学解毒剂、油膏于眼内；盖上清洁纱布，立刻送医。

(5)出血急救。首先确定是动脉还是静脉出血，再决定止血方法。直接压迫伤口止血法为最简单的方法，若为动脉出血，则依下列方式进行：头部出血如在眼睛以上部位，则压迫耳前方；面部出血如在眼睛以下部位，则压迫下颚角约一寸处；颚部或喉部出血，将大拇指置于颈部；肩肢及上臂之上部出血，将大拇指压迫锁骨后之凹窝。

(6)触电急救。首先切断电源，在未确定电流切断前，决不可赤手接触伤者，应用长而干燥的木棍或其他绝缘物使伤者与电源分开；注意伤者心跳及呼吸；宽解伤者衣服及一切束带，并用毛刷或毛巾摩擦全身皮肤，使毛细管恢复功能；移动伤者至阴凉地区，如伤者未失去知觉时，可给予少量茶，咖啡等兴奋剂；不断地施行人工呼吸，直至救护人员到达。

(7)炸伤急救。松开伤者的所有紧束之物品，使伤者躺下，并使其头部与肩部抬高(半卧姿势)；速送就医。

(8)压伤急救。使伤者仰卧，头低脚高，使其安心，不让其不乱动；受伤之肢体任其露出，不用覆盖，可让其用一点冰水漱口，但不可饮用任何液体；速送伤者就医，并告知医生伤者被压伤之部位。

(9)骨折急救。除非伤者在危险场所，否则，需先将伤者骨折固定后才能移动；在不增加伤者痛苦的原则下，尽可能让伤肢于自然位置；加绑副木时，应用软物垫底，同时副木长度要超出骨折处上下一个关节；速送就医。

(10)断指急救。将伤者断指以食盐水或清水冲洗干净后，再以纱布或清洁布包好放入塑料袋内，投入另装有冰块的塑料袋里冷藏并送伤者至医院就医。

(11)急救方法。呼吸停止采用人工呼吸法急救，常用的人工呼吸法有口对口(人工)呼吸法、压臂举臂法(何嘉奈尔逊法)、压胸举臂法。心跳停止采用胸外压心法急救。

本章小结

1. 概述了汽车维修企业和 4S 店在工业化社会中的地位和作用。

2. 强调贯彻“安全第一、预防为主、综合治理”的安全理论，是现代汽车维修企业管理的基本原则。

3. 要求企业以人为本，增强员工安全生产意识，提高员工安全生产技能。

4. 强调全员参与，主抓维修生产一线现场管理，从组织落实开始，重点消除作业环境安全隐患。

5. 针对特殊技术要求和特殊工种进行安全管控，以企业安全管理制度为基准，安全操作规程为补充，加强消防安全，防消结合。

6. 汽车维修企业劳动保护制度是保障，严格地执行规章制度是关键。

7. 对工伤事故和企业生产安全事故实行三不放过原则，总结经验，结合重大案例实施安全教育，抓好企业生产安全管理。

复习思考题

1. 安全生产要素的内容？

2. 现代企业安全管理的基本原则是什么？

3. 开展5S活动的目的是什么？对企业有管理什么帮助？

4. 5S各自的作用和相互的关系？

5.《安全生产法》作为企业的法律法规体系中最重要的法律法规之一，对指导企业的生产的意义是什么？

6.《安全生产法》有几个方面的作用？

7. 如何在维修生产工作中实施《安全生产法》？

8. 消防安全在企业安全生产工作中的意义？

9. 如何做到消防安全和防消结合？

第八章　维修质量和纠纷鉴定分析及调解

汽车维修质量纠纷是指在汽车维修质量保证期内或汽车维修合同约定期内，当事人双方因维修竣工出厂汽车的维修质量产生的异议而引起的争执。

汽车维修质量纠纷处理，是指对以上纠纷根据相关法律法规进行的协调处理，妥善解决的过程。

汽车维修竣工出厂之后，在质量保证期内或承诺的维修质量保证时间内，出现汽车无法正常使用，或者各种原因造成的汽车机械事故，车辆无法运行时，容易引发汽车维修质量纠纷，当事人双方应该如何应对处理，及时找到解决办法，避免引起更大的损失是至关重要的。

车主往往在质量问题处理上处于受害者的地位，对汽车维修后短期内引发的质量问题很恼火，大多数车主此时会有维权意识，但车主并不能完全了解汽车“不能正常使用”的真正原因不仅仅局限于汽车维修质量，还会有油品使用、配件质量和运行环境等多种因素存在。

及时准确地找到引起车辆“不能正常使用”的真正原因，并能将原因以车主能接受的描述方式表达出来，找到当事双方尤其车主满意的解决途径，并妥善地处理，不留后遗症，是处理解决质量纠纷的适当途径。本章主要介绍汽车维修质量纠纷处理适用的法律法规、调解程序、质量纠纷技术鉴定的基本原则、返修认定的程序和处理方法。

第一节　汽车维修质量纠纷处理适用的法律、法规

我国汽车保有量的快速增长，使得汽车维修质量纠纷处理已经成为全社会日益关注的焦点问题。为规范汽车维修经营活动，维护汽车维修市场秩序，保护汽车维修各方当事人的合法权益，保障汽车运行安全，保护环境，节约能源，促进汽车维修业的健康发展，针对汽车维修质量纠纷处理，国家和有关部门都有明确规定。

汽车维修质量纠纷的调解，需要法律法规支持，同时需要合理、正确的途径去维护承托修双方的合法权益。交通部依据《中华人民共和国产品质量法》和《汽车维修质量管理办法》等法律、规章，组织制定了《汽车维修质量纠纷调解办法》，于 1998 年 6 月颁布，自 1998 年 9 月 1 日起实施，适用于汽车维修质量纠纷调解。

一、《汽车维修质量纠纷调解办法》的规定

交通部在《汽车维修质量纠纷调解办法》（以下简称《纠纷调解办法》）中申明了纠纷调解申

请的受理、技术分析和鉴定、责任认定到纠纷调解的程序；明确指出汽车维修质量纠纷调解，应坚持自愿、公平的原则。道路运输管理机构进行调解应当公开，做到依据事实、查明原因、分清责任、公开调解、公平负担。主要内容如下：

1.纠纷调解申请的受理

在质量保证期内，托修方遇有汽车维修质量问题或者发生机件事故，应首先与承修方协商解决。不愿协商或协商不成，当事人各方可向当地道路运输管理机构申请调解。申请调解应提供下列资料：申请调解方和当事人（当事单位或个人）的名称，法定代表人的姓名、单位、地址、电话；纠纷的详细经过及申请调解的理由与要求的书面报告；汽车维修合同、汽车维修竣工出厂合格证、维修费用结算凭证等其他必要的资料。

2.技术分析和鉴定

《纠纷调解办法》规定了技术分析的部门和鉴定人员资质，技术分析和鉴定由各级道路运政机构组织有关人员或委托有质量检测资格的汽车综合性能检测站进行。参与技术分析和鉴定工作的人员必须经道路运输管理机构审定并聘用。参加鉴定人员不得少于两人。

3.责任认定

《纠纷调解办法》规定了承修方和托修方双方的责任，如因托修方违反驾驶操作规程和车辆使用、维护规定而引起质量责任，由托修方负责。承修方不按技术标准、有关技术资料和维修操作工艺规程维修车辆或不按使用说明规定选用配件、油料所引起的质量责任等由承修方负责。

4.纠纷调解

《纠纷调解办法》包括调解机构和人员的要求，调解纠纷的依据认定，经济责任分担，异议的处理和法律处理途径。

二、法律法规的规定

《纠纷调解办法》的执行需要一系列相关法律法规的支持，因此还需要了解相关的法律知识。

1.《中华人民共和国消费者权益保护法》

《中华人民共和国消费者权益保护法》对消费双方的权益和法律责任作出了规定，明确提出要保护消费者权益："国家保护消费者的合法权益不受侵害。国家采取措施，保障消费者依法行使权利，维护消费者的合法权益"；"保护消费者的合法权益是全社会的共同责任。"

2.《中华人民共和国产品质量法》

《中华人民共和国产品质量法》规定了产品质量损害赔偿、纠纷调解与处罚的原则；对产品质量的监督，生产者、销售者的产品质量责任和义务，以及损害赔偿和处罚都有明确规定。

3.《机动车维修管理规定》

中华人民共和国交通部7号令《机动车维修管理规定》中第五章第三十八条到第四十二条制定了汽车维修质量纠纷处理的部门、技术分析与鉴定、责任认定等条款，主要内容包括：在质量保证期和承诺的质量保证期内承修方的责任；道路运输管理机构在汽车维修质量纠纷中的责任；机动车维修质量纠纷双方当事人的权力义务；对机动车维修质量的责任认定进行技术分析和鉴定的途径。

4.《中华人民共和国合同法》

《中华人民共和国合同法》(以下简称《合同法》)于 1999 年 3 月 15 日第九届全国人民代表大会第二次会议通过,自 1999 年 10 月 1 日起施行。

《合同法》第七条、第八条规定:当事人订立、履行合同,应当遵守法律、行政法规,尊重社会公德,不得扰乱社会经济秩序,损害社会公共利益;依法成立的合同,对当事人具有法律约束力;当事人应当按照约定履行自己的义务,不得擅自变更或者解除合同;依法成立的合同,受法律保护。

应用在汽车维修合同上,首先是合同价格的合法性,其次是车主对维修合同价格的认可,如果合同中的定价违背法律依据,即没有使用当地维修协会等中介组织统一制定的的工时定额、汽车生产厂家公布的标准或维修企业报所在地道路运输管理机构备案的工时定额及工时单价的,其合同是无效的。

《合同法》第三十九条规定,采用格式条款订立合同的,提供格式条款的一方应当遵循公平原则确定当事人之间的权利和义务,并采取合理的方式提请对方注意免除或者限制其责任的条款,按照对方的要求,对该条款予以说明。

格式条款是当事人为了重复使用而预先拟定,并在订立合同时未与对方协商的条款。在维修中厂家有一些格式条款,比如“贵重物品保管自己负责,丢失损坏与本店无关”,这种条款按照合同法在纠纷发生时不利于提供格式条款的一方。

《合同法》第一百一十九条指出:当事人一方违约后,对方应当采取适当措施防止损失的扩大;没有采取适当措施致使损失扩大的,不得就扩大的损失要求赔偿。当事人因防止损失扩大而支出的合理费用,由违约方承担。在维修中双方都有责任防止和减少损失的扩大。

第二节 汽车维修质量纠纷的调解处理程序

一、纠纷调解的相关知识

1.调解的概念

调解是指经过第三者的排解疏导,说服教育,促使发生纠纷的双方当事人依法自愿达成协议解决纠纷的一种活动。

2.调解的种类

中国当代的调解制度是指人民政权的调解制度,它已形成了一个调解体系,主要的有以下四种:人民调解、法院调解、行政调解和仲裁调解。

(1)人民调解。即民间调解,是人民调解委员会对民间纠纷的调解,属于诉讼外调解。

(2)法院调解。这是人民法院对受理的民事案件、经济纠纷案件和轻微刑事案件进行的调解,是诉讼内调解。对于婚姻案件,诉讼内调解是必经的程序。至于其他民事案件是否进行调解,取决于当事人的自愿,调解不是必经程序。法院调解书与判决书有同等效力。

(3)行政调解。行政调解分为两种:一是基层人民政府,即乡、镇人民政府对一般民间纠纷的调解，这是诉讼外调解。二是国家行政机关依照法律规定对某些特定民事纠纷或经济纠纷或劳动纠纷等进行的调解，也是诉讼外调解。

(4)仲裁调解。即仲裁机构对受理的仲裁案件进行的调解，调解不成即行裁决，这也是诉讼外调解。

3.调解的原则

首先，调解是在中立第三方的参与下进行的纠纷解决活动；其次，调解必须以当事人的自愿为前提；第三，调解协议本身不具有国家强制性，但其法律效力能够得到法律保证；最后，调解具有便利性、灵活性与合理性，即当事人自治与国家司法权的统一行使，最大限度地尊重当事人的处分权，也即最大限度保护当事人的合法权益。

二、汽车维修质量纠纷调解程序

(1)接受汽车维修质量投诉和纠纷调解处理部门。各地道路运输管理机构或汽车维修行业管理机构作为汽车维修行业管理部门，具体负责本地或市、区(县)汽车维修质量投诉受理和纠纷调解处理工作，各区(县)、市道路运输管理机构或汽车维修行业管理机构实施本辖区汽车维修质量投诉受理和纠纷的调解处理工作。

(2)汽车维修质量投诉受理和纠纷调解处理的范围。在汽车维修质量保证期内或汽车维修合同约定期内，汽车维修业户与托修方在汽车维修协议(合同)所发生的汽车维修质量纠纷。

(3)在质量保证期内，托修方遇有汽车维修质量问题或者发生机件事故，可与承修方协商解决，并报道路运输管理机构。不愿协商或协商不成，托修方也可向当地道路运输管理机构投诉和申请调解处理。

(4)纠纷申请调解处理应按规定提供相关资料。

(5)申请调解方提供相关资料后，应如实填写《汽车维修质量纠纷调解申请书》(表8-1)。

表8-1　汽车维修质量纠纷调解申请书

编号：

投诉方		联系人	
地 址		电 话	
被投诉方		联系人	
地 址		电 话	

调解事由：

________________(单位)承修________________单位(个人)

________________汽车，车牌号为________________。因________

________________，不能自行解决。向道路运输管理机构申请调解。

投诉方意见：	被投诉方意见：

道路运输管理机构意见：

签字：(盖章)

年 月 日

(6)道路运输管理机构应在接到书面申请书后的3个工作日内作出是否同意受理的答复意见。同意受理的，道路运输管理机构应在接到《汽车维修质量纠纷调解申请书》3个工作日内转送另一当事方。另一当事方同意调解的，应在自送达之日起3个工作日内就申请书所涉及的内容写出书面答辩材料，并做好参加调解的准备；另一当事方不同意调解的应及时表明态度，道路运输管理机构则按不予受理的程序处理。道路运输管理机构不同意受理调解的，应在自接到申请书或另一当事人不愿调解的答复后的3个工作日内，通知申请方；超出汽车维修质量纠纷调解范围的案件，道路运输管理机构不予受理。

(7)受理承、托修双方提出的汽车维修质量纠纷调解申请书后，道路运输管理机构根据交通部《汽车维修质量纠纷调解办法》有关规定，组织并参与调查取证及技术分析，填写《现场取证和技术分析意见书》(表8-2)，并提出纠纷调解处理意见。

表8-2 现场取证和技术分析意见书

编号：

	姓名	技术职称	单位	电话
参加现场取证人员				
现场取证记录	记录人：　年 月 日			
技术分析记录	记录人：　年 月 日			
技术文件附件登记	件数(附后)：　记录人：　年 月 日			
投诉方意见	签章：　年 月 日			
被投诉方意见	签章：　年 月 日			
道路运输管理机构意见	签章：　年 月 日			

(8)技术鉴定(分析)所需费用根据有关规定，作出结论之前，费用由双方垫付；作出结论之后，费用由责任方承担。

(9)调解结束，双方达成一致意见后，填写《汽车维修质量纠纷调解意见书》(表8-3)一式三份，双方当事人共同签字盖章，并经道路运输管理机构盖章确认后，调解生效。

表 8-3 汽车维修质量纠纷调解意见书

编号：

投诉方		联系人	
地 址		电 话	
被投诉方		联系人	
地 址		电 话	
投诉内容			
调解意见	道路运输管理机构 年 月 日		
投诉方意见：		被投诉方意见：	

调解意见书生效后，其中一方当事人不履行协议或逾期不履行协议的，视为调解不成。当事人可依法向人民法院提起民事诉讼。

(10)调解结束后，道路运输管理机构应填写《纠纷、投诉处理情况登记表》(表8-4)，并将处理纠纷中的有关资料进行整理归档。

表 8-4 纠纷、投诉处理情况登记表

编号：

投诉人(单位)			
受诉人(单位)			
纠纷因由		登记受理时间	
纠纷详细情况记录			
调解、处理情况(概述)			
诉方：(签章)	受方：(签章)	调解人：	

道路运输管理机构在调解维修质量纠纷的过程中，如遇到下列情形之一，应向当事人双方宣布终止调解。

(1)事人双方对技术分析和鉴定存有异议;

(2)受条件所限,不能出具技术分析和鉴定意见书;

(3)案件已由仲裁机构或法院受理;

(4)必须经技术分析和鉴定才能分清责任的,但当事人任何一方不同意鉴定或虽同意鉴定但不交鉴定费用的。

申请调解的质量纠纷,当事人中途不愿调解的,应向道路运输管理机构递交撤销调解的书面申请,并通知对方当事人,调解随即终止。

调解达成协议的,当事人各方应当自动履行。达成协议后当事人反悔的或逾期不履行协议的,视为调解不成功。

如经调解不能达成协议或调解达成协议后,一方不履行协议,有关当事方可依法提请仲裁机构仲裁或向人民法院提起民事诉讼。

第三节　汽车维修质量纠纷技术鉴定的基本原则

一、技术分析和鉴定

(1)技术分析和鉴定由道路运输管理机构委托有质量检测资格的汽车综合性能检测站组织有关具备专业资格的人员进行。参加鉴定人员不得少于3人。

(2)纠纷双方当事人均有保护当事车辆原始状态的义务。拆检车辆有关部位时,当事双方必须同时在场,认可并一致证实拆检情况,按分类填写拆检数据并作为附件保存。

(3)托修方或驾驶操作人员如认为是维修质量造成车辆异常,应保持车辆故障原始状态并及时要求承修方进行拆检。如承修方拒绝拆检或事故现场不在本地的,托修方可向车辆停驶地道路运输管理机构提出拆检申请。车辆停驶地道路运输管理机构接到拆检申请后,应及时组织拆检,并按照《汽车现场拆检记录》格式填写相关记录。并及时将车辆现场拆检记录与有关证据送达承修方所在地道路运输管理机构。

(4)技术分析和鉴定人员应依据现场拆检记录、汽车维修原始记录和《汽车维修合同》、车辆使用情况以及其他有关证据,分析原因,作出结论,并填写《技术分析和鉴定意见书》。

(5)技术分析和鉴定是进行纠纷调解的基本依据,出具技术分析和鉴定的部门应对所作的结论负责。

(6)技术分析和鉴定的费用按照国家有关规定执行。需要作专项试验分析鉴定的,其费用按市物价部门规定的收费标准执行。费用的收取按以下步骤进行:首先,进行技术分析和鉴定前,当事人双方分别到承担技术分析和鉴定工作的汽车综合性能检测站预缴所需的费用;其次,汽车综合性能检测站出具技术分析和鉴定报告后,经认定有责任的一方承担鉴定费用,无责任的一方由检测站退回预缴费用。如当事双方均有责任,按照责任比例承担鉴定费用。第三,质量纠纷已经受理并在调解过程中,一方提出不愿调解,应由其负担调解过程已发生的全部费用。

二、参与技术分析和鉴定的人员的聘用与管理

参与技术分析和鉴定的人员(下称鉴定人员)必须经主管部门审定、培训并聘用,具备汽车维修质量纠纷技术分析和鉴定资格证书后,方可从事技术分析和鉴定工作。

(1)鉴定人员应具备以下资质条件:汽车维修行业的一线技术人员或维修技工;具备工程师或技师及以上的技术职称/等级;人品端正、技术精湛且热心社会公益事业。

(2)鉴定人员从事技术分析和鉴定工作,应当以事实为依据,公平、公正、廉洁,不得徇私舞弊,主管部门如发现鉴定人员在工作中有徇私舞弊等有失公正的行为,应立即解除聘用。

(3)对鉴定人员的实行聘用制。聘用人员必须每年接受主管部门的审核,合格者,可继续从事汽车维修质量的鉴定工作;不合格者,予以解聘。

三、责任认定

承修方不按技术标准和维修操作工艺规程维修车辆或不按使用说明规定选用配件、油料所引起的质量责任由承修方负责;承修方因装配使用有质量问题的配件、油料或装配使用托修方自带配件、油料且未在维修合同中明确责任的,所引起的质量责任由承修方负责。

承修方在进行总成大修、小修和二级维护作业时,未对所装(拆)配件进行鉴定或虽发现相关配件质量不符合技术要求但未与托修方签订责任协议,在质量保证期内确因该零部件质量引起的质量事故由承修方负责。汽车维修合同中另有约定的按合同规定的责任确定。

因托修方违反驾驶操作规程和车辆使用、维护规定而引起的质量责任,由托修方负责。

第四节　返修认定的程序和处理方法

返修处理按照调解或鉴定后确定的经济损失责任区分,应由责任人按过失比例承担。对不能修理或没有修复价值的零部件按车辆折旧率和市场价格计算价值。

经济损失是指直接经济损失,包括:在质量事故中直接损失的汽车零部件、燃润料及其他车用液体、气体、固体材料;返修工时费、材料费、材料管理费、辅助材料费、委外加工费、检测费。

本 章 小 结

1.汽车维修质量纠纷处理应当依法进行。

2.汽车维修质量纠纷调解处理要遵照程序办事。

3.技术分析和鉴定是汽车维修质量纠纷调解的基本依据。

4.质量纠纷调解应本着合法、自愿、事实清楚、分清是非,保护当事人合法权益,行政高效和便民原则。

5.汽车维修质量纠纷调解适用法规除《机动车维修管理规定》外,还有合同法、产品质量法、消费者权益保护法等。

6. 汽车维修返修处理按照调解或鉴定后确定的经济损失责任区分，应由责任人按过失比例承担。

复习思考题

1. 汽车维修质量纠纷处理的适用法律法规有哪些?
2. 叙述汽车维修质量纠纷的调解处理程序。
3. 本企业在发生维修质量问题时的解决方法是否完善?
4. 叙述返修认定的程序和处理方法。
5. 在调解维修质量纠纷的过程中，什么情形下，应向当事人双方宣布终止调解?
6. 对典型的汽车维修质量纠纷，进行技术分析，并写出分析报告。

第九章　人员培训管理

第一节　汽车维修企业开展人员培训和考核的重要性

随着我国经济的快速发展，汽车维修业面临新的市场环境。包括：

(1)面对高新技术环境。汽车技术——集先进计算机技术、光纤传导技术、新技术为一体，汽车已成为高科技的结晶，被称为四个轮子的计算机。检测诊断技术经历经验诊断、OBD—Ⅰ、OBD—Ⅱ、OBD—Ⅲ、CANBUS阶段，现全面进入第三代智能化的诊断时代。汽车维修已由机械维修和电子维修分开的传统维修方式转变为机电维修合二为一的现代化维修模式，由传统的技艺型转变为现代技术型。同时，现代汽车检测诊断技术的发展和应用已彻底改变了原来的人工技艺。四轮定位仪、解码故障检测仪、汽车专用示波器、尾气分析仪等已成为现代维修企业必备的检测诊断设备。从维修内容来看，维护和小修作业的增加，维修作业形式由班组式转变为个人独立完成。这就要求企业的技术工人必须具备较高的文化素质，掌握各种知识和技能，以提高企业的竞争能力。汽车维修已从过去封闭式的自我服务型转变为社会化开放经营型。

(2)面对全新的客户环境。中国最大的、最有能力的消费群体，有车一族正在迅速崛起，汽车保有量每年以15%～20%的增长率，形成一个持续高增长的客户群。汽车消费者的衣、食、住、行是一个巨大的潜在市场。有车一族中，高文化、高层次、高素质知识型客户越来越多，比重越来越大。汽车进入家庭，私家车客户对维修服务产品的选择意识、价格意识、法律意识越来越强。

(3)面对全新的人才环境。人才标准——现代的汽车服务需要一大批的有文化、有专业、懂电脑、熟仪器、会英文，还要有一定实际经验的人才。当前，我国汽车维修技术工人的技术素质普遍偏低，大部分维修企业仍采用师傅带徒弟的培训方式，缺乏系统的培训和相应的培训体制。管理体制、工种的划分、培训大纲、教材以及技工级别的划分和考核标准也无法适应现代汽车维修企业的要求。

(4)人才培训的途径发生重大变化。从传统的师傅带徒弟的封闭式单一手段转变为开放型、立体型、多种形式的培训，国家、企业、民间、个人一起办学，各类汽车的医生班、护士班，最快速的将汽车新技术、管理新知识传播给企业和员工，特别是最近出现的网校和网上技术交流，已用最低的成本、最快的速度，实现网上零距离的技术更新，管理更新。

(5)全新的市场竞争环境。传统维修的市场竞争仅仅是技术、质量、价格的竞争，现代维修的市场竞争是在市场经济条件下的竞争，是技术、质量、价格、资金、信息、人才到品牌文化的全方位、广角度的企业综合实力的较量。

总之，我国汽车维修市场发生了巨大变化，竞争日趋激烈，汽车维修企业如何加强和重视维修人才培训，提高人员综合素质，是我国汽车维修行业需要研究和解决的问题。

第二节　汽车维修技术人员培训和考核的意义和原则

1.汽车维修企业开展技术培训和考核工作的现实意义

(1)技术培训和考核工作是汽车维修企业持续发展的重要保障。开展技术培训和考核有助于提高顾客满意度。

(2)开展技术培训和考核能够提高员工的素质，使员工与汽车技术的发展和工作岗位要求相适应，增强企业的竞争能力。通过技术培训和考核，能使员工了解岗位的要求，提高员工分析、解决问题的能力和专业技术水平，减少工作中的失误和事故，注重职业安全和卫生，从而更快、更好、更有效地完成任务，使个人和企业双双收益。

(3)开展技术培训和考核是企业实施管理的重要补充，也是一种良好的润滑剂。企业要留住员工，保持他们对工作的热情和责任感，就必须注重员工的发展，完善员工培训和考核体系建设。汽车维修企业进行技术培训和考核，对员工具有激励作用，当员工接受一项培训时，会有一种被重视和被认可的感觉，他们会主动掌握并应用所学到的新技能。

(4)开展技术培训和考核，能够转变企业员工行为。当企业在实施管理变革时，培训是一种极其有效的促进观念转变的方法，培训使员工掌握所需技能参与变革的实施。

(5)开展技术培训和考核工作是员工个人事业发展的需要。通过培训，他们会变得更加优秀，可提高其自身技能，得到收益。重视员工培训，可使企业文化得到建设。

2.汽车维修企业开展技术培训和考核工作要遵循的原则

(1)既要考虑企业近期技能目标，又要考虑长远技能目标，增强技术培训的针对性。

(2)注重不同层面员工培训差异性，安排不同的课程，采用灵活的培训方式。

(3)控制好培训费用与教育成本。

(4)合理安排培训与企业日常经营，制定培训计划，合理安排培训时间，避免与企业的生产经营相冲突。

第三节　汽车维修人员培训和考核的规定

1.交通部2005年第7号令《机动车维修管理规定》对从事汽车维修经营企业中的技术人

员提出的要求

(1)从事一类和二类维修业务的,应当各配备至少1名技术负责人员和质量检验人员。技术负责人员应当熟悉汽车或者其他机动车维修业务,并掌握汽车或者其他机动车维修及相关政策法规和技术规范;质量检验人员应当熟悉各类汽车或者其他机动车维修检测作业规范,掌握汽车或者其他机动车维修故障诊断和质量检验的相关技术,熟悉汽车或者其他机动车维修服务收费标准及相关政策法规和技术规范。技术负责人员和质量检验人员总数的60%应当经全国统一考试合格。

(2)从事一类和二类维修业务的,应当各配备至少1名从事机修、电器、钣金、涂漆的维修技术人员;从事机修、电器、钣金、涂漆的维修技术人员应当熟悉所从事工种的维修技术和操作规范,并了解汽车或者其他机动车维修及相关政策法规。机修、电器、钣金、涂漆维修技术人员总数的40%应当经全国统一考试合格。

(3)从事三类维修业务的,按照其经营项目分别配备相应的机修、电器、钣金、涂漆的维修技术人员;从事发动机维修、车身维修、电气系统维修、自动变速器维修的,还应当配备技术负责人员和质量检验人员。技术负责人员、质量检验人员及机修、电器、钣金、涂漆维修技术人员总数的40%应当经全国统一考试合格。

2.交通部2006年第9号《道路运输从业人员管理规定》的规定

(1)机动车维修技术人员包括机动车维修技术负责人员、质量检验人员以及从事机修、电器、钣金、涂漆、车辆技术评估(含检测)作业的技术人员。

(2)国家对机动车维修从业人员实行从业资格考试制度。从业资格是对从业人员所从事的特定岗位职业素质的评价,从业资格证在全国通用。

(3)机动车维修技术人员取得从业资格的比例是经营者依法获取机动车维修经营许可的必要条件之一。

(4)道路运输从业人员从业资格考试应当按照交通部编制的考试大纲、考试题库、考核标准、考试工作规范和程序组织实施。

(5)机动车维修技术人员从业资格考试由设区的市级道路运输管理机构组织实施,每季度组织一次考试。

3.机动车维修技术人员应当符合的条件

(1)技术负责人员。具有机动车维修或者相关专业大专以上学历,或者具有机动车维修或相关专业中级以上专业技术职称;熟悉机动车维修业务,掌握机动车维修及相关政策法规和技术规范。

(2)质量检验人员。具有高中以上学历;熟悉机动车维修检测作业规范,掌握机动车维修故障诊断和质量检验的相关技术,熟悉机动车维修服务收费标准及相关政策法规和技术规范。

(3)从事机修、电器、钣金、涂漆、车辆技术评估(含检测)作业的技术人员。具有初中以上学历;熟悉所从事工种的维修技术和操作规范,并了解机动车维修及相关政策法规。

申请参加机动车维修技术人员从业资格考试的,应当向其户籍地或者暂住地设区的市级道路运输管理机构提出申请,填写《机动车维修技术人员从业资格考试申请表》,并提供下列材料:身份证明及复印件;学历证明及复印件,申请参加技术负责人员从业资格考试的,也可以提供技术职称证明及复印件。申请质量检验人员从业资格考试的,还应当同时提供机动车驾驶证及复印件和维修技术工作经历证明。

第四节　汽车维修企业培训、考核计划的制订和实施

一、企业培训计划和要求

汽车维修企业要使从事汽车维修工作的技术人员能够胜任，应当加强对员工的培训的管理，提高员工的文化水平与工作技能，以便适应汽车维修技术与企业的发展要求，对企业员工进行培训和考核工作是企业领导人的一项重要职责。因此，企业领导一要明确有专人负责该项工作；二要制订职工教育培训和考核计划；三要利用业余时间和工作生产的闲余空间，组织好职工的培训。汽车维修企业制订培训和考核计划，应当做好以下工作：

(1)汽车维修企业的领导了解员工的培训需求后，才能设计出有效的培训计划。对企业的员工，要先按照职位的种类和技术能力进行分类，评估他们的工作需求，然后确定出他们的培训需求。企业不同职位的员工的培训需求是有区别的。

(2)确定从事影响汽车维修服务质量工作人员必需的能力要求。不同的企业可以采取不同的方式确定，根据企业生产的特点和规模可按管理人员、技术人员、工人等确定，也可按工种、岗位、职务等确定。可以有通用性要求，也可以根据工作的特性制定特殊的岗位能力要求。

(3)提供培训或采取其他措施满足能力要求。当从事影响汽车维修服务质量的工作人员不能够胜任其他工作要求时，应通过培训或采取其他措施使其满足工作要求。培训可以是企业的培训，也可以是上级主管部门的培训，或参加社会上相关专业的培训。企业的培训应是有计划、有目的、有针对性的培训。

(4)采取措施进行有效性评价，通常可以采用闭卷考试、实际操作考试、工作能力考查、通过讨论考查其理解程度、问卷调查等方式进行。

(5)企业应对员工的质量意识进行教育，包括职业道德、人员素质、服务意识等方面。要让每一个员工充分认识到，他们所从事的工作对汽车维修企业的形象、声誉非常重要。对员工的质量意识教育方式，可以是通过质量工作会、员工的质量承诺、质量工作实例、质量事故分析等方式进行。

(6)企业应保持教育、培训、技能和经验的适当记录。

汽车维修企业制订人员培训和考核计划时，应当考虑培训和考核的时机、参加人员、培训种类、培训方法等。

二、培训和考核的时机

一般来说，汽车维修企业进行技术培训和考核的时机有：

(1)新员工进入企业。

(2)国家颁布有关汽车维修的法律、法规和规章等。

(3)国家和行业颁布有关维修的标准和规范。

(4)出现新车型或车型技术改进。

(5)企业了解到客户抱怨不满,需要开展相应的技术培训,以提高维修质量和服务。

汽车维修企业进行技术培训和考核,应当进行需求分析。一是了解新员工的培训需求。首先,要向新员工解释工作的职责,教导工作的操作方法,解释工作程序;然后,让新员工在监督之下执行工作,核对工作效果,直到满意为止。在训练初期,要定期与员工谈话,使他们熟悉相关技术手册、产品技术公告等,确保使他们了解应该做的事以及行事的规则。二是了解技术工人的培训需求。主要是工作的知识、正确的工作操作方法、故障判断能力、汽车维修技术、安全生产要求等。

每一个员工的培训计划要在培训需求决定后才能制定。企业可以做一个完整的年度计划并根据形势的变化随时改进计划。在计划中,既有技术知识的系统培训,又有新车型、新技术的培训。总之,制订培训计划的出发点是:缺什么学什么,要做到培训行之有效,不搞形式主义。

三、培训和考核种类

1.企业组织培训

(1)自办培训班。优点很多,可就地取材、现场施教、机动灵活、教育面广,是投资省、见效快的一个好办法。

(2)请进来。可以请相应的专家到企业内进行技术和管理的授课,同时进行现场辅导。这种培训的费用比较低,同时接受培训的人员比较全,但是可能由于培训员工的技术或业务水平参差不齐,不能达到预期目标。

(3)自我培训。就是利用本企业内技术比较好的员工对其他员工进行培训。这种培训的费用比较低,但是可能有的员工比较保守,同时不善于讲解。

2.社会力量办学

随着汽车维修业的发展,加速了维修队伍的壮大,现在除了企业自发培训外,一些专业的培训机构也出现了,企业应当支持或委托有条件的社会力量开办汽车维修培训班或学校为企业专门培养人才。通常有以下培训形式:

(1)制造厂的培训。专门针对各维修站,基本不会对外培训。最大的优势是针对车型进行培训,可以起到及时效果,但是培训人数少,不能满足要求。

(2)学校教育。专门针对学生或在职人员,但是与实际有一定差距。学员培训后实际操作能力较差,所以不容易得到社会的认可。

(3)社会办学。有短期集训的性质,可以进行针对性培训,但是系统性不好。

(4)媒体组织。很多社会媒体,为了提高社会影响力,组织专业技术问题的探讨,没有延续,类似讲座形式。

(5)专家讲课。现在一些知名的汽车维修专家协同有关学校、单位进行一些讲座形式的技术培训。

(6)设备商组织的培训。为了提高品牌度,一些相应的设备商组织进行一些技术培训,但这类培训系统性不好。

3.定向业务培训

汽车维修企业根据工作需要可以选择素质好、文化技术基础较好、身体健康、上进心强、有培养前途的职工到专业学校或同行业的优秀企业进行培训。

通常在培训之前与员工签订培训合同。这种培训方法，培训费用高，实际操作培训少，可接受培训的人员少。

4.行业管理部门培训

为了加强行业管理，行业管理部门根据行业管理的法律法规和规章，有计划、有选择地对汽车维修企业技术人员进行行业培训。

四、培训和考核方法

企业针对不同的培训对象和不同的培训任务，应选择适当的培训方法来保证培训质量。过去传统的培训工作，大部分采用的是课堂教授的方法，学员实践操作的机会很少，使培训效果受到影响。在现代培训中，采用的方法有：案例分析、互动式方法、行为示范、角色扮演、游戏溶入法以及计算机辅助培训等。

以互动式培训为例，互动式可分为听、看、摸。听，即学员听培训讲师讲解理论并了解部分应用知识，打下培训内容的基础。看，可使学员亲眼看到所学的东西，进一步加深对培训内容的印象。摸，使学员通过实际操作，积累对所学东西的经验，也就是参与，人们在参与中能够学到并保留更多的知识。

互动式培训法就是学员通过在实际工作岗位或在真实的工作环境中亲身操作体验，掌握工作所需知识和技能的培训方法。这样的培训方法具有很强的实用性、有效性。学员通过实干来学习，不但使培训的内容与学员实际工作紧密结合，而且学员在干的过程中，能够迅速得到他们工作行为的反馈和评价。

学员在培训后，应通过测试、认证来评估学员所学到的内容。测试包括知识测试和能力测试。学员不仅要掌握相关知识，更重要的是要具有将知识应用到工作中的能力。培训评估既是对培训所取得的效果与利弊进行的估量，又为培训成果的有效运用提供了标准依据。同时，评估也是决定如何改进和完善下阶段培训工作的重要步骤。

培训工作完成后必须进行培训效果的评价，获得及时的反馈，以利于培训工作的改进和提高。评价方法有：问卷、笔试、实际操作考试、绩效考核、绩效指标量化考核。

五、培训和考核的岗位

汽车维修企业应当按照国家和行业的有关规定进行培训和考核，不同的岗位、工种、级别的培训和考核应选用不同的内容，分别进行。按岗位分为技术负责人、质量检验人员、价格结算员和维修技术人员。维修技术人员又分为机修、电器、钣金、涂漆、车辆技术评估等。

本章小结

1.汽车维修企业开展技术培训和考核工作的现实意义。

2.国家有关规定需要汽车维修企业对维修技术人员进行技术培训和考核。

3.制定和实施汽车维修企业培训、考核计划。

4.合理选择培训、考核的时机。

5.培训种类有企业组织培训、社会力量办学、定向业务培训、行业管理部门培训等。

6.企业针对不同的培训对象和不同的培训任务，应选择适当的培训方法来保证培训质量。

复习思考题

1.制定或完善本企业的培训和考核管理制度。
2.制定本企业的技术培训计划。
3.对本企业的技术培训进行评价。
4.分析本企业开展的技术培训的优点和缺点。
5.分析所在企业的维修技术人员状况，选择培训时机、确定培训方式。
6.对本企业的技术培训进行效益评价。

第十章　汽车故障诊断与疑难故障处理

第一节　汽车故障模式及故障类型

一、汽车故障的定义

所谓汽车故障是指汽车部分或完全丧失工作能力的现象,故障的具体表现称为故障现象。

二、汽车故障模式

所谓失效是指产品丧失了保持原有功能的能力。要判断失效,必须预先确定失效的判别标准。在产品的试制、生产、使用及维护各个阶段中都可能出现失效现象,而失效的机理也依产品的种类、系统的结构及零件材料的不同而已,不能一概而论。所谓故障模式则是指由失效机理所显示出来的各种失效现象或失效状态。汽车上常见的故障模式有以下几种类型:

(1)损坏型故障模式。如,断裂、碎裂、开裂、裂纹、点蚀、烧蚀、击穿、变形、拉伤、龟裂、压痕等。

(2)退化型故障模式。如,老化、变质、剥落、磨损等。

(3)松脱型故障模式。如,松动、脱落等。

(4)失调型故障模式。如,压力过高或过低、行程失调、间隙过大或过小,干涉、卡滞等。

(5)堵塞或渗漏型故障模式。如,堵塞、气阻、漏油、漏水、漏气、漏电、渗油等。

(6)性能衰退或功能失效型故障模式。如,功能失效、性能衰退、公害超标、异响、过热等。

(7)其他失效型故障模式。如,润滑不良、缺油、异响、振动异常等。

三、汽车故障类型

汽车可能由于各种原因而产生故障,按照故障率函数特点,可将故障分为三种类型:早期故障型、偶然故障型和耗损故障型。

早期故障型的故障率,是汽车在开始使用时发生故障的可能性很大,随着时间的延长而逐渐下降,称为故障率减少型,相当于汽车的磨合期。此类故障多是由于设计、制造、管理、检验的差错及装配不佳造成的。

偶然故障型的故障与时间无关,故障率变化甚微,称为故障率恒定型,相当于车辆的正常使用期。此类故障多是由于操作疏忽、润滑不良、维护欠佳、材料隐患、工艺及结构缺陷等原因所致,故障具有偶然性。

耗损故障型是指汽车经常长期使用后,出现老化衰竭而引起的,其故障率随时间的延长而逐渐增加,称为故障率增长型。因此,若在故障率开始上升前提前更换或修复好将要损耗的零部件,则可降低故障率,延长汽车的使用寿命。

除了上述三种类型的故障之外,还有一种故障类型就是由于维修技术人员在对车辆维护和修理过程中不按照操作规程进行作业导致的人为故障型。此类故障没有任何规律,完全和维修技术人员是否严格执行维修操作规程有关。严格执行维修操作规程,该类故障的故障率就等于零;不严格执行维修操作规程,该类故障的故障率就直线上升。

第二节 汽车故障诊断分类与诊断参数

一、汽车故障诊断分类

"诊断"一词是根据医学名称引申而来的,在医学上,"诊"就是"望、闻、问、切","断"就是医生作出的判断。将医学诊断中这种由现象到本质,由当前推断未来的逻辑思维方法推广到汽车维修领域,就形成了汽车故障诊断。汽车故障诊断就是根据故障症状,查找故障原因,准确判定故障部位。在汽车故障诊断中的"诊"也是"望、闻、问、切",其中"望"是观察车辆各部件之间的相互位置关系、车辆排放颜色是否符合车辆技术要求等;"闻"就是倾听车辆运行中的各种声音,是否存在异常的碰、擦、磨等异常响声等;"问"就是询问汽车的驾驶人车辆的使用、维护情况以及故障发生时的环境条件、工况条件和故障的表征等;"切"就是维修技术人员根据车辆的具体情况,有针对性地使用各种检测诊断设备对车辆进行相关参数的检测等;"断"就是汽车维修技术人员根据上述检测的结果进行分析得出的维修结论。当代汽车维修中的故障诊断一般包括两个环节:通过仪器对汽车进行检查和检测,这就是第一个环节"诊";在"诊"的基础上对所得到的结果进行综合分析,并作出结论性的判断,这就是诊断工作的第二个环节"断"。当代汽车结构复杂,其故障的诊断难度也加大,作为一个合格的汽车维修技术人员,必须在检修之前充分地了解故障,并对所出现的故障进行诊断分析后,再重点突出地进行有关总成的解体,找出故障原因。

汽车故障诊断大体上分为三大类,即机械故障诊断、电气故障诊断和机电综合故障诊断。各类故障诊断有各自独特的理论和方法。

1.汽车机械故障诊断

对汽车机械系统工作状态的检测和诊断,往往是利用汽车运行过程中所表现出的各种物理或化学特性的变化,如温升、噪声、润滑油状态、自动变速器油状态、制动液状态、动力转向油状态、震动、变形、相对位置变化等来进行故障诊断。

由于机械系统的运动是动态的,其本质是随机的,因此其故障具有离散性、间歇性、缓变性、随机性和模糊性特点。更由于汽车各总成是由成百上千个零件装配而成的,因此,一种故障往往对应多层次故障原因。汽车机械系统故障的特点决定了对其诊断是从随机过程出发,以人的经验为基础,充分运用各种现代化分析工具(如大量应用声学、光学、电子技术、物理和化学)与机械相结合的检测诊断设备——如汽车底盘测功机、前照灯检测仪、四轮定位仪、尾气分析仪、磨屑光谱分析技术等,测取各种信息,分析确定故障部位。

2.汽车电气故障诊断

汽车电气故障又可分为数字电路故障和模拟电路故障。

数字电路仅有“0”和“1”两种状态,列出其输入、输出关系真值表,便可以很方便地找到原因一结果对应关系。数字电路的故障诊断理论发展迅速并日趋成熟,目前已有相当多的诊断程序和诊断设备投入实际应用。

由于模拟信号的连续性、非线性、容差、噪声以及检测点的有限性,使诊断问题变得十分复杂,难度大、精度低、稳定性差,到目前为止,汽车模拟电路故障诊断尚未建立完整的理论和通用的诊断方法,一般借助于相似产品的使用经验或通过电路模拟,将测得的结果与故障特征进行比较,以发现和定位故障。现在应用比较成熟的是利用示波器和各种信号模拟器对此类故障进行检测。

二、故障诊断的条件

故障诊断的条件可概括为六个字:人才、设备、资料。我们把“人”摆在第一位,是因为初期的“诊”和最终的“断”都是由人来完成的,而设备和资料服务于人、帮助于人。这里的“才”是指扎实的基础知识、正确的操作方法、较强的逻辑思维能力、丰富的实践经验。

1.人才

汽车维修行业对人才要求的最大特点是:不唯学历,唯能力。汽车维修技术人员要能够进行故障诊断、制定维修工艺、拿出维修方案。要成为一名合格的汽车维修技术人员,必须具备以下几个条件:

(1)必须有够用的专业基础知识。在对汽车故障诊断前要熟悉汽车的结构组成、基本工作过程和原理、工作装置的失效形式,即掌握汽车的结构原理是故障诊断的前提。在明白结构原理之后,就应了解相应总成部件中哪些元件是易损件,它们在使用中是因何种原因而失效,通常都有哪些失效形式,如何对失效损坏的元器件进行检查判断。要完成这些内容就必须具备有关工程力学、金属工艺学、电工电子基础、机械基础、计算机基础等方面的知识。由于汽车新技术的不断出现,汽车更新换代周期的缩短,在许多车中大量使用英文标识和英文缩略词语以及英文说明,要求懂专业外语和了解专业车型;对于专业车型,要了解生产公司的车型特点。在此基础上注意区别不同公司、不同车型、不同款式的结构变化,这些都是进行故障诊断及维修所具备的基础知识。

(2)熟练自如的诊断方法。虽然有了基础知识,但通过什么方法来判断车辆的技术状况,完成对故障的诊断是关键。经过一定的工作积累,干中学,学中干,并善于总结经验和体会,不断探索,逐步做到能灵活自如地应用各种诊断方法。除了规范程序外,还需找到自己适宜的方式和方法。

(3)过硬实用的分析诊断能力。故障诊断在汽车维修过程中是一项重要的工作内容,它的主要工作过程都在技术人员的大脑中完成,所以,在行业中更多地强调用脑修车,这里实际要求的是一种逻辑思维能力,是建立一种思路及正确判断故障的能力。在进行实际故障诊断时,思考分析的内容主要有两个方面:一是分析故障产生的主要原因;二是如何利用简便、准确的方法与手段对故障的分析判断进行验证。人们常说一把钥匙开一把锁,在维修工作中某一具体的操作方法及步骤，可能对某一特定车型的特定装置进行诊断比较好，但对其他车型或许演变为一种错误，因为各大汽车公司的产品都有自己的完善配置和独到之处，它们在结构原理上有较大差别，用一种固定模式和框架进行诊断显然是不完善，更谈不上用什么具体的方法解决具体故障了。因此，只有具备了过硬实用的分析诊断能力，全面了解故障机理及诊断方法，才能少走弯路或不走弯路，才能避免走入维修误区：只有培养一种良好的实践意识、逻辑思维方式，才能在实践中做到举一反三，以不变应万变。

2. 设备

维修技术人员进行车辆故障诊断，必须要“有根有据”，这里的“根据”是什么？“根据”就是车辆的实际运行参数，这些参数哪里来？需要利用各种检测诊断设备对车辆进行检测。只有通过检测设备对车辆的检测才可以得到车辆实际的动态运行参数，维修人员通过这些参数才可以分析故障，没有检测设备无法得到这些参数，分析故障就是空中楼阁，没有根据。在车辆故障检测中，维修技术人员要根据自已的经验合理使用各种仪器，用最少的仪器设备快速准确诊断故障，是对从业人员的一项基本要求。因此，设备在汽车故障诊断中具有非常重要的地位。检测诊断设备分为通用仪器设备和专用仪器设备，如通用的万用表、示波器、检测灯、听诊器、真空表、压力表及路试设备等，很多故障用通用检测设备就可解决。专用仪器设备主要有两大类：一类是带故障自诊断功能的故障检测仪，即通常所说的解码器；另一类是生产厂家为自己生产的汽车配置的检测某一系统用的电测器。

3. 资料

维修技术人员在进行车辆故障诊断中，分析问题必须要有“依据”，没有“依据”就没有标准，没有标准就失去了判断的尺度，再先进的检测诊断设备，检测出再准确的车辆动态运行数据，但是没有判定数据准确与否的标准，根本无法进行故障诊断。因此，详尽的汽车维修技术资料在当代汽车故障检测诊断中非常重要。

三、汽车故障诊断参数

在汽车或总成不解体的条件下，直接测量汽车结构参数或某些零部件的性能参数是比较困难的，因此，在进行汽车故障诊断时，需要采用一些能反映汽车技术状况，而又比较容易测得的间接指标，这些间接指标就称为汽车故障诊断参数，它是供汽车故障用的，表征汽车总成结构技术状况或某些重要零部件工作性能的参数。

汽车是由众多零部件组成的，各零部件的强度、使用寿命是不可能相等的，在系统技术状况变化过程中，结构参数不同，变化过程也不同，究竟选择哪些零部件变化特性作为汽车的故障诊断参数，应从技术上和经济上进行综合分析来确定。在确定汽车故障诊断参数时应着重考虑以下几点：

(1)诊断参数反应的灵敏性。在结构或某零部件性能变化过程中，输出大的参数应优先选为汽车故障诊断参数。

(2)诊断参数的单值性。在结构和性能参数变化范围内，不出现极值状态的参数应优先选为汽车故障诊断参数。

(3)诊断参数的稳定性。在相同测试条件下所测得的参数值离散度最小，也就是测量重复性好的参数应作为汽车故障诊断参数。

(4)诊断参数的可达性和方便性。要求选定的诊断参数容易测量，所用设备、测试方法尽量简单和费用低。

检测所得诊断参数值正确与否，与诊断对象的工作状况有很大关系。因此，测取诊断参数时，一定要注意测试规范，否则，所测取的参数对汽车故障的诊断就没有任何意义。诊断参数值均以一定测试规范而言的，如测得的发动机功率是对应一定转速和节气门开度的，制动距离的长短是对应一定的初速度和一定的车辆荷载的，取样管插入排气管中的深度对尾气分析仪测量的排气浓度影响非常大。因此，为了提高汽车故障诊断的正确性，在进行测试时，维修技术人员必须严格遵循规定的测试规范，应把测试规范与诊断参数看成一个整体，只有这样所测得的参数对汽车故障的诊断才有意义。

四、汽车故障诊断标准

诊断标准按照来源划分，可分为国家标准、制造厂制定的技术标准和使用单位制定的使用标准。

(1)国家标准。是指国家法规规定的汽车运行中与安全、环境保护有关的标准值，如制动距离标准、尾气排放中有害物质含量标准等。国家标准具有法制性，所有汽车必须首先符合国家标准。

(2)制造厂标准。主要是一些考虑汽车工作时为保持最佳可靠性、耐久性和经济性要求而规定的技术参数允许值。这类标准通常在车辆设计阶段确定。

(3)使用标准。根据车辆具体使用情况，在确保车辆符合国家标准的原则下，考虑发挥其最大经济性等所制定的标准。这类标准多而复杂，需经过大量试验及统计分析并在使用中反复修正。

诊断标准按其性质来划分，又可以分为绝对诊断标准、相对诊断标准和类比标准。

(1)绝对诊断标准。是在确定了诊断对象和诊断方法后制定的标准，直接对某一部件进行测试，以直接反映结构和性能参数的变化。当然，必须十分清楚地理解结构和性能参数的变化对诊断参数的影响，才能使用这一标准。

(2)相对诊断标准。是对某正常部件进行测试后确定的一个基准值，然后将该基准值乘以某一系数作为该部件的使用极限，现实中许多情况均采用此类标准。因此，为了能对一些重要的部件进行诊断，往往采用这种相对诊断标准。

(3)类比标准。是相同车型的汽车在相同的使用条件下运行，通过对同一部件进行测量和相互比较来掌握其异常程度。在当代汽车故障诊断中，经常采用这种方法来判定故障。但是，该标准需要维修技术人员在维修实践中不断进行搜集和整理，在搜集和整理中，要注意搜集各种工况下的这种参数。

第三节　电控系统故障类型及特点

一、电控元件故障故障类型及特点

汽车各类电控系统都是由传感器、电控单元和各种执行元件组成的网络系统，通常将这些系统的零部件统称为电控元件。

(一)电控元件的故障类型

电控元件出故障,在程度方面有轻、重之分;在时间方面有长、短之分;在性质方面有自生和他生之分。有的需更换新件,有的通过检修即可排除,归纳起来电控元件的故障一般有五种类型:

(1)永久性故障。即电控元件损坏,又叫“持续性故障”。此类故障容易判断和排除。

(2)偶发性故障。瞬时状态不佳,又叫“间歇性故障”,信号时有时无、时弱时强,重现时间不定,有时偶尔出现,有时连续出现,无规律可循,较难判定和排除。

(3)自生性故障。为电控元件自身产生的故障,与其他相关的元件无关,又叫“真性故障”。

(4)他生性故障。电控元件本身无故障,因其他相关组件工作不良的影响而失常报警,又叫“假性故障”。例如,汽油泵、燃油滤清器、喷油器、三元催化器等工作不良,严重时影响了空燃比(A/F)的大小,氧传感器通过监测排气中氧的含量代言报警,其实氧传感器自身并无故障。

(5)时效故障。电控元件的使用寿命都有一定的有效期限,超过了这个期限,轻则失准,重则失效。它概括了上述4种故障的全部内容。

(二)时效故障的性质和特点

电控元件随着工作时间的增加,会出现老化、衰退、变态现象,即受热衰退、热应变、磨损、脏堵、犯卡、漏电、漏磁、漏光、干扰、过载等因素的影响,输出的工作参数失准,或执行元件的动作失准,从量变到质变,进而时效报警,此即“时效故障”,这是自然规律。人的生命是有限的,电控元件的寿命也不例外,它的使用寿命不可能相等,等强度设计是无法实现的。了解这一道理,对电控元件采用“定期检测、换件为主”的维修方式,就有了理论根据。

时效故障出现的早晚,取决于四个方面,即:电控元件的工作时间叠加量;工作环境的好坏;内部结构的工作性质;使用维护是否及时合理。其中维护是否及时、合理,是关键因素。实践表明,电控元件的使用寿命,正常情况下都稳定在10万km以上,例如控制单元(ECU)10万km的故障率仅为1/1 000,超过了这个极限,便会相继出现老化衰退症状,其变化规律如图10-1所示。

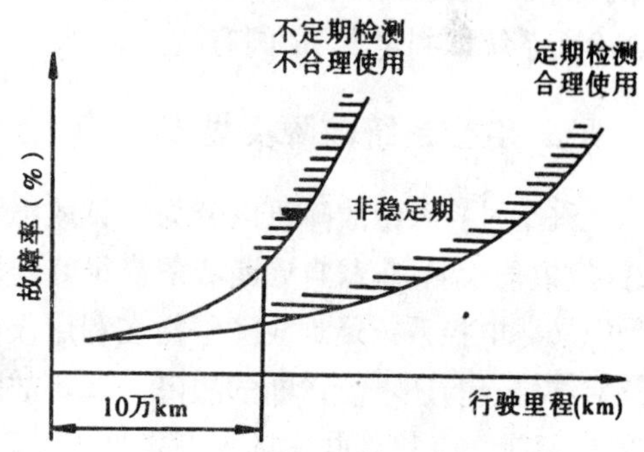

图10-1 时效故障的变化规律

1.时效故障的性质

时效故障有以下两种性质:

(1)失准故障。即输出的工作参数有误,或执行元件的动作有误,造成工作状态失常。根据轻、重程度的不同,故障自诊断系统有时不报警显示,例如冷却液温度传感器(CTS)等。此类故障必须依靠正确的机理分析和准确的电测量来捕捉、排除,其难度较大,技术含量高。

(2)失效故障。无工作参数的输出,或执行元件无动作,多为损坏故障、断路或短路,包括电控元件本身、联网线路、ECU中的相关电路这三个方面。因其网络系统已中断,自诊断系统必报警显示,可通过读取故障代码,有针对性地捕捉排除。其难度较小,技术含量也较低。

2. 时效故障的特点

因传感器的物理性质各异，其故障的表现形式也不尽相同，一般有三种症候特点：

(1)静态正常、动态失常或相反——多为电阻型和电磁型的电组件(包括压电型)。

(2)冷态正常、热态失常或相反——多为热敏型和压敏型的电组件。

(3)低速正常、高速失常或相反——多为磁敏型和光敏型电组件。

(三)ECU对电控元件故障的确认方法

ECU中的故障自诊断系统，是根据各类电控元件工作性质的不同，采用多元化的确认方法，将故障信号编为代码，存储记忆在RAM中，以便提取和消除。一般用4种方法确认故障：

(1)值域判定法。输出信号超出正常值规定范围，故障自诊断系统就确认有故障。例如，冷却液温度传感器(CTS)的正常控制范围为－30～120℃，正常输出电压为0.3～4.7V，如果小于0.15V或大于4.85V时，ECU进行故障报警并存储故障信息，此即“失准故障”。

(2)时域判定法。输出信号在一定时间内无变化，或变化未达到标准值时，自诊断系统即确认有故障。例如，氧传感器在一定的时间内无0.45V的基准电压输出，或电压不变化时，故障即被确认，此即“失效故障”。

(3)逻辑判断法。ECU对两个相关传感器的工作参数进行对比分析，当其逻辑因果关系违反设定条件时，故障自诊断系统即确认有故障。例如，当转速信号(SP)大于某一转速值，节气门位置传感器(TPS)输出信号却小于某一对应值时，即判定TPS有故障而进行故障报警并存储故障信息。

(4)功能判定法。ECU发出指令，执行元件无动作，故障自诊断系统即判定执行元件有故障。例如，废气再循环(EGR)系统的EGR阀不动作，其EGR阀位置传感器无反馈信号，故障自诊断系统即判定EGR阀有故障。

二、电控系统故障类型及特点

汽车电控系统故障可以分为常见故障和疑难故障两种。如果电控系统有明显的异常症状时，经仪器检测、车载自诊断或依靠维修经验能顺利确定的，这种故障称为常见故障，其诊断较为容易。电控系统疑难故障是指在利用仪器检测未能发现，使用车载自诊断仍不能确定，以及依靠维修经验还不能诊断的故障。疑难故障存在多重性，是汽车电控系统故障诊断中的技术难点，随着汽车高新技术的不断发展，汽车电控系统疑难故障也呈逐渐增加的趋势。归纳实际维修工作中疑难故障出现的概率，总结疑难故障存在的性质，大体可分为以下五种情况。

1. 潜伏性故障

潜伏性故障是指汽车电控系统确实存在故障，但是没有明显的故障症状，故障原因难以查明。它的症状表现为电控系统故障特征不明显，通常为汽车电控系统故障的隐蔽性状态。当代汽车电控系统中有许多精密的电子元器件，它们共同承担着全车各种性能参数的检测，并为ECU提供控制的原始依据。尤其是涉及汽车安全性和可靠性的技术参数，对当代高速汽车来说至关重要。如果电控系统出现潜伏性故障后，大多数故障隐藏很深，平时很难发现，通常是在特定情况下其症状才有所显示。由此看来，潜伏性故障的危害相当严重，尤其对性能优越与控制方式较多的高级轿车，应特别注意车辆的日常维护和性能检测。

2. 间断性故障

间断性故障是指汽车电控系统出现故障后，症状表现很不确定，即时而出现，时而又消失，故障原因难以查明。它的症状表现为电控系统故障特征极不稳定，通常为汽车电控系统故障的断续性状态。当代汽车电控系统相当复杂，有上千个电子元件、上百个插接件、几十个传感器和执行器。如果一个元件、一处插接件、一个传感器和执行器松动或接触不良，都会引起电控系统产生间断性故障。在查找间断性故障的过程中，利用仪器检测动态数据流或调出故障代码往往无济于事，需要采用示波器等仪器对车辆进行动态监测。

3. 交叉性故障

交叉性故障是指汽车同时出现机械、液压、油路和电控系统综合故障后，非电控系统故障交叉掩盖电控系统故障，故障原因难以查明。它的故障表现为电控系统故障特征极不明显，通常为汽车电控系统故障的错觉性状态。汽车出现交叉性故障后，各种不同性质的故障混为一体，故障症状相互混淆，使维修人员形成判断错误。维修人员根据以往经验，一般偏重诊断机械故障，而且习惯解体后进行检查。这样，不仅掩盖了电控系统故障，而且造成盲目拆卸，极易产生不应有的人为故障，给维修工作带来困难。

4. 虚假性故障

虚假性故障是指汽车电控系统出现单一故障后，由于汽车处于运转的状态下，使得故障损坏程度进一步延伸并恶化，将电控系统故障以非电控系统故障的症状显示，故障原因难以查明。它的故障表现为完全以虚假的非电控系统故障出现，通常为汽车电控系统故障的假象性状态。当汽车电控系统中的传感器出现故障时，其测定的信号参数出现异常，ECU 接收到虚假的信号参数，则以异常数据进行程序控制，其结果必然引起汽车控制程序紊乱，造成故障的恶性循环，给汽车结构带来严重的损坏。

例如，某马自达 626 型轿车（V6 电控发动机），夏季起动后约 5min，发动机前上部出现轻微的金属敲击声，随后异响逐渐恶化，10min 左右 ECU 强制发动机熄火。维修人员先后采用更换新蓄电池、并联两块新蓄电池等方法，发动机仍不能起动。检测中读出的故障代码为冷却液温度传感器故障，在进一步确定冷却液温度传感器故障后，更换了冷却液温度传感器，发动机恢复正常。这是一例典型的虚假性故障，在冷却液温度传感器断路后，电阻值为∞，输送给 ECU 的水温信号确定为 0℃冷车状态，ECU 将发动机喷油量控制在“起动加浓”状态。过浓的可燃混合气经活塞下泄，冲淡了油底壳内的机油，使之逐渐失去润滑作用，在暖车后，故障症状急剧恶化，尤其是造成发动机上部运动件严重的异响。

5. 误导性故障

误导性故障是指汽车电控系统出现故障后，由于驾驶员错误描述或故障代码紊乱出现误导，维修人员不假思索地照搬硬套，而造成新的电控系统故障。它的表现为过分依赖于驾驶员描述和故障代码，通常为汽车电控系统故障的盲目性状态。

汽车电控系统的程序设计，是根据汽车的不同工况，预先设定运行方案存储于 ECU 中。对于各种传感器输入 ECU 的参数，经 ECU 内部的 A/D 参数转换，组成各种运行方案的地址码。当某一个传感器参数发生变化时，必然引起地址码的变化，使其对应的运行方案也发生变化。当某一个传感器损坏后，其参数超过正常值范围，ECU 就只能调用备用参数来代替错误的传感器信号，以维持汽车最基本的工作，并记录下故障代码。如果传感器输入 ECU 的信号参数远远超出 ECU 的逻辑判断范围，这样 ECU 就会产生错误的故障代码，通常称为“假码”。

在一些传感器损坏后，有时会产生较大的电磁波干扰，严重影响 ECU 的正常工作，引起 ECU 输入故障代码的紊乱，通常称为“乱码”。另外，由于 ECU 所检测的参数有些是间接参数，故障代码所反应的不是某个器件的状态，而是某个系统的状态。如果简单地认为某个器件损坏，就可能产生误导。在实际诊断过程中，对自诊断系统的诊断结果，往往还需要对故障原因进一步进行深入确定与检测。所以，仅仅依靠驾驶员描述或车载故障自诊断系统，是不能妥善解决汽车电控系统所有故障问题的。

第四节　故障诊断的程序和方法

一、汽车故障诊断的基本程序

汽车故障诊断的程序如图 10-2 所示。

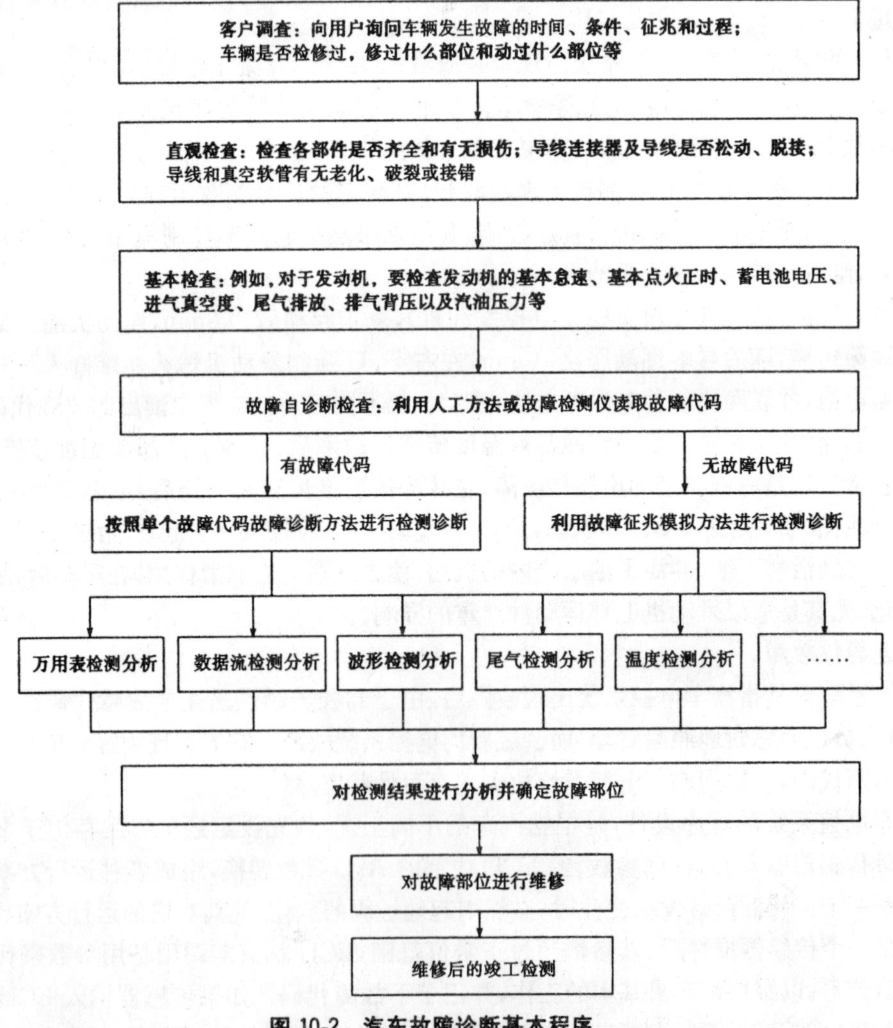

图 10-2　汽车故障诊断基本程序

二、汽车故障诊断的基本方法

1. 客户调查

进行汽车故障诊断，首先必须了解车辆的基本状况，故障出现的条件、过程、故障征兆以及车辆是否检修过或检修过什么部位等相关情况和信息，因此客户调查是汽车故障诊断的一个重要环节。在进行客户调查时，应该认真地填写表10-1所示的“客户意见调查表”，此表所含项目是汽车基本状况的写真记录，与其他检测诊断结果一起构成确定汽车故障点的依据。

2. 直观检查

直观检查也叫感观法检查，即通过外部检验，利用人体的感觉器官看、听、摸、闻，从而根据汽车故障现象分析故障原因，判定故障之所在。感官法往往是进行故障诊断的第一步，其目的是为了在进入更为细致的检测和诊断之前，能够消除一些一般性的故障因素。

(1)看

①看清是什么车型、哪年款式、发动机和变速器等的型号，必要时要记下原始型号、代号或编号，以便于后面的故障诊断。

②看停驶状态下汽车的状况。在车下检查有无漏油、漏液，连接部件有无松动，线束是否有弯曲、折断处，导线插结处是否脱落，熔断器是否松动、烧断，散热器是否太脏，油管是否弯曲、变瘪，各操纵杆、拉线、拉杆是否调整得太松或太紧，调节螺钉是否松动。这些检查一定要认真仔细，不要大概齐、差不多。当然，不可否认的是，经验在这一环节起着很重要的作用。

③看工作状态下汽车的状况。在汽车工作时，观察驾驶室、发动机舱、底盘处是否有异常变化，各种指示灯有无提示或警告，工作油液量是否在规定的范围内。

④看发动机排气的颜色。在发动机运转时，观察排气管排出气体的颜色有无异常。

(2)听

所谓听，就是利用工具或直接监听，判断工作状态或异响产生的部位，并分析可能产生的原因。借助一些工具、仪器设备和经验，使诊断更准确。听诊要注意不同工况交叉，进行综合分析和考虑，避免误诊。

(3)摸

通过触摸来感觉温度变化和电气元件的温度。油温对各工作装置的影响很大，很多运动件的不正常损坏都是由于油温过高造成的。反过来，运动件运动不畅也会造成油温过高，当然造成油温、水温高的原因较多，故障原因不尽相同。用手触摸的另一个作用是感觉电气元件的温度，如点火控制器、电磁阀等；检查其是否过热。这里需要指出的是，发动机工作时温度很高，且不可随便触摸，这种方法有其局限性。只有了解了相关结构和工作原理、具有一定的工作经验才能很好地应用此法。不过现在有一种新的检测设备——红外测温仪，可以方便快捷地检测出温度的变化，建议尽量采用仪器检测法判断温度的变化。

(4)闻

闻就是检查有无异味，通过闻可以感知故障的产生，如导线有无过热熔化，或高温使导线外皮烧焦；胶带打滑引起异味；机械部件磨损、不正常的摩擦产生异味；各种油液变质出现异味等。但其应用不如看、听、摸广泛。

三、故障征兆模拟检测

汽车的很多故障是在特定的环境和状态下才发生的，一旦故障的条件不满足，对外便没有

表 10-1 客户意见调查表

客户姓名			登记号	
车型			登记日期	//
控制系统类型			车身代号	
接车日期	//		里程表读数	km
故障发生日期				
故障发生频次		□经常 □有时 □仅一次 □其他		
使用情况	经常运行环境	□城市道路 □乡间道路 □高速公路 □其他		
	经常行驶速度	□低速行驶 □高速行驶 □城市走走停停 □其他		
	经常使用的挡位	□1 挡 □2 挡 □3 挡 □4 挡 □5 挡		
	经常使用的燃料	□严格按照车辆要求燃料标号 □使用较低标号燃料 □经常使用乙醇汽油 □偶尔添加乙醇汽油		
维护和维修情况	上次维护时间			
	调整过哪些部件			
	拆装过哪些部件			
	加装过哪些东西			
	是否使用添加剂	□是 □否 什么样的添加剂______		
	曾经发生过什么故障			
	更换过哪些部件			
	最近是否维修过	□是 □否 因什么故障维修______		
	修后故障症状是否消失	□是 □否		
	维修后是否又产生其他异常现象	□是 □否 产生的新故障现象______		
故障发生的条件	□天气	□晴天 □阴天 □雨天 □雪天 □其他		
	气温	□炎热天 □热天 □冷天 □寒冷天(大约 ℃)		
	地点	□高速公路 □一般公路 □市内 □上坡 □下坡 □粗糙路面 □其他		
	发动机水温	□冷机 □暖机时 □暖机后 □任何温度 □其他		
	发动机工况	□起动 □起动后 □怠速 □无负荷 □中小负荷 □大负荷 □行驶(□匀速 □加速 □减速) □其他		
	故障出现的频率	□间歇发生 □偶然发生 □一直存在 □有规律性		
	转速或车速	□发动机怠速运转 □发动机中速运转 □发动机高速运转 □所有转速下 □车辆低速行驶 □车辆中速行驶 □车辆高速行驶 □与发动机转速和车速无关 □减速时		
	其他			
故障现象(以发动机为例)	故障指示灯状态	□常亮 □有时亮 □不亮		
	□不能起动	□发动机不能转动 □无起动征兆 □有起动征兆起动后熄火		
	□起动困难	□冷车起动困难 □热车起动困难 □起动时发动机转速低		
	□怠速不良	□游车(怠速不稳) □怠速高 □怠速低 □怠速抖 □发动机负荷增加时怠速不良		
	□动力不足	□加速迟缓 □回火 □放炮 □喘振 □敲缸 □其他		
	□熄火	□起动后立即熄火 □踩加速踏板后熄火 □松加速踏板后熄火 □空调工作时熄火 □挂挡时熄火 □其他		
	其他			

故障现象，此时可以利用故障征兆模拟的方法进行检测诊断。故障征兆模拟的方法，实际上就是以调查研究和科学试验的方式，让待检修车辆以相同或相似的条件和环境再现其故障，然后经过模拟验证和分析判断后，确切诊断出故障原因和部位。常用的故障征兆模拟方法主要有以下几种。

1. 环境模拟方法

汽车有些故障是发生在特定环境中的。例如，发动机冷车时无故障，暖车后故障症状出现；行驶时有故障，而停驶时诊断却无故障；当出现故障后，汽车在平坦道路与坎坷道路上行驶时，故障症状表现不一致；在清洗汽车后或雨天时，发动机出现运转不平稳、产生喘振等现象。这些特定的外界环境，使电控系统产生故障的主要原因是：由于电子元器件对颠簸、发热和潮湿等因素非常敏感所致。对由环境因素所造成的故障，一般常用以下三种环境模拟法进行诊断。

(1)振动模拟方法。如图10-3所示，针对某些怀疑有故障的元器件、导线束、插接件、传感器和执行器等进行敲打（用锤柄敲击、用手拍打）和摇摆（导线及插接件进行垂直、水平方向摇摆和前后拉动），以检查是否存在虚焊、松动、接触不良和导线断裂等故障。操作时，注意不可用力过大，以免损坏电子器件，尤其在拍打继电器部件时，千万不可用力过度，否则，将会引起继电器开路。利用振动法进行模拟检测时，应随时注意被检装置的工作反应，以确定故障部位。如果在振动某一元件时故障再现，则说明该故障与此元件有关。

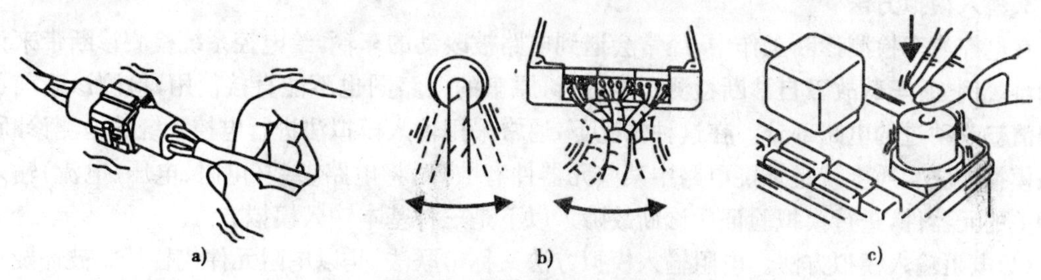

图10-3　振动模拟方法举例

a)轻轻摇动；b)轻轻摆动；c)轻轻振动

(2)加热模拟方法。如果有些故障只是在热车时才出现，可能是因有关零部件或传感器受热而引起的。此时应针对某些怀疑有故障的元器件、导线束、插接件、传感器和执行器等进行局部加热，检查故障是否出现。加热器具宜选用电热风机或类似的加热器，加热时不可直接加热ECU中的电子元器件，加热温度不得高于80℃。在电控系统出现软性故障（车辆起动后或电子设备开机后，经过一段时间故障才出现）时，说明有电子元器件出现软击穿（达到一定温度后异常，冷却后又恢复正常）故障。这时应根据故障出现的征兆，初步确定需要加热的部位或元器件，在起动或开机的状态下，用20W的电烙铁进行烘烤，顺序是先晶体管和集成块，后阻容元件。当烘烤到哪个部位或元件时故障出现，说明该部位或元件与车辆故障有关，应更换该元件。

(3)加湿模拟方法。当故障发生在雨天或洗车之后时，可使用加湿模拟方法（用水喷淋汽车外部）进行高湿度环境模拟试验。注意，喷淋前应对电子设备予以保护，以免积水锈蚀电子设备；喷水角度应尽量喷到空中，让水滴自由落下，千万不可将水直接喷淋在相关零部件上。当对车辆进行喷淋之后，如果故障再现，此时可以沿着水迹确定故障部位和元件。

2.增减模拟方法

在电控系统故障的检测诊断中,针对油路和电路故障常采用增减模拟方法。它是利用油、电路中增减荷载模拟验证油、电路的故障症状,以诊断由荷载(负荷)而引起的故障。由荷载(负荷)大小所造成的故障,必须在与产生故障时相似的荷载条件下再现,一般常用以下两种增减模拟方法进行检测诊断。

(1)增加模拟方法。当怀疑故障可能是由于油路荷载过大而引起,而故障症状的表现又不明显时,可采用增加法来进行模拟验证。即不断增加油路的荷载,使故障部位和症状充分显示出来,便于进行检测诊断。对于电路中由于用电负荷过大而引起的故障,可以接通车辆所有的用电设备,如加热器、刮水器、鼓风机、空调、冷却风扇和前照灯等,在增加负荷的情况下,检查是否发生故障,以便进行检测、诊断。

(2)减少模拟方法。在检测由于局部电路短路引起负荷过大并烧断熔丝的故障时,常采用减少法来模拟诊断。此时只要将各路负载逐一减少,一般就会很快找到短路的故障部位。当某一个局部电路出现短路故障时,通过它的电流就会大大增加。这时如果采用其他方法检测,在检测时间较长时就会导致其他故障(烧坏元器件)。使用减少法诊断,将一部分电路断开,用万用表测量电阻、电压和电流,以此来诊断故障。使用最多的是测量电流,观察总电流的变化,就可以诊断出故障的大致范围,又不至于损坏其他电路或电子元器件。如果断开被怀疑的某一电路后,总电流立即降为正常值,则说明故障就在这一电路中。

3.输入模拟方法

在电控汽车检测诊断工作中,经常会遇到电路被改动的车辆,给电控系统检测诊断带来许多困难。例如,车载故障自诊断检测不能进行,原车的电路图也不能直接使用,检测诊断前还要辨清被改动过的电路部分。在这种情况下,通常采用输入模拟法进行电控系统的检测诊断。输入模拟方法实质上就是怀疑电路中某些元器件有故障,将电路参数(电阻、电压、电流)输入到相关的元器件,进行模拟验证后诊断故障。以下是三种基本输入模拟方法。

(1)电阻输入模拟方法。电阻输入模拟方法又称串联法,是以电阻元件代替某些被怀疑损坏的电阻式传感器,进行模拟验证,以便诊断该传感器是否损坏。例如,怀疑冷却液温度传感器可能损坏时,可将一只与冷却液温度传感器阻值相似的电阻(或直接使用可变电阻),串接在冷却液温度传感器的导线连接器上,进行模拟验证,以便诊断该冷却液温度传感器是否存在故障。

(2)电压输入模拟方法。电压输入模拟方法又称并联法,是以外接电压或用合适的元器件,来代替某些被怀疑损坏的传感器,进行电压信号模拟验证,以便诊断该传感器是否损坏。利用电压信号模拟还可以诊断除了损坏的传感器以外,其他电子设备性能的好坏。例如,某现代奏鸣曲 2.4i GLS 型轿车 G4B 型微机控制发动机,不能起动(起动系正常),怀疑电子点火系中的曲轴位置传感器(在分电器内)损坏。经万用表检测,发现没有曲轴转角信号输入电控单元,利用外接辅助电阻线给电控单元输入该电压信号,同时起动发动机,在触碰下发动机可以运转,这样进一步确定故障出在曲轴位置传感器上,更换分电器后正常。

(3)电流输入模拟方法。在电控系统的检测诊断中,利用万用表的电流挡,给怀疑有故障的电阻式元器件施加电流,即模拟电子元器件工作状态去诊断故障,该方法诊断故障较为精确、实用。例如,在诊断电控系统的故障时,经初步诊断后,可通过模拟晶体管的导通状态,去判断电子设备工作性能。用万用表的电流挡给基极输送电流,设法使晶体管导通,进而触发电子设备进入工作状态，以诊断故障部位。

4. 状态模拟方法

状态模拟法是在对电控系统检测诊断时，将电子电路中怀疑有故障的元器件某电路状态改变，即将局部电路或某一元器件断电，或在通电状态下进行检测，以此来诊断故障。这种方法的优点是不将元器件从电路板上脱焊下来，而直接在电子设备上进行模拟检测。以下是两种常用的状态模拟检测诊断方法。

(1)断电模拟方法。当怀疑某晶体管有故障，以及对电路电压不清楚时，可采用断电法模拟检测诊断。使用较多的是晶体管基极电流切断法，即将发射极和基极之间暂时短路，其集电极负载电阻两端的电压降通常为0V，如果能测到任何电压，即可诊断出晶体管损坏。还可以将万用表接在晶体管的集电极和发射极两端，然后再将基极和发射极之间短路，这时万用表的读数应为电源电压值。如果不是电源电压值，则可判断出晶体管损坏。

(2)通电模拟方法。通电模拟方法是在电路通电状态下进行电压测定的方法，是检测电控系统中的晶体管和IC好坏的一种行之有效的方法。在晶体管处于放大状态时分别测定，硅管的电压为0.6～0.7V，锗管的电压为0.2～0.3V。

四、确认电控元件(即元件级)故障部位的诊断方法

利用故障自诊断确认故障部件的诊断方法，只能把损坏的传感器、执行机构以及ECU的印刷电路板等检查出来，但上述部件都是由各种器件、芯片等组成的，到底是哪一个器件、哪一个部位出现了问题，还需要进一步详细检查后才能确定。这相对部件诊断要困难一些，对维修人员的硬件、软件知识及其维修经验要求都比较高。确认电控元件故障部位的诊断方法主要有以下几种。

1. 模块分割法

模块分割是在维修人员头脑中的分割，它建立在系统分析的基础上。当维修任何一个部件时，如果没有对这种模块的基本分析，就会感到无从下手，心中无数。用穷举法把一块确定有故障的印刷电路板所有的点都测一遍，可以说是一种最笨的方法。即使难以确认出现故障的模块，也应该根据原理和经验首先怀疑那些最容易出现故障的模块(该块印刷电路的以硬件原理划分的部分)，检查的思路应该从模块入手，当一个模块确认无故障时，再查下一个模块，对具体部件的各模块应采用不同的诊断方法。例如，ECU可分为CPU与外围电路部分，时钟和分频部分，RAM和时序部分，ROM和相应接口部分，数据采集部分，信号放大和A/D转换部分，CPU的输出及功放部分，电源及其转换部分等等。其中电源及其转换部分，不但用得最多，而且电流大，电压等级不等，就是出现故障概率较大的器件。所以，ECU一旦出现故障应先从电源检查开始，如电源正常再去检查其他部件。

2. 静态测试法

所谓静态测试法就是使整个电控系统暂停在某一特定状态，根据逻辑原理，用数字万用表检测怀疑部件的电压、电流、电阻。其中测量集成电路芯片及晶体管的有关电极工作直流电压，对发现产生故障的原因和部位是非常重要的、常用的、有效的方法。电控系统中的所有可进行静态测试的信号就其特征而言大致可分为三类：高电平或低电平；脉冲；第三态(即高阻态)。高电平或低电平是电控系统中“1”和“0”的基本逻辑形态，脉冲实质上也就是变化快一些的“1”和“0”，第三态即浮空状态，即不输出高电平也不输出低电平，它具有很高的输出电阻。

每个待测点在某一个特定工况下是一定的(即三类中的一类),根据原理分析或厂家给出的各点状态或参数,就可以用数字万用表或示波器、逻辑电笔等仪表进行测试,最后,分析找出故障元件。例如,一反相门输入与输出的逻辑电平刚好相反,当输入端为低电平时,输出端必为高电平,如检测到不符合此规律则说明有问题。

3.动态测试法

在电控系统中,用静态测试法能解决许多问题,也是动态测试的前提,但是有些故障出现在车辆运行(动态)的情况下,无法在静态环境分析或检测出来。此外,有些故障出现的原因是某些器件的动态参数问题所引起的,这时也需用动态测试法找出故障原因及损坏的器件。动态测试法也是建立在熟悉电控系统工作原理基础之上的。它是在车辆运行的情况下,用示波器或其他仪器测试怀疑器件的各点的波形(包括波形的幅度、宽度、占空比、形状等)或测波形频率、个数等,并和正确的波形参数比较是否相符,从而找出故障的原因及部位。例如,ECU本身出了毛病,一般先用示波器检测 ECU 的驱动源时钟及复位信号。该时钟一般都是由晶振及其附加电路产生的,频率一般比较准,幅值等参数也有要求。又如,加在喷油器线圈上的是一个随工况而改变其占空比的脉冲信号,用示波器等仪器较容易看出是否有故障。

输入信号追踪法也是动态测试常用的方法,例如发动机转速信号在 CPU 输入端用示波器检测不到,这时要确定是接口电平转换连线那一个部件损坏,可以用一个信号发生器,把其输出的信号接到被检测器件或导线的输入端,逐段测试各级电路或被测的电子装置,看其输出信号有无和大小,以此来对故障进行跟踪、判断所发生故障的部位及范围。

五、原车故障自诊断系统诊断法

电控单元(ECU)内部一般都有故障自诊断电路,它能在车辆运行过程中不断监测汽车电子控制系统各部分的工作情况,并能检测出电控系统中大部分故障,并将故障以代码的形式存储在 ECU 的存储器内,多数情况下,只要不拆下蓄电池,这些故障代码将一直保存在 ECU 内,有些车辆即使拆下蓄电池,故障代码也不能清除,只能使用相应的检测设备进行清除。现代车辆一般在仪表板上设置有故障指示灯,如 CHECK ENGINE 灯、ABS 灯、SRS 灯等。如果 ECU 发现电控系统中有异常情况便发出点亮相应的故障指示灯,以告诉驾驶人员和维修人员系统存在故障。维修人员可按照特定的方法或者使用汽车故障电脑检测仪读取相应的故障代码,分析判断故障类型和范围。

故障代码的读取方法有两种:一种是利用汽车故障电脑诊断仪;一种是采用人工的方法(随车故障自诊断)。各种故障代码的读取方法均不尽相同,请维修人员参照各车型的维修手册进行。

六、电路检测诊断法

电路检测诊断法是利用万用表或示波器对电路进行测试的方法,即将测得的电阻、电压、电流、数字信号等与正常值比较、分析而作出判断。这是一种适用范围广泛的检测方法,如,在 ECU 的信号输入端与输出端进行检测比较,可以判断出 ECU 是否有故障;对传感器与开关等进行检测,可以很好地判断其是否正常;对线路也可以进行测试和检查,看其是否有故障。使用这种方法的关键是掌握所检测车型的参数与电路图等资料。

1. 万用表检测法

电控系统的故障包括传感器、执行器和ECU本身损坏和配线断路或短路两个方面。因此可以用万用表来检测电控系统的技术状态，以确定其性能好坏。

(1)用万用表检测诊断的一般原则

利用万用表进行检测诊断，应该遵循以下原则：

①除在测试过程中特殊指明者外，不能用指针式万用表测试ECU和传感器，应使用高阻抗数字式万用表或汽车万用表检测诊断。

②首先检查熔丝、易熔线和接线端子(连接器)的状况，在排除这些部位的故障后再用万用表进行检测。

③在测量电压时，点火开关应处于"ON"位置，蓄电池电压应大于等于11V。

④在用万用表检查防水型连接器时，应小心取下防水套。表笔插入连接器检查时，不可对端子用力过大。检测时，表笔可以从带有配线的后端插入(图10-4a)，也可以从没有配线的前端插入(图10-4b)。

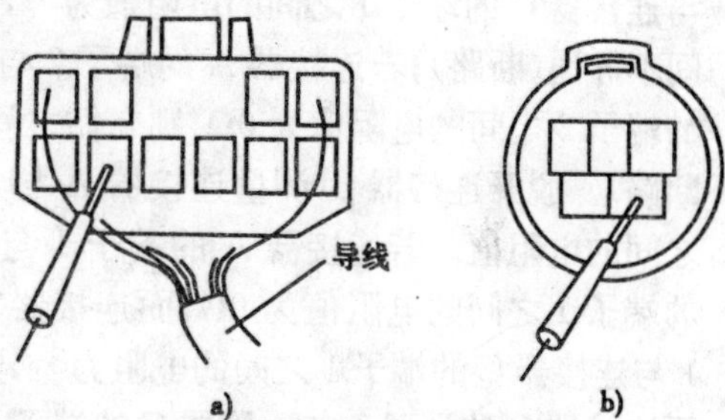

图10-4　表笔插入连接器的方法
a)从连接器后端插入表笔；b)从连接器前端插入表笔

⑤测量电阻时，要在垂直和水平方向轻轻摇动导线，以提高准确性。

⑥检查线路断路故障时，应先脱开ECU和相应传感器的连接器，然后测量连接器相应端子间的电阻，以确定是否有断路或接触不良故障。

⑦检查线路搭铁短路故障时，应拆开线路两端的连接器，然后测量连接器被测端子与车身(搭铁)之间的电阻。电阻值大于1 MΩ，为无故障。

⑧在拆卸电控系统线路之前，应首先切断电源，即将点火开关断开(OFF)，拆下蓄电池负极搭铁线(注意具有防盗功能的车辆的防盗密码要记住)。

⑨测量两个端子间或两条线路间的电压时，应将万用表的两个表笔与被测的两个端子或两根导线接触(图10-5a)；测量某个端子或某条线路的电压时，应将万用表的正表笔与被测的端子或线路接触，而将万用表的负表笔与地线接触(图10-5b)。

⑩检查端子、触点或导线等的导通性，是指检查端子、触点或导线是否通路，可用万用表欧姆挡测量电阻值的方法进行检查(图10-6)。

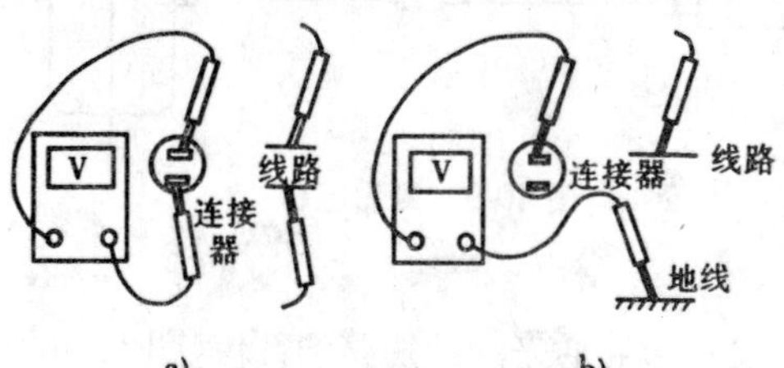

图10-5　用万用表测量端子或线路的电压
a)测量两个端子间或两条线路间的电压；b)测量某个端子或某条线路的电压

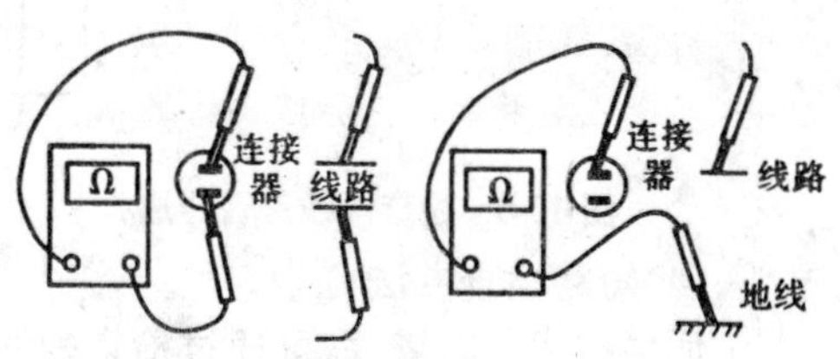

图10-6　用万用表检测导通性

(2)电控系统万用表检测的基本操作方法

电控系统万用表检测的基本操作方法如下：

①电阻测量方法。将万用表置于欧姆(Ω)挡的适当位置并校零后,即可以测量电阻值。微机控制系统的元器件(传感器、执行器、ECU、继电器和线路等)的技术状况,都可以用检测其电阻值的方法来判断。

②直流电压测量的方法。将万用表选择在直流电压(V)挡(选择合适的量程),将表笔接至被测两端。用测量电压的方法可以检查ECU所发出的各种控制信号电压和电路上各点的电压(信号电压或电源电压)以及元器件上的电压降。

(3)断路(开路)检测方法

如图10-7所示的配线有断路故障,可用检查导通或检查电压的方法来确定断路的部位。

①检查导通方法。脱开连接器A和C,测量它们之间的电阻值(图10-8)。若连接器A的端子1与连接器C的端子1之间的电阻值为∞,则它们之间不导通(断路);若连接器A的端子2与连接器C的端子2之间的电阻值为0Ω,则它们之间导通(无断路)。脱开连接器B,测量连接器A与B、B与C之间的电阻值。若连接器A的端子1与连接器B的端子1之间的电阻值为0Ω,而连接器B的端子1与连接器C的端子1之间的电阻为∞,则连接器A的端子1与连接器B的端子1之间导通,而连接器B的端子1与连接器C的端子1之间有断路故障存在。

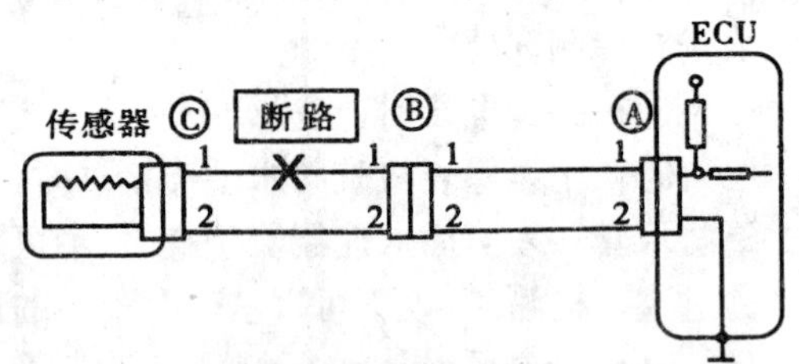

图10-7 断路检查线路

② 检查电压方法。在ECU连接器端子加有电压的电路中,可以用检查电压的方法来检查断路故障(图10-9)。在各连接器接通的情况下,ECU输出端子电压为5V的电路中,如果依次测量连接器A的端子1、连接器B的端子1和连接器C的端子1与车身(搭铁)之间的电压时,测得的电压值分别为5V、5V和0V,则可判定在连接器B的端子1与连接器C的端子1之间的配线有断路故障存在。

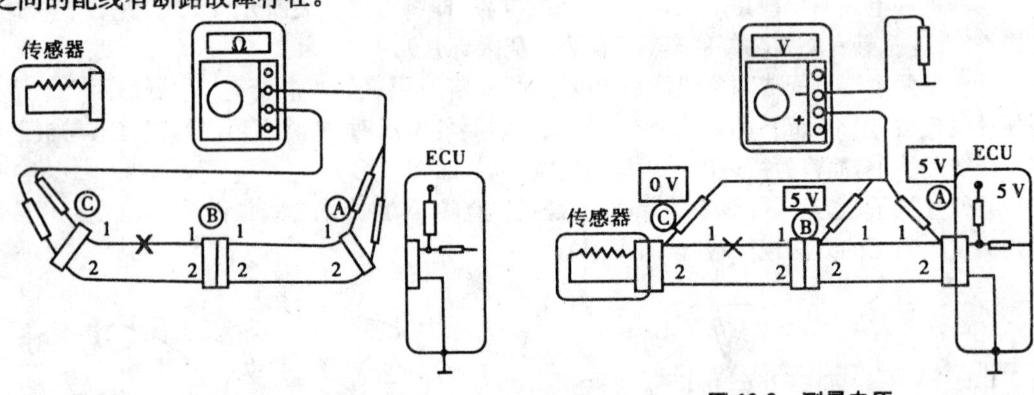

图10-8 检查配线是否导通

图10-9 测量电压

(4)短路检查方法

如果配线短路搭铁,可通过检查配线与车身(搭铁)是否导通来判断短路的部位(图10-10)。

①脱开连接器A和C,测量连接器A的端子1和端子2与车身之间的电阻值。如果测得的电阻值分别为0Ω和∞,则连接器A的端子1与连接器C的端子1的配线与车身之间有短路搭铁故障。

②脱开连接器B,分别测量连接器A的端子1和连接器C的端子1与车身(地线)之间的电阻值。如果测得的电阻值分别为∞和0Ω,则可以判定连接器B的端子1与连接器C的端子

1之间的配线与车身之间有短路搭铁故障。

关于用万用表对各传感器或执行元件的检测方法，在相关章节中叙述，在此不再赘述。

2.示波器检测法

示波器检测法就是利用示波器对电控系统中的各类信号进行动态监测，根据检测的波形进行故障分析，具体的方法在本篇其他章节详细分析。

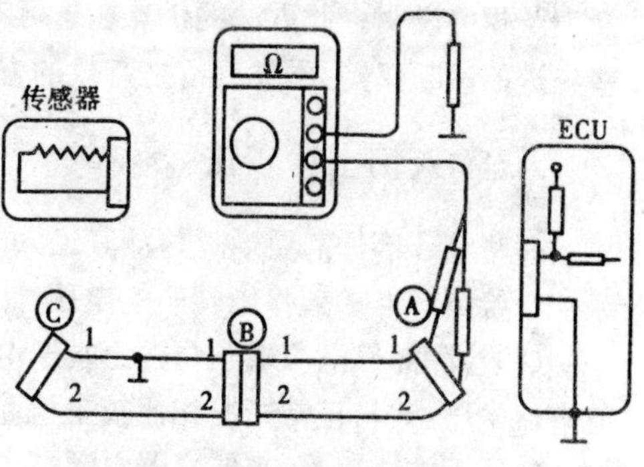

图 10-10 测量有无短路

七、按照故障症状诊断表诊断

汽车的故障较为复杂，一般具有非确定性的特征，其表现形式为某故障原因可能产生多个故障，或某个故障迹象可能由多个故障原因引起。即故障现象与故障原因之间不具有确定性的关系。这类故障多表现为既不能在故障代码诊断中得到证实，也不能在基本检查中得到证实的特征，这种情况可按照故障症状诊断表的编号顺序进行检查。多数车型的维修手册中均会给出本车型的故障症状诊断表，并给出相应的故障症状、检查顺序、需要检查的电路或零件名称、每个故障检查流程在维修手册中的页码。图10-11所示是天津一汽丰田威姿(VIZI)轿车1SZ－FE型发动机维修手册中给出的故障症状诊

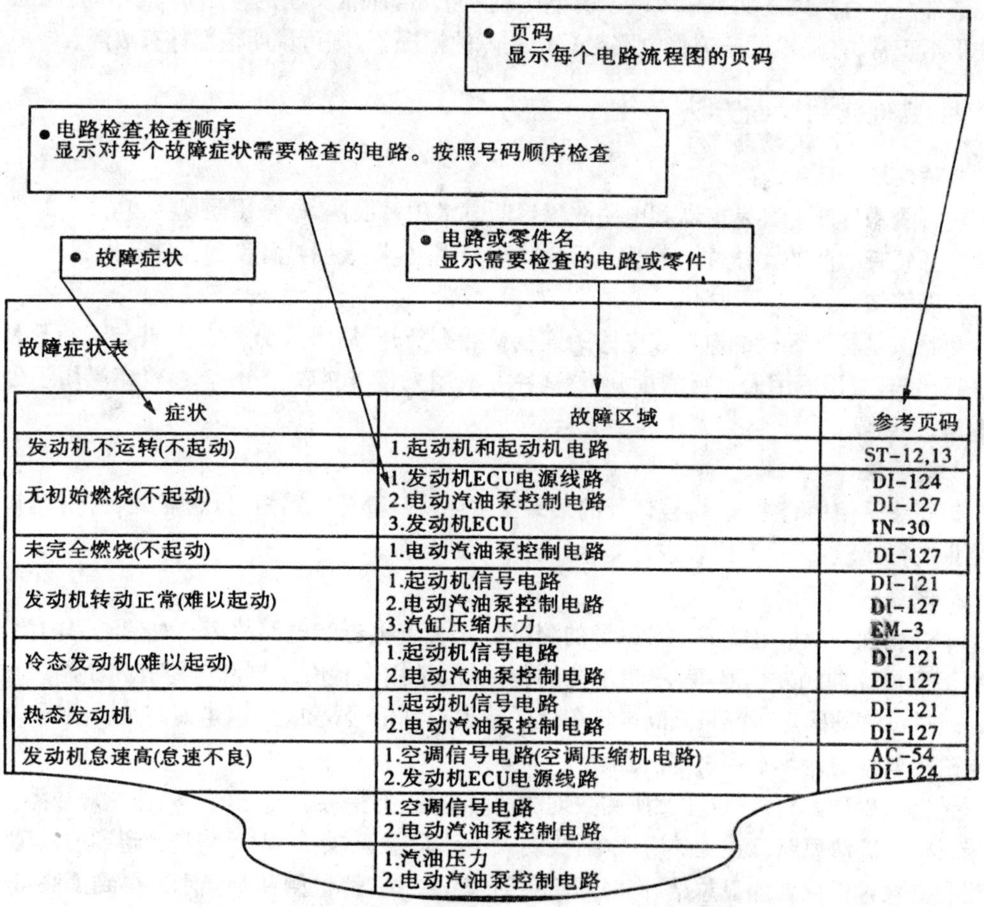

● 页码
显示每个电路流程图的页码

● 电路检查,检查顺序
显示对每个故障症状需要检查的电路。按照号码顺序检查

● 故障症状

● 电路或零件名
显示需要检查的电路或零件

故障症状表

症状	故障区域	参考页码
发动机不运转(不起动)	1.起动机和起动机电路	ST-12,13
无初始燃烧(不起动)	1.发动机ECU电源线路 2.电动汽油泵控制电路 3.发动机ECU	DI-124 DI-127 IN-30
未完全燃烧(不起动)	1.电动汽油泵控制电路	DI-127
发动机转动正常(难以起动)	1.起动机信号电路 2.电动汽油泵控制电路 3.汽缸压缩压力	DI-121 DI-127 EM-3
冷态发动机(难以起动)	1.起动机信号电路 2.电动汽油泵控制电路	DI-121 DI-127
热态发动机	1.起动机信号电路 2.电动汽油泵控制电路	DI-121 DI-127
发动机怠速高(怠速不良)	1.空调信号电路(空调压缩机电路) 2.发动机ECU电源线路	AC-54 DI-124
	1.空调信号电路 2.电动汽油泵控制电路	
	1.汽油压力 2.电动汽油泵控制电路	

图 10-11 天津一汽丰田威姿(VIZI)轿车 1SZ－FE 型发动机故障症状表

断表及相关说明。此方法的优点在于可有效地缩小故障范围，迅速捕捉到故障部位，若结合某些先进的诊断仪器，不失为行之有效的方法之一。

八、输入输出比较法

一些电子部件需要通过检测其输入与输出电压值或电压波形来判断其好坏。

1.检测部件输入输出端子的电压

(1)检测部件电源端子与输出端子电压。通过测量该部件的电源端子和输出端子对搭铁的直流电压，并与正常情况相比较来检验其是否有故障。比如，电控系统的ECU，在检测电源端子电压正常情况下，其传感器电源端子的电压应与标准值(通常为5V)相符。如果传感器电源端子电压不正常，则说明ECU内部电源电路有故障，需更换ECU。

(2)检测部件信号输入端子和输出(控制)端子电压。通过测量(或设置)信号输入端子的直流电压，再测量相关控制端子的直流电压，并与正常情况相比较，以检验该部件能否正常工作。如果该部件输入端子的电压正常，而相关连的输出(控制)端子的电压不正常，则说明该部件有故障。

2.检测部件输入输出端子的电压波形

通过测量该部件输入信号端子和相关联输出端子的电压波形，并与正常波形相比较，以检验该部件是否有故障。如果输入端子的电压波形正常，而相关联的输出端子无电压波形或电压波形不正常，在输出端子连接电路无短路故障的情况下，则可说明该部件有故障。

九、其他常用诊断方法

1.替换法

进行故障诊断尤其是电器和电路故障诊断时常用替换法，即采用同规格、功能良好的元件来替换怀疑有故障的元器件。若替换后故障现象消失，则表明被替换的元件已损坏。

2.断路法

断路法是将被怀疑的电器或电路的连线或插头断开，然后再观察结果，并与未断开时的结果进行比较，或用万用表进行测量分析，这种方法用来检查搭铁十分有效，也广泛用于分析电子电路。

3.短路法

短路法是使用跨接线，将被怀疑的某一器件或某一部分电路短路，观察其结果并与短路前的结果进行比较，或用万用表进行测量分析来诊断故障。

4.试灯法

试灯法就是用带电源或不带电源的测试灯来检查电器和电路故障。对带电源的测试灯，常用于模拟脉冲触发信号等；不带电源的测试灯，常用来检查电器和电路有无断路或短路故障。通过试灯的闪烁情况来判断电控单元的输出控制信号是否正确、电磁阀是否损坏。例如，对电磁阀电路的检测常用试灯法。

无论用哪种方法，一定注意所测数据的前后对比，并保存、积累好资料，注意对故障分析的记录、整理，搞清思路。在工作实践中，成功人士都是善于总结、积累，将自己遇到的故障、检测方法和排除过程认真加以总结，同时不断更新知识结构，使检测和维修水平得到提高，这值得借鉴。

第五节　疑难故障典型分析方法

一、故障代码分析及在汽车故障检测诊断中的应用

如前所述，车载故障自诊断系统时刻监测汽车电控系统的工作，一旦发现问题，便设定相应的故障代码。维修人员利用汽车故障电脑检测仪，通过数据连接器，可以读取故障代码，依据故障代码的提示，便可以确定车辆的具体故障部位。故障代码分析是目前汽车故障检测诊断中使用非常普遍的一种故障诊断方法。

（一）故障代码分析的基本流程

根据故障代码进行车辆故障分析的基本流程如图 10-12 所示。

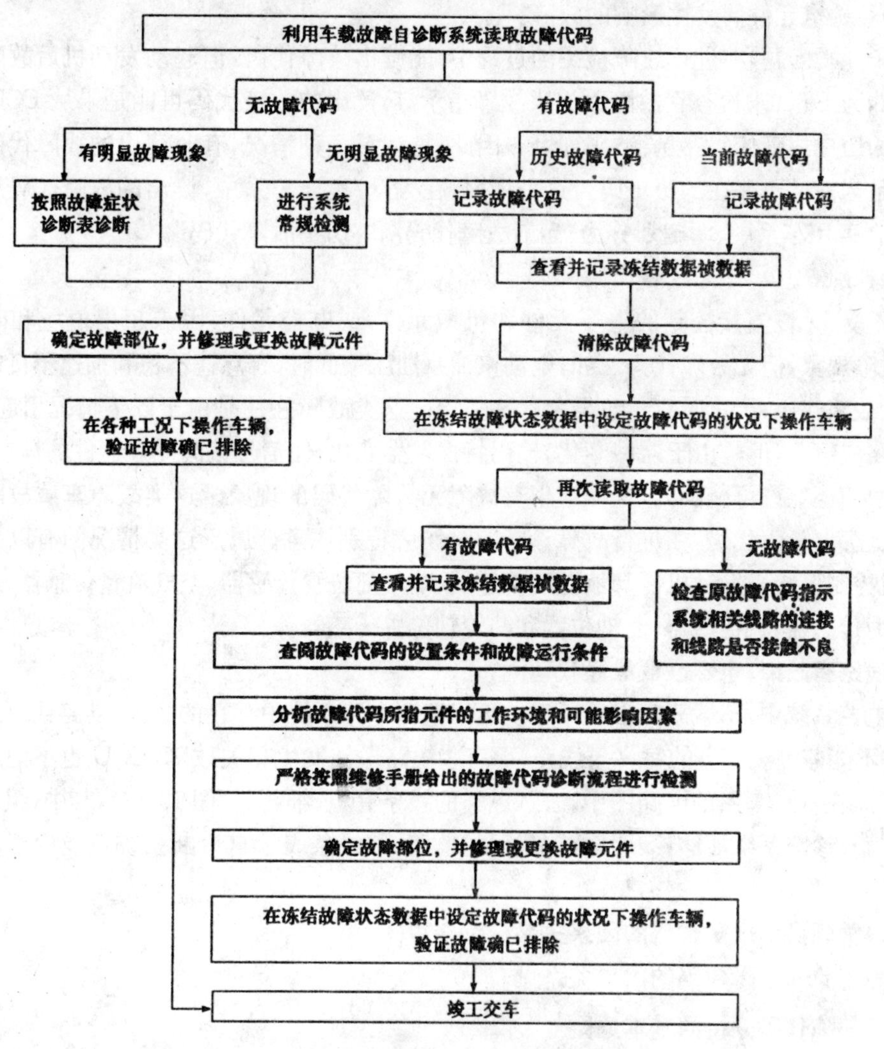

图 10-12　故障代码分析基本流程

（二）故障现象和故障代码的相互关系

车载故障自诊断系统显示的故障代码有两重性：一是“自生故障”，替换被读码诊断的零件后即可排除；另一种是“他生故障”，由其他因素影响而产生的，很容易造成误诊断，需要采用读码配合系统原理分析，并了解故障代码与故障现象的相互关系，方能准确判断。

故障代码所覆盖的内容，是ECU直接控制的输入和输出相关元件（如电动汽油泵的继电器），非直接控制的电控元件的好坏，只能通过现象来判断故障（如电动汽油泵）。因此，故障代码和故障现象之间也存在着因果关系和非因果关系。

1. 有故障代码，却无故障现象

车辆在运行中曾经发生过轻微的、瞬时的偶发性间歇故障，很快又恢复正常。例如：

（1）偶发性1、2次断火故障，瞬时断油故障。

（2）瞬时外界电磁波干扰故障。

（3）瞬时误操作又改正的故障。

（4）相关电元件偶发性影响的故障。

对于此类问题，在进行故障检测的过程中，能读出故障代码，但起动发动机后故障指示灯熄灭。此为ECU未检查到故障而熄灭故障指示灯，读出的故障代码可能是未从ECU存储器中清除的历史故障代码，只要清码即可。因此，需注意一种情况，有时读出的故障代码中有几个可能是当前已不存在的历史码。这种情况，在大众/奥迪车系中，读出的故障代码后面会带“/SP”；在通用车系中，明确划分为“当前故障代码”和“历史故障代码”。

2. 有故障现象，却无故障代码

凡不受ECU直接控制的电子元件和机械元件，或电控元件，因未超出值域和时域范围的，有故障现象，但无故障代码。如，电动汽油泵油压偏低时，有怠速不稳和加速不良的故障现象，但无故障代码，严重时氧传感器会代为报警。这类故障往往是由于以下情况引起的：信号没有开路或短路，但是由于器件老化，输出特性发生变化，使信号偏离完好器件的标准信号，由于信号数值还在许可范围内，从而产生有故障无故障代码的现象。这类故障车载故障自诊断系统无法存储故障代码，在进行故障诊断的时候应特别注意。属于这类情况的有以下传感器（发动机控制系统）：发动机冷却液温度传感器、节气门位置传感器、空气流量传感器、进气歧管绝对压力传感器、氧传感器、曲轴位置和凸轮轴位置传感器等。

3. 线路有故障，也不设置故障代码

在电控系统中，车载故障自诊断系统可以监测电路系统中存在的故障（断路或短路），但是ECU并不能监测汽车上的每一条线路，而有些线路即使发生相关故障，ECU也不记录故障代码。例如，在日产车系的电路图中，表示电路的线条有粗、细两种（图10-13），其中，粗线条表示车载故障自诊断系统能够诊断其故障代码的电路，细线条表示自诊断系统不能诊断其故障代码的电路。

4. 故障现象和故障代码的因果关系

故障现象和故障代码的因果关系见表10-2。

（三）故障代码分析的基本原则

在根据故障代码进行车辆故障分析的时候，要坚持以下几个基本原则。

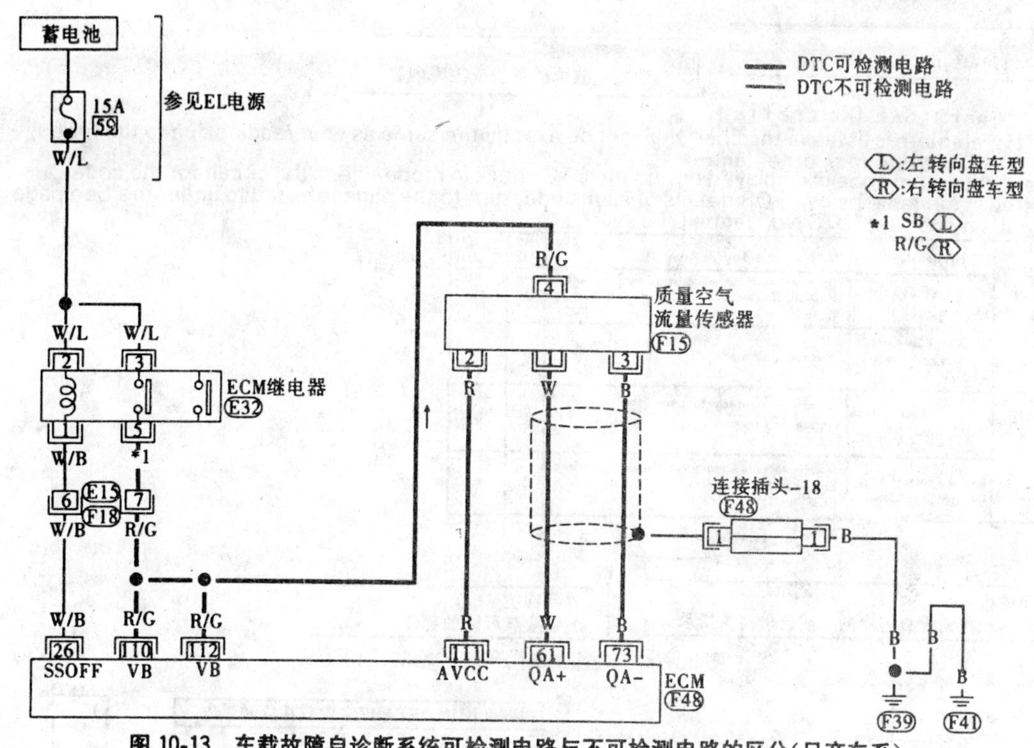

图 10-13 车载故障自诊断系统可检测电路与不可检测电路的区分(日产车系)

表 10-2 故障现象和故障代码的因果关系

故障	故障现象	故障代码	因果关系	故障	故障现象	故障代码	因果关系
有	明显	有	直接关系	有	不明显	有	瞬时偶发
有	明显	没有	间接关系	有	不明显	没有	轻微故障

1. 充分发挥故障代码表的功能

每个车型的维修手册均会给出该车型的故障代码表,典型故障代码表的格式及说明见图 10-14 所示。标准化的故障代码对 ECU 检测出的故障给出了更详细的描述,其中第四和第五个数字是对发现的故障进行详细而精确说明的,这些字符不仅仅表明发生故障的元件或线路,还给出该故障类型的详细描述。标准故障代码的重要性在于每个汽车制造商的每种车型都要使用相同的故障代码来定义同一故障。

OBD－Ⅱ要求所有的故障代码都必须按优先级储存。具有高优先级的故障代码优于低优先级的故障代码。高优先级的故障代码在故障第一次发生故障时就被设置,且立即点亮故障指示灯,优先级较低一些的故障代码是那些当故障第一次出现时就会被设置的故障代码,但此时故障指示灯并不亮,只有当故障第二次发生时,故障指示灯才会点亮。对于发动机电控系统而言最低优先级的故障代码是与排放系统无关的一些故障。

2. 仔细阅读故障代码指示元件或系统的电路图说明

各个车型的维修手册在对故障代码进行分析的时候,均会给出该故障代码指示元件或系统的电路,在进行故障代码诊断的时候,一定要仔细阅读该电路,该电路中出现的元件、线路、供电、搭铁出现问题均会导致该故障代码的出现。例如,上海通用别克君威轿车发动机控制系统读出故障代码 P0101——空气流量(MAF)传感器性能,维修手册中便给出了图 10-15 所示

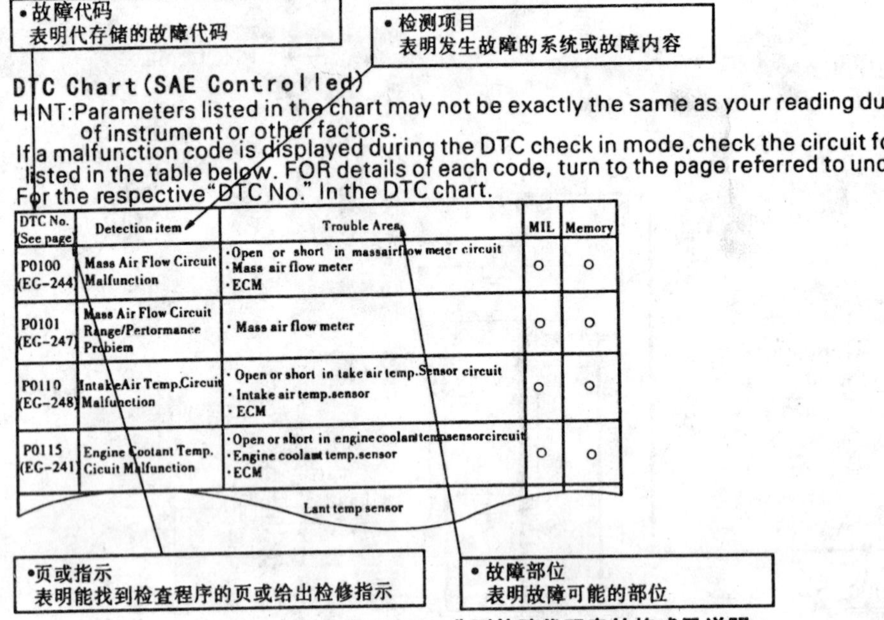
•故障代码
表明代存储的故障代码

•检测项目
表明发生故障的系统或故障内容

DTC Chart(SAE Controlled)

HINT:Parameters listed in the chart may not be exactly the same as your reading due to the type of instrument or other factors.

If a malfunction code is displayed during the DTC check in mode,check the circuit for the code listed in the table below. FOR details of each code, turn to the page referred to under the"See page" For the respective"DTC No." In the DTC chart.

DTC No. (See page)	Detection item	Trouble Area	MIL	Memory
P0100 (EG-244)	Mass Air Flow Circuit Malfunction	·Open or short in massairflow meter circuit ·Mass air flow meter ·ECM	o	o
P0101 (EG-247)	Mass Air Flow Circuit Range/Pertormance Probiem	·Mass air flow meter	o	o
P0110 (EG-248)	IntakeAir Temp.Circuit Malfunction	·Open or short in take air temp.Sensor circuit ·Intake air temp.sensor ·ECM	o	o
P0115 (EG-241)	Engine Cootant Temp. Cicuit Malfunction	·Open or short in enginecoolanttempsensorcircuit ·Engine coolant temp.sensor ·ECM	o	o
	Lant temp sensor			

•页或指示
表明能找到检查程序的页或给出检修指示

•故障部位
表明故障可能的部位

图 10-14 典型故障代码表的格式及说明

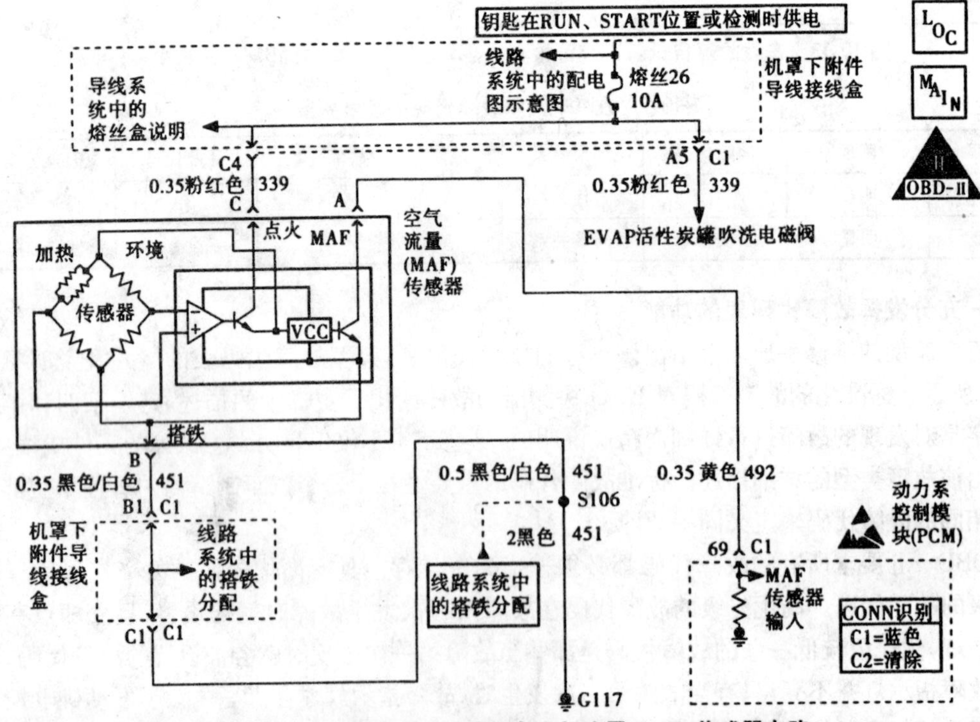

图 10-15 上海通用别克君威轿车空气流量(MAF)传感器电路

的电路图。该电路图表明了和该故障代码有关的元件和线路,对故障代码的分析和诊断非常有帮助,并且维修手册中也对该电路和空气流量传感器的工作以及在什么条件下设置该故障代码进行了如下分析:

"空气流量(MAF)传感器测量通过它进入发动机的空气量,PCM(PCM)使用空气流量(MAF)信息来监视发动机运行条件,以进行燃油供给计算。进入发动机的空气量大,表示加速或高负荷工况，反之，则表示减速或怠速。空气流量传感器产生用故障检测仪监视的频率信号。该频率从怠速时的2000 Hz至最大发动机负载时的近8000 Hz范围内变化。如果来自空气流量传感器的信号与大气压力、空气密度、节气门位置和发动机转速的预计值不相符，DTC P0101将设置。”

通过该分析，维修技术人员便可以了解空气流量(MAF)传感器的作用，以及设置故障代码P0101的条件，这对正确利用该故障代码确定故障部位很有帮助。

3.明确故障代码的运行和设置条件

在故障代码设计的时候，汽车设计人员设定每个故障代码均有一个条件，即“在……条件下，如果……，便设置故障代码……”。这里的故障代码运行和设置条件对维修技术人员正确分析故障代码非常有帮助。譬如，上海通用别克君威轿车发动机控制系统故障代码P0101——空气流量(MAF)传感器性能，维修手册上就给出了以下运行故障代码的条件：

(1)发动机运行。

(2)系统电压介于9.0V与18.0V之间。

(3)节气门开度低于25%。

(4)进气歧管绝对压力和节气门位置(TP)稳定时间大于10 s。

(5)废气再循环负载周期低于50%。

(6)废气再循环枢轴位置低于50%。

在上述条件下，如果实际空气流量与预计空气流量的差值大于标定值，电控单元便设定故障代码P0101。也就是说，如果上述任一条件不满足，电控单元即使发现空气流量传感器信号不正确也不记录故障代码，或者记录的故障代码是错误的。

另外，电控单元在设置故障代码时，电控单元是在一定的参数环境下，将某传感器的参数值和预计值进行比较判定是否设置故障代码的，所以，如果设置该故障代码的参数环境发生错误，即使被考察的传感器参数正确，电控单元也同样判定该传感器错误而“错误地”记录该传感器的故障代码。这一点，维修人员一定要注意。以上海通用别克君威轿车发动机控制系统故障代码P0101——空气流量(MAF)传感器性能为例，电控单元设置故障代码P0101是在大气压力、空气密度、节气门位置和发动机转速条件下，在空气流量(MAF)传感器实际信号和预计值不相符合的条件下设置的。比如，在发动机转速为800r/min，节气门开度为1%的条件下，空气流量(MAF)传感器的信号为2 000 Hz，这三个参数均输入电控单元，电控单元认为正常，不设置故障代码；如果该车节气门位置传感器损坏，在发动机工作条件没有变化的情况下输送给电控单元的节气门开度数据为3%，其实输入电控单元的信息便成了发动机转速800r/min，节气门开度3%，空气流量(MAF)传感器2 000 Hz，而在发动机转速为800r/min，节气门开度为3%的条件下，空气流量(MAF)传感器的信号应该为2 800 Hz，电控单元认为发动机转速为800r/min，节气门开度为3%的条件下，空气流量(MAF)传感器的信号应该为2 000 Hz不可信，因此也同样会记录P0101——空气流量(MAF)传感器性能的故障代码。此时更换空气流量(MAF)传感器是无法排除故障的，但是，如果更换节气门位置传感器，让其信号恢复到正常的1%，故障却可以排除。上述分析说明，在进行故障代码分析的过程中，了解故障代码设置条件的重要性。

4.详细了解设置故障代码之后的应急保护措施

电控单元在记录了某个故障代码之后，为了维持车辆的基本功能，往往会采取一定的应急保护措施,这就是通常所讲的故障保护模式。不同的故障代码,电控单元将根据故障的性质采取不同的应急保护措施,详细了解各个故障代码下的应急保护措施,将有助于快速根据故障代码确定故障部位。如果对故障代码的应急保护措施掌握的不详细,往往会导致故障排除陷入误区。下面以上海通用别克轿车装备的4T65E型自动变速器的应急保护措施为例,予以简单说明。

关于4T65E型自动变速器的应急保护措施,很多资料仅仅笼统地表述为:"当动力系统控制模块检测到电控系统有故障时,会给变速器内部电气元件断电,此时PC(压力控制)阀电流为0A,管路压力最高,冻结换挡适配,变速器固定在3挡运行"。其实,该表述并不完全正确,因为电控单元记录不同的故障代码后采取的应急保护措施是不完全一样的。譬如:

(1)故障代码P0751——1-2/3-4挡换挡电磁阀性能,无1挡或4挡。在以下任一情况下,PCM会记录故障代码P0751:一是动力系统控制模块(PCM)指令1挡工作而齿轮传动比指示2挡齿轮传动比(1.52∶1~1.62∶1)达1 s;二是动力系统控制模块(PCM)指令4挡工作而齿轮传动比指示3挡齿轮传动比(0.95∶1~1.05∶1)达1 s。当动力系统控制模块(PCM)记录故障代码P0751后采取的应急保护措施是:动力系统控制模块(PCM)指令最大管路压力,冻结换挡适配值。如果车辆速度高于48 km/h,PCM禁止3-2换低挡。

(2)故障代码P0753——1-2/3-4挡换挡电磁阀电气电路。在以下任一情况下,PCM会记录故障代码P0753:一是动力系统控制模块(PCM)向电磁阀发出接通(ON)指令,但电压反馈保持在高电压(B+);二是动力系统控制模块(PCM)向电磁阀发出断开(OFF)指令,但电压反馈保持在高电压(0V)。当动力系统控制模块(PCM)记录故障代码P0753后采取的应急保护措施是:动力系统控制模块(PCM)指令最大管路压力,禁止液力变矩器离合器(TCC)啮合,冻结换挡适配值。如果车辆速度高于48km/h,PCM禁止3-2换低挡。

由此可见,对于4T65E型自动变速器而言,PCM会根据检测到的不同故障代码,采取不同的应急保护措施,并不一定是给所有的电磁阀断电。4T65E型自动变速器部分元件损坏后所采取的措施见表10-3所列。

表10-3　4T65E型自动变速驱动桥部分元件损坏后所采取的措施

故障元件	采取措施
1-2/3-4换挡电磁阀	指令管路最大压力,冻结换挡适配值,如果车辆速度高于48km/h,PCM禁止3-2换低挡,点亮故障指示灯
2-3换挡电磁阀	指令管路最大压力,冻结换挡适配值;指令3挡齿轮啮合;点亮故障指示灯;禁用TCC
液压手动阀位置开关(TFP)	指令管路最大压力,冻结换挡适配;默认D4挡位
自动变速器油温传感器(TFT)	冻结换挡适配;PCM利用IAT和ECT传感器计算一替代值
车速传感器(VSS)	指令管路最大压力,冻结换挡适配;利用输入轴转速和当前挡位计算车速
输入轴转速传感器(ISS)	冻结换挡适配
压力控制电磁阀(PC阀)	指令管路最大压力,冻结换挡适配

5.严格按照故障代码诊断帮助检查相关部位

维修手册对故障代码诊断之前会给出一个诊断帮助,该诊断帮助说明了很多能引起该故障代码的相关因素,并且这些因素容易被维修人员所忽视。因此,在维修过程中,如果读得一个故障代码，在开始对故障代码进行诊断之前，应该按照“诊断帮助”的内容检查相关部位。譬如，上海通用别克君威轿车发动机控制系统故障代码 P0101——空气流量(MAF)传感器性能，维修手册中给出的诊断帮助要求首先检查是否出现如下情况。

(1)节气门位置(TP)传感器变形或卡滞。节气门位置传感器或节气门位置传感器电路故障将导致动力系统控制模块不能正确地计算预计的空气流量值。节气门关闭时观察节气门角度，如果节气门角度读数不是 0%，检查是否出现如下情况，必要时修理：

——节气门位置传感器信号电路与电源短接(参见“线路系统”中“导线修理”)；

——节气门位置(TP)传感器接地电路中接触不良或电阻过大(参见“线路系统”中“测试间断性症状和接触不良”)。

如果未出现上述情况，并且节气门关闭时节气门角度读数不是 0%，则更换节气门位置传感器。

(2)进气歧管绝对压力传感器变形。进气歧管绝对压力传感器变形导致气压读数不准确，如若检查进气歧管绝对压力传感器，应将被诊断车上的进气歧管绝对压力气压计读数与正常工作车上的进气歧管绝对压力气压计读数进行比较，若差别较大，则更换歧管绝对压力传感器。

(3)动力系统控制模块接触不良。检查导线连接器是否存在端子松脱、匹配接合不良；锁片断裂，端子变形或损坏，端子与导线接触不良。

(4)线束走线错误。检查空气流量传感器线束，确信线束与高压导线(如火花塞引线)不太靠近。

(5)线束损坏。检查线束是否损坏，若线束正常，在移动与空气流量传感器相关的连接器和线束的同时观察故障检测仪，如果显示参数发生变化，表明该部位有故障。参见“线路系统”中“导线修理”。

(6)进气歧管堵塞或空滤器滤芯太脏。

(7)将实际空气质量流量与根据进气歧管绝对压力、节气门位置传感器和发动机转速读数(速度密度)所计算的空气质量流量进行比较。如果进气歧管绝对压力传感器变形或无响应，则在接通点火开关时会使计算空气流量值不精确。当发动机起动，在实际空气质量流量与计算空气质量流量间则会产生计算的差值，将设置故障代码 P0101，车辆将失速。进气歧管绝对压力传感器则传感错误空气质量流量。因为进气歧管绝对压力传感器是变形/无响应的，错误空气质量流量值不正确，并且车辆可能会不能重新起动。如果导致进气歧管绝对压力传感器值不准确(真空装置接触不良、真空源损坏或真空软管损坏、进入进气歧管的空气未计量)故障发生，故障代码 P0101 将被设置并且更换默认空气流量值。由于进气歧管绝对压力传感器值不正确，车辆则可能不起动和运行。

若故障代码 P0101 不能再现，故障记录数据中信息可用于确定故障代码上次设置后车辆行驶的里程，这可有助于确定故障代码多长时间设置 1 次。

上面给出的诊断帮助内容，非常详细地阐述了其他可能引起该故障代码产生的原因和可能性，这些原因和可能性在故障代码的诊断流程中不一定会有，所以诊断帮助内容对排除故障代码指示故障非常有用。

6.严格执行维修手册提供的故障代码诊断流程

车型维修手册中，对于每个故障代码均给出了一个标准的故障代码诊断流程。该流程是技术人员总结和分析各种导致该故障代码产生的可能性，并经优化之后给出的，严格执行故障代码诊断流程，可以避免故障诊断中缺、漏项目。例如，上海通用别克君威轿车维修手册中对故障代码 P0101——空气流量(MAF)传感器性能给出了以下诊断流程表(表 10-4)。

表 10-4　故障代码 P0101——空气流量(MAF)传感器性能的检测诊断流程

步骤	操作	数值	是	否
1	是否已执行动力系车载诊断系统检查?	——	至步骤 2	至动力系车载诊断 OBD 系统检查
2	在故障检测仪上选择故障代码功能。故障检测仪是否显示任何其他故障代码?	——	至相应故障代码表	至步骤 3
3	(1)用故障检测仪观察和记录故障检测仪故障记录数据。(2)在故障记录数据状态下操作汽车。(3)用故障检测仪观察故障代码 P0101 的特定故障代码信息。查看是否出现故障代码 P0101?	——	至步骤 4	至诊断帮助
4	重要注意事项:不要清除故障代码。 断开空气流量传感器,起动发动机。查看发动机是否能起动并继续运转?	——	至步骤 5	至步骤 6
5	断开点火开关,重新连接空气流量传感器,起动发动机,用故障检测仪观察进气歧管绝对压力传感器参数,同时将发动机转速缓慢提高到 3 000r/min。查看发动机转速增加时进气歧管绝对压力传感器参数值是否改变?	——	至步骤 7	至步骤 6
6	检查进气歧管绝对压力传感器(参见“进气歧管绝对压力传感器电路故障诊断”)。是否发现并更正状况?	——	至步骤 20	至步骤 7
7	节气门关闭时接通点火开关,用故障检测仪观察节气门角度参数。查看故障检测仪是否显示规定值?	0%	至步骤 8	至故障代码 P0121 节气门位置(TP)传感器性能
8	断开点火开关,断开空气流量传感器,在发动机熄火时接通点火开关,将数字式万用表(DMM)连接到空气流量传感器信号电路与可靠搭铁之间。查看电压测量值是否在规定值附近?	5.0V	至步骤 9	至步骤 10
9	将测试灯连接在空气流量传感器点火供电端和搭铁电路之间,查看测试灯是否点亮?	——	至步骤 13	至步骤 12
10	测量电压是否低于规定值?	4.5V	至步骤 14	至步骤 11
11	断开点火开关,断开动力系统控制模块(PCM),在发动机熄火时接通点火开关,将数字式万用表(DMM)连接到空气流量传感器信号电路端与可靠接地之间,查看电压测量值是否在规定值附近?	0.0V	至步骤 20	至步骤 17
12	将测试灯连接在空气流量传感器点火供电电路端和可靠搭铁之间,查看测试灯是否点亮?	——	至步骤 15	至步骤 16

续上表

步骤	操作	数值	是	否
13	检查空气流量传感器是否接触不良(参见"线路系统"中"测试间断性症状和接触不良"),是否发现并更正状况?	—	至步骤 20	至步骤 18
14	检查空气流量传感器电路是否存在如下情况: (1)空气流量传感器信号电路电阻过大。 (2)空气流量传感器接地电路电阻过大。 (3)空气流量传感器信号电路对搭铁短路。 (4)动力系统控制模块(PCM)接触不良。 参见"线路系统"中"间断性和接触不良的测试"、"接头修理"和"导线修理"。是否发现并更正状况?	—	至步骤 20	至步骤 19
15	排除空气流量传感器接地电路电阻过大或开路故障(参见"线路系统"中"导线修理")。是否完成维修?	—	至步骤 20	—
16	排除空气流量传感器点火供电电路电阻过大或开路故障(参见"线路系统"中"导线修理")。是否完成维修?	—	至步骤 20	—
17	找出并排除空气流量传感器信号电路与电源短接故障(参见"线路系统"中"导线修理")。是否完成维修?	—	至步骤 20	—
18	更换空气流量传感器(参见"空气流量传感器更换")。是否完成更换操作?	—	至步骤 20	—
19	重要注意事项:更换动力系统控制模块时必须编程。 更换动力系统控制模块(参见"动力系统控制模块更换/编程")。是否完成更换操作?	—	至步骤 20	—
20	使用故障检测仪清除故障代码,在观察到的故障记录状况内操作车辆。查看故障代码是否再次设置?	—	至步骤 2	系统正常

7. 正确理解故障代码的含义

众所周知,每个故障代码均有一个含义,但是,同一个故障代码,不同的人对故障代码含义的理解不完全一样。如果不能完全理解故障代码的含义,即使是读出故障代码,故障也无法得到迅速排除。下面我们以故障代码 P0300 为例,说明正确理解故障代码含义的重要性。

故障代码 P0300、P0301、P0302、P0303、P0304……等故障代码,在很多维修资料中均有说明,譬如上海通用别克君威轿车中给出的故障代码 P0300 的含义是"检测到发动机缺火"。在很多维修技术人员头脑中往往将"火"理解为"点火",所以在进行故障诊断时,往往将检测的重点放在点火系统中,什么火花塞、分缸线、点火线圈。但是我们发现,将点火系统的元件全部更换,故障依然无法解决。究其原因,是我们对该故障代码的理解有误。在英文中,其实是"Misfire","mi"大家都能理解,是"缺失"、"丢失"的意思,但是"fire"并不是点火,而是"燃烧"的意思,这样,"Misfire"的真正含义便是"汽缸中的可燃混合气燃烧不良或者没有燃烧"。当然点火系统的元件损坏,肯定会导致"汽缸中的可燃混合气燃烧不良或者没有燃烧",但是除了点火系统之外，燃油压力低、喷油器堵塞或雾化不良、喷油器线路故障、机械故障导致的汽缸压缩压力不足等等原因，均会导致"汽缸中的可燃混合气燃烧不良或者没有燃烧"。因此，我们应该正确理解电控单元记录故障代码的条件和检查的内容。

以上海通用别克为例，动力系统控制模块(PCM)能够通过监测点火控制(IC)模块的3X参考电压和来自凸轮轴位置传感器的凸轮轴位置输入信号来探测是否存在"缺火"，动力系统控制模块监测曲轴转速变化和参考周期变化来确定缺火是否发生。如果所有汽缸点火过程中有2%或以上"缺火"，排放水平就会超过法定标准，动力系统控制模块基于在发动机连续运转200r测试样本监视到的"缺火"次数，确定"缺火"水平。动力系统控制模块连续跟踪16个连续200r测试样本，如果在16个样本中有10个样本检测的"缺火"数达到22以上，则设置故障代码P0300。若"缺火"程度严重到可能导致三效催化转化器损坏，将在探测到"缺火"的第一个200r循环周期内设置故障代码P0300。如果"缺火"可能导致三效催化转化器损坏，故障指示灯将闪亮，提醒驾驶员三效催化转化器有可能损坏。

对于上海通用别克轿车，导致产生故障代码P0300的可能性有：

(1)更换曲轴位置(CKP)系统的部件后没有执行曲轴位置(CKP)系统变更读出程序，因此在更换动力系统控制模块、设置故障代码P1336、更换发动机、更换曲轴、更换曲轴缓振平衡器、更换曲轴位置传感器后应该执行曲轴位置变更读出程序。

(2)相关的汽缸对的点火线圈接触不良或电阻过大，点火线圈损坏。

(3)相关汽缸的分缸线漏电、断路，火花塞间隙过大、过小或者电极间有积炭。

(4)空气流量。动力系统控制模块探测到低于正常空气流量的空气流量(MAF)传感器输出导致混合气过稀。

(5)进气系统。漏入进气系统的空气绕过空气流量传感器，导致混合气过稀状况。应检查真空软管是否断开或损坏。

(6)曲轴箱通风阀安装不当或有故障，或节气门体、废气再循环阀和进气歧管装配面泄漏真空。

(7)EGR阀工作不良，导致混合气过稀或废气再循环流量过高。

(8)燃油压力。燃油泵有故障、滤清器堵塞或燃油压力调节器有故障，造成燃油压力不当，导致混合气过稀。

(9)喷油器。喷油器脏堵、卡滞，导致燃油雾化不良；喷油器O形密封圈损坏；喷油器控制线路不良，导致喷油器长喷或不喷燃油。

(10)线束损坏。

(11)端子连接不良。检查导线连接器是否端子松脱、不匹配、锁止损坏、形状不合适。

(12)动力系统控制模块(PCM)损坏和发动机接地连接不可靠、不清洁。

(13)变速驱动桥离合器工作性能不良。

(14)燃油中有杂质。

(15)发动机机械故障导致汽缸压力不平衡。

为了帮助大家理解和掌握该故障代码的正确诊断程序，下面也给出该故障的检测诊断流程(表10-5)，供大家参考(以上海通用别克君威为例)。

表 10-5 故障代码 P0300——检测到发动机缺火的检测诊断流程

步骤	操作	数值	是	否
1	是否执行了动力系车载诊断系统检查?	——	至步骤 2	进行动力系车载诊断系统检查
2	是否还设置了其他故障代码?	——	按照出现的相应的故障代码进行诊断	至步骤 3
3	起动发动机并使发动机怠速运转,查看并记录故障检测仪冻结故障状态数据,在冻结故障状态数据中设定故障代码的状况下操作车辆,对于每个汽缸监视故障检测仪上的当前缺火汽缸号显示。查看当前缺火数值是否显示正在增长(表示有缺火情况发生)?	——	至步骤 5	至步骤 4
4	查看故障检测仪上的以往缺火缸号,以往缺火缸号是否显示的数值很大而且不止一个汽缸?	——	至步骤 5	至步骤 8
5	以往缺火汽缸号上显示的缺火数值是否与配对汽缸有关(即 1—4、2—5、3—6)?	——	至步骤 9	至步骤 6
6	直观检查下列部位:真空软管是否连接恰当或损坏(参见排气软管布置图);点火线圈和火花塞上的分缸线连接是否良好;发动机和动力系统控制模块接地情况,连接位置是否正确且清洁紧固);废气再循环至进气歧管连接是否正确和损坏。是否发现并更正状况?	——	至步骤 22	至步骤 7
7	测试燃油压力,看燃油压力是否符合要求?	333～375 kPa	至步骤 8	至燃油系统压力测试
8	进行燃油喷射器线圈测试,是否发现并更正状况?	——	至步骤 22	至步骤 9
9	外观检查与缺火汽缸相关的点火线圈是否存在如下状况:炭精漏电电弧或损坏;线圈和火花塞连接的缸号不正确;线圈和火花塞端子接触不良。是否发现并更正状况?	——	至步骤 22	至步骤 10
10	在与缺火汽缸相关的点火线圈火花塞端装上火花测试器(J 26792),将配对汽缸(即共享同一点火线圈的汽缸即 1—4、2—5、3—6)的火花塞端点火线跨接在发动机搭铁上,在转动发动机同时观察火花测试器是否有火花?	——	至步骤 15	至步骤 11
11	测量诊断为缺火汽缸的点火线路电阻,若电阻大于规定值则更换点火线。是否发现并更正状况?	1968 Ω/m	至步骤 22	至步骤 12
12	测量缺火汽缸的二级点火线路电阻,若电阻不在规定值之间,更换有故障的点火线圈(参见"点火线圈的更换")。是否发现并更正状况?	5000～8000Ω	至步骤 22	至步骤 13

续上表

步骤	操作	数值	是	否
13	拆除与缺火汽缸相关的点火线圈，检查点火线圈是否有炭精漏电、断裂或其他损坏的迹象，若发现故障则更换点火线圈（参见“点火线圈的更换”），是否发现并更正状况？	—	至步骤 22	至步骤 14
14	使点火线圈保持断开状态，跨接测试灯于点火模块初级电路端子间，拆卸喷油器熔丝，在发动机转动时观察测试灯，查看测试灯是否闪亮？ 重要注意事项：确定重新安装喷油器熔丝。	—	至步骤 20	至步骤 21
15	拆卸与缺火汽缸相连的火花塞（参见发动机电气系统中“火花塞的更换”），从外观检查火花塞电极是否积炭过多（参见发动机电气系统中“火花塞外观诊断”），是否发现并更正状况？	—	至发动机机械系统中“发动机缺火基本诊断”（表 10-6）	至步骤 16
16	外观检查火花塞是否存在如下状况：炭精漏电、绝缘体断裂或有其他损伤；电极损坏或间隙不正确。是否发现并更正状况？ 重要注意事项：如果任何火花塞上出现明显炭精漏电，则更换相应的火花塞和点火线（参见发动机电气系统中“火花塞的更换”）。	—	至步骤 22	至步骤 17
17	重新安装火花塞，检查发动机基本机械故障（参见发动机机械手册“发动机缺火诊断”，表 10-6），是否发现并更正状况？	—	至步骤 22	至步骤 18
18	若状况发生于驾驶时，检查变速驱动桥离合器问题（参照 4T65－E 型自动变速桥中“液力变矩器诊断程序”），是否发现并更正状况？	—	至步骤 22	至步骤 19
19	检测燃油中杂质情况（参见“燃油中酒精/杂质诊断”），是否发现并更正状况？	—	至步骤 22	至诊断帮助
20	更换与缺火汽缸相关的点火线圈（参见“点火线圈的更换”），是否完成更换操作？	—	至步骤 22	—
21	更换点火控制模块（参见“点火控制模块更换”），是否完成更换操作？	—	至步骤 22	—
22	查看并记录冻结故障状态数据，清除故障代码。起动发动机并在怠速下运行，按冻结故障状态数据中的描述在设置故障代码的状况下操作车辆，对于每个汽缸监视故障检测仪上的当前缺火缸号显示。对于任何汽缸缺火，当前汽缸号显示是否递增，表明缺火正在发生？	—	至步骤 2	系统正常

从表 10-5 和表 10-6 可以看出，P0300 故障代码牵涉的范围是非常广泛的，维修人员在按照故障代码排除故障时，一定要正确理解该故障代码的含义，否则，即使出现故障代码，故障也排除不了。

表 10-6　发动机缺火基本诊断

项目	检查内容
初步信息	(1)利用发动机缺火基本诊断信息前，先完成故障代码 P0300。故障代码 P0300 可帮助确定哪一缸或哪些缸缺火。 (2)直观检查：发动机飞轮或曲轴配重是否松动或安装不正确；附件驱动系统元件是否磨损损坏或错位。 (3)听发动机内部声音是否异常。 (4)检查发动机机油压力是否合适。 (5)检查发动机机油耗量是否太高。 (6)检查发动机冷却液耗量是否太高。 (7)测试发动机汽缸压力
进气歧管泄漏	进气歧管真空泄漏可能会导致发动机缺火，注意检查以下情况：真空软管是否安装不当或损坏；进气歧管和/或衬垫是否有故障或安装不当；进气歧管是否有裂缝或损坏；节气门体或衬垫是否安装不当或损坏；进气歧管是否翘曲变形；汽缸盖密封面是否翘曲变形或损坏
冷却液消耗	冷却液消耗可能导致发动机缺火，注意检查：冷却液是否外漏；汽缸盖衬垫是否有故障；汽缸盖是否翘曲变形；汽缸盖是否有裂缝；发动机机体是否损坏；汽缸盖螺栓长度是否正确
机油消耗	烧机油有可能导致发动机缺火，注意检查以下情况： (1)拆卸火花塞并检查火花塞是否有油污。 (2)进行汽缸压力测试或汽缸泄漏测试。如果汽缸压力测试显示气门或气门导管磨损则检查：气门杆油封是否磨损、变脆或安装不当；气门导管是否磨损；气门杆是否磨损；气门或气门座是否磨损或烧蚀。如果测试显示活塞环磨损或损坏，则检查：活塞环是否断裂或安装不当；活塞环端隙是否太大；汽缸是否磨损或锥度太大；汽缸是否损坏；活塞是否损坏
发动机内部有异常噪声	(1)在发动机运转时确定噪声是否与凸轮轴转速或曲轴转速有关。如果噪声与凸轮轴转速频率相同，则检查：气门组件是否缺少或松脱；气门摇臂是否磨损或太松；推杆是否磨损或弯曲变形；气门弹簧是否损坏；气门是否弯曲或烧损；凸轮轴凸尖是否磨损；正时链条和/或链轮是否磨损或损坏等。如噪声与曲轴转速频率相同，则检查：曲轴主轴承或连杆轴承是否磨损；活塞或汽缸是否损坏；活塞或活塞销是否磨损；连杆是否有故障；活塞顶部积炭是否太多
发动机内部无异常噪声	(1)检查正时链条和/或链轮是否磨损或安装不当。 (2)对于缺火的汽缸，拆卸气门摇臂盖，检查：气门摇臂螺栓是否太松；推杆是否弯曲；气门弹簧是否不良；气门挺杆是否泄漏；气门是否磨损或坐位不正；凸轮轴凸尖是否磨损

8. 充分考虑故障代码指示部位所处的环境

故障代码往往会指示某个元件有故障，在故障排除的过程中，维修人员往往将故障检测的注意力放在该元件本身、线路和电控单元上。其实，在故障维修的过程中，我们一定要考虑该元件所处的工作环境对故障的影响，否则，即使是出现了故障代码，故障也无法排除。例如，当读出曲轴位置传感器的故障代码时，除了检查曲轴位置传感器触发齿圈是否变形或损坏、曲轴位置传感器触发齿圈和曲轴位置传感器之间的空气间隙是否正常、曲轴位置传感器本身是否损坏、曲轴位置传感器到电控单元之间线路是否短路或断路和电控单元是否损坏之外，还应该考虑到曲轴位置传感器所处的环境，检查曲轴皮带轮是否损坏、曲轴的动平衡是否超差、飞轮是否损坏导致曲轴运转不平衡(图 10-16)。对于装备自动变速器的车辆，液力变矩器损坏也有可能导致曲轴运转不平衡，从而导致曲轴位置传感器检测的信号不稳定而产生曲轴位置传感器信号不良的故障代码。另外，点火高压线漏电产生的电磁干扰等也有可能导致曲轴位置传感器信号产生畸变。

维修案例：上海大众帕萨特 B5 轿车大修后不久出现加速无力、怠速轻微抖动的现象。发动机控制单元中存储有故障代码 00515——凸轮轴位置传感器(G40)故障。

维修人员更换凸轮轴位置传感器(G40)后清码试车，故障代码 00515 依然存在，故障没有明显好转；对凸轮轴位置传感器相关线路进行检测，并更换发动机控制单元和发动机线束总成，故障代码 00515 继续存在；根据加速无力的故障现象，维修人员清洗了喷油器、节气门体、空气流量传感器，并更换火花塞、点火线圈，故障未能解决；测量汽缸压力和点火正时没有发现问题。

故障分析：该发动机是双凸轮轴、5 气门，曲轴通过正时皮带连接排气凸轮轴，排气凸轮轴后链轮在汽缸盖后方，通过链条连接进气凸轮轴链轮。在链条中间装有油压控制的油压张紧器(图 10-17)。由于凸轮轴位置传感器 G40 安装在进气凸轮轴处，因此 G40 的信号与进气凸轮轴旋转角度同步。如果装配错误，发动机控制单元通过发动机转速传感器 G28 与凸轮轴位置传感器 G40 的信号对比，从而得到相位不正确的结论。但是，由于车辆的故障自诊断功能原则上只能识别电信号类型故障，因此发动机电控单元便默认为凸轮轴位置传感器 G40 信号元件损坏或信号输出错误，从而设置故障代码 00515。但是在原厂提供的维修资料中对故障代码 00515 的检测内容仅仅这样提示：检查或更换霍尔传感器 G40；检查霍尔传感器 G40 的相关线路；检查发动机控制单元。由此可见，根本没有涉及到有关配气相位机械方面的原因。

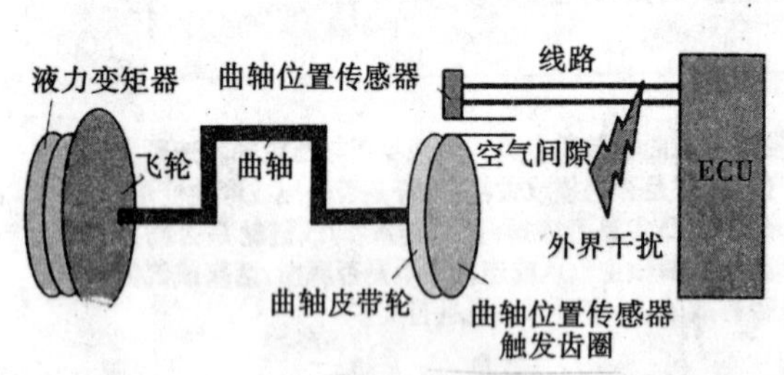

图 10-16　曲轴位置传感器的工作环境

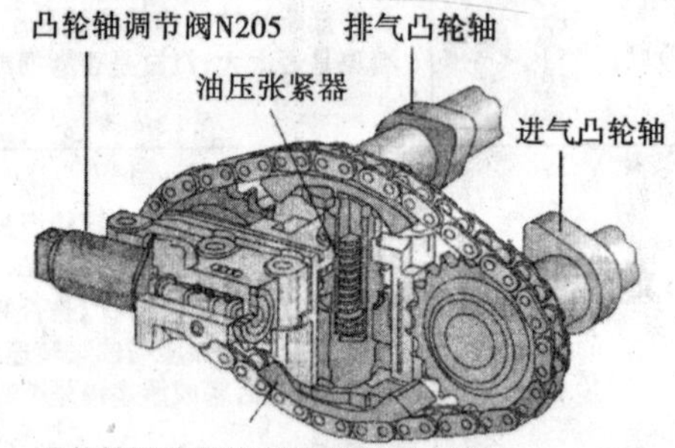

图 10-17　大众奥迪车系可变气门正时系统的基本构成

进气凸轮轴与排气凸轮轴则采用链条传动并作为可变气门正时机构的装配方式。链条位于发动机汽缸盖的后方，凸轮轴调整电磁阀 205(对于 V 形六缸发动机是凸轮轴调整电磁阀 205 和 208)位于进气凸轮轴后部，用于实现可变气门正时功能，也就是说发动机电控单元可以根据发动机的实际工况要求来控制凸轮轴调整电磁阀的工作，令进气凸轮轴相对调整一个角度，使发动机的进气更加充分，从而增大发动机的功率输出。可变气门正时调节器则位于两个凸轮轴链轮之间，它是依靠发动机运转后的机油压力绷紧链条。由于未绷紧的链条有一定的松弛度，当两根凸轮轴安装好后，验证正时标记时就会发现：进气凸轮轴相对于排气凸轮轴存在一个比较明显的自由行程。这样就会随之带来一个问题：如果以凸轮轴对准瓦盖上的标记的常规装配方法进行装配，就会因为存在该正常的自由行程，进气凸轮轴在 3 个链齿角度内可对正瓦盖上的标记，因此这种安装方法是错误的，不能作为此类发动机两个凸轮轴间验证正时的标准。查阅了原厂提供的维修手册，在维修手册中详细地说明了凸轮轴与链条的装配方法："不能用冲小点、刻槽或其他类似的方法作为标记，两个箭头以及颜色标记之间的距离为 16 个链节"，箭头是指两根凸轮轴链轮颈部的凹槽标记，以两个凹槽径向啮合的链齿为起点（包括这两个啮合的链节），之间共有 16 个链节，即为正确的装配角度。如果装成 15 个链节，就会导致进气门开启时间滞后，发动机进气不充分而功率不足，呈现出怠速转速明显偏低却运转相对稳定的故障特征，这种情况发动机电控单元多数还会存储故障代码 00515（凸轮轴位置传感器 G40 对地短路）；如果装成 17 个链节，就会导致进气门开启提前，呈现进气回火的故障征兆，这种情况发动机电控单元多数还会存储故障代码 17748（凸轮轴位置传感器或曲轴位置传感器位置装错）。无论装成 15 个链节还是装成 17 个链节，发动机冷热车均会不易起动，特别是冷车起动更加困难。根据故障现象分析，该车可能是在大修装配时装成了 15 个链节。

故障排除：打开气门室盖，发现该车进气凸轮轴链轮键槽与排气凸轮轴链轮键槽在 12 点位置时，两键槽之间为 15 个链节。调整链条再校对正时，故障排除。

9. 根据故障代码的内容确认故障诊断的思路

每个故障代码均有特定的故障内容，故障代码的内容基本上可以提示维修技术人员一个基本的诊断思路，因此，在根据故障代码进行故障诊断的时候，一定要明确故障代码的内容。下面举例说明根据故障代码内容分析车辆故障的方法。

维修案例：上海通用别克君威 2.5 L 轿车，故障指示灯点亮，屡次出现故障代码 P0401。维修人员测量了 EGR 阀上 5 根线，线路均无短路及断路现象，且在测量过程中用手摇动线束，也无间歇性断路。拆下 EGR 阀，检查阀芯无卡滞现象。更换 EGR 阀和动力系统控制，故障依旧。

故障分析：查阅维修手册，故障代码 P0401 的内容是"废气再循环（EGR）流量不足"。上海通用别克君威 2.5L 轿车关于废气再循环（EGR）系统的故障代码一共有 4 个，分别是：P0401——废气再循环（EGR）流量不足；P0403——废气再循环（EGR）电磁阀控制电路；P0404——废气再循环（EGR）打开位置性能；P0405——废气再循环（EGR）位置传感器电路电压过低。从上述 4 个故障代码的内容可以看出，每个故障代码所代表的故障是不一样的，在故障排除时千万不能采用相同的方法和步骤。

（1）故障代码 P0401——废气再循环（EGR）流量不足的诊断方法。PCM 在监视进气歧管绝对压力（MAP）传感器信号的同时，通过瞬时指令废气再循环（EGR）阀打开，对废气再循环系统进行测试。当废气再循环阀打开时，PCM 应接收到进气歧管绝对压力按比例增加。如果未检测到进气歧管绝对压力按预计增加，PCM 记录差量并向故障限度水平调整内部故障计数器。当故障计数器超过故障限度时，PCM 设置故障代码 P0401。完成本测试所需的测试样本数取决于检测到的流量差量。PCM 通常仅允许在一个点火周期中采集一个废气再循环流量样本。为帮助修理，PCM 允许在故障检测仪信息清除或蓄电池断开之后第一个点火循环中取 12 个测试样本。9 个到 12 个样本足以使 PCM 确定充足的废气再循环流量并通过废气再循环测试。根据信息，即 PCM 是在废气再循环流量测试中监视的进气歧管绝对压力的变化，指示废气再循环流量不足。因此，出现该故障代码的检测方法如下：

①检查排气系统上是否对原装零件进行过改装或是否存在任何泄漏，必要时维修排气

系统。

②拆卸废气再循环阀，从外观上检查：枢轴、阀门、通道和适配器是否存在任何形式的堵塞；废气再循环阀衬垫和管路是否泄漏。必要时，清理或更换任何废气再循环系统部件。

③拆卸排气歧管和进气歧管上的废气再循环进气管路和排气管路，检查歧管、废气再循环端口和废气再循环进口/出口管路是否因存在积炭、脱落、电弧屑过多或其他损坏而堵塞。必要时予以排除。

(2)P0403——废气再循环(EGR)电磁阀控制电路的诊断方法。动力系统控制模块 PCM 监视废气再循环(EGR)阀枢轴位置输入，以确保该阀门正确响应动力系统控制模块的指令。线性废气再循环阀由动力系统控制模块内的点火正电压驱动器和接地电路控制，驱动器能够检测点火正极或接地电路中的电气功能失效。如果出现电气功能失效，驱动器将向动力系统控制模块发送信号设置故障代码 P0403。P0403——废气再循环(EGR)电磁阀控制电路的诊断方法如下：

①切断点火开关，断开废气再循环阀的导线连接器，在导线侧连接器上连接测试灯，在发动机不工作时打开点火开关，用故障检测仪在 0%到 10%之间指令废气再循环，测试灯应该按指令点亮和熄灭。

②用可靠接地的测试灯检测电磁阀控制电路，用故障检测仪在 0%到 10%之间指令废气再循环，查看测试灯是否按指点亮和熄灭。

③如果步骤②中测试灯按指令点亮和熄灭，则在电磁阀控制电路和接地电路之间连接一个测试灯，用故障检测仪在 0%到 10%之间指令废气再循环，查看测试灯是否按指令点亮和熄灭。如果是，则检查废气再循环阀是否接触不良，如果接触良好，则更换废气再循环阀；如果否，则修理电磁线圈接地电路。

④如果步骤②中测试灯不按指令点亮和熄灭，查看测试灯是否按每个指令一直保持闪亮。如果是，则检查电磁线圈的控制电路与电压是否短路，如果线路良好，则检查动力系统控制模块处是否接触不良，如果接触良好，则更换动力系统控制模块；如果否，则排除电磁阀控制电路与地短路或开路故障。

(3)P0404——废气再循环(EGR)打开位置性能的诊断方法。动力系统控制模块(PCM)监视废气再循环(EGR)阀枢轴位置输入以确保该阀门正确响应动力系统控制模块的指令。当阀按指令打开时动力系统控制模块比较实际废气再循环位置和理想废气再循环位置，当阀按动力系统控制模块指令打开时，若实际废气再循环位置比理想废气再循环位置小 15%时，将设置故障代码 P0404。P0404——废气再循环(EGR)打开位置性能的诊断方法如下：

①进行故障自诊断检测，如果存在故障代码 P0403 和 P0405，则首先排除。

②接通点火开关，在故障检测仪上选择废气再循环阀输出控制功能，增大废气再循环阀开度使其通过所有位置，同时将理想废气再循环位置与真实废气再循环位置进行比较。查看理想废气再循环位置是否在所有指令位置与真实废气再循环位置接近。如果接近执行步骤③，否则，执行步骤④。

③查看并记录故障检测仪故障记录数据，在故障记录状况内操作车辆，用故障检测仪监视故障代码 P0404 特定故障代码信息，查看故障代码 P0404 是否出现。如果故障代码 P0404 出现，执行步骤④；如果故障代码 P0404 不出现，则检查下列状况：废气再循环枢轴或轴座是否有严重积淀、干扰废气再循环阀枢轴完全伸展或导致枢轴卡滞；动力系统控制模块或废气再循

环阀连接器是否端子松脱、匹配接合不良、锁片断裂、端子变形或损坏、端子与导线接触不良；线束是否损坏。

④断开废气再循环阀，将数字式万用表连接在废气再循环阀导线侧连接器上，测量废气再循环枢轴位置传感器接地电路和5V参考A电路之间的电压是否为规定的数值(5V)。如果电压符合要求，则执行步骤⑤，否则，执行步骤⑩。

⑤用连接到蓄电池正极电压上的测试灯在废气再循环阀线束接头上探测废气再循环阀枢轴位置信号电路，查看测试灯是否点亮。如果点亮执行步骤⑧，否则，执行步骤⑥。

⑥在5V参考A电路和废气再循环阀接头处枢轴位置信号电路之间连接一跨接线，观察故障检测仪上的真实废气再循环位置是否为规定值(100%)。如果真实废气再循环位置为规定值，则执行步骤⑨，否则，执行步骤⑦。

⑦断开点火开关，断开动力系统控制模块，检查废气再循环枢轴位置信号电路是否开路。若发现故障，根据需要进行维修，否则，执行步骤⑬。

⑧关闭点火开关，断开动力系统控制模块，将测试灯连接到蓄电池正极电压上，探测废气再循环枢轴位置信号电路，查看测试灯是否点亮。如果测试灯点亮，则确定并排除废气再循环枢轴位置信号电路与接地的短路故障；如果测试灯不点亮，则执行步骤⑫。

⑨测试废气再循环阀端子是否接触不良。若发现故障，根据需要进行维修，否则，更换废气再循环阀。

⑩检查动力系统控制模块和废气再循环阀之间的5V参考A电路是否开路和5V参考A电路对接地是否短路故障。发现故障则修理线路，否则，执行步骤⑪。

⑪检查废气再循环枢轴位置传感器接地电路是否开路以及废气再循环枢轴位置传感器接地电路对电压是否短路。发现故障，修理线路，否则，执行步骤⑬。

⑫检查废气再循环枢轴位置信号电路是否与废气再循环枢轴位置传感器接地电路短路。若发现故障，根据需要进行维修；如果线路良好，则更换动力系统控制模块。

⑬在动力系统控制模块上测试与废气再循环阀相关的电路端子是否接触不良。若发现故障，根据需要进行维修；如果线路良好，则更换动力系统控制模块。

(4)P0405——废气再循环(EGR)位置传感器电路电压过低的诊断方法。动力系统控制模块(PCM)监视废气再循环(EGR)阀枢轴位置输入信号，以确保该阀门正确响应动力系统控制模块的指令，并检测枢轴位置传感器电路开路或短路故障。当动力系统控制模块检测到废气再循环反馈信号电压过低时，将设置故障代码P0405。P0405——废气再循环(EGR)位置传感器电路电压过低的诊断方法如下：

①接通点火开关，在故障检测仪上选择废气再循环阀输出控制功能，增大废气再循环阀开度使其通过所有位置，同时将理想废气再循环位置与真实废气再循环位置进行比较，查看理想废气再循环位置是否在所有指令位置与真实废气再循环位置接近。如果接近，则执行步骤②，否则，执行步骤③。

②查看并记录故障检测仪故障记录数据，在故障记录状况内操作车辆，用故障检测仪监视故障代码P0405特定故障代码信息，查看故障代码P0405是否出现。如果故障代码P0405出现，执行步骤③；如果故障代码P0405不出现，则检查下列状况：动力系统控制模块或废气再循环阀连接器是否端子松脱、匹配接合不良、锁片断裂、端子变形或损坏、端子与导线接触不良，线束是否损坏。

③断开废气再循环阀电路接头，将数字式万用表连接在废气再循环阀接头上，测量废气再循环枢轴位置传感器接地电路和5V参考A电路之间的电压是否为规定的数值(5V)。如果电压符合要求，则执行步骤④，否则，执行步骤⑧。

④用连接到蓄电池正极电压上的测试灯在废气再循环阀线束接头上探测废气再循环阀枢轴位置电路。查看测试灯是否启亮。如果点亮，执行步骤⑦，否则，执行步骤⑤。

⑤在5V参考A电路和废气再循环阀接头处枢轴位置信号电路之间连接一跨接线，观察故障检测仪上的真实废气再循环位置是否为规定的数值(100%)。如果真实废气再循环位置符合要求，则执行步骤⑫，否则，执行步骤⑥。

⑥关闭点火开关，断开动力系统控制模块，检查废气再循环阀枢轴位置电路是否开路。若发现故障，根据需要进行维修，否则，执行步骤⑯。

⑦关闭点火开关，断开动力系统控制模块，将测试灯连接到蓄电池正极电压上探测废气再循环枢轴位置电路，查看测试灯是否点亮。如果测试灯点亮，则执行步骤⑪，否则，执行步骤⑭。

⑧将测试灯连接到蓄电池正极电压上探测5V参考A电路，查看测试灯是否点亮。如果测试灯点亮，则执行步骤⑨，否则执行步骤⑩。

⑨关闭点火开关，断开动力系统控制模块，将测试灯连接到蓄电池正极电压上探测5V参考A电路，查看测试灯是否点亮。如果测试灯点亮，则执行步骤⑮，否则，更换动力系统控制模块。

⑩测试动力系统控制模块和废气再循环阀之间的5V参考A电路是否开路。若发现故障，根据需要进行维修，否则，执行步骤⑯。

⑪确定并排除废气再循环枢轴位置电路与接地的短路故障。

⑫检查废气再循环阀接触是否不良，以及废气再循环枢轴位置信号电路对废气再循环阀控制电路是否短路。若发现故障，根据需要进行维修，否则，执行至步骤⑬。

⑬检查三效催化转化器是否堵塞。如果堵塞则更换三效催化转化器和废气再循环阀，并检查喷油器是否脏堵、卡滞，喷油器驱动电路或动力系统控制模块是否不良。

⑭测试废气再循环阀枢轴位置电路是否对传感器接地电路短路。若发现故障，根据需要进行维修，否则，更换动力系统控制模块。

⑮确定并维修5V参考A电路中的对接地短路故障。

⑯测试与废气再循环阀相关的电路，检查动力系统控制模块上的端子是否接触不良。若发现故障，根据需要进行维修，否则，更换动力系统控制模块。

从上述4个和EGR系统有关的故障代码的诊断方法可以看出，不同的故障代码内容，其检测诊断方法差别是非常大的。根据故障代码P0401的诊断方法，对该车进行检查发现EGR阀后到节气门体处的管道，被积炭和油泥基本堵死，对该管路进行彻底清洗，并排除该车烧机油故障后，故障彻底排除。

10.查看记录故障代码时的冻结数据祯

OBD－Ⅱ的主要目的就是在将来使汽车排放故障和工作性能故障的诊断工作更加简单和统一。法规规定，要求任何使故障指示灯点亮的发动机工况都应该被捕捉并记录下来，这些被捕捉的数据被称作冻结数据祯数据。冻结数据祯或称信息捕捉(快照)是OBD－Ⅱ中增加的一个强制性功能，可以捕捉某一时间的一些特定的数据，这是系统在点亮故障指示灯(MIL)

的同时,记录所有传感器和执行器数据的一种能力。通用汽车公司还拓展了这项功能,使其还包括"故障报告",这和信息捕捉(快照)的作用是一样的,只不过它包括了存储器内的所有故障记录,而不仅仅只是和排放相关电路的故障。无论何时故障指示灯点亮时,相应工况的数据都会被记录到冻结数据祯缓冲器中,后来发现的故障会更新记录的工况数据。对于发动机控制系统而言,在诊断测试有故障时的工况一般包括以下参数:空燃比、空气流速、燃油修正、发动机转速、发动机负荷、发动机冷却液温度、车速、节气门开度(位置)、进气歧管绝对压力传感器或大气压、喷油基本脉冲宽度、开闭环状态。

冻结数据祯或称信息捕捉(快照)最基本的优点就是可以查看设置故障代码时的工作条件。这对于诊断一些间歇性故障尤其有用,维修技术人员可以通过查看故障代码设定时的传感器数据和执行器动作,帮助确定故障产生的原因。

由于失火(misfire)故障和燃油修正故障的数据优先于任何其他故障的数据,所以冻结数据祯数据只能被失火(misfire)故障和燃油修正故障的数据所覆盖。冻结数据祯数据不会被清除,除非相关的历史故障代码被清除。

因此,在进行故障代码分析的过程中,充分利用该故障代码状态下的冻结数据祯数据帮助分析故障可以起到事半功倍的效果。

维修案例:一辆行驶里程为735km的福特福克斯(FOCUS)1.8 L轿车,行驶中故障指示灯点亮,用WDS诊断仪读取故障代码为P0171——第1排汽缸燃油喷射量过少。

故障分析:该故障代码涉及的面比较广泛,维修人员遇到此类故障代码往往无从下手。如果能够利用该故障代码的冻结数据祯数据帮助进行分析,可以很快确定故障的性质。用WDS调出的故障代码P0171的冻结数据祯数据如下:

Fuel sys1(燃油控制系统状态):Closed Loop(闭环)

Load(发动机负荷):25.5%

ECT(发动机冷却液温度):92℃

SFT(燃油短效修正):7.02%

LFT1(燃油长效修正):24.2%

MAP(进气歧管绝对压力):28kPa

RPM(发动机转速):2180r/min

VS(车速):71km/h

通过上面的冻结数据祯数据可以看出电控单元记录故障代码P0171时的车辆运转状态,电控单元记录故障代码是由于燃油长效修正达到极限,从数据上看,该故障的根本原因是氧传感器反馈的可燃混合气稀导致的。导致混合气偏稀的原因主要有三个方面:一是燃油压力过低;二是存在真空泄漏;三是可燃混合气燃烧不完全。根据冻结数据祯数据中的MAP(进气歧管绝对压力)为28kPa,可以看出车辆不存在真空泄漏,检测燃油压力符合车辆技术要求。这样就只有可燃混合气燃烧不良的故障可能性,导致可燃混合气燃烧不良的原因有点火不良、喷油雾化不良、发动机机械不良(汽缸密封不良、配气相位错误等)。上述故障通过检测尾气即可判定,通过尾气分析仪检测尾气,发现排气中HC值较高,达到1300×10^{-6},同时,氧的含量也偏高,达到8%,CO_2的含量只有11%,根据该检测数据分析,车辆存在点火不良的故障。拆下火花塞检查,发现火花塞的中心电极呈现出深红色,有明显的铅中毒迹象。由于点火不良,造成部分混合气燃烧不完全,装在排气管中的氧传感器进行混合气浓度的监测,由于氧传感器监测到的排气中氧的含量过高，反馈给电控单元较低的电压信号，ECU误认为空燃比过稀，就采用短期燃油修正系数和长期燃油修正系数进行喷油量的调整，直到长期燃油修正系数达到24.2%，仍然无法将燃油浓度调整到要求，超出了ECU的调整极限，电控单元便设置故障代码P0171。

故障排除：清洗燃油系统，换用含铅量低的燃油，并更换火花塞和氧传感器后，故障排除。

二、数据流分析及在汽车故障检测诊断中的应用

数据流是电控单元对所控制的系统正在运行的控制状态的数量表现形式。在当代汽车的维修过程中，数据流分析是解决汽车故障的一个基本手段，也是判断汽车故障的必要过程。使用汽车故障电脑检测仪，可以得到大量的汽车运行数据，使用和分析这些数据，可以帮助技术人员分析故障，找到故障原因。数据流分析是运用各种测试手段对电控系统的各类相关数据参数进行综合分析过程。

（一）数据显示方式和测量手段

1.数据显示方式

数据显示是对电控单元串行数据参数的数字表示方式，它对开关量（或称为数字量或非连续性）参数可以精确地描述出其状态的变化。但是，对模拟量参数特别是高速变化的模拟量因串行输出的原因，只能间断地反映出某个数据参数值的变化，特别是当串行数据较多而刷新速率较慢时，波形显示是对数据参数的连续性图形表示方式，它对开关量和模拟量参数都可以精确描述，特别是对高速变化的模拟量，可以准确形象地描述其变化过程的全貌，有利于捕捉突变的信号变化（故障）。

2.数据测量手段

数据参数的测量手段是获取数据值的具体途径，数据流通常采用电脑通信方式进行测量。电脑通信方式是通过电控系统在数据连接器（诊断座）中的数据通信线将电控单元的实时数据参数以串行的方式传送给电脑故障检测仪。之所以称其为数据流是因为数据的传输就像队伍排队一样一个一个通过通信线流向电脑故障检测仪。在数据流中包括故障代码的信息、电控单元的实时运行参数、电控单元与故障检测仪之间的相互控制指令。电脑故障检测仪在接收到这些信号数据后，按照预定的通信协议将其显示为相应的文字和数码，以便维修人员观察系统现在的运行状态并分析这些内容，发现其中不合理或不正确的信息，进行故障的诊断。电脑故障检测仪有两种，一种称为扫描仪（SCAN TOOL），另一种称为专用诊断仪。

（1）扫描仪（SCAN TOOL）。扫描仪的主要功能有：电控单元版本的识别、故障代码读取和清除、动态数据参数显示、传感器和部分执行器的功能测试与调整、某些特殊参数的设定、维修资料及故障诊断提示及路试记录等。扫描仪可测试的车型较多，适应范围也较宽，因此被称为通用型仪器，但它与专用诊断仪相比，无法完成某些特殊功能。这也是大多数通用仪器的不足之处。

（2）专用诊断仪。专用诊断仪是汽车生产厂家的专业测试仪，它除了具备扫描仪的各种功能外，还有参数修改、数据设定、防盗密码设定、更改等各种特殊功能。专用诊断仪是各汽车厂家自行或委托设计的专业测试仪器，它只适用于本厂家生产的车型。

扫描仪和诊断仪的动态数据的显示功能，不仅可以对电控系统的运行参数（最多可达到百种参数）进行数据分析，还可以观察电控单元的动态控制过程。因此，它具有从电控单元内部

分析控制过程的诊断功能。它是进行数据分析的主要手段。

(二)数据流常用分析方法

数据流常用分析方法有以下几种，即数值分析法、时间分析法、因果分析法、关联分析法、比较分析法等。

1.数值分析法

数值分析是对数据的数值变化规律和数值变化范围的分析，即数值的变化，如转速、车速、电脑故障检测仪读值与实际值的差异等。

在电控系统运行时，电控单元将以一定的时间间隔不断接收各个传感器的输入信号和向各个执行器发出控制指令，对某些执行器的工作状态，还根据相应传感器的反馈信号再加以修正。我们可以通过电脑故障检测仪读取这些信号参数的数值，加以分析。

如系统电压，在发动机未起动时，其值应约为当时的蓄电池电压，在起动后应约等于该车充电系统的电压，若出现不正常的数值，表示充电系统或电控系统可能出现故障(因有些车型的充电系统是由发动机电控单元控制的)，有时甚至是电控单元内部的电源部分出现故障。

又如，在进行 ABS 系统的测试时，应注意观察四轮的轮速信号值(对四轮 ABS 系统)，在未施加制动时，四轮轮速在正常情况下应基本一致(除非 4 个轮在某一时刻行驶在不同附着系数的路面上)，在施加制动但 ABS 功能尚未起作用时，四轮轮速会出现不一致，而一旦 ABS 功能起作用，四轮轮速将趋于一致，否则，表示制动系统或电控系统可能存在故障。在某些前轮驱动的车型上，若因半轴外鼠笼损坏更换时，可能未对新鼠笼上的 ABS 信号发生器齿环的齿数和齿环直径进行测量，安装后轮速信号始终错误，ABS 故障灯将点亮，故障代码提示轮速错误，但在观察时又有轮速信号，这时应注意各个轮速信号的频率或是电压，在有些系统中可直接读到轮速值。

对于发动机不能起动(起动系统正常)的情况，应注意观察发动机转速信号(用电脑故障检测仪)，因大多数发动机电控系统在对发动机进行控制时都必须知道发动机的转速(取信号的方式各车型会不同)，否则，将无法确定发动机是否在规定转速，当然也无法计算进气量和进行点火及喷油的控制。

又如，某些车型冷却风扇的控制不是采用安装在散热器上的温控开关，而是发动机电控单元接收冷却液温度传感器的电压信号，判断冷却液的温度变化，当达到规定的温度点时，电控单元将控制风扇继电器接通，使风扇工作。如一辆克莱斯勒汽车，发动机起动时间不长，冷却风扇即工作，此时凭手感只有 40～50℃，有的人因无法找到真正的故障原因，只得改动风扇的控制电路，用一个手动开关人工控制。根据该车的电路图，可确定该车的风扇是由发动机电控单元控制的，故接上电脑故障检测仪，没有故障代码存在，但在观察数据时发现，电脑读取的冷却液温度为 115℃。根据该车的设计，发动机电动冷却风扇的工作点为 102～105℃，停止点为 96～98℃。所以，可以判断电脑对风扇的控制电路是正常的，问题在于电脑得到的温度信号是不正确的，这可能是由于冷却液温度传感器、线束接头或电脑本身有故障。经检查发现，传感器的阻值不正确，更换后一切正常。有人会问，为什么没有故障代码呢？这是因为该车在故障代码的设定中，只规定了开路(读值一般为－35℃以上)和短路(读值一般为 120℃以上)状态，并不能判断传感器温度值是否反映实际温度值，当然也就无法给出故障代码了。从此例中可以看出，应注意测量值和实际值的关系，对一个确定的物理量，不论是通过诊断仪或直接测量得到的值，应与实际值差异不大(因测量手段不同)，否则，就可能是测量值有问题了。

采用数值分析法的关键是诊断车型的标准数据，只有知道该车型在该状态下的标准运行数据，我们将实际检测值和标准数据进行比较，可以非常直观地判断故障所在。例如，大众奥迪车可变气门正时系统，进排气凸轮轴的正时安装是否正确，在数据流中利用“凸轮轴位置传感器的相位偏差”参数表示；奥迪 A6 轿车六缸发动机（包括奥迪 A6 2.4 L 车型的 APS 和 BDV 发动机，2.8 L 车型的 ATX 和 BBG 发动机），可以通过 01－08－093 数据组的第 3 区和第 4 区数据进行检查，第 3 区数据代表 1、2、3 缸的配气正时，第 4 区数据代表 4、5、6 缸的配气正时；对于奥迪 A6 轿车 1.8T 车型的 AWL 发动机和奥迪 A4 轿车 1.8T 车型的 BFB 发动机，可以通过 01－08－093 数据组的第 3 区数据进行检查；对于奥迪 A6 轿车 1.8 L 车型、上海帕萨特 B5 车型和奥迪 200 车型的 ANQ 发动机，可以通过 01－08－025 数据组的第 2 区数据进行检查。在发动机配气正时准确无误的情况下，其数据应为－3°kw～3°kw。例如，一辆行程为 12 万 km 的奥迪 A6 1.8T(M/T)轿车，冷热车均不易起动，特别是冷车时故障表现更为明显。发现该车存在故障代码 17748，该故障代码的含义是“凸轮轴位置传感器或曲轴位置传感器位置装错”，用电脑故障检测仪进行动态数据流检测，发现 01－08－093 数据组的第 3 区显示数据为 25°kw，明显和标准值不相符合。进排气凸轮轴上的花键槽之间应该有 16 个传动链节，经核对发现该车进排气凸轮轴上的花键槽之间却是 17 个传动链节。将进排气凸轮轴上的花键槽之间的传动链节调整为 16 个后装复，用故障检测仪器再次进行动态数据流检测，发现 01－08－093 数据组的第 3 区显示数据为－1°kw，表明配气正时准确无误，故障代码 17748 也不再出现，经试车故障完全排除。

再如，一辆 2001 款奥迪 A6 2.8L 轿车挂 D 挡车辆冲击，倒挡正常，行驶中急加速时变速器跳挡冲击。该车已经对自动变速器进行了大量的维修，故障始终无法解决。该变速器的控制油压是不可测量的，但是可以通过电磁阀的工作电流来间接观察，电磁阀的工作电流影响自动变速器的换挡品质。用 VAS5052 进入 08－06 读取数据流，发现电磁阀 N91、N92、N93 的控制电流如表 10-7 所示。而原厂维修手册中给出的标准工作电流为 0.1～0.8 A，其实这个范围是相当大的，对实际的维修指导意义不大。但是，我们应该清楚该工作电流仅仅是电控单元的输出结果，那么自动变速器电控单元是根据什么参数来得出准确的工作电流呢？也就是数据之间的因果关系或者逻辑关系，其实这对分析车辆的故障非常重要。自动变速器电控单元要尽量让自动变速器换挡平顺进行，在进行换挡控制的时候势必要和发动机电控单元协调一致，也就是说，自动变速器电控单元在计算电磁阀的工作电流时必须知道发动机的基本状况——发动机转速、发动机负荷、节气门开度等信息，以便在进行换挡时适当降低换挡油压，在换挡完成后再调节油压，让换挡执行机构顺利执行。由此可见，错误的发动机电控系统数据对自动变速器的换挡品质有很大的影响，是自动变速器电控单元计算电磁阀工作电流的前提条件。因此，在判断该车自动变速器故障之前，首先应该确认发动机系统的相关参数符合要求，为此，用 VAS5052 读取数据流（表 10-8）。从该数据来看，空气质量流量数据和节气门开度数据错误。据此清洗节气门控制单元，用 VAS5052 进入 01－04－060 进行节气门控制单元基本设定并更换空气流量传感器后试车，故障排除。再次测量相关参数，正常运行的参数见表 10-9 所列。

2. 时间分析法

时间分析是对数据变化的频率和变化周期的分析。

电控单元在分析某些数据参数时，不仅要考虑传感器的数值，而且要判断其响应的速度，以获得最佳的控制效果。如氧传感器的信号，不仅要求有信号电压和电压的变化，而且信号电

表 10-7 奥迪 A6 2.8L 轿车自动变速器电磁阀 N91、N92、N93 的控制电流

电磁阀	P 挡时	R 挡时	D 挡时
N91	0.682A	0.432A	0.418A
N92	0.724A	0.724A	0.724A
N93	0.691A	0.345A	0.691A

表 10-8 发动机电控系统数据实测参数

冷却液温度	发动机转速	喷油脉宽	空气质量流量	节气门开度
93℃	740r/min	2.8ms	3.9～4.2g/s	小于 7°

表 10-9 故障后相关参数

冷却液温度	发动机转速	喷油脉宽	空气质量流量	节气门开度	电磁阀 N91 工作电流	电磁阀 N92 工作电流	电磁阀 N93 工作电流
93℃	740r/min	2.5ms	2.4～2.6g/s	小于 3°	D 挡 0.312A	D 挡 0.724A	D 挡 0.691A

压的变化频率在一定时间内要超过一定的次数(如某些车要求大于 6 ～10 次/10s)，当小于此值时，就会产生故障代码，表示氧传感器响应过慢。有了故障代码的故障是比较好解决的。但当次数并未超过限定值，而又已经反应迟缓时，并不会产生故障代码。此时如仔细体会，可能会感到一些故障症状，可接上电脑故障检测仪观察氧传感器的数据(包括信号电压和在0.45V上下的变化状态以判断传感器的好坏)。比如奥迪车，当氧传感器的响应迟缓时，往往在1 600～1 800r/min 出现转速自动波动(加速踏板不动)约 100～200r/min，甚至影响加速性能。这往往是由于氧传感器响应迟缓，导致空燃比变化过大，造成转速的波动。还有，对采用OBD－Ⅱ系统的车，三效催化转化器前后氧传感器的信号变化频率是不一样的。通常后氧传感器的信号变化频率至少应低于前氧传感器的一半，否则，可能三效催化转化器的转化效率已减低了。

又如，奥迪车的机油压力警报系统采用高低压报警。其规定在怠速时，当低压传感器(通常安装在汽缸盖后侧)处的压力小于 30kPa 时要报警，而在 2 000±50r/min 时，主油道压力(传感器安装在机油滤清器处)低于 180kPa 时高压也要报警。有一个车却在怠速时，高压报警，经检查是转速信号错误，更换点火模块后，系统正常。因为机油压力报警系统是从点火模块处获得转速信号的，在怠速时，实际转速为 800±50r/min，而机油压力报警系统得到的转速信号却已接近 2 000r/min，可这时的机油压力不会达到 180kPa，自然会报警了。

例如，一辆奥迪 A6 1.8T(手动变速器)轿车发动机怠速运转时偶尔抖动一下，间隔2 ～3min 一次，发动机起动、加速等一切正常。用 VAS5052 进入 01－08－02 读取数据流，实测数据见表 10-10 所列。从第 4 显示区可以看出，空气质量流量数据随着时间推移和故障的出现在 0.3～3.5g/s(正常值为 2.0～4.0g/s，小于 2.0g/s 说明空气流量传感器处漏气，大于4.0g/s说明发动机有额外负荷)，呈现周期性的频繁跳动，从而说明进气系统存在漏气故障。经检查，发现空气滤清器壳体与进气软管处的下部由于卡箍没有卡接好，造成漏气，处理后故障排除。

表 10-10 奥迪 A6 1.8T 轿车发动机系统 002 组实测数据

发动机转速	发动机负荷	喷油脉宽	空气质量流量
800r/min	2.20 ms	4.37ms	0.3～3.5 g/s(跳动频繁)

再如，一辆 2003 款丰田陆地巡洋舰 4700 车(自动变速器)事故维修后，行驶中当车速超过 55 km/h时，仪表板上的 SLIP 灯点亮，同时防侧滑等复合控制功能起作用，自动控制发动机转速并伴有制动减速，当车速降至 30 km/h 左右，车辆又恢复正常，SLIP 灯熄灭，无法高速行驶。用故障检测仪进入动态数据流状态观察，在行驶中各个车轮速度传感器参数数据正常，车身偏摆、减速度传感器及 ABS 系统各执行器参数无异常现象，但是在反复路试中发现，当车辆在正直方向行驶时，转向角度传感器的参数值始终在 75°左右不变，而正常情况下该值应该在 0°～10°变化，故障车辆的转向角度传感器参数值始终在 75°无法随着转向盘转动变化，这无疑是向电控单元提供了一个转向角度与实际车速不成正比的错误信号，即高车速时出现了超大的转向角度。为了保持车辆高速行驶的安全及稳定性，ABS、发动机电控单元及相关系统相互对发动机转矩、制动减速等进行综合控制，导致出现故障现象。分析认为，是事故维修时未对车身进行校正，车身的变形影响了车辆的正常定位，在车辆进行车轮定位时，改变了转向盘转向角度传感器的原始位置。对车辆进行车身校正重新进行车轮定位后，故障排除，当车辆在正直方向行驶时，转向角度传感器的参数在 0°～10°变化。

3.因果分析法

因果分析是对相互联系的数据间响应情况和响应速度的分析。

在各个系统的控制中，许多参数之间是有因果关系的。如电控单元得到一个输入，肯定要根据此输入给出下一个输出。在认为某个过程有问题时，可以将这些参数连贯起来观察，以判断故障出现在何处。

如，在自动空调系统中，通常当按下空调选择开关后，该开关并不是直接接通空调压缩机离合器，而是该开关信号作为空调请求或空调选择信号被传送给发动机电控单元，发动机电控单元接收到此信号后，检查是否已满足设定的条件，若满足，就会向空调压缩机继电器发出控制指令，接通空调压缩机继电器，使空调压缩机工作。所以，当空调不工作时，可观察在按下空调开关后，空调请求(选择)、空调允许、空调压缩机继电器等参数的状态变化，以判断故障点。

又如，现在许多车上都装有 EGR(废气再循环)系统，该装置的作用主要是降低 NO_X(氮氧化物)。通常电控单元是根据反馈传感器(如 EGR 温度传感器、EGR 位置传感器、DFPE 传感器或其他传感器等)来判断 EGR 阀的工作状态。当有 EGR 系统未工作的故障代码出现时，应首先在相应工况下观察电控单元对 EGR 控制电磁阀的输出指令和反馈传感器的值，若无控制输出，可能工况条件不满足或电控单元有故障。若反馈值没有变化，则可能是传感器、线路或 EGR 阀(包括废气通道)有问题。此时可直接在 EGR 阀上施加一定的真空(发动机在怠速时)，若发动机出现明显抖动或熄火，则说明 EGR 阀本身和废气通道无问题，故障可能在传感器、线路或电脑上，应检查找电路。若无明显抖动，则可能是 EGR 阀或废气通道有问题，属于常规机械故障。

例如，一辆丰田佳美轿车慢加速后松加速踏板发动机易熄火，转速常常下降至 400r/min 以下。读取数据流发现：怠速时，节气门位置传感器的怠速开关为“闭合”状态，节气门位置传感器信号电压为 0.3V(标准信号电压为 0.5V),稍微偏低,怠速步进电动机的步数为 30 步;当踩下加速踏板进行加速时步进电动机步数从 30 步下降至 2 步,怠速开关的状态依然为“闭合”;当发动机转速上升至 1800r/min 时,怠速开关从“闭合”转为“断开”,此时步进电动机步数从 2 步迅速上升至 50 步左右。这里节气门开度数据、怠速开关状态数据和步进电动机步数之间具有因果关系:在正常情况下,怠速开关在发动机怠速运转状态下处于“闭合”,一旦踩加速踏板加速,怠速开关便立即由“闭合”转换为“断开”,以向电控单元传输发动机脱离怠速状态的信息;正常情况下,当车辆由怠速状态开始加速时,电控单元依据怠速开关状态信号控制怠速步进电动机将怠速通道打开,以增大进气量,所以信号怠速步进电动机步数应该由怠速时的步数提高到大约 50～70 步,为车辆的减速做好缓冲的准备。由发动机转速到 1 800r/min,怠速开关状态由“闭合”转为“断开”后,步进电动机步数便从 2 步迅速上升到 50 步左右,所以在 1 800r/min 以前,电控单元一直认为车辆是在怠速工况,虽然车辆在加速,但是电控单元是以怠速开关信号为准,即进行怠速稳定控制。因此,当发动机转速上升时,电控单元便指令性怠速步进电动机关小进气量以促使转速下降,由于踩下加速踏板使节气门有了一定开度,大量气体从主进气道流入,使发动机转速上升,而步进电动机将怠速气道几乎关闭,当继续加速至发动机转速大于 1 800r/min 时,怠速开关打开,控制单元认为车辆此时进入加速工况,为满足加速工况的要求,电控单元将步进电动机开大。从上述的因果关系分析中我们不难发现,该车的故障是由于节气门位置传感器固定位置不准确引起的。对节气门位置传感器进行调整,使怠速开关在节气门刚刚开启时即打开,使节气门位置传感器初始信号电压为 0.5V 之后,故障排除。

4.关联分析法

关联分析是对互为关联的数据间存在的比例关系和对应关系的分析(指几个参数之间逻辑关系)。

电控单元有时对故障的判断是根据几个相关传感器信号的比较,当发现它们之间的关系不合理时,会给出一个或几个故障代码,或指出某个信号不合理。此时一定不要轻易地断定是该传感器不良,而要根据它们之间的相互关系作进一步的检测,以得到正确的结论。

如,韩国大宇某些车有时会给出节气门位置传感器信号不正确,但无论用什么方法检查,该传感器和其设定值都无问题。而若你能认真地观察发动机转速信号(用仪器或示波器),就会发现发动机转速信号不正确,更换分电器中的发动机转速传感器后,故障排除。故障原因是电控单元在接收到此时不正确的转速信号后,并不能判断出转速信号是否正确(因无比较量),而是比较此时的节气门位置传感器信号,认为其信号与接收到的错误转速信号不相符,故给出节气门位置传感器的故障代码。

又如,一辆捷达车在检查时给出空气流量传感器信号不合理,若简单地更换空气流量传感器就可能导致错误的修理。此时应想一想,为什么没给出空气流量传感器开路或短路(与地或B+)的故障,而是指出不合理呢?那么这个不合理是相对于哪几个传感器信号而言呢?实际上,电控单元是根据发动机转速、节气门位置信号与空气流量计信号的比较来确定的。在进一步的检查中,发现节气门位置传感器的最大和最小学习值与规定值不符,且无法正确完成基本设定(始终输出错误信号),故基本确定是节气门位置传感器故障。更换节气门体总成并进行基本设定后,故障排除。

再如,一辆上海通用别克君威(Regal)3.0 GS 轿车,空调压缩机不工作。上海通用别克君威(Regal)3.0 GS 采用 C68 全自动空调,空调请求信号由二级串行数据线传递,没有专门的空调请求信号线，如图 10-18 所示。HVAC 控制器将空调请求信号通过二级串行数据线传至动力系统控制模块(PCM)的 C1－58 端子，PCM 经分析认为如果需接通空调压缩机，则先提升发动机转速，然后其 C2－39 端子接地，空调压缩机继电器工作，触点闭合，空调压缩机电磁离合器吸合，空调压缩机工作。在以下情况，PCM 切断空调压缩机：节气门开度大于 90%；空调系统压力超过 3 080kPa(4.27V)或低于 287kPa(0.35V)；系统电压低于 10V；发动机转速超过 4 700r/min；发动机冷却液温度高于 125℃；进气温度低于 5℃；动力系统控制模块(P C M)与空调控制模块(HVAC)通信故障。连接 TECH 2，测量 PCM 数据流中空调请求信号为“是”(即 PCM 已收到空调请求信号)，空调压缩机控制信号显示“关”。既然 PCM 正确接收到空调请求信号，那么为什么空调压缩机控制信号显示“关”呢？利用关联分析，此时应该检查 PCM 是否接收到的信号不允许空调压缩机工作，根据上述分析，应检查发动机冷却液温度、节气门开度、进气温度(环境温度)及空调系统压力等信号是否正常。用 TECH2 阅读 PCM 中上述相关参数，发现空调压力传感器信号高达 4.9V。在空调压缩机不工作时，空调压力超过了切断压力，这显然不正常。更换空调压力传感器后，故障排除。

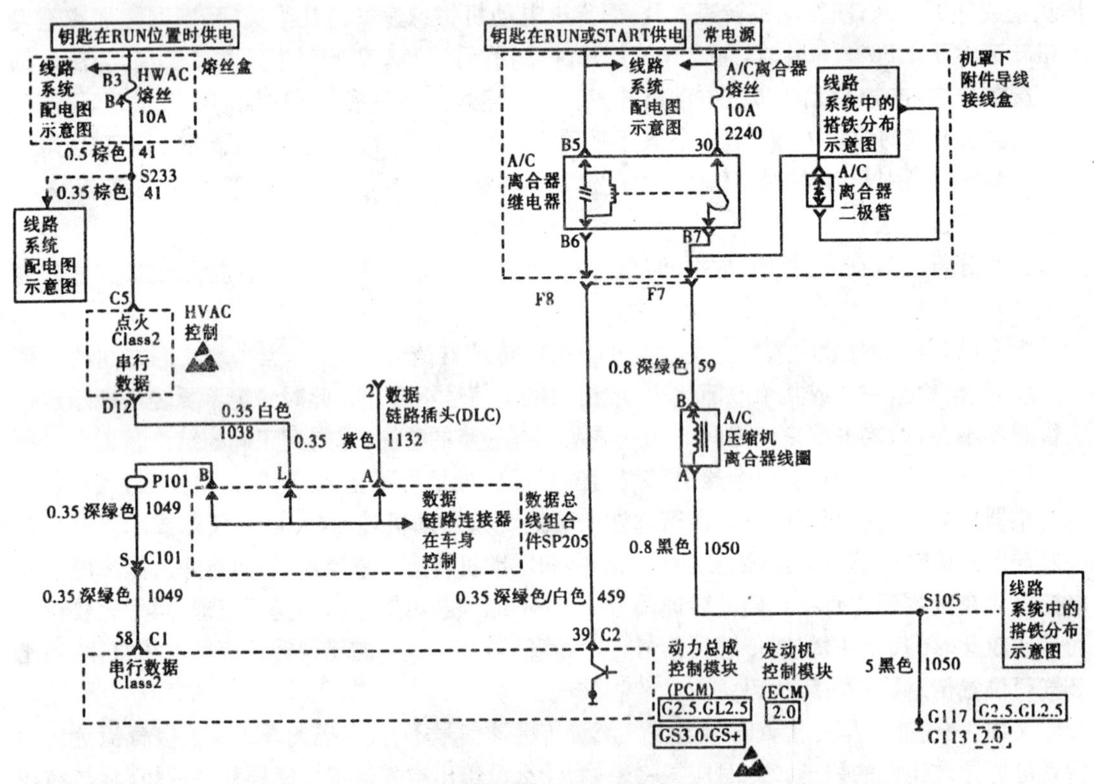

图 10-18　上海通用别克君威 GS 车 C68 全自动空调系统电路

5. 比较分析法

比较分析是对相同车种及系统在相同条件下的相同数据组进行的对比分析。很多时候，因没有足够的技术资料和详尽的标准数据，无法很准确地断定某个器件的好坏。此时可与同类车型或同类系统的数据加以比较。当然，在修理中很多人会使用替换试验进行判断，这也是一种简单的方法，但在进行时，注意应首先作一定的基本诊断，在基本确定故障趋势后，再替换被怀疑有问题的器件，不可一上来就换这换那，其结果可能是换了所有的器件，仍未发现问题。

再一个要注意的是，用于替换的器件一定要确认是良好的，而不一定是新的，因新的未必是良好的。这是做替换实验的基本准则。

例如，一辆 2000 款上海通用别克新世纪 3.0 轿车，加速无力，且仪表板上的故障灯常亮。用 TECH2 读取故障代码为 P0171，表示燃油微调系统过稀。起动车辆，使车辆运行到闭环状态，用 TECH2 检测发动机的各项数据，并与正常数据进行对比(表 10-11)。

表 10-11　上海通用别克新世纪 3.0 轿车发动机实测数据与正常数据的对比

项目	实测数据	正常数据
发动机怠速转速	737～749r/min	737～749r/min
发动机设定怠速转速	720r/min	720r/min
ECT(冷却液温度)	94℃	94℃
IAC(怠速空气控制)	24 步	24 步
MAF(质量空气流量)	2.92g/s	3.67g/s
TP(节气门开度)	0%	0%
大气压力	104kPa	104kPa
氧传感器信号电压	108～911mV	108～911mV
长期燃油修正	19%	0%
短期燃油修正	3%	0%
喷油脉宽	2.4ms	2.4ms
点火提前角	20°	20°
空燃比	14.7∶1	14.7∶1
EVAP 开度	20%	20%
EGR 阀开度	0%	0%

根据表 10-11 所列的实测数据与正常数据的对比，我们很容易发现：MAF 数据、长期燃油修正、短期燃油修正 3 个数据与正常数据有所不同。

空气流量传感器(MAF)是一种热线式的空气流量计，它通过感知进入发动机的空气所带走自身的热量来计算进入发动机的空气量，动力系统控制模块(PCM)利用空气质量流量监视实际进入发动机的进气量，并计算基本供油量。进入发动机的空气量大，空气流量传感器感知的数值就大，表示发动机正处在加速或高负荷工况下，反之，则表示发动处于减速或怠速状态。长期/短期燃油修正是通过 PCM 改变喷油器喷油脉宽以保持发动机的空燃比尽量接近 14.7∶1。无论是短期燃油修正还是长期燃油修正的数据都可以通过 TECH2 进行检测。短期燃油修正和长期燃油修正之间重要的差别是前者表示短时期的小变化，而后者表示长时期的较大变化。短期燃油修正是发动机电控系统的一部分。当发动机处于闭环状态时，短期燃油修正将对空燃比进行小的、临时的修正。短期燃油修正连续不断地监测来自氧传感器的输出电压，并以 0.45V 为参考点。当发动机处于闭环状态时，氧传感器的信号电压应在 0.1～0.9V的恒定范围内变化。当 PCM 监测到的氧传感器电压在参考点 0.45V 附近稳定地变化时，PCM 就连续地调整供油量，以保证发动机的空燃比尽量接近 14.7∶1。短期燃油修正的数值用－100%～＋100%之间的百分比表示，中间点为 0%。如果短期燃油修正的数值为 0%，则表示空燃比为理想值 14.7∶1，混合气既不太浓，也不太稀。如果短期燃油修正显示高于0%的正值，则表示混合气较稀，PCM在对供油系统进行增加喷油量的调整。如果短期燃油修正显示低于0%的负值，则表示混合气较浓，PCM在对供油系统进行减少喷油量的调整。如果混合气过稀或过浓的程度超过了短期燃油修正的范围，这时就要进行长期燃油修正（图10-19）。

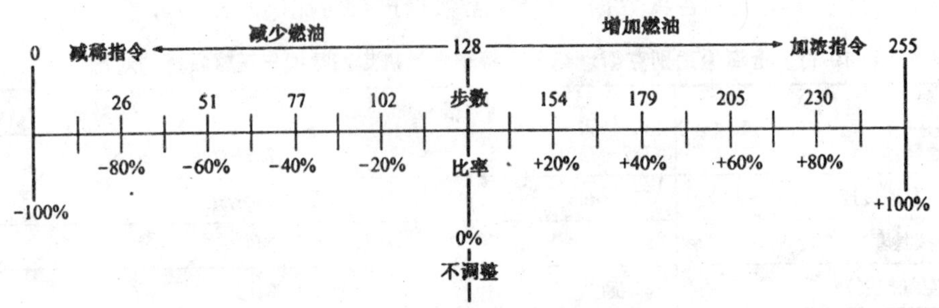

图10-19　长期燃油修正示意图

长期燃油修正值是由短期燃油修正值得到，并代表了燃油偏差的长期修正值。如果长期燃油修正显示0%表示为了保持PCM所控制的空燃比，供油量正合适；如果长期燃油修正显示的是低于0%的负值，则表明混合气过浓，喷油量正在减少（喷油脉宽减小）；如果长期燃油修正显示的是高于0%的正值，则表明混合气过稀，PCM正在通过增加供油量（喷油脉宽增大）进行补偿。长期燃油修正的数值可以表示动力控制模块已经补偿了多少。尽管短期燃油修正可以更频繁地对燃油供给量进行范围较广的小量调整，但长期燃油修正可以表示出短期燃油修正向稀薄或浓稠方向调整的趋势。长期燃油修正可以在较长时间后将朝所要求的方向明显地改变供油量。随着条件的变化，PCM检查适当的数据组，用于计算准确的喷油脉宽，该数据组数值应为0%。如果短期燃油修正与0差距较大，长期燃油修正将改变该数值，将短期燃油修正重新调定到0%。

短期燃油修正和长期燃油修正的数值可以帮助维修人员判断混合气过浓或过稀是由燃油喷射系统内部故障引起的，还是由相关传感器故障造成的。从上述分析可见，长（短）期燃油调整具有以下几个特点：

(1)在闭环工况下起作用。

(2)PCM通过对喷油量进行微调来控制空燃比。

(3)短期燃油修正是PCM依据氧传感器的电压信号进行喷油量的修正。

(4)长期燃油修正是PCM通过对短期燃油修正（长时间修正的趋势）的计算得来的，其目的是尽可能地让短期燃油修正的数值接近0%，如果长期燃油修正的数值超过5%，则表示发动机系统有故障，应该进行检查。

供油量变化可以通过故障检测仪监视的长期和短期燃油修正调整值表示出来，理想的燃油微调值接近0%。如果加热氧传感器信号指示混合气过稀，动力系统控制模块将增加喷油脉宽，使燃油微调值稍稍高于0%；如果检测到混合气过浓，燃油微调值将稍稍低于0%，表示动力系统控制模块正在减少供油量。动力系统控制模块控制长期燃油微调的最大值在－25%～＋20%范围内，动力系统控制模块控制短期燃油微调的权限在－27%～＋27%之间。

通过上述分析，MAF是提供主要喷油量的信号。PCM根据MAF的信号来确定提高或减少喷油量，而短期燃油修正是PCM对喷油量过多或过少的实时反馈，长期燃油修正是PCM

对喷油量总结的规律。

相同转速下,发动机的进气量是相同的。该上海通用别克新世纪 3.0 GS 故障车的大气压力信号和 EGR 数据正常,说明没有真空漏气现象,而 MAF 传感器感知的进气量却比正常的数值少,喷油脉宽和空燃比都很正常,说明喷油量并没有根据 MAF 传感器感知的进气量的减少而减少,而氧传感器的跳动数据也很正常,这说明氧传感器是好的。另外,长期燃油修正值已经接近 19%的最大加浓权限,说明 PCM 正在根据短期燃油修正值在控制增加喷油量,也就是说 MAF 信号减小后,造成 PCM 对发动机喷油量的减少,当反馈信号感知混合气过稀时,为了保证理论空燃比 14.7∶1,PCM 会根据反馈信号逐步增加喷油量,直到离理论空燃比最近为止。

通过数据对比,很容易分析出该车加速无力的故障是由空气流量传感器失准造成的。检查 MAF 传感器,发现传感器并没有脏,而是发现 MAF 传感器前部的整流网有太多的杂物,影响了进入 MAF 传感器内部的空气流向,使一部分空气没有被 MAF 传感器感知到就进入了发动机,所以信号失准,混合气过稀,从而引起发动机加速无力的故障。清洁 MAF 传感器及整流网后,所有数据正常,故障排除。

又如,一辆一汽奥迪 A6 1.8L MT 轿车尾气有异味,轻微冒黑烟,但油耗为 10L 并没有增加,用 VAG1552 检测发动机控制单元中存储有故障代码 00561,含义为混合气调整超出极限。由于该车冒黑烟,于是查看与氧传感器有关的数据,01－08－007 数据组在发动机怠速运转时第 1 区和第 2 区数据分别为－25%和 0.815V。第 1 区为混合气形成控制值,正常为－10%～＋10%,且随氧传感器对喷油量的修正而稍有波动,该车为－25%,表明发动机控制单元在减少喷油量。第 2 区为氧传感器电压,其值应随混合气的浓稀在 0.2～0.8V 内频繁变化,并且稀混合气电压为 0.2～0.4V,浓混合气为 0.6～0.8V。该车氧传感器电压为 0.815V,表示混合气过浓,与冒黑烟的事实相吻合。

为什么氧传感器判定为混合气过浓,但不减少喷油量以形成适宜的混合气?电喷发动机的喷油持续时间主要决定于发动机进气量和发动机转速,而氧传感器仅在一定范围内对喷油量进行修正。该车在怠速时氧传感器使得喷油量减少 25%,已远远超过－10%～＋10%的标准值。由于氧传感器调节已达到极限,但混合气还是过浓,所以发动机电控单元记录故障代码 00561。为此把问题集中到决定喷油量的空气流量传感器上,用 VAG1552 进 01-08-002 数据组(表 10-12)。

表 10-12　一汽奥迪 A6 1.8L MT 轿车实测数据和正常车辆数据比较

含义	01－08－002 组数据				01－08－003 组数据
	第 1 区	第 2 区	第 3 区	第 4 区	第 3 区
	发动机转速	理论喷油持续时间	实际喷油持续时间	进气量	冷却液温度
故障车实测数据	820～840r/min	3.7ms	3.52ms	7.6～7.8g/s	98℃
正常车实测数据 1	820～880r/min	1.63ms	2.56ms	3.1g/s	91℃
正常车实测数据 2	840r/min	1.51ms	2.82ms	3.0g/s	94℃
维修后实测数据	820～840r/min	1.47ms	2.74ms	2.8g/s	98℃

表 10-12 所列 01-08-002 组第 4 区数据的进气量为 7.6～7.8 g/s,而在怠速下标准值为 2.0～4.0 g/s,其值明显偏大;第 2 区为曲轴每转内的理论喷油持续时间;三区为发动机每工

作循环的实际喷油持续时间。实际喷油持续时间是在理论喷油持续时间的基础上经过修正而来，大约是理论喷油持续时间的2倍，而该车却相差无几。经过和正常车辆的实测数据进行关联分析，更加证明空气流量传感器信号过大，理论喷油持续时间较长，而经修正后实际喷油持续时间明显变短。但由于修正超过了极限，仍不能形成适宜的混合气。既然混合气过浓，但油耗为什么还正常呢？再次进 01－08－007 数据组，在发动机怠速时，第 1 区和第 2 区为－25.0%和 0.815V，而踏下加速踏板后，其值变为－2.0%～3.7%和 0.2～0.8V，这说明在其他工况下混合气正常。而车辆一般情况下在怠速工况运行时间较短，怠速时混合气过浓，对油耗影响并不大。经过上述分析，认为空气流量传感器损坏，更换空气流量传感器后故障排除。

6.成组分析法

所谓成组分析就是将相关的几个数据组成一组，通过观察相互之间的比例关系或者协调性进行数据分析的一种方法。

例如，我们在对自动变速器车辆进行液力变矩器和自动变速器挡位传动是否存在打滑故障的时候，我们可以将发动机转速传感器、自动变速器输入轴转速传感器（也称涡轮转速传感器）和自动变速器输出轴转速传感器这 3 个转速传感器组成一组，为了说明问题，我们假设液力变矩器没有损失（实际上有损失，可以通过测量实际车辆得知正常的液力变矩器损失），自动变速器处于直接挡（传动比为 1∶1，其他挡位可以用各挡的传动比进行折算）传动。按照上述假设，如图 10-20 所示，如果得出“数据组 1”的数据，我们通过数据便可以分析出液力变矩器、自动变速器的直接挡传动均正常；如果得出“数据组 2”的数据，我们通过数据便可以分析出经过液力变矩器后，转速损失了 1/3，从而说明液力变矩器损坏，但是自动变速器的直接挡传动正常；如果得出“数据组 3”的数据，我们通过数据便可以分析出液力变矩器正常，但是经过自动变速器的直接挡传动后转速损失了 1/3，说明自动变速器的直接挡传动存在打滑现象。

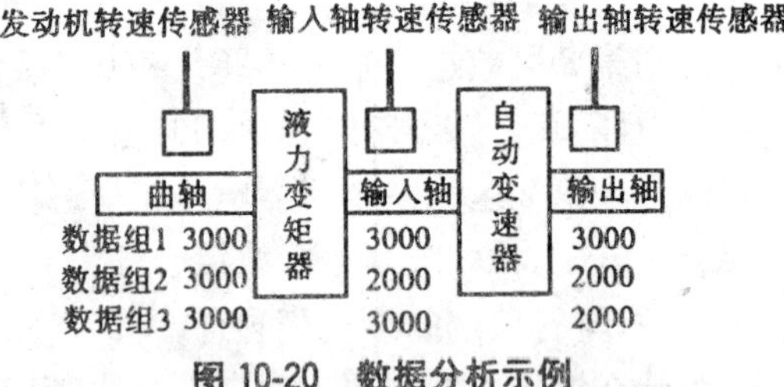

图 10-20 数据分析示例

再如，一辆上海通用别克 GL8 商务车，故障指示灯点亮，存储有故障代码 P1860 和 P1811。首先分析故障代码 P1860，其含义是“液力变矩器离合器脉宽调制电磁阀电器故障”。点火开关电压加到液力变矩器离合器脉宽调制电磁阀上，动力系统控制模块（PCM）控制电磁阀的反向载荷周期，液力变矩器离合器脉宽调制电磁阀调节液力变矩器离合器油压，以控制液力变矩器离合器的接通和分离。当 PCM 让电磁阀断开时，PCM 将检测到过高的电压；当 PCM 让电磁阀接通时，将检测到过低的电压。任何时候，如果 PCM 检测到电压限值不符合标定要求，就会设置故障代码 P1860。该故障属于 B 类故障，故障代码 P1860 将存储在 PCM 存储器中。第一次出现故障时故障指示灯会点亮，如果自动变速器没有处于热态模式，PCM 会阻止液力变矩器离合器接合和进入 4 挡，PCM 使换挡自适应无效。设置故障代码 P1860 的条件是：系统电压是 9～16V；发动机转速大于 500r/min 达 5s；脉宽调制电磁阀占空比大于 90%时，PCM 检测到过低的电路电压；脉宽调制电磁阀占空比小于 10%时，PCM 检测到过高的电路电压；发动机没有处在燃油切断模式；所有条件满足达 5s。再分析故障代码 P1811，其含义是最大自适应和换挡时间长，属于 C 类故障，它不会点亮故障指示灯。综合分析，造成发动机故障指示灯亮的原因是 PCM 检测到过高或过低的电路电压。如果 TCC 电磁阀、线路、

PCM 存在故障等均会造成故障代码 P1860 的产生。使用 TECH 2 进入数据清单——变速器数据清单——变速器数据。利用选项功能将 TCC 释放压力、TCC 荷载周期断路/搭铁短路、TCC 荷载周期对电压短路三项数据选在一起(表 10-13),显示在 TECH 2 上以便观察。在试车过程中偶尔(二次)发现 TCC 荷载周期断路/搭铁短路这一项由“否”变为“是”,时间很短,其他二项没有变化。特别是“TCC 荷载周期对电压短路”这一项中如果线路有短路,在 TECH 2 显示屏上会由“否”变为“是”。

表 10-13 上海通用别克 GL8 商务车 4T65E 型自动变速器动态数据分析

项目	显示结果	显示说明
TCC 释放压力	是或否	该参数是 TCC 释放开关正常、关闭的状态,显示“是”表示开关接通,存在 TCC 释放油液压力,并且 TCC 释放;显示“否”表示开关关闭,不存在 TCC 释放油液压力。并且 TCC 启用
TCC 荷载周期断路/搭铁短路	是或否	该参数表示在到 PCM 的 TCC PWM 电磁阀反馈信号中是否存在对搭铁的开路或短路
TCC 荷载周期对电压短路	是或否	该参数表示在到 PCM 的 TCC PWM 电磁阀反馈信号中是否存在对蓄电池 B+的短路

根据上述数据检测结果判断,线路还是存在断路现象的正是 PCM 控制电磁阀的荷载周期。如图 10-21 所示,与 TCC 电磁阀连接的有两条线,一条是红线(E 脚),为熔丝点火 1 号供

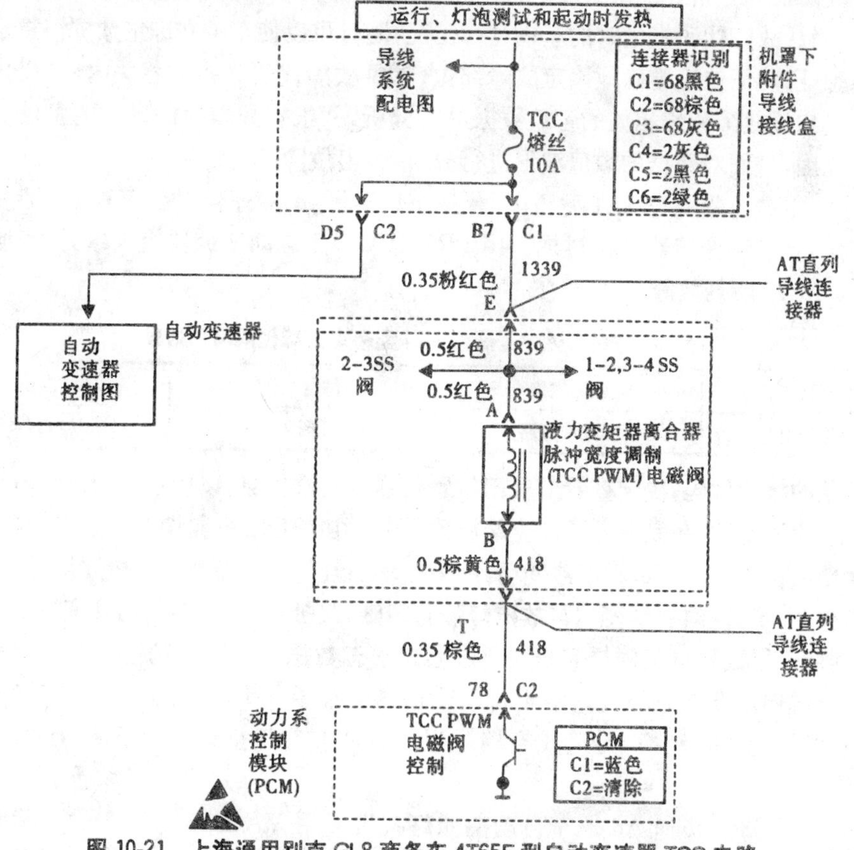

图 10-21 上海通用别克 GL8 商务车 4T65E 型自动变速器 TCC 电路

电(变速驱动桥 10A),同时也是1～2挡换挡电磁阀、2～3挡换挡电磁阀的供电线,如果供电线有故障,会影响到1～2和2～3挡换挡电磁阀工作,并设置相应的故障代码;另一条是棕黄色线(T脚),单独与TCC电磁阀连接。因变速器线束(红线和棕黄色是其中两条)装在变速器侧盖里,卸下变速器侧盖,检查变速器线束,线束固定很好,TCC电磁阀插头连接良好,将变速器线束整条拆下,用维修包的维修插针连接插头的T脚(棕黄色线)和TCC电磁阀脚,与数字万用表的红黑线表针连接,将万用表挡位调至二极管挡,一边慢慢地摇动线束,一边听万用表"滴滴"声,当用力摇到变速器插头靠近T脚处时,"滴滴"声时断时响,重复几次都一样,证明在插头处有线路接触不良现象,把线束里的胶套撬开检查,发现线与T脚插针大部分已脱焊,由于胶套作用,线与T脚插针还是连在一起。稍微用力,线与T脚插针就脱开了。考虑该变速器曾存在P1811故障代码,更换变速器内线束和压力控制电磁阀(PC)、1～2和2～3挡换挡电磁阀并用TECH 2对变速器的TAP参数进行重新设定,故障排除。

汽车故障诊断数据分析,是汽车维修和修理中对汽车技术状况进行检验的技术手段,是保证汽车各项性能指标良好的标准。汽车维修技术的提高也就要求检测方法的标准化。维修人员只有掌握真正的原理和每个传感器的作用,找到各个数据之间的联系,才能快速查找到故障原因。

(三)数据流分析的一般步骤

1. 有故障代码时

在进行故障代码分析并确认有故障代码存在时,一方面,可以利用查看记录故障代码时的冻结数据祯,确认故障代码发生时的车辆运行工况,同时可以使车辆在冻结数据祯提示的工况下进行故障验证,从而快速准确地确定故障部位(参见故障代码分析的相关内容);另一方面,可以直接找出与该故障代码相关的各组数据进行分析,并根据故障代码设定的条件分析故障代码产生的原因,进而对数据的数值波形进行分析,找出故障点。

例如,东风雪铁龙爱丽舍SX1型轿车(装备AL4行自动变速器),仪表板上"S"和"＊"灯偶尔交替闪烁,且自动变速器升挡过迟。用PROXIA检测自动变速器控制单元,读取故障代码,发现有表10-14所列故障。

表10-14 东风雪铁龙爱丽舍SX1型轿车故障代码检测结果

故障类型	检测类型	供电电压	挡位
节气门电位器信号	断路或短路	12V	空挡(N)

按照记录的故障代码,决定查看节气门位置传感器的数据流,以确定故障。将点火开关置于M位,不起动发动机,在完全松开加速踏板情况下,用PROXIA测量自动变速器参数,发现节气门开度参数从11.5°～40.8°不停变动,用手扯动节气门位置传感器导线连接器,节气门开度参数稳定在11.5°,同时自动变速器故障灯停止闪烁,又扯动一下,节气门开度参数又开始不断变化,自动变速器故障灯又闪烁起来。通过上述动态数据检测可以判定该车故障是节气门位置传感器导线连接器接触不良。由于自动变速器电控单元无法得到准确的节气门位置信号,无法在正常情况下控制换挡,造成换挡过迟。更换节气门位置传感器后,换挡过迟故障排除。

再如,一辆2003款奥迪A6轿车自动前照灯报警。用VAG1552进55－02读取故障代码,发现存在故障代码00774(左前倾斜传感器断路或对地短路)和01539(前照灯未调整)。根据故障代码用 VAG1552 进 55－08－002 测量数据块，查看倾斜传感器的动态数据，第 1 区和第 2 区的数据分别为 5.314V 和 2.347V。从动态数据看，左前倾斜传感器信号明显过大。维修人员更换左前倾斜传感器，但在进行 55－04－001 基本设定时，VAG1552 显示此功能不能执行或未知。由于不能进行基本设定，01539 故障就消不掉，前照灯仍报警，维修人员束手无策。为此，再用 VAG1552 进 55－08－002，发现第 1 区和第 2 区的数据分别为 5.418V 和 2.347V。在按压车身时第 1 区数据也不变化，由此可见该车不是传感器本身的问题，而是车身的状态倾斜传感器无法检测。将前轮前支撑臂上的倾斜传感器转动连杆拆下，用手直接转动传感器转轴臂，发现在原工作位置上下转动，左前倾斜传感器电压均大于 5V；而将传感器转轴臂转至向前下倾斜范围时，传感器信号电压在 0～5V 间均匀变化。由此可见，该传感器转轴臂的原工作位置不对，正常位置应该为前下倾斜，将车升起，前悬架处于伸张位置时，发现转轴臂与垂线角度呈 30°～45°，原来该车是因悬架过分的伸张，传感器转轴臂在连杆带动下转过下止点时，而向后倾斜。将左前倾斜传感器转动连杆重新安装，使转轴臂向前下方倾斜。在进入 55－04－001 进行基本设定，故障排除。

2. 无故障代码时

故障代码分析后确认无故障代码存在时，从故障现象入手，根据控制系统的工作原理和结构，推断相关数据参数，再用数据分析的方法对相关数据参数进行观察和全面分析。在进行数据分析时，常常需要知道所修车系统的基本原理和结构、基本控制参数及其在不同工况条件下的正确读值，并经过认真地分析，才有可能得出准确的判断。

例如，一辆 2005 款雅阁 CM5 轿车，自动变速器换挡杆锁止在 P 位上，无法入挡行驶。用 HDS 本田诊断仪进行检测，没有发现故障代码。观察发动机数据流，TP 值为 10%，相对 TP 值为 9%，点火正时为 26°，发动机转速为 1 200r/min。从数据流上看，最明显的是发动机已不在怠速工况运转，点火提前角锁定在 26°，相对 TP 值在怠速工况下应为 0%而指示为 9%的错误值。此时发动机管理系统已启动了后备模式，不再进行相关传感器的参数修正功能。燃油排放控制系统呈开环状态，同时起动发动机及自动变速器保护模式电路，将换挡杆锁止在 P 位上。这起故障从数据流上看，TP 开度值基本上正常，但相对 TP 值却很高。维修人员替换一个确认良好的节气门体总成（TP 传感器不能单独更换），从数据流上看，TP 相对值还是显示 9%不变，再次用 HDS 对 ECM/PCM 学习值重新设定，无法完成，换挡杆依然锁止，故障依旧。

要排除该故障首先应该弄清楚相对 TP 值为什么会高。相对 TP 值是发动机控制单元根据怠速工况下节气门位置开度和实际进气量相比较得出的。如果 IAC 阀体内滑阀有积炭，造成滑阀运行时卡滞，当它卡滞在开度大时，怠速空气补偿的空气进入就多，这时的 IAC 阀指令并不是当前的滑阀开度所需的指令，过多的怠速空气补偿，导致发动机转速由怠速的750r/min 升至 1 200r/min。此时的喷油持续时间也不是当前要求的喷油持续时间，这时的节气门处在关闭的位置，发动机冷却液温度也处于正常温度，这些正确的传感器参数与由于滑阀卡滞所产生的不正确的传感器参数，再与 ECM/PCM 内存（ROM）固化的参考数据进行比较，ECM/PCM 通过计算得出一个结论，即此时发动机不在怠速工况下运转，但实际情况确实在怠速工况模式下，只是发动机转速在怠速工况下异常升高了。ECM/PCM 将比较的参数所得出的结论（错误参数数据）进行学习，学习的结果导致 TP 相对值为 9%。也就是说，ECM/POM 认为此时的节气门位置是在正确的关闭位置开度（10%）的基准上再默认打开 9%开度的位置，但又不符合怠速工况下的10%的开度，因此记忆相对9%的开度值，从而启动发动机及自动变速器保护模式，将换挡杆锁止。由此分析可知，IAC阀的工作状况对相对TP值的影响比较大，拆下IAC阀后，发现IAC阀里充满了积炭。对IAC阀进行清洗后，发动机怠速运转平稳，换挡杆锁止现象消失，故障排除。此时检测动态数据，相对TP值为0%。

3.数据流综合分析步骤

(1)数据综合测量

①发动机故障代码测量。这是一项基本测量，也是故障表现的一种形式。当发动机故障警告灯点亮时，故障代码一定存在，此时经过查阅维修手册，便可明确故障类型，并相应地找到解决办法。

②发动机数据流测量。这是进一步的测量。当系统中没有故障代码时，读取标准工况下的电控单元数据比较关键，特别要注意数据标准及数据变化量。常规测量工况应选择热车状态下的怠速工况和发动机转速在2 000r/min时的无负荷工况。

③发动机真实数据流测量。这一步为利用设备工具进行的实际测量，一般需要测量的数据应该是车辆工作的基本数据，例如对于发动机系统，这些数据包括：进气歧管的真空度、汽缸压力、点火正时、发动机转速、燃油系统压力、机油压力、发动机冷却液温度、进气阻力(真空法测量)、废气排放值、排气阻力及曲轴箱通风压力等。测量完成后，需要将实测值与故障检测仪读取的数值进行对比，差值过大的数据即为故障所在。例如，发动机电控单元显示冷却液温度为60℃，而实测冷却液温度为85℃，则说明发动机冷却液温度传感器数据存在偏差，故障原因可能是线路接触电阻过大，电控单元A/D转换器数值偏差等。

(2)数据综合分析

①建立数据群模块。所谓建立数据群模块，即将某一故障现象所涉及到的数据集中起来，逐一检查、对比及分析。例如，发动机怠速转速过高，达到1000r/min，那么所涉及到的数据将包括冷却液温度、节气门开度、怠速控制阀步数(或开度)、点火提前角、进气歧管绝对压力、氧传感器信号、喷油脉宽、燃油系统压力、蓄电池电压、空调开关状态、转向助力开关状态、车速、挡位开关状态及发动机废气排放等。

②分析数据。分析数据时应注意以下几点：

a.将电控单元的数据与实际测量数据进行对比，差值越小，说明电控单元及传感器越精确。

b.将电控单元数据与维修手册标准对比，若误差值超过极限，说明相应的数据为工作不良数据。

c.找出疑问数据进行分析。例如，氧传感器信号电压变化值为0.1～0.9V，无故障代码。简单看氧传感器无故障，数据也在维修手册规定范围内，但与新车0.3～0.7V的正常值相比却有了很大变化。由此说明氧传感器接触到的发动机废气中的氧含量变化不稳定，即燃烧的混合气的空燃比不稳定。而导致此种故障发生的原因包括：发动机进气管漏气、气门积炭、气门关闭不严、曲轴箱通风阀堵塞及发动机活塞环密封不严等。

③综合分析。为了准确地分析故障，需要将几个问题数据间的关联关系逐一进行分析。例如，一只火花塞工作不良，其关联关系为：部分燃油不能有效燃烧→发动机怠速抖动→废气中的HC值过高→氧传感器信号电压偏低→发动机油耗增加→发动机动力不足→三效催化转化器温度过高(烧坏)→发动机电控单元记录失火故障。

(四)标准 OBD-Ⅱ数值分析流程

1. 数值分析概述

标准 OBD-Ⅱ具有数值分析功能,在该功能中,可显示所有控制废气排放元件的状况,包括数位/类比的输入和输出元件。表 10-15 所列为发动机数值总表。

表 10-15 发动机数值总表

中文名称/SAE 建议名称	仪器显示名称	使用单位
故障代码(Number Emission Related Codes)	DTC CNT	Number of Codes(数字)
燃油控制回路状态(第一侧)(Fuel System Status Bank #1)	FUEL SYS1	OL①/CL②/OL;DRIVE③/OLFAULT④/CL FAULT
燃油控制回路状态(第二侧)(Fuel System Status Bank #2)	FUEL SYS2	OL/CL/OL DRIVE/OL FAULT/CL FAULT
发动机负荷(Calculated Engine Load)	LOAD	%
发动机冷却液温度(Engine Coolant Temp)	ECT	°F,℃
短效修正(第 1 侧)(Short Term Fuel Trim Bank #1)	SHRTFT 1	%
短效修正(第 2 侧)(Short Term Fuel Trim Bank #2)	SHRTFT 2	%
长效修正(第 1 侧)(Long Term Fuel Trim Bank #1)	LONGFT 1	%
长效修正(第 2 侧)(Long Term Fuel Trim Bank #2)	LONGFT 2	%
短效修正(第 1 侧,前氧)(Short Term Fuel Trim O2 Bank #1 Sensor #1)	SHRTFT 11	%
短效修正(第 1 侧,后氧)(Short Term Fuel Trim O2 Bank #1 Sensor #2)	SHRTFT 12	%
短效修正(第 2 侧,前氧)(Short Term Fuel Trim O2 Bank #2 Sensor #1)	SHRTFT 21	%
短效修正(第 2 侧,后氧)(Short Term Fuel Trim O2 Bank #2 Sensor #2)	SHRTFT 22	%
氧传感器(第 1 侧,前氧)(Oxygen Sensor Bank #1 Sensor #1)	O2S 11	V
氧传感器(第 1 侧,后氧)(Oxygen Sensor Bank #1 Sensor #2)	O2S 12	V
氧传感器(第 2 侧,前氧)(Oxygen Sensor Bank #2 Sensor #1)	O2S 21	V
氧传感器(第 2 侧,后氧)(Oxygen Sensor Bank #2 Sensor #2)	O2S 22	V
燃油压力(表压力)(Fuel Pressure Gauge)	Fuel Press	kPa,psi(表压力)
进气温度(Intake Air Temp)	IAT	°F,℃
发动机转速(Engine RPM)	ENGINE RPM	Revolutions/minute(RPM)
车速(Vehicle Speed)	VSS	MPH/KPH
进气空气流率(Mass Air Flow Rate)	MAF	GM/SEC
进气歧管绝对压力传感器(Intake Manifold Absolute Pressure)	MAP	kPa/in. Hg
点火提前角(第 1 缸)Spark Advance Cylinder #1)	SPEAK ADV	Degress(度)
节气门位置(Throttle Position)	TP	%
二次空气喷射状态(Secondary Air Status)	2nd AIR Status	ON/OFF

① OL=开环;② CL=闭环;③ DRIVE=作用;④ FAULT=不良

2. 氧传感器测试

氧传感器测试功能可读取车辆电控单元中储存的“设定故障范围”以及“氧传感器实际测试值”，测试结果可辅助判断三效催化转化器的效率。氧传感器测试项目见表 10-16 所列。

表 10-16　氧传感器测试项目表

测试项目名称	仪器显示名称
浓转稀电压(Rich to Lean Sensor Threshold Voltage)	RICH－LEAN(V)
稀转浓电压(Lean to Rich Sensor Threshold Voltage)	LEAN－RICH(V)
浓←→稀切换时间低电位标准点(Low Sensor Voltage for Switch Time Calculation)	LOW SENSOR(V)
浓←→稀切换时间高电位标准点(Low Sensor Voltage for Switch Time Calculation)	HIGH SENSOR(V)
浓转稀切换时间(Rich to Lean Sensor Switch Time)	RICH－LEAN(s)
稀转浓切换时间(Lean to Rich Sensor Switch Time)	LEAN－RICH(s)
测试期间最低电压(Minimum Sensor Voltage for Test Cycle)	MIN TST CY(V)
测试期间最高电压(Maximum Sensor Voltage for Test Cycle)	MAX TST CY(V)
转态(稀转浓/浓转稀)时间(Time Between Sensor Transitions)	TRANSITIONS(s)

进入氧传感器测试项目功能后，首先必须选择要测试的传感器(图 10-22)，接着用操作键卷动测试结果，显示结果示例见图 10-23。

O2 TEST RESULTS SELECT O2 SENSOR ENTER TO SELECT ↑ BANK 1, SENSOR1 ↓	氧传感器测试结果 选择氧传感器 按 ENTER 键选择 ↑ 第一侧，前氧传感器 ↓

图 10-22　氧传感器测试屏幕显示

RICH-LEAN[V] 0.000 LEAN-RICH[V] 0.000 LOW-SENSOR[V] 0.000 HIGH-SENSOR[V] 0.000	浓一稀 [V] 0.000 稀一浓[V] 0.000 最低电压值[V] 0.000 最高电压值[V] 0.000

图 10-23　显示结果示例

3. 标准 OBD－Ⅱ数值分析流程

最新的 OBD－Ⅱ故障代码及国际标准数值分析见表 10-17 所列。

表 10-17　最新的 OBD－Ⅱ故障代码及国际标准数值分析

名称	仪器显示名称	数值显示示例
发动机转数	ENGINE RPM	771
节气门开度	THROTTLE(%)	10
燃油修正＃1	FUEL SYS1	CL
燃油修正＃2	FUEL SYS2	CL
进气温度	INTAKE AIR(℃)	48
发动机冷却液温度	COOLANT(℃)	90
进气流量	AIR FLOW(g/s)	7.07
点火提前角	IGN ADVANCE(°)	0.5
空气喷射	AIR	ATMOSPHERE
短效修正 B1	ST TTRIN B1(%)	3.1
长效修正 B1	LT TRIM B1(%)	－6.5

续上表

名称	仪器显示名称	数值显示示例
短效修正 B2	ST TTRIN B2(%)	2.3
长效修正 B2	LT TRIM B2(%)	−5.5
第1侧前氧传感器	氧传感器 B1−S1(V)	0.190
第1侧前氧传感器修正	TRIN B1−S1(%)	2.3
第1侧后氧传感器	氧传感器 B1−S2(V)	0.960
第1侧后氧传感器修正	TRIN B1−S2(%)	N/A
第2侧前氧传感器	氧传感器 B2−S1(V)	0.195
第2侧前氧传感器修正	TRIN B2−S1(%)	0.8
第2侧后氧传感器	氧传感器 B2−S2(V)	0.865
第2侧后氧传感器修正	TRIN B2−S2(%)	N/A
实际车速	VEH SPEEDS(MPH)	0
负荷信号	LOAD(%)	22.7
OBD REAINESS MONITORS FOLLOW(OBD实时监控数据流)		
点火状况监控	MIS FIRE	READY
燃油修正监控	FUEL SYS	READY
输入输出监控	COMPONENTS	READY
三效催化转化器状况监控	CATALYST	NOT DONE
加热式三效催化转化器	HEATED CAT	N/A
活性炭罐状况监控	EVAP SYS	READY
空气喷射监控	AIR	READY
空调状况监控	A/C RREERIG	N/A
氧传感器状况监控	O2 SENSOR	READY
氧传感器加热线监控	O2 HEATER	READY
EGR状况监控	EGR SYS	N/A

(五)短期燃油修正和长期燃油修正在汽车故障诊断中的应用

长期燃油修正值和短期燃油修正值经常出现在不同车型的发动机数据流中。维修人员常常会对这两个数据忽略不计。究其原因,不是数据作用不大,而是不明白这两个数据的含义和作用。事实上恰恰相反,在电控汽车发动机的控制中,这两个数据是判断发动机运行工况的重要依据。

只要发动机工况允许,就要求在理论空燃比下工作。然而,发动机的某些工况要求混合气要调节到偏离理论空燃比,例如,对冷机工况要求专门的空燃比。这就意味着混合气形成系统必须有能力适应各种变化的空燃比。为了能控制理想空燃比达到14.7∶1,因此必须由氧传感器来监视燃烧后的废气状态,并将此信号送入发动机电控单元,发动机电控单元据此再发出

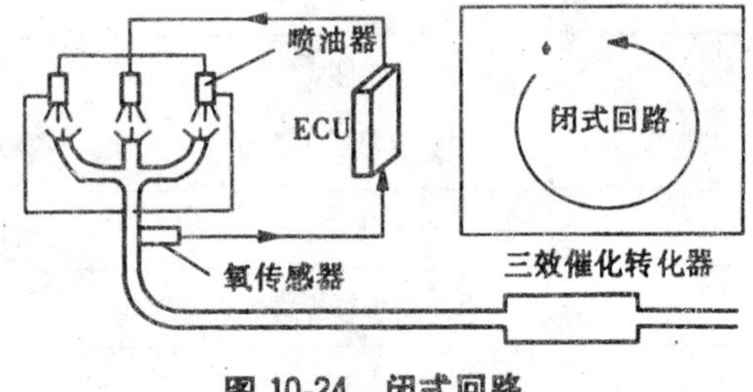

图 10-24　闭式回路

指令控制喷油器的开启时间。由于"监控废气(氧传感器)→电控单元→喷油器→燃烧排放废气→监控废气"的路径构成一封闭回路,故称为闭式回路(CLOSE LOOP),或称闭环控制(图 10-24)。

氧传感器要能有效地监控废气的状态,则必须达到其工作温度(550～660°F),在传感器未达到工作温度前,电控单元不采用氧传感器的信号来控制燃油,因为此时回路出现中断,故称为开式回路(OPEN LOOP),或称开环控制。一般情况下,发动机电控单元大多利用以下条件来判断是否该以闭环控制燃油:

(1)发动机冷却液温度(冷却液温度传感器/ECT)是否达到工作温度。

(2)氧传感器是否达到工作温度。

(3)发动机发动记时器(Timer)倒数记时完成(表 10-18)。

表 10-18　发动机冷却液温度与进入闭环时间关系

发动机冷却液温度(°F)	发动机进入闭环控制时间(s)	发动机冷却液温度(°F)	发动机进入闭环控制时间(s)
−40	180	64	22
10	90	170	13
35	41	219	10

当发动机热机达到正常工作温度后,将空燃比准确地、连续地保持在 $\lambda=1$ 的状态,这对于废气的三效催化净化是非常重要的。为满足这个要求,必须严格地监视吸入的空气质量并且精确计算燃油质量。决定燃油喷油量的最重要参数是发动机的负荷状况,也就是负荷监测参数。发动机的燃油喷油量取决于喷油器的喷油持续时间,最终的喷油持续时间由三部分构成:

(1)基本喷油持续时间。

(2)根据操作状况进行时间修正。

(3)蓄电池电压修正。

1. 喷油器的电压补偿(蓄电池电压修正)

电磁式喷油器的自感应特性使其在喷油脉冲开始时打开较慢,而且在喷射脉冲结束时关闭也较慢。打开和关闭时间大约为 0.8ms。蓄电池的电压是决定打开时间的主要因素,但它对关闭时间却影响较小。如果没有电控单元的电压修正,会导致喷油器启动延迟,而使喷油器持续时间过短,造成喷射的燃油量不充足。换句话说,蓄电池电压越低,进入发动机内的燃油就越少。所以,蓄电池电压降低时必须根据电压变化相应地增加喷油持续时间,这就是所谓的喷油器附加修正系数。ECU 记录实际的蓄电池电压,并通过与电压对应的喷油器喷油持续时间进行比对作出修正。

基本的喷油持续时间取决于发动机负荷及发动机转速,还有一个没有引起足够注意力的参数是短期和长期燃油修正。

2. 短期燃油修正

基本喷油持续时间的数值是发动机电控单元(ECU)使发动机燃油和空气混合气达到理论空燃比所需的实际喷油持续时间的最佳值。在设计上,这个时间是非常准确的,它占到了实际喷油持续时间的绝大部分,但是,在实际的运行中,还有一个根据实际操作作出的时间修正,也就是发动机电控单元(ECU)根据氧传感器的反馈将空燃比修正，即将空燃比准确地、连续地保持在λ=1的状态。

短期燃油修正根据氧传感器反馈信号快速地进行喷油脉冲修正，当氧传感器反馈电压经过“转变点”时，短效修正将改变修正方向，见图10-25。

转变点1表示混合气由浓转稀的电压值(0.45V)，转变点2表示混合气由稀转浓的电压值(0.45V)，短期燃油修正在经过转变点时，迅速往相反方向修正，由于短期燃油修正时以发动机实际燃烧的废气监测为依据，因此不论是发动机机件的磨损、燃油压力的大小差异或机件上的不良因素(漏气、油压不当)，都可以导致短期燃油修正。

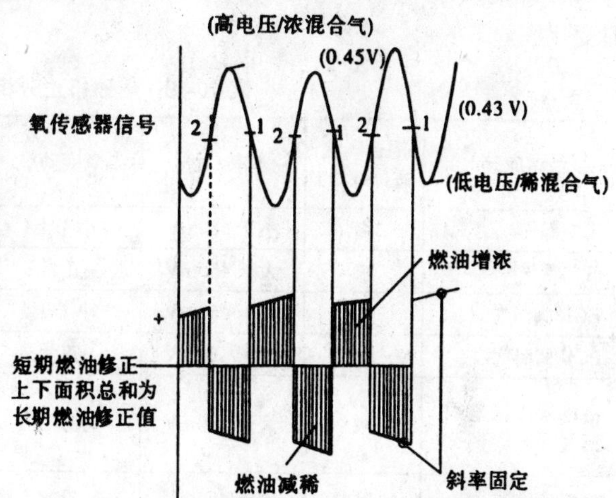

图10-25 短期和长期燃油修正示意图

1-表示混合气由浓转稀(转变点)；2-表示混合气由稀转浓(转变点)

但是，氧传感器的反馈修正是有限的，也就是说，短期燃油修正工作在一个相对小的工作范围之内。例如，当短期燃油修正值小于10%时，发动机的燃油控制就很容易地将混合气控制在λ=1的状态。当这个修正值达到将近20%时，对发动机的燃油控制就非常困难了。所以，为了完成准确的空燃比控制，ECU首先通过增加或缩短基本喷油持续时间，也就是通过对长期燃油修正值的学习，并且记忆在ECU中，使得ECU能够将氧传感器的修正维持在一个可以接受的范围内。若发动机长期有混合气过浓的趋势，则短期燃油修正的上下面必定为负值，所以长期的学习记忆值也应为负值(长期燃油修正随短期燃油修正值变动)，所以在下次起动时，发动机会以长期燃油修正学习值对发动机状况进行修正(减油)。

3.长期燃油修正系数

长期燃油修正系数是基本喷油持续时间计算的一部分，它根据燃油系统的实际工作状况与理论空燃比的比较来决定。长期燃油修正是一个学习值，是发动机电控单元(ECU)通过逐渐变化来适应控制系统的设定要素。系统的变化主要是指发动机的磨损、空气的泄漏、燃油压力的变化、燃油的质量、电子元器件的参数漂移等。由于它是一个基本喷油持续时间计算的参数，所以它也是一个对喷油持续时间进行持久修正的值。它的变化很慢，正常的变化范围是正负20%。

明白了燃油修正以后，就可以很容易理解长期燃油修正和短期燃油修正这两个数据的作用和意义了。短期燃油修正根据氧传感器的反馈快速进行波动，设计的变化范围是20%，但在正常的工作条件下，很少会超过10%。长期燃油修正受短期燃油修正的影响，如果短期燃油修正长时间处在超出10%的状态，长期燃油修正将发生变化，改变基本喷油持续时间。这个新的基本喷油持续时间，可以使得短期燃油修正的变化发生在10%的正常范围之内。这样，短期燃油修正就可以快速并且是很准确地对喷油持续时间作出修正，达到最终的燃油修正的目的：使λ=1。

4.燃油修正分析及故障诊断

在发动机的数据流的检测中，应该学会观察和分析燃油修正的状态数据，分析车辆是否在闭环状态下工作，以及燃油系统是否在对空燃比的过稀或过浓进行修正。分析长期燃油修正和短期燃油修正的工作状态是否在正常的修正范围之内，如果超出修正范围，是由哪些元器件失效所引起，表10-19所列为元器件故障引起的氧传感器测量数值变化及长、短期燃油修正值的变化。

表10-19 燃油修正分析及故障诊断

故障原因	混合气状态(浓/稀)	氧传感器	氧变动率	短期燃油修正	长期燃油修正	喷油持续时间
真空漏气	稀	小于450mV	小于±4	±10%	大于±10%	大于标准值
气门漏气	浓	大于450mV	正常	±10%	大于±10%	大于标准值
EGR阀漏气	稀	小于450mV	小于±4	大于±10%	大于±10%	大于标准值
PCV阀漏气	浓	大于450mV	正常	大于±10%	正常	大于标准值
活性炭罐堵塞或漏气	浓	大于450mV	小于±4	低于±10%	大于±10%	大于标准值
排气管漏气	稀	大于450mV	正常	高于±10%	高于±10%	大于标准值
火花塞没有拧紧	稀	小于450mV	正常	高于±10%	高于±10%	大于标准值
燃油压力调节器不良	浓	大于450mV	正常	低于±10%	低于±10%	大于标准值
燃油压力太高	浓	大于450mV	正常	低于±10%	大于±10%	大于标准值
喷油器漏油	浓	正常	小于±4	低于±10%	低于±10%	正常
喷油器堵塞	稀	小于450mV	正常	高于±10%	高于±10%	大于标准值
燃油泵不良	浓/稀	平常	正常	高于±10%	高于±10%	大于标准值
节温器无法闭合	浓	大于450mV	小于±4	±10%	高于±10%	大于标准值
点火系统不良	浓	大于450mV	正常	低于±10%	低于±10%	正常
汽缸磨损	稀	小于450mV	小于±4	大于±10%	大于±10%	大于标准值
气门正时不对	浓	大于450mV	正常	忽高忽低	忽高忽低	大于标准值
液压挺柱漏油	浓/稀	小于450mV	正常	忽高忽低	忽高忽低	小于标准值
凸轮轴磨损	稀	小于450mV	正常	高于±10%	忽高忽低	小于标准值
气门积炭	稀	小于450mV	正常	高于±10%	低于±10%	大于标准值
燃油箱通气孔堵塞	稀	小于450mV	正常	忽高忽低	忽高忽低	不稳定
空气滤清器堵塞	稀	小于450mV	正常	高于±10%	高于±10%	大于标准值

如果发动机控制系统存储有故障代码P1152、P1151等，其含义是长期燃油修正过稀，或长期燃油修正值超差。这时我们的正确理解应该是：发动机由于某种故障原因，致使燃油混合

气过浓，ECU 虽然对基本喷油持续时间进行了减小的调整，并且已经达到了它调整能力的极限值，但是还是不能满足发动机控制系统对 λ=1 的设计要求。发动机控制系统超出了它自己的能力范围，这时就需要维修人员排除故障，帮助发动机恢复到控制系统的可控制的范围之内。这时，我们可以从解决发动机混合气过浓入手，分析混合气过浓的原因，如燃油泵、燃油压力、喷油器、进气/排气系统的泄漏、进气量的不足、氧传感器故障等等。

短期燃油修正和长期燃油修正在动态数据流中均有显示。例如，在大众汽车系的测量数据块 00 显示组中，第 7 显示区和第 10 显示区反映了燃油修正的状态（图 10-26），006 显示组的第 2 显示区反映了车辆是否在闭环控制状态下工作（图 10-27）。

显示组 00(十进制显示值)

发动机怠速运转（冷却液温度不低于 80℃）

显示区		规定值	相当于
10	混合气形成的自适应值（如在公差之外，则进行路试）	118~138	-8% ~ +8%
9	混合气形成的自适应值（如在公差之外，则进行路试）	115~141	-0.64 ~ +0.64ms
8	混合气形成的自适应值（如在公差之外，则进行路试）	78~178	-10% ~ +10%
7	怠速稳定自适应值	120~136	-4.0 ~ +4.0kg/h
6	怠速稳定控制值	122~134	-3.0 ~ +3.0kg/h
5	节气门角度	0~12	0° ~ 5°
4	蓄电池电压	142~206	10 ~ 14.5 V
3	发动机转速（怠速）	76~96	760 ~ 960 r/min*
2	发动机负荷（用电器关闭）	10~30	0.5 ~ 1.5 ms
1	冷却液温度（基本设置所需求的）	170~204	80 ~ 105℃

图 10-26 大众汽车系测量数据块燃油修正的状态显示分析

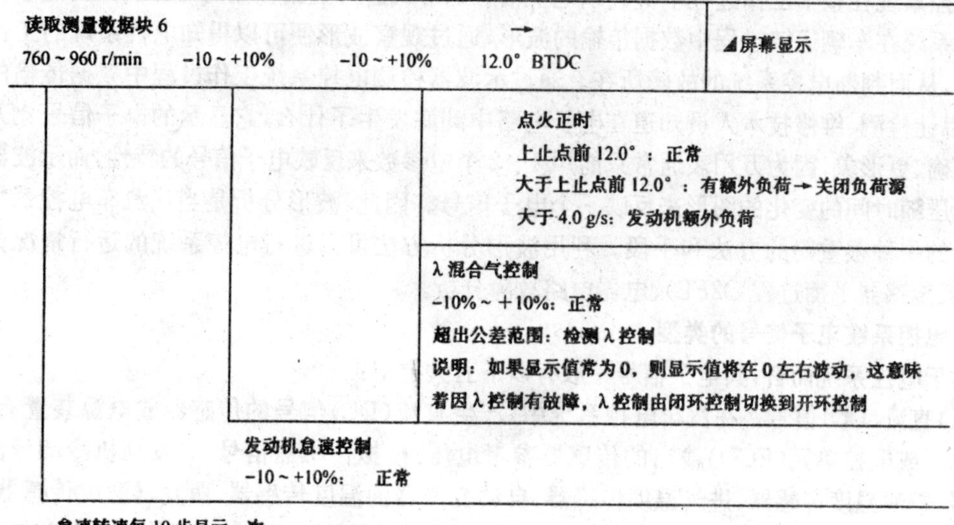

图 10-27 大众汽车系测量数据块闭环控制状态显示分析

混合气自适应系统有自学习能力，换句话说，λ控制可识别出发动机的下述差别：喷油器喷油量、发动机汽缸压力、燃油压力等，并通过调整预先设定的基本喷油持续时间来进行补偿。使喷油持续时间延长或缩短以达到理想空燃比，使λ=1，实际的喷油持续时间同设定在电控单元内的喷油持续时间的差别以一个百分比的形式给出。正的自适应值(+x%)，则说明预设定的基本喷油持续时间太短，为了获得"λ=1"的混合气，实际的喷油持续时间比设定的加长了x%；负的自适应值(−x%)，则说明预设定的基本喷油持续时间太长，为了获得"λ=1"的混合气，实际的喷油持续时间比设定的缩短了x%。

例如，一辆上海通用别克GL轿车(装备V6 3.0L发动机)使用过程中出现发动机故障指示灯常亮，但未出现其他明显故障症状。连接故障检测仪Tech 2进行检测，调出故障代码P0171——燃油修正系统过稀。之所以产生该故障代码，是由于该车为了实现动力性、燃油经济性和排放净化性的最佳组合，采用闭环空燃计量系统。其中动力系统控制模块(PCM)会根据氧传感器的信号电压调节供油量，理想的燃油修正值为0%。如果氧传感器检测到混合气过稀或过浓的情况，PCM将适时增加或减少供油量，燃油修正值将高于或低于0%。另外，燃油修正分为长效燃油和短期燃油修正，长期燃油修正值在−10%～+10%之间，短期燃油修正值在−10%～+10%之间。当长期燃油修正值达到10%时，PCM就会设置此故障代码。读取动态数据发现，该车长期燃油微调值仍然大于19%。造成此故障的原因一般为：喷油器过脏、真空泄漏、空气流量计或氧传感器信号不正确等。检查中发现，当把曲轴箱通风阀与进气管相连的真空管拔下后，堵住进气管，长期燃油微调值就会变为0%。检查发现发动机后面的曲轴箱通风阀与真空管的连接处松动，重新牢固连接后，清除故障代码，故障排除。

三、波形分析及在汽车故障检测诊断中的应用

(一)电子信号分析

电控系统在整个工作过程中都是以电子信号的形式进行数据传输的，因此，只要能够检测出电控系统在车辆运转过程中数据传输的波形，通过观察波形便可以得知电控系统的工作是否正常，从而判断电控系统的故障所在。通过示波器检测电控系统工作过程中数据传输的波形，可以让检测、维修技术人员知道在电子电路中到底发生了什么，它显示的电子信号比万用表更准确、更形象，因为万用表通常只能用1～2个电参数来反映电子信号的特性，而示波器则是用电压随时间的变化的图形来反映一个电子信号。因此，波形分析是当代汽车电控系统故障分析的一种很重要的方法和手段。利用波形分析方法可以进行电控系统的运行情况分析(也称氧传感器平衡过程O2FB)、电器电路故障分析。

1.电控系统电子信号的类型

对于电控系统而言，其电子信号一般有以下五大类型：

(1)直流(DC)信号。在汽车电控系统中，产生直流(DC)信号的传感器或电源装置有：蓄电池电压或电控单元(ECU)输出的传感器参考电压；模拟传感器信号，如发动机冷却液温度传感器、燃油温度传感器、进气温度传感器、自动变速器油温度传感器、蒸发器温度传感器、节气门位置传感器、废气再循环阀位置传感器、旋转翼片式或热线式空气流量传感器和节气门开关，以及通用汽车、克莱斯勒汽车和亚洲汽车的进气歧管绝对压力传感器等。

(2)交流(AC)信号。在汽车电控系统中，产生交流(AC)信号的传感器和装置有：车速传感器(VSS)、磁脉冲式曲轴位置(CKP)和凸轮轴位置(CMP)传感器、从模拟进气歧管绝对压

力传感器(MAP)信号得到的发动机真空平衡波形和爆震传感器(KS)等,如图10-28所示。

(3)频率调制信号。在汽车电控系统中,产生可变频率信号的传感器和装置有:数字式空气流量传感器、数字式进气歧管绝对压力传感器、光电式车速传感器(VSS)、霍尔式车速传感器(VSS)、光电式凸轮轴位置(CMP)和曲轴位置(CKP)传感器、霍尔式凸轮轴位置(CKP)和曲轴位置(CKP)传感器等,如图10-29所示。

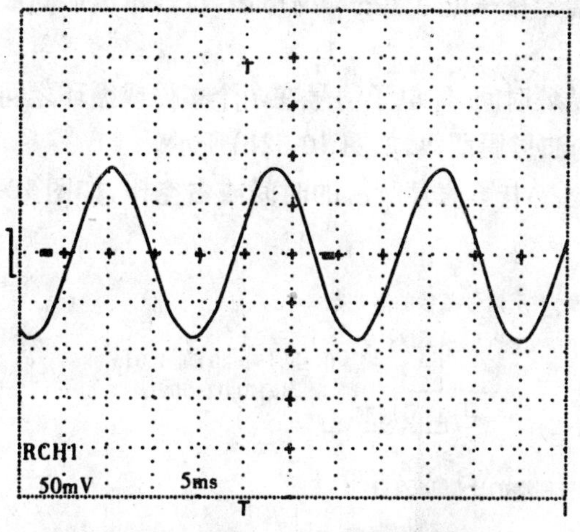

图10-28　交流信号(车速传感器波形)

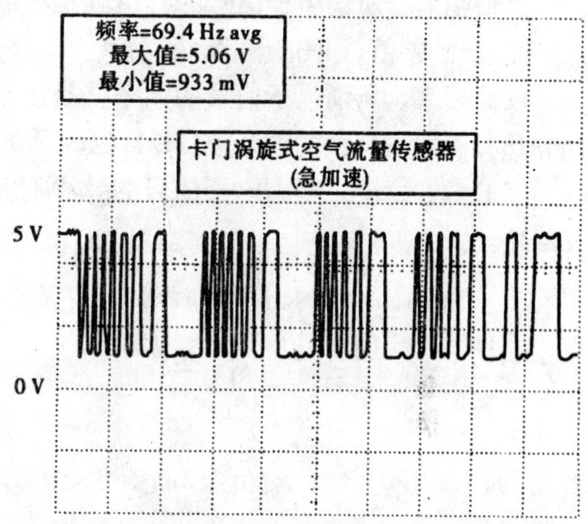

图10-29　频率调制信号(数字式空气流量传感器信号波形)

(4)脉宽调制信号。在汽车电控系统中,产生脉宽调制信号的电路或装置有:点火线圈一次侧、电子点火正时电路、废气再循环控制(EGR)阀、排气净化电磁阀、涡轮增压电磁阀和其他控制电磁阀、喷油器、怠速控制电动机、怠速控制电磁阀等,如图10-30所示。

(5)串行数据(多路)信号。电控单元都具有故障自诊断功能以及其他串行数据传输能力,则串行数据信号是由发动机ECU、车身控制模块(BCM)和制动防抱死系统控制模块(ABS ECU)或其控制模块产生的,如图10-31所示。

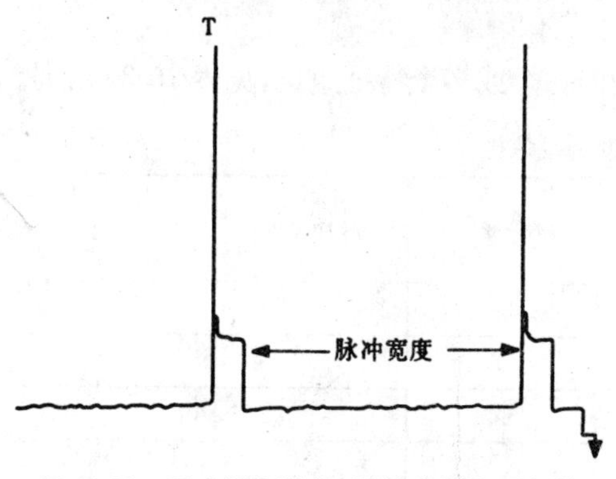

图10-30　脉宽调制信号(活性炭罐电磁阀控制波形)

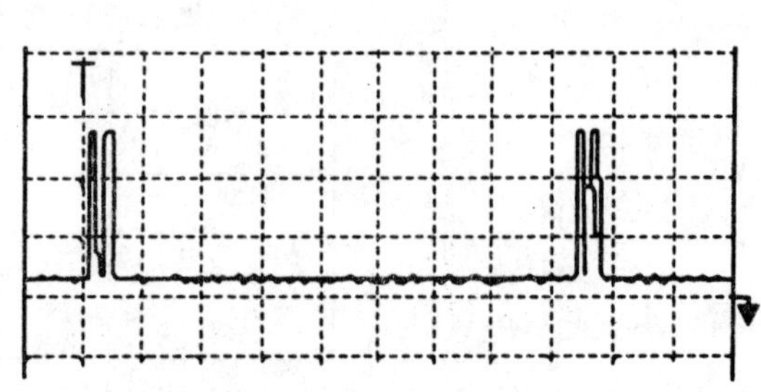

图10-31　串行数据(多路)信号(车载网络系统通信信号)

直流、交流、频率调制、脉宽调制和串行数据信号也称为电子信号的"五要素"。"五要素"可以看成是电控系统中各个传感器、控制电控单元和其他设备之间相互通信的基本语言,正是"五要素"中各自不同的特点,构成了用于不同通信的信号。

2. 电子信号的判定依据

任何一个汽车电控系统电子信号都应该具有幅值、频率、形状、脉宽和阵列 5 个可以度量的参数指标。因此,从“五要素”信号中得到具有 5 种判定特征的信息类型是非常重要的,因为 ECU 需要通过分辨这些特征来识别各个传感器提供的各种信息,并依据这些特征来发出各种命令,指挥不同的执行器动作。这就是电控系统电子信号的 5 种判定依据。

(1)幅值。所谓电子信号的幅值就是指电子信号在一定点上的即时电压,也表示波形的最高和最低的差值,如图 10-32a)所示。

(2)频率。所谓电子信号的频率就是信号的循环时间,即电子信号在两个事件或循环之间的时间,一般指每秒的循环数(Hz),也表示每秒的波形周期数,如图 10-32b)所示。

(3)脉冲宽度。所谓电子信号的脉冲宽度就是指电子信号所占的时间或占空比,如图 10-32c)所示。

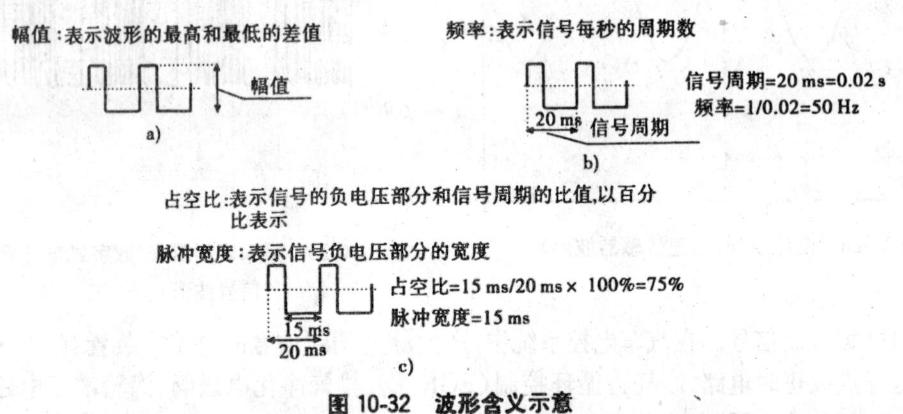

图 10-32 波形含义示意

(4)形状。所谓电子信号的形状就是指电子信号的外形特征,它的曲线、轮廓和上升沿、下降沿等。

(5)阵列。所谓电子信号的阵列就是指组成专门信息信号的重复方式,例如第 1 缸传送给发动机 ECU 的上止点同步脉冲信号,或传给故障检测仪的有关冷却液温度是 210℃的串行数据流等。

每一类型的电子信号都可以由 5 种判定依据中的一个或多个特征组成,见表 10-20 所列。

表 10-20 电子信号的判定依据

信号类型 \ 判定依据	幅值	频率	形状	脉冲宽度	阵列
直流信号	√				
交流信号	√	√	√		
频率调制信号	√	√	√		
脉宽调制信号	√	√	√	√	
串行数据(多路)信号	√	√	√	√	√

为了判断汽车电控系统功能是否正常,必须测量用于通信的电子信号,换言之,就是必须能“读”与“写”出电控系统电子通信的通用语言,用汽车示波器可以“截听”到汽车电控系统中的电子对话,这样就可以解决电控系统的测试点问题。如果一个传感器、执行器或电控单元产

生了不正确判定尺度的电子信号，则该信号电路就可能遭到“通信中断”的损失，对外的表现就是车辆工作不正常、行驶能力降低或排放超标等故障，在一些情况下还会产生故障代码(DTC)。

在汽车 ECU 和其他智能电子设备中用来通信的串行数字信号是最复杂的信号，它是包含在汽车电子信号中的最复杂的“电子句子”，在实际检测过程中，多数情况下要用专门的故障检测仪去读取信息。

(二)示波器及示波器控制

1.示波器的类型和特点

我们可以把示波器看成一个二维的电压表。传统意义上的电压表，不管它是模拟式的，还是数字式的，均是用来测量稳定的直流电压的。数字式电压表甚至能够精确到小数点后第 3 位。但是，在测量和分析快速变化的电压时，数字式电压表就显得无能为力了。即便是最好的数字电压表，一秒钟也只能采集并显示 4 次电压值，即每 250ms 采集一次。而许多电子信号的频率突变要比每 250ms 一次快得多。如果电压信号变化过快，数字式电压表给出的读数仅仅是一段时间的电压平均值。

示波器通过在显示屏上同时提供电压和时间测量，解决了测量快速变化信号的难题。示波器所显示的实际是根据电压信号随时间的变化所描绘的曲线图，能够更加全面、准确地反映出被测信号的全貌，特别是对信号变化过程进行了曲线波形连续的描述，可以观察信号连续变化全过程中每一点的状态，不会漏掉任何一点，它提供给了我们对信号电压变化趋势、幅度、频率、相关性等等比普通数字电压表多得多的分析依据及方法。因此，示波器与数字电压表相比有着更为精确及描述细致的优点，数字电压表通常只能用一、两个电参数来反映电子信号的特征，而示波器则用电压随时间的变化的图形来反映一个电子信号，它显示电信号比万用表更准确、更形象。

示波器按照工作原理可以分为模拟式和数字式两类。

(1)模拟示波器。模拟示波器显示屏上显示的电压波形称为光迹，是由阴极射线管(CRT)内移动的光束形成的。电子枪产生光束，CRT 内的电压极板则在垂直和水平方向上使光束发生偏转，形成光迹，其光迹是一种模拟式的“实时”电压图像。适合于测量频率较快、重复性好(周期稳定)的电压信号。模拟式示波器的最大优点在于它能即时反映线路中的状态。这种示波器扫描速度非常快，波形轨迹不断闪烁，因为轨迹时刻在变化，这样在确定造成间歇性故障的原因时会比较困难。波形轨迹的亮度取决于电压信号的速度和波形的重现率。模拟式示波器的波形轨迹不是由计算机产生的，所以示波器无法记忆，分析人员必须调节示波器以捕捉每一个波形。此外，示波器也无法记录和打印波形状态或将波形存储存于数据库，掌握模拟式示波器的使用方法也需要相当长的时间。尽管如此，汽车维修技术人员仍然将模拟式示波器看作为最有效的检测设备之一。

(2)数字示波器。数字示波器采集模拟的电压信号，然后将其转变为数字信息记录下来，再通过显示屏将其重现。相比于模拟示波器具有以下特性：可暂停显示、保存、打印或记录某个波形；可显示、捕捉慢速变化且周期不稳的单一脉冲信号波形。数字式示波器设备有微处理器，可将模拟电压信号转换为数字信号，如图 10-33 所示。

尽管微处理器运行速度非常快，但也需要花费时间将信号数字化并进行显示。因此，示波器屏幕上显示的波形轨迹并不是即时状态。由于数字式示波器显示比模拟式示波器慢，所以它的图像比较稳定,也不会闪烁。数字式示波器不断地对信号进行采样和数字化,并将结果记忆在存储器中,直到屏幕图像需要更新时为止。然后,存储器中的采样信号被重新调出,并在显示屏幕上显示新的波形。有些汽车检测仪器是数字式示波器,其用途非常广泛。这些示波器具有记忆功能,可以保存记录图形,以便维修技术人员分析。在路试时可以即时捕捉实际状态。由于数字式示波器实际上是一台电脑,可以进行编程,进行自动设定,并与数据库连接。这使得数字式示波器成为快捷、有效、方便的汽车诊断设备。

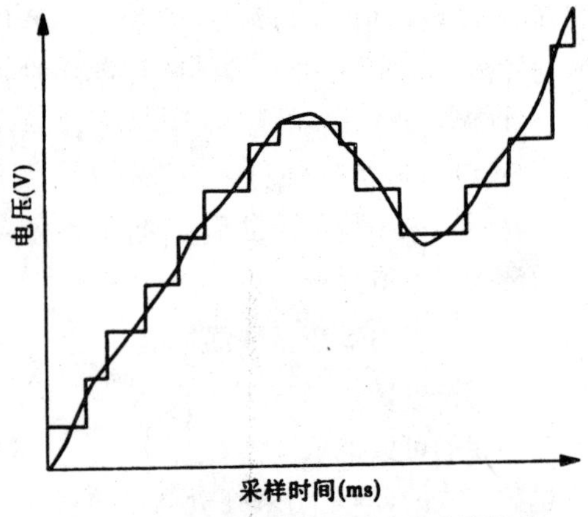

图 10-33　数字式示波器通过在数字取样点上连线得到电压轨迹

示波器按照可以同时测量信号的数量,可以分为单通道示波器和多通道(双通道及双通道以上)示波器。单通道示波器每次只能测量和显示一个信号的波形,比较适用于观察单一信号的各个参数,但是当需要将多个信号的波形同时测量和显示时,便无能为力了,不能进行信号的比较分析;多通道示波器除了具备单通道示波器的全部功能之外,可以同时测量和显示两个或多个信号的波形,便于对波形进行比较分析,对分析车辆的故障非常有利。

汽车电子设备的有些信号其变化速率非常快,其变化周期达到千分之一秒,许多故障信号是间歇的,时有时无,这就需要仪器的测试速度高于故障信号的速度。通常要求测试仪器的扫描速度是被测信号的 5~10 倍。数字示波器完全可以胜任这个速度,数字示波器不仅可以快速捕捉电路信号,还可以用较慢的速度来显示这些波形,以便可以一面观察,一面分析。它还可以用储存的方式记录信号波形,可以倒回来观察已经发生过的快速信号,这就为分析故障提供了极大方便。无论是高速信号(例如:喷油器信号及间歇性故障信号)还是慢速信号(如:节气门位置变化及氧传感器信号),用数字示波器来观察都可以得到想要得到的波形结果,一个好的示波器就像一把尺子,它可以去测量计算机系统工作状况,通过数字示波器可以观察到汽车电子系统是如何工作的。

2.示波器控制

示波器控制按照其功能可分为两种。一种控制 Y 轴上的电压,一种控制 X 轴上的时间。在示波器上,这些控制通过示波器上的开关和旋钮来实现,帮助技术人员确定信号位置,并在屏幕上进行调节。有些汽车专用示波器采用了先进的数字技术,控制调节可用屏幕上的菜单进行选择,这种改进使示波器上的控制旋钮数量减少,操作简便快捷。

(1)示波器用语。示波器和波形分析中经常用到以下用语:

①电压比例。每格垂直高度代表的电压值。

②时基。每格水平长度代表的时间值。

③触发电平。示波器显示时的起始电压值。

④触发源。示波器的触发通道:通道(CH1)、通道(CH2)……

⑤触发沿。示波器显示时的波形上升或下降沿。

⑥自动触发。示波器根据信号特点自动设置触发条件。

(2)调整电压比例。纵坐标控制系统可调节电压轨迹在 Y 轴上的显示。大多数模拟式示波器和部分数字式示波器都有一个旋钮来调节电压刻度。新型的数字式示波器则使用按钮来改变电压刻度。尽管不同的示波器制造厂使用不同的旋钮或按钮调节电压刻度，但这些旋钮或按钮均有相同的功能。电压比例值决定了信号波形的高度，即幅度。电压比例是指屏幕垂直方向上显示的每个格子所对应的实际电压值。图 10-34 所示为同样的信号在使用不同电压比例显示的情况，设定值越低，示波器显示屏上显示的波形就越高。用户可以选择以下旋钮调节电压：电压刻度、基准电压、输入信号偶合、电压刻度。

(3)调整时基。时基的选择决定了重复性信号在屏幕上显示的频数，是指屏幕水平方向上显示的每个格子所对应的实际时间值。同样的信号使用不同的时基显示的情况如图 10-35 所示。

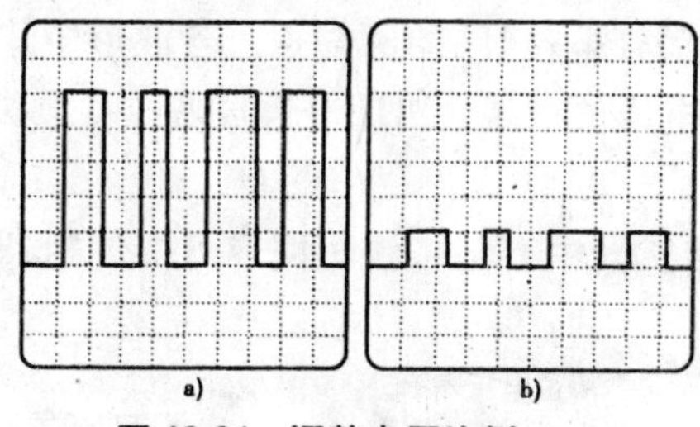

图 10-34 调整电压比例

a)1V/格时的显示；b)5V/格时的显示

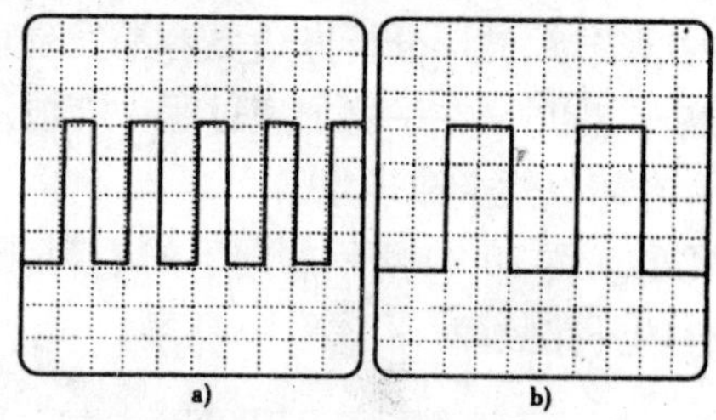

图 10-35 调整时基

a)2ms/格时的显示；b)1ms/格时的显示

(4)调整触发。基准电压旋钮可确定 Y 轴上的基准电压。在大多数测试中，基准电压为零或为接地，但用户使用时并不希望基准电压位于屏幕的最下端。对于交变电压波形而言，如果基准电压在屏幕的最下端，则屏幕只能显示波形的上半部分。通过基准电压旋钮可将基准电压上移，这样便可观察到整个波形。触发参数的调整是使信号在屏幕上能稳定显示的前提。触发电平用于调节波形的起始显示电压值，也即设定显示屏上显示的信号以大于或小于设定的触发电压为起始显示点，图 10-36a)所示由于设定的触发电平超出了信号的电平范围，示波器无法确定显示的起始位置，因此屏幕上显示的波形左右晃动，无法锁定；图 10-36b)正确设定了触发电平，示波器可以准确锁定波形。触发正负的设定是用于确定示波器显示的波形是以大于触发电平(正触发)还是小于触发电平(负触发)的电压变化点来作为显示起始点。触发源是用于设定以哪一通道的信号来作为触发信号。

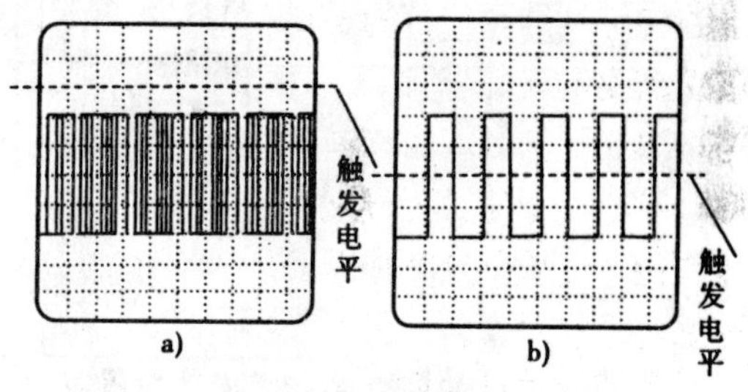

图 10-36 调整触发

a)错误的触发电平；b)正确的触发电平

(三)主要传感器波形分析方法

1.旋转翼片式空气流量传感器波形分析

(1)波形检测方法。接好示波器，探针接信号输出端子，鳄鱼夹搭铁。关闭所有附属电气设备，起动发动机，并使其怠速运转，当怠速稳定后，检查怠速时输出信号电压(图 3-37 中左侧波形)。做加速和减速试验，应有类似图中的波形出现。将发动机转速从怠速加至节气门全开(加速时不宜太急)，节气门全开后持续 2s，但不要使发动机超速运转。再将发动机降至怠速运转，并保持 2s。再从怠速急加速发动机至节气门全开，然后再关小节气门使发动机回至怠速，定住波形。旋转翼片式空气流量传感器信号波形如图 10-37 所示。

(2)波形分析。波形的含义及相关说明参见图 10-38 所示。

①测量出的电压值波形可以参照维修资料进行对比分析，正常旋转翼片式空气流量传感器怠速时输出电压约为 1V，节气门全开时应超过 4V，急减速(急抬加速踏板)时输出电压并不是非常快地从急加速电压回到怠速电压。通常（除 TOYOTA 汽车外）旋转翼片式空气流量传感器的输出电压都是随空气流量的增加而升高的。

②波形的幅值在气流不变时应保持稳定，一定的空气流量应有相对的输出电压。当输出电压与气流不符(可以从波形图中检查出来，而发生这种情况将使发动机的工作状况有明显的影响)时，应更换旋转翼片式空气流量传感器。

③若波形中有间断性的毛刺出现，则说明旋转翼片式空气流量传感器可变电阻器的炭刷有小的磨损，用波形分析方法更容易发现可变电阻器(电位计)的磨损点。若波形中除了最高点和最低点以外，在平稳加速过程中有波形平台(电压值在某处出现停顿)，则说明发动机运转时叶片有间歇性卡滞现象。

④出现图 10-39 所示的向下的毛刺，则表示传感器中有与搭铁短路或可变电阻器炭刷有间歇性的开路故障。

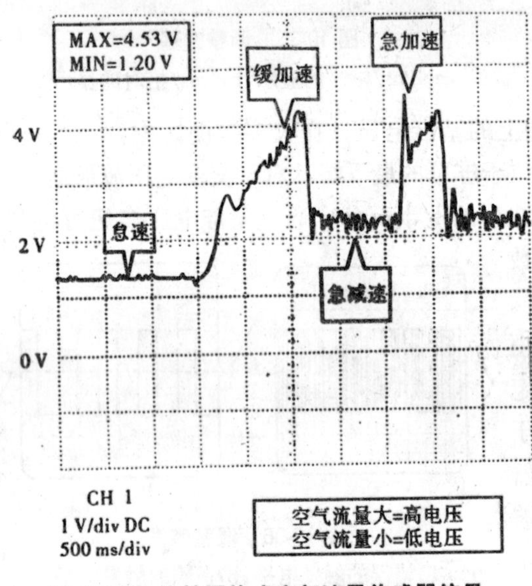

图 10-37 旋转翼片式空气流量传感器信号实测波形

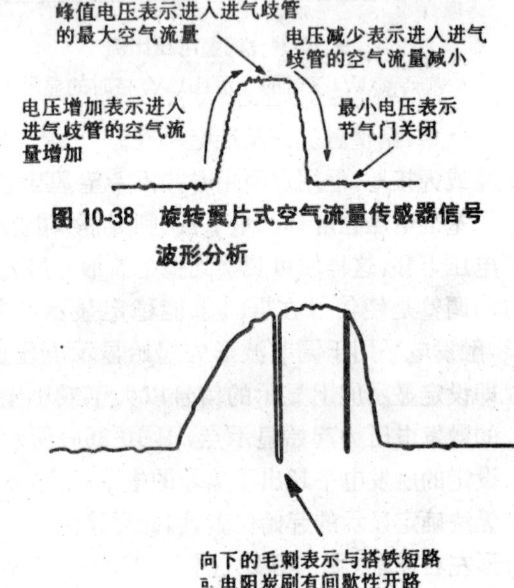

图 10-38 旋转翼片式空气流量传感器信号波形分析

图 10-39 故障波形举例

⑤在急加速时波形中的小尖峰是由于叶片过量摆动造成的，控制电控单元正是根据这一点来判定加速加浓信号的，这不是故障，而是正常波形。

2. 热线(热膜)式空气流量传感器波形分析

(1)波形检测方法。连接好示波器，探针接信号输出端子，鳄鱼夹搭铁。关闭所有附属电气设备、起动发动机，并使其怠速运转，当怠速稳定后，检查怠速时输出信号电压(图 10-40 中左侧波形)。做加速和减速试验，应有类似图中的波形出现。将发动机转速从怠速加至节气门全开(加速过程中节气门应缓中速打开)，节气门全开后持续 2s，但不要使发动机超速运转。再将发动机降至怠速运转，并保持 2s。再从怠速工况急加速发动机至节气门全开，然后再关小节气门使发动机回至怠速定住波形，仔细观察空气流量传感器波形。热线(热膜)式空气流量传感器信号波形波形如图 10-40 所示。

(2)波形分析。波形的含义及相关说明参见图 10-41。

①从维修资料中找出输出信号电压参考值进行比较，通常热线(热膜)式空气流量传感器输出信号电压范围是从怠速时超过 0.2V 变至节气门全开时超过 4V，当急减速时输出信号电压应比怠速时的电压稍低。

②发动机运转时，波形的幅值看上去在不断地波动，这是正常的，因为热线式空气流量传感器没有任何运动部件，因此没有惯性，所以它能快速的对空气流量的变化作出反应。在加速时波形所看到的杂波实际是在低进气真空之下各缸进气口上的空气气流脉动，发动机 ECU 中的超级处理电路读入后会清除这些信号，所以这些脉冲没有关系。

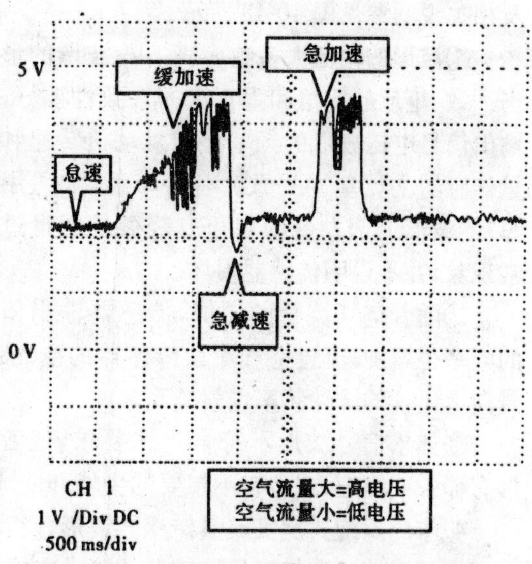

图 10-40　热线式空气流量传感器信号波形

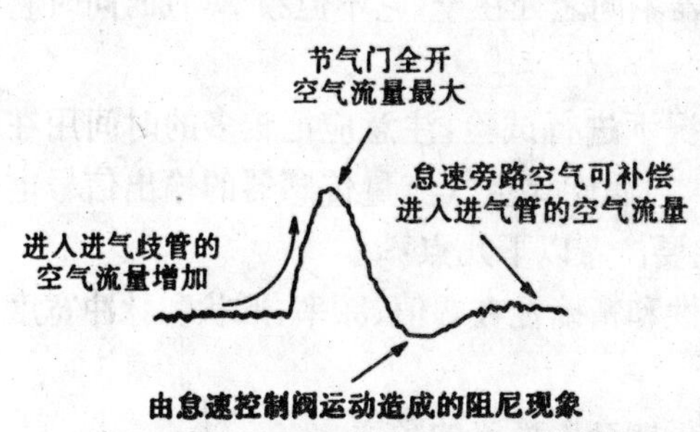

图 10-41　热线式空气流量传感器信号波形分析

③不同的车型输出电压将有很大的差异，在怠速时信号电压是否为 0.25V 也是判断空气流量传感器好坏的办法，另外，从燃油混合气是否正常或冒黑烟，也可以判断空气流量传感器的好坏。

④如果信号波形与上述情况不符，或空气流量传感器在怠速时输出信号电压太高，而节气门全开时输出信号电压又达不到 4V，则说明空气流量传感器已经损坏；如果在车辆急加速时空气流量传感器输出信号电压波形上升缓慢，而在车辆急减速时空气流量传感器输出信号电压波形下降缓慢，则说明空气流量传感器的热线(热膜)脏污。

3. 数字式空气流量传感器波形分析

(1)波形检测方法。将示波器探针接空气流量传感器信号输出端子，鳄鱼夹搭铁。在发动机运转时测试空气流量传感器输出信号电压波形。数字式空气流量传感器输出的信号都是频率信号，根据空气流量传感器的不同，其输出信号电压波形可以分为高频和低频两种形式。两种形式空气流量传感器的信号电压波形如图 10-42 所示。

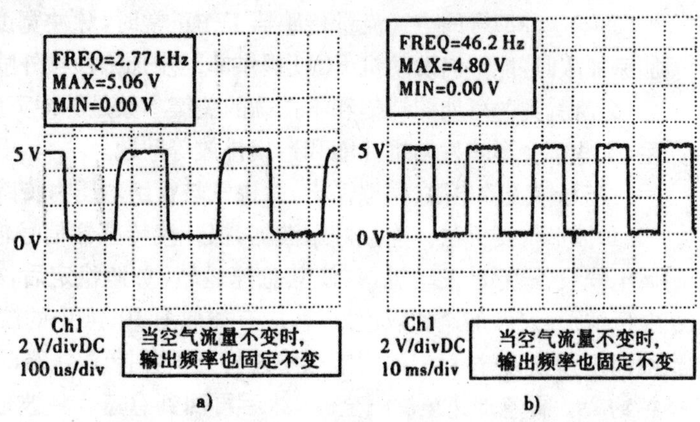

图 10-42　数字式空气流量传感器输出信号电压波形

a)高频型(怠速)；b)低频型(怠速)

(2)波形分析。波形的含义

及相关说明参见图 10-43 所示。

①波形的幅值大多数应满 5V，波形的形状要适当一致，矩形的拐角和垂直沿的一致性要好，传感器输出信号电压波形的频率要与发动机转速和空气流量传感器的比率要一致。有些车型（如通用别克汽车）的波形上部左侧的拐角有轻微的圆滑过渡是正常现象，并不说明传感器损坏。

②随着空气流量的增加，传感器输出信号波形的频率也增加，流过空气流量传感器的空气越多，信号向上出现的脉冲频率也就越高。

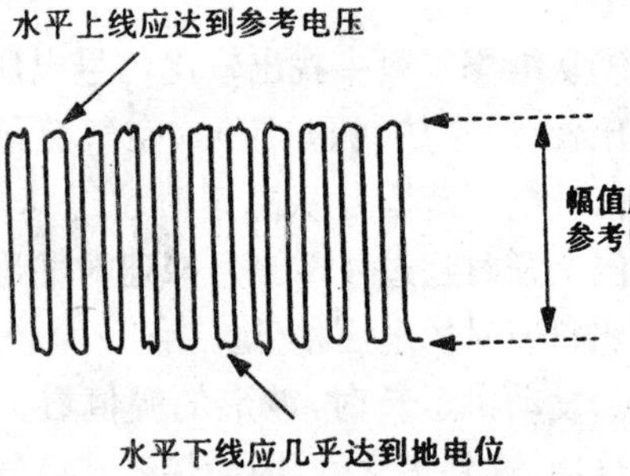

图 10-43　数字式空气流量传感器输出信号电压波形分析

③如果信号波形不符合上述要求，或者脉冲波形有伸长或缩短，或者有不想要的尖峰和变圆的直角等，应更换空气流量传感器。

4. 卡门涡旋式空气流量传感器波形分析

卡门涡旋式空气流量传感器的输出方式也是数字式，但它与其他的数字式输出空气流量传感器不同，通常数字式空气流量传感器在空气流量增大时频率也随之增加。在加速时，卡门涡旋式空气流量传感器与其他数字式空气流量传感器不同之处在于，它不但频率增加，同时它的脉冲宽度也改变。

正确连接示波器，起动发动机，在不同转速的情况下进行试验，注意应把较多的时间用在测试发动机性能有问题的转速段内，观看示波器。卡门涡旋式空气流量传感器的输出信号电压波形如图 10-29 所示。在对其进行分析的时候，主要注意以下几点：

(1)确信在任何给定的运行方式下，波形的重复性和精确性在幅值、频率、形状和脉冲宽度等几个方面的关键参数都是相同的。

(2)确信在稳定转速的空气流量情况下，空气流量能产生稳定的频率。

(3)在大多数情况下，波形的幅值应该满 5V，同时也要按照一致性原则看波形的正确形状，矩形脉冲的方角及垂直沿。

(4)在稳定的空气流量下空气流量传感器产生的频率也应该是稳定的，不论是什么样的值都应该是一致的。

(5)当这种型号的空气流量传感器工作正常时，脉冲宽度将随加速的变化而变化，这是为了加速加浓时，能够向发动机 ECU 提供非同步加浓及额外喷油脉冲信号。

(6)所看到的可能的缺陷和不正确的关键参数是脉冲宽度缩短，不应该有峰尖以及圆角的产生，这些都会影响发动机性能和造成排放等问题。

5. 半导体压敏电阻（模拟输出）式进气歧管绝对压力传感器波形分析

(1)波形检测方法。连接好示波器，探针接传感器信号输出端子，鳄鱼夹搭铁。关闭所有附属电气设备，起动发动机，并使其怠速运转，怠速稳定后，检查怠速输出信号电压（图 10-44 中左侧波形）。做加速和减速试验，应有类似图 10-44 中的波形出现。将发动机转速从怠速加到油门全开（加速过程中油门应缓中速打开），并持续约 2s，不宜超速。再减速回到怠速状况，持续约 2s。再急加速至油门全开，然后再回到怠速。将波形定位，观察波形。也可用手动真空泵对其进行抽真空测试，观察真空表读数值与输出电压信号的对应关系。

(2)波形分析。半导体压敏电阻式进气歧管绝对压力传感器信号波形说明如图 10-45

所示。

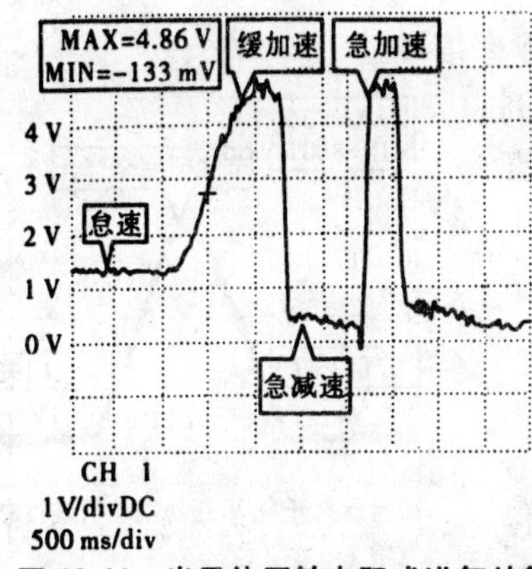

图 10-44 半导体压敏电阻式进气歧管绝对压力传感器信号波形

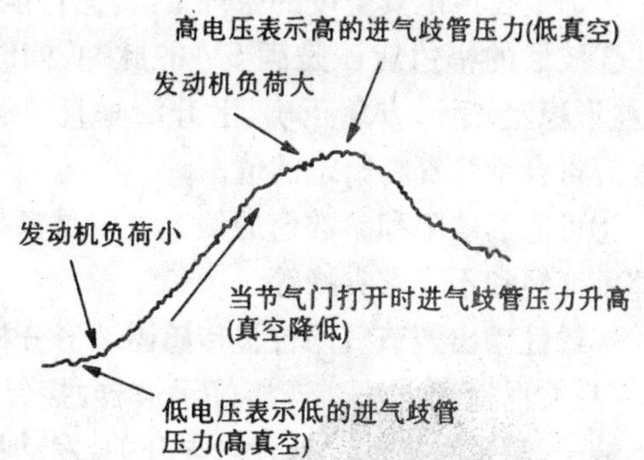

图 10-45 半导体压敏电阻式进气歧管绝对压力传感器信号波形说明

①从车型技术资料中查到各种不同车型在不同真空度下的输出电压值,将这些参数与示波器显示的波形进行比较。通常半导体压敏电阻式进气歧管绝对压力传感器的输出电压在怠速时为 1.25V,当节气门全开时略低于 5V,全减速时接近 0V。

②大多数进气歧管绝对压力传感器在真空度高时(急减速是 81 kPa)产生的电压信号接近 0V,而真空值低时(全负荷时接近 10 kPa)产生高的电压信号接近 5V,也有些进气歧管压力传感器设计成相反方式,即当真空度增高时输出电压也增高。

③当进气歧管绝对压力传感器有故障时,可以查阅维修手册,波形的幅值应保持在接近特定的真空度范围内,波形幅值的变化不应有较大的偏差。当传感器输出电压不能随发动机真空值变化时,在波形图上可明显看出来,同时发动机将不能正常工作。有些克莱斯勒汽车的进气歧管绝对压力传感器在损坏时,不论真空度如何变化输出电压不变。有些系统像克莱斯勒汽车通常显示出许多电子杂波,甚至用 NORMAL 采集方式采集波形,在波形上还有许多杂波(通常四缸发动机有杂波),因为在两个进气行程间真空度波动比较大,通用汽车进气歧管绝对压力传感器杂波最少。但是,波形杂乱或干扰太大,在传送到发动机 ECU 后,发动机 ECU 中的信号处理电路会清除杂波干扰。

6. 电容(数字输出)进气歧管绝对压力传感器波形分析

(1)波形检测方法。打开点火开关,但不起动发动机,用手动真空泵给进气压力传感器施加不同的真空度,并观察示波器的波形显示。电容(数字输出)式进气歧管绝对压力传感器信号电压波形如图 10-46 所示。

(2)波形分析。这种进气歧管绝对压力传感器产生的是频率调制式数字信号,它的频率随进气真空的改变而改变,当没有真空时输出信号频率为 160Hz,在怠速时真空度为 64.3kPa 时,它产生频率约为 105Hz 的输出,检测时,应按照维修手册中的资料来确定真空度和输出频率信号的关系。

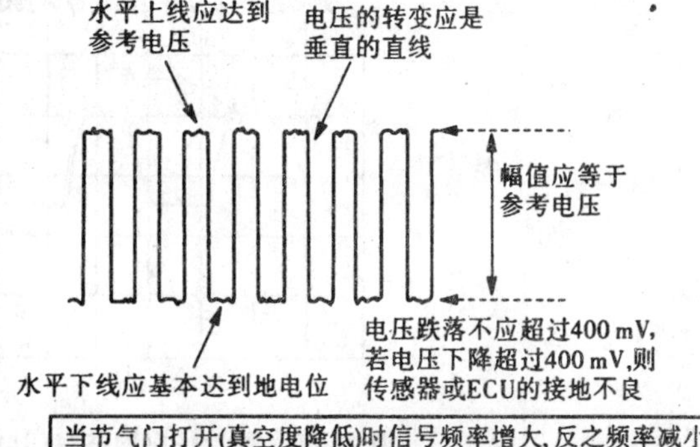

图 10-46 电容(数字输出)式进气歧管绝对压力传感器信号电压波形及分析

①确定判定参数：幅值、频率和形状是相同的，精确性和重复性好，幅值接近5V，频率随真空度变化，形状（方波）保持不变。

②确定在给定真空度的条件下，传感器能发出正确的频率信号。

③波形的幅值应该是满5V的脉冲，同时形状正确，例如，波形稳定、矩形方角正确、上升沿垂直，频率与对应的真空度应符合维修资料给定的值。

④可能的缺陷和参数值的偏差主要是频率值不正确、脉冲宽度变短和不正常尖峰等。

7.线性输出型节气门位置传感器波形分析

（1）波形检测方法。连接好示波器，探针接传感器信号输出端子，鳄鱼夹搭铁。打开点火开关，发动机不运转，慢慢地让节气门从关闭位置到全开位置，并重新返回至节气门关闭位置。慢慢地反复这个过程几次，这时波形应如图10-47所示铺开在显示屏上。

（2）波形分析。线性输出型节气门位置传感器信号波形分析如图10-48所示。

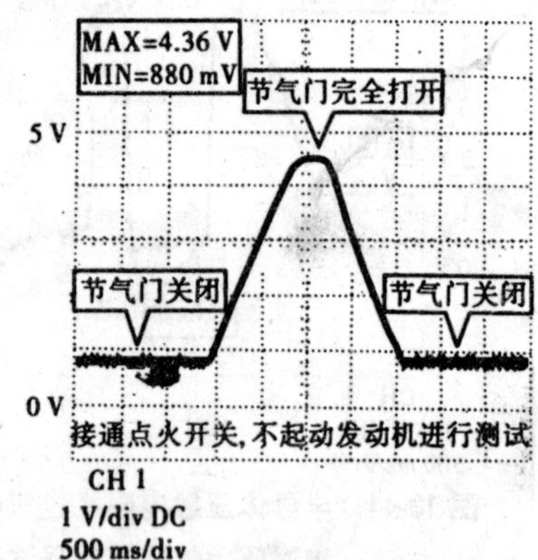

图10-47　线性输出型节气门位置传感器信号波形

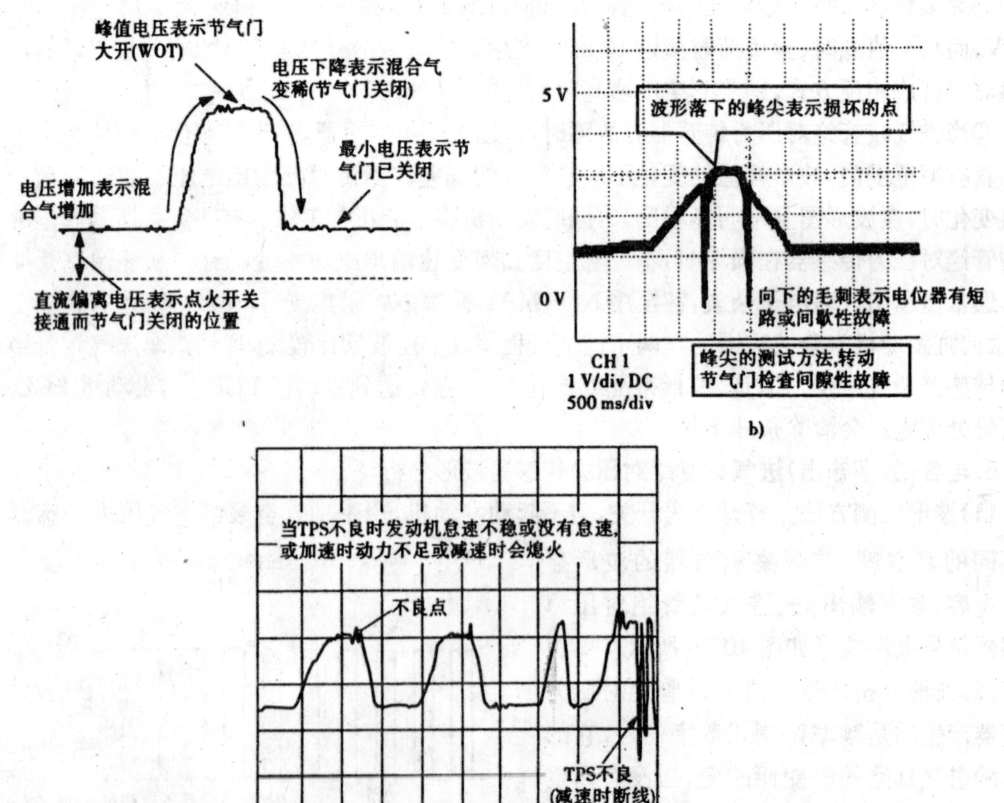

图10-48　线性输出型节气门位置传感器信号波形分析

a）正常波形分析；b）典型故障波形；c）故障波形示例

查阅车型规范手册，得到精确的电压范围，通常传感器的电压应从怠速时的低于 1V 到节气门全开时的低于 5V。波形上不应有任何断裂、对地尖峰或大跌落。应特别注意在前 1/4 节气门开度中的波形，这是在驾驶中最常用到传感器炭膜的部分。传感器的前 1/8 至 1/3 的炭膜通常首先磨损。特别应注意达到 2.8V 处的波形，这是传感器的炭膜容易损坏或断裂的部分。在传感器中磨损或断裂的炭膜不能向发动机 ECU 提供正确的节气门位置信息，所以发动机 ECU 不能为发动机计算出正确的喷油脉宽，从而引起发动机工作性能不良问题。

8. 开关量输出型节气门位置传感器波形分析

开关量输出型节气门位置传感器的信号波形检测同线性输出型节气门位置传感器。它是由两个开关触点构成的一个旋转开关，一个常闭触点构成怠速开关，节气门处在怠速位置时，它位于闭合状态，将发动机 ECU 的怠速输入信号端搭铁，发动机 ECU 接到这个信号后，即可使发动机进入怠速控制，或者控制发动机"倒拖"状态时停止喷射燃油；另一个常开触点构成全功率触点，节气门开度达到全负荷状态时，将发动机 ECU 的全负荷输入信号端搭铁，发动机 ECU 接到这个信号后，即可使发动机进入全负荷加浓控制状态。开关量输出型节气门位置传感器的信号波形及其分析如图 10-49 所示。

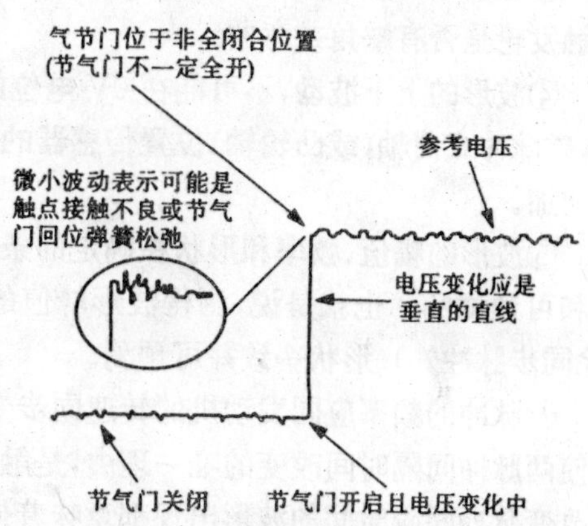

图 10-49　开关量输出型节气门位置传感器信号波形分析

9. 磁脉冲式曲轴位置传感器波形分析

(1)波形检测方法。连接示波器，起动发动机，怠速运转，而后加速或按照行驶性能发生故障的需要驾驶等，获得波形，典型的磁脉冲式曲轴位置传感器信号波形如图 10-50 所示。对于将发动机转速和凸轮轴位置传感器制成一体的、具有两个信号输出端子的曲轴位置传感器，可用双通道的波形检测设备同时进行检测其信号波形，其典型信号波形如图 10-51 所示。

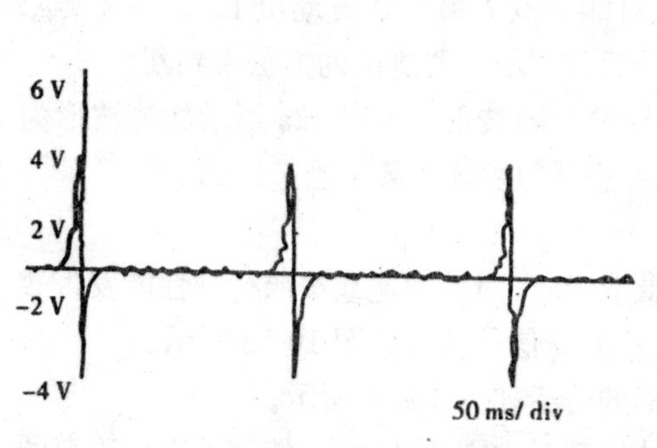

图 10-50　典型的磁脉冲式曲轴位置传感器信号波形

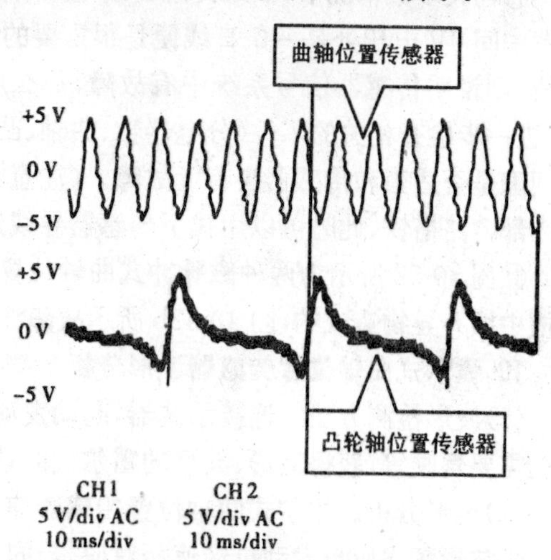

图 10-51　典型双通道检测磁脉冲式曲轴位置传感器信号波形

(2)波形分析：

①触发轮上相同的齿形应产生相同形状的连续脉冲，脉冲有一致的形状、幅值并与曲轴(或凸轮)的转速成正比，输出信号的频率(基于触发的转速)及传感器磁极与触发轮间气隙对传感器信号的幅值影响极大。

②利用除去传感器触发轮上一个齿或两个相互靠近的的齿所产生的同步脉冲，会引起输出信号频率的变化，而在齿数减少的情况下，幅值也会变化，借此可以确定上止点的信号。

③各个最大(最小)峰值电压应相差不多，若某一个峰值电压低于其他的峰值电压，则应检查触发轮是否有缺角或弯曲。

④波形的上下波动，不可能在 0V 电位的上下完美地对称，但大多数传感器的波形相当接近，磁脉冲式曲轴(或凸轮轴)位置传感器的幅值随转速的增加而增加，转速增加，波形高度相对增加。

⑤波形的幅值、频率和形状在确定的条件下(如相同转速)应是一致的、可重复的、有规律的和可预测的。也就是说，测得波形峰值的幅度应该足够高，两脉冲时间间隔(频率)应一致(除同步脉冲外)、形状一致并可预测。

⑥脉冲的频率应同发动机的转速同步变化，两个脉冲间隔只是在同步脉冲出现时才改变。能使两脉冲间隔时间改变的唯一理由，是触发轮上的齿轮数缺少或特殊齿经过传感器，任何其他改变脉冲间隔时间的波形出现都意味着传感器可能有故障。

⑦如果发动机异响和行驶性能故障与波形的异常有关，则说明故障是由该传感器故障造成的。

⑧不同类型的传感器的波形峰值电压和形状并不相同。由于线圈是传感器的核心部分，所以故障往往与温度关系密切，大多数情况是波形峰值变小或变形，同时出现发动机失速、断火或熄火。通常最常见的传感器故障是根本不产生信号，这说明是传感器的线圈有断路故障。

⑨当故障出现在示波器上时，摇动线束可以进一步证明磁脉冲式曲轴位置传感器是不是故障的根本原因。

⑩在大多数情况下，如果传感器或电路有故障，波形检测设备上将完全没有信号，所以示波器中间 0V 电压处是一条直线便是很重要的诊断资料。如果示波器显示在零电位时是一条直线，则说明传感器信号系统中有故障，那么应该在确定示波器到传感器的连接是正常的之后，进一步检查相关的零件(分电器轴、曲轴、凸轮轴)是否旋转、磁脉冲式曲轴位置传感器的空气间隙是否适当和传感器头有无故障。(注意：也有可能是点火模块或发动机 ECU 中的传感器内部电路搭铁，此时可以用拔下传感器导线连接器后再用示波器测试的方法来判断)

⑪图 10-52 所示为两种磁脉冲式曲轴位置传感器的故障波形，图 10-52a 所示故障波形为齿槽中填有异物造成的，图 10-52b 所示故障波形是传感器触发轮安装不当造成的。

10. 霍尔式曲轴位置传感器波形分析

(1)波形检测方法。连接示波器，起动发动机，怠速运转，而后加速或按照行驶性能发生故障的需要驾驶等，获得波形，典型的霍尔式曲轴位置传感器信号波形如图 10-53 所示。

(2)波形分析。霍尔式曲轴位置传感器信号波形的分析如图 10-54 所示。

①波形频率应与发动机转速相对应，当同步脉冲出现时占空比才改变，能使占空比改变的唯一理由是不同宽度的转子叶片经过传感器。除此之外，脉冲之间的任何其他变化都意味着故障。

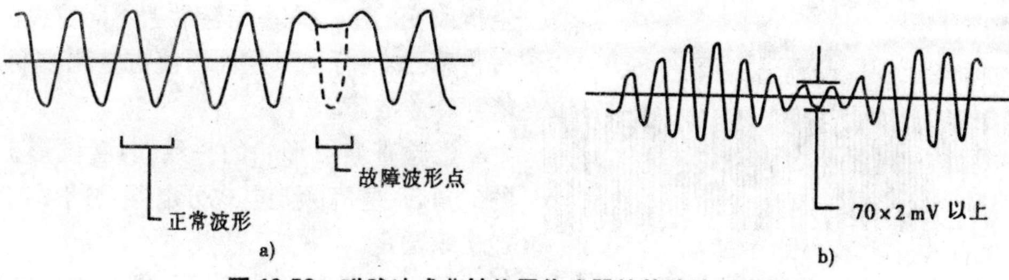

图 10-52 磁脉冲式曲轴位置传感器的故障波形举例

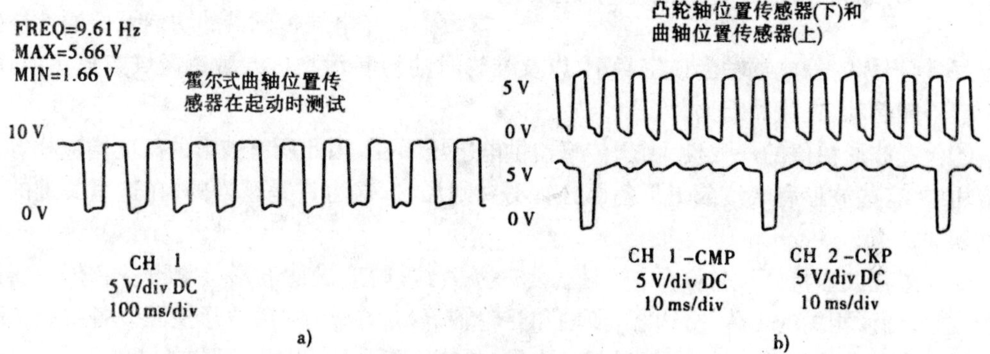

图 10-53 霍尔式曲轴位置传感器信号波形

②查看波形形状的一致性，检查波形上下沿部分的拐角。由于传感器供电电压不变，因此所有波峰的高度(幅值)均应相等。实际应用中有些波形有缺痕或上下各部分有不规则形状，这也许是正常的，在这里关键的是一致性。

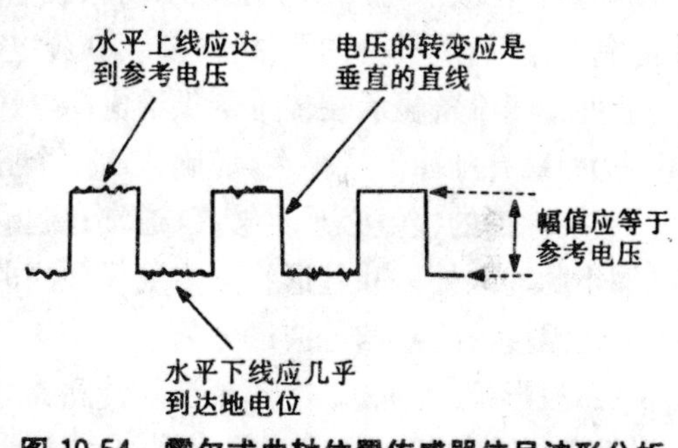

图 10-54 霍尔式曲轴位置传感器信号波形分析

③如果在波形检测设备 0V 电压处显示一条直线，则应确认波形检测设备和传感器连接良好；确认相关的零件(分电器、曲轴和凸轮轴等)都在转动；用示波器检查传感器的电源电路和发动机 ECU 的电源及接地电路；检查电源电压和传感器参考电压。

④如果在波形检测设备上显示传感器电源电压处显示一条直线，则应检查传感器接地电路的完整性；确认相关的零件(分电器、曲轴和凸轮轴等)都在转动；如果传感器的电源和接地良好，波形检测设备显示在传感器供给电源电压处一条直线，则很可能是传感器损坏。

⑤如果有脉冲信号存在，应确认从一个脉冲到另一个脉冲的幅度、频率和形状等判定性依据。数字脉冲的幅值必须足够高(通常在起动时等于传感器供给电压)，两个脉冲间的时间不变(同步脉冲除外)，并且形状是重复可预测的。

11. 光电式曲轴位置传感器信号波形分析

(1)波形检测方法。连接示波器，起动发动机，怠速运转，而后加速或按照行驶性能发生故障的需要驾驶等，获得波形，典型的光电式曲轴位置传感器信号波形如图 10-55 所示。

(2)波形分析：

①波形的频率应随发动机转速的变化而变化，占空比在同步脉冲出现时才改变。能使占

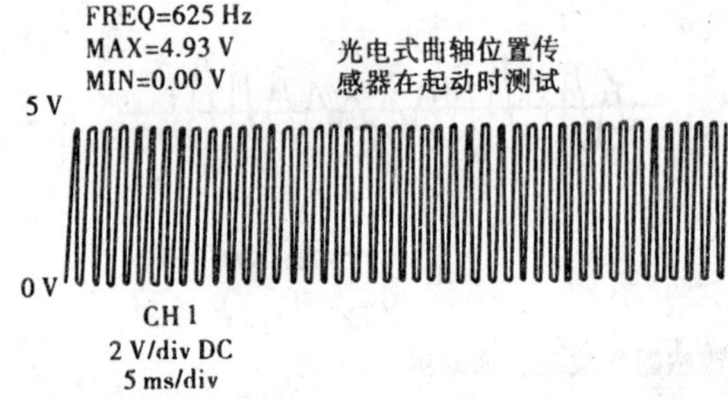

图 10-55　光电式曲轴位置传感器信号波形

空比改变的唯一理由是转盘上不同宽度的孔通过传感器，而任何其他原因使占空比改变，都可能意味着故障。

②检查波形形状的一致性，看波形上下端的尖角，一些高频光电式分电器，波形的上角可能出现圆角。

③光电式传感器有一个弱点，它们对污物和油所产生的对通过转盘的光传输干扰问题非常敏感。光电式传感器的功能元件通常被密封得很好，但损坏的分电器轴套或密封垫，以及维修时油污和污物进入敏感区域造成污损，就可能引起不能起动、失速和断火。

④检查波形幅值的一致性，由于传感器供电电压不变，因此所有波形的高度均应相等。实际应用中，有些波形有缺痕或上下各部分有不规则形状，这也许是正常的，在这里关键的是一致性。

⑤如果在波形检测设备 0V 电压处显示一条直线，则应确认波形检测设备和传感器连接是否良好；确认相关的零件（分电器、曲轴和凸轮轴等）都在转动；用波形检测设备检查传感器的电源电路和发动机 ECU 的电源及接地电路；检查电源电压和传感器参考电压。

⑥如果在波形检测设备上显示传感器电源电压处显示一条直线，则应检查传感器接地电路的完整性；确认相关的元件都在转动（分电器、曲轴、凸轮轴等）；如果传感器的电源、接地良好，波形检测设备显示在传感器供给电源电压处一条直线，则很可能是传感器损坏。

⑦如果有脉冲信号存在，应确认从一个脉冲到另一个脉冲的幅度、频率和形状等判定性依据。数字脉冲的幅值必须足够高（通常在起动时等于传感器供给电压），两个脉冲间的时间不变（同步脉冲除外），并且形状是重复可预测的。

12. 温度传感器信号波形分析

（1）波形检测方法。冷却液温度传感器和进气温度传感器的检测方法和波形基本相同，下面以发动机冷却液温度传感器为例，介绍波形检测方法和波形分析。连接好示波器，起动发动机，然后在发动机的暖机过程中观察温度传感器信号电压的下降情况。（如果汽车故障与温度无直接关系，可以从全冷态的发动开始试验步骤；如果汽车的故障与温度有直接的关系，则可以从怀疑的温度范围开始试验步骤）

（2）波形分析。发动机冷却液温度传感器信号波形的全过程检测结果，如图 10-56 所示。

检查车型的规范手册以得到精确的电压范围，通常冷车时传感器的电压应在 3～5V（全冷态）之间，然后随着发动机运转减少至运行正常温度时的 1V 左右。直流信号的判定指标是幅度。在任何给定温度下，好的传感器必须产生稳定的反馈信号。发动机冷却液温度传感器电路的开路将使电压波形出现向上的尖峰（到参考电压值），发动机冷却液温度传感器电路的短路将产生向下尖峰（到接地值）。

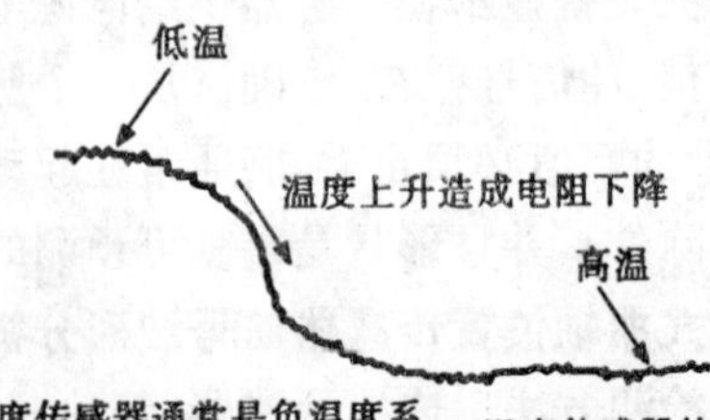

图 10-56　发动机冷却液温度传感器信号波形的全过程检测结果

克莱斯勒和通用生产的轿车在125℃时(约1.25V)串了一个1kΩ的电阻到电路中,可使得波形开始约为1.25V处形成一个向上的阶梯。波形上跳至3.7V,然后继续下降至完全升温,电压约2V,这是正常的。

13.爆震传感器信号波形分析

将爆震传感器的导线连接器断开,连接示波器,打开点火开关,不起动发动机,使用木槌敲击传感器附近的发动机汽缸体以使传感器产生信号。在敲击发动机汽缸体之后,紧接着在示波器上应显示有一振动,敲击越重,振动幅度就越大。

如图10-57所示,爆震传感器的信号波形从一个脉冲至下一个脉冲的峰值电压会有些变化。如果对爆震传感器进行随车在线检测(连接好示波器,起动发动机,对发动机进行加载,获得信号波形),则可以看出波形的峰值电压(波峰高度或振幅)和频率(振动的次数)将随发动机负载和每分钟转速的增加而增加。如果发动机因点火过早、燃烧温度不正常、废气再循环不正常流动等产生爆燃或敲击声,其幅度和频率也会增加。

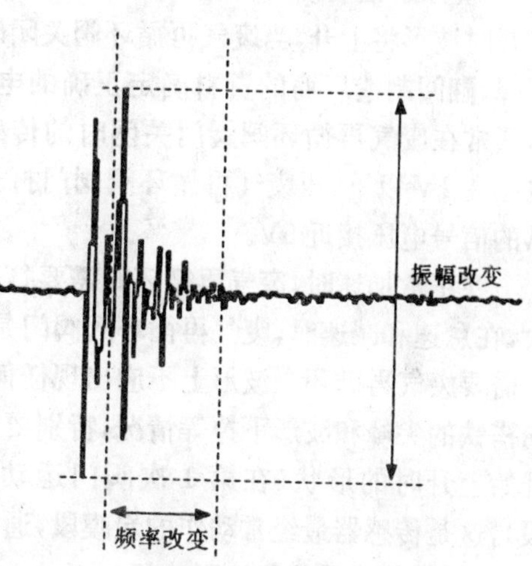

图10-57　爆震传感器的信号波形及分析

爆震传感器是极耐用的,最普通的爆震传感器失效的方式是该传感器根本不产生信号——这通常是因为被碰伤,这会造成传感器的物理损坏(在传感器内晶体断裂,致使它不能使用)。此时波形显示只是一条直线。

14.废气再循环(EGR)阀位置传感器信号波形检测、分析

在废气再循环阀打开时,废气再循环阀位置传感器发出一个与废气再循环阀开启成比例的信号给发动机ECU,发动机ECU能够将这个信号转变成废气再循环率。在起动、发动机暖机以及减速或怠速时,大多数发动机控制系统不能使废气再循环运行,在加速时,废气再循环正确的控制以优化发动机转矩。废气再循环位置传感器是一个可变电阻(电位计),该电阻值指示废气再循环阀转轴的位置,它是一个重要的传感器,因为它的信号输入是发动机ECU计算废气再循环流量的依据,一个损坏的废气再循环位置传感器会造成喘车现象、发动机产生爆震、怠速不良和其他行驶性能故障,甚至检查维护(I/M)尾气测试也不正常。废气再循环位置传感器通常是一个三线传感器,一条是发动机ECU来的参考电源(5V)电压,另外一条是传感器的接地线,第三条是传感器给发动机ECU的信号输出线。

(1)波形检测方法。首先确认进气管到废气再循环阀和真空电磁阀的进出管道均完好无损且安装正常,并无泄漏,确认废气再循环阀的膜片能够正确的保持住真空度(可参看制造厂资料),确认废气再循环进入和绕过发动机的通道是清洁的,且没有由于内部积炭造成堵塞(按照制造商给出的步骤执行废气再循环功能检查),这可以确认当发动机ECU收到废气再循环位置传感器来的信号时,废气实际流入了燃烧室。连接好示波器,起动发动机,保持在2 500r/min转速下2～3min,直到发动机充分暖机,氧传感器反馈控制系统进入闭环状态(可以在示波器上观察氧传感器信号来确认上述步骤),关闭所有附属电器,按从停车状态起步、轻加速、急加速、巡行和减速的步骤驾驶汽车。废气再循环位置传感器的实测信号波形如图

10-58所示。在观察波形时用手动真空泵连接在废气再循环阀上，控制废气再循环阀阀门打开、关闭对波形检测是有帮助的。

(2)波形分析。确认在废气再循环流动的条件下所存在的传感器信号与废气再循环阀的动作是成正比例的。

一台发动机达到废气再循环工作条件，发动机ECU就开始驱动废气再循环阀，当废气再循环阀打开时波形将上升，当废气再循环阀关闭时波形则下降，翻阅制造厂商的资料确定正确的电压范围，但通常在废气再循环阀阀门关闭时的传感器信号电压在1V以下，当废气再循环阀阀门打开时传感器的信号电压接近5V。

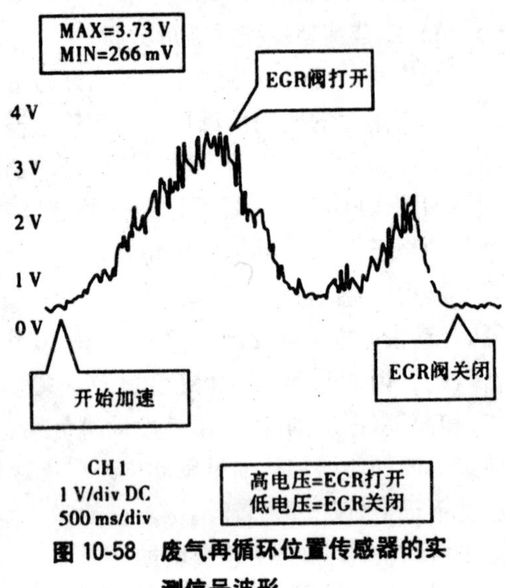

图 10-58 废气再循环位置传感器的实测信号波形

在正常加速时，废气再循环阀需要打开的特别大，在怠速和减速时，废气再循环阀阀门是关闭的，不需要废气再循环。波形上不应出现任何断线、指向搭铁的尖峰和波形下掉等情况，特别要注意波形开始上升时的形状(在第1次阀门运动时的1/2段)，这是传感器最经常动作的炭膜段，通常首先损坏。

15. 氧传感器信号波形分析

氧传感器信号测试中有3个参数(最高信号电压、最低信号电压和混合气从浓到稀时信号的响应时间)需要检查，只要在这3个参数中有1个不符合规定，氧传感器就必须予以更换。更换氧传感器以后还要对新氧传感器的这3个参数进行检查，以判断新的氧传感器是否完好。测试氧传感器有两种常用的方法：丙烷加注法和急加速法。

(1)丙烷加注法。测试步骤(氧化钛型传感器和氧化锆型传感器都适用)如下：连接并安装加注丙烷的工具；把丙烷接到真空管入口处(对于有PCV系统或制动助力系统的汽车应在其连接完好的条件下进行测试)；接上并设置好汽车示波器；起动发动机，并让发动机在2 500r/min下运转2～3 min；使发动机怠速运转；打开丙烷开关，缓慢加注丙烷，直到氧传感器输出的信号电压升高(混合气变浓)，此时一个运行正常的燃油反馈控制系统会试图将氧传感器的信号电压向变小(混合气变稀)的方向拉回，然后继续缓慢地加注丙烷，直到该系统失去将混合气变稀的能力；接着再继续加注丙烷，直到发动机转速因混合气过浓而下降100～200r/min(这个操作步骤必须在20～25 s内完成)；迅速把丙烷输入端移离真空管，以造成极大的瞬时真空泄漏(这时发动机失速是正常现象，并不影响测试结果)，然后关闭丙烷开关；待信号电压波形移动到示波器显示屏的中央位置时锁定波形，测试完成。

一个好的氧传感器应输出如图10-59所示的信号电压波形，其3个参数值必须符合表10-21所列的值。一个已损坏的氧传感器可能输出如图10-60所示的信号电压波形，其中，最高信号电压下降至427mV，最低信号电压小于0V，混合气从浓到稀时信号的响应时间却延长为237 ms，所以这3个参数均不符合标准。用示波器对氧传感器进行测试时可以从显示屏上直接读取最高和最低信号电压值，并且还可以用示波器游动标尺读出信号的响应时间(这是汽车示波器特有的功能)。汽车示波器还会同时在其屏幕上显示测试数据值，这对分析波形非常有帮助。

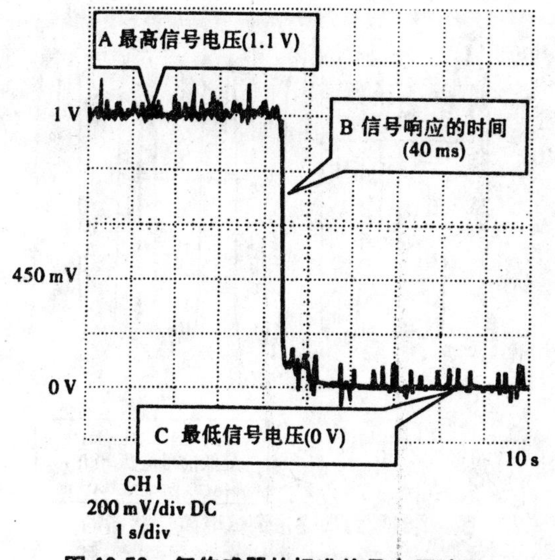

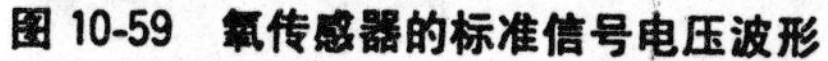
图 10-59 氧传感器的标准信号电压波形

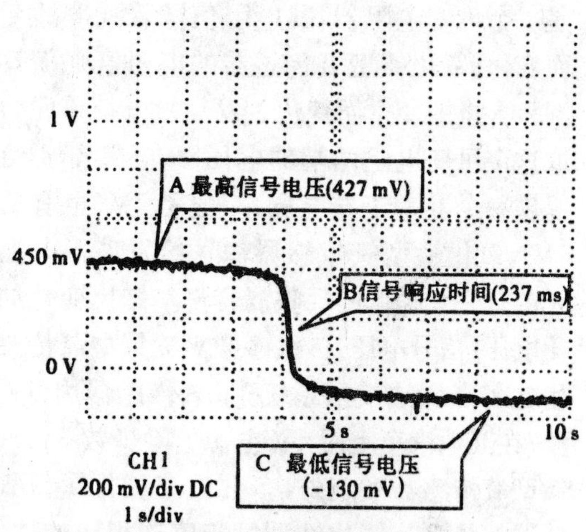

图 10-60 已损坏的氧传感器的信号电压波形

表 10-21 氧传感器信号波形参数标准

序号	测量参数	允许范围
1	最高信号电压(左侧波形)	>850mV
2	最低信号电压(右侧波形)	75～175mV
3	混合气从浓到稀的最大允许响应时间(波形的中间部分)	<100ms(波形中在 300～600mV 之间的下降段应该是上下垂直的)

在检测前应将氧传感器充分预热(即让发动机在 2 500r/min 下运转 2～3min)。

如果发动机仅怠速运转 5s,就可能有一个或多个参数不合格,而这个不合格并不说明氧传感器是坏的,只是测试条件没有满足的缘故。

多数损坏的氧传感器都可以从其信号电压波形上明显地分辨出来,如果从信号电压波形上还无法准确地断定氧传感器的好坏,则可以用示波器上的游动标尺读出最大和最小信号电压值以及信号的响应时间,然后用这三个参数来判断氧传感器的好坏。

(2)急加速法。对有些汽车,测试氧传感器信号电压波形是非常困难的,因为这些汽车的发动机控制系统具有真空泄漏补偿功能(采用速度密度方式进行空气流量的计量或安装了进气压力传感器等),能够非常快地补偿较大的真空泄漏,所以氧传感器的信号电压决不会降低。这时,在测试氧传感器的过程中就要用手动真空泵使进气压力传感器内的压力稳定,然后再用急加速法来测试氧传感器。急加速法测试步骤如下:以 2 500r/min 的转速预热发动机和氧传感器 2～6min,然后再让发动机怠速运转20s;在 2s 内将发动机节气门从全闭(怠速)至全开 1 次,共进行 5～6 次,但是,不要使发动机空转转速超过 4 000r/min,只要用节气门进行急加速和急减速就可以了;定住屏幕上的波形(图 10-61),接着就可根据氧传感器的最高、最低信号电压值和信号的响应时间来判断氧传感器的好坏(在信号电压波形中,上升的部分是急加速造成的,下降的部分是急减速造成的)。

(3)氧化钛型氧传感器。氧化钛型氧传感器是用于输出信号为 5V 或 1V 的可变电阻,其工作原理与发动机冷却液温度传感器(ECT)和进气温度传感器(IAT)相似。ECT和IAT都是一个可变电阻器,其电阻值随着温度的变化而变化;氧化钛型氧传感器的电阻值则随其周围氧含量的变化而变化。发动机电控单元为读取这个可变电阻两端的电压降,通常都要给它提供一个参考工作电压,一般是1V(也有的是5V),氧化钛型氧传感器输送给发动机电控单元的是一个稍低的反映混合气空燃比变化的变化电压(信号电压)。大多数氧化钛型氧传感器用在多点燃油喷射系统中,氧传感器用5V电源,在其他汽车上用1V电源。除少数5V氧化钛型氧传感器系统外,多数汽车氧化钛型氧传感器都具有与氧化锆型氧传感器相同的性能。少数与氧化锆型氧传感器信号波形不同的5V氧化钛型氧传感器信号波形有两个特点:

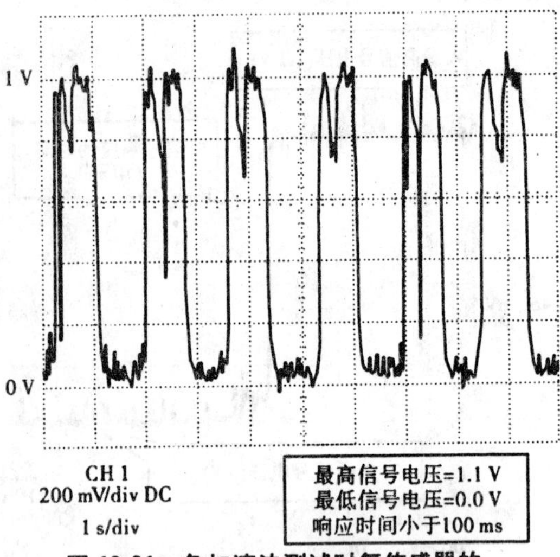

图10-61 急加速法测试时氧传感器的信号电压波形

①信号电压的变化是从0V到5V,而不是从0V到1V。

②信号电压与其他氧传感器的信号电压相反:混合气浓时电压低,混合气稀时电压高(图10-62)。

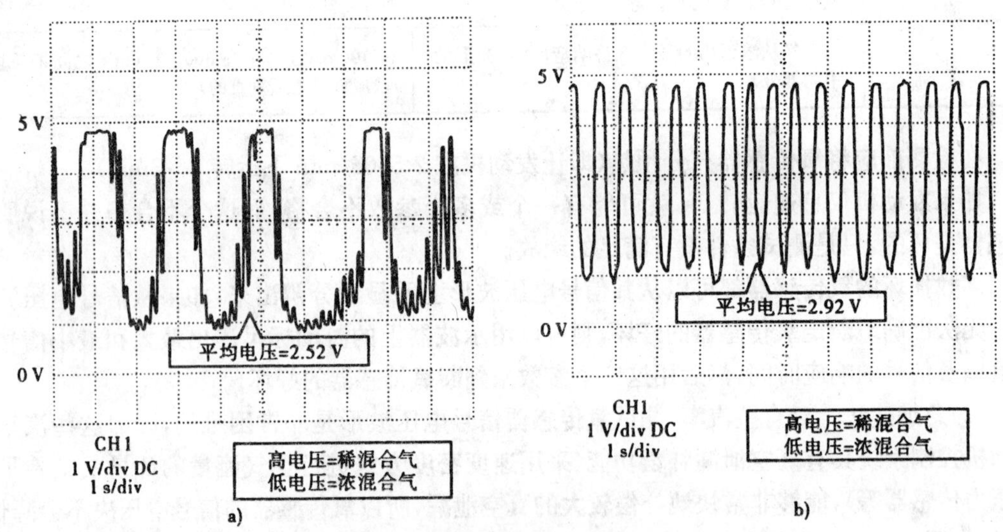

图10-62 氧化钛型氧传感器信号电压波形

a)怠速工况时的波形;b)发动机转速为2 500r/min时的波形

氧化钛型氧传感器和氧化锆型氧传感器的信号响应时间一般是相同的。

(4)不同燃油喷射系统中的氧传感器波形。通常有2种不同的燃油喷射系统:节气门体燃油喷射系统(TBI)和多点式燃油喷射系统(MFI)。由于它们的结构、原理不同,其氧传感器的信号也稍有不同。

①节气门体燃油喷射系统氧传感器信号电压波形。节气门体燃油喷射系统(又称单点式燃油喷射系统)只有一个喷油器,由于系统的机械元件少了,所以它只需用较少的时间就可以

响应系统的燃油控制命令，较迅速地改变喷油器的喷油量，因此，在相同的时间内，该系统氧传感器信号电压变化的频率较高，其频率为 0.2Hz（怠速时）～3Hz（2 500r/min 时），如图10-63所示。

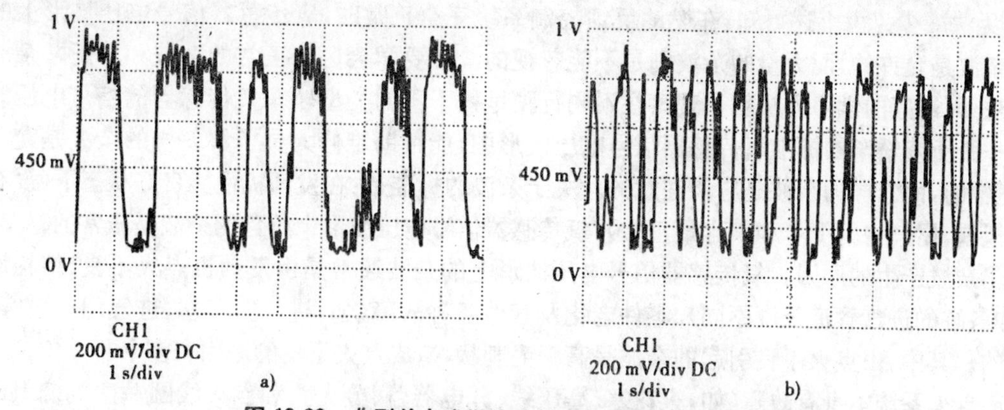

图 10-63 典型单点式燃油喷射系统氧传感器信号电压波形

a)怠速工况时的波形；b)发动机转速为 2500r/min 时的波形

②多点式燃油喷射(MFI)系统氧传感器信号电压波形。多点式燃油喷射系统由于大大改变了电子与机械部分设计，因而性能超过节气门体（单点式）燃油喷射系统。该系统的进气通道明显缩短，从节气门体燃油喷射系统的喷油器到进气门的距离没有了，氧传感器信号电压变化的频率为 0.2Hz（怠速时）～5Hz（2 500r/min 时），如图 10-64 所示。因此，该系统对燃油的控制更精确，氧传感器的信号电压波形更标准，三效催化转化器的效果更好。但因该系统分配至各汽缸的燃油也不完全相等，所以氧传感器的信号电压波形会产生杂波或尖峰。

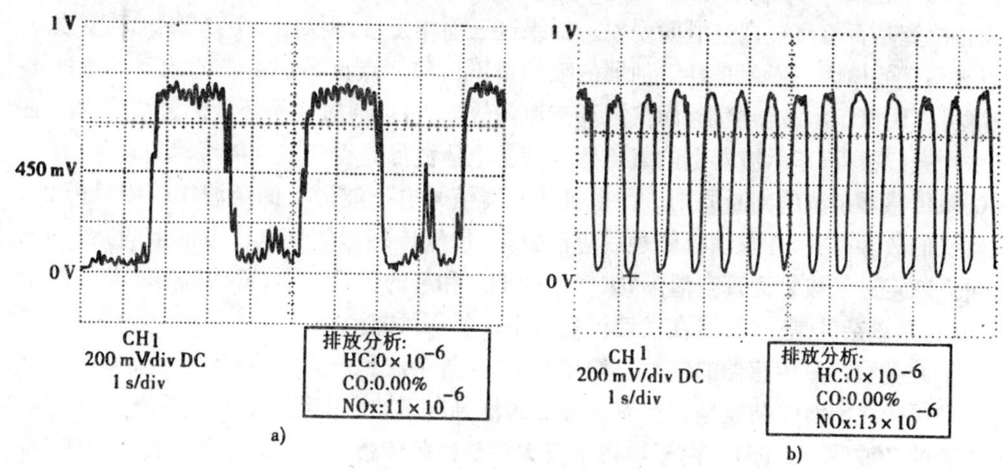

图 10-64 典型多点式燃油喷射系统氧传感器信号电压波形

a)怠速工况时的波形；b)发动机转速为 2500r/min 时的波形

(5)氧传感器的杂波分析。杂波可能是由于燃烧效率低所致，它反映了发动机各缸工作性能以及三效催化转化器工作效率降低的状况。对杂波的分析是尾气分析中最重要的内容，因为杂波会影响燃油反馈控制系统的正常运行，使反馈控制程序失去控制精度或“反馈节奏”，导致混合气空燃比超出正常范围，从而影响三效催化转化器的工作效率以及尾气排放和发动机性能。杂波信号的幅度越大，各个燃烧过程中氧气量的差别越大。在加速方式下，能够与碳氢化合物(HC)相对应的氧传感器杂波(波形的峰值毛刺)是一种非常重要的信息,因为它表示发动机在加大负荷的情况下出现了断火现象。杂波还说明由于进入三效催化转化器的尾气中的氧含量升高而造成 NOx 的增加,因为在浓氧环境(稀混合气条件)下,三效催化转化器中的 NOx 无法减少。由上述可知,在燃油反馈控制系统完全正常时,氧传感器信号电压波形上的少量杂波是允许的,而大量的杂波则是不能忽视的。需要学会区分正常的杂波和不正常杂波的方法,而最好的学习方法就是观察在不同行驶里程下不同类型轿车氧传感器的信号电压波形。一张所修轿车的标准氧传感器信号电压波形图,能帮助维修人员了解怎样的杂波是允许的、正常的,而怎样的杂波是应该注意的。关于杂波的标准是:在发动机性能良好状态下(没有真空泄漏,尾气中的 HC 和氧含量正常),氧传感器信号电压波形中所含的杂波是正常的。

①杂波产生的原因。氧传感器信号电压波形上的杂波通常是由发动机点火不良、结构原因(如各缸的进气管道长度不同)、零件老化及其他各种故障(如,进气管堵塞、进气门卡滞等)引起的。其中,由点火不良引起的杂波呈高频毛刺状,造成点火不良的原因有多个:

a. 点火系统本身有故障(如,火花塞、高压线、分电器盖、分火头和点火线圈一次侧绕组的损坏等);

b. 混合气过浓(空燃比约为 13)或过稀(空燃比约为 17);

c. 发动机的机械故障(如,气门烧损、活塞环断裂或磨损、凸轮磨损和气门卡住等)引起汽缸压力过低;

d. 1 个汽缸或几个汽缸有真空泄漏故障(真空泄漏会造成混合气过稀);

e. 在多点式燃油喷射发动机中各喷油器喷油量不一致(喷油器堵塞或卡死),造成个别汽缸内的混合气过浓或过稀。

在判断点火不良的原因时,应首先检查点火系统本身是否有故障,然后检查汽缸压力是否正常,再检查是否有汽缸真空泄漏现象。如果这三项均正常,则对于多点式燃油喷射发动机来说,点火不良的原因一般就是各喷油器的喷油量不一致。点火系统本身的故障和汽缸压力过低故障可以用汽车示波器检查,而汽缸真空泄漏故障,可以通过在所怀疑的区域或周围加丙烷的方法检查(观察汽车示波器上的氧传感器信号电压波形是否变多且尖峰消失)。

②氧传感器杂波的判断原则。如果氧传感器信号电压波形上的杂波比较明显,则它通常与发动机的故障有关,在发动机修理后应消失;如果氧传感器信号电压波形上的杂波不明显,并且可以断定进气歧管无真空泄漏,排气中的 HC 和氧的含量正常,发动机的转动或怠速运转比较平稳,则该杂波是正常的,在发动机修理中一般不可能消除。

③杂波类型。氧传感器的杂波有增幅杂波、中等杂波和严重杂波三种类型。

a. 增幅杂波。增幅杂波是指在氧传感器的信号电压波形中经常出现在 300～600mV 的一些不重要的杂波(图 10-65)。由于增幅杂波大多是由氧传感器自身的化学特性引起的,而不是由发动机的故障引起的,因此它又称为无关型杂波。由此可见,所谓明显的杂波是指高于 600mV 和低于 300mV 的杂波。

b. 中等杂波。中等杂波是指在信号电压波形的高电压段部分向下冲的尖峰。中等杂波尖峰幅度不大于 150mV(图 10-66)。当氧传感器的波形通过 450mV 时,中等杂波会大到 200mV(图 10-65)。中等杂波对特定的故障诊断可能有用,它与燃油反馈系统的类型、发动机的运行方式(如在发动机怠速运转时氧传感器信号电压波形上的杂波比较多)、发动机的系列或氧传感器的类型有很大关系。

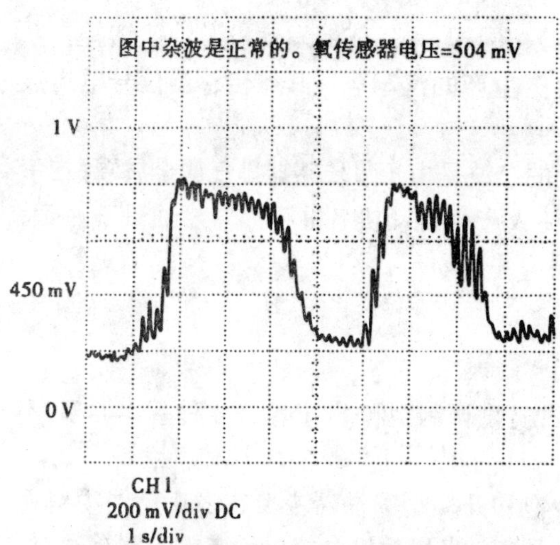

图 10-65 发动机怠速工况时，氧传感器信号电压中的增幅杂波

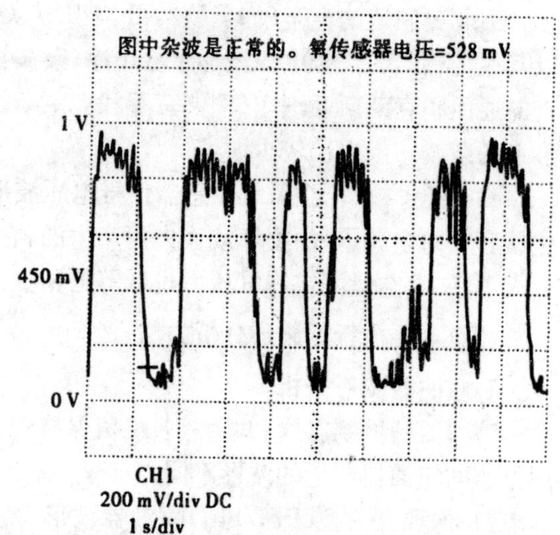

图 10-66 发动机怠速工况时，单点式燃油喷射系统氧传感器信号电压波形中的中等杂波

c. 严重杂波。严重杂波是指振幅大于 200mV 的杂波，在示波器上表现为从氧传感器的信号电压波形顶部向下冲(冲过 200mV 或达到信号电压波形的底部)的尖峰，并且在发动机持续运转期间它会覆盖氧传感器的整个信号电压范围。发动机处在稳定的运行方式时，例如，稳定在 2 500r/min 时，如果严重杂波能够持续几秒，则意味着发动机有故障，通常是点火不良或各缸喷油器喷油量不一致(图 10-67)。因此，这类杂波必须予以排除。

④各种汽车氧传感器信号电压波形上的杂波规律。这里仅就正常运行的汽车进行一般性的讨论。

a. 通常，与美国车相比，亚洲和欧洲(博世)车氧传感器信号电压波形上的杂波要少得多。丰田雷克萨斯车氧传感器信号电压波形的重复性好，而且对称、清楚。

b. 只要福特车发动机的喷油器无故障，其氧传感器信号电压波形上的杂波一般要比通用车或其他带三效催化转化器的美国车少得多。在福特汽车发动机(采用多点式燃油喷射系统的 V6 和 V8 型)上各喷油器的喷油量比较一致。克莱斯勒的迷你旅行车(装有三菱 3.0L、V6 型发动机)在正常行驶时，氧传感器的信号电压波形十分清楚而且不杂乱。

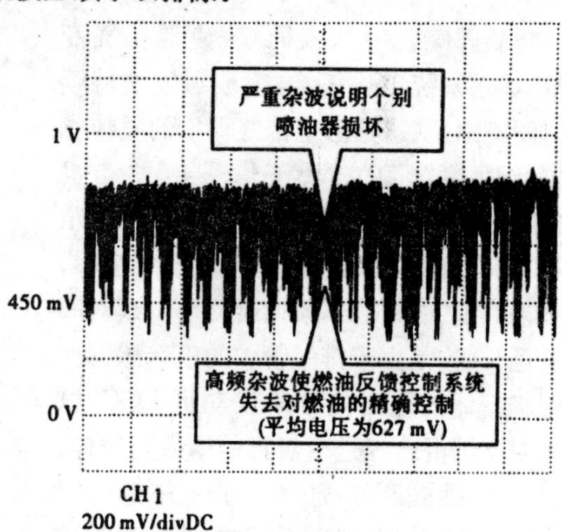

图 10-67 由损坏的喷油器引起的在氧传感器信号电压波形上的严重杂波(发动机转速为 2 500r/min)

c. 通用汽车氧传感器信号电压波形上的杂波比克莱斯勒汽车多。在许多通用汽车的节气门体燃油喷射系统的氧传感器信号电压波形上因结构原因而产生许多中等杂波，这是正常的；在克莱斯勒汽车 2.0L 和 2.5L 发动机(节气门体燃油喷射系统)的氧传感器信号电压波形上也有典型的杂波。

d. 北美制造的汽车(如美款本田、丰田佳美和马自达 626 等)一般采用亚洲的电控系统,所以其氧传感器的信号电压波形十分干净(杂波极少)。同样,采用亚洲发动机燃油反馈控制系统的通用和克莱斯勒汽车(例如三菱和克莱斯勒合资生产的汽车等),其氧传感器信号电压波形上的杂波一般也比较少。

e. 在极少数情况下,氧传感器信号电压波形上的杂波是由于氧传感器排气侧金属罩(二氧化钛套管的金属罩)的损坏或丢失而产生的,它会使人产生发动机各缸喷油器喷油量不一致、点火不良、真空泄漏或汽缸压力过低等的错觉。

(四)主要执行器波形分析方法

1. 喷油器波形分析

喷油器的控制有饱和开关型、峰值保持型、脉冲宽度调制型和 PNP 型等 4 种基本类型,不同类型的喷油器产生的波形不同。

(1)饱和开关型(PFI/SFI)喷油器波形分析。饱和开关型喷油器主要在多点燃油喷射系统中使用,在节气门体燃油喷射(TBI)系统上应用不多。当发动机电控单元搭铁电路接通时,喷油器开始喷油,当发动机 ECU 断开控制电路时,电磁场会发生突变,这个线圈突变的电磁场产生了峰值,汽车示波器可以用数字的方式在显示屏上与波形一起显示喷油持续时间。连接示波器,起动发动机,以 2500r/min 的转速保持加速踏板 2～3min,直至发动机完全热机,同时使燃油反馈控制系统进入闭环控制状态(通过观察示波器上氧传感器的信号确定这一点)。关掉空调和所有附属电器设备,将换挡操纵手柄置于停车挡或空挡,缓慢加速并观察在加速时喷油器的喷油持续时间的相应增加状况。饱和开关型(PFI/SFI)喷油器波形及分析如图10-68所示。

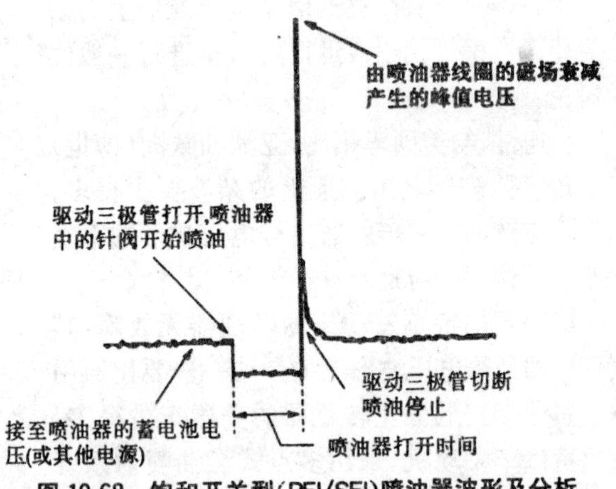

图 10-68 饱和开关型(PFI/SFI)喷油器波形及分析

从进气管中加入丙烷,使混合气变浓,如果系统工作正常,喷油器喷油持续时间将缩短(这是由于排气管中的氧传感器此时输出高的电压信号给发动机 ECU,试图对浓的混合气进行修正的结果)。人为造成真空泄漏,使混合气变稀,如果系统工作正常,喷油器喷油持续时间将延长(这是由于排气管中的氧传感器此时输出低的电压信号给发动机 ECU,试图对稀的混合气进行修正的结果)。将发动机转速提高至 2500r/min,并保持稳定。在许多燃油喷射系统中,当该系统控制混合气时,喷油器的喷油持续时间能被调节(改变)得从稍长至稍短。通常,喷油器喷油持续时间在正常全浓(高氧传感器电压)至全稀(低的氧传感器电压)的范围内(0.25～0.5ms)变化。加入丙烷或人为造成真空泄漏,然后观察喷油器喷油持续时间的变化,如果发现喷油持续时间不发生变化,则氧传感器可能损坏。因为如果氧传感器或发动机 ECU 不能察觉混合气浓度的变化,那么喷油器的喷油持续时间就不能改变。所以,在检查喷油器喷油持续时间之前,应先确认氧传感器是否正常。当燃油反馈控制系统工作正常时,喷油器喷油持续时间会随着驾驶条件和氧传感器输出的信号的变化而变化(增加或减少)。通常喷油器的喷油持续时间大约在怠速时1～6ms到冷起动或节气门全开时大约6～35ms之间变化。匝数较少的喷油器线圈通常产生较短的关断峰值电压，甚至不出现尖峰。关断尖峰随不同汽车制造商和发动机系列而不同，正常的范围大约是从30～100V，有些喷油器的峰值被钳位二极管限制在30～60V。

(2)峰值保持(电流控制型，TBI)喷油器波形分析。峰值保持型喷油器主要应用在节气门体(TBI)燃油喷射系统，安装在发动机ECU中的峰值保持喷油驱动器，被设计成允许大约4A的电流供给喷油器线圈，然后减少电流至约1A以下。通常，一个电磁阀线圈拉动机械元件作初始运动比保持该元件在固定位置需要4倍以上的电流，峰值保持驱动器的得名是因为电控单元用4A的电流打开喷油器针阀，而后只用1A的电流使它保持在开启的状态。图10-69所示为峰值保持型喷油器的正确波形及分析说明，从左至右，波形轨迹从蓄电池电压开始，这表示喷油驱动器关闭，当发动机ECU打开喷油驱动器时，它对整个电路提供接地。

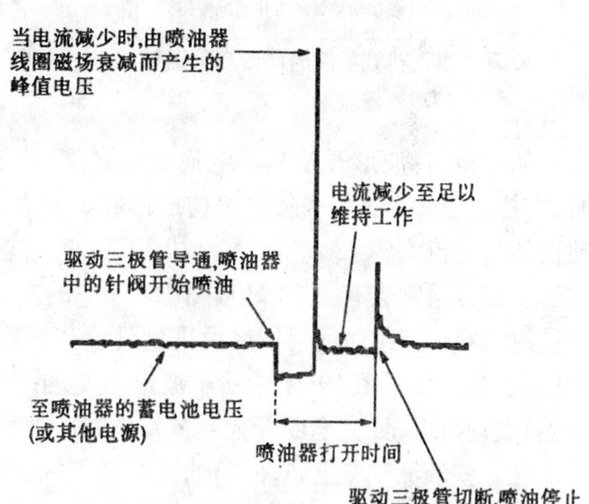

图10-69 峰值保持(电流控制型，TBI)喷油器波形及分析

发动机ECU继续将电路接地(保持波形轨迹在0V)直到其检测到流过喷油器的电流达到4A时，发动机ECU将电流切换到1A(靠限流电阻开关实现)，这个电流减少引起喷油器中的磁场突变，产生类似点火线圈的电压峰值，剩下的喷油驱动器喷射的时间由电控单元继续保持工作，然后它通过完全断开接地电路，而关闭喷油驱动器，这就在波形右侧产生了第2个峰值。当发动机ECU搭铁电路打开时，喷油器开始喷油(波形左侧)，当发动机ECU搭铁电路完全断开时(断开时峰值最高在右侧)，喷油器结束喷油，这时读取喷油器的喷射时间，可以计算发动机ECU从打开到关闭波形的格数来确定喷油持续时间。汽车示波器一般可以将喷油器喷油持续时间的数字显示在显示屏上。也可以在用手工加入丙烷的方法使混合气更浓，或者在造成真空泄漏使它变稀的同时，观察相应喷油持续时间的变化。波形的峰值部分通常不改变它的喷油持续时间，这是因为流入喷油器的电流和打开针阀的时间是保持不变的，波形的保持部分是发动机ECU增加或减少开启时间的部分，峰值保持型喷油器可能引起下列波形结果：加速时，将看到第2个峰尖向右移动，第1个峰尖保持不动；如果发动机在极浓的混合气下运转，能看到2个峰尖顶部靠得很近(图10-70)，这表明发动机ECU试图靠尽可能缩短喷油器喷油持续时间来使混合气变得更稀。

在有些双节气门体燃油喷射系统中，在波形的峰值之间出现许多特殊的振幅式杂波，可能表示发动机ECU中的喷油驱动器有故障。

(3)脉冲宽度调制型喷油器波形分析。脉冲宽度调制型喷油器用在一些欧洲车型和早期亚洲汽车的多点燃油喷射系统中。脉冲宽度调制型喷油驱动器(安装在发动机ECU内)被设计成允许喷油器线圈流过大约4A的电流，然后再减少大约1A电流，并以高频脉动方式开、关电路。这种类型的喷油器不同于前述峰值保持型喷油器，因为峰值保持型喷油器的限流方法是用一个电阻来降低电流，而脉冲宽度调制型喷油器的限流方法是脉冲开关电路。波形测试方法同前,脉冲宽度调制型喷油器的波形及分析如图 10-71 所示。

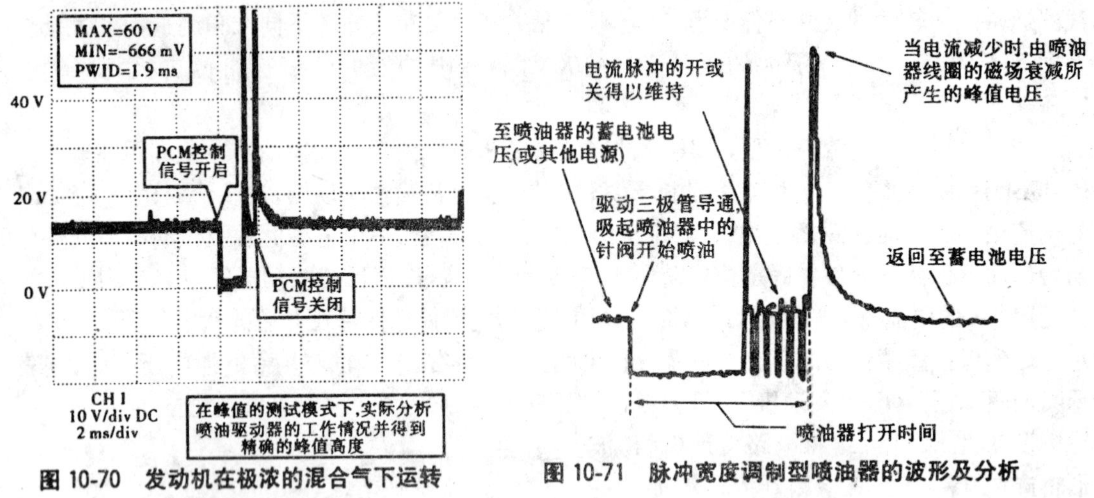

图 10-70 发动机在极浓的混合气下运转的喷油器波形

图 10-71 脉冲宽度调制型喷油器的波形及分析

从左至右,波形开始在蓄电池电压高度,这表示喷油器关闭,当发动机 ECU 打开喷油器时,它提供了一个搭铁去使电路构成回路。发动机 ECU 继续搭铁(保持 0V)直到探测到流过喷油器的电流大约 4A 左右,发动机 ECU 靠高速脉冲电路减少电流,在亚洲车型上,磁场收缩的这个部分通常会有一个峰值(图 10-71 中的左侧峰值)。发动机 ECU 继续保持开启操作,以便使剩余喷油持续时间可以继续得到延续。然后,它停止脉冲并完全断开搭铁电路使喷油器关闭,这就产生了图 10-71 中所示波形右侧的那个峰值。发动机 ECU 搭铁电路打开时,喷油开始,发动机 ECU 完全断开控制搭铁电路时,喷油结束。

在一些欧洲汽车上,它的喷油器波形上只有一个释放峰值,由于峰值钳位二极管作用,第 1 个峰值(左侧那一个)没有出现。

(4)PNP 型喷油器波形分析。PNP 型喷油器是由在发动机 ECU 中操作它们的开关三极管的形式而得名的,一个 PNP 喷油驱动器的三极管有两个正极管脚和一个负极管脚。PNP 的驱动器与其他系统驱动器的区别就在于它的喷油器的脉冲电源端接在负极上。PNP 型喷油驱动器的脉冲电源连接到一个已经搭铁的喷油器上去开关喷油器。几乎所有的喷油驱动器都是 NPN 型。它的脉冲搭铁再接到一个已经有电压供给的喷油器上,流过 PNP 型喷油器的电流与其他喷油器上的方向相反,这就是为什么 PNP 型喷油器释放峰值方向相反的原因。PNP 型喷油器常见于一些多点燃油喷射(MFI)系统中,通常 PNP 型喷油器的波形除了方向相反以外,与饱和开关型喷油驱动器的波形十分相像。PNP 型喷油器的波形和分析如图 10-72所示。喷油持续时间开始于发动机 ECU 电源开关将蓄电池电路打开时(看波形图左侧),喷油持续时间结束于发动机 ECU 完全断开控制电路时(释放峰值在右侧)。汽车示波器一般具有既可图形显示又可数字显示喷油持续时间的功能,也可以从波形上观察出燃油反馈控制系统是否工作,用丙烷去加浓混合气或用造成真空的方法使混合气变稀,然后观察相应的喷油持续时间变化情况。

(5)喷油器电流波形分析。如果怀疑喷油器线圈短路或喷油驱动器有故障,可以用静态测试喷油器的线圈电阻值的方法来判断。更精确的方法是测试动态下流过线圈电流的踪迹或波形,即进行喷油器电流测试。另外,在喷油器电流测试时,还可以检查喷油驱动器(发动机

ECU 中的开关三极管）的工作。喷油驱动器电流极限的测试能够进一步确认发动机 ECU 中的喷油驱动器的极限电流是否适合，这个测试需要用示波器中的附加电流钳来完成。具体试验步骤为：起动发动机并在怠速下运转或驾驶汽车使故障出现，如果发动机不能起动，就用起动机带动发动机运转，同时观察示波器上的显示。喷油器电流的波形如图 10-73 所示。

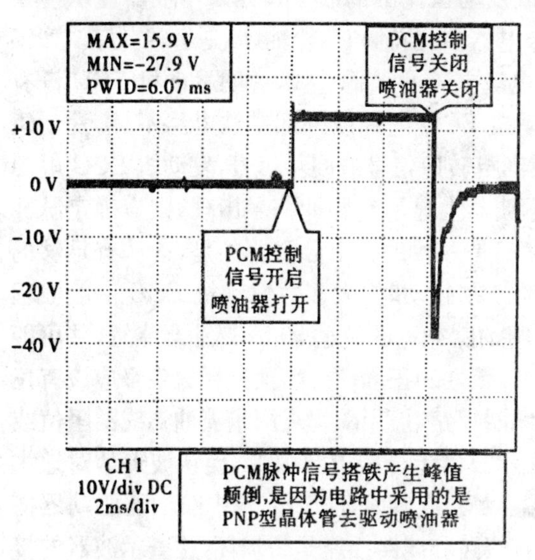

图 10-72 PNP 型喷油器的波形及分析

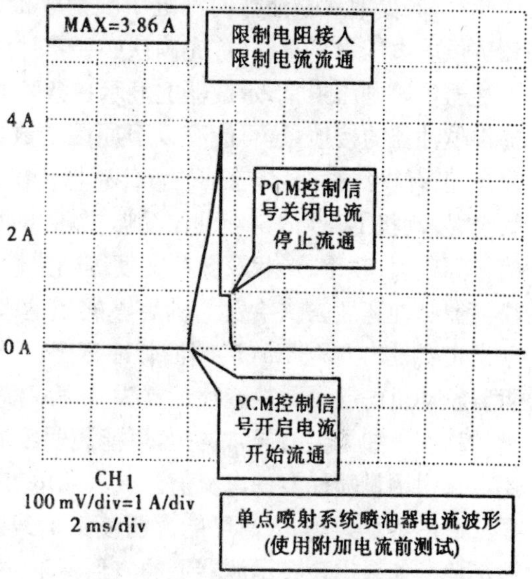

图 10-73 喷油器电流波形分析

当电流开始流入喷油器时，由喷油器线圈的特定电阻和电感特性，引起波形以一定斜率上升，上升的斜率是判断故障的依据。通常饱和开关型喷油器电流波形大约在以 45°角上升；通常峰值保持型喷油器波形大约以 60°角斜率上升。在电流最初流入线圈时，峰值保持型喷油器波形比较陡，这是因为与大多数饱和开关型喷油器相比电流增大了。峰值保持型喷油器的电流通常大约在 4A，而饱和开关型喷油器的电流通常小于 2A。如果电流开始流入线圈时，电流波形在左侧几乎垂直上升，这就说明喷油器的电阻太小（短路），这种情况还有可能损坏发动机 ECU 内的喷油驱动器。

另外，也可以通过分析电流波形来检查峰值保持型喷油器的限流电路，在限流喷油器波形中，波形踪迹起始于大约 60°角并继续上升，直到喷油驱动器达到峰值（通常大约为 4A），在这一点上，波形成了一个尖峰（在峰值保持型里的尖峰），然后几乎是垂直下降至大约稍小于 1A。这里喷油驱动器的"保持"部分是指正在工作着并且保持电流约为 1A 直到发动机 ECU 关闭喷油器为止，当电流从线圈中消失时，电流波形慢慢降回零线，参见图 10-73。

电流到达峰值的时间以及电流波形的峰值部分通常是不变的，这是因为一个好的喷油器通入电流和打开针阀的时间保持不变（随温度有轻微变化），发动机 ECU 操纵喷油器打开的时间就是波形的保持部分。

(6)喷油器起动试验波形分析。该测试主要使用于发动机不能起动的状态。当怀疑没有喷油器脉冲信号时，可以用示波器进行测试：起动发动机，大多数情况下，如果喷油器电路有故障，就一点脉冲信号都没有。可能有两种情况，一种是有一条 0V 的直线，一种是一条 12V 电压的水平线（喷油器电源电压）。

①对于除 PNP 型喷油器外的所有电路。如果示波器显示一条 0V 直线，首先应确认示波

器和喷油器连接是否良好;必要的零件(分电器轴、曲轴和凸轮轴等)是运转的;用示波器检查喷油器供电电源电路以及发动机ECU的电源和接地电路,如果喷油器上没有电源电压,检查其他电磁阀(EGR阀和EEC控制阀等)电源电压。如果喷油器供电电源正常,喷油器线圈可能开路或者喷油器插头损坏,个别情况是发动机ECU中喷油器控制电路频繁搭铁,代替了驱动脉冲,频繁地从喷油器向汽缸中喷射燃油,造成发动机淹缸的后果。如果示波器显示一条12V供电电压水平直线,首先确认必要零件(如分电器轴、曲轴和凸轮轴等)是运转良好。如果喷油器供给电压正常,示波器上显示一条喷油器电源电压的水平直线,说明发动机ECU没有提供喷油器的接地,这可能有以下原因造成:发动机ECU内部或外部搭铁电路不良,发动机ECU没有收到曲轴、凸轮轴位置传感器传出的发动机转速信号或同步信号,发动机ECU电源故障,发动机ECU内部喷油驱动器损坏。如果示波器上显示有脉冲信号出现,则应确定脉冲信号间幅值、频率、形状及脉冲宽度等判定性尺度都是一致的。十分重要的是,确认有足够的喷油器脉冲宽度去供给发动机足够的燃油来起动。在起动时,大多数发动机ECU一般被程序设定会发出6~35ms的喷油脉冲宽度。通常,喷油脉冲宽度超过50ms燃油会淹缸,并可能阻碍发动机的起动。检查喷油器尖峰高度幅值的一致性和正确性。喷油器释放尖峰应该有正确的高度。如果尖峰异常的短,可能说明喷油器线圈短路,可用欧姆表测量喷油器线圈阻值或用电流钳测量喷油器的电流值。或者用电流钳在示波器上分析电流波形,确认波形从对地水平升起的不是太高,太高可能说明喷油器线圈电阻太大或者发动机ECU中喷油器驱动器搭铁不良。如果出现在示波器上的波形不正常,检查线路和线路插座是否损坏,检查示波器的接线并确认有关零件(分电器轴、曲轴和凸轮轴等)的运转情况,当故障显示在示波器上时,摇动线束和插头,这有利于进一步确认喷油器电路的故障原因。

②对于PNP喷油驱动器电路。如果示波器显示一条电源电压水平直线,应确认喷油器的插头和喷油器搭铁接头良好、确认必要零件(分电器轴、曲轴和凸轮轴等)运转良好,用示波器检查喷油器的搭铁电路和电控单元的电源及搭铁电路。比较少见的情况是发动机ECU内部连续对喷油器提供电源,它代替驱动脉冲,造成从喷油器连续喷射燃油,这是淹缸的原因。如果示波器显示一条位于地线的水平直线,首先确认必要的零件(分电器轴、曲轴和凸轮轴等)运转正常。如果喷油器搭铁正常,则是发动机ECU没有电源脉冲推动控制电路信号输出,这可能有以下几种原因造成:发动机ECU没有收到曲轴、凸轮轴位置传感器传出发动机转速信号或同步信号,发动机ECU内部或外部电源电路损坏,发动机ECU搭铁不良,发动机内部喷油驱动器损坏。

2.怠速控制(IAC)阀波形分析

连接示波器,使发动机怠速运转并将附属设备(空调、风扇和刮水器等)打开或关闭,对于装有自动变速器的汽车还应该将换挡操纵手柄在停车挡(P)与前进挡(D)之间进行切换,使发动机的负荷发生变化,从而使发动机ECU输给怠速控制阀的控制信号改变,获得怠速控制阀波形(图10-74)。

各种怠速控制阀的波形的幅值、频率、形状和脉冲宽度等判定性尺度都在正确的范围内,并且应该有可重复性和一致性。确认当发动机ECU的控制命令信号改变时,怠速控制阀有反应,并且发动机转速也跟着改变,观察有无下列情况出现:当附属电气设备的开关开启、闭合或自动变速器出挡、入挡时,发动机ECU的怠速控制输出命令将改变;怠速改变时,怠速控制阀应开闭旁通气道。若怠速不变,应怀疑怠速控制阀损坏或旁通气道堵塞。在诊断怠速控制阀和控制电路之前，应首先确定节气门开关自如，最低怠速符合车型技术要求，检查有无真空泄漏或不合适的空气泄漏。

3.活性炭罐清洗电磁阀波形分析

确认从油箱到活性炭罐和进气管的油气管路完好无损并安装正确。连接示波器，起动发动机，并保持在 2 500r/min 的转速下运转 2～3min，直到发动机完全暖机，燃油反馈控制系统进入闭环控制状态(可以通过观察示波器上的氧传感器信号电压波形确认上述状态)。关闭所有的附加电气设备，将汽车处于停车挡(P)或空挡(N)的位置，顶起驱动轮或在汽车行驶的同时观察活性炭罐清洗电磁阀的波形。活性炭罐清洗电磁阀的波形如图 10-75 所示。

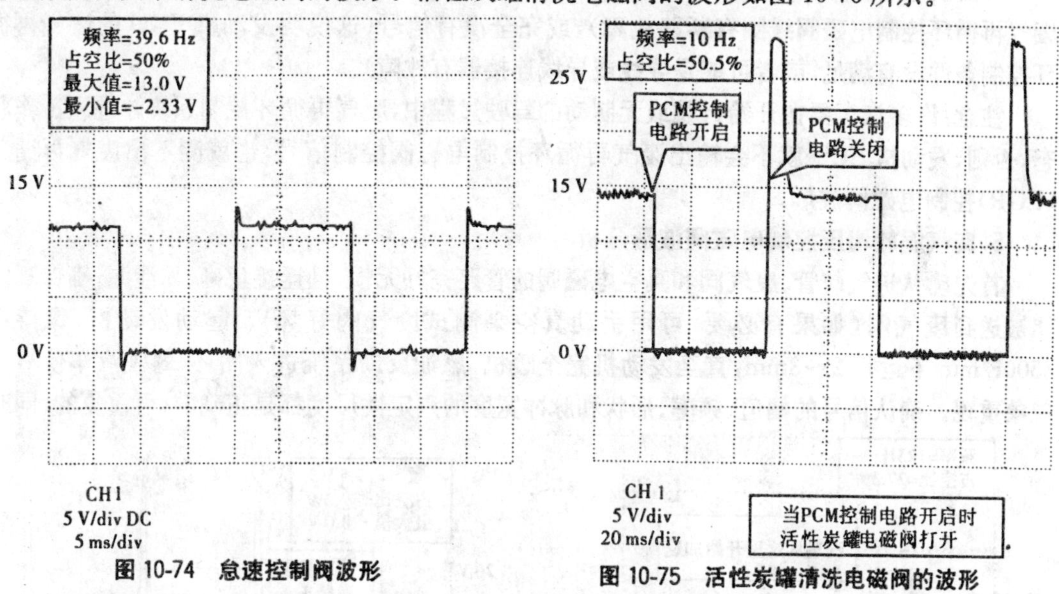

图 10-74　怠速控制阀波形

图 10-75　活性炭罐清洗电磁阀的波形

活性炭罐清洗电磁阀波形的幅值、频率、形状和脉冲宽度等判定性尺度都应在正确的范围内，并且应该有可重复性，在活性炭罐电磁阀参与工作时应有信号波形。

汽车一旦达到预定的车速，发动机 ECU 便开始用可变的脉宽调制信号控制活性炭罐清洗电磁阀去打开清洗阀。当汽车减速时，该信号应该停止，同时活性炭罐清洗电磁阀应该关闭。(几乎任何时候，当上述条件满足时，该过程都会发生。)

可能发现的故障和在波形上可能看到的判定性尺度的偏差是波形尖峰高度变短(这说明活性炭罐清洗电磁阀有断路故障)，或完全没有信号(波形为一条直线，这说明发动机 ECU 有故障，或发动机 ECU 没有接收到清洗活性炭罐的条件信号，这可能是导线或导线连接器有故障)。

4.废气再循环(EGR)控制电磁阀波形分析

在进行废气再循环(EGR)控制电磁阀波形测试之前，应首先确认进气歧管、废气再循环阀真空电动机和真空电磁阀的连接管路完好无损，且连接正确和无真空泄漏；确定废气再循环(EGR)阀隔膜能保持适度的真空；确认废气再循环(EGR)的通道清洁畅通，没有由于内部积炭造成堵塞，确保在进行废气再循环(EGR)时，废气能真正进入燃烧室。正确连接示波器，起动发动机，并保持在 2 500r/min 的转速下运转 2 ～3min，直到发动机完全暖机，燃油反馈控制系统进入闭环控制状态(可以通过观察示波器上的氧传感器信号电压波形确认上述状态)。关闭所有的附属电气设备，然后正常驾驶汽车：从完全停止到起动、缓加速、急加速、巡航行驶和减速。获得废气再循环(EGR)控制电磁阀波形。废气再循环(EGR)控制电磁阀的波形如图10-76所示。

废气再循环(EGR)控制电磁阀波形的幅值、频率、形状和脉冲宽度等判定性尺度都应在正确的范围内,并且应该有可重复性,在废气再循环进行时应有信号波形。

发动机达到废气再循环工作的条件时,发动机ECU应该开始用变化的脉宽调制信号控制电磁阀工作。在加速时,废气再循环的要求特别高,车辆在怠速和减速时,控制信号应该中断,废气再循环(EGR)控制电磁阀关闭,废气再循环系统停止工作。

可能发现的故障和在波形上可能看到的判定性尺度的偏差是波形尖峰高度变短(这说明废气再循环控制电磁阀线圈有断路故障),或完全没有信号(这说明发动机ECU的废气再循环控制条件没有满足,或者可能是导线或导线连接器有故障)。

注意:许多汽车要在开始行驶或无制动的驾驶过程中,废气再循环控制系统才进入工作状态,否则,发动机ECU就不会输出废气再循环控制电磁阀控制信号,也就测不出废气再循环(EGR)控制电磁阀波形。

5.废气涡轮增压控制电磁阀波形分析

首先确认进气歧管、废气阀和真空电磁阀的管路完好无损,且连接正确、无泄漏;确保真空能被送到废气阀(如果有必要,可用手动真空泵测试废气阀好坏)。起动发动机,保持在2500r/min下运行2～3min,直至发动机完全暖机,燃油反馈系统进入闭环,驾驶汽车使故障现象重现。确认信号的幅值、频率、形状和脉冲宽度的判定性尺度都是正确的、可重复的,同时在增压控制条件下出现。由图10-77可知,加速时,一旦达到预先设定的增压压力,PCM开始用变化的脉冲宽度调制信号驱动发动机涡轮增压控制真空电磁阀以打开废气阀。反之,当减速时,增压压力低于预先设定值时,信号停止,废气阀关闭。不管什么时候,只要发动机加速保持几秒,上述过程就会发生。出现故障时波形尖峰高度降低,这说明真空电磁阀线圈短路;如果发现完全没有ECU控制信号,则说明ECU有故障,或ECU没有接收到增压压力减少或增加的信号,或线路连接不良。

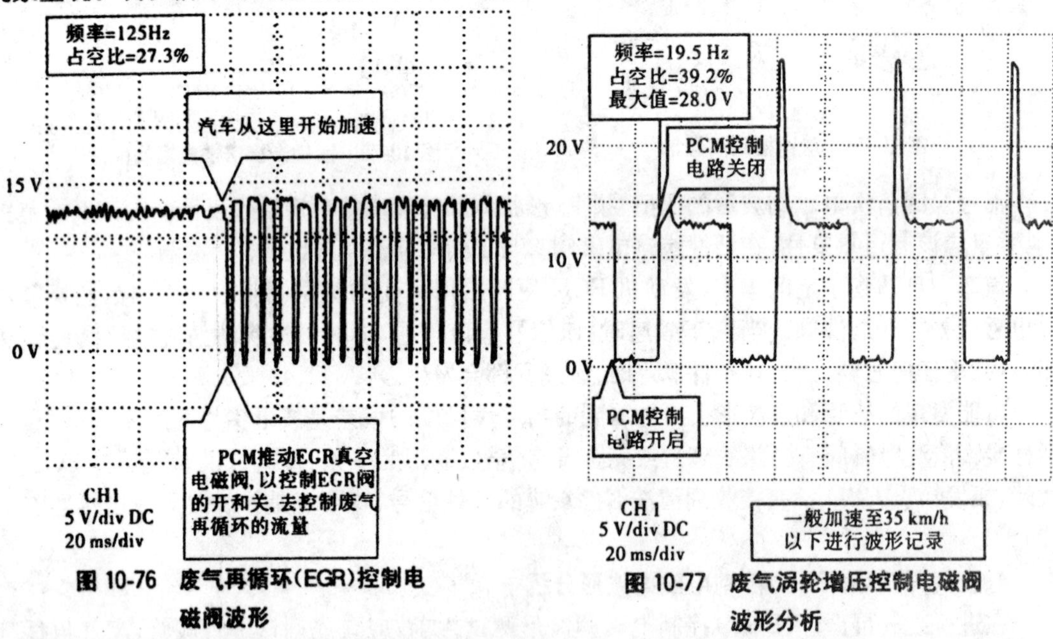

图10-76 废气再循环(EGR)控制电磁阀波形

图10-77 废气涡轮增压控制电磁阀波形分析

6. ABS 电磁阀波形分析

如图 10-78 所示，一旦 ABS 电控单元驱动 ABS 电磁阀工作，波形就会开始变化，这些脉冲宽度调制电磁阀电路波形，看起来与喷油器或废气再循环控制电磁阀波形相似。当一个车轮抱死并开始滑移时，ABS 电控单元便会开始驱动这个轮的 ABS 电磁阀，以调节这个有问题车轮的制动力。出现故障时，波形尖峰高度降低，说明 ABS 电磁阀线圈短路。如发现完全没有 ABS 电控单元控制信号（成一条直线），则说明 ABS 电控单元可能有故障，或是 ABS 系统工作条件不足（车轮速度未达到等）；或线路连接不良。一些 ABS 系统只控制其电磁阀驱动线圈的负极端，还有一些 ABS 系统则控制电磁阀驱动线圈的电源供给及搭铁两端，因此会在波形上升或下降沿处产生电磁感应尖峰，从尖峰产生的方向可以判断 ABS 控制模块驱动的是电磁阀线圈的正极端还是负极端。

7. 自动变速器换挡控制电磁阀波形分析

在故障条件下试车，或者在试车中试验所怀疑的电磁阀的电路、液力变矩器锁止电磁阀及油压调节电磁阀。对于直流开关式的电磁阀，主要要确认幅值这个判定性尺度对所怀疑变速运行故障是否适当。对于用脉宽调制信号控制的电磁阀主要确认幅值、频率和脉冲宽度判定性尺度对所怀疑变速运行故障是否是正确的、可重复的和一致的。

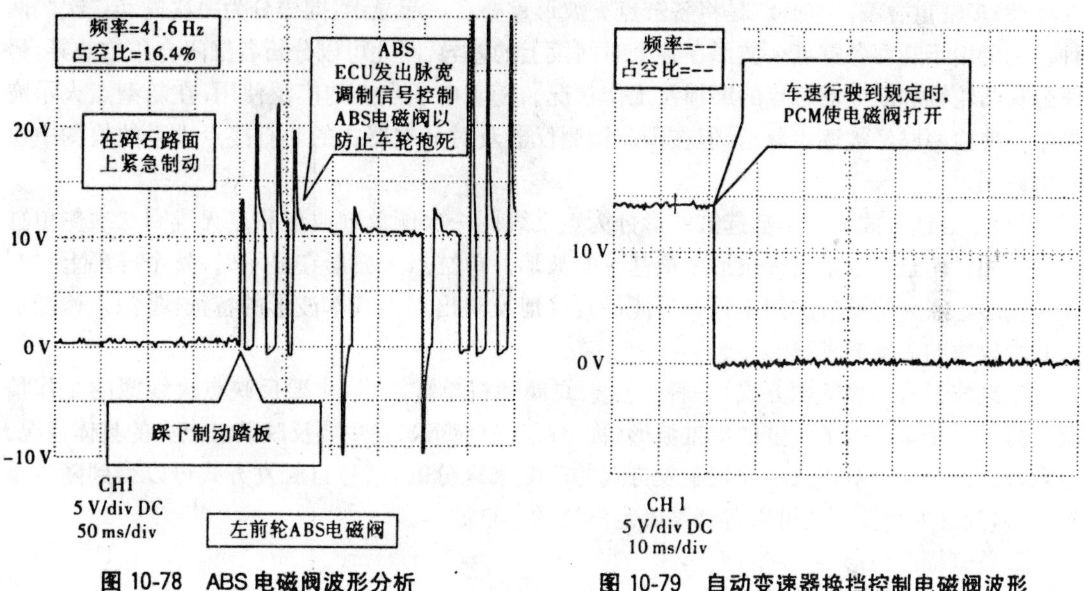

图 10-78 ABS 电磁阀波形分析　　图 10-79 自动变速器换挡控制电磁阀波形

一些系统用控制电源的方式控制电磁阀，而另一些系统中的电磁阀则总有一根与电源相接，它是靠控制其接地电路去操作电磁阀的。因此，在作检查之前，应先确认检查的电磁阀是哪种类型。

由图 10-79 可知，一旦 ECU 推动换挡电磁阀，波形就会随之发生变化。对于直流开关式电源控制的电磁阀，在 ECU 驱动之前波形是一条 0V 的直线，当 PCM 推动电磁阀时波形上升到系统电压值。而搭铁控制的电磁阀其波形则相反，即当 PCM 推动电磁阀时波形从一条等于系统电压值的直线突变到搭铁电压。脉宽调制信号控制式的电磁阀控制电路将产生一个在 0V 和系统电压之间变换的信号。

产生故障时，波形尖峰高度降低，说明变速器换挡电磁阀线圈短路。如发现完全没有

ECU 控制信号(成一条直线),则说明 PCM 可能有故障;或 PCM 认为不具备换挡条件(换挡点,液力变矩器离合器锁止等),或线路连接不良。

(五)点火波形分析

1. 点火波形的类别

示波仪可显示发动机点火过程的如下四类波形:

(1)多缸平列波。平列波是点火波形分析中的常用波形。平列波分为一次侧和二次侧两种,它是在显示屏幕上按点火顺序逐一列出各缸的波形,但由于要同屏显示所有波形,故在检测前应先确定并输入汽缸数,以便在分析时确定各缸波形在屏幕中的位置,平列波在显示时屏幕上按点火顺序逐一排列出所有汽缸的点火波形。它可以比较各缸在垂直电压坐标上的不同电压值(击穿电压、跳火电压)的差异,因此,平列波主要用于观察各缸点火击穿电压的差值,以便用比较法确定哪些汽缸点火不良。

(2)多缸并列波。并列波同样有一次侧和二次侧两种,是按点火顺序从上往下将各缸点火波形并列排出,因此,它可以对应地比较各缸在水平时间坐标上不同区段的时间差异(跳火时间,闭合角或闭合时间),常用于凸轮轴磨损及触点状况的分析,故在新型点火示波器上特别是便携式点火示波器上较少采用。

(3)多缸重叠波。重叠波是将各缸点火波形重叠在一起显示,同样分为一次侧和二次侧两种。主要用于观察各缸点火波形在各个时间段上的差异,因此可以分析各缸闭合角的差异,最终分析凸轮轴和断电器触点的磨损及工作状况。随着电子点火的广泛使用,在新型点火示波器中该项检测已经被逐步取消,但在国产检测仪器及对分电器式的非直接点火系的检测中也经常用到。

(4)单缸选缸波形。单缸选缸波形分为点火线圈一次侧单缸波形和点火线圈二次侧单缸波形两种。单缸波形是点火波形中最基本的波形。单缸点火波形在显示时,整个屏幕上只有一个波形。点火线圈一次侧单缸波形能最直接地反映出点火基本波形的特征,是深入诊断点火系统故障的主要参考波形。

单缸波形有两种检测方式,一种是点火线圈随机单缸波形,主要反映点火线圈的工作情况。另一种是某一确定汽缸的单缸波形(称单缸选缸波形),它主要反映某缸点火的具体情况。这两种方式是通过对点火示波器触发方式的改变来区分的,信号自触发方式可以得到随机单缸波形,选缸外触发方式可以得到某确定汽缸的单缸波形。

2. 单缸标准波形

图 10-80 中 b 所示为点火示波器显示的单缸一次侧、二次侧电压标准波形。以传统点火系为例,它描绘了从断电器触点开始打开,经过闭合至再次打开为止(一个完整的点火循环)的电压随时间的变化过程。

(1)二次侧标准波形。二次侧标准波形如图 10-80 所示。图中:

AB:在断电器触点打开或大功率三极管截止的瞬间,由于一次侧电流下降至零,磁通也迅速减小,于是二次侧线圈产生的高压急剧上升,当二次侧电压还没达到最大值时,就将火花塞间隙击穿。击穿火花塞间隙的电压称为击穿电压(点火电压),如图中 AB 线。AB 线也称为点火线。

BC:在火花塞间隙被击穿时,两电极之间要出现火花放电,同时二次侧电压骤然下降,BC 为此时的放电电压变化状况。

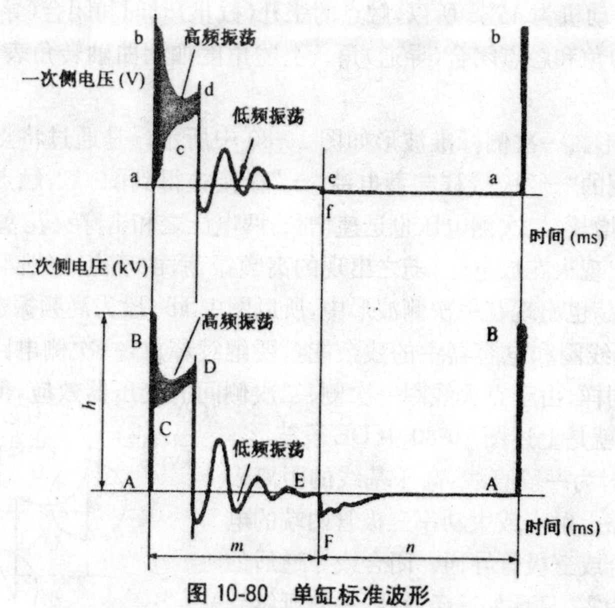

图 10-80 单缸标准波形

m-触点张开时间；*n*-触点闭合时间；*h*-击穿电压

CD：火花塞电极间隙被击穿后，通过电极间隙的电流迅速增加，致使两极间隙中的可燃气体粒子发生电离，引起火花放电。在示波器屏幕上，CD的高度表示火花放电的电压，CD的宽度表示火花放电的持续时间。当发动机转速为2 000r/min时，火花放电持续时间约为0.01s，即使一个完整的点火循环，对于六缸发动机来说也不过0.01s。CD线称为火花线。

在火花塞间隙被击穿的同时，储存在C_2（C_2系指分布电容，图中未示出，是点火线圈匝间、火花塞中心电极与侧电极间、高压导线与机体间所具有电容量的总和）中的能量迅速释放，故ABC段称为“电容放电”。其特点是放电时间极短（1μs），放电电流很大（可达几十安培），所以A、C两点基本上是在同一垂线上。电容放电时，伴有迅速消失的高频振荡，频率约为10^6～10^7Hz。但电容放电只消耗磁场能的一部分，剩余磁场能所维持的放电称为“电感放电”。其特点是放电电压低，放电电流较小，持续时间较长，但振荡频率仍然较高。所以，整个ABCD段波形为高频振荡。

DE：当保持火花塞持续放电的能量消耗完毕，电火花消失，点火线圈和电容器中的残余能量以低频振荡形式耗完。

EF：断电器触点闭合或大功率三极管导通，点火线圈一次侧电路又有电流通过，二次侧电路导致一个负电压。

FA：触点闭合或大功率三极管导通后，先是产生二次侧闭合振荡，然后二次侧电压由一定的负值逐渐变化到零。当至A点时，触点又打开或大功率三级管截止，二次侧电路又产生点火电压。

从图10-80中可以看出，由左至右，从A点至E点为断电器触点张开时间或大功率三极管截止时间，从E点至A点为触点闭合时间或大功率三极管导通时间。张开时间加闭合时间应（三极管截止与导通时间）等于一个完整的点火循环，亦即等于一个完整的多缸发动机各缸间的点火间隔。断电器触点的张开时间、闭合时间和各缸点火间隔，一般用分电器凸轮轴转角表示（三极管的截止与导通用时间ms来表示）。多缸发动机点火间隔：4缸发动机为90°，6缸发动机为60°,8缸发动机为45°。所以,触点的张开(截止)时间和闭合(导通)时间又可分别称之为触点张开(截止)角和触点闭合(导通)角。上述角度如用曲轴转角表示,对于四冲程发动机来说须乘以2。

(2)初级标准波形。一次侧标准波形如图10-80中所示。是通过将点火示波器的测试笔直接连接到点火线圈的"-"极接柱与蓄电池"-"极接柱得到的。当触点打开或三极管截止时,一次侧电压迅速增长,二次侧电压也迅速增长,两电压之和击穿火花塞间隙,如ab段所示。当火花塞两电极间出现火花放电时,随之出现的高频振荡,由于点火线圈一次侧、二次侧间的变压器效应,高频振荡也出现在一次侧波形中,所以图中abc段为高频振荡波形。当二次侧火花放电完了时,点火线圈和电容器中的残余能量要继续释放,一次侧电路中出现低频振荡波形,如de段所示。同样,由于点火线圈一次侧、二次侧间的变压器效应,低频振荡波形也出现在二次侧波形上,这就是上述图10-80中DE段波形。

de段振荡终了时为一段直线,高于基线的距离表示施加于一次侧电路上触点或大功率三极管两端的电压。触点在e点闭合或三极管导通。闭合或导通后的一次侧电压几乎降为零,显示如一条直线,一直延续到触点下一次打开或三极管截止,如fa段所示。当发生下一次点火时,点火循环将在下一个汽缸重复开始。

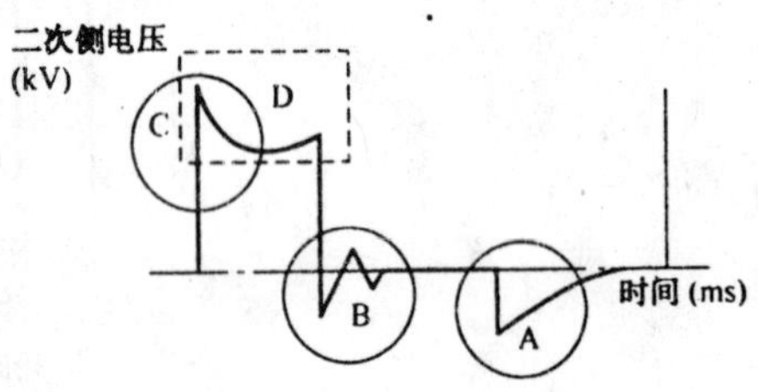

图10-81 二次侧波形故障反映区

A区-断电器触点故障反映区;B区-电容器、点火线圈故障反映区;C-电容器、断电器触点故障反映区;D区-配电器、火花塞故障反映区

(3)波形上的故障反映区。点火示波器与发动机联机后,如果实测波形与标准波形相比有差异,则说明点火系有故障。点火系的故障在波形上有四个主要反映区,二次侧波形故障反映区如图10-81所示。

3.点火波形分析的基本步骤

(1)点火极性分析。

火花塞中心电极的点火极性与击穿电压值有关,点火系统要求当二次侧电压上升时中心电极为负极性,它的优点是中心电极发射的电子更有利于电极间隙的导通。使火花塞电极更容易产生火花放电,中心电极负极性一直维持到整个火花持续段结束,当火花能量不足以维持火花放电时,火花塞电极之间会出现正负极性变化的阻尼衰减振荡。

当中心电极是负极性,击穿电压较低,热的火花塞比冷的火花塞击穿电压低,这是因为热电极的电子容易发射,中心电极为负极性的击穿电压比中心电极为正极性的击穿电压要低40%。

点火极性判断用次级电压变形,可以选单缸波,也可以用平列波形来分析。当点火波形出现图10-82所示的状况,全部点火波形方向与正常波形相反。产生不正常波形的原因,有可能是电源极性接反或点火线圈一次侧绕组两接线柱接反,也有可能是点火线圈内部线路不正确。

(2)点火线圈二次侧电压分析

①二次侧电压的检查。点火线圈正常工作时所能产生的二次侧电压比击穿电压高得多,因此判断点火线圈及电路的工作状况时主要检查点火线圈二次侧电压的高低。点火线圈二次侧电压检查,通常观察点火二次侧平列波形,采用的方法是拔下任意一缸的点火高压线,然后观察点火二次侧平列波形。正常波形如图10-83所示,其开路电压值应符合规定值:传统点火大于等于20kV;电子点火大于等于25kV;高能点火大于等于30kV。当开路电压达不到规定

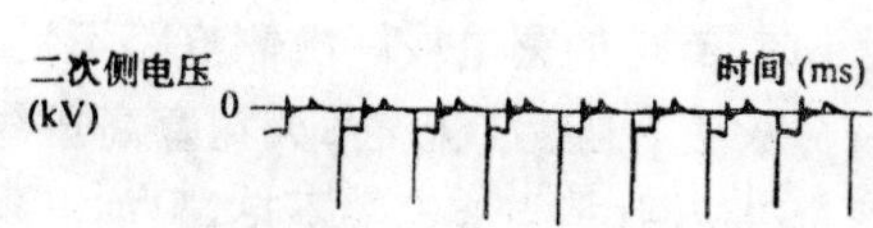

图 10-82 不正常平列波形

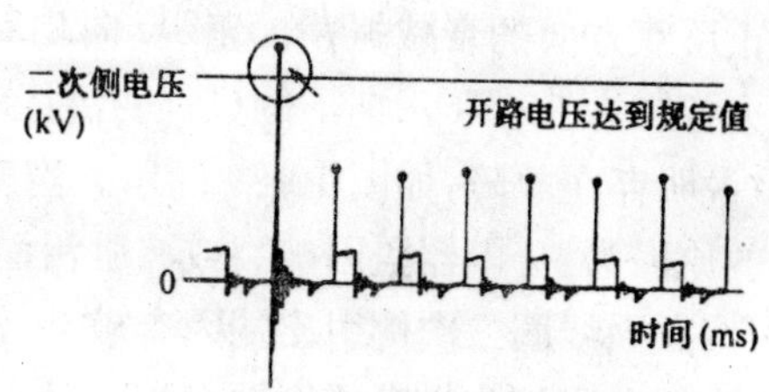

图 10-83 正常单缸断火波形

值时会造成击穿电压不足，如图 10-84 所示。

产生不正常波形的原因有点火线圈性能不佳；点火线圈与分电器接线状况不好，有搭铁短路现象；分电器盖有漏电；蓄电池电压不足；触点闭合角过小；一次侧电路电阻过大；火花塞高压线绝缘性能不好，有漏电；电容器性能不佳或损坏。

②二次侧各缸点火电压的检查。各缸二次侧电压的检查，主要采用平列波形。测试时，将发动机从怠速状态迅速提高转速，各缸点火电压相应增大，但增大部分不应超过 3kV，各缸点火高压值相差应在 20%之内，如图 10-85 所示。当出现二次侧电压过高（图 10-86）或二次侧电压过低（图 10-87）时，说明点火系工作不正常。

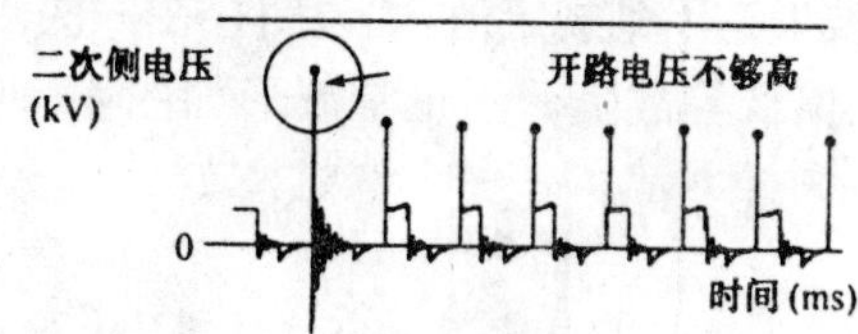

图 10-84 不正常单缸断火波形

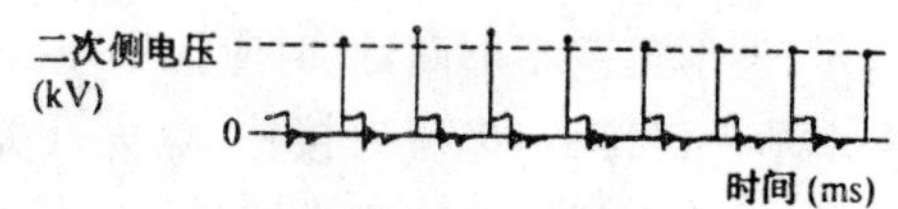

图 10-85 二次侧平列波正常波形

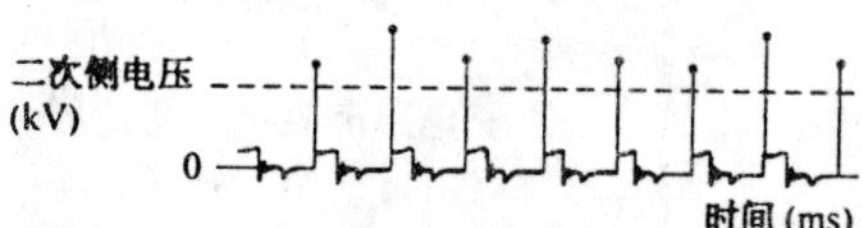

图 10-86 二次侧点火平列波不正常波形（一）

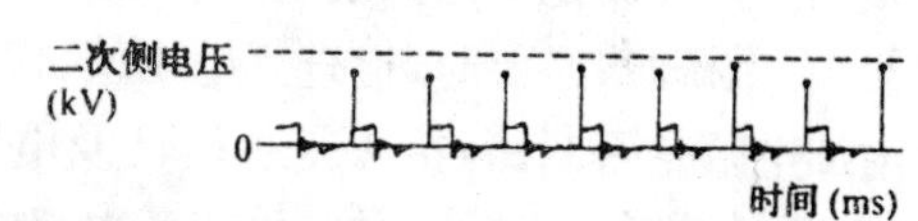

图 10-87 二次侧点火平列波不正常波形（二）

a. 所有汽缸高压过高。其原因有：点火时间过迟；混合气太稀；点火线圈接柱不良；燃烧室积炭严重，汽缸压力过大；高压电路中电阻过大；分电器盖不良；分火头烧蚀、间隙过大；火花塞电极间隙过大。

b. 部分汽缸高压过高。其原因有：分电器盖变形：部分火花塞损坏或电极间隙过大；部分汽缸高压分线断路；混合气成分不均匀。

c. 所有汽缸高压过低。其原因有：高压线绝缘破裂、漏电；点火线圈匝间短路；点火时间过早；火花塞电极间隙太小；混合气过浓；所有汽缸汽缸压力过低。

d. 部分汽缸高压过低。其原因有：火花塞积炭，引起部分火花塞提前跳火；分电器盖破裂，部分汽缸高压分线漏电；火花塞绝缘体破裂，导致部分汽缸高压漏电，点火电压过低。

（3）二次侧电路绝缘性分析

二次侧电路绝缘性分析，主要用以检测二次侧高压电路是否存在漏电等故障，采用二次侧平列波检查。检查时，拔下任一缸高压分线，观察波形。正常波形如图 10-88 所示。由于高压电路处在开路状态，这时既不存在击穿电压，也不存在跳火火花线段，由此而产生了一组由高到低呈正反双方向的衰减振荡。正、反向均有峰值电压，向上的（正向）高压峰值可达 30kV。标准点火各缸为 6～8kV，向下的（反向）高压峰值至少应有向上峰值的二分之一到四分之一，否则，就说明存在故障，如图 10-89 所示。当反向峰值太小时，有可能漏电或一次侧电路不良。不正常的原因为：分电器盖因破裂或有脏污而导致漏电；分火头有脏污或破裂；火花塞高压线绝缘不良；点火线圈二次侧引出端因有破裂、油污或受潮而造成漏电；点火开关不良；附加电阻不良；一次侧电路接头松动或腐蚀；触点烧蚀。

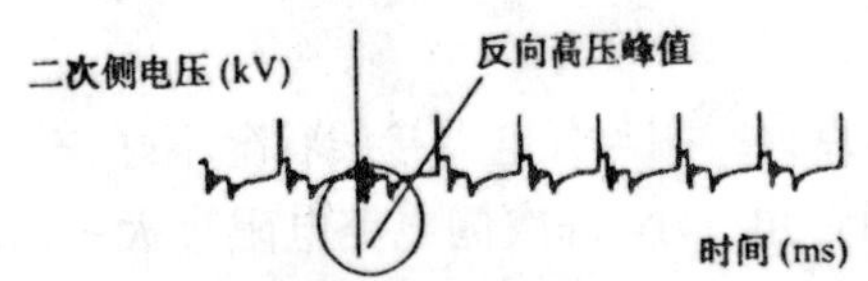

图 10-88　正常单缸断火波形

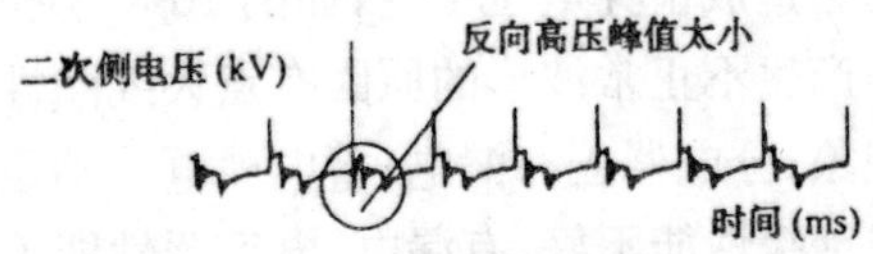

图 10-89　不正常单缸断火波形

（4）一次侧电路电阻分析

一次侧电路串联有附加电阻，如阻值大或电路接触不良会造成一次侧电压偏低或点火高压达不到规定值等故障。一次侧电路电阻是否正常，常用一次侧单缸波形来分析。当断电器触点断开瞬间（或最后一级功率三极管截止时），其振荡波形达不到规定值，则说明存在一次侧电路接触不良，一次侧电路附加电阻过大或蓄电池电压偏低等故障。不正常波形如图 10-90 所示，波形振荡不够高，此时应检查一次侧电路各处及蓄电池电极接柱、电流表接柱、点火开关接柱、附加电阻接柱、点火线圈一次侧接柱、断电器触点接柱及点火开关状况，各接头处是否有松动或接触不良现象，如有则紧固各接柱。电子点火系统还须检查各部位线束插接器，有无松脱，必要时，检查其电压值；检查一次侧电路附加电阻是否断路，接头是否松动及电阻值是否过高，必要时，进行维修及更换；检查蓄电池电压是否符合要求，若不符合要求，则进一步检查蓄电池电解液密度和电解液温度，并用高率放电计检查蓄电池放电程度。必要时，调整电解液密度；添加蒸馏水并对蓄电池充电，如仍不符合要求，则需要修理或更换蓄电池。

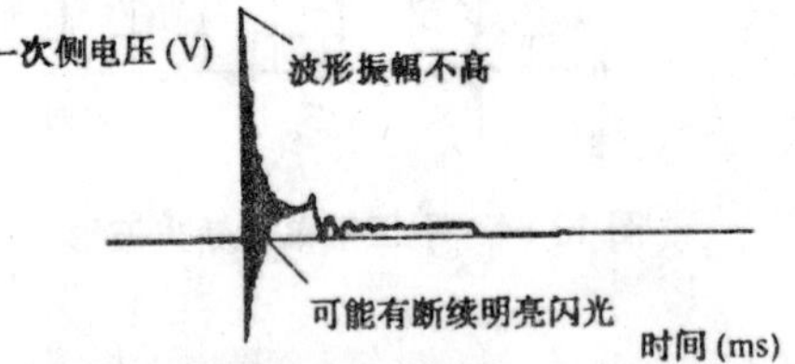

图 10-90　一次侧电路电阻不正常波形

（5）二次侧电路状况分析

二次侧电路中包括火花塞、高压线、分电器盖和分火头等各部件的状况。通常用二次侧电路电阻的大小来分析故障。其正常波形如图 10-91 所示。当出现如图 10-92 所示波形过度下斜和图 10-93 所示的波形过度上斜的情况时，说明点火系二次侧电路中存在故障。波形过度下斜的原因有：二次侧电路电阻过高；火花塞电极间隙过小或绝缘不良；高压线破损、漏电；分电器盖或分火头破损、绝缘不良等。此时，应检查二次侧电路各处的接触状况，各线束与插接器接触是否良好，必要时，清理接触处的脏污等；检查火花塞是否有积炭、油污、绝缘体破裂现象或间隙调整不当，必要时，清洗、调整或更换火花塞；检查高压线各接

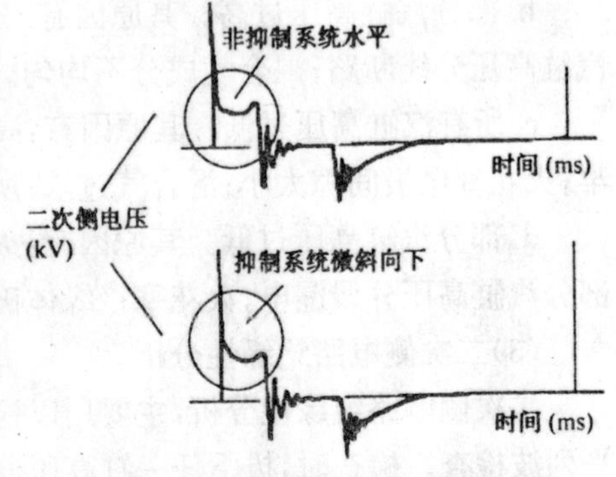

图 10-91　二次侧电路电阻正常波形

头是否有油污，高压线绝缘性能是否良好及表面是否破损等，必要时，清理高压线与火花塞连接处，更换高压线。波形过度上斜的主要原因有：混合气太稀，导致击穿电压升高；进气系统漏气，使混合气变稀，导致击穿电压升高；汽缸压力过高，导致击穿电压升高；火花塞不良，电极间隙偏大。此时应检查进气系统密封状况，观察是否漏气，如有，则应检查相关密封部位或更换密封件；检查汽缸压力是否过高，若过高，则应进一步检查燃烧室内积炭是否过多，汽缸衬垫是否过薄等。必要时，清除积炭或更换汽缸垫；检查火花塞电极间隙是否符合要求，必要时，调整火花塞电极间隙。

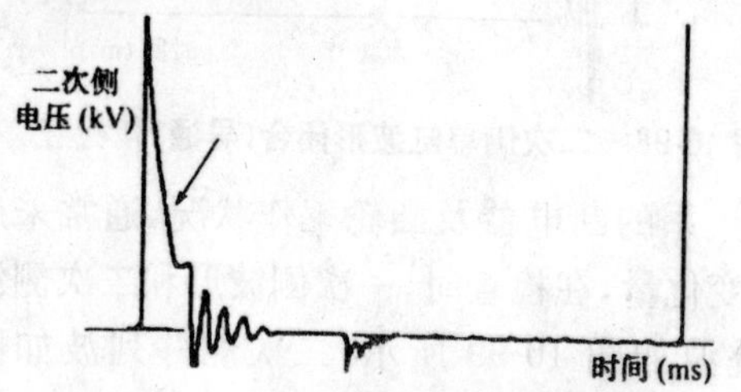

图 10-92　二次侧电路电阻不正常波形(一)

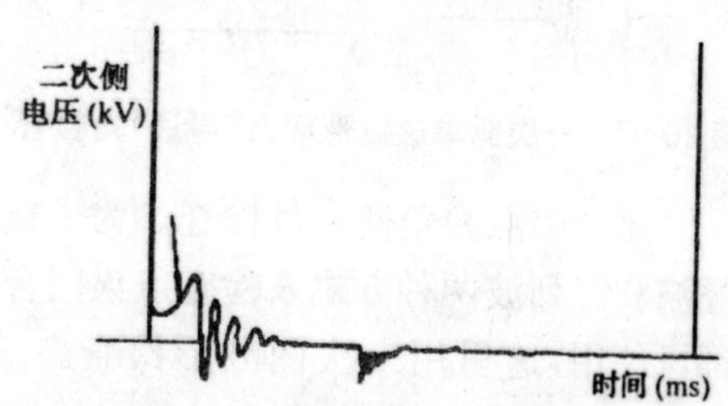

图 10-93　二次侧电路电阻不正常波形(二)

(6)点火线圈电容器衰减振荡分析

通常利用二次侧单缸波形对点火波形中的衰减振荡区进行分析以了解点火线圈及电容器的工作情况。正常情况下点火波形上第一次振荡与第二次振荡各有 3～5 个振荡波形，如图 10-94 所示。如果第一次无振荡(图 10-95)，或第一次与第二次均无振荡波形(图 10-96)，其原因为：电容器失效或漏电；点火线圈失效。应更换点火线圈或电容器。

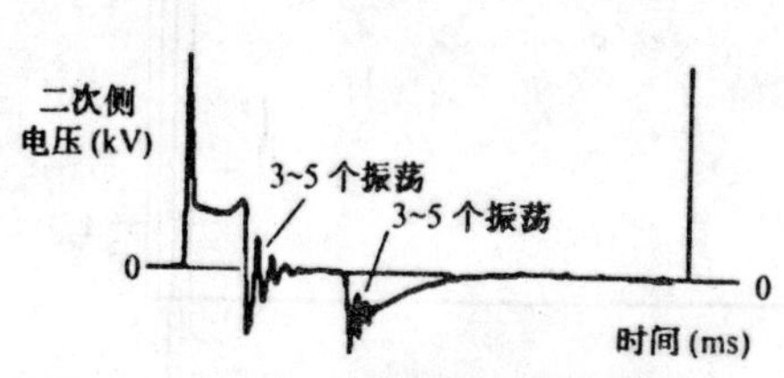

图 10-94　衰减振荡正常波形

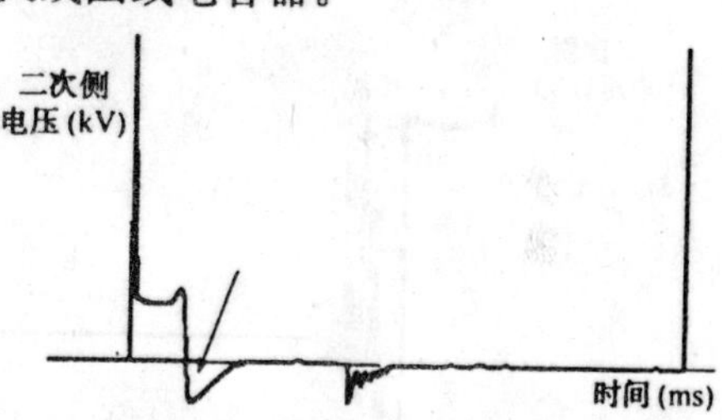

图 10-95　衰减振荡不正常波形(一)

(7)点火闭合(导通)角分析

点火闭合(导通)角是点火线圈实际通电时间所对应的曲轴转角，对传统点火系的断电器来说，在断电器触点间隙不变时点火闭合角也就相对固定。但当凸轮轴或凸轮磨损，以及断电器触点底板变形时，可能会发生变化，因此在点火波形分析时，也要检查其工作状况。

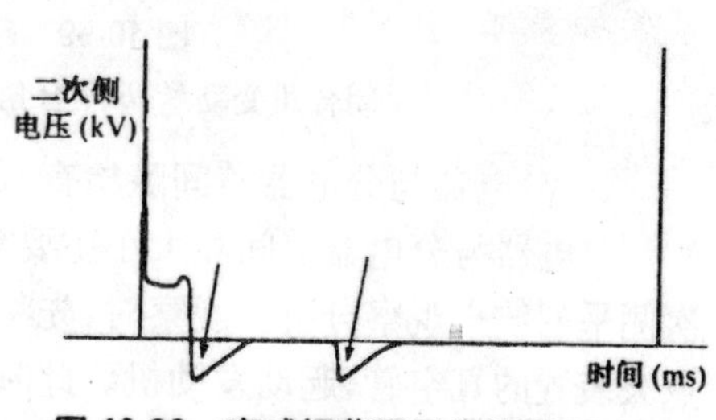

图 10-96　衰减振荡不正常波形(二)

①闭合(导通)角的检测。闭合(导通)角检测可以用二次侧单缸波形，也可以用一次侧单缸波形来观察。一次侧单缸波形如图 10-97 所示。二次侧单缸波形如图 10-98 所示。

点火闭合(导通)角应符合汽车生产厂家的规定。闭合(导通)角太大说明断电器触点间隙太小，闭合角太小说明断电触点间隙太大。

点火闭合(导通)角在电子点火系统中由电子控制模块或电控单元来控制。点火闭合(导通)角在发动机不同工况(转速、负荷)下可以由控制系统加以调整,因此新型点火示波器既可以用闭合(导通)角大小也可以用闭合(导通)时间(ms)长短来表征点火线圈实际通电时间。另外,有些电子点火系统和电控点火系统采取定电流控制技术给点火线圈供电,因此,点火波形闭合段会出现两段不同高度的水平电压线,其前段是电流上升段,后段是定电流控制段。

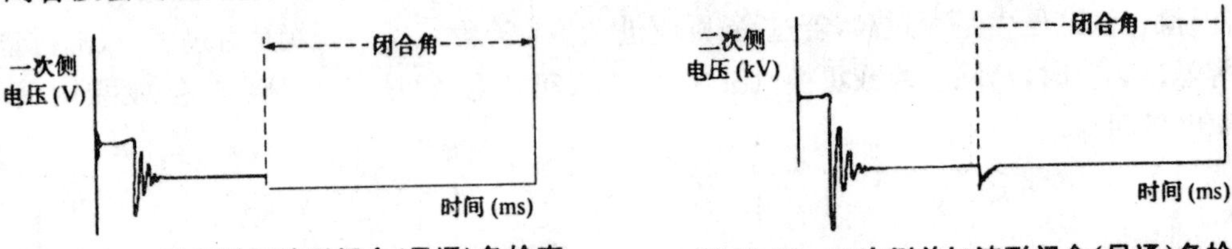

图 10-97　一次侧单缸波形闭合(导通)角检查　　图 10-98　二次侧单缸波形闭合(导通)角检查

②闭合(导通)角变化量检查。为了检查传统点火系的断电器及凸轮工作状况,通常采用重叠波和并列波两种方式来检查点火闭合(导通)角变化量,在检查时,一次侧波形和二次侧波形都可使用,这里用二次侧波形检查。二次侧重叠波如图 10-99 所示,二次侧并列波如图 10-100所示。闭合(导通)角变动量 α 的大小与发动机汽缸数有关。对于四缸发动机,闭合(导通)角变动量不大于 7%;对于六缸发动机,闭合(导通)角变动量不大于 6%;对于八缸发动机,闭合(导通)角变动量不大于 4%。产生闭合(导通)角变动量的原因主要是:凸轮磨损;分电器轴磨损;断电器触点不良或触点间隙调整不当;分电器轴套磨损;断电器触点底板变形。调整闭合角时,其点火提前角也会改变,需注意点火提前角应符合要求。

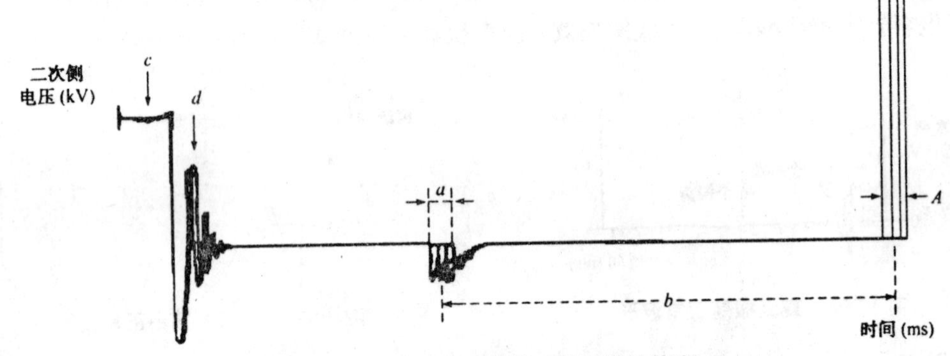

图 10-99　断电器及凸轮状况的重叠波检查

α-闭合角变动量;b-闭合角;c-跳火线;d-电容振荡;A-点火正时的变动量

(8)分电器与分电器盖间隙检查

分电器与分电器盖间隙大小主要采用分火头与分电器盖之间跳火波形来检查,通常用二次侧平列波来观察分析。观察时,先将某缸高压分线从火花塞上拔下直接搭铁,拆下真空提前点火装置的真空管,起动发动机。此时,被检测缸的波形应如图 10-101 所示,其二次侧电压很低。如果被检测缸的波形如图 10-102 所示,其二次侧电压下降不多或没有下降,则说明分火头与分电器盖间隙过大。不正常波形原因有:分火头间隙过大;分火头烧蚀;分电器盖损坏。

(9)断电器触点工作状况检测

断电器触点的工作状况,主要通过观察二次侧电压波形中的闭合段(即图 10-81 中所示的 A 区与 C 区)进行分析。通常采用二次侧单缸波来进行波形分析。正常波形应如图 10-103 所示,二次振荡的第 1 振荡波应该最长。当二次振荡的第 1 振荡波不是最长,如图 10-104 所示,此时断电器触点工作状况不正常的原因为:断电器触点脏污;断电器触点烧蚀;断电器触点未

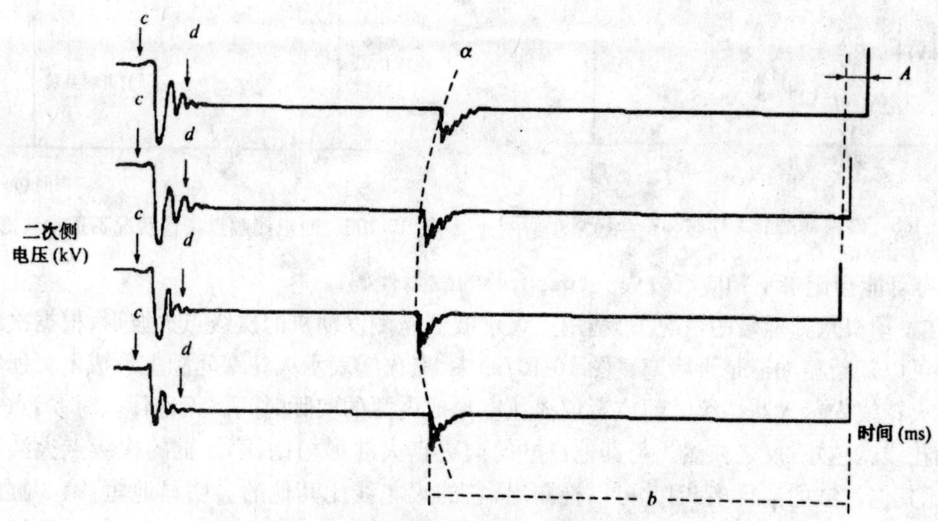

图 10-100 断电器及凸轮状况的并列波检查

α-闭合角变动量;b-闭合角;c-跳火线;d-电容振荡;A-点火正时的变动量

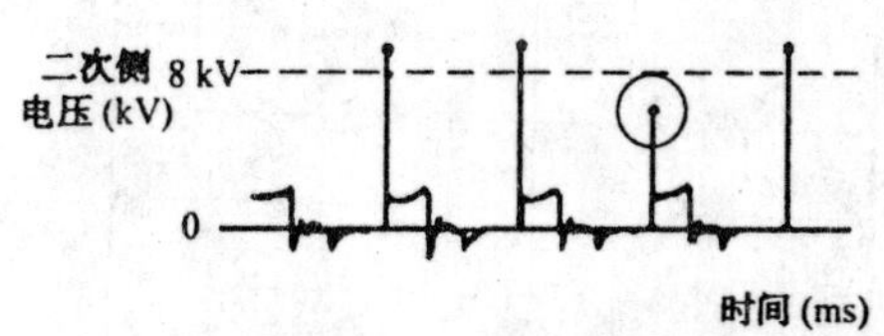

图 10-101 分火头与分电器盖间隙正常波形

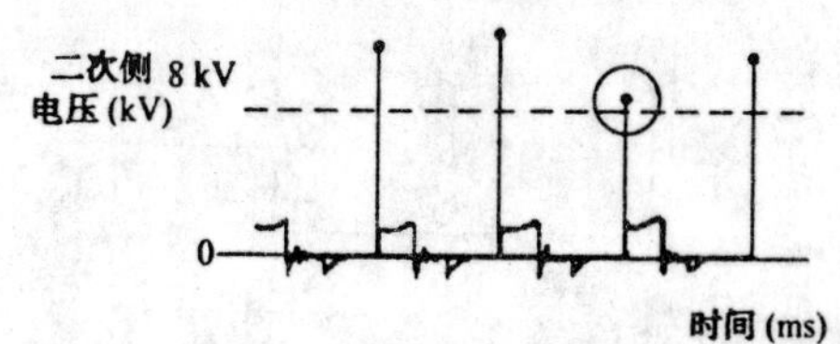

图 10-102 分火头与分电器盖间隙过大波形

对正;断电器触点臂弹簧弹力弱或断电器触点未装定位。

当触点闭合段有杂波,如图 10-105 所示,此时的故障原因为断电器触点跳动,一次侧电路接头松动,导致一次侧电路接触不良。

当断电器触点打开处出现跳动波形,如图 10-106 所示,此时的故障原因为:断电器触点烧蚀、凹陷或脏污导致触点闭合与打开时有接触不良现象;电容器损坏。

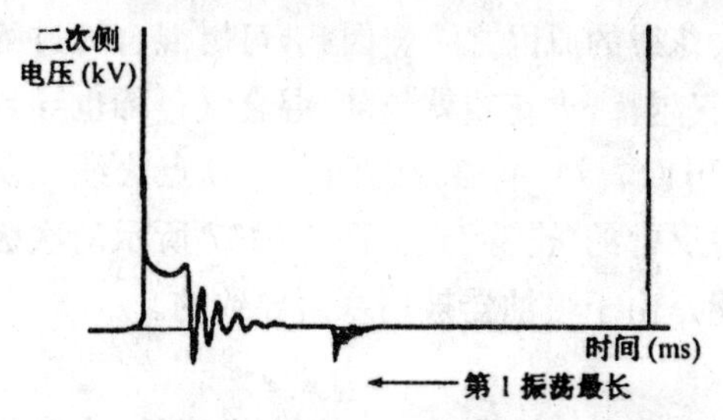

图 10-103 断电器触点工作状况正常波形

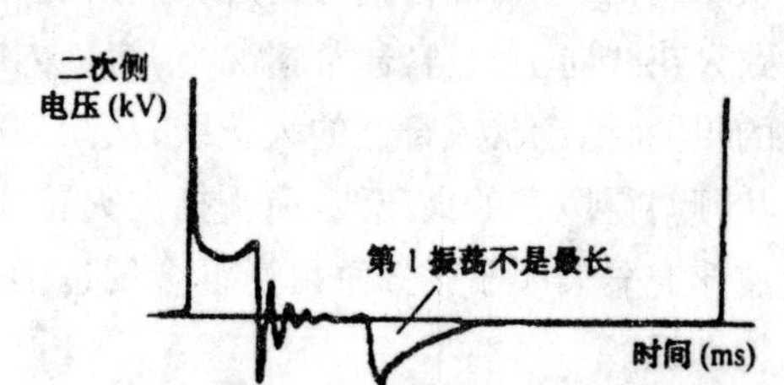

图 10-104 断电器触点工作状况不正常波形(一)

(六)波形分析方法在汽车故障诊断中的应用举例

1.点火波形在喷油器故障诊断中的应用

喷油器堵塞会导致车辆出现轻微怠速不良、严重怠速不良以及有负载时失火(misfire)等现象。哪个汽缸的喷油器堵塞,则该缸的混合气就较稀,从而出现失火(misfire)。严重时,

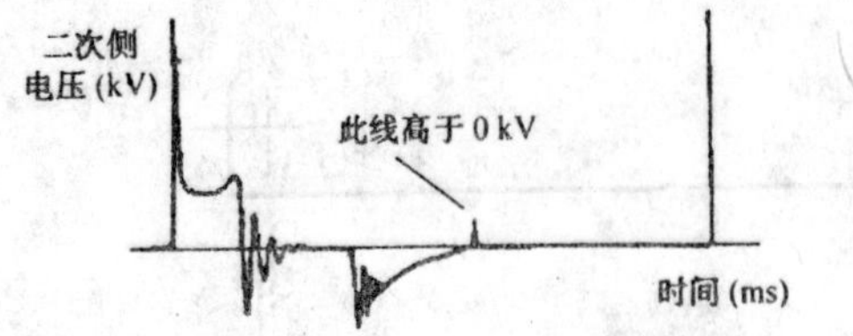

图 10-105 断电器触点工作状况不正常波形(二)

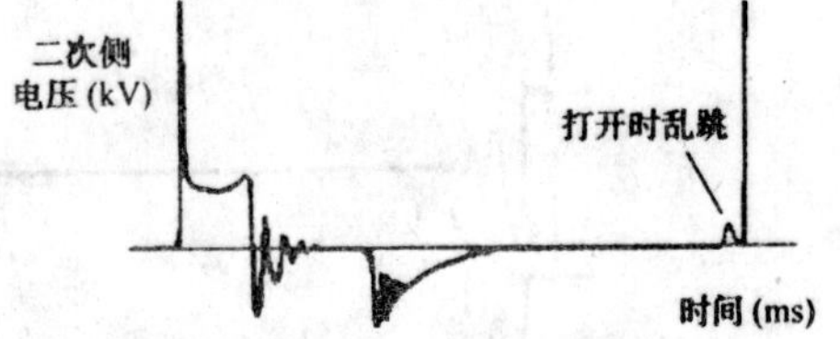

图 10-106 断电器触点工作状况不正常波形(三)

ECU 有可能会记录下相应汽缸失火(misfire)的故障代码。

在发动机怠速运转的情况下,利用点火示波器检测发动机的次级点火波形,根据次级点火波形,可以判断喷油器是否堵塞。图 10-107a)中,点火线表示火花塞间隙上形成电弧所需要的电压,火花线表示火花持续时间或者说火花塞形成电弧的实际时间。无论什么时候,点火线越高,火花线就越短,反之亦然。与其他汽缸的次级点火波形相比,第 3 缸的次级点火波形的点火线比其他汽缸的高得多,因此可以推测出,它的火花线比其他的会明显地短;第 3 缸的火花线存在明显向上的斜度,以至在火花塞最后被击穿时(箭头所指处),火花线几乎到达第 4 缸点火线的高度。

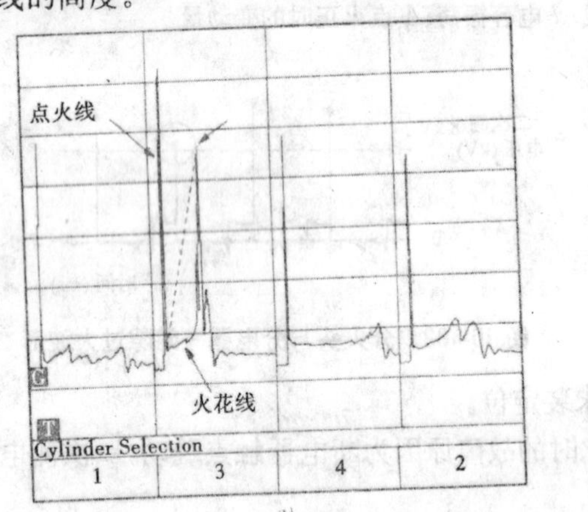

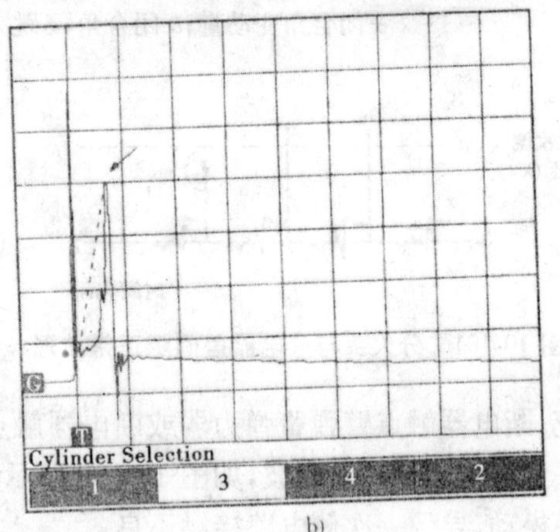

图 10-107 第 3 缸喷油器堵塞时的次级点火波形

a)并列波;b)直列波

众所周知,可燃混合气稀是延长点火线和缩短火花线的原因之一。因此,可燃混合气过稀会导致火花线向上倾斜,通常情况下,汽缸内的混合气越稀,火花线就越陡;混合气过稀也导致异常的粗糙、锯齿状或奇怪的火花线,从图 10-107b)可以看到,能够说明问题的高点火线以及锯齿状倾斜得厉害的火花线,箭头指向火花线的高得反常的“击穿”点。图 10-107 所示的次级点火波形充分表明了第 3 缸可燃混合气过稀,这可能是由于喷油器被堵塞而导致的。

特别提醒:

(1)可燃混合气过浓时,次级点火波形将产生与过稀相反的情况——点火线降低,火花线延长并向下倾斜。

当然,进气系统泄漏也会导致该缸可燃混偏稀,因此当出现上述特征的次级点火波形时,应检查进气系统是否存在泄漏的问题(特别是次级点火波形不正常的汽缸),如果没有泄漏现象,即可判定该缸喷油器脏堵。

(2)燃油压力低同样会出现混合气过稀的情况,但是燃油压力低不可能仅仅引起一个汽缸出现问题，而是所有的汽缸均出现问题，在次级点火波形上所有的汽缸均表现出上述波形特征。

2.氧传感器波形分析在电控汽车故障检测中的应用

(1)氧传感器对维修检测的作用

随着汽车排放法规的逐渐严格和社会对汽车排放污染控制的重视，电喷加三效催化转化器被认为是当今汽油机最有效的排气净化方法，而氧传感器是实现这一控制的必不可少的重要部件，它不但对发动机排放控制起着不可或缺的作用，而且通过示波器测量其波形还可以分析判断发动机的多种故障，并且在维修之后，通过检测氧传感器的波形可以判断发动机是否修好，作为向客户交车之前的一项检验。在维修检测方面，氧传感器波形就像对人体诊断的心电图。三效催化转化器后处理装置能有效地净化发动机排气中的CO、HC和NOx这三种有害气体，但其净化效率依赖于混合气浓度必须保持在理论空燃比(14.7∶1)附近的狭小范围内，一旦混合气体浓度偏离了这个狭小的范围，则三效催化转化器净化上述有害气体的能力将急剧下降(图10-108)。由于空燃比的变化会引排气中氧浓度相应的变化，因此，在排气管中设置了氧传感器。氧传感器随时检测排气中的氧浓度，并随时向ECU反馈信息。ECU则根据反馈来的信息及时调整喷油量(喷油脉宽)，如氧传感器信号反映的混合气较浓，ECU则减小喷油脉宽，反之，则增大喷油脉宽，从而使混合气的空燃比始终保持在理论空燃比附近。

常用的氧传感器有氧化锆式和氧化钛式两种。目前，一些车辆上还采用了宽带型氧传感器。以氧化锆式氧传感器为例，如图10-109所示，正常情况下，闭环控制时氧传感器的信号电压在0V至1V之间波动，平均值约450mV。当混合气浓时，氧传感器产生约800mV的高信号电压；当混合气稀时，氧传感器产生接近100mV的低信号电压。因此可见，氧传感器是一个随时向ECU反馈空燃比信息的“通信员”。

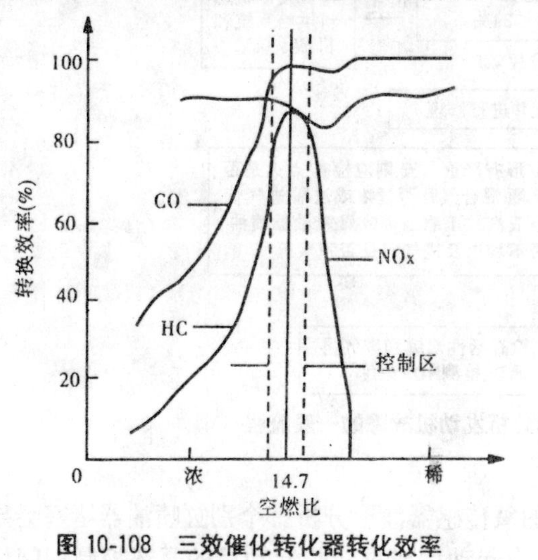

图10-108 三效催化转化器转化效率与空燃比的关系

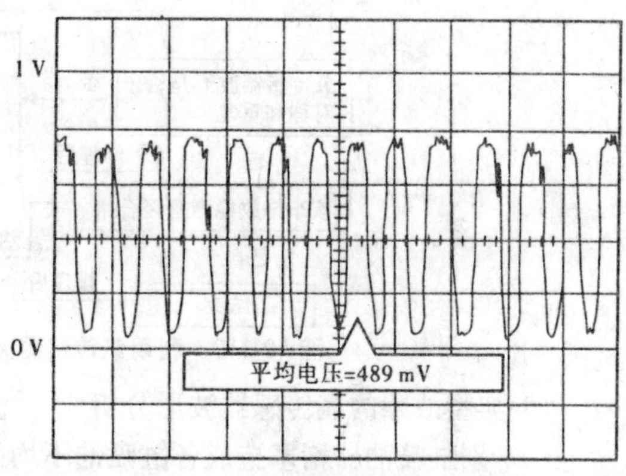

图10-109 正常的多点喷射发动机氧传感器信号电压波形

发动机闭环控制时，氧传感器随时监测着排气中的氧浓度，如果供入汽缸的混合气空燃比不正常，排气中的氧浓度亦不正常，氧传感器信号就会有所反映。但排气中氧浓度不仅受混合气空燃比的影响，而且也受汽缸中混合气燃烧状况的影响。一旦燃烧不充分或个别缸出现缺火，汽缸中的部分氧“未经消化”便排出汽缸，排气中的氧浓度便会发生变化。众所周知，发动机正常燃烧需要三方面条件，即：合适的混合气空燃比；足够的点火能量和适当的点火提前角；正常的汽缸压缩压力和压缩温度。上述条件如有一条不满足，就有可能造成燃烧不正常，进而使排气中的氧含量异常，氧传感器的信号波形即出现异常。下列故障也可导致燃烧不正常进而引起氧传感器信号波形不正常。

①点火系故障造成的燃烧不正常或缺火。例如，某缸火花塞损坏，某缸高压线损坏，或分电器、分电器转子和点火线圈等损坏。这些故障可使部分氧“不经消化”即排出汽缸，从而使排气中的氧含量升高。对此，可用示波器检测，以排除这类故障的可能性或确认这类故障。

②由机械原因引起的压缩泄漏使正常的压缩比遭到破坏。例如，气门烧损、活塞环断裂或磨损过度等造成的压缩泄漏使点火之前的压缩温度、压缩压力不够，造成燃烧不完全甚至缺火。这也可使部分氧“不经消化”即排出汽缸，引起排气中的氧含量升高。

③真空泄漏造成的空燃比不正常。例如，进气道、进气管上的真空软管等处存在泄漏。如果真空泄漏使混合气空燃比达到 17 以上时，就可引起因混合气过稀而缺火，造成排气中氧含量增高。

④各缸喷油不均衡造成的压缩比不正常(对于多点喷射)。个别缸喷油器的喷油量过多或过少(喷油器卡在开的位置或堵塞)，造成混合气过浓或过稀，当个别缸的混合气空燃比达到 13 以下或 17 以上时，将可能引起缺火从而导致排气中氧含量异常。

(2)利用氧传感器波形分析发动机故障的一般流程

利用氧传感器波形分析发动机故障的一般流程如图 10-110 所示。

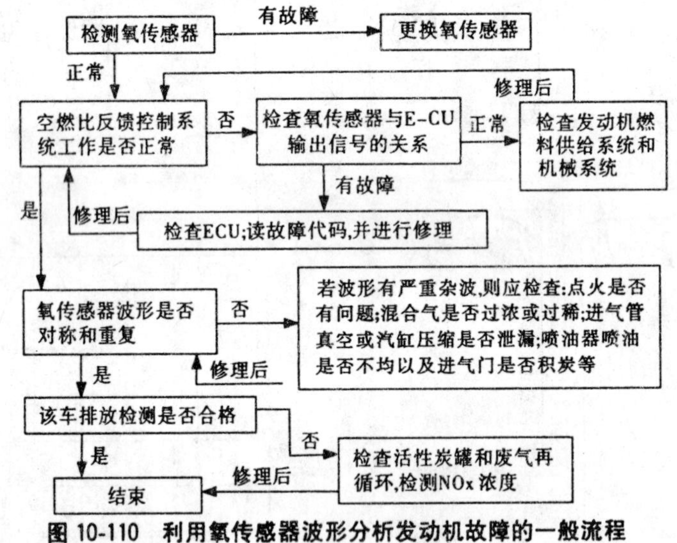

图 10-110　利用氧传感器波形分析发动机故障的一般流程

(3)典型故障的氧传感器波形分析

①个别缸喷油器堵塞造成各缸喷油不均衡的氧传感器波形分析。个别缸喷油器堵塞会导致发动机怠速非常不稳、加速迟缓、动力下降；在冷起动后或重新热起动后的开环控制期间情况稍好，一旦系统进入闭环控制，故障症状就变得异常显著。可以用示波器检测发动机在 2 500r/min和其他稳定转速下的氧传感器波形，典型的氧传感器波形如图 10-67 所示，由图可知，氧传感器波形上在所有的转速、负荷下都显示了严重的杂波。严重的杂波表明排气中的氧不均衡或存在缺火。这些杂波彻底破坏了燃料反馈控制系统对混合气空燃比的控制能力。通常可以采用排除其他故障可能性的方法(即排除法)来判定喷油不均衡。包括用示波器检查、

判断点火系统和汽缸压缩压力以排除其可能性；用人为加浓或配合其他仪器等方法排除真空泄漏的可能性。总之，对于多点喷射式发动机，如果没有点火不良、压缩泄漏或真空泄漏问题引起的缺火，则可判定为是喷射不均衡引起的缺火。此例中，进一步检查了上述点火、压缩、真空的各方面情况，结果表明可以排除这些方面问题的可能性。因此，判断为喷油器损坏。还应注意到，其实故障现象中的"在冷起动后或重新热起动后的开环控制期间情况稍好"。也进一步说明了存在个别缸喷油器存在堵塞的问题。这是因为，在当时情况下，喷油脉宽稍长，加浓了混合气，多少起到一些补偿作用。当更换喷油器后，故障现象消失，用示波器检查氧传感器波形也恢复正常。

②间歇性点火系缺火故障的氧传感器波形分析。图 10-111 所示为发动机在 2 500r/min 时存在间歇性缺火故障的氧传感器波形。波形两边部分显示正常，但波形中段严重的杂波显示燃烧极不正常甚至缺火。如前述，虽然进入汽缸的混合气空燃比没有问题，但由于缺火时汽缸内的氧"未经消化"即排出汽缸，致使氧传感器波形出现一系列的低压尖峰，形成严重的杂波。同时，整个波形显示燃料反馈控制系统的反应是正常的。此类故障也可按前述"排除法"进行检查，但其数秒的间歇表明压缩泄漏或真空泄漏的可能性较小。

③氧传感器波形配合喷油脉宽检查分析。图 10-112 所示为发动机在 2 500r/min 时的氧传感器波形和喷油脉宽波形。氧传感器波形显示为不正常的持续浓混合气信号(上边波形)，而 ECU 能正确地发出较短的喷油脉宽指令(下边波形，正常应为 5ms)试图使混合气变稀。两个波形的关系是正确的负反馈关系。这说明故障不在燃料反馈控制系统，可能是燃油压力过高或喷油器存在漏油等原因。若氧传感器波形显示为不正常的持续稀混合气信号(低电压)，而 ECU 能发出较长的喷油脉宽指令(例如6ms)，这两个波形的关系也是正确的负反馈关系。这同样说明故障不在燃料反馈控制系统，可能是燃油压力过低或喷油器存在堵塞等原因。

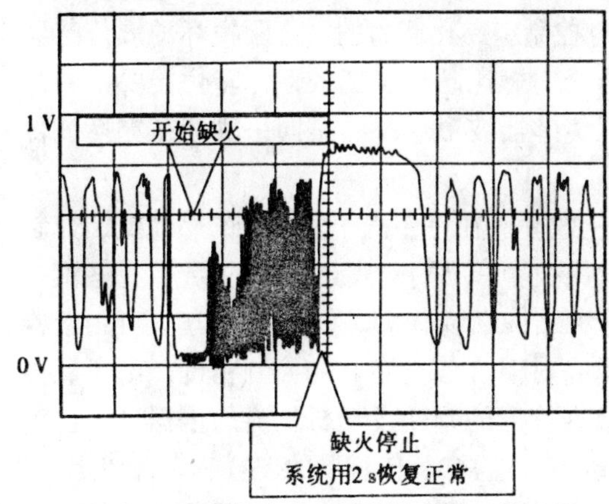

图 10-111 间歇性点火系缺火故障的氧传感器波形

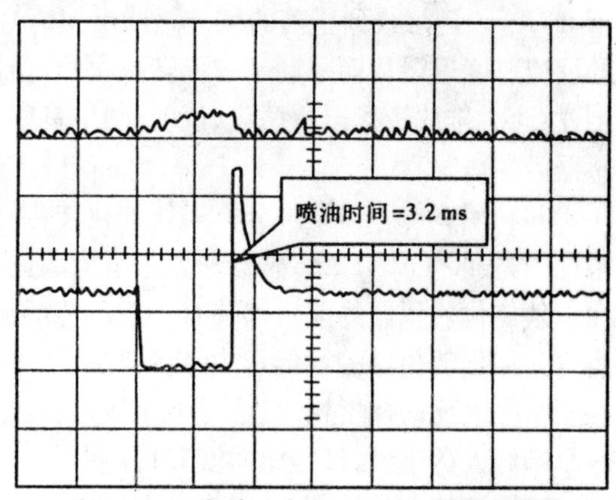

图 10-112 发动机在 2500r/min 时的氧传感器波形和喷油脉宽波形示例(一)

图 10-113 所示为发动机在 2 500r/min 时的氧传感器波形和喷油脉宽波形。氧传感器波形显示为不正常的持续浓混合气信号(上边波形)，而 ECU 正在发出的却仍然是要加浓混合气的较长的喷油脉宽指令(下边波形，正常应为 5ms)，即两个波形的关系出现方向性错误。若氧传感器波形显示为不正常的持续稀混合气信号(低电压)，而微机控制系统正在发出的却仍然是要减小混合气浓度的较短的喷油脉宽指令(例如 3.2ms)，即两个波形的关系也出现了方向性错误。上述情况均说明故障存在于燃料反馈控制系统内部，例如，可能是 ECU 接收到了

错误的空气流量信号或错误的发动机冷却液温度信号等。

④进气真空泄漏情况下的氧传感器波形。图 10-114 所示为发动机在 2 500r/min 时存在真空泄漏情况下的氧传感器波形。真空泄漏会使混合气过稀，每当真空泄漏的汽缸排气时，氧传感器就产生一个低电压尖峰。一系列的低电压尖峰在波形中形成了严重的杂波。而平均电压高达 536mV 则可解释为：当氧传感器向 ECU 反馈低电压信号时，燃料反馈控制系统使汽缸内的混合气立即加浓，排气时氧传感器对此反映为高电压信号。这说明燃料反馈控制系统的反应是正确的。

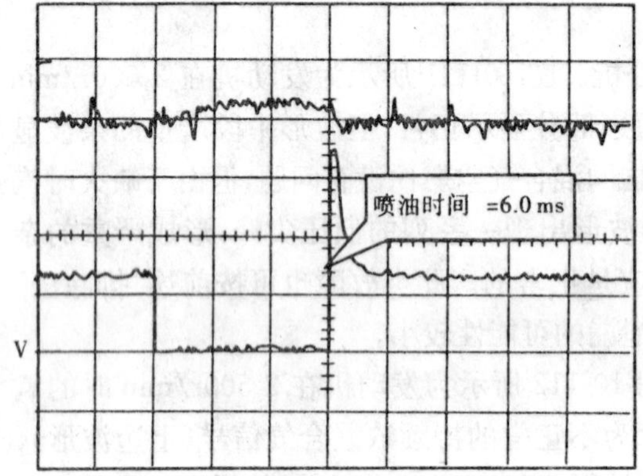

图 10-113 发动机在 2500r/min 时的氧传感器波形和喷油脉宽波形示例(二)

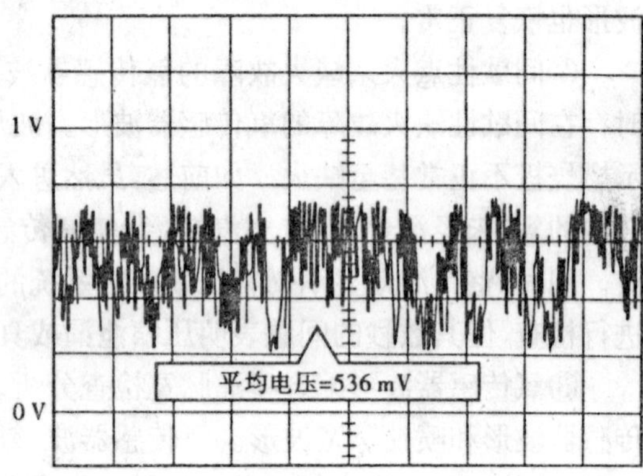

图 10-114 进气真空泄漏情况下的氧传感器波形

⑤好坏氧传感器波形对比。图 10-115 所示为良好的氧传感器波形与损坏的氧传感器波形叠加后的比较。振幅大的波形表示良好者，振幅小的表示损坏者。损坏的氧传感器波形表明，燃料反馈控制系统的正常运行受到了严重地抑制。但从其波形中的“稍浓、稍稀”振动来分析，ECU 一旦接收到正确的氧传感器反馈信号是有控制空燃比能力的。由于损坏的氧传感器的反应速度迟缓从而限制了浓稀转换次数，使混合气空燃比超出了三效催化转化器要求的范围，故此时排放指标严重恶化(说明：图中良好的氧传感器波形反映的是同一辆车在更换氧传感器后的情况)。

⑥利用氧传感器波形分析三效催化转化器转化效率。在许多汽车发动机的燃油反馈控制系统中，安装了 2 只氧传感器。为了适应美国环境保护署(EPA)对废气控制的要求，有些汽车在三效催化转化器的前后都装有 1 只氧传感器，这种结构在装有 OBD－Ⅱ的汽车上可用于检查三效催化转化器的性能，在一定情况下还可以提高对混合气空燃比的控制精度。由于氧传感器信号的反馈速度快，其信号电压波形就成为最有价值的判断发动机性能的依据之一。对汽车维修人员来说，氧传感器安装得越多，好处就越多。通常，氧传感器的位置越靠近燃烧室，燃油控制的精度就越高，这主要是由尾气气流的特性(例如，尾气的流动速度、排气通道的长度和传感器的响应时间等)决定的。许多制造厂在每个汽缸的排气歧管中都安装 1 只氧传感器，这就使汽车维修人员容易判断出工作失常的汽缸，减少判断失误。在许多情况下，只要能迅速地判断出大部分无故障的汽缸(至少为汽缸总数的 1/2 以上)，就能缩短故障诊断时间。

一个工作正常的三效催化转化器，在配上燃油反馈控制系统后，就可以保证将尾气中的有害成分转变为相对无害的二氧化碳和水蒸汽。但是，三效催化转化器会因温度过高(如点火不良时)而损坏(催化剂有效表面减少和板块金属烧结)，也会因受到燃油中的磷、铅、硫或发动机冷却液中的硅的化学污染而损坏。

OBD-Ⅱ诊断系统的出现改进了三效催化转化器的随车监视系统。在汽车匀速行驶时，安装在三效催化转化器后的氧传感器信号电压的波动，应比装在三效催化转化器前的氧传感器(前氧传感器)信号电压的波动小得多(图 10-116a)，因为正常运行的三效催化转化器在转化 HC 和 CO 时要消耗氧气。OBD－Ⅱ监视系统正是根据这个原理来检测三效催化转化器转化效率的。当三效催化转化器损坏时，三效催化转化器的转化效率丧失，这时在其前后的排气管中的氧含量十分接近(几乎相当于没有安装三效催化转化器)，前、后两氧传感器的信号电压波形就趋于相同(图 10-116b)，并且电压波动范围也趋于一致。

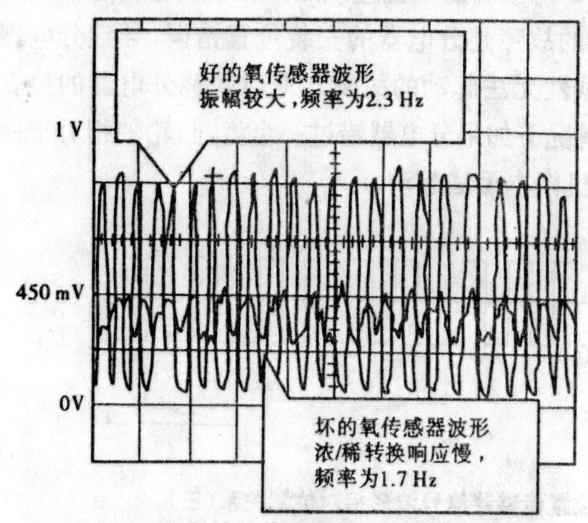

图 10-115 良好的氧传感器波形与损坏的氧传感器波形叠加比较

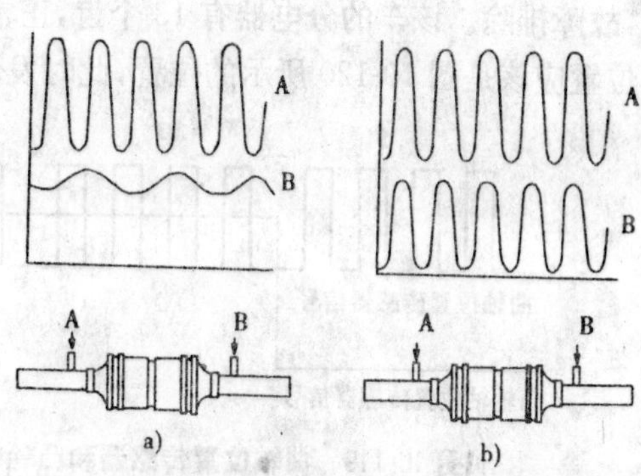

图 10-116 双氧传感器信号电压波形分析

a)三效催化转换器正常；b)三效催化转换器不正常

3. 多通道示波器在电子信号相位关系检测中的应用

电控单元为了判定车辆机械装置的位置，需要根据多个传感器之间的相位关系进行确认，当信号之间的相位关系错误时，电控单元会产生误判从而影响车辆的正常运行。那么两个或多个电子信号之间的相位关系是否正确，利用其他检测设备根本无法检测出来，而利用多通道示波器可以同时检测和显示多个波形的优势，可以非常轻松地判定信号之间的相位关系。

例如，一辆北京切诺基 BJ2021E6Y 车，发动机出现间歇性无法起动的故障。维修人员更换了大量的元件没有排除故障。利用双通道示波器同时检测曲轴位置传感器及凸轮轴位置传感器的信号波形，发现两个信号同时存在(图 10-117)，由于频率调整不当，该信号波形比较密集，信号波形只能说明信号存在，无法说明信号之间的相位关系是否正确。重新调整频率，获得图 10-118 所示的波形，重点观察两个信号之间的同步情况，从该波形可以看出，凸轮轴位置

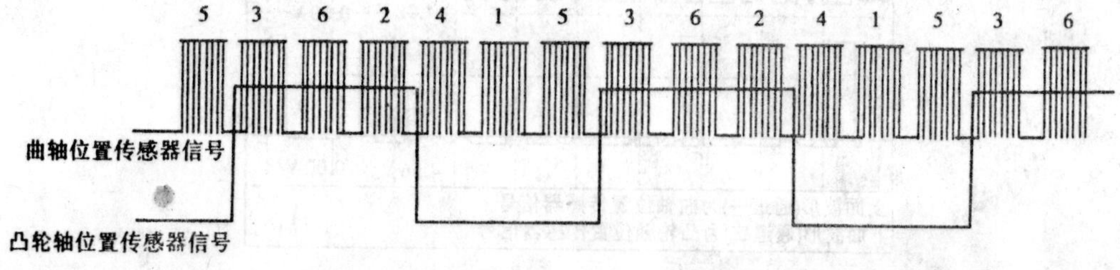

图 10-117 曲轴位置传感器和凸轮轴位置传感器信号波形相对位置关系(一)

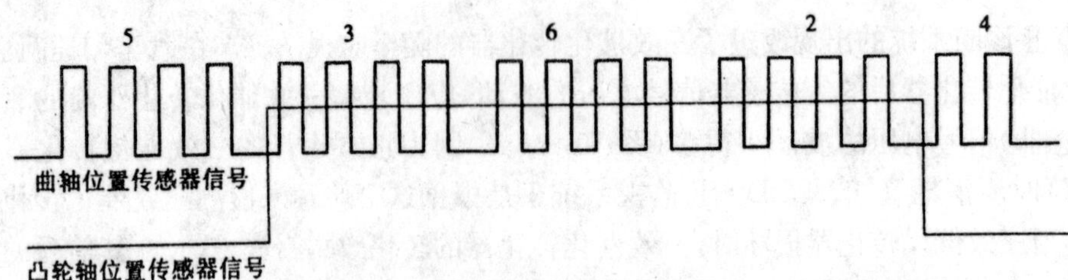

图 10-118 曲轴位置传感器和凸轮轴位置传感器信号波形相对位置关系(二)

传感器信号相对于曲轴位置传感器信号延迟了 20°,正确的位置应该是凸轮轴位置传感器信号在两个缸之间(图 10-119),由此信号分析,该车的故障是分电器的安装位置错误,导致分电器传出的凸轮轴位置信号滞后,从而导致车辆间歇性无法起动的故障。重新调整分电器的位置后,故障排除。该车的分电器有 13 个齿,正常情况下如果分电器错过一个齿,凸轮轴相对于曲轴位置应该是图 10-120 所示的位置,此时发动机根本无法起动。

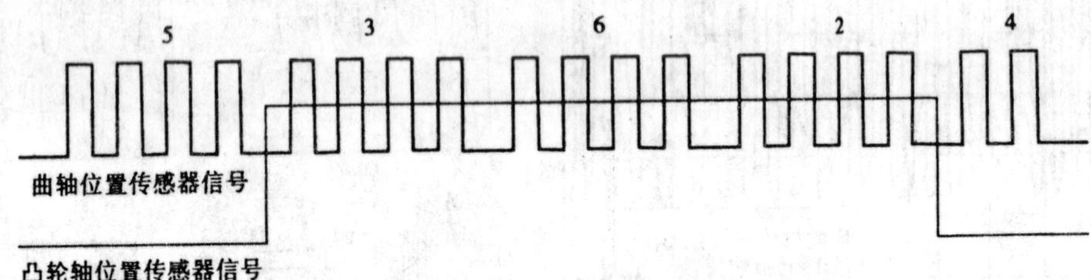

图 10-119 曲轴位置传感器和凸轮轴位置传感器信号波形相对位置关系(三)

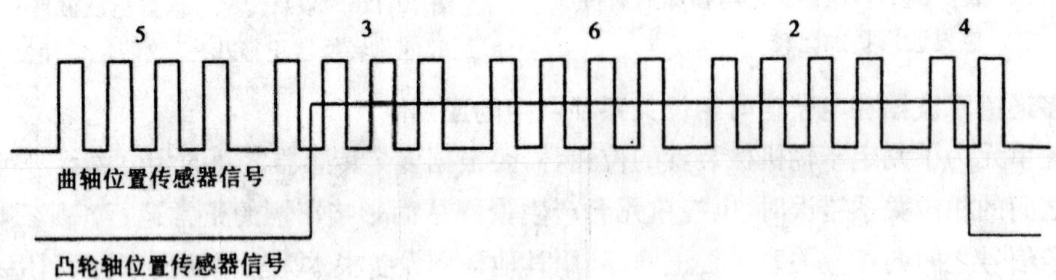

图 10-120 分电器错过一个齿时曲轴和凸轮轴相对位置波形

再如,一辆道奇捷龙车(装备 3.3L V6 发动机)大修后无法起动。利用示波器同时检测曲轴位置传感器和凸轮轴位置传感器的信号波形,得到图 10-121 所示的波形。从单个波形上

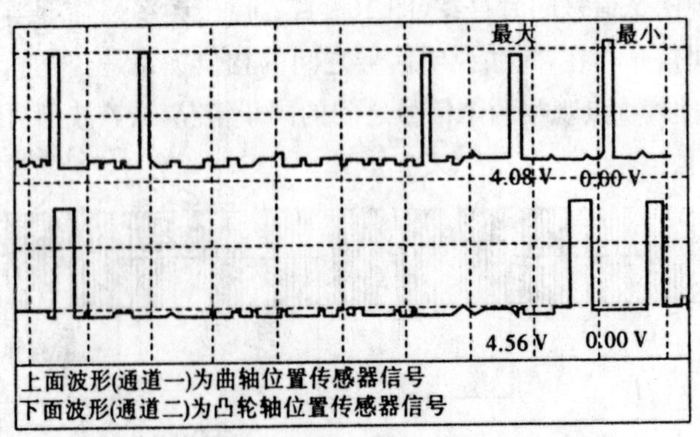

图 10-121 曲轴与凸轮轴位置传感器实测波形

看，这两个波形完全正常。该车装备的 3.3 L V6 发动机其点火系统采用无分电器双缸同时点火的点火系统。曲轴位置传感器装在变速器壳的一个孔内，为霍尔效应式，其内端靠近同液力变矩器驱动盘做成一体的一圈长方孔。驱动盘圆周上共有 12 个长方孔，分 3 组，每组 4 个长方孔，在每组中，各长方孔的位置相隔 20°，如图 10-122a 所示。当驱动盘旋转扫过曲轴位置传感器时，从该传感器发出的电压信号从 0V 变到 4.5V 左右。这个变化的电压信号把有关曲轴位置和转速的信息送入 PCM。凸轮轴位置传感器也为霍尔效应式，装在正时齿轮室盖的顶部。凸轮轴正时链轮上带槽的环转过该传感器的端头。该环上有两个单槽、两组双槽和一组三槽，如图 10-122b 所示。当链轮上的槽转过传感器时，该传感器发出的电压信号从 0V 变到

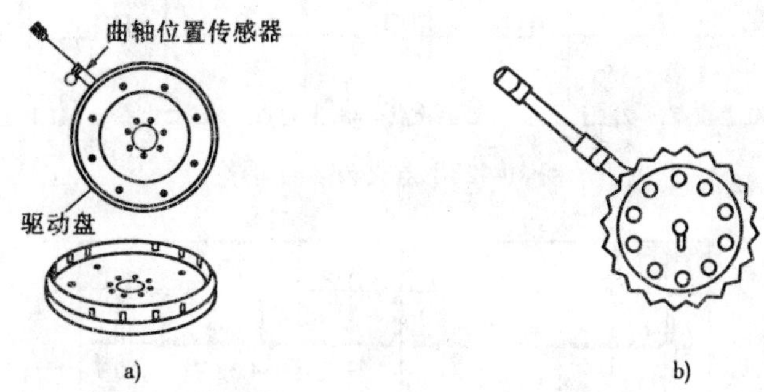

图 10-122　曲轴位置传感器与液力变矩器驱动盘以及凸轮轴齿轮上开有槽的环

a)曲轴位置传感器与液力变矩器驱动盘；b)凸轮轴齿轮上开有槽的环

4.5V 左右。这些信号被送到 PCM，PCM 可以计算出精确的凸轮轴和曲轴位置，以便按正确的时刻点火及喷油。点火线圈总成中的 1 号线圈的高压线接到 1 缸和 4 缸，2 号线圈接到 2 缸和 5 缸，3 号线圈接到 3 缸和 6 缸、点火顺序是 1-2-3-4-5-6。发动机一旦起动，PCM 就从凸轮轴位置传感器和曲轴位置传感器信号得知精确的曲轴位置和转速。变速器驱动盘上的那些长方孔前沿(即波形的下降沿)在上止点前 0°、29°、49°和 69°时通过曲轴位置传感器。当凸轮轴链轮开槽环上的单槽转过凸轮轴位置传感器时，PCM 便收到一高一低的数字信号。收到信号时，PCM 就编排下一步让同 2 缸和 5 缸火花塞相连的 2 号点火线圈点火的程序，同时为 2、3 缸喷油器排序；当双槽转过凸轮轴位置传感器时，PCM 下一步便连到 3 缸和 6 缸火花塞的 3 号点火线圈点火，并给 1 缸和 6 缸喷油器排序；当三槽转过凸轮轴位置传感器时，PCM 便连到 1 缸和 4 缸火花塞的 1 号点火线圈点火，并给 4 缸和 5 缸喷油器排序，电子点火系统点火和喷油时序如图 10-123 所示。发动机起动时点火提前角固定在压缩上止点前 9°，起动后，PCM 就算出下一汽缸点火时所需的精确点火提前角。PCM 按此点火提前角，在正确的时刻断开相应点火线圈的初级电路。按照上述分析，曲轴位置和凸轮轴位置传感器信号波形应该是图 10-124所示的相位关系。对照图 10-121 和图 10-124 发现，故障车曲轴位置和凸轮轴位置传感器位置关系错误。检查发现，正时链轮的记号对错，应该为两链轮上的两箭头记号对正，维修人员在大修发动机装配的过程中，将两圆点对正。重新安装正时链轮及链条，发动机能起动但是发动机运转不稳，加速时进气管回火，分析认为气门被顶弯。拆下汽缸盖，更换被顶弯的气门及气门导管，车辆故障排除。

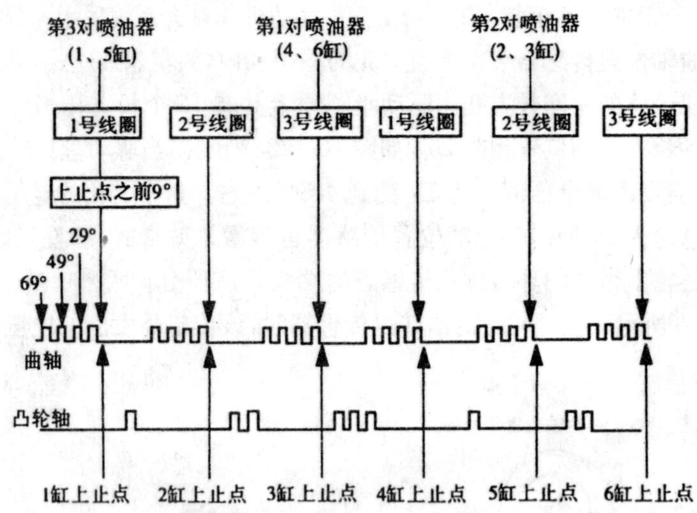

图 10-123　点火和喷油时序

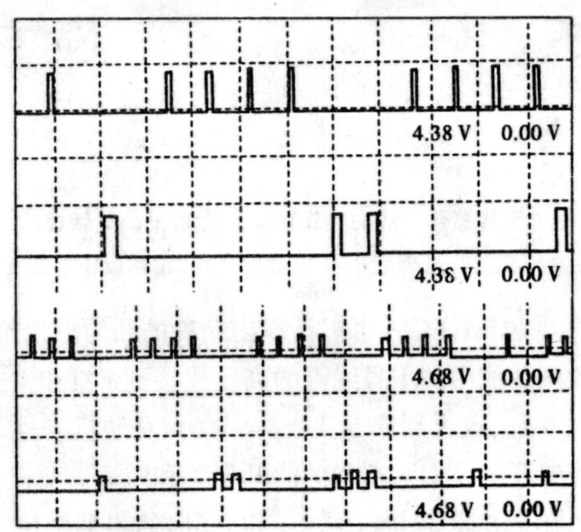

图 10-124　曲轴与凸轮轴位置传感器标准相位波形

四、真空度分析及在汽车故障检测诊断中的应用

(一)进气系统密封性的检测方法和比较

进气系统密封性的好坏、点火性能的好坏和空燃比的大小,是影响汽油发动机性能好坏的三大要素。检测进气系统密封性常用的方法有汽缸压力检测法、汽缸漏气量(或漏气率)检测法、曲轴箱窜气量检测法和进气管真空度检测法等,表 10-22 为四种检测方法的比较。检测的部位如图 10-125 所示。

从表 10-22 可见,四种检测方法各有利弊,但进气管真空度检测法的覆盖面最广。它不仅可以检测汽缸内部的密封部位,还可以检测汽缸外部管路的密封情况。利用真空表对进气管真空度进行检测,不仅能判定进气系统密封性的好坏,而且还可以检测点火性能好坏和空燃比大小等发动机工作状况。

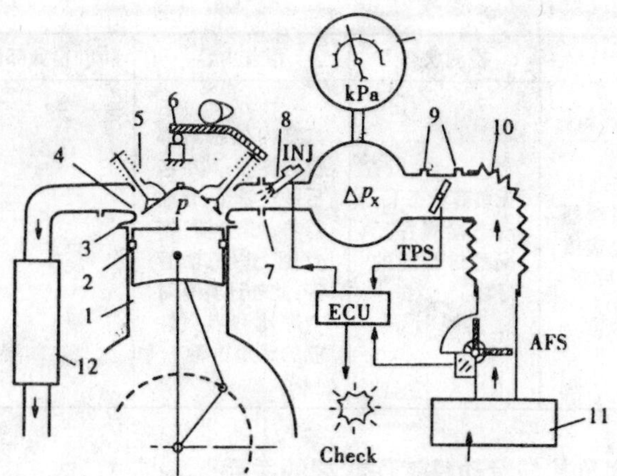

图 10-125 进气系统密封性能的检测部位

1-汽缸；2-活塞和环；3-汽缸盖和垫；4-气门和气门座；5-气门弹簧和导管；6-液力挺柱；7-进气管垫；8-喷油器密封圈；9-节气门前后真空管路；10-进气软管；11-空气滤清器；12-三效催化转化器；ECU-电脑；TPS-节气门传感器；AFS-空气流量计；INJ-喷油器；p-汽缸压力；$\triangle p_x$-进气管真空度图

表 10-22 检测汽缸密封性能四种方法的比较

G2,检测方法	作业内容	检测状态	覆盖内容	检漏部位	优缺点
汽缸压力检测法	拆下各缸火花塞和空气滤清器滤芯，测量各缸压缩压力	无负荷用起动机在动态下测量汽缸压力，是对汽缸全行程的测量	汽缸、汽缸盖、汽缸垫、活塞和活塞环、气门和气门弹簧	气门导管、进气管垫、喷油器密封圈、进气压力传感器软管、进气软管、空气流量传感器垫	起动机转速的高低、汽缸壁和环槽润滑油过量、燃烧室积炭过多、多次修磨汽缸盖和汽缸孔等会造成测量值偏高
汽缸漏气量检测法	拆下各缸火花塞，活塞在压缩终了处，锁死传动系统，逐缸施加定压的压缩空气，用仪表观察压力降值和空气滤清器滤芯，测量各缸压缩压力	无负荷静态，仅是检测上止点处漏气量的多少	汽缸、汽缸盖、汽缸垫、活塞和活塞环、气门和气门弹簧	除上述内容外，还通过进气管口、排气管口、加润滑油口和水箱盖口的漏气情况，判定漏气部位	在上止点处测漏，不是汽缸的全行程，未完全覆盖拉缸的影响，并需要专用仪器(漏气仪)
曲轴箱窜气量检测法	把漏气流量计装在润滑油口处，检测单位时间内漏入曲轴箱内的气气体量	加载满负荷，低速行驶	汽缸、活塞和活塞环的漏气量检测，是各缸漏气总和指标	气门和气门座、气门弹簧以及其他汽缸外的漏气部位；它不能单独测定某一汽缸密封性的好坏	检测值较真实，但覆盖面太窄，需用其他方法辅助检测

续上表

G2,检测方法	作业内容	检测状态	覆盖内容	检漏部位	优缺点
进气管真空度检测法	拆下空气滤清器滤芯,把真空表接在节气门的后方	无负荷状态下,动态检测各工况密封性能的好坏	汽缸内外密封部位的零件;其中包括进气管垫、化油器垫、喷油器、密封圈、进气软管等;此外还具有对空燃比和点火性能的感知功能	—	检测值较真实,覆盖面宽,但尚需用汽缸压力表为辅助工具;它测得的真空度是各缸进气过程吸力交替形成的总和,不能单独测定某一汽缸的密封性能

(二)进气管真空度及其与发动机工作状况的关系

1.真空测试原理

对于汽油发动机而言,在运转过程中由于进气行程的作用,在进气管中就会产生真空度。这个真空度是由各缸在交替进行进气行程时造成的,如果该数值较高且真空表指针表现也较平稳,反映到发动机的工作中就是平稳、有力、加速性良好。但是,由于当代汽车发动机在结构上存在着很大的差异,所以进气歧管真空度的大小及稳定性就和发动机的结构和性能(进气系统密封性、发动机转速、汽缸的数量等)、点火系统的工作性能、可燃混合气的品质(空燃比的大小)有着密切的联系,并与它们的变化成正比关系。另外,进气歧管真空度还受节气门开度的影响,并与其成反比。根据这个原理,利用真空表对进气歧管真空度进行检测并分析故障成因就成一种行之有效的方法。

当活塞由上止点(TDC)往下止点(BDC)移动时,此时进气门开启即为进气行程,进气歧管会有真空(低压)。当进气门关闭时,进气歧管压力会上升,真空会发生变化。

真空测试原理见图10-126。在图中,位置1为进气门在上止点前(BTDC)刚开启。此时

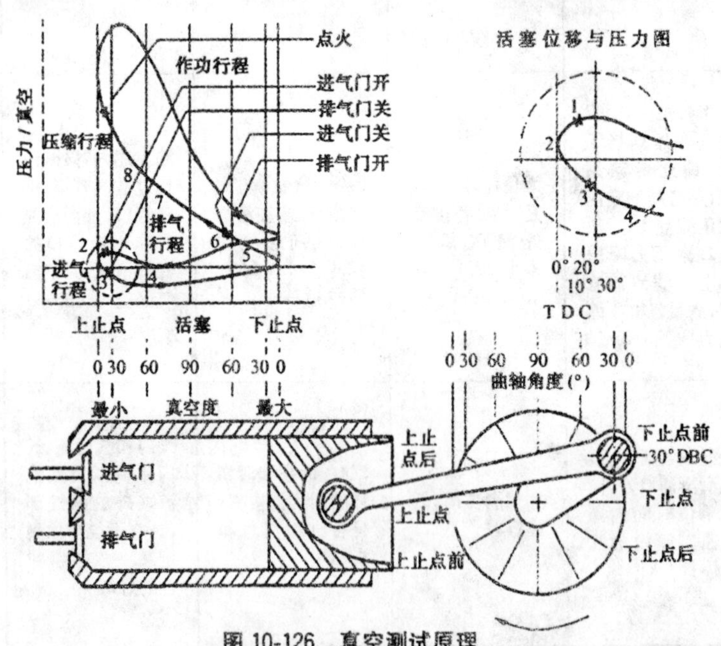

图 10-126 真空测试原理

活塞仍在往上移动,排气门未完全关闭。位置 2 活塞已到达上止点(TDC)。此时进排气门均是开启中,有部分汽缸中未完全排出的废气,由进气门反排到进气歧管,使得进气歧管压力升高。

1 到 2 的位置为进气门早开角度。位置 3 排气门完全关闭。此时活塞往下移动,将进气歧管内混合气吸入,因此,真空快速增加。在 1 到 3 的位置即为气门重叠角度。位置 4 活塞到达下止点。此时活塞进气行程停止,因此由于大气压力迅速进入进气歧管,进气歧管压力立刻升高。由于汽缸中仍有吸力,进气歧管真空会继续增加。位置 5 活塞开始往上移动。此时即为压缩行程开始,此时进气门未完全关闭。位置 6 进气门完全关闭。此时进排气门,均完全关闭,汽缸中压力开始提升,即是压缩行程。此时进气歧管真空度降低,并且发动机另外一缸又开始重复前面 1 到 5 的动作。

2. 进气管真空度及其与发动机工作状况的关系

进气管真空度 p_x 是各汽缸连续吸气时,对进气管形成的负压总和。其负压值的高低及稳定性,与发动机工作汽缸的多少、转速的高低、密封性能和点火性能的好坏以及空燃比的适应程度成正比,和节气门开度大小成反比。

转速 n 和节气门开度 θ 是发动机工况的表征,直接影响可燃混合气成分和燃烧条件的好坏。p_x 值的高低和波动幅度的大小,必然对应某一因素工作状态的好坏。因而,p_x 成为因果反馈的中心媒体,即汽缸密封性能、点火性能、空燃比一旦出现变化异常,p_x 直接受其影响而形成连锁反应。例如,当节气门开度(或转速)一定时,若点火性能变差,燃烧条件随之变坏,转速下降,p_x 下降,继而又影响喷油量的多少和空燃比的大小,如此相互反馈连锁影响(图 10-127)。

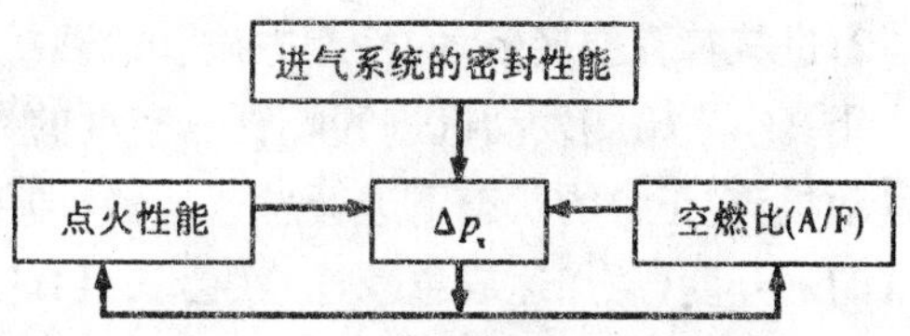

图 10-127 进气管真空度与汽油发动机工作关系

(三)进气管真空度检测法的功能和机理分析

1. 进气管真空度检测法的功能

一台汽油发动机的正常运转,必须要同时具备三个条件:一是按一定比例混合而成的可燃气体;二是要有一个能使这些气体进行压缩和燃烧的场所;三是要有一套准确、有力的点火装置。这三者缺一不可,而且第二个条件与发动机进气歧管真空度的变化有着直接的、密切的关系,而第一、第三个条件与发动机进气歧管真空度的变化值有着间接的关系。因此,利用真空表检测进气歧管的真空度可以对影响上述三个条件的故障原因进行分析和诊断,特别是对造成进气系统密封性故障的检测更为有效。

(1)判断进气系统的密封性能。利用真空表检测进气管真空度,可以判断汽缸内外有关零部件的密封情况。其中,汽缸内的包括:汽缸、汽缸盖、汽缸垫、活塞和活塞环、气门和气门座;汽缸外的包括有气门导管和气门弹簧、液力挺柱、进气管垫、喷油器密封圈、节气门体垫、进气软管等。值得重视的是,有时汽缸外漏气比汽缸内漏气对 p_x 的影响更为突出。

(2)判断排气系统有无堵塞。排气系统的堵塞主要是由于三效催化转化器和消声器内因结胶、积炭或破碎而造成。由于时通时堵,排气时反压力大,使 p_x 过低。排气系统堵塞后,导致排气不彻底、进气不充分、转速不稳、加速无力、空燃比失常、点火调节失控等故障的发生。

(3)判断空燃比的大小。化油器式和电控喷射式汽油机可燃混合气的配制,都是利用 p_x 的大小来控制喷油量的多少。空燃比过大、过小,会使燃烧条件恶化,反过来又影响转速和 p_x

的高低。此时利用真空表可以量化地显示出 p_x 低于标准值，表针处于不稳定状态。

(4)判断点火性能的好坏。点火性能好坏的指标包括火花能量、点火时刻以及各工况有无缺火、断火、交叉点火现象等。点火正时的前提是配气正时无误，而点火时刻又直接影响汽缸内燃烧情况，关系到发动机转速的高低和 p_x 的高低；反过来，p_x 的高低又影响空燃的大小。可以说，当进气系统密封性和空燃比正常时，动态的最佳点火提前角对应的是最高 p_x。单缸断火后，p_x 会明显下降。利用真空表来调整和监控点火正时和点火性能好坏，简便可靠，其准确程度不亚于点火正时灯和转速仪。这一点已得到充分验证，值得普及推广。真空表显示的数值低于正常值时，转动分电器壳体，找出最高真空度的位置，即可获得最佳点火提前角。图 10-128 为点火提前角 θ 对 p_x 的影响。

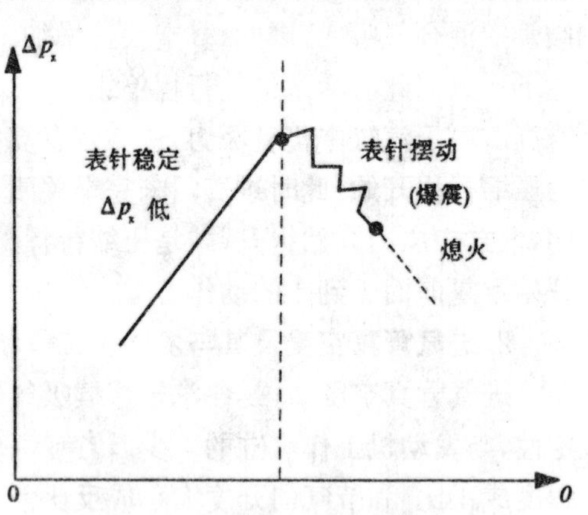

图 10-128 点火提前角对 Δp_x 的影响

实践证明，真空度检测法还可以对发动机点火正时、配气相位所产生的故障进行检测。另外，还能检测到废气再循环系统(EGR)和曲轴箱强制通风装置的密封性不良所造成的故障。

2. 进气管真空度 p_x 的检测方法和故障机理分析

用真空表检测发动机进气歧管真空度的数值大小非常简单：把真空表接于节气门后方，起动发动机，在正常的状态下进行怠速运转，即可从真空表中获得其真空度数值。如果随意改变节气门的开度(急加速或急减速)就会获得真空度的变化值，根据这些数值的变化，就可以分析和判断发动机存在的故障。如图 10-125 所示，将真空表与进气管连接，使发动机在正常状态(机温和转速正常)下怠速运转，观察真空表的读数和指示状态。

在不同的发动机转速下，可检测到不同数值的进气歧管真空度。就大多数汽油发动机而言，在正常怠速状态下运转时，如果各系统均工作正常，则真空表指针应稳定在 64～71 kPa，如果在迅速开闭节气门时，真空表指针应在 7～85 kPa 间灵活摆动，这时表明进气歧管真空度对节气门开度的随动性较好。同时，也说明发动机各系统(特别是进气系统的密封性)工作良好。假如发动机存在故障(特别是机械故障中的密封性变差)就会出现与上述数值不同的进气歧管真空度，这时表明发动机存在故障。

(1)密封性能正常状态。怠速时，表针应稳定在 64～71kPa(摆动幅度的大小和快慢与密封性能和点火性能的好坏以及空燃比的大小有关)。迅速关闭节气门时，表针在 6.7～84.6kPa 量程间摆动为好，这说明 p_x 随节气门开度变化的灵敏度和随动性好，意味着各工况密封性好。

(2)密封性能差的状态。怠速时，p_x 低于正常值，且表针明显不稳定。迅速打开节气门时，表针会跌落到 0 处；关闭后也回不到 84.6 kPa 处。

(3)点火过早、过迟的状态。当点火正时和配气正时不符、点火不良时，燃烧条件变坏，功率损失和转速波动增大，形成不了高真度度，造成怠速不稳、加速无力。在这种情况下，怠速时，表针在 46.7～51kPa 间摆动。点火过早，摆动幅度较大；点火过迟，摆动幅度较小。

(4)排气系统堵塞的状态。怠速时，表针有时可达 53kPa，很快又跌落为 0 或很低。这是因为排气系统有较大的反压力所致，严重时只能勉强低速运转。

各种非正常状态的具体情况见表 10-23。

表 10-23 非正常状态情况分析

漏气部位或非正常状态	漏气原因	漏气性质	影响参数	表针状态①	机理分析
汽缸垫	松动、烧毁	大缝隙变量漏气	p②和 p_x	怠速时，表针在17.3 ～ 64kPa大幅度摆动	汽缸工作压力的影响，使缝隙有变化，且漏气量大，故 p_x 波动大
进气管垫和化油器垫	松动、破损	大缝隙定量漏气	p_x	怠速时，表针在17.3kPa以下	缸外漏气比缸内漏气对 p_x 影响更大，重则熄火
活塞环和缸套	磨损、粘结、对口、拉缸	大缝隙定量漏气	p 和 p_x	怠速时，低于正常值，降低程度取决于磨损程度。快开节气门，表针下降为0	活塞的吸拉能力差，密封性和功率下降，p_x 低并伴随烧润滑油、冒蓝烟和黑烟
气门和座	烧蚀、结胶、顶死或液力挺柱损坏	小缝隙定量漏气，气门顶死时为大缝隙漏气	p 和 p_x	怠速时，表针跌落值在6.7kPa以上，摆幅不大。气门顶死时跌落值更大	落座不严，进气门漏气有回火现象；排气门漏气有放炮现象，这是特征。液力挺柱损坏易顶死气门或噪声加大
气门导管	磨损	小缝隙变量漏气	p_x	怠速时，表针在46.7 ～ 60kPa摆动	气门瞬时偏摆，缝隙变化
气门关闭不严	气门弹簧疲劳、弹力不足	小缝隙变量漏气	p 和 p_x	怠速时，表针在33.3～74.6kPa间缓慢摆动，且随转速的升高加剧摆动	气门落座不可靠，时好时坏，导致波动幅度较大；怠速时摆幅小于中高速工况
混合气过浓	——	——	p 和 p_x	怠速时，表针缓慢摆动，在44～51kPa间慢摆	燃烧情况欠佳，功率下降
混合气过稀或个别缸点火差	——	——	p 和 p_x	怠速时，跌落值大于过浓状态，表针不规则的跌落又上升，摆幅较大	燃烧情况恶劣，功率下降值大，造成怠速游车
点火过迟或配气相位滞后	——	——	p 和 p_x	怠速时，表针在46.6 ～ 57kPa间轻微摆动	功率下降。如汽缸压力较高时，调节后能升到标准值
点火过早或配气相位提前	——	——	p 和 p_x	怠速时，表针在46.6 ～ 57kPa间大幅度摆动	汽缸最高压力点形成过早，p_x 波动大，加速时爆燃，甚至熄火
排气系统堵塞	——	——	p 和 p_x	怠速时，表针有时可达53kPa，很快又跌落为0或很低	排气系统有较大的反向压力所致

注：①表内为标准海拔数据，海拔每升高500m，真空度减小4.3～5 kPa。

②p 为汽缸压力 。

真空度数值与发动机故障现象之间的内在联系分析情况见表 10-24。

表 10-24 真空度数值与故障现象的分析

真空表指针读数	故障原因	故障分析	伴同故障现象
怠速时，真空表指针在17～64kPa间较大幅度的摆动	汽缸盖、汽缸垫密封不良或汽缸盖松动等	进气行程和压缩行程影响着故障部位的变化，漏气量较大时，真空度波动较大	发动机加速无力，运转不稳或某缸工作不良等现象
发动机怠速运转时，真空表指针低于正常值，急速打开节气门时，真空表指针也会随之快速下降至零	活塞与汽缸间隙增大，活塞环密封性变差，或有严重的拉缸现象等	活塞与汽缸之间密封性不良，使真空度下降，汽缸压缩压力下降，影响了发动机的动力性	发动机动力性下降，严重时会出现烧机油或排气管冒蓝烟现象
怠速时，真空表指针下降至 7kPa 左右，摆动幅度不大	气门间隙过小，气门、气门座烧蚀关闭不严，气门或气门座工作面积炭过多	气门关闭不严，导致压缩行程时压缩压力下降	如果进气门漏气会出现回火，如果排气门漏气则会出现排气管放炮现象
发动机怠速运转时，真空表指针在 45～60kPa 间摆动，但波动不明显	气门弯曲轻微卡滞或气门导管磨损并与气门的配合出现摆动	由于气门在工作中经常摆动，漏气部位不定且漏气量不大，故真空表指针摆动不明显	故障症状不明显，有时会出现发动机无力现象
怠速时真空表指针在35～75kPa 间摆动，且变化速度较慢，当发动机高速运转时，摆动幅度明显增加	气门弹簧弹力减弱，导致气门关闭不严	怠速时，对进气量的影响不太明显，但发动机高速时，则由于进气量的不足而使真空度出现剧烈的变化	发动机低速和中速工作尚可，但是高速时会出现无力现象
怠速运转时，真空表指针指示在较低的数值	气门卡死或液力挺柱工作失常顶死	气门不能正常关闭，使缸内和缸外压力相等，真空度急剧下降	会出现凸轮与挺杆的撞击声，严重时还会出现气门与活塞的撞击声
怠速运转时，真空表指针一般不会下降到 17 kPa 以下，而且变化值不大	节气门体密封不严或进气歧管垫、化油器垫密封不严，或各真空管路有漏气部位	进气系统的密封性变差，使汽缸内的进气量大大下降，从而导致真空度下降	如果存在这种故障将会影响带发动机的起动性能，严重时，会出现发动机无法起动的现象
怠速运转时，真空表指针将会在 45～58 kPa 间摆动，但波动的幅度较小	配气相位错位（滞后）或点火时间过迟	配气相位失准会使汽缸压缩压力降低。而点火时间过迟则会使混合气的燃烧时间延长，但对汽缸内的冲击不大	发动机会出现动力下降，严重时会有温度过高、排气管放炮、冒黑烟等现象，提前点火正时会出现好转
怠速运转时，真空表指针将会在 45～58 kPa 间摆动，但摆动幅度较大	配气相位错位（提前）或点火时间过早	点火时间过早会使混合气的最高压力形成点提前，从而对汽缸内气体形成较大冲击	在发动机动力下降的同时，会出现气门的撞击声，适当调迟点火时间会好转
发动机怠速运转时，真空表指针指示较低，有时会升高到 55kPa，但很快就会降低到较低数值甚至为零	进气系统堵塞（排气管或三效催化转化器等部件）	如果排气系统出现堵塞，将会影响到汽缸内燃烧气体的排放，从而对新鲜混合气形成反向压力，导致进气量减少	会出现进气管回火现象，冷车相对好起动，热车不容易起动，严重时将无法起动

续上表

真空表指针读数	故障原因	故障分析	伴同故障现象
怠速运转时，真空表指针在 45 ～58 kPa 间摆动，但摆动速度较慢	混合气过浓	过浓的可燃混合气影响正常的燃烧，也影响了进气管真空度的数值变化	在这种读数情况下，发动机往往会伴随动力下降、排气管冒黑烟等现象
怠速运转时，真空表指针在 40～50kPa 间摆动，但波动的幅度较混合气过浓时要大，且不规则	有个别汽缸不工作或混合气过稀	过稀的混合气延长了燃烧的时间，对下一行程的进气产生了加大的影响	发动机的加速性下降，怠速不稳且抖动。严重时会出现加速回火及水温升高现象

注：本表综合了汽油发动机的普遍现象，具体车辆应结合其结构进行具体分析和判断。

3. 利用真空表检测进气歧管真空度分析判断发动机故障的优缺点

(1)优点：可以在发动机不解体的状态下及时、有效地分析和判断故障的原因，对故障成因判断的准确度高，特别是对发动机机械部分故障的成因诊断更为可靠，真正做到了方便、快捷。而且其检测的故障范围比其他检测器具更具广泛性。

(2)缺点：必须使发动机处于动态状态下进行检测，而且还要求分析人员掌握和了解发动机在不同的工作状态下进气歧管所产生的不同的真空度读数，并结合发动机工作原理进行分析。

(四)真空波形分析方法

对于采用进气歧管绝对压力传感器检测进气量的车辆，利用示波器对进气歧管绝对压力传感器信号波形进行检测，根据检测的波形亦同样可以进行故障分析。

1. 真空波形检测方法

真空波形检测方法如图 10-129 所示。

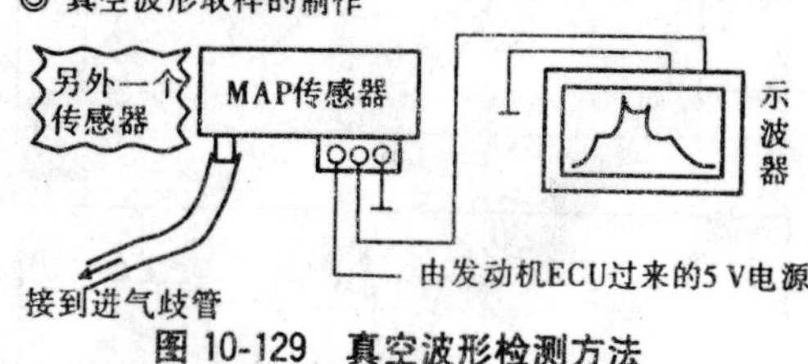

图 10-129 真空波形检测方法

2. 正常真空波形实例

对于电控发动机，冷车时真空度在；达到正常工作温度后会在；如果有一缸火花塞不点火，真空度会降低；如果有一缸气门漏气，真空度会降低；如果点火正时比标准值提前 3°，真空度会提升。四缸发动机标准真空波形如图 10-130a 所示，六缸发动机标准真空波形如图 10-130b 所示，八缸发动机标准真空波形如图 10-130c 所示。

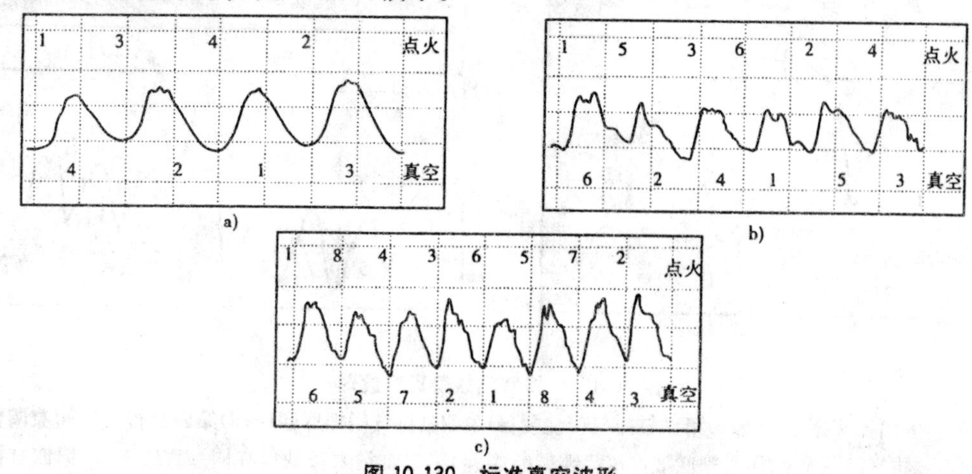

图 10-130 标准真空波形

a)四缸发动机；b)六缸发动机；c)八缸发动机

3. 排气门故障真空波形实例

第一缸排气门弹簧弹力太弱的真空波形如图10-131a所示。第四缸排气门烧裂的真空波形如图10-131b所示；第四缸排气门摇臂磨损的真空波形如图10-131c所示；第四缸排气门间隙调整过大的真空波形如图10-131d所示；第一缸排气门凸轮磨损的真空波形如图10-131e所示；第四缸排气门摇臂断裂的真空波形如图10-131f所示；第二缸活塞环缺口在同一直线上的真空波形如图10-131g所示；第四缸排气门弹簧断裂的真空波形如图10-131h所示。

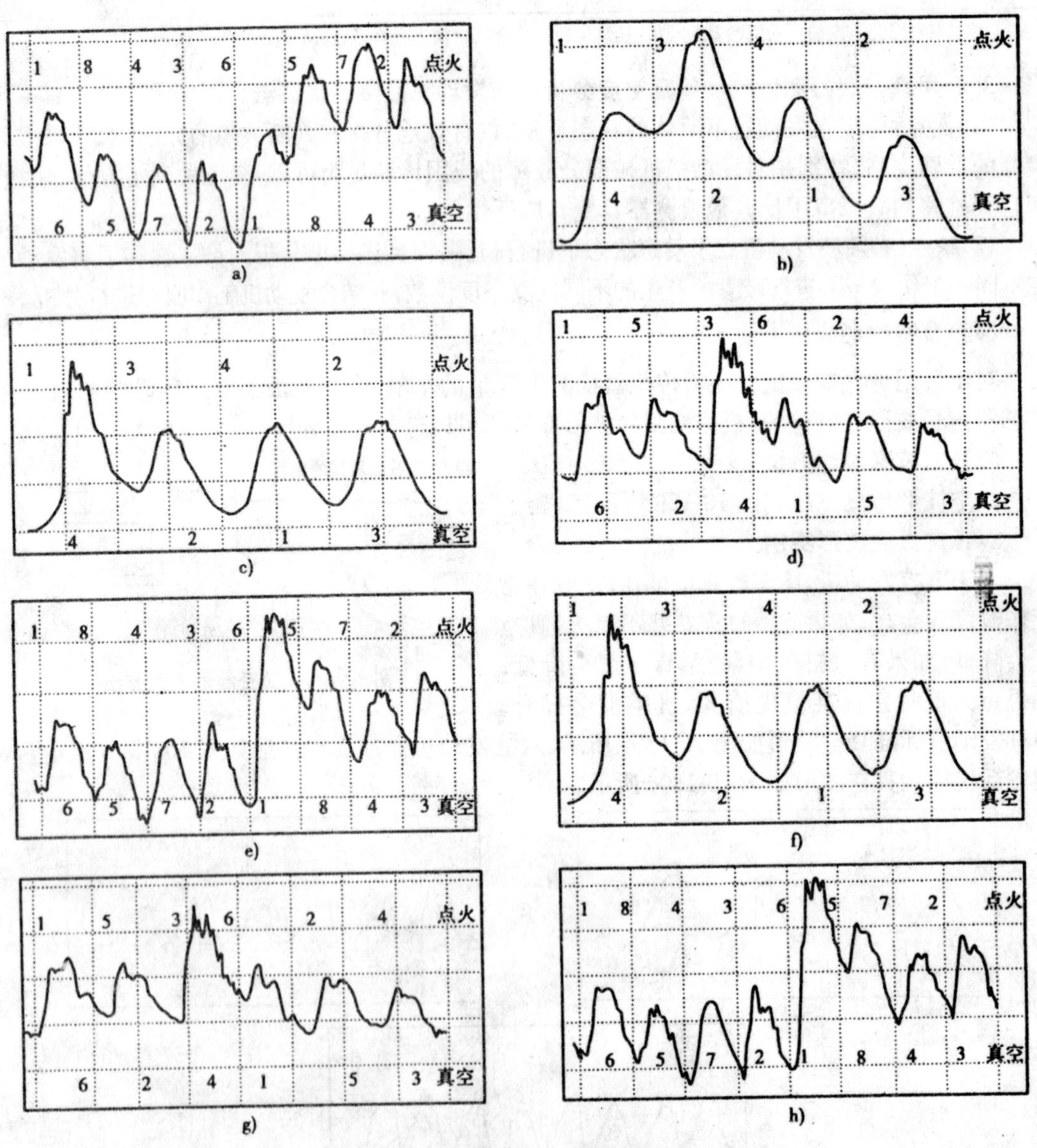

图10-131　排气门故障真空波形

a)第一缸排气门弹簧弹力太弱；b)第四缸排气门烧裂；c)第四缸排气门摇臂磨损；d)第四缸排气门间隙调整过大；e)第一缸排气门凸轮磨损；f)第四缸排气门摇臂断裂；g)第二缸活塞环缺口在同一直线上；h)第四缸排气门弹簧断裂

4. 进气门故障真空波形实例

进气门漏气的真空波形如图 10-132 所示；第一缸进气门凸轮磨损的真空波形如图 10-133 所示；第二缸活塞环开口没有错开的真空波形如图 10-134 所示；第二缸进气门挺杆磨损的真空波形如图 10-135 所示；第一缸进气门推杆弯曲的真空波形如图 10-136 所示。对于采用双进气门发动机，主进气门漏气的真空波形如图 10-137 所示；副进气门漏气的真空波形如图 10-138 所示。

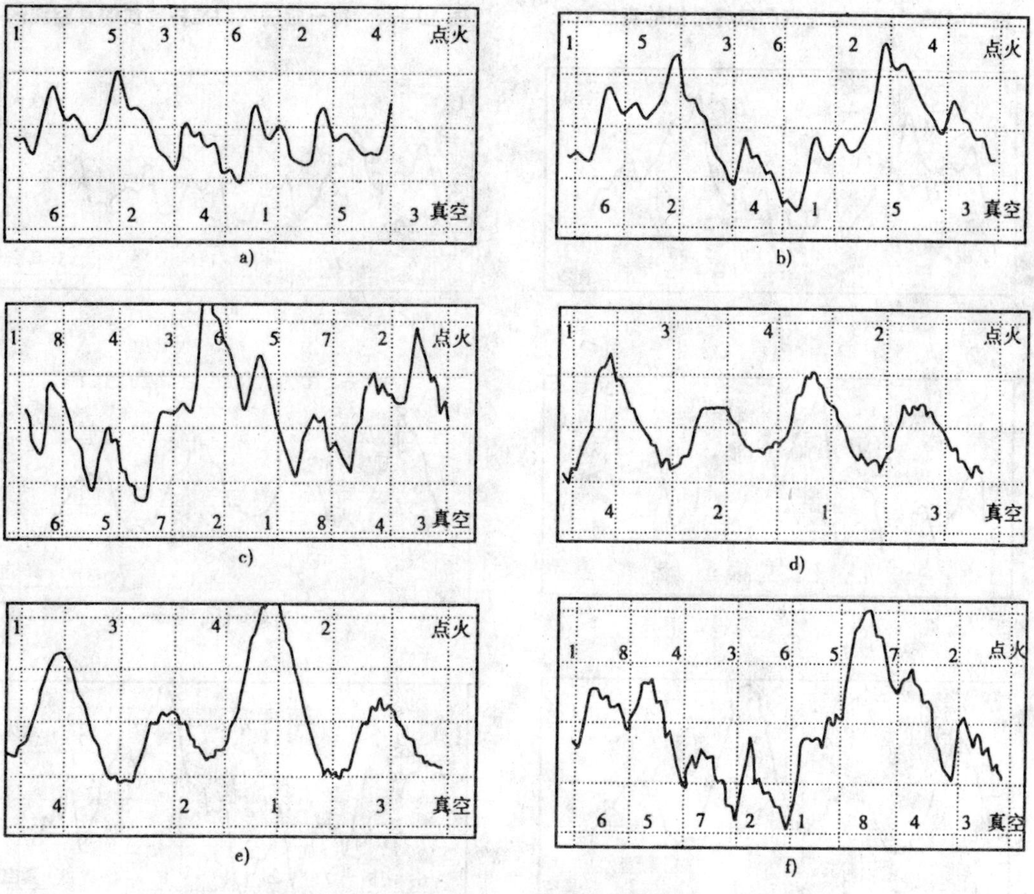

a)　b)　c)　d)　e)　f)

图 10-132　进气门漏气的真空波形

a)第二缸进气门轻微漏气；b)第二缸进气门严重漏气；c)第三缸进气门严重漏气；d)第四缸进气门轻微漏气；e)第四缸进气门严重漏气；f)第五缸进气门严重漏气

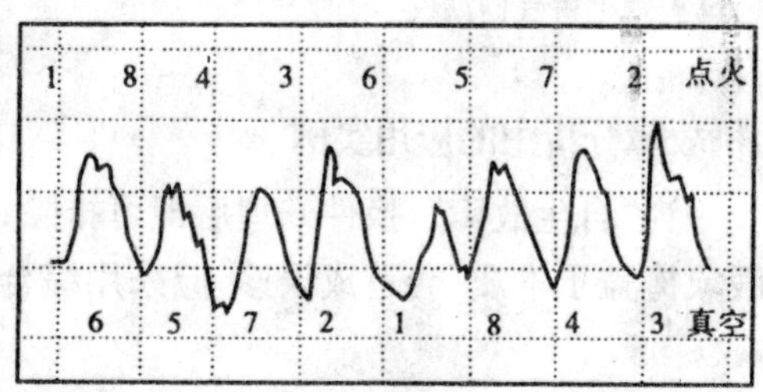

图 10-133　第一缸进气门凸轮磨损的真空波形

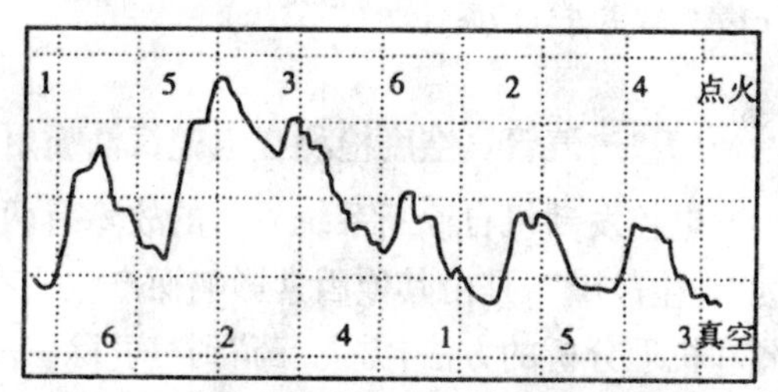

图 10-134　第二缸活塞环开口没有错开的真空波形

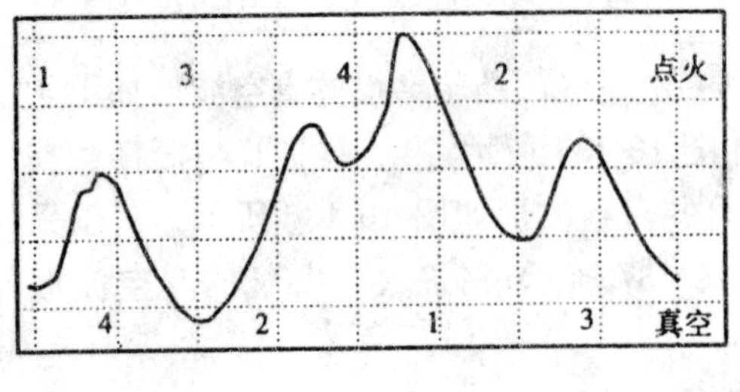

图 10-135 第二缸进气门挺杆磨损的真空波形

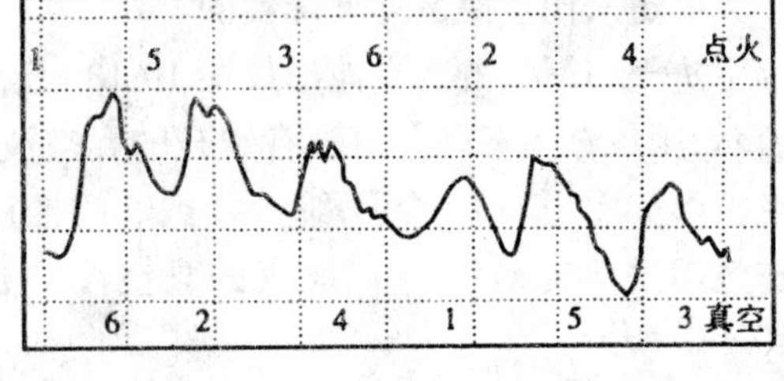

图 10-136 第一缸进气门推杆弯曲的真空波形

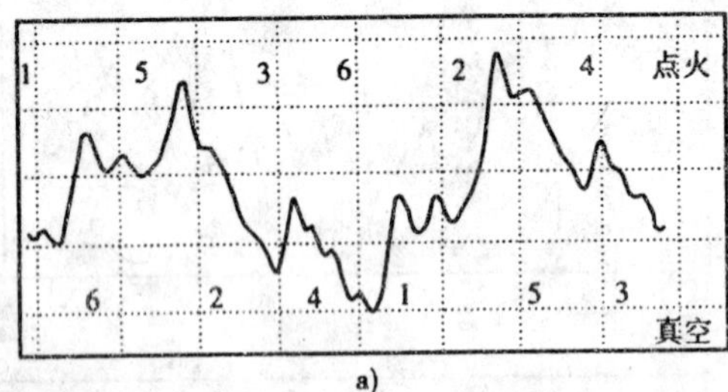

a)

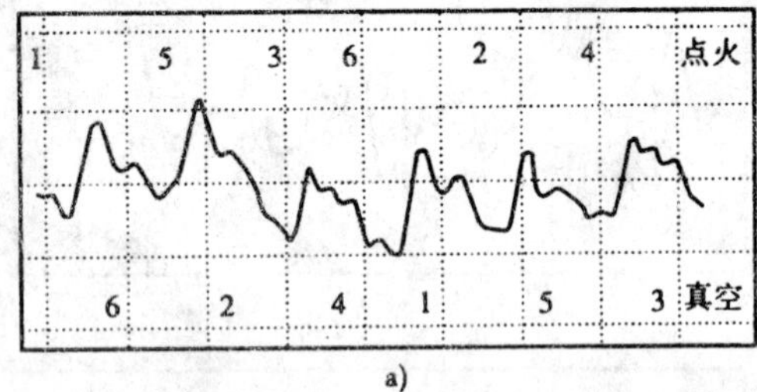

a)

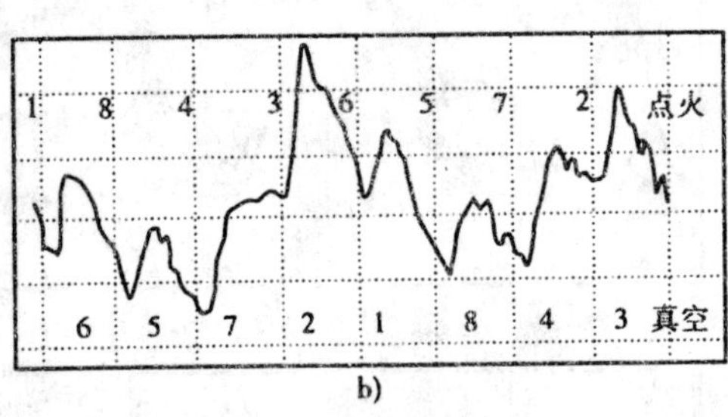

b)

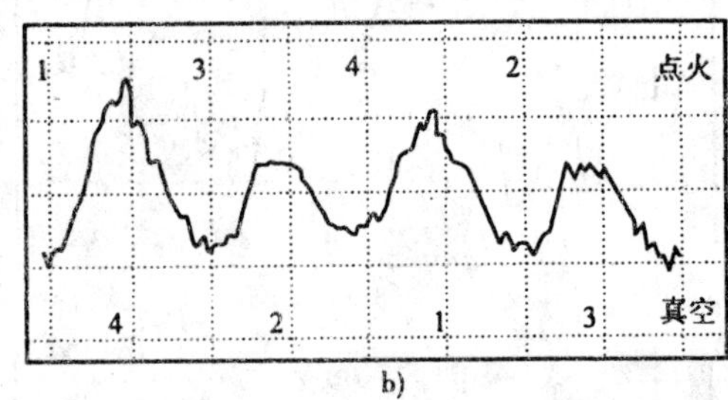

b)

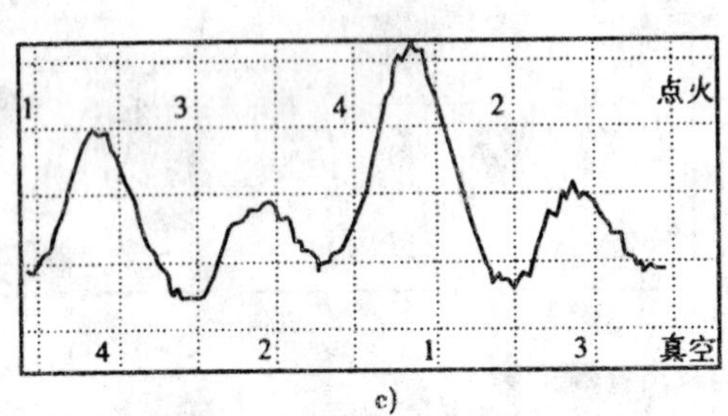

c)

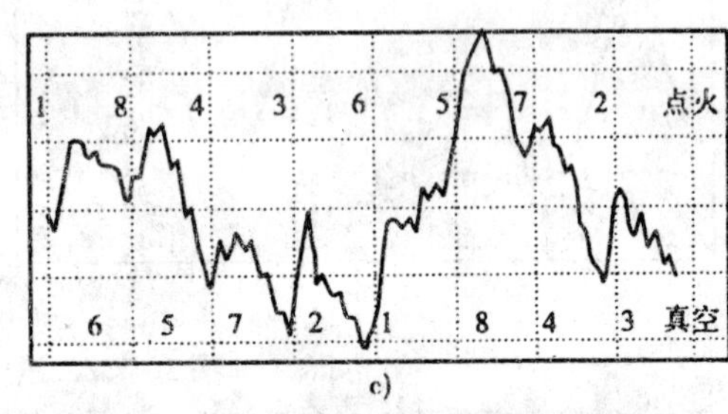

c)

图 10-137 主进气门漏气的真空波形

a)第二缸主进气门漏气；b)第三缸主进气门漏气；c)第四缸主进气门漏气

图 10-138 副进气门漏气的真空波形

a)第二缸副进气门漏气；b)第四缸副进气门漏气；c)第五缸副进气门漏气

(五)进气管真空度检测在电控汽油喷射发动机故障分析中的应用实例

电控发动机自诊断系统显示的故障有两重性，一为“自生故障”，换件修理后即可排除；二为“他生故障”，是由其他因素影响而产生。有时假象掩盖了本质，会造成误诊，应采用综合检测和机理分析的方法，方能“药”到“病”除。

案例一：宝马 750i(V12)轿车，加速不良，急加速时发动机转速不能随节气门开度的增大而增加，同时，当发动机转速达到 3000r/min 后就很难再上升。另外，该车还存在热车起动困难的故障。该车在修理厂维修人员检查了燃油压力、检测了各缸的压缩压力，均符合车辆技术要求；检查了各火花塞、高压线及分电器，未发现异常；检测了两个高压点火线圈和 12 个喷油器的电阻，并检查可喷油器的喷油均匀性、雾化性能和密封性，未发现异常。无奈之下，维修人员更换了燃油泵、燃油压力调节器、火花塞、高压线、分电器、高压点火线圈和喷油器，各个主要传感器和发动机电控单元也被更换，故障依然无法排除，维修进入僵局。利用真空表检测进气歧管的真空度：在发动机怠速运转时，进气歧管的真空度仅为 48kPa，明显低于正常数值（标准为 53.2～79.8kPa）；在急加速时，该数值不仅不能随节气门开度的增大而增加，而且还急速下降到 20 kPa 以下；同时发现，真空表指针也随着节气门的急速变化表现出较大的波动。根据真空表显示的读数值和汽油发动机的工作原理分析认为，该故障是由于排气系统不畅或堵塞导致的。因为在排气系统堵塞的情况下，汽缸内燃烧后的废气不能全部（或部分）排出缸外，这样当汽缸进行下一个进气行程时，就会受到缸内废气的冲击（废气对进气气流形成的反向压力），从而引起汽缸进气量的下降（进气歧管真空度低于正常值），导致加速无力；当发动机在热状态下重新起动时，会由于汽缸内废气量的增大而导致不易起动（但是这种情况不会影响到汽缸工作压力，因为废气也存在于汽缸内）。这种现象显示到真空表上就会出现加速时真空度不升反快速下降的现象，同时真空表指针出现较大波动。检查发现该车三效催化转化器已经被积炭堵塞。更换三效催化转化器后，车辆恢复正常。此时再用真空表测量进气歧管真空度：发动机怠速运转时，真空度为 73kPa（标准为 53.2～79.8kPa），并且真空表指针比较稳定。

案例二：奔驰 S320 轿车怠速运转不稳、加速不良，并且高速无力。排气管部位发生有节奏的“突突”声，急加速时还会出现放炮现象。用真空表检测进气歧管的真空度：在发动机怠速运转时，真空表指针指示在 45～68kPa，并伴有不规则的上升和下降，摆动幅度也较大。根据检测结果分析认为，该车故障是由于个别缸工作不良或不工作引起的。检查发现，由于 3、4 缸点火线圈（双缸同时点火）低压线路存在短路导致 3、4 缸工作不良。对线路进行维修后，故障排除。

案例三：某一热线型（LH 型）喷射式汽油机，怠速游车，加速无力，故障灯报警。检出故障代码为“25”，是空燃比 A/F 过稀。怀疑电动汽油泵不良或喷油器脏堵。检测汽缸压力和油泵压力正常，但进气管真空度 p_x 较低，仅 49kPa，表针轻微摆动，有点火过迟的征状。转动分电器壳体使点火提前，p_x 达 70kPa，消除故障代码后恢复正常。可见是点火过迟，燃烧不及时所致。

案例四：某一压力型（D 型）喷射式汽油机，怠速时冒黑烟，高速工况正常。检出故障码为“26”，是空燃比 A/F 过浓。怀疑冷起动喷油器常喷。断电、断油试验故障依旧。检测汽缸压力正常，进气歧管压力传感器 MAP 软管处真空度仅为 30kPa，另一管口真空度为 60kPa，调换管口后工作正常。说明是由于 MAP 软管接在节气门的前方（原接活性碳罐的管口）所致。因 p_x 是喷油多少的度量值，怠速时绝对压力偏高，喷油脉冲宽，造成怠速冒黑烟。

实例五：某一流量型（L 型）喷射式汽油机，各工况游车，行驶无力，故障灯报警。检出故障码为“45”和“12”。前者是空燃比 A/F 不正常；后者为空气流量计 AFS 故障。检测汽缸压力和供油压力正常，进气管真空度也正常，但节气门前后的真空度在加速时有明显差异。箍紧空气流量计与节气门间的连接软管，故障消除。可见，是由于连接软管漏气，使空气流量板与节气门开度不同步所致。

实例六：某一压力型（D 型）喷射式汽油机，怠速不稳，行驶无力，伴随有回火、放炮现象，故障灯报警。检出故障码为“33”和“45”。前者是进气歧管压力传感器故障；后者是氧传感器故障，换件后故障依旧。检测 p_x 为 30kPa，表针大幅度摆动；有两个缸的汽缸压力仅为0.2MPa，加润滑油后再测缸压，仍然很低。判断是进、排气门漏气。清洗该两缸的液力挺柱后恢复正常。可见，两传感器故障是假象，气门漏气造成 p_x 太低是故障的本质。

实例七：某一压力型(D型)喷射式汽油机，只能怠速运转，加速时熄火，熄火前有回火现象，故障灯报警。检出故障码为“31”和“28”，前者是进气压力传感器故障，后者是氧传感器故障。换件后故障依旧。检测 p_x 为 45kPa，时高时低，汽缸压力仅为 0.7MPa；并发现三效催化转化器内异响很大。拆下排气管后恢复正常。查出是三效催化转化器破碎所致。

实例八：某一流量型(LH 型 V8)喷射式汽油机，怠速不稳，加速无力，排气管过热发红。检出故障码是“25”和“26”，为空燃比 A/F 过稀和过浓，代码自相矛盾。怀疑喷油器时好时坏或点火性能失常。检测汽缸压力和供油压力正常，但 p_x 较低(50kPa)。发现左侧点火线圈火花太弱。由于该侧四个汽缸工作不良，造成 p_x 较低；不少混合气在排气管中时而点燃，时而未燃，造成氧传感器信号电压时而表示过浓，时而表示过稀。更换点火线圈后恢复正常。

五、尾气分析及在汽车故障检测诊断中的应用

车辆使用过程中总会出现方方面面的故障，并且机械、电控、燃油、润滑和冷却等故障交织在一起，而不是单一地发生在电控系统中，以至于采用故障检测仪在车辆的故障自诊断系统中读不出故障，形成了所谓的疑难故障，破坏了发动机的整机性能，引发尾气排放超标。因此，利用尾气分析仪检测尾气状况，可以确定车辆的健康状况和故障发生部位，从而准确、快速地排除故障。

(一)汽车排放物的生成原因及正常排放值

1.汽车排放物的生成原因

(1)尾气中 CO_2 的浓度可以反映出燃烧的效率。当发动机中的混合气充分燃烧时，CO_2 的浓度将达到峰值。不管是否装有三效催化转化器，峰值均为 13%～16%，在点火失灵或发动机故障被排除之后，通过 CO_2 的读数，便可以检测出混合气燃烧的好坏，当混合气变浓或变稀时，CO_2 值均会降低。

(2)O_2 是反映空燃比的最好指标，燃烧正常时，排气中应含有 1%～2%的 O_2，O_2 的读数小于 1%说明混合气太浓了，O_2 的读数大于 2%表示混合气太稀。造成这种现象的原因很多，燃油滤芯太脏、燃油油压低、喷油器堵塞、真空泄漏、EGR 阀泄漏等，都可能导致混合气过稀。如果混合气浓，O_2 的读数就低，CO 的读数就高；反之，混合气稀，O_2 的读数就高，CO 的读数就低，若混合气偏向失火点，O_2 的读数就会上升得很快，同时，CO 值低，HC 值高而且不稳定。

(3)HC 的读数高则说明燃油没有充分燃烧。尾气中的 HC 主要由燃烧室壁面的激冷而形成。汽缸压力不足、发动机温度过低、油箱中油气蒸发、混合气由燃烧室向曲轴箱泄漏、混合气过浓或过稀、点火不正时、点火间歇性不跳火、温度传感器不良、喷油器漏油或堵塞、油压过高或过低等因素都将导致 HC 读数过高。

(4)CO 是因为燃烧引起的。混合气过浓将产生大量的 CO，混合气过稀引起失火将生成过多 HC。高 CO 表示燃油系统发生了故障，如混合气不洁净、活塞环胶结阻塞、燃油供应太多、空气太少、点火太早等。如果电喷发动机的 CO 过高，很可能是喷油器漏油、油压过高或电控系统产生了故障。

(5)NOx 是空气中的 N_2 和 O_2 在发动机高温、高压下的燃烧产物。燃烧温度越高，燃烧越充分，形成的 NOx 也就越多。

(6)过量空气系数 λ 可以直观地告诉我们空燃比的情况，λ 为 0.97～1.04，可以看成是理想的匹配，大于该值，说明空燃比过大，混合气过稀；小于该值，则为空燃比过小，混合气过浓。理想的空燃比为 14.7。

2. 正常排放值

汽车正常运行，发动机尾气排放中一氧化碳(CO)、二氧化碳(CO_2)、氧气(O_2)、碳氢化合物(HC)的含量之和应为 15%～16%。

(1)怠速工况的正常排放值。发动机怠速工况下，尾气排放物含量正常值见表 10-25。

表 10-25 发动机怠速工况下尾气排放物含量正常值

排放物	排放物含量	
	催化转化前	催化转化后
CO	0.8%～1.5%	<0.1%
CO_2	13%～16%	13%～16%
O_2	1%～2%	1%～2%
HC	$<300\times10^{-6}$	$<50\times10^{-6}$

(2)发动机转速在 2 000r/min 时的正常排放值。发动机转速在 2 000r/min 时，即中等转速工况下，尾气排放物含量正常值见表 10-26。

表 10-26 发动机转速在 2 000r/min 时尾气排放物含量正常值

排放物	排放物含量	
	催化转化前	催化转化后
CO	<0.8%	<0.1%
CO_2	13%～15%	13%～16%
O_2	1%～2%	1%～2%
HC	$<300\times10^{-6}$	$<50\times10^{-6}$

(二)尾气分析测试方法

1. 正常测试方法

(1)发动机故障指示灯指示正常。

(2)发动机温度正常。

(3)加速至额定功率时转速的 70%，维持 60s。

(4)保持发动机额定转速的 50%。

(5)将废气测试管插入排气管中 400mm，保持 15 s。

(6)读取 30s 内平均值。

(7)怠速运转 15s。

(8)读取 30s 内平均值。

2. 汽缸与冷却水道泄漏测试

(1)打开散热器盖。

(2)发动机达到正常温度。

(3)在散热器盖口用废气测试管测试。

(4)读取 HC 值。

(5)若有升高,说明汽缸衬垫损坏。

3. 燃油蒸发控制系统泄漏测试(EEC、EVAP)

(1)在汽油泵处测试 HC。

(2)在活性炭罐处测试 HC。

(3)在油箱盖处测试 HC。

(4)在油管接头处测试 HC。

(5)在油箱密封处测试 HC。

4. 曲轴通风装置测试(PCV)

(1)发动机运转至正常温度。

(2)读取尾气中 CO 及 O_2 值。

(3)拆下 PCV 阀管路(靠近测试端)并读尾气中 CO 及 O_2 值,CO 值将减少 1%以上,O_2 值将升高。

(4)用手堵住 PCV 阀,读取 CO 及 O_2 应恢复正常。

(5)若按上述步骤检查 CO 及 O_2 值均无变动,表示 PCV 阀阻塞。

5. 有催化转化器的测试

(1)发动机运转达正常工作温度。

(2)加速至额定转速的 50%,保持 2min。

(3)测量排气,O_2 应在 1%左右,CO 值在 0.5%以下,表示催化转化器工作正常。

(4)加浓混合气,O_2 值慢慢下降,CO 值增高约 0.5%,表示系统工常。

(5)超出以上标准为不正常。

6. 进行尾气检测时的注意事项

(1)要查看汽车制造厂的排放标签,使空气泵和空气喷射系统停止工作,对于装有催化转化器的汽车,如催化剂工作正常,会减少 CO 和 HC,因此应该测量末经转换的排气,将取样探头插到催化转化器之前,或 RGR 阀的排气口检测(有的厂家提供一个专用接口)。

(2)柴油机排出的高浓度有害物质,会很快堵塞整个废气取样系统,故尾气分析仪不应用于检测柴油机。

(3)发动机暖机后才能使用尾气分析仪进行尾气检测。

(4)进行尾气检测前,应对尾气分析仪作泄漏试验。

(5)不要在下雨、下雪、冰冻、通风不良的环境中进行尾气检测。

(6)读取测量数据前,不要让发动机怠速时间过长。

(7)在进行变工况测试中,要让加速踏板稳住后再读取测量数据。

(三)尾气分析的项目和基本规则

1. 尾气分析的项目

尾气分析不仅是检查排放污染物治理效果的唯一途径,而且还是对发动机工作状况及性能判定的重要手段。尾气分析是在发动机不同工作状况下，通过检测废气中不同成分气体的含量来判断发动机各系统故障的方法，其目的是对发动机的燃烧状况进行综合评价。主要分析内容有混合气空燃比、点火正时及催化转化器转化效率等，主要分析的参数有一氧化碳(CO)、碳氢化合物(HC)、二氧化碳(CO_2)和氧(O_2)，还有空燃比(A/F)或过量空气系数λ。废气分析项目见表 10-27。

表 10-27　废气分析项目

系统类型	有害气体		无害气体		其他参考值
无三效催化转化器	HC	CO	CO_2	O_2	A/F
有三效催化转化器			CO_2	O_2	A/F

2. 废气分析的基本规则

(1)碳氢化合物(HC)和氧(O_2)的读数高是由于点火系统不良和过稀的混合气失火而引起。

(2)当测试的一氧化碳(CO)、碳氢化合物(HC)高，二氧化碳(CO_2)、氧(O_2)低时，表明发动机工作混合气很浓。

(3)如果燃烧室中没有足够的空气(氧气)保证正常燃烧，通常情况下，二氧化碳(CO_2)的读数和一氧化碳(CO)、氧(O_2)的读数相反。燃烧越完全，二氧化碳(CO_2)的读数就越高，其最大值在 13%～16%，此时一氧化碳(CO)的读数应该是或接近 0%。

(4)氧(O_2)的读数是最有用的诊断数据之一。氧(O_2)的读数和其他 3 个读数一起，能帮助找出诊断问题的难点。通常，装有催化转换器的汽车的氧(O_2)的读数应该是 1.0%～2.0%，说明发动机燃烧很好，只有少量未燃烧的氧(O_2)通过汽缸。如果氧(O_2)的读数小于 1.0%，则说明混合气太浓，不利于很好的燃烧。如果氧(O_2)的读数超过 2%，则说明混合气太稀。燃油滤清器堵塞、燃油压力低、喷油器阻塞、真空系统漏气、废气再循环(EGR)阀泄漏等都可能导致混合气过稀失火。

(5)利用功率平衡试验(根据制造厂的使用说明)和四气体排气分析仪的读数，可以指出每个缸的工作状况。在进行发动机功率平衡试验的同时，测量发动机尾气排放，如果每个缸一氧化碳(CO)和二氧化碳(CO_2)的读数都下降，碳氢化合物(HC)和氧(O_2)的读数都上升，且上升和下降的量都一样，则证明每个缸都工作正常。如果只有一个缸的变化很小，而其他缸都一样，则表明这个缸点火或(和)燃烧不正常。一个调整好的电控汽车排放量中，HC 大约为 55×10^{-6}、CO 低于 0.5%、O_2 为 1.0%～2.0%，CO_2 为 13%～16%。

利用四气尾气分析仪所检测得到的排放物含量数值，可以综合分析发动机故障，见表10-28。

在断开空气喷射系统的条件下，利用五气尾气分析仪所检测得到的排放物含量数值，可以综合分析发动机故障，见表 10-29。

(四)尾气分析在汽车故障检测诊断中的应用实例

1. 丰田佳美 5S－FE 轿车怠速不稳故障的检测诊断

(1)故障现象。丰田佳美 5S－FE 轿车怠速不稳，发动机经常熄火。

(2)故障检测。该车采用 ECCS 发动机电子控制系统，调取故障代码，仪表板上的发动机故障指示灯显示为正常代码。用四气尾气分析仪进行检测，检测结果见表 10-30。

表 10-28 四气排放状况与发动机故障综合分析

CO	CO_2	O_2	HC	可能的原因
低	低	低	很高	间歇性失火、汽缸压缩压力不正常
很高	低	低	很高/高	混合气浓
很低	低	很高/高	很高/高	混合气稀
高	正常	正常	低	点火太迟
低	正常	正常	高	点火太早
变化	低	正常	变化	EGR 阀泄漏
很低	很低	很高	很低	空气喷射系统故障
低	低	高	低	排气系统漏气

表 10-29 五气排放状况与发动机故障综合分析

CO	CO_2	O_2	HC	NO_X	可能的原因
很高	很低	很低	很高	很低	节温器或冷却液温度传感器故障(发动机在冷态运转)
很低	很高	很低	很低	很高	节温器或冷却液温度传感器故障(发动机在冷态运转)
很低	很低	很高	很低	很低	三效催化转化器后漏气
很低	很高	很高	很低	中	喷油器故障，三效催化转化器工作有效
很高	很高	很高	很高	很高	喷油器故障；三效催化转化器未工作；真空泄漏；混合气浓
很高	很低	很低	低	很低	混合气浓；喷油器泄漏；化油器调整不当；功率阀泄漏；油面过高(油压高)；空气滤清器过脏；燃油蒸发排放控制系统故障；PCV 阀系统故障；电控系统故障；曲轴箱被未燃汽油污染
高	很低	很低	低	很高	同上栏原因且三效催化转化器未工作
很高	很低	很高	很高	很低	混合气浓且点火系统失火
很低	很低	很高	很高	很高	混合气稀；点火失火；真空泄漏或空气流量传感器与节气门体间的管路漏气；EGR 不良或真空管安装错误；化油器调整错误；喷油器不良；氧传感器不良或故障；电控系统故障；油面过低(或汽油压力低)
低	很低	很低	低	低	汽缸压缩压力低；气门升程不足
低	很低	很低	低	很高	点火太早；高压线与地短路或开路
低	很低	很低	低	高	电控系统对真空泄漏补偿
很低	很高	很低	很低	很低	燃烧效率高且三效催化转化器工作有效

表 10-30 故障状态下尾气检测结果

HC(10^{-6})	CO(%)	CO_2(%)	O_2(%)	RPM(r/min)	TEMP(℃)	λ
256	0.46	14.6	2.56	820	80	1.12

(3)检测结果分析。由上述检测结果可以看出：HC 和 O_2 都较高，这是空燃比失衡的一个重要特征；CO 值较低，而 CO_2 在峰值，说明可燃混合气已充分燃烧，点火系统应该不会有什么问题；λ 较高。综合分析表明，该车发动机工作时的混合气偏稀。因此，应从进气系统和供油系统着手故障检查。

(4)故障检修。对车辆进行检测发现：真空管无漏气、错插现象；PCV阀密封良好，机油尺插口良好；起动发动机，用化油器清洗剂在进气管垫和EGR阀周围喷洒，检查EGR阀时，发现随着转速上升，怠速逐渐均匀，取下EGR阀，发现针阀周围有少量积炭、EGR阀通道上有很多积炭，使针阀不能落入阀座，致使进气歧管的混合气被废气稀释，从而怠速不稳，发动机容易熄火。经对EGR阀进行彻底清洗，并换上新垫，起动发动机，一切恢复正常。再次用尾气分析仪进行检测，结果见表10-31。

表10-31　故障排除之后的尾气检测结果

HC(10^{-6})	CO(%)	CO_2(%)	O_2(%)	RPM(r/min)	TEMP(℃)	λ
50	0.23	14.8	1.43	880	83	1.01

由表10-31可以看出，所有数据都在标准之内，故障排除。从这个故障检测诊断实例可以看出，在对有故障的车辆做完必要的常规检查之后，使用尾气分析仪可以很快发现故障的原因，缩小检修范围。

2.奥迪A6轿车V6 2.8L电控发动机怠速时有轻微抖动，加速迟缓故障的检测诊断

(1)故障现象。一辆奥迪A6轿车V6 2.8L电控发动机在怠速运转时有轻微的抖动，并且加速迟缓。

(2)故障检测。点火波形基本正常，但稍有不稳；尾气测量结果：CO为0.3%～0.5%，HC为200×10^{-6}～500×10^{-6}，且在此范围内波动；用VAG1552检查，无故障代码输出；用VAG1552微机故障检测仪进行数据流检测，运行参数正常。

(3)检测结果分析。CO值正常，HC值虽然符合排放污染物的限制标准，但该车装有氧传感器和三效催化转化器，其CO值应低于0.5%，HC应低于100×10^{-6}。而检测结果表明，该车HC值却高于此标准且有波动，从出厂标准考虑为不正常。因此，应考虑发动机可能有失火现象，应进一步检查点火系统是否有轻微断路或短路，特别是短路故障。

(4)故障检修。清洗喷油器，观察各缸喷油器的雾化状态和流量的均匀性。进一步检查点火系统，经检查发现有一个缸的高压线有轻微短路(漏电)现象，为此更换高压线。并因火花塞间隙偏大且已使用2万km，也同时更换。复检发现：发动机抖动稍有改善，但未彻底消除；尾气检查HC值下降不大，并仍有波动。分析认为，故障仍可能是失火原因所致。为了进一步诊断故障，分别在左右两侧排气歧管氧传感器旁边的尾气检测口(该口通常是用一个螺栓密封的)进行尾气检测。结果发现左侧汽缸排出尾气的CO值在0.5%左右，HC值在125×10^{-6}左右(因在催化器前测量，其值会比在排气尾管测量值稍高)，且波动极小，而右侧汽缸排出尾气的CO值也在0.5%左右，但HC值却在125×10^{-6}～250×10^{-6}时有波动。因此，问题应出在右侧汽缸中。为此，又检查了右侧汽缸的高压线和火花塞，发现2缸的火花塞3个电极中有一个间隙过小。经调整后，重新安装，故障完全消除，尾气检测值也符合出厂标准。

3.奔驰S320轿车发动机怠速不稳、抖动严重故障的检测诊断

(1)故障现象。奔驰S320直列六缸发动机怠速不稳，抖动利害，加速正常。

(2)故障检测。该车采用LH－SFI电控燃油喷射系统系统，调取故障代码，为正常代码；用FLUKE－98测试点火二次波形，结果正常；用FLUKE－98对各缸汽缸压力进行测试，均在标准之内，进气及真空系统不漏气。用四气尾气分析仪检测尾气，经测试发现怠速时数据很不稳定，第一组数据见表10-32，四种气体的检测数值全都较高，再次测试一组数据见表10-33。

表 10-32　第一组测试数据

HC(10^{-6})	CO(%)	CO_2(%)	O_2(%)	RPM(r/min)	TEMP(℃)	λ
268	3.6	14.8	3.4	883	83	0.42

表 10-33　第二组测试数据

HC(10^{-6})	CO(%)	CO_2(%)	O_2(%)	RPM(r/min)	TEMP(℃)	λ
45	0.28	8.8	3.3	883	89	1.18

(3)检测结果分析。将上述检测结果进行对比分析发现，HC 和 CO 总是同时升高或降低，CO_2 时高时低，燃烧效率很不稳定，λ 剧烈变化，O_2 不能充分参与反应，数值一直较高，从而可以判定为混合气的形成与燃烧环境十分恶劣，推测是喷油器堵塞，导致喷油器针阀与阀座配合不密，各缸喷油器在应该喷油时不喷油或少喷油，而在不需喷油时，却持续喷油，因而造成供油不正常，致使四气数据极不稳定。

(4)故障检修。再用 FLUKE－98 作喷油脉冲宽度实验，怠速时为 3.5ms，在正常范围内，拆下各缸喷油器检查发现，果然每个喷油器都有不同程度的堵塞，经过彻底清洗，装复试车，一切恢复正常。从上述该故障的检修过程可以看出，尾气分析仪在燃油系统的检查中，可以使人们省去了一些检修环节。如油压的测试，汽油泵、油压调节器、燃油滤清装置的检测。换个角度来考虑，假如在应急修理中，在未作相关检查之前，就用尾气分析仪进行检测，也许在诊断一开始就能找到故障点。

4. 奥迪 100 轿车 V6 2.6L 发动机严重抖动、加速无力、排气呛人故障的检测诊断

(1)故障现象。一辆装备 V6 2.6L 电控发动机的奥迪 100 型轿车抖动严重，加速无力，排气管排出的气体气味呛人。

(2)故障检测。用 VAG1552 对发动机电控系统进行检测，存在故障代码，故障代码的含义是指右侧燃油自适应修正已达极限；用 VAG1552 诊断仪对发动机控制系统进行数据流检测，发现左右两侧的燃油修正系数相差过大，左侧为 0%～－3.8%，而右侧为 10%～12.9%；用发动机综合分析仪检查点火系统并进行汽缸压力分析，发现第 3 缸点火波形的击穿电压较低，且该缸汽缸压力偏低(因汽缸压力相差过大也会导致发动机抖动)；用尾气分析仪检测尾气发现：CO 为 0.9%～1.3%，而 HC 高达 2800×10^{-6}～2900×10^{-6}。

(3)检测结果分析。根据前两项的检测结果，可认为右侧混合气过稀，电控单元对右侧燃油系统进行连续加浓且已达到修正极限。但为判断是否由于右侧汽缸氧传感器的信号导致这种结果，先对左右两侧的氧传感器信号及其对空燃比变化的反应、电控单元对氧传感器信号变化的响应能力进行测试。为此，人为地制造混合气过浓和过稀的状态，发现氧传感器和电控单元的功能均正常。因此，可认为故障应是控制系统以外的原因导致的。根据后两项的检测结果，点火波形基本正常，可认为点火系统正常，但 HC 过高则表示失火，因此可认为这种失火很可能是由于混合气过稀，超出着火界限所致。但从尾气中的 CO 值看，实际混合气并不过稀，因此判断故障很可能是进气系统漏气所致。进行实际汽缸压力测量：发现第 3 缸汽缸压力比其他缸低约 100kPa。

(4)故障检修。在拆解到进气歧管时，发现进气歧管垫的实际压合面只有 1mm 左右(应至少有 4～5mm)，其原因是进气歧管的安装面为 V 形，在先安装密封垫后，当再安装进气歧管时，由于不小心，使该垫下滑，从而减小了密封带，导致严重漏气。即使燃油修正已到极限但仍无法完全补偿。第3缸汽缸压力偏低是机械原因所致。将上述故障点彻底排除后试车故障排除。

5.现代2.0L轿车发动机抖动，排气管发出“突突”声，行驶时加速无力故障的检测诊断

(1)故障现象。现代2.0L轿车车，冷机起动困难，冷却液温度上升后发动机出现抖动，排气管发出“突突”声；行驶时加速无力，伴有车身发冲、后坐现象。

(2)故障检测。用故障检测仪读取故障代码和数据流，正常。用尾气分析仪检查，CO为0.2%～0.3%，但HC高达1 800×10^{-6}。用油压表测得燃油压力和其流量分别为320kPa和1.5L/min，都正常；测量汽缸压力为1 050kPa，在正常范围之内。

(3)检测结果分析。HC数值高，一般是由点火不良或混合气过稀失火而引起的。对点火系统部件进行全面检查，未发现异常。分析认为，是喷油器脏堵导致混合气过稀引起失火故障。

(4)拆下喷油器，发现2缸和3缸喷油器上有大量积炭，经清洗并进行流量和雾化测试，装车冷机起动迅速，热机工作稳定，加速有力，发冲现象消失，尾气排放HC下降至150×10^{-6}，发动机工作恢复正常。

(五)尾气分析仪在车辆故障检测诊断中的拓展

1.利用尾气分析仪检测燃油品质引发的故障

发动机的某些故障，有时是燃油本身所致。首先，汽油发动机在燃烧过程中，汽油的抗爆性要符合发动机工况的变化，因此汽车出厂时就规定要使用满足发动机工作要求的、挥发性好的、着火温度高的、不易自燃的和点火性好的汽油。汽油的标号越高其抗爆性越好。如果使用的汽油不符合要求，汽油在燃烧过程中便容易在火花塞、喷油器、气门和进气口上形成积炭，并使发动机的正常燃烧遭到破坏，导致发动机动力下降、油耗增加、发动机汽缸磨损增加和排放污染物增加。通过使用尾气分析仪检测发动机尾气排放状况，可以确定此类故障。

例如：一辆行驶里程为6 000 km的2003年款宝来1.8L(自动变速器)轿车，发动机动力不足，燃油消耗量增大，并且冷车起动后发动机抖动严重，甚至熄火。

在发动机冷却液温度为95 ℃时用尾气分析仪检测发现，HC、CO、CO_2和O_2的体积百分数分别为563×10^{-6}、6.3%、10.7%和4.5%。根据检测结果分析认为，发动机燃烧不好或点火能量不够。

测量汽缸压力，4个汽缸的汽缸压力差别不大，且均达到车辆出厂技术标准(1.15MPa)；配气相位正确；燃油压力怠速时为250kPa，拔下燃油压力调节器上的真空管，燃油压力立即上升至310kPa(稳定)，说明燃油系统压力正常；清洗4个喷油器并更换4个火花塞后，故障依然存在。

影响燃烧的相关因素没有问题，考虑到燃油品质也是影响发动机正常燃烧的重要因素，从燃油箱中取出一些燃油，由于没有相关仪器进行分析，只能在规范的加油站购买20 L 97号汽油，并将其分别装在2只透明的杯子里面进行颜色对比。发现该车使用的汽油呈浑浊的茶红色，而买来的汽油呈透明的、淡淡的茶黄色，据此认定该车的燃油品质存在问题。将该车的燃油系统进行清洗后并加注购买的97号汽油，试车，前述故障现象完全消失。用故障检测仪读取动态数据，测量数据块的第33组数据中的氧传感器信号电压在1.5V上下变化非常快，再用尾气分析仪检测发现，HC、CO、CO_2和O_2的体积百分数分别为0 000×10^{-6}、0%、16.5%和

0.8%，从而说明该车燃烧良好，故障彻底排除。

2.利用尾气分析仪检测汽缸垫的早期微漏故障

汽缸垫的早期漏气往往是不易被发现。车辆的临床症兆是发动机冷却液温度高，且易缺冷却液，对发动机动力和尾气排放影响不大，一般很难区分是冷却系统的故障还是汽缸垫或汽缸盖等机件的故障，尤其是对于V形发动机，更难判定。但是，利用尾气分析仪可以非常方便地判断此类故障。因为根据发动机的燃烧原理，发动机排出的尾气在没有经过三效催化转化器之前，其中总是有少量的HC和CO的，而在冷却系统中两者肯定是零。如果汽缸垫漏气，燃烧室中的气体将进入冷却系统中，因此，使用尾气分析仪检测冷却系统中是否存在HC和CO，是判断汽缸垫是否漏气的再好不过的方法了。具体操作方法是：拆开冷却液罐盖，起动发动机并暖机至正常工作温度，将尾气分析仪的检测探头放入冷却液罐盖内（注意，千万不要插入冷却液中），急踩几下加速踏板，如果尾气分析仪能够测出少量的CO和HC，则说明该车汽缸垫漏气；如果想要知道具体是哪个汽缸的汽缸垫在漏气，可以逐一拔下各缸的喷油器导线连接器，在拔下哪缸喷油器导线连接器时，如果尾气分析仪上的CO和HC读数消失，则该缸的汽缸垫漏气。

例如，一辆国产奥迪100轿车（V6发动机），发动机总是缺少冷却液，并且发动机冷却液温度高。该车经过多家修理厂维修，均未能排除该故障。利用上述方法进行检测，发现冷却液罐中HC和CO的体积百分数分别达126×10^{-6}和1.2%，逐缸拔下各缸的喷油器导线连接器，发现当拔下第3缸喷油器导线连接器时，尾气分析仪上的读数为零，其余各缸不变。由此判断第3缸有问题，拆下汽缸盖检查发现，第3缸汽缸垫有1处微细痕迹（不仔细看不出来），更换一张新的汽缸垫，试车，按照上述要求再次进行测试，冷却液罐中的HC和CO读数始终为零，且试车时冷却液温度表的指针始终在表程的中间偏下的位置。该车故障彻底排除。

3.利用尾气分析仪检测燃油系统泄漏故障

燃油系统的泄漏故障，如果是漏油、渗油，维修技术人员比较容易判定，但是当遇到驾乘人员说该车有汽油味、感觉不舒服的故障，维修技术人员往往排除不了。实际上，利用尾气分析仪进行检测，非常容易判断此类故障。因为尾气分析仪对HC的变化最为敏感，用尾气分析仪的检测探头对该车燃油系统的怀疑部位进行探测，立刻可以判定泄漏部位。

例如，一辆1994年款凯迪拉克5.7轿车，驾驶员说车内有生油味，该车到多家修理厂均未能排除该故障。利用尾气分析仪检测探头对燃油系统进行探测，发现该车在燃油箱盖处，HC的体积百分数高达$4\ 463\times10^{-6}$，决定更换燃油箱盖。驾驶员不信，但当更换一个新的完好的燃油箱盖后，再次用尾气分析仪测量，发现燃油箱盖处的HC的体积百分数变为$0\ 000\times10^{-6}$，将旧的燃油箱盖再换上，燃油箱盖处测得的HC的体积百分数仍是$4\ 463\times10^{-6}$。可见故障判断是准确的。

4.利用尾气分析仪检测排气系统阻塞故障

众所周知，发动机进排气门的打开与关闭有个提前角和迟闭角，目的是保证进气惯量的合理运用和彻底排出燃烧后的废气，从而提高发动机的充气系数。但当排气系统内的压力（排气背压）过大时便会造成废气进入汽缸，以致在进排气门重叠开启期间向进气管道反喷，当然严重时可以直接发现进气管中有燃油的雾状气体，但是排气阻塞的早期，这类状况往往不易发现，从而导致发动机动力不足、耗油增加且易熄火，甚至影响自动变速器的正常换挡。由于反喷的废气作用，进气口处必然有HC存在（发动机正常工作时，进气口处的HC体积百分数应为零)。根据该原理，我们可以通过利用尾气分析仪检测进气口处的 HC 含量来判定排气系统阻塞故障。

例如，一辆 1996 款日产风度乘用车(VQ20 发动机)，发动机动力不足，油耗高，自动变速器无法升至超速挡。用尾气分析仪检测尾气发现，在热车发动机怠速转速为 750r/min 的状态下，HC、CO、CO_2 和 O_2 的体积百分数分别为 236×10^{-6}、1.2%、13.2%和 3.6%，发动机急加速至 3 000r/min 时，HC、CO、CO_2 和 O_2 的体积百分数分别为 967×10^{-6}、6.7%、8%和 0.8%，并且发现此时发动机转速有明显的缓慢下降现象。用故障检测仪检测动态数据，发现氧传感器信号始终在 0.76V(不变)。由于该车已经清洗过喷油器、更换过火花塞，并检测过燃油压力和汽缸压力(均正常)，因此，维修人员怀疑电控单元有问题。我们拔下节气门前方的真空管，插入尾气分析仪的探头并密封好；起动发动机，热车怠速时 HC 的读数几乎为零，但当将发动机加速至 3 000r/min 时，发现 HC 的读数为 $1\ 032\times10^{-6}$，且有上升的趋势，同时，发动机转速有明显的缓慢下降现象。据此判定，该车的排气系统阻塞。检查发现三效催化转化器已被阻塞了近 2/3。换上新的三效催化转化器，用故障检测仪检测数据流发现，氧传感器信号电压在 0.2V 和 0.7V 之间变化非常灵敏；再用尾气分析仪检测发现，在热车发动机怠速转速为 750r/min 的状态下，HC、CO、CO_2 和 O_2 的体积百分数分别为 45×10^{-6}、0.8%、15.2%和 1.2%，发动机急加速至 3 000r/min 时，HC、CO、CO_2 和 O_2 的体积百分数分别为 $0\ 000\times10^{-6}$、0.08%、15.8%和 0.6%；路试感觉发动机动力良好，自动变速器升降挡均正常，油耗正常。

六、温度分析及在汽车故障检测诊断中的应用

非接触红外测温仪可快速、准确、方便地测量物体的表面温度，而且不需要直接接触被测物体的表面，因此能可靠地测量热的、危险的或难以接触的物体表面温度。红外测温仪每秒可测若干个读数，可以直观连续地测试观察物体表面的温度变化。汽车在运行过程中如果发生故障或有潜在的故障存在，必然引起汽车零部件表面的温度变化或突变。因此，在汽车不解体的故障诊断中，通过测试汽车零部件的温度变化和突变，迅速找到汽车发生故障的部位。可以说，红外测温仪是非常理想和便携的诊断工具，在汽车故障诊断过程能起到事半功倍的作用。

(一)红外原理和基础知识

1.红外基础理论

自然界中，一切温度在绝对零度(−273.15℃)以上的物体，由于自身的分子热运动，都在不停地向周围空间辐射，包括红外波在内的电磁波，其辐射能量密度与物体本身的温度有关。红外线辐射是自然界存在的一种最为广泛的电磁波辐射。因为任何物体在常规环境下都会产生自身的分子和原子无规则的运动，并不停地辐射出热红外能量，分子和原子的运动愈剧烈，辐射的能量愈大，反之，辐射的能量愈小。

黑体辐射定律：黑体是一种理想化的辐射体，它吸收所有波长的辐射能量，没有能量的反射和透过，其表面的发射率为 1。应该指出，自然界中并不存在真正的黑体，但是为了弄清和获得红外辐射分布规律，在理论研究中必须选择合适的模型，这就是普朗克提出的体腔辐射的量子化振子模型，从而导出了普朗克黑体辐射定律，即以波长表示的黑体光谱辐射度，这是一切红外辐射理论的出发点，故称黑体辐射定律。

2.红外测温仪工作原理

红外测温仪由光学系统、光电探测器、信号放大器及信号处理、显示输出等部分组成。光学系统汇集其视场内的目标红外辐射能量，视场的大小由测温仪的光学零件及位置决定。红外能量聚焦在光电探测仪上，并转变为相应的电信号。该信号经过放大器和信号处理电路，按照仪器内部的算法和目标发射率校正后转变为被测目标的温度值。

(二)汽车专用红外测温仪的正确选择和技术特点

1.汽车专用红外测温仪的正确选择

红外测温仪是一个用途非常广泛的温度测量仪器，在其他行业已得到广泛应用。由于在不同行业对温度范围、测试精度、测试环境的要求不同，因此红外测温仪的价格差别很大，1000元至上万元不等。选择红外测温仪需要考虑以下3个方面：

(1)性能指标方面，如温度范围、光斑尺寸、工作波长、测量精度、分辨率、响应时间、保护附件等。

(2)环境温度和工作条件方面。

(3)其他选择方面，如使用方便、维修和售后服务以及价格等。

2.汽车专用红外测温仪的正确选择和技术特点

(1)测试温度范围。−50～+550℃范围是汽车故障诊断最理想的温度指标，温度范围过小，将缩小汽车故障诊断的范围，过大将影响测试精度。

(2)分辨率。分辨率是汽车红外测温仪的重要指标。0.1℃的分辨率很容易观察到物体表面温度的突变。0.1℃或0.11°F，自动选择量程。℃/°F转换和7 s后自动关机功能。这在汽车故障诊断中非常重要。

(3)距离与目标尺寸比为8∶1。该指标是一个非常重要的指标，不同的指标，价格差别非常大。8∶1是维修技师认为红外测温仪价格性价比最好的。

以上三点是选择汽车专用红外测温仪最重要的技术指标，同时，还应参考以下指标：响应时间应小于1s，采样速率为2.5次/s，固定发射率为0.95；多功能带背光液晶显示；放开测量键后数据自动保持；小巧轻便，易于使用。

3.使用汽车专用红外测温仪进行汽车故障诊断的优点

(1)便捷。红外测温仪可快速提供被测量表面的温度，并可以连续测试物体表面每一点温度，在用热偶温度计读取一个渗漏连接点的时间内，用红外测温仪几乎可以读取所有连接点的温度，迅速找到汽车表面温度突变的地方。另外，由于红外测温仪坚实、轻巧，且不用时易于放在皮套中，所以对汽车进行故障诊断工作时可随身携带。

(2)精确。红外测温仪的另一个先进之处是精确，通常精度都是1℃以内。这种性能对在作预防性维护和检测表面温度连续变化时特别重要。如，监测发动机冷却系统，无需拆卸就可以准确测试难以接触到的物体表面温度；还可以扫描所有汽车容易产生温度变化的地方，如制动鼓、制动摩擦片、轴承、排气管、进气管等。用红外测温仪甚至可以快速探测温度的微小变化，在故障的萌芽之时就可将问题解决，减少因设备损坏造成的额外开支和减小维修的范围。

(3)安全。安全是使用红外测温仪最重要的优点。不同于接触测温仪，红外测温仪能够安全地读取难以接近的或不可到达的目标温度，不需要冒接触测温时稍不注意就烧伤手指的风险。红外测温仪都有激光瞄准，便于识别目标区域，使检测工作变得轻松很多。

(三)测温方法

测温时,将红外测温仪对准要测的物体,按触发器,在红外测温仪的LCD上读出温度数据,为保证安排好距离和光斑尺寸之比及视场,需注意以下几点:

(1)只测量表面温度。红外测温仪不能测量内部温度。

(2)不能透过玻璃进行测温。玻璃有很特殊的反射和透过特性,不允许精确红外温度读数,但可通过红外窗口测温。红外测温仪最好不用于光亮的或抛光的金属表面的测温(不锈钢、铝等)。

(3)定位热点。要发现热点,用红外测温仪瞄准目标,然后在目标上作上下扫描运动,直至确定热点。

(4)注意环境条件。蒸汽、尘土、烟雾等能阻挡红外测温仪的光学系统,影响测温精度。

(5)环境温度。如果红外测温仪突然暴露在环境温差为20℃或更高的情况下,允许仪器在20 min内调节到新的环境温度。

(四)红外测温仪在汽车故障诊断中的应用

1.红外测温仪在汽车故障诊断中的应用范围

红外测温仪在对汽车进行故障诊断时,对容易产生温度突变和对温度变化敏感的零部件,具有判断准确、快速、便捷的效果,主要应用在以下一些方面:

(1)迅速检查发动机某一缸工作不良。

(2)检查发动机(COP)点火系统的点火线圈工作不良。

(3)检查冷却系统故障,准确判断汽车散热器和节温器是否堵塞,以及冷却液温度传感器好坏。

(4)检查废气控制系统,准确检查三效催化转化器,诊断检查排气管故障。

(5)检查空调和暖风系统的性能和故障。

(6)测量检查轮胎和制动鼓的温度突变。

(7)检查轴承、电动机、制动盘和制动鼓的温度突变。

2.红外测温仪在发动机缺缸故障诊断中的应用

用红外测温仪可以判断柴油机或汽油机的点火系统故障,点火不成功情况下进行多点扫描,查找故障所在。

检测的方法是用红外测温仪照射测量发动机排气歧管的温度,不工作的汽缸由于无法燃烧,所以没有其他正常工作的汽缸产生的热量多,排气歧管的温度就低。因此,当某一缸排气歧管的温度明显低于其他汽缸排气歧管的温度时,则说明该缸工作不良。如果该汽缸工作不良,可以继续检查点火系统、汽缸压力、燃油系统等。

如果发动机采用的是COP式点火系统,可以用红外测温仪检查点火线圈的温度,无效的点火线圈比其他的工作温度明显低。同样的方法还可以检查燃油分配器。

3.红外测温仪在发动机冷却系统故障诊断中的应用

引起温度过高有各种各样的原因,因此,在冷却系统中检查温度的变化非常重要,可以准确和快速地对冷却系统进行故障诊断。

(1)节温器。①节温器的常见故障有:阀门开启和全开时温度过高、不能开启或节温器关闭不严。前者将造成冷却液不能有效地进行大循环,致使发动机过热。在寒冷地区,还会因冷却液未经大循环而使散热器结冰；后者将造成发动机升温缓慢，使发动机过冷。此外，随着节温器性能逐渐衰退，主阀门的开度逐渐减小，致使进入大循环的冷却液流量减少，冷却系统将逐渐过热。②节温器失效有两种情况：节温器主阀门长期处于关闭状态，无论冷却液温度高低，冷却液的循环路线均是由水泵泵水，经汽缸体水套、汽缸盖水套及出水管后，又由水泵泵向汽缸体，即所谓的小循环，这样必然造成发动机温度过高，直至开锅；如果节温器长期处于打开状态，因无节温器的控制，冷却液循环路线则一直是由水泵泵水经汽缸体和汽缸盖水套、出水管到散热器，这样，在汽车起动时（尤其在冬季），发动机冷却液的温度上升慢，使发动机不能在正常的温度下工作，发动机温度过低。发动机开始工作时，打开散热器加水口盖观察，若冷却液平静，则为节温器工作正常。如果温度升得较快，当表的温度指针显示 80℃后，即达到主阀门开启温度，升温速度减慢，也为节温器工作正常，否则，工作失效，应予更换新件。当温度在70℃以下，而温度表继续上升，达到节温器主阀门开启时，散热器内温度缓慢上升，即为节温器性能良好，否则，阀门关闭不严，使其过早地进行大循环，工作失常。当节温器主阀门达到打开时刻，测试上下水管的温度，温度差不多，即为节温器良好，否则，存在故障。③检测方法：用红外测温仪瞄准节温器壳体，测试节温器的温度变化，可以判断节温器是否打开。如果测试时，发现节温器的温度有突然增加的地方，表明节温器打开；如果温度没有变化，说明节温器工作不良，需要更换。如果节温器工作正常，当冷却液温度达到 80℃左右时，冷却风扇应开始工作；如果冷却风扇不工作，表明风扇电动机、线路、继电器或冷却液温度开关工作不良。

(2)散热器。散热器阻塞将会导致发动机运行过热，降低散热效率。散热器检查：用红外测温仪扫描散热器表面两边的温度，沿着冷却液流动的方向检测散热器的表面，如果检测到有温度突变的地方，表明该地方管路阻塞。

(3)暖风装置。暖风（暖气）输出量不足的主要原因是暖风阻塞，通过比较暖风输入和输出管的温度，可以诊断暖风是否阻塞。输入和输出软管必须是热的，同时输入管的温度比输出管的温度高 20℃。如果输出管不热，说明冷却液没有经过暖风芯，主要原因是暖风管阻塞或加热控制阀失效。

(4)冷却液温度传感器。测试冷却液温度传感器和进气温度传感器，然后比较测试后的温度读数与ECU中的读数（通过故障检测仪读取）是否在同样的精度范围内。如果是，则说明温度传感器工作正常。

4.红外测温仪在空调系统故障诊断中的应用

性能测试提供了空调系统工作效率的测量。理想的压力读数随温度变化而变化，可以用表10-34（美国工程师联合会提供）作为指导，确定适当的压力，同时，用红外测温仪确定进入车厢的空气温度。在测试之前，应确认空调系统、空气分配（空气门）功能正常。这可保证通过蒸发器的所有空气都直接通到空气出口。性能测试操作步骤如下：

(1)分别把排气歧管压力表与高压、低压接头连接，这时两个阀门都处于关闭状态。

(2)关闭汽车的所有车门和车窗。

(3)调节汽车空调控制装置，使之达到最大制冷量和高速鼓风机位置。

(4)空挡发动机怠速运转 10min。为得到最好结果，在散热器格栅前放置高流量风扇，以确保有足够的空气流量通过冷凝器。

(5)将发动机转速增加到 1 500～2 000r/min。

(6)用红外测温仪测量蒸发器空气出口格栅温度或空气管道喷嘴温度（2～4℃）。

表 10-34 公制 R－134a 的温度/压力对照表

温度(℃)	压力(kPa)	温度(℃)	压力(kPa)	温度(℃)	压力(kPa)
18	476	29	676	40	945
19	483	30	703	41	979
20	503	31	724	42	1007
21	524	32	752	43	1027
22	545	33	765	44	1055
23	552	34	793	45	1089
24	572	35	814	46	1124
25	593	36	841	47	1158
26	621	37	876	48	1179
27	642	38	889	49	1214
28	655	39	917		

(7)读出高压表值和低压表值，与维修手册中提供的操作压力的正常范围比较。

操作压力随温度、随外部空气温度不同而变化。因此，在温度较高的天气，操作压力将位于维修手册性能表所示的高压范围。在温度较低的天气，操作压力将位于较低范围。如果操作压力在正常范围内，就说明空调系统的制冷部分工作正常。这可以通过检查蒸发器出口温度得到进一步的证实。

蒸发器出口空气温度也随外部(周围)空气和湿度情况而变化。根据系统是由循环离合器压缩机控制还是由蒸发器压力控制阀控制，还可发现进一步的变化。由于这些变化，很难精确测定蒸发器出口空气温度应是多大值。一般来讲，在低侧的空气温度(21℃)和湿度(20%)下，蒸发器出口空气温度应在 0～4℃范围内；在外部空气 27℃和湿度 90%的极限情况下，蒸发器空气出口温度大约在 10～16℃范围内。

为所有不同的空调系统都提供具体的性能图表是不现实的，所以只能用经验来确定一种能预测不同系统中操作压力和外部空气温度的比值。例如，用红外测温仪扫描从压缩机到冷凝器的排放管，排放管子全长的温度应一致。任何温度差异都是管子堵塞的征兆，此管子应冲洗或更换。由于管子很热，进行操作时应当小心。此外，其他的测试应当在发动机运转时进行。具体测试方法如下：

(1)通过上下测试冷凝器表面，或沿回转弯头温度检查，看是否有温度变化。在从顶部到底部检查的过程中，温度应逐渐地从热变到温。温度剧变表示有堵塞，冷凝器必须冲洗或更换。

(2)如果系统有储蓄罐/干燥器，应该对其进行检查。入口管和出口管应该处于相同温度。在管道上或储蓄罐上的任何变化或结霜表明有堵塞，这时储蓄罐/干燥器必须更换。

(3)如果系统有玻璃观察窗，应对其进行检查。

(4)测试从储蓄罐/干燥器到膨胀阀的液体管路，整个管长范围内都应是温热的。

(5)膨胀阀应该无霜，它的入口和出口应有较大的温差。

(6)通往压缩机的进气管应被冷却，从蒸发器至压缩机部分可以测试。如果它上面覆盖厚厚的霜，则表明膨胀阀向蒸发器溢流。

(7)装有节流孔系统的车辆，测试从冷凝器出口到蒸发器进口之间的液体管路。蒸发器入口的节流孔之前的液体管路的温度如果有变化，表示有堵塞。若堵塞，应冲洗液体管路或更换节流孔。

总之，通过综合温度检查和压力表读数，就可以发现系统中某些装置功能失常，然后再作进一步的诊断。

5.红外测温仪在尾气排放系统故障诊断中的应用

(1)三效催化转化器。三效催化转化器在正常工作状态下，由于氧化反应会产生大量的热，因此可通过温差对比来判断催化转化器性能的好坏。起动发动机，预热至正常工作温度，将发动机转速维持在2 500r/min左右，将车辆举升，用红外测温仪测量三效催化转化器进口和出口的温度。注意，应尽量靠近三效催化转化器(50mm内)。三效催化转化器出口的温度应至少高于进口温度10%～15%，大多数正常工作的三效催化转化器出口的温度高于进口温度20%～25%。如果车辆在主三效催化转化器之前还安装了副三效催化转化器，主三效催化转化器出口温度应高于进口温度15%～20%。如果出口温度值低于上述数值，则说明三效催化转化器工作不正常，需更换。如果出口温度值超过上述数值，则说明废气中含有高浓度的CO和HC，需对发动机本身做进一步的检查。

判断三效催化转化器是否阻塞，用红外测温仪测试非常容易。测试输出温度与原厂维修手册中最小的工作温度相比较。排气管的温度至少在300°F(149℃)，三效催化转化器才能正常工作。测试并计算三效催化转化器的输入和输出温度差，温度差正常应该在55～85℃。

(2)氧传感器。发动机起动后，氧传感器必须达到600°F(315℃)才开始产生电压信号，如果一辆汽车花费很长时间才进入闭环状态或者没有进入闭环控制模式。可以冷起动发动机，比较温度上升的时间，以判断是否是加热元件故障还是线路故障。

6.红外测温仪在制动系统故障诊断中的应用

车辆行驶一段距离后检测磨损的制动蹄或车轮轴承的温度，若温度明显比环境温度高，则预示磨损过多。

本章小结

1.汽车故障的定义。

2.常见的故障模式。

3.汽车故障的类型。

4.汽车故障诊断的类型以及各种类型汽车故障诊断的特点。

5.汽车故障诊断的条件。

6.汽车故障诊断的参数和诊断标准。

7.汽车零部件失效的基本类型和失效的基本原因。

8.汽车零部件(故障)的常用分析方法。

9.失效分析的步骤。

10.电控元件故障的类型和特点。

11.时效故障的性质和特点。

12.ECU对电控元件故障的确认方法。

13. 电控系统的故障类型及特点。

14. 典型汽车疑难故障的定义和诊断原则。

15. 汽车故障诊断的基本程序。

16. 汽车故障诊断的基本方法——客户调查、直观检查、故障征兆模拟、电控元件故障部位的诊断、电路检测诊断方法等。

17. 故障代码分析及在汽车故障自诊断中的应用方法。

18. 故障代码分析的基本流程。

19. 故障现象和故障代码的相互关系。

20. 故障代码分析的基本原则。

21. 数据流分析及在汽车故障自诊断中的应用方法。

22. 数据显示方法和测量手段。

23. 数据流常用分析方法——数值分析法、时间分析法、因果分析法、关联分析法、比较分析法、成组分析法。

24. 有故障代码时的数据流分析一般步骤。

25. 无故障代码时的数据流分析一般步骤。

26. 数据流综合分析步骤。

27. 标准 OBD－Ⅱ数值分析流程。

28. 短期燃油修正和长期燃油修正及在汽车故障诊断中的应用方法。

29. 汽车电控系统电子信号的类型和判定依据。

30. 示波器的类型和特点。

31. 示波器的控制方法。

32. 主要传感器波形检测方法和分析方法。

33. 主要执行器波形检测方法和分析方法。

34. 点火波形分析方法。

35. 点火波形在喷油器故障诊断中的应用方法。

36. 氧传感器波形分析在电控汽车故障诊断中的应用方法。

37. 典型故障的氧传感器波形分析方法。

38. 多通道示波器在电子信号相位关系检测中的应用方法。

39. 进气系统密封性的检测方法和比较。

40. 进气管真空度及其与发动机工作状况的关系。

41. 进气管真空度检测方法的功能和机理分析。

42. 各种非正常状态下进气管真空度的特征。

43. 进气真空度数值和发动机故障现象之间的关系。

44. 真空波形检测方法和波形分析方法。

45. 汽车排放物的生成原因及发动机正常排放值。

46. 尾气分析排放测试的方法。

47. 尾气分析的项目和基本原则。

48. 各种尾气测量值和发动机故障之间的关系。

49. 尾气分析仪在车辆故障检测诊断中的功能拓展。

50. 红外原理和基础知识。
51. 红外测温仪的工作原理。
52. 汽车专用红外测温仪的正确选择。
53. 汽车专用红外测温仪的技术特点。
54. 利用红外测温仪测量温度的方法。
55. 红外测温仪在汽车故障诊断中的应用范围。
56. 利用温度分析发动机失火、冷却系统等故障的具体方法。

复习思考题

1. 汽车故障的定义是什么?
2. 汽车上常见的故障模式有哪些?
3. 汽车故障有哪些类型? 各种类型的汽车故障具有什么特点?
4. 汽车故障诊断可以分为哪几种类型? 每种类型的故障诊断具有什么特点?
5. 进行汽车故障诊断需要哪些条件?
6. 在确定汽车故障诊断参数时应着重考虑哪些因素?
7. 汽车故障诊断标准按照来源和性质划分,分别有哪些类型?
8. 汽车零部件失效的概念是什么? 汽车零部件失效按照失效模式可以分为哪几种类型?
9. 汽车零部件失效的基本原因有哪些?
10. 什么叫失效分析? 进行汽车零部件失效分析的思路有哪些?
11. 典型汽车零部件的工作条件和常见失效方式是什么?
12. 什么是汽车零部件失效的系统工程分析方法? 用系统工程分析失效的方法有哪些?
13. 什么是故障树分析法? 如何运用故障树图进行失效或故障分析。
14. 什么是特征因素分析法? 特征因素分析法的要点是什么?
15. 什么是摩擦学系统失效分析法?
16. 简述失效分析的步骤。
17. 汽车电控元件有哪些故障类型?
18. 什么是汽车电控元件的时效故障? 时效故障具有哪些性质? 时效故障的特点是什么?
19. ECU 对电控元件故障的确认方法有哪些? ECU 是按照什么原则确认电控元件故障的?
20. 汽车电控系统故障可以分为哪几种类型? 什么是常见故障? 什么是疑难故障?
21. 按照实际维修工作中疑难故障出现的概率,汽车电控系统的疑难故障大体可以分为哪几种类型? 每种疑难故障各有什么特点?
22. 简述汽车故障诊断的基本程序?
23. 如何正确填写客户调查表? 请根据维修实践制定一种车型或系统的客户调查表。
24. 在对车辆进行直观检查十应注意哪些问题?
25. 什么是汽车故障征兆模拟检测方法? 常见的汽车故障征兆模拟检测方法有哪些?
26. 常用的环境模拟方法有哪些? 在进行环境模拟检测时应注意什么问题?
27. 什么是增减模拟检测方法? 如何进行汽车故障的增减模拟检测?

28. 什么是输入模拟检测方法？常用的输入模拟检测方法有哪些？在进行输入模拟检测时应注意什么问题？

29. 什么是状态模拟检测方法？常用的状态模拟检测方法有哪些？分别如何进行检测？

30. 确认电控元件(即元件级)故障部位的方法有哪些？每种方法各有什么特点？如何正确运用？

31. 使用万用表进行故障检测诊断的一般原则是什么？

32. 试述利用万用表进行断路、短路检测的一般步骤？

33. 车型维修手册中给出的故障症状诊断表有何特点？

34. 在进行零件替换诊断车辆故障的时候应注意哪些问题？

35. 故障代码分析的基本流程是什么？

36. 简述故障现象和故障代码之间的关系。

37. 进行故障代码分析的基本原则有哪些？

38. 如何充分发挥故障代码表的功能？

39. 在进行故障代码分析时为什么要明确故障代码的运行和设置条件？

40. 详细了解设置故障代码之后的应急措施对正确分析故障代码有什么好处？

41. 维修手册中的故障代码诊断帮助内容对故障代码分析有何意义？

42. 在根据故障代码排除故障时为什么要严格执行维修手册中提供的故障代码诊断流程？

43. 如何正确理解故障代码的含义？

44. 在进行故障代码分析时为什么要充分考虑故障代码指示故障部位所处的环境？

45. 如何根据故障代码的内容确定正确的故障诊断思路？

46. 记录故障代码时的冻结数据祯对分析故障代码有何帮助？

47. 什么是数据流？数据显示的方式有哪些？数据测量的手段有哪些？

48. 常用的数据流分析方法有哪些？

49. 利用数值分析法分析数据流时应注意什么问题？

50. 如何利用时间分析法进行数据流的分析？

51. 如何利用因果分析法进行数据流的分析？

52. 如何利用关联分析法进行数据流的分析？

53. 如何利用比较分析法进行数据流的分析？

54. 如何利用成组分析法进行数据流的分析？

55. 有故障代码时数据流分析的一般步骤是什么？

56. 无故障代码时数据流分析的一般步骤是什么？

57. 数据流综合分析的步骤是什么？

58. 什么是短期燃油修正和长期燃油修正？短期燃油修正和长期燃油修正在汽车故障诊断中有何作用？

59. 电控系统电子信号有哪些类型？

60. 电子信号的判定依据有哪些？

61. 示波器有哪些类型？各有什么特点？

62. 如何进行示波器的控制？

63. 如何进行叶片式空气流量传感器的波形检测？如何根据检测的波形分析叶片式空气

流量传感器的故障？

64. 如何进行热线(热膜)式空气流量传感器的波形检测？如何根据检测的波形分析热线(热膜)式空气流量传感器的故障？

65. 如何进行数字式空气流量传感器的波形检测？如何根据检测的波形分析数字式空气流量传感器的故障？

66. 如何进行卡门涡旋式空气流量传感器的波形检测？如何根据检测的波形分析卡门涡旋式空气流量传感器的故障？

67. 如何进行半导体压敏电阻式进气歧管绝对压力传感器的波形检测？如何根据检测的波形分析半导体压敏电阻式进气歧管绝对压力传感器的故障？

68. 如何进行电容式进气歧管绝对压力传感器的波形检测？如何根据检测的波形分析电容式进气歧管绝对压力传感器的故障？

69. 如何进行线性输出型节气门位置传感器的波形检测？如何根据检测的波形分析线性输出型节气门位置传感器的故障？

70. 如何进行开关量输出型节气门位置传感器的波形检测？如何根据检测的波形分析开关量输出型节气门位置传感器的故障？

71. 如何进行磁脉冲式曲轴位置传感器的波形检测？如何根据检测的波形分析磁脉冲式曲轴位置传感器的故障？

72. 如何进行霍尔式曲轴位置传感器的波形检测？如何根据检测的波形分析霍尔式曲轴位置传感器的故障？

73. 如何进行光电式曲轴位置传感器的波形检测？如何根据检测的波形分析光电式曲轴位置传感器的故障？

74. 如何进行温度传感器的波形检测？如何根据检测的波形分析温度传感器的故障？

75. 如何进行爆震传感器的波形检测？如何根据检测的波形分析爆震传感器的故障？

76. 如何进行EGR阀位置传感器的波形检测？如何根据检测的波形分析EGR阀位置传感器的故障？

77. 如何进行氧传感器的波形检测？如何根据检测的波形分析氧传感器的故障？

78. 节气门体燃油喷射系统氧传感器信号电压波形有何特点？

79. 多点式燃油喷射系统氧传感器信号电压波形有何特点？

80. 判定氧传感器信号电压波形正确与否的参数有哪些？

81. 氧传感器信号电压波形杂波产生的原因有哪些？

82. 什么是增副杂波？什么是中等杂波？什么是严重杂波？各类杂波各有什么特征？

83. 如何进行饱和开关型喷油器的波形检测？如何根据检测的波形分析饱和开关型喷油器的故障？

84. 如何进行峰值保持型喷油器的波形检测？如何根据检测的波形分析峰值保持型喷油器的故障？

85. 如何进行脉冲宽度调制型喷油器的波形检测？如何根据检测的波形分析脉冲宽度调制型喷油器的故障？

86. 如何进行PNP型喷油器的波形检测？如何根据检测的波形分析PNP型喷油器的故障？

87. 如何进行喷油器电流波形的检测？如何根据喷油器电流波形分析喷油器的故障？

88. 如何进行喷油器起动试验波形的检测？如何根据喷油器起动试验波形分析喷油器的故障？

89. 如何进行怠速控制阀的波形检测？如何根据检测的波形分析怠速控制阀的故障？

90. 如何进行活性炭罐电磁阀的波形检测？如何根据检测的波形分析活性炭罐电磁阀的故障？

91. 如何进行 EGR 控制电磁阀的波形检测？如何根据检测的波形分析 EGR 控制电磁阀的故障？

92. 如何进行废气涡轮增压控制电磁阀的波形检测？如何根据检测的波形分析废气涡轮增压控制电磁阀的故障？

93. 如何进行 ABS 电磁阀的波形检测？如何根据检测的波形分析 ABS 电磁阀的故障？

94. 如何利用点火波形诊断喷油器的故障？

95. 氧传感器对维修检测有何作用？

96. 发动机正常燃烧需要满足哪些方面的条件？

97. 发动机的哪些故障可能导致氧传感器波形不正常？

98. 利用氧传感器波形分析发动机故障的一般流程是什么？

99. 个别缸喷油器堵塞造成各缸喷油不均衡导致的氧传感器波形有何特点？

100. 氧传感器波形如何配合喷油脉宽进行发动机故障分析？

101. 进气真空泄漏情况下氧传感器的波形有何特点？

102. 如何利用氧传感器波形分析三效催化转化器的转化效率？

103. 多通道示波器在汽车故障检测诊断中有何意义？

104. 进气系统密封性常用检测方法有哪些？各有什么优缺点？请对各种检测方法进行一个对比。

105. 简述真空测试原理。

106. 简述进气管真空度和发动机工作状况之间的关系。

107. 进气管真空度检测方法有哪些功能？

108. 利用真空度检测方法判断发动机故障的机理是什么？

109. 发动机各种非正常状态对进气管真空度有何影响？

110. 简述进气管真空度和发动机故障现象之间的关系？

111. 各种故障状态下真空波形有何特点？

112. 简述汽车排放物的生成原因？

113. 发动机在怠速工况和 2 000r/min 时正常的尾气排放值是多少？

114. 利用尾气分析仪对发动机尾气进行正常测试的方法步骤是什么？

115. 如何利用尾气分析仪进行汽缸与冷却水道泄漏的测试？

116. 如何利用尾气分析仪进行燃油蒸发排放控制系统泄漏的测试？

117. 如何利用尾气分析仪进行曲轴箱通风装置的测试？

118. 对于装备三效催化转化器的车辆如何进行尾气测量？

119. 进行尾气测量时应该注意哪些问题？

120. 尾气分析的主要内容和主要分析参数是什么？

121. 根据尾气检测结果进行故障分析的基本原则有哪些?
122. 四气体排放状况与发动机故障之间的关系是什么?
123. 五气体排放状况与发动机故障之间的关系是什么?
124. 如何利用尾气分析仪检测排气系统堵塞故障?
125. 如何利用尾气分析仪检测发动机汽缸垫的早期微漏故障?
126. 红外测温仪的工作原理是什么?
127. 如何正确选择汽车专用红外测温仪?
128. 汽车专用红外测温仪的技术特点是什么?
129. 如何利用红外测温仪进行测温?
130. 红外测温仪在汽车故障诊断中可以用在哪些方面?
131. 如何利用红外测温仪检测发动机缺缸故障?
132. 如何利用红外测温仪检测发动机冷却系统的故障?
133. 如何利用红外测温仪检测汽车空调系统的故障?
134. 利用红外测温仪如何检测三效催化转化器的性能好坏?

第十一章　汽车维修资料的搜集整理

汽车维修企业技术保障体系主要包括企业人员培训考核、汽车维修检测设备的管理和汽车维修资料的搜集整理，三者缺一不可。其中人员培训和考核以及维修检测设备的管理，已经分别在相关章节中详细阐述，本章主要介绍汽车维修资料的搜集整理。

全面准确的汽车维修技术资料，是现代汽车检测诊断和修理的必备条件，是汽车故障诊断的重要依据，是获取维修方法的重要环节。随着车辆技术的发展，汽车结构原理的个性化发展，经验维修在现代汽车维修中的成分越来越少，数据化维修已经成为目前汽车维修的重要途径，维修资料在汽车维修中的重要性越来越地被广大汽车维修技术人员所认识。

第一节　汽车维修资料的类别和搜集途径

一、汽车维修资料的类别

汽车维修资料多种多样，常见的汽车维修资料按照资料的针对性可以分为专业车型维修资料和综合性汽车维修资料，专业车型维修资料包括原厂车型维修手册、车型培训手册、原厂维修技术通信。按照资料的来源主要有原厂维修资料、正规出版的专业书籍、汽车维修专业报刊、专业公司制作的维修资料数据库、网络资料、来自维修实践的案例分析。按照资料的性质可以分为结构原理类资料、维修数据类资料、维修规范类资料、电路图和元件位置图、维修案例；按照资料的载体可以分为印刷品资料和电子化资料两大类。按照资料传递信息的方式可以分为文字类资料、图表类资料、视频类资料。上述维修资料类别繁多，要真正地发挥汽车维修资料在维修实践中的作用，作为汽车维修技术负责人一定要掌握资料的搜集、整理、分类的方法，让维修资料各尽其用。如果资料不整理、不归纳，将大大削弱维修资料的作用。下面将各种汽车维修资料的作用和性质分别阐述如下。

1.基础类资料

汽车是机电一体化的产品，涉及面非常广泛，而进行汽车故障检测诊断和维修，必须具备相应的专业基础知识，且汽车维修技术人员具备这方面的系统知识对分析车辆故障非常有帮助，这也是汽车维修技术负责人对维修技术人员进行内部培训的重要方面。此类资料概括起来主要包括电子基础知识、机械基础知识、电子控制基础知识、液压传动和气压传动基础知识、英语知识、汽车运行材料知识等。

2. 基本结构原理类资料

基本结构原理类资料，主要讲解汽车各个系统的基本组成和工作原理，讲解汽车各个系统由哪些部件组成，该系统是如何工作的，每个部件的结构是怎样的，该部件是如何工作的，这是维修技术人员进行车辆故障检测诊断和分析的重要基础。因此，汽车基本结构原理类的资料是汽车技术资料的主要组成部分，是机动车维修技术负责人对维修技术人员进行培训的主要内容。

3. 原厂维修手册类资料

原厂维修手册类资料详细介绍某车型的检测维修方法、检测维修步骤和程序、维修注意事项、详细检测维修参数、拆装方法和步骤，并给出详尽的汽车电路原理和元器件位置图。因此，原厂维修手册是汽车故障检测诊断的重要依据。此类资料越详尽，对故障检测诊断和维修帮助越大，因此，作为企业的技术负责人一定要搜集、整理本企业维修车型，以及将来可能维修车型的全部原厂维修手册。

4. 原厂技术通报类资料

整车厂依据各自的4S维修系统，搜集某种车型的共性故障或者车辆的设计缺陷，并研究出特定的故障解决方案或者提出有效的改进措施（改进零件、改进程序等），将此类问题搜集整理之后，以技术通报的形式发放给所有的4S维修系统。此类技术信息针对性非常强，是快速解决共性故障或消除车辆设计缺陷的有效信息，对车辆维修工作具有很大的帮助作用。但是，此类资料和原厂维修手册一样，均不向非4S维修系统提供。

5. 故障案例类资料

故障案例是自己或别人针对某个车型的具体故障的解决步骤和方法，一个完整的故障案例包括故障现象、故障检测方法、实际检测数据及相对应的标准数据、故障诊断的过程，以及故障排除的方法。故障案例详细记录了维修技术人员排除故障的程序和步骤，在维修技术人员遇到相同故障的时候可以按图索骥。所以，技术负责人搜集大量详尽的维修案例，并通过一定的途径将维修案例传递给维修技术人员，是提高整个维修企业技术水平的重要手段。在维修案例类资料中，作为维修技术负责人还应该将案例中检测诊断和维修的不足和可取之处进行明确标识，便于维修技术人员引以为戒或借鉴。

6. 综合维修方法类资料

无论车辆技术发展到什么程度，汽车的检测维修都具有一定的共性内容。综合维修方法类资料，就是各种检测方法、分析思路、故障分析方法的综合体现。此类资料是提高汽车维修技术人员综合分析问题能力的重要途径。所以，维修技术负责人应当广泛而大量地搜集此类资料并进行归类整理。譬如，电控汽车故障检测维修的注意事项、检测维修的误区、故障代码分析的方法、数据流分析的方法、尾气分析的方法、温度分析的方法、真空度分析的方法等，都属于此类维修资料的范畴。

7. 设备使用维修规范类资料

汽车检测维修需要大量的设备和工具，设备使用维修规范类资料的完善是正确发挥维修检测设备在维修工作中作用的重要依据。此类资料主要包括现有检测诊断设备和工具的正确使用方法、规范操作步骤、使用技巧、安全操作规程和注意事项，除了这些资料之外，当前新型汽车维修检测设备层出不穷，很多新型设备可以大大提高维修效率和检测精度，简化检测维修程序，促进汽车检测维修工作向快速、精确、便捷方向发展。因此，此类资料的另外一个重要组成部分就是新型检测维修设备的功能和使用范围，为维修企业今后设备的添置储备信息，这一点对于维修技术负责人而言非常重要和必要。

8. 车辆技术变更信息类资料

当前车辆的更新换代是车辆技术发展的一个重要特征，也许车辆的更新换代仅仅是某个系统或者某个部件或者是软件程序，但是无论是什么样的更新，按照已有的程序和方法进行维修，都会给车辆维修工作带来很大的麻烦或造成不必要的损失。因此，维修技术负责人要时刻关注车辆的技术变更信息，并针对车辆的技术变更情况，制定相关的维修工艺流程。

9. 维修工艺文件类资料

维修工艺文件是汽车维修工作中的重要规范，是汽车维修质量的关键保障。此类资料主要包括定车型维护工艺规程、定车型检测工艺规程、定部件维修作业规范、总成大修工艺规范、定项目质量检验规范、定设备操作工艺规程、定岗位操作注意事项、定配件质量检验方法、车辆进厂检验程序、维修过程质量检验程序、竣工质量检验项目、车辆送检规定、维修流程控制方法、维修质量控制方法、维修质量纠纷处理流程、投诉处理流程、跟踪服务管理规定、技术人员培训管理规定、岗位职责、岗位技术要求、疑难技术问题信息反馈规定、车辆维修记录管理规定、维修质量分析管理规定、问责管理规定、维修质量考核办法等。

10. 现场检测维修记录类资料

数据化维修是现代汽车检测维修的重要标志，因此，在进行现场检测维修过程中，每项检测维修项目都必须有详尽的数据记录，以备进行疑难故障的分析处理、质量纠纷的调解处理、维修质量考核。此类资料主要包括检测维修项目、各检测维修项目维修前检测数据、各项目采用的维修方法、各项目维修后的检测数据、维修质量检验项目和数据、配件更换信息等。

11. 正常车辆检测数据类资料

车型维修手册上均提供详尽的标准数据，但是此类数据多数是车辆设计参数和大致的范围参数，此类数据在维修过程中大多只能作为参考，而真正对汽车故障分析有用的数据要求精确。譬如，上海桑塔纳 2000GSi 轿车的发动机负荷参数，维修手册上提供的标准数据是 1.0～2.5ms，这个范围是非常大的，车辆正常工作的时候不可能在这么大的范围内均正常，维修实践表明，车辆的实际数据虽然仍然在该规定范围之内，但是车辆已经发生了问题，出现了不正常的现象，例如当检测的该项数据为 2.3ms 时，车辆油耗已经增大了，此时需要清洗节气门控制器并进行基本设定。由此可见，对维修工作真正具有实际意义的数据是对运行正常车辆的实测数据。因此，维修技术负责人本人或指导维修技术人员要经常对正常车辆进行数据检测，并做详尽数据记录。此类资料对汽车维修工作非常重要，具有现实指导意义。

二、汽车维修资料的搜集途径

汽车维修资料量大面广，全面而详尽的汽车维修技术资料是车辆维修的基础，因此，汽车维修资料的搜集工作非常重要。一般而言，按照资料的来源不同，可以通过以下途径进行资料的搜集工作。

1. 整车厂或其 4S 服务系统

通过整车厂或其 4S 服务系统可以搜集到以下资料：原厂定车型维修手册、定车型自学手册、定车型培训资料、定车型维修技术通报资料、定车型技术变更信息资料、定车型维修案例、定车型维修技巧等。通过该途径搜集的资料的最大特点是定车型、权威、精确、详尽、完整和针对性强,缺点是车型单一、局限性大。但是,由于目前此类资料整车厂只针对其4S服务系统发布,再加上4S系统的技术封锁,所以,此类资料搜集的难度相对较大。

2.专业汽车信息服务商

随着车型的增多,一个维修企业已经不可能搜集所需的所有车型的维修技术资料。世界范围内已经拥有专业的汽车信息服务商,开发出具有资料容量大、数据齐全准确等特点的大型维修资料数据库,此类数据库的主要内容包括:车辆每个系统全部的结构、检测诊断和维修数据、详尽的电路图和元件位置图、车身维修数据、标准的检测流程、配件信息。此类资料还将资料精确地定位到车辆的年款,基本达到了"原厂维修手册"的详细程度。由于此类资料一般采用计算机存储,便于数据的更新。

目前比较有代表性的专业汽车信息服务商有美国Mitchell公司和美国ALLDATA公司。美国Mitchell公司是全球最大的汽车信息服务商,主要面向北美、欧洲及亚洲地区提供汽车维修、配件数据(光盘和书籍),在北美地区占有80%以上的市场份额,其数据库内容包括整车维修(On—Damand)、变速器维修(TRN)、技术服务公报(TSB)、汽车技术参数及车型配置数据库。Mitchell汽车维修数据库的详尽准确程度与原厂维修手册一致,资料编排、查询和操作具有特有的风格和统一性。概况起来,Mitchell数据库具有以下特点:

(1)内容丰富、准确。Mitchell数据库包含了1983年至今美、欧、亚世界各国51个汽车制造厂商的近5000余种车型的维修资料。只要选定了年代、厂家、车型,即可进入相应的维修目录。在不同的维修目录下,根据发动机型号、变速器型号等的不同,有更为详细的分类,资料查找更快捷、更准确。如果不能确定车辆的年代、型号,Mitchell数据库提供了17位码的解码信息。只要查到车辆的17位码,即可准确地了解该车辆的详细参数。Mitchell数据库将车型精确地定位在"年款",极大地保证了资料的准确性,是市场上常见数据维修资料所无法比拟的,这也是美国电子化维修资料彻底垄断市场的最重要的原因。

(2)完整统一的电路图。Mitchell数据库中的每一款车型都有40～80张系统电路图,图中电脑的每一个针脚、每一条线的定义和颜色都有说明。因为各个汽车制造商提供的资料格式不完全相同,考虑到使用方便性,Mitchell公司用CAD进行重新绘制,所有电路清晰准确,风格统一,便于查询。Mitchell数据库的电路图将原厂多达十几张的系统电路图分析后,重画成2～3张电路图,阅读使用更加方便。也就是说,只要能读懂一个车型的电路图,就能看懂所有车型的电路图。

(3)详细准确的电器元件位置图。Mitchell数据库中提供了所有车型的电器元件位置图,除了文字说明外,还附有图解,一目了然,方便使用。

(4)零件分解图和参数。针对每一款汽车,Mitchell数据库不但有各种总成详细的拆装步骤,更有清晰的零件分解图和准确的参数供参考。

(5)技术服务公报是Mitchell数据库的精华。汽车制造商针对已经生产的车型,每年都要发布大量的技术服务公报,内容包括:该车型的各种最新技术信息,如维修技巧、安全召回信息等内容,对维修企业帮助非常大。在Mitchell数据库中既可以在各个总成中分别查找与该总成相关的技术服务公报,也可以同时查询所有的技术服务公报,条理清楚,简单易用。

(6)1997年,中国车检中心与Mitchell公司签订了数据库许可协议,获得Mitchell数据库在华语地区的独家代理权和开发权。采用东方快车(东方快车车检中心专用版不但包含了10几万个通用词汇,还收录了7万多条针对Mitchell数据库优化的汽车专业词汇)突破了语言障碍。

(7)Mitchell 公司提供每年 4 次英文数据，中国车检中心每天提供 10 万中文数据的刷新和升级。

3. 汽车专业书籍

汽车维修的最原始载体就是专业书籍。在国内，以书籍形式出现的汽车维修资料占有最大的市场份额。此类汽车维修资料主要阐述汽车的各种装置的结构原理、维修方法和维修经验。此类资料按照其针对性，可以分为专业车型维修手册、综合性汽车检测诊断知识、维修案例和工具书等。书籍是获得系统汽车维修知识、解决不熟悉问题的最有效途径，但是，由于书籍的容量有限，很多书籍都存在名称大、内容不详尽的缺点，例如，有些书名叫做《XXXX 汽车维修手册》，但是其内容和车间维修手册相比，内容缺少太多，维修人员根本无法按照书上的内容进行维修作业。目前，在汽车维修类书籍方面做的比较好的出版社有机械工业出版社、人民交通出版社、北京理工大学出版社、辽宁科技出版社、电子工业出版社、金盾出版社、广东科技出版社等。由于汽车的潜在市场非常大，目前各个出版社均在出版相关汽车维修类的汽车图书。

4. 汽车维修类报刊

汽车维修类报刊是目前非常重要的一种汽车维修技术载体，深受广大汽车维修技术人员的推崇，其特点是内容新颖、信息量大、信息报道及时。汽车维修类报刊主要刊载的内容是技术动态、汽车新技术新结构、维修技巧、维修专业知识、案例分析，汽车维修类报刊刊载的内容大多来自生产一线，对汽车维修技术人员非常有帮助。目前，比较有代表性的汽车维修类技术报刊主要有：《汽车维护与修理》(邮发代号 28－241)、《汽车与驾驶维修》(邮发代号 82－445)、《汽车维修与保养》、《汽车维修技师》、《汽车电器》、《汽车知识》等。下面主要介绍汽车行业最具代表性的汽车维修技术类期刊——《汽车维护与修理》。

《汽车维护与修理》杂志是交通部主管、中国汽车维修行业协会主办的汽车维修专业媒体，具有 20 年的办刊经验。该刊物全彩版印刷，内芯为 64 页，其主要栏目有汽车修理、汽车检测、汽车故障案例分析、咨询与回复、技术快讯、故障点滴、新车培训、博达汽车底盘技术系列讲座、三原汽车故障检测诊断技术讲座、汽车维修管理、行业动态信息等栏目，整个刊物充分体现实用技术、信息量大、可读性强的专业办刊定位，始终走在汽车维修行业和汽车技术的前列，引领汽车维修技术新潮流。该刊物的主要读者对象是汽车维修企业负责人、汽车维修技术负责人、汽车维修技术人员、汽车检测人员、汽车维修行业管理人员、院校师生、部队官兵以及广大汽车爱好者。该刊物可以通过邮局订阅，其邮发代号为 28－241，如果错过邮局订阅期，可以直接和该刊的发行部联系订阅。

5. 网络

传统的汽车维修资料信息主要借助于传统的媒体，传统媒体存在着信息量小、查询速度慢、资料更新迟缓等缺点，特别是近年来国内汽车更新速度加快后，更因缺乏汽车维修技术资料，给汽车维修工作带来很大障碍，汽车维修业对维修资料信息的需求日益强烈。随着网络的发展，因特网打破了空间和时间上的局限，能在第一时间最全面、最快速地将维修技术信息传递传输到世界各地。从汽车维修行业来看，汽车维修行业技术资料查询、故障检测诊断、技术培训网络化等将呈现全面普及的趋势。在线维修信息综合管理、在线专家集体诊断、网上资料查询、网上解答疑难杂症、网上开展技术咨询、远程诊断等必将成为汽车维修行业因特网的技术特征。通过网络搜集的资料比较多，很多资料均可以通过网络进行搜集，但是通过网络搜集资料的最大缺点是资料缺乏系统性、完整性。目前，通过网络搜集资料主要有以下几种途径：

(1)专业汽车及汽车维修技术网站。目前专业的汽车或汽车维修技术网站非常红火，可以为我们提供丰富的汽车维修专业资讯。我国汽车维修专业网站是从20世纪90年代中期开始起步，此类网站内容涵盖欧、美、亚各车系的发动机、变速器、空调、悬架、转向、定速巡行、安全气囊、防盗等各系统的基本维护、检修程序、检测维修数据、元件位置图、机械拆装、电气线路图等，并可以实现网上答疑、网上咨询、网上查询、网上培训等功能。这种以计算机信息处理技术为特点的网站，已经构成汽车维修企业的一大高科技特征。汽车维修专业网站的另一重要功能是可以迅速、快捷地提供汽车配件、汽车维修检测设备、汽车维修技术资料、汽车维修技术与管理人才等方面的供需信息，使企业经营者和管理者能够及时获得信息，作出正确的选择和决策。目前，主要的专业汽车及汽车维修技术网站有：中国汽车网(http://www.chinacars.com/，网络界面如图11-1所示)、中国汽修网(http://www.qxw.cc/，网络界面如图11-2所示)、太平洋汽车网(http://www.pcauto.com.cn/，网络界面如图11-3所示)、中国汽车诊断网(http://www.qczd.com/，网络界面如图11-4所示)、汽车论坛(http://www.qclt.com/，网络界面如图11-5所示)、中车在线(http://www.713.com.cn，网络界面如图11-6所示)、笛威欧亚汽车科技(http://www.eaat.com.cn，网络界面如图11-7所示)等。其他专业网站和地方汽车网站请参见表11-1所列。

图11-1 中国汽车网(http://www.chinacars.com/)网络界面

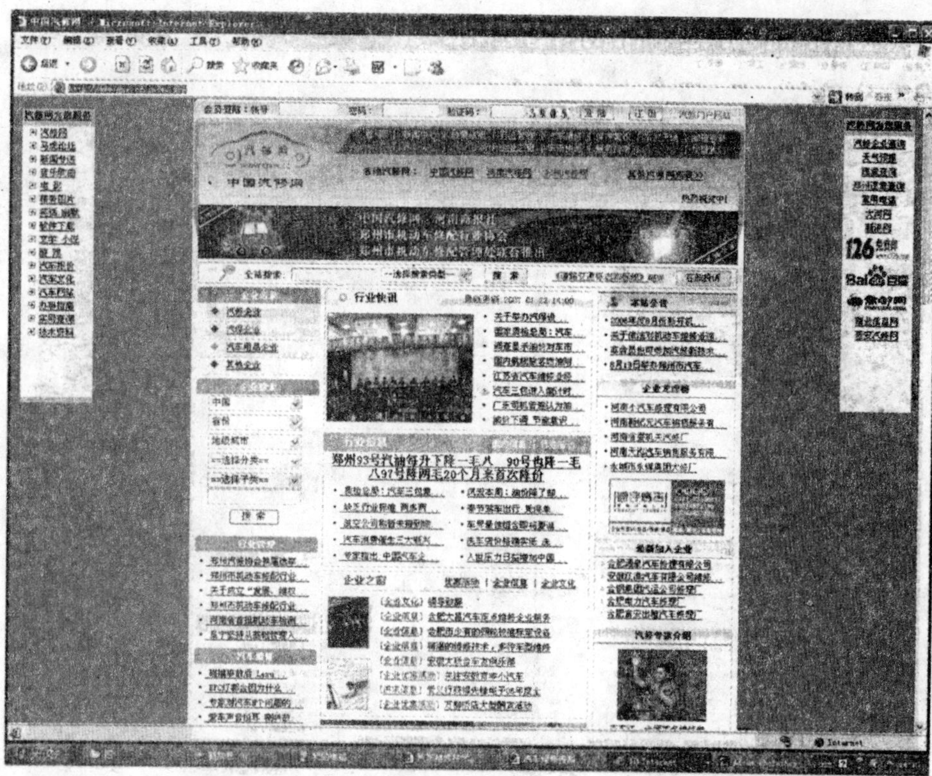

图 11-2　中国汽修网(http://www.qxw.cc/)网络界面

图 11-3　太平洋汽车网(http://www.pcauto.com.cn/)网络界面

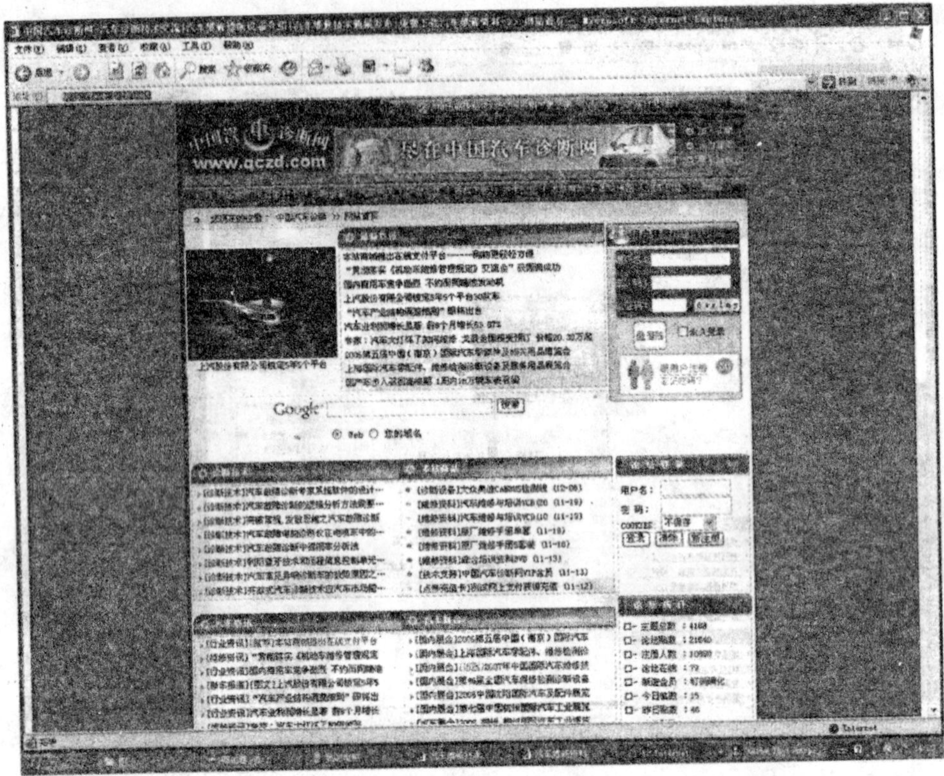

图 11-4　中国汽车诊断网(http://www.qczd.com/)网络界面

图 11-5　汽车论坛(http://www.qclt.com/)网络界面

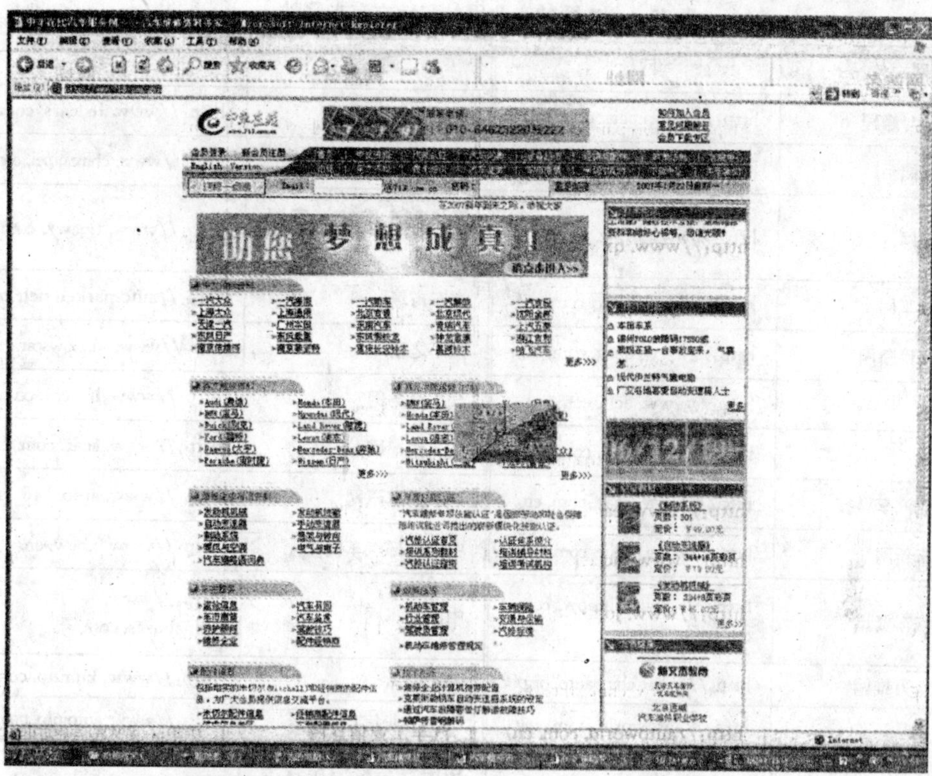

图 11-6　中车在线(http://www.713.com.cn)网络界面

图 11-7　笛威欧亚汽车科技(http://www.eaat.com.cn)网络界面

表 11-1　主要的专业网站和地方汽车网站

网站名	网址	网站名	网址
汽车维护与修理	http://autorepair. com. cn/	中国汽车资源网	http://www. fedcars. com/
中国汽车网	http://www. chinacars. com/	中国汽配网	http://www. chinaqipei. com/
中国汽修网	http://www. qxw. cc/	天津汽车维修汽车配件网	http://www. tjqcwx. com/
太平洋汽车网	http://www. pcauto. com. cn/	汽车市场	http://automarket. net. cn/
中国汽车诊断网	http://www. qczd. com/	汽车之窗	http://www. windowscar. com/
汽车论坛	http://www. qclt. com/	汽车商务网	http://www. b—car. com/
中车在线	http://www. 713. com. cn/	九州汽车网	http://www. acar. com. cn/
笛威欧亚汽车科技	http://www. eaat. com. cn/	百事通车讯网	http://www. auto. 846. cn/
中国汽车新网	http://www. qiche. com. cn/	中国西部汽车网	http://www. xbcw. cn/
中浪网汽车资讯	http://www. joinnow. com. cn/car/	中国客车网	http://www. chinabuses. com/
中国汽车万维网	http://www. chinaauto. org/	易车网	http://www. bitauto. com/
汽车世界	http://autoworld. com. cn/	汽车工业信息网	http://www. autoinfo. gov. cn/
汽车中国	http://carcn. net/	中国汽车检测维修专业网	http://www. auto-tester. com/
华夏汽车	http://sinocars. com/	e 车网	http://autolist. com. cn/
中国汽车交易网	http://www. auto18. com/	中国汽车动态信息网	http://autonews. net. cn
东方汽车网	http://www. oauto. com	慧聪网	http://www. auto — m hc360. com/
现代汽车	http://china. hyundai—motor. com/	汽车网址大全	http://www. auto16. com/
汽车维修与保养	http://motorchina. com/		

(2)各大汽车公司网站。此类网站一般是以 com 为一级或二级域名注册，如 http://www. shanghaigm. com(上海通用公司)、http://www. guanzhouhonda. com. cn(广州本田)。公司、企业单位都是通过专线直接上网，主要汽车企业、公司网站见表 11-2 所列。此类网站信息资源直接产生于公司、企业内部的生产、销售、管理的各部门和各环节，是重要的原始信息资源。如，上海大众汽车公司的主页(http://www. csvw. com/，网络界面如图 11-8 所示)，包括公司介绍、新闻中心、大众品牌、斯柯达品牌、人力资源 5 个频道，通过查询此类信息源，可以获得以下主要内容：公司(企业的组织机构、人事状况、发展规划、年度报表)；公司新闻、最新车型产品开发信息及科技新成果；公司全部车型的价格、性能、外观、技术指标和销售渠道分布、销售体系；公司的服务体系、公司的联系电话及联系人等信息。

(3)综合网站的汽车频道。目前，主要的综合网站均开辟有专门的汽车、汽车维修、汽车养护方面的汽车频道。这些版块中均有相关的汽车相关技术、维修技术、案例分析，甚至有些门

表 11-2 主要汽车企业、公司网站一览表

公司名称	网站名
上海大众汽车有限公司	http://www.csvw.com/
一汽一大众汽车有限公司	http://www.faw-volkswagen.com/
上海汽车工业(集团)总公司	http://www.saicgroup.com/
上海通用汽车公司	http://www.shanghaigm.com/
广州本田汽车有限公司	http://www.guangzhouhonda.com.cn/
东风日产乘用车公司	http://www.dongfeng-nissan.com/
北京现代汽车有限公司	http://www.beijing-hyundai.com.cn/
东风汽车公司	http://www.dfmc.com.cn/
东风本田汽车有限公司	http://www.wdhac.com.cn/
神龙汽车有限公司	http://www.dpca.com.cn/
天津一汽夏利汽车股份有限公司	http://www.tjfaw.com/
中国第一汽车集团公司	http://www.faw.com.cn/
一汽马自达汽车销售有限公司	http://www.faw-mazda.com/
东风悦达起亚汽车有限公司	http://www.dyk.com.cn/
本田技研工业(中国)投资有限公司	http://www.honda.com.cn/
北京奔驰—戴姆勒·克莱斯勒汽车有限公司	http://www.bbdc.com.cn/
东南汽车公司	http://www.soueast-motor.com/
BMW 中国网站	http://www.bmw.com.cn/
南京菲亚特汽车有限公司	http://www.fiat.com.cn/
福特汽车(中国)有限公司	http://www.ford.com.cn/
华晨金杯汽车有限公司	http://www.brilliance-auto.com/
江铃汽车股份有限公司	http://www.jmc.com.cn/
路虎中国	http://www.landroverchina.com.cn/
丰田汽车(中国)投资有限公司	http://www.toyota.com.cn/
广州丰田汽车有限公司	http://www.guangzhoutoyota.com.cn/
江西昌河铃木汽车有限责任公司	http://www.changhe-suzuki.com/
东风柳州汽车有限公司	http://www.dflzm.com/
重庆长安铃木汽车有限公司	http://www.changansuzuki.com/
哈尔滨哈飞汽车工业集团有限公司	http://www.hafeiauto.com.cn/
江铃汽车股份有限公司(陆风汽车)	http://www.landwind.com/
河北中兴汽车制造有限公司	http://www.zxauto.com.cn/

续上表

公司名称	网站名
一汽海马汽车有限公司	http://www.hnmazda.com/
长城汽车股份有限公司	http://www.gwm.com.cn/
上汽通用五菱汽车股份有限公司	http://www.sgmw.com.cn/
安徽江淮汽车股份有限公司	http://www.jac.com.cn/
南京依维柯汽车有限公司	http://www.naveco.com.cn/
郑州日产汽车有限公司	http://www.zznissan.com.cn/
东风雪铁龙	http://www.dcad.com.cn/
东风标致	http://www.peugeot.com.cn/
力帆集团	http://auto.lifan.com/
浙江吉利控股集团有限公司	http://www.geely.com/
长丰汽车	http://www.cfmotors.com/
沈阳华晨金杯汽车有限公司	http://www.zhonghuacar.com/
大众汽车(中国)	http://www.volkswagen.com.cn/ http://www.vw.com.cn/
奥迪汽车(中国)	http://www.audi.cn/
奔驰汽车(中国)	http://www.mercedes-benz.com.cn/
北汽福田汽车股份有限公司	http://www.futian.com.cn/

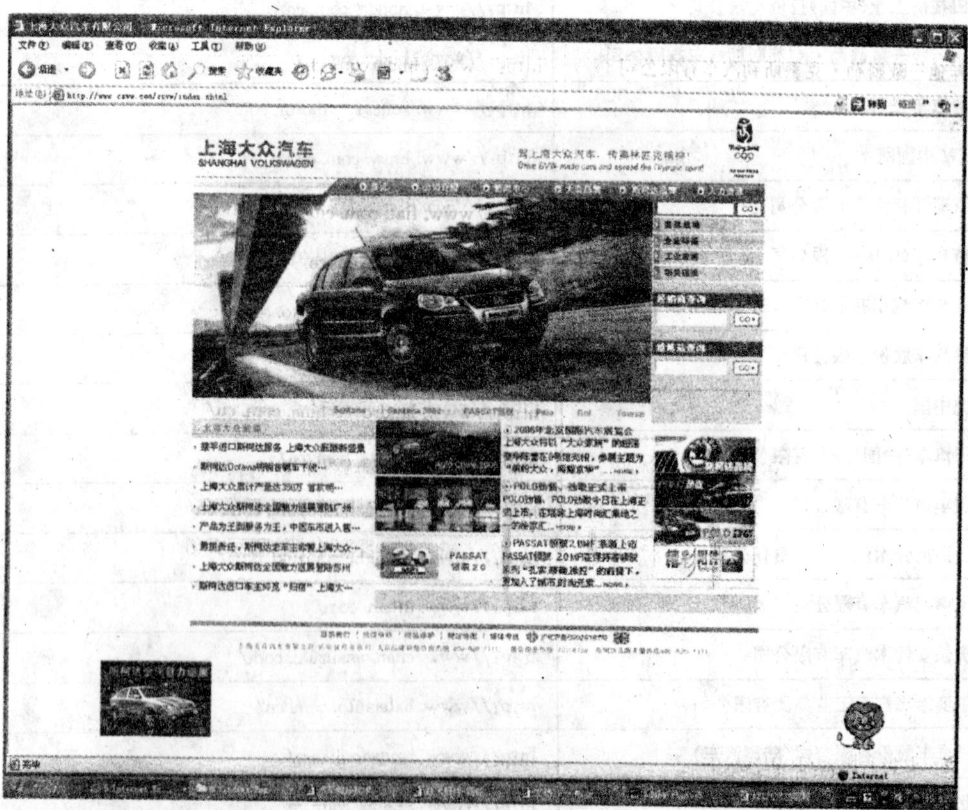

图 11-8 上海大众汽车公司(http://www.csvw.com/)网络界面

户网站还专门设置有专家门诊，提供相应的技术咨询。目前开设有汽车维修技术专业版块的主要门户网站有：新浪网的新浪汽车（http://auto.sina.com.cn/）、搜狐网的搜狐汽车（http://auto.sohu.com/）、网易网的网易汽车（http://auto.163.com/）、雅虎网的雅虎汽车（http://cn.autos.yahoo.com/）、新华网（http://www.xinhuanet.com/auto/）、人民网汽车频道（http://auto.people.com.cn/）、tom汽车广场（http://auto.tom.com/）、中华网汽车频道（http://auto.china.com/）、国际在线汽车频道（http://gb.cri.cn/auto/）等。

(4)汽车维修技术论坛。目前，各大网站均开辟有专门的汽车论坛，有分车型的论坛，也有综合性的汽车论坛，还有专门的汽车维修论坛。汽车论坛上，一般按照系统分为不同的版块。例如，中国汽车诊断网（http://www.qczd.com）的中国汽车诊断论坛（网络界面如图11-9所示）有动力系统、安全系统、空调系统、防盗遥控仪表、音响、电器电路、技术通报等多个版块。另外，汽车类论坛上，一般均设有资料下载区。资料下载区又可分为免费资料下载区和付费资料下载区。在汽车类论坛上，大家可以自由发帖和跟帖，通过发帖可以将自己维修的经验、方法等进行发布，并且，当自己在维修中遇到难以解决的问题，或者缺少相应的维修资料的时候，可以通过发帖的方式提出请求，其他网友通过自由跟帖的方式参与讨论，通常情况下，网友会向你提供很多新的故障诊断思路。目前，比较有代表性的汽车论坛有：汽车论坛（http://www.qclt.com，网络界面如图11-10所示）、中国汽修网（http://qxw.cc）的马虎论坛（网络界面如图11-11所示）、中国汽车技术论坛（http://www.qichejishu.com，网络界面如图11-12所示）等。

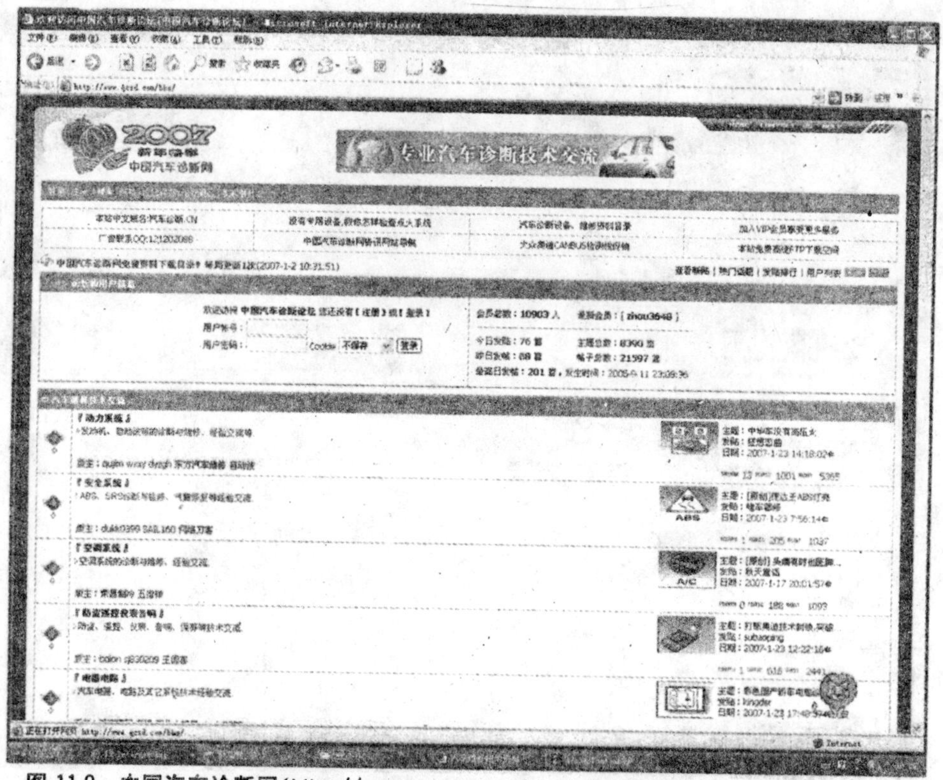

图11-9　中国汽车诊断网（http://www.qczd.com/bbs/）的中国汽车诊断论坛网络界面

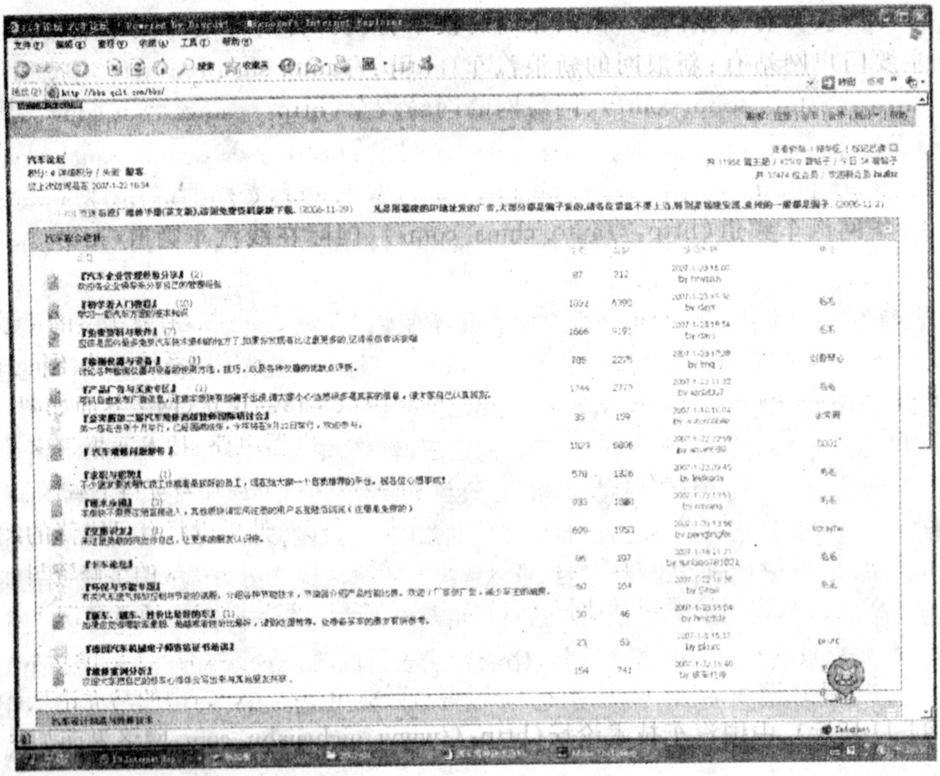

图 11-10　汽车论坛(http://www.qclt.com)网络界面

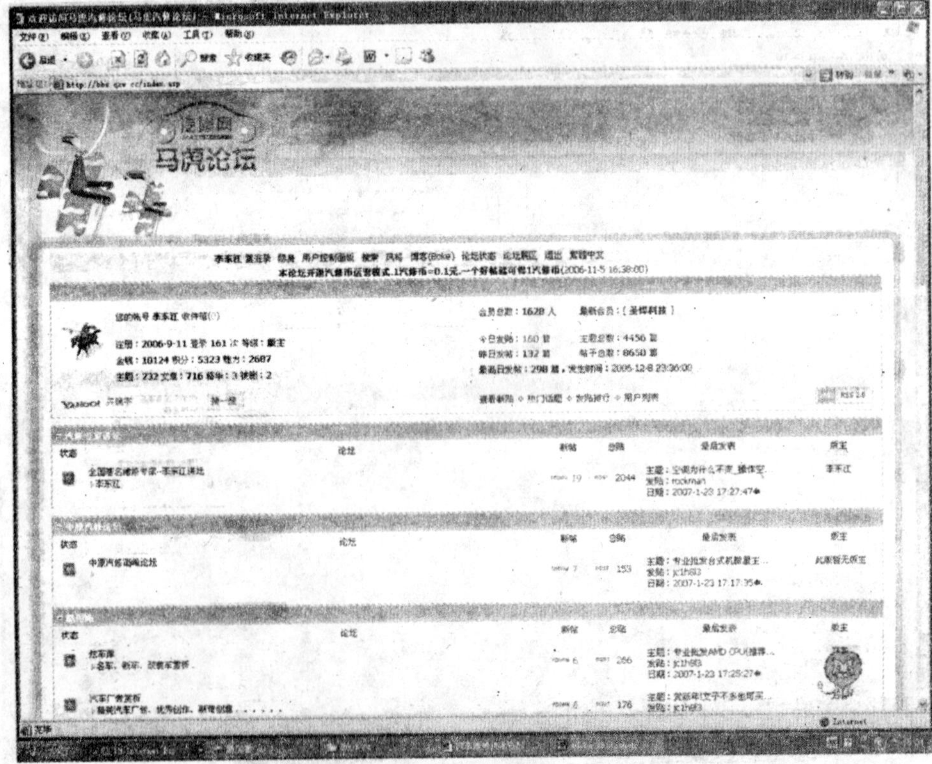

图 11-11　中国汽修网(http://www.qxw.cc/bbs/)的马虎论坛网络界面

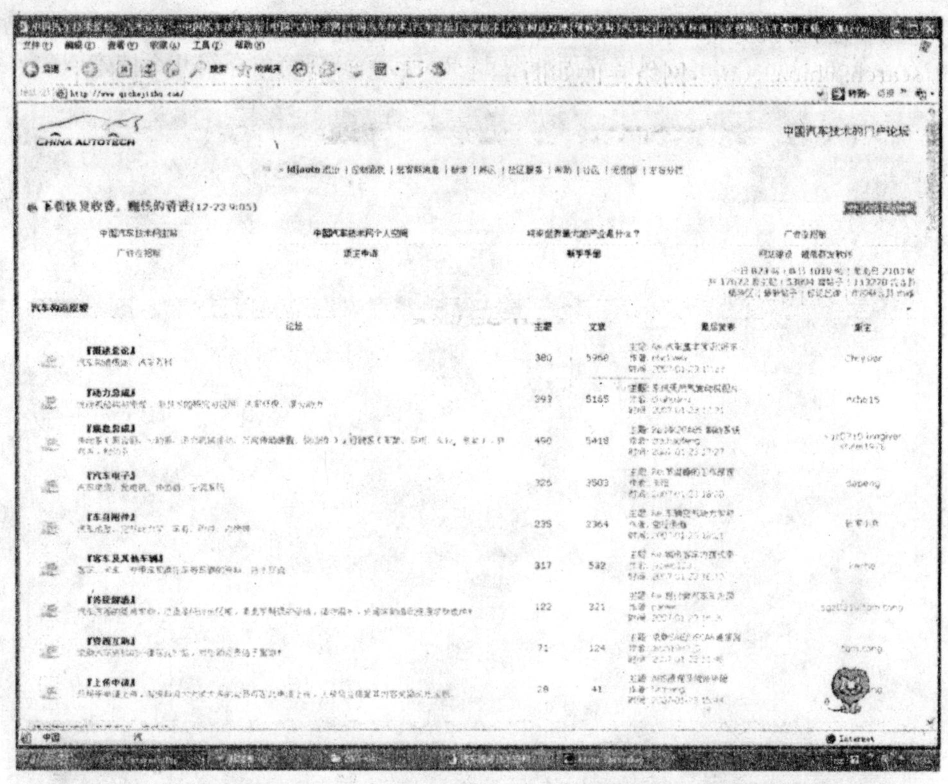

图 11-12　中国汽车技术论坛(http://www.qichejishu.com)网络界面

(5)搜索引擎。搜索引擎是帮助上网查询资料的工具。利用索引软件对文献进行自动标引,加入集中营销管理的索引数据库,并在网站点上提供查询界面,由用户输入提问检索,查找其索引数据库,给出与检索相匹配的查询结果,供用户浏览。网络技术的发展给汽车维修技术资料的搜索带来很大的便利,搜索引擎是帮助维修技术人员上网查询汽车维修技术资料的工具,输入要查询的资料关键词可以快速查询相关资料。

第二节　汽车维修资料的搜集方法

汽车技术资料的搜集方法很多,下面主要介绍利用搜索引擎进行网络资料查询和搜集的方法。

一、搜索引擎

目前常用的网络搜索引擎主要有百度(http://www.baidu.com/,网络界面如图 11-13 所示);搜狗(http://www.sogou.com/,网络界面如图 11-14 所示);雅虎(http://www.yahoo.cn/,网络界面如图 11-15 所示);谷歌(http://www.google.cn/,网络界面如图 11-16 所示);新浪查博士(http://cha.iask.com/,网络界面如图 11-17 所示);中搜(http://www.zhongsou.com/,网络界面如图 11-18 所示);卡搜(汽车网,号称汽车行业第一搜索,http://www.goog.qiche.com/,网络界面如图 11-19 所示);百狗(http://www.baigoo.com/,网络界面如

图 11-20 所示)；网易搜索(http://search. 163. com/，网络界面如图 11-21 所示)；中华搜索(http://search. china. com/，网络界面如图 11-22 所示)。现简单介绍几个搜索引擎。

图 11-13　百度(http://www.baidu.com/)网络界面

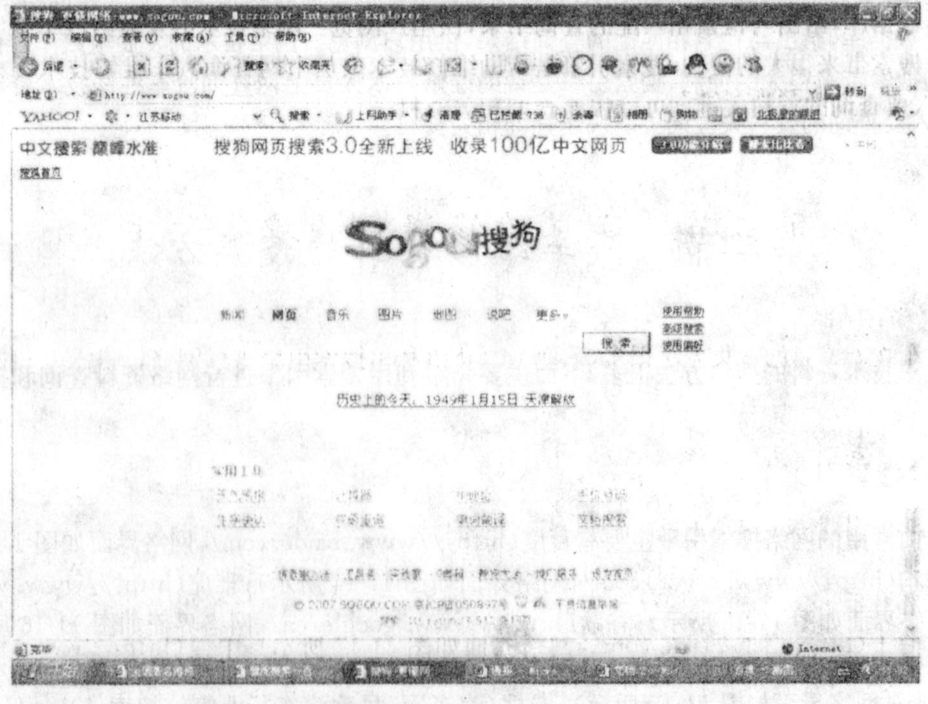

图 11-14　搜狗(http://www.sogou.com/)网络界面

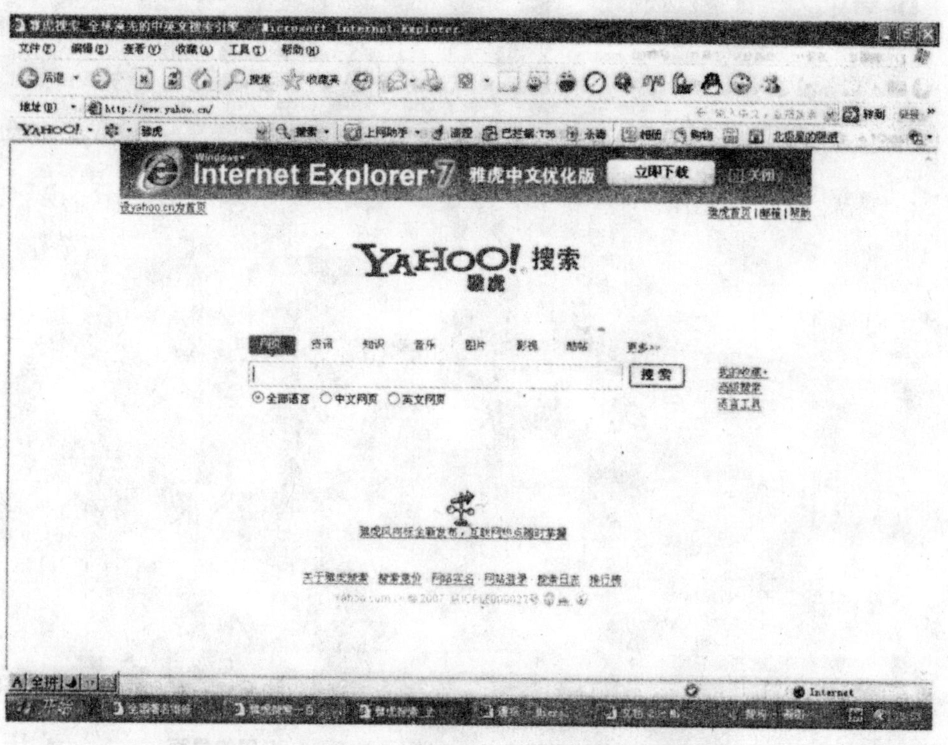

图 11-15　雅虎(http://www.yahoo.cn/)网络界面

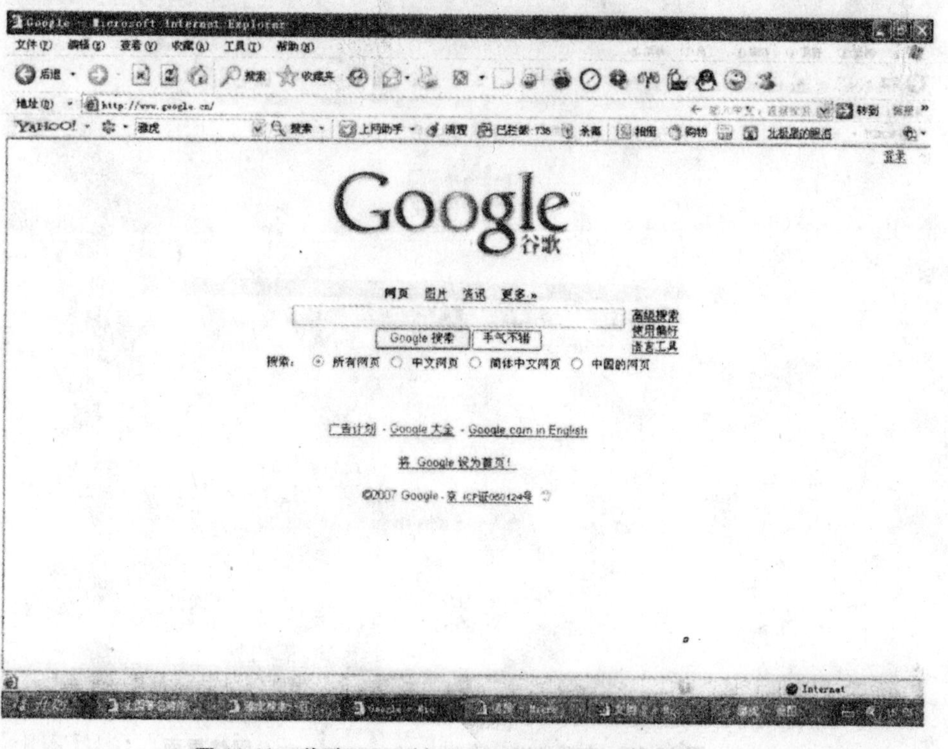

图 11-16　谷歌(http://www.google.cn/)网络界面

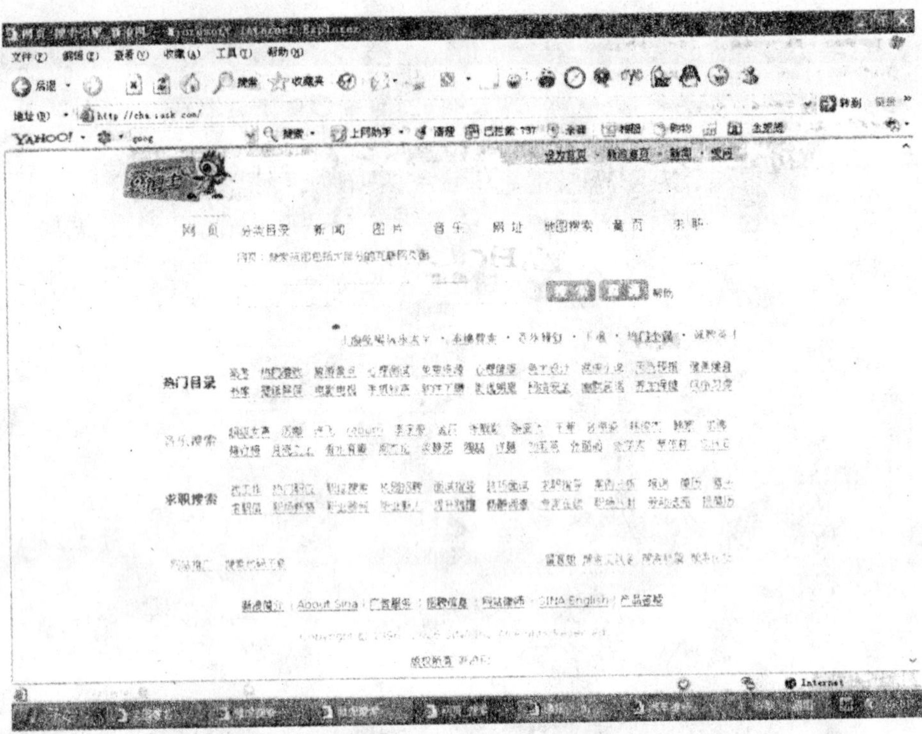

图 11-17　新浪查博士(http://cha.iask.com/)网络界面

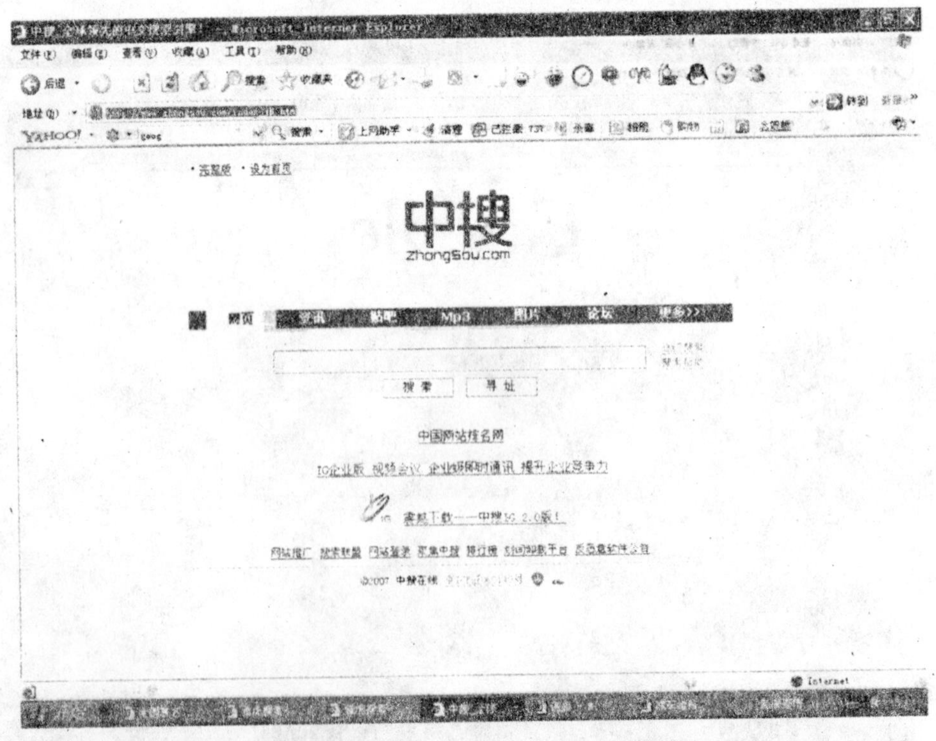

图 11-18　中搜(http://www.zhongsou.com/)网络界面

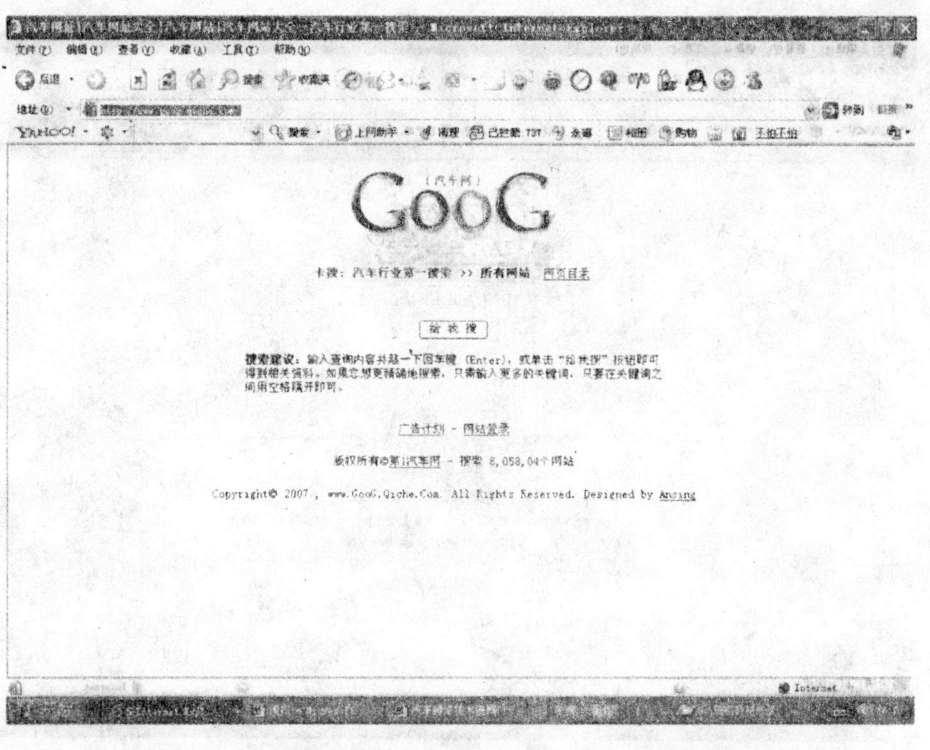

图 11-19　卡搜(汽车网,http://www.goog.qiche.com/)网络界面

图 11-20　百狗(http://www.baigoo.com/)网络界面

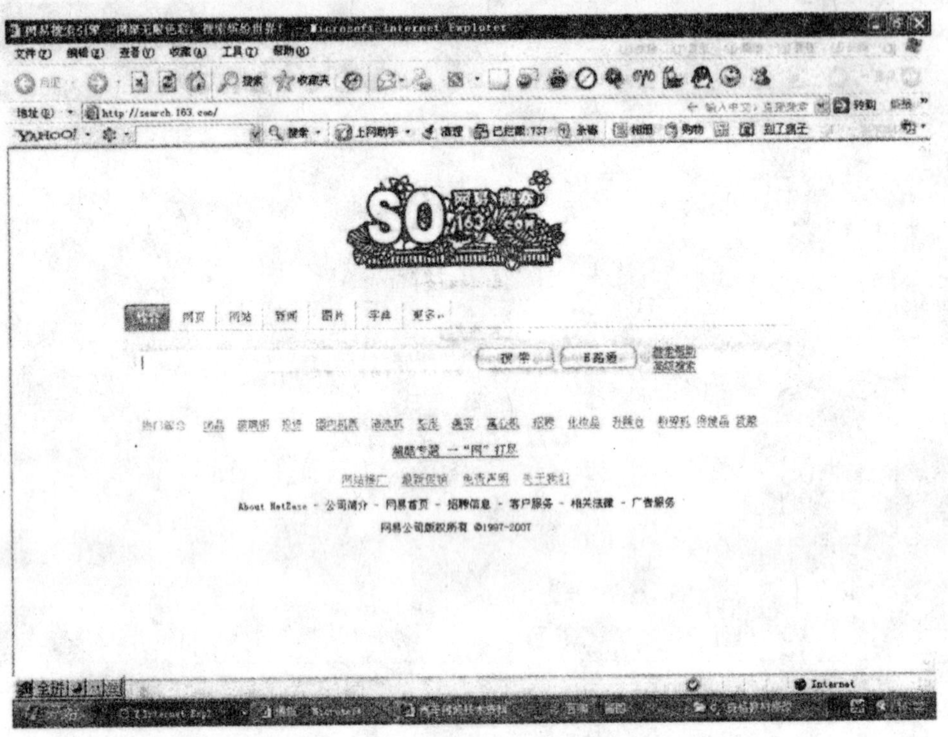

图 11-21　网易搜索(http://search.163.com/)网络界面

图 11-22　中华搜索(http://search.china.com/)网络界面

(1)搜狗(http://www. sogou. com/)。搜狗是根据中国人的文化传统为中国用户量身设计推出的网络分类式搜索引擎。它的出现填补了国内互联网发展的一项重要空白,极大地方便了中文用户。随着搜狗信息内容的不断丰富,技术力量的不断完善,搜狗吸引了越来越多的用户。搜狗分类搜索区拥有近5万个中文网页链接,进行一般搜索时速度很快,质量也不错。不过,它的内容不能算是很多,而且其中又有不少个人主页。搜狗采用了树形结构来对站点进行层次式分类。根据相应的网页内容,将所有的网页分为地区类、工商经济类、计算机与互联网类、科学与技术类等18个类别,然后在18个类别下面又分成几百个小类,如地区类下面的北京、上海等30个省市。在每一个小类下面又分为许许多多的子类,子类下面又分成许多……,如此等等,因为分类搜索引擎符合人们研究事物的过程,所以许多搜索引擎采用了这种方法。在关键字查询方面,搜狗提供了简单的机器自动搜索功能,只需要输入与所关心的主题有关的文字,搜狗会自动地在全部目录中,利用全文查询的方法找到相关的网页。

(2)谷歌(http://www. google. cn/)。Google采用新一代的先进技术,根据互联网本身的链接结构,对相关网站用自动方法进行分类,为你的每一个查询迅速提供准确的结果。Google以其独树一帜的网页级别(PageRankTM,已申请专利)技术,打破了传统网络分类概念,带来网络搜索的革命。Google搜索速度极快,而且准确率极高。Google可储存网页的快照,当网页服务器暂时中断时,你仍可浏览到该网页的内容。若找不到服务器,则Google暂存的网页也可救急。从储存网页快照中找寻资料要比常规链接快得多,尽管所获取的信息可能不是最新的。而且在很多情况下可免受“404 Not Found Error”(找不到网页的错误信息)之苦。当然,如果与查询项目不匹配,再重要的网页也毫无意义。因此,Google采用完善的正文匹配技术,为您查找既重要又准确的网页。例如,Google在分析一个网页时,还会同时参考指向此网页的链接描述。与其他多数搜索引擎的区别在于:Google只显示相关的网页,其正文或指向它的链接包含你所输入的所有关键字,而无须再受其他无关结果的烦扰。

Google不仅搜索出包含所有关键字的结果,并且对网页关键字的接近度进行了分析。与其他多数搜索引擎的一大区别是:Google按照关键字的接近度,区分搜索结果的优先次序,筛选与关键字较为接近的结果。

(3)新浪查博士(http://cha. iask. com/)。新浪网搜索引擎是面向全球华人的网上资源查询系统。提供网站、中文网页、英文网页、新闻、软件、游戏等查询服务。网站收录资源丰富,分类目录规范细致,遵循中文用户习惯。目前,共有14大类目录,1万多个细目和20余万个网站,是互联网上最大规模的中文搜索引擎之一。新浪搜索的检索结果是根据与查询要求相匹配的结果的质量来进行排列相关的分类目录和网站。质量越高,排列位置越靠前。其中新闻检索的结果是按日期排序,日期越新的新闻排列位置越靠前。

二、搜索引擎分类和工作原理

1.搜索引擎分类

搜索引擎按其工作方式主要可分为三种,分别是全文搜索引擎(Full Text Search Engine)、目录索引类搜索引擎(Search Index/Directory)和元搜索引擎(Meta Search Engine)。

(1)全文搜索引擎。全文搜索引擎是名副其实的搜索引擎,国外具代表性的有Google、Fast/AllTheWeb、AltaVista、Inktomi、Teoma、WiseNut等,国内著名的有百度(Baidu)。它们都是通过从互联网上提取的各个网站的信息(以网页文字为主)而建立的数据库中,检索与用户查询条件匹配的相关记录，然后按一定的排列顺序将结果返回给用户，因此他们是真正的搜索引擎。从搜索结果来源的角度，全文搜索引擎又可细分为两种，一种是拥有自己的检索程序(Indexer)，俗称"蜘蛛"(Spider)程序或"机器人"(Robot)程序，并自建网页数据库，搜索结果直接从自身的数据库中调用，如上面提到的7家引擎；另一种则是租用其他引擎的数据库，并按自定的格式排列搜索结果，如Lycos搜索引擎。

(2)目录索引。目录索引虽然有搜索功能，但在严格意义上算不上是真正的搜索引擎，仅仅是按目录分类的网站链接列表而已。用户完全可以不用进行关键词(Key words)查询，仅靠分类目录也可找到需要的信息。目录索引中最具代表性的莫过于大名鼎鼎的Yahoo雅虎。其他著名的还有Open Directory Project(DMOZ)、LookSmart、About等。国内的搜狐、新浪、网易搜索也都属于这一类。

(3)元搜索引擎(META Search Engine)。元搜索引擎在接受用户查询请求时，同时在其他多个引擎上进行搜索，并将结果返回给用户。著名的元搜索引擎有InfoSpace、Dogpile、Vivisimo等(元搜索引擎列表)，中文元搜索引擎中具代表性的有搜星搜索引擎。在搜索结果排列方面，有的直接按来源引擎排列搜索结果，如Dogpile；有的则按自定的规则将结果重新排列组合，如Vivisimo。

除上述三大类引擎外，还有以下几种非主流形式：

(1)集合式搜索引擎。如HotBot在2002年底推出的引擎。该引擎类似META搜索引擎，但区别在于不是同时调用多个引擎进行搜索，而是由用户从提供的4个引擎当中选择，因此叫它"集合式"搜索引擎更确切些。

(2)门户搜索引擎。如AOL Search、MSN Search等，虽然提供搜索服务，但自身既没有分类目录，也没有网页数据库，其搜索结果完全来自其他引擎。

(3)免费链接列表(Free For All Links，简称FFA)。这类网站一般只简单地滚动排列链接条目，少部分有简单的分类目录，不过规模比起Yahoo等目录索引来要小得多。

由于上述网站都为用户提供搜索查询服务，为方便起见，我们通常将其统称为搜索引擎。

2.搜索引擎工作原理

(1)全文搜索引擎。在搜索引擎分类部分，我们提到过全文搜索引擎从网站提取信息建立网页数据库的概念。搜索引擎的自动信息搜集功能分两种，一种是定期搜索，即每隔一段时间(比如Google一般是28天)，搜索引擎主动派出"蜘蛛"程序，对一定IP地址范围内的互联网站进行检索，一旦发现新的网站，它会自动提取网站的信息和网址加入自己的数据库。另一种是提交网站搜索，即网站拥有者主动向搜索引擎提交网址，它在一定时间内(2天到数月不等)定向向你的网站派出"蜘蛛"程序，扫描你的网站并将有关信息存入数据库，以备用户查询。由于近年来搜索引擎索引规则发生了很大变化，主动提交网址并不保证你的网站能进入搜索引擎数据库。所以，现在很多网站都提供大量的外部链接，以便可以查到相关网站。譬如，汽车论坛网站(http://www.qclt.com/)在首页上就提供了大量的链接(图11-23)。当用户以关键词查找信息时，搜索引擎会在数据库中进行搜寻，如果找到与用户要求内容相符的网站，便采用特殊的算法——通常根据网页中关键词的匹配程度，出现的位置/频次，链接质量等——计算出各网页的相关度及排名等级，然后根据关联度高低，按顺序将这些网页链接返回给用户。

(2)目录索引。与全文搜索引擎相比，目录索引有许多不同之处。首先，全文搜索引擎属于自动网站检索，而目录索引则完全依赖手工操作。其次，全文搜索引擎收录网站时，只要网站本身没有违反有关的规则，一般都能登录成功。而目录索引对网站的要求则高得多，有时即使登录多次也不一定成功，尤其像 Yahoo 这样的超级索引，登录更是困难。此外，在登录全文搜索引擎时，我们一般不用考虑网站的分类问题，而登录目录索引时则必须将网站放在一个最合适的目录(Directory)。最后，全文搜索引擎中各网站的有关信息都是从用户网页中自动提取的。目录索引，顾名思义就是将网站分门别类地存放在相应的目录中，因此用户在查询信息时，可选择关键词搜索，也可按分类目录逐层查找。如以关键词搜索，返回的结果跟全文搜索引擎一样，也是根据信息关联程度排列网站，只不过其中人为因素要多一些。如果按分层目录查找，某一目录中网站的排名则是由标题字母的先后顺序决定(也有例外)。

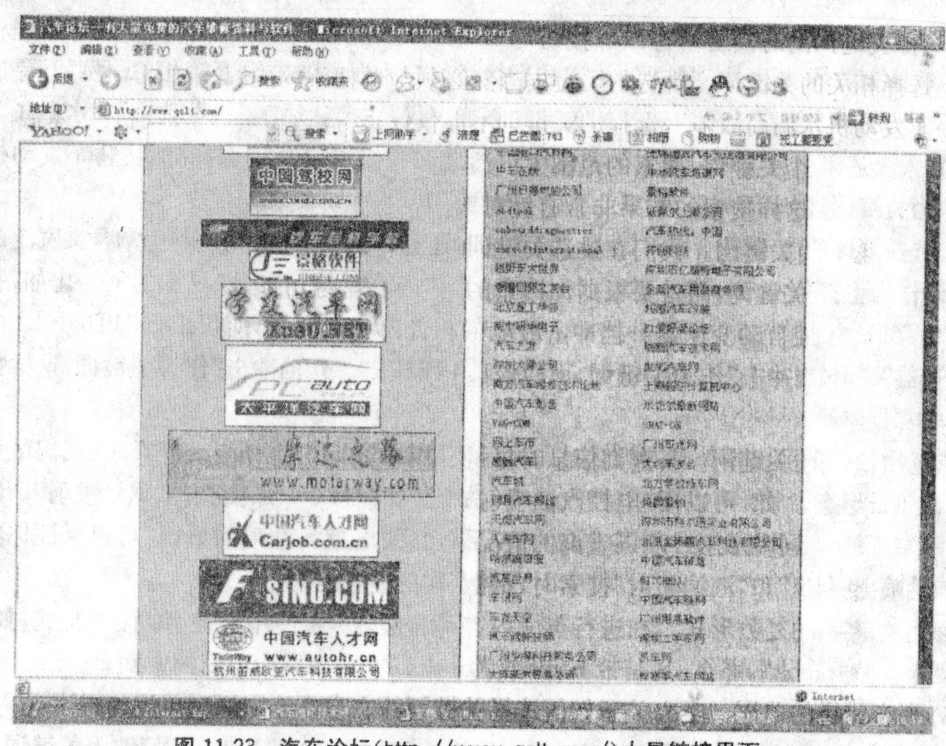

图 11-23　汽车论坛(http://www.qclt.com/)大量链接界面

目前，全文搜索引擎与目录索引有相互融合渗透的趋势。原来一些纯粹的全文搜索引擎现在也提供目录搜索，如 Google 就借用 Open Directory 目录提供分类查询。而像 Yahoo 这些老牌目录索引则通过与 Google 等全文搜索引擎合作扩大搜索范围。在默认搜索模式下，一些目录类搜索引擎首先返回的是自己目录中匹配的网站，如国内搜狐、新浪、网易等，而另外一些则默认的是网页搜索，如 Yahoo。

三、关键词及关键词的选择技巧

众所周知，在搜索引擎中检索信息都是通过输入关键词来实现的，因此正如其名所示，关键词的确非常关键，它是整个网站登录过程中最基本，也是最重要的一步，是进行网页优化的基础。然而，关键词的确定并非易事，要考虑诸多因素。比如，关键词必须与搜索的内容有关，词语间如何组合排列，是否符合搜索工具的要求，尽量避免采用热门关键词等等。可见，选择正确的关键词是需要下一番工夫的。

在搜索时，关键词的选择非常重要。关键词就是想寻找的东西的文字描述，关键词不是仅限于单个的词,还应包括词组和短语。内容可以是产品、装置、名称、人名、网站、新闻、工作、购物、Flash 等。

搜索框内的关键词可以输入一个,也可以输入若干个,甚至可以输入一句话。搜索引擎在搜索时,严格按照关键词进行搜索,要求“一字不差”。如输入“电控”、“电喷”和“电控汽油喷射系统”,其搜索的结果是不同的。因此,如果搜索结果不满意,建议检查输入文字有无错误,并换用不同的关键词,重新搜索。

凡是文献中所有意义的信息单元都可以用作关键词(除了禁用词,如冠词、副词、介词等以外)。

在选择关键词的时候要掌握以下技巧:

(1)选择相关的关键词。挑选的关键词当然必须与要搜索的内容直接相关。例如,要搜索“捷达轿车发动机水温高故障”,选择的关键词不能仅仅是“捷达轿车”、“发动机”、“水温高”,如果单一输入上述单个关键词,搜索的范围太广泛,此时我们可以直接选择“捷达轿车发动机水温高”作为关键词,这样搜索的结果非常有针对性。

(2)选择具体的关键词。我们在挑选关键词时还有一点要注意,就是避免拿含义宽泛的一般性词语作为主打关键词,而是要根据你搜索的具体内容,尽可能选取具体的词。比如,我们要搜索“4T65E 电控自动变速器升挡冲击故障”的相关内容,我们不能仅仅以“4T65E”、“电控自动变速器”、“升挡冲击”作为关键词,而应该以“4T65E”+“升挡冲击”作为关键词,这样搜索的内容非常具体。

(3)选用较长的关键词。与查询信息时尽量使用单词原形态相反,在搜索时,我们最好使用单词的较长形态。如,可以用“电控汽油喷射系统”的时候,尽量不要选择“汽油喷射”。因为在搜索引擎支持单词多形态或断词查询的情况下,选用“电控汽油喷射系统”可以保证你在以“电控汽油喷射系统”和“汽油喷射”搜索时,都能获得的搜索结果。

(4)用关键字的复数形式。在进行英文内容搜索时,应尽量使用关键字的复数形式,如,用“books”来代替“book”,那么,凡是带 book 或者 books 的内容,你均可以搜索到。

(5)别忘错拼的单词。不少关于如何选择关键词的文章都特别提到单词的错误拼写,如维修人员经常将“配气相位错误”写成“正时错误”,提醒我们别忘将“正时错误”纳入关键词选择之列,如果以“配气相位错误”作为关键词,我们可能无法得到期望的搜索结果。但是,如果以“正时错误”进行搜索,我们往往可以得到满意的搜索结果,当然,最好能考虑当同一含义的不同表达方式,然后进行一次性搜索。例如,我们可以以“配气相位错误”+“正时错误”+“点火正时错误”作为关键词进行搜索,这样基本上可以获得非常满意的搜索结果。

(6)不要使用停用词/过滤词(Stop Words/Filter Words)作为关键词。这两者意义一样,都是指一些太常用以致没有任何检索价值的单词,比如“a”、“the”、“and”、“of”、“web”、“home page”、“和”、“与”、“或”等等。搜索引擎碰到这些词时一般都会过滤掉。因此,为节省空间,应尽量避免使用这一类的词,尤其是在对文字数量有严格限制的地方。

(7)认真思索。用笔写下与你的搜索内容相关的所有关键字,先不要对这些关键字进行审评。多问周围人的意见,请你的朋友、同事分析怎样的词语适合描述你要搜索的内容,他们很有可能会找出一些你连想到没想过的词语。

(8)处理关键字。在你已经收集了很多与你需要的内容有关的关键字后,接下来的工作就是把收集到的关键字进行组合,把它们组成常用的词组或短语。很多人在搜索的时候会使用两个或三个字组成词。据统计，平均是 2.3 个字。不要用普通的、单个字作为关键字。这样的关键字很难搜索到你需要的内容。例如，你有以下几个关键字："搜索引擎、软件、提高"，试着把他们组合为"搜索引擎软件"、"搜索引擎提高"等，把字组成关键字短语有利于提高你优化您的搜索结果。

四、搜索引擎的运用技巧

1. 用好逻辑命令

搜索逻辑命令通常是指布尔(Boolean)逻辑命令"AND"、"OR"、"NOT"及与之对应的"＋"、"－"等逻辑符号命令。用好这些命令，同样可使我们日常搜索应用达到事半功倍的效果。搜索引擎基本上都支持附加逻辑命令查询，常用的是"＋"号和"－"号，或与之相对应的布尔逻辑命令 AND、OR 和 NOT。用好这些命令符号，可以大幅提高我们的搜索精度。比较一下下面各搜索条件的含义：

(1)computer adventure games。是最基本的搜索方式。查找与该关键词有关的记录，在过去通常情况下相当于布尔逻辑命令中"OR"的关系，翻译过来就是：computer(OR)adventure(OR)games。因此，搜索结果中不仅有同时包含三个关键字的记录，也有仅含部分关键字串(如 computer games)和个别关键字(如 computer)的记录。目前搜索引擎的趋势是默认匹配全部关键词搜索，即仅返回包含所有关键词的记录，相当于下面将介绍的"＋"号和 AND 的关系，当然有时也有例外。图 11-24 所示为利用 Google 搜索"捷达轿车 发动机 起动困难"的结果，共计 57 100 项符合搜索要求。

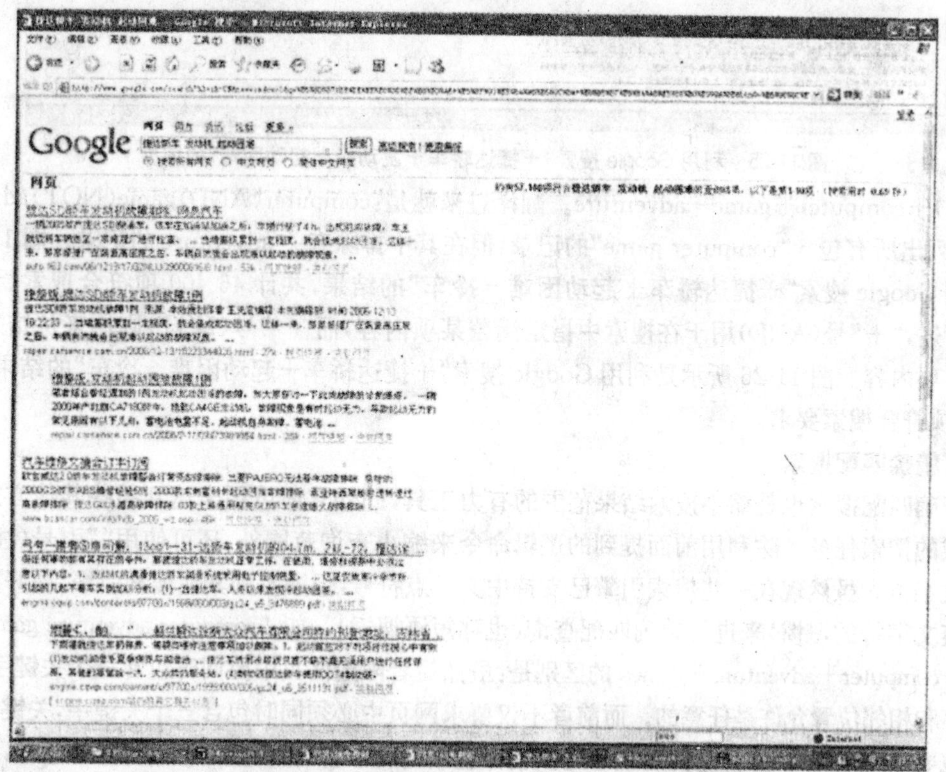

图 11-24 利用 Google 搜索"捷达轿车 发动机 起动困难"的结果

(2)＋computer＋adventure＋games。相当于布尔逻辑命令中的“AND”关系，翻译过来就是computer(AND)adventure(AND)games。因此，搜索结果中只列出同时包含三个关键字的记录，图11-25所示是利用Google搜索“＋捷达轿车＋发动机＋起动困难”的结果，共计46 400项符合搜索要求。在搜索条件中，使用“＋”号还可强制搜索引擎将一些停用词当作关键词进行搜索。比如，我们搜索“who am i”时，其中“who”和“i”是停用词，我们可以在两个单词前加上“＋”号强制对其进行搜索，此时的搜索条件即可为：＋who＋am＋i。

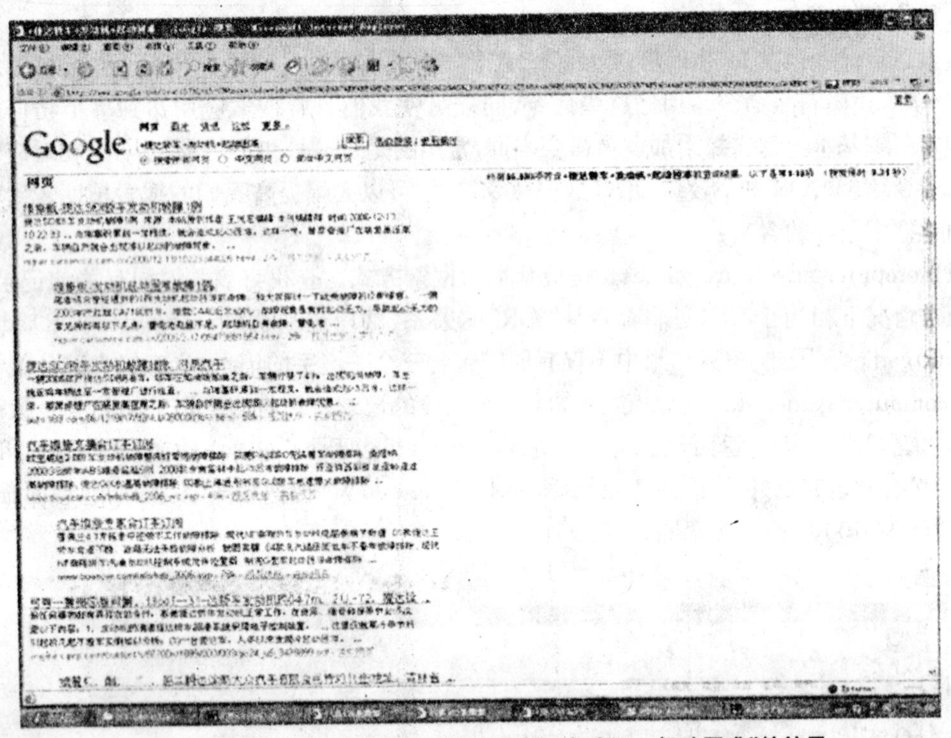

图11-25　利用Google搜索“＋捷达轿车＋发动机＋起动困难”的结果

(3)＋computer＋game—adventure。翻译过来就是：computer(AND)game(NOT)adventure。列出所有包含“computer game”的记录，但在其中排除有关adventure的记录。图11-26是利用Google搜索“＋捷达轿车＋起动困难－冷车”的结果，共计46 400项符合搜索要求。综上所述，“＋”号(AND)用于在搜索中指定涵盖某项内容，而“－”号(NOT)则用来从结果中排除某项内容。图11-26所示是利用Google搜索“＋捷达轿车＋起动困难－冷车”的结果，共计46项符合搜索要求。

2.精确匹配搜索

精确匹配搜索也是缩小搜索结果范围的有力工具，此外它还可用来达到某些其他方式无法完成的搜索任务。除利用前面提到的逻辑命令来缩小查询范围外，还可使用“”引号(注意，为英文字符。虽然现在一些搜索引擎已支持中文标点符号，但顾及到其他搜索引擎，最好养成使用英文字符的习惯)来进行精确匹配查询(也称短语搜索)。如：“computer adventure games”，它与＋computer＋adventure＋games的区别是：虽然后者限定网页中要同时包含三个关键字，但其顺序和相邻位置允许是任意的。而前者不仅要求网页中必须同时包含三个关键字，关键字的顺序也要求完全相同，并且它们必须还是挨在一起的，所以带“”号的查询范围更小。此外，使用

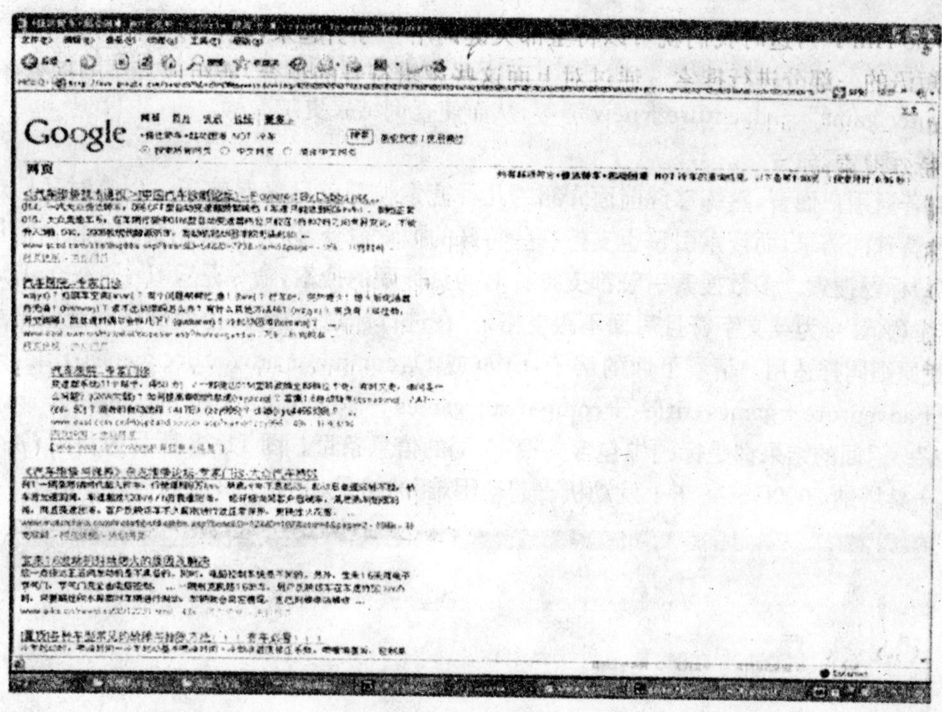

图 11-26　利用 Google 搜索"＋捷达轿车＋起动困难－冷车"的结果

""号进行精确匹配查询，还可用于达到我们特殊的搜索目的。图 11-27 利用 Google 搜索"桑塔纳轿车发动机起动困难"的结果，共计 9 项符合搜索要求。比如，一般情况下"who"、"i"作为停用词被搜索引擎忽略，但有时在搜索特别类型的信息时又必须包含这些停用词（如搜索影片

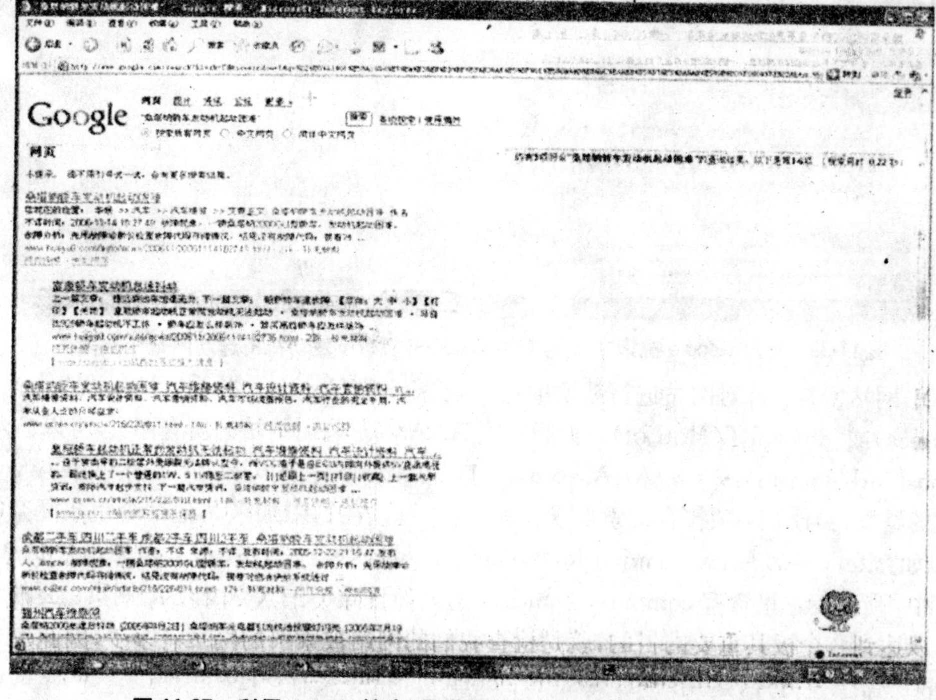

图 11-27　利用 Google 搜索"桑塔纳轿车发动机起动困难"的结果

名称“Who Am I”),这时我们就可以将全部关键词用“”号引起来,就可以强制搜索引擎将停用词作为短语的一部分进行搜索。通过对上面这些逻辑符号的组合,能组成复杂的搜索条件,如“computer game”－adventure＋new 等等,从而使查询结果更加准确。

3.特殊搜索命令

对普通用户而言,熟练掌握前面介绍的几种搜索技巧就已经足够了。但有时我们难免会有一些特殊的需求,而搜索引擎也支持一些特殊的搜索命令,以方便我们精确定位所需信息。

(1)标题搜索。多数搜索引擎都支持针对网页标题的搜索,命令是“title:”,在 Yahoo 中是“t:”(注意,冒号为英文字符且后面不跟空格)。在进行标题搜索时,前面提到的逻辑符号和精确匹配原则同样适用。请看下面的例子:title(或 t):computer adventure games;title:＋computer＋adventure＋games;title:＋computer＋games —adventure;title:“computer adventure games”。返回的结果都是标题中包含关键字、词的信息条目。图 11-28 所示为利用 Google 搜索“t:＋桑塔纳 2000GSi 轿车＋发动机＋起动困难”的结果,共计 203 项符合搜索要求。

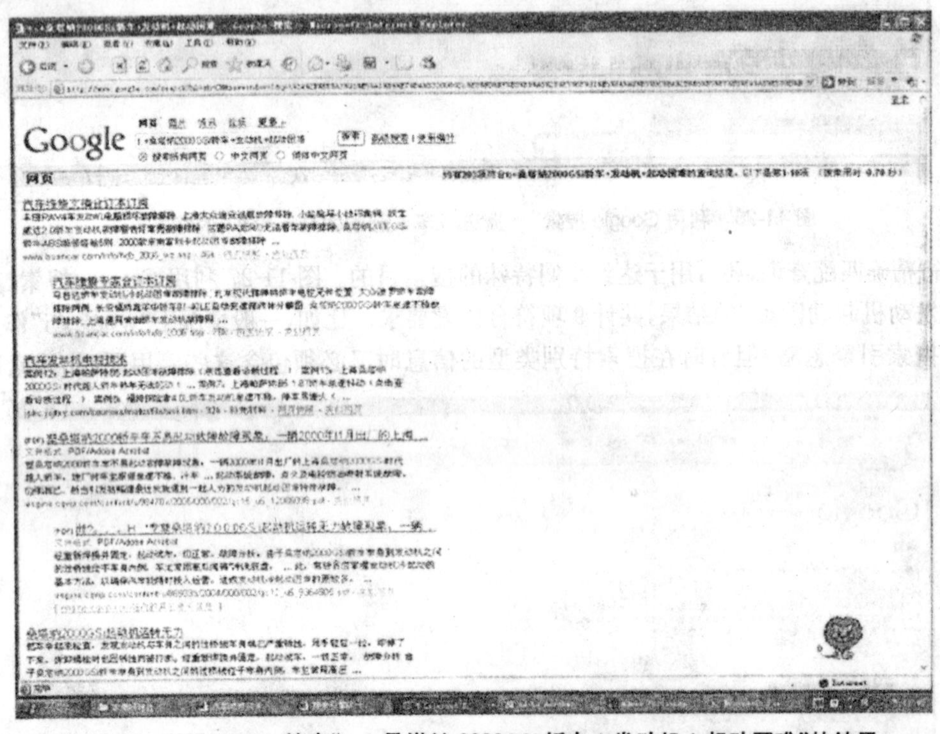

图 11-28　利用 Google 搜索“t:＋桑塔纳 2000GSi 轿车＋发动机＋起动困难”的结果

(2)网站搜索。针对网站进行搜索的命令是“site:”(Google)、“host:”(AltaVista)、“url:”(Infoseek)或“domain:”(HotBot)。如想查找 AAA 汽车公司网站的所有网页,可以输入:site(或 host/url/domain):www. AAA. com,图 11-29 所示为利用 Google 搜索“site: www. vw. com”的结果,共计 647 项符合搜索要求。另外,还可以在其中加入其他命令组成复杂的搜索条件,如:site:www. AAA. com＋title:“computer games” —adventure。意思是查找 AAA 公司网站中所有标题里含有 computer games 的网页,但排除关于 XX 内容的网页。运用此命令我们可以达到一个极其重要的目的,就是检查我们的网站被索引的网页有多少,因此建议大家牢记这个命令。另外,运用“site/host/url/domain”等搜索命令还可实现某一网站的站内搜索。比如 Google 引擎,由于技术的先进性,通过其“site”命令实现的网站内部搜索甚至比专门的站内搜索程序还要好。

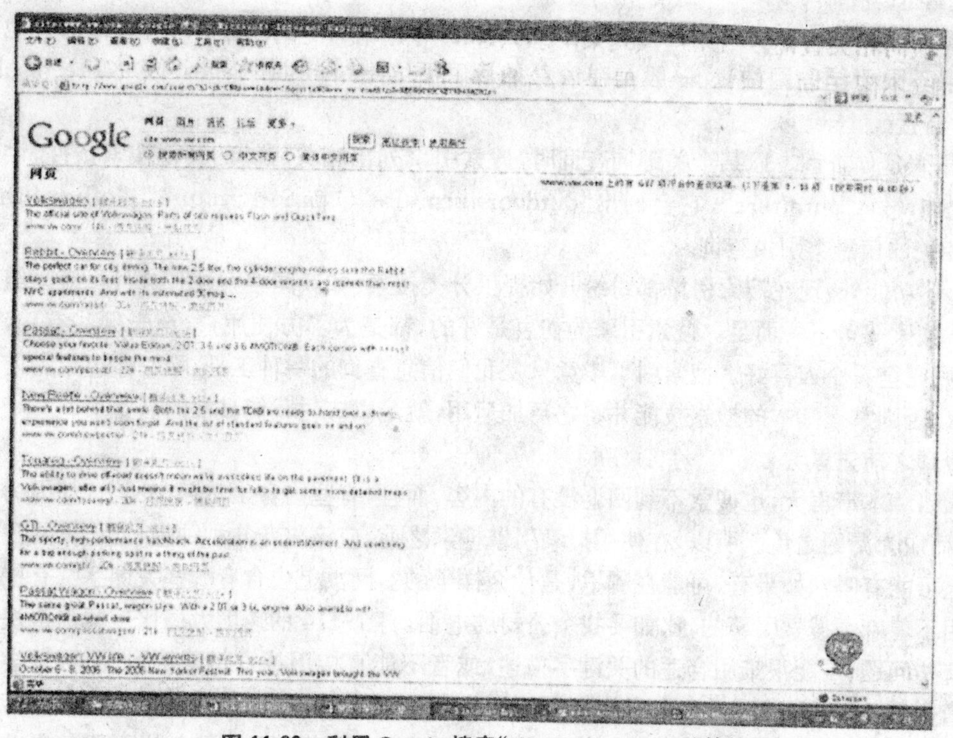

图 11-29　利用 Google 搜索"site: www. vw. com"的结果

(3)链接搜索。在 Google 和 AltaVista 中,用户均可通过"link:"命令来查找某网站的外部导入链接(inbound links)。如 link: www. AAA. com,其他一些引擎也有同样的功能,只不过命令格式稍有区别。你可以用这个命令来查看是谁,以及有多少网站与你作了链接。

除上述命令外,还有其他一些特殊搜索命令,如"filetype:"(限定搜索的文档类别)、"daterange:"(限定搜索的时间范围)、"phonebook:"(查询电话)等等,感兴趣的话大家可以自己研究一下。Google 引擎提供了比较完备的搜索功能,具体可参考 Google 从入门到精通方面的资料。

4. 附加搜索功能

搜索引擎都提供的一些方便用户搜索的定制功能。常见的有相关关键词搜索、限制地区搜索等。为方便查询信息,各搜索引擎还提供了其他一些附加搜索功能(部分可在搜索引擎的高级搜索 Advanced Search 页面中选择)。比如:

(1)单词衍生形态查询。当输入"thought"时,如果选择了此功能,搜索引擎除以"thought"为条件搜索外,还会以"think"、"thinking"等同词根的词进行查询。

(2)网页快照(Snap Shot)。直接从引擎数据库缓存(Cache)中调出该网页的存档文件,方便用户在预览网页内容后决定是否访问该网站,或是在对应网页发生变动时查看原始页面。通常缓存中保存的是网页的文字部分,图像等多媒体元素还是要实时从对应的网站上下载。与其他附加功能相比,"网页快照"还是相当实用的。与网页快照相类似的还有一种"网页预览"功能(如 WiseNut 引擎的"Sneek－a－Peek"),当用户选择此功能时,将在该条目下方打开一个窗口下载并显示对应的网页内容。

(3)网站内部查询。当你找到某个网页,搜索引擎提供查询该网站其他页面的功能。类似

"site:"、"host:"等命令。

(4)横向相关查询。当用户找到某个感兴趣的网页,搜索引擎提供查询内容近似的其他网页的功能(不限于同一网站)。一般是在信息条目后面给出"Similar Pages"或"More results like this"链接。

(5)概念延伸查询。以某个关键词查询时,搜索引擎列出相关领域的其他搜索条件,供你选择。比如,输入"furniture",它会列出"outdoor furniture"、"patio furniture"、"office furniture"等相关的信息类别供查询。

除上述功能外,现在搜索引擎都纷纷开始提供分类搜索,如新闻搜索、图像搜索、新闻组搜索、Flash 搜索等等不一而足。搜索引擎的初衷是好的,都是为了方便用户,至于哪些有用,哪些没用,则完全看个人喜好。搜索引擎毕竟只是我们信息查询的一种工具,除非你想成为信息搜索专家,否则掌握基本的搜索技能并将之巧加运用,就足以应付我们日常的需要了。

5.搜索之前先思考

搜索引擎本事再大,也搜索不到网上没有的内容,而且,有些内容虽然存在网上,却因为各种原因,而成为漏网之鱼。所以,在使用搜索引擎搜索之前,应该先花几秒钟想一下,我要找的东西网上可能有吗?如果有,可能在哪里,是什么样子的?网页上会含有哪些关键字?有些东西根本用不着麻烦搜索引擎的,比如要找个公司的电话,打个 114 的速度大概比搜索引擎快得多。又有些问题,可能很难用合适的关键字描述,或者不能直接用搜索引擎搜到,那可以尝试找个精通这个问题的朋友,或者寻找这方面的热门论坛来问,这也是一种搜索方法。有时,你能选择的最好搜索方法是放弃网络,跑一趟附近的图书馆,图书馆里有网上找不到的成吨的"信息"。当你确认你要找的信息适合通过搜索引擎在网上找之后,搜索到满意结果的概率就大得多了。各种搜索引擎的特点泾渭分明,如果你没有为每次搜索分别选择正确的搜索工具,你将浪费掉大量的时间。这次搜索,你应该使用新浪还是搜狐?Google 还是百度?分析你的需求,比较不同搜索引擎的强项和弱点,然后为这次搜索选择最适合的搜索工具。

6.学会使用两个关键词搜索

如果一个陌生人突然走近你,向你问道:"北京?",你会怎样回答?大多数人会觉得莫名其妙,然后会再问这个人到底想问"北京"哪方面的事情。同样,如果你在搜索引擎中输入一个关键词"北京",搜索引擎也不知道你要找什么,它也可能返回很多莫名其妙的结果。因此,你要养成使用多个关键词搜索的习惯,当然,大多数情况下使用两个关键词搜索已经足够了,关键词与关键词之间以空格隔开。比如,你想了解捷达轿车自动变速器方面的信息,就输入"捷达轿车　自动变速器",这样才能获取与捷达轿车自动变速器方面有关的信息;如果想了解奔驰轿车安全气囊方面的信息,可以输入"奔驰轿车　安全气囊"搜索。

7.学会使用减号"－"

"－"号的作用是为了去除无关的搜索结果,提高搜索结果相关性。有的时候,你在搜索结果中见到一些想要的结果,但也发现很多不相关的搜索结果,这时你可以找出那些不相关结果的特征关键词,把它减掉。

8.点击搜索结果前先思考

一次成功的搜索由两个部分组成:正确的搜索关键词,有用的搜索结果。在你点击任何一条搜索结果之前,快速地分析一下你的搜索结果的标题、网址、摘要,会有助于你选出更准确的结果,帮你节省大量的时间。当然,到底哪一个是你需要的内容,取决于你在寻找什么,评估网络内容的质量和权威性是搜索的重要步骤。一次成功的搜索也经常是由好几次搜索组成的，如果对自己搜索的内容不熟，即使是搜索专家，也不能保证第一次搜索就能找到想要的内容。搜索专家会先用简单的关键词测试，他们不会忙着仔细查看各条搜索结果，而是先从搜索结果页面里寻找更多的信息，再设计一个更好的关键词重新搜索，这样重复多次以后，就能设计出很棒的搜索关键词，也就能搜索到满意的搜索结果了。

9.善于改正错误

经常会有这样的事情发生：你似乎已尽了全力来搜索，但是依然没有找到需要的答案。这个时候，请不要放弃，认真回顾检查你的搜索过程，也许只是因为一个小差错。一个看上去毫无希望的搜索，很有可能在你检讨完自己的搜索策略后获得成功。下面描述了搜索时容易犯的 4 个低级错误和解决方法，正是因为你经常犯这些错误，所以你总是得到无用的、荒谬的或者完全没有意义的搜索结果。而一旦你认识到这些错误，将很容易把这些小鬼从你的搜索经历中永远驱逐出去。

(1)常见错误 1：错别字。经常发生的一种错误是，你输入的关键词含有错别字。比如光一个"索纳塔"就有"索娜塔"、"索纳他"、"索娜他"等多种查法，还有什么"北京现代索纳塔"、"韩国现代索纳塔"之类的，这样的关键词能搜索到什么有用资料吗？所以，每当你觉得某种内容网上应该有不少却搜索不到结果时，你应该先查一下是否有错别字。

(2)常见错误 2：关键词太常见。搜索引擎对常见词的搜索存在缺陷，因为这些词曝光率太高了，以至于出现在成百万网页中，使得它们事实上不能被用来帮你找到什么有用的内容。比如，搜索"大众轿车"，有无数网站提供跟"大众轿车"相关的信息，此时应该尝试使用更多的关键词或者减号来搜索，不使用过于通用的词汇来搜索，设计一个类似"上海 大众轿车"或"一汽 大众轿车"这样特殊的搜索关键词，会给你真正有用的结果。

(3)常见错误 3：多义词。要小心使用多义词，比如搜索"风度"，你要找的信息究竟是一个人的风度还是一种轿车？搜索引擎是不能理解辨别多义词的。最好的解决办法是，在搜索之前先问自己这个问题，然后用短语、用多个关键词或者用其他的词语来代替多义词作为搜索关键词。比如，用"风度　轿车"、"日产　风度"、"风度　翩翩"，分别搜索，可以满足不同的需求。

(4)常见错误 4：不会输关键词，想要什么输什么。搜索失败的另一个常见原因是类似这样的搜索："北京现代轿车各种电路"、"东风标致轿车技术通报"、"广州本田轿车常用维修数据"等。大家错把搜索引擎当成是听话的服务员了，其实搜索引擎是很机械的，当你用关键词搜索的时候，它只会把含有这个关键词的网页找出来，根本不管网页上的内容是什么。而问题在于，没有一个网页上会含有"广州本田轿车常用维修数据"和"北京现代轿车各种电路"这样的关键词，所以搜索引擎也找不到这样的网页。但是，真正含有你想找的内容的网页，应该含有的关键词是"北京现代轿车"、"电路"、"技术通报"，"东风标致轿车"、"维修数据"，所以你应该这样搜索："北京现代轿车 电路"、"广州本田轿车常用维修数据"。图 11-30 所示为使用"北京现代轿车各种电路"在 Google 上搜索的结果，图 11-31 是使用"北京现代轿车 电路"在 Google 上搜索的结果。从图 11-30 和图 11-31 中，我们可以发现两者的搜索结果区别是非常大的，并且图 11-31 更符合我们的搜索要求。因此，不要用你心中想的大白话去搜索，当搜索结果太少甚至没有的时候，你应该输入更简单的关键词来搜索，猜测你找的网页中可能含有的关键词，然后用那些关键词搜索。

在你逐渐获得网络搜索经验的过程中，避免这些常见的搜索错误将成为一种自然而然的习惯。无论何时，当你得不到或得到意料之外的搜索结果时，记住检查一下你用的搜索关键词，分析一下搜索结果，弄明白发生了什么事，你可能会发现又一个需要避免的搜索错误。搜索引擎是个好东西，掌握使用技巧后，你会发现互联网远比想像中的精彩，而你竟能自由自在地翱翔于互联网之上。

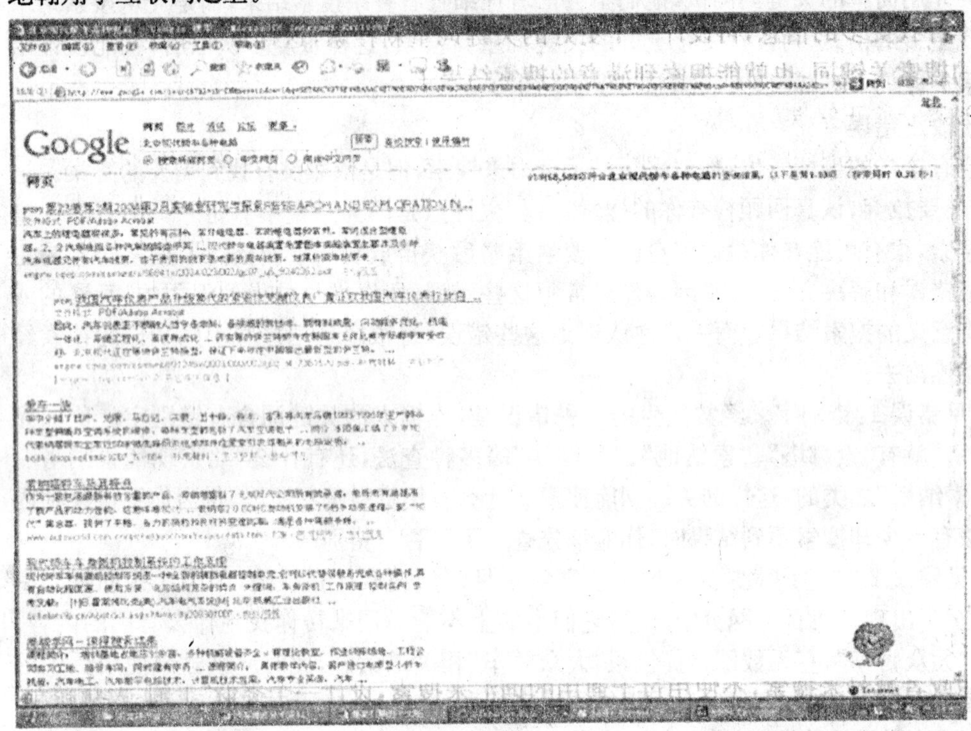

图 11-30 使用“北京现代轿车各种电路”在 Google 上搜索的结果

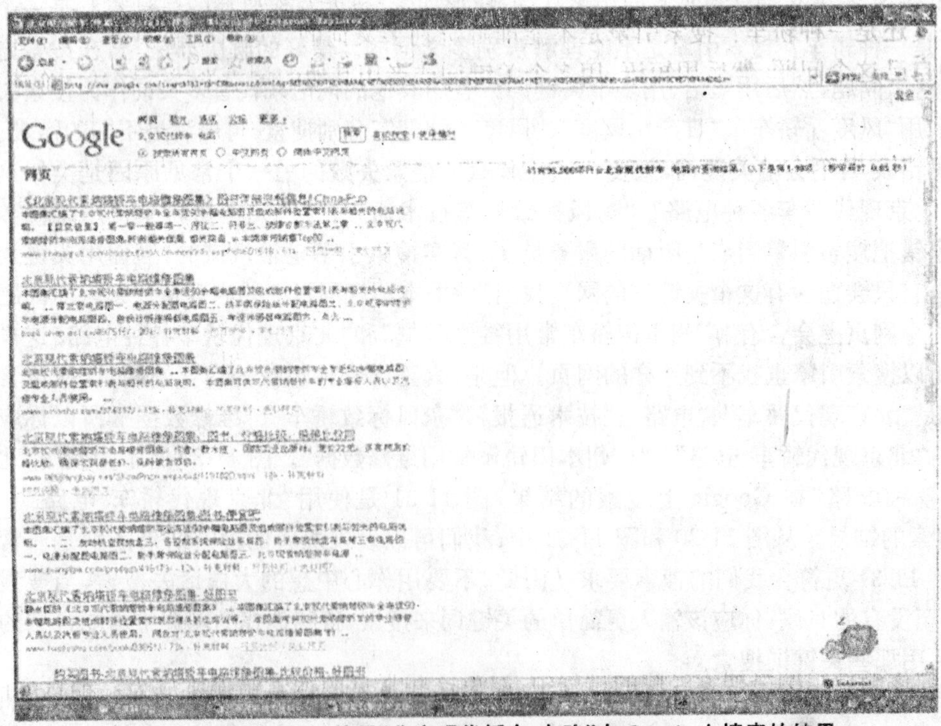

图 11-31 使用“北京现代轿车 电路”在 Google 上搜索的结果

第三节　汽车维修技术资料的整理

通过各种途径搜集来的资料是非常零乱的，只有通过有效的整理才能在汽车维修中发挥重要的作用。我们前面讲了汽车维修资料的类别，在进行汽车维修资料的归类整理时，应该严格按照资料的类别进行。一般情况下，在对汽车维修技术资料进行整理时，可以将汽车维修资料归类整理为以下几种：

(1)共性维修资料。此类资料不针对车型，对所有车型都适用，例如，电控检测诊断的注意事项、数据流分析的方法、波形分析的方法、尾气分析的方法等。

(2)维修手册类。此类资料均是针对具体车型的全车维修手册，内容比较系统，我们可以将搜集到的维修手册进行归类，并且明确标识出该维修手册适用的车型、年款。这样，在使用的时候非常方便。

(3)维修数据类。每个车型均有很多维修数据，我们在进行资料整理时，可以将每个车型的螺栓拧紧力矩、装配间隙、每个元件的电参数、每个工况下的标准动态数据等归在一起，以便查阅。

(4)电路图和元器件位置图类。电路图在电控汽车的故障诊断中使用非常频繁，很多车型维修手册中的电路分别分布在各个章节，就是不分布在各个章节，修车时拿个大块头的维修手册也不方便，所以我们可以将电路图按车型、按系统进行归类，例如，可以将上海别克凯越轿车的电路图分为电源供电电路、发动机控制系统电路、自动变速器控制系统电路、ABS系统控制电路、空调系统控制电路、照明系统电路、中控门锁系统电路等多个小类，同时将电路图和元件位置图对应后装订成册，这样使用起来非常方便。

(5)培训类资料。很多新车均有自己的培训资料，此类资料主要供维修人员学习新车型新结构新技术用，我们可以将这些资料系统地进行归类，并提供给维修人员学习使用。此类资料应该按照车型年款进行分类。

(6)机械装配程序和方法类。汽车是个复杂的总成，每个部分的装配都有严格的顺序和特殊的技术要求。因此，可以将维修手册中关键的安装程序和方法进行归类，例如，我们可以将上海大众车系正时传动机构安装方法全部归在一起，只要是进行上海大众车系正时传动机构安装作业，维修人员只要拿着这个小册子就可以了。采用此方法整理的东西比较多，例如各种车型自动变速器控制阀体分解图、XX车系电控单元针脚位置和检测数据要求、XX车系正时传动机构安装方法、XX车系制动器安装调整方法等。

(7)案例类资料。搜集整理维修实践中的维修案例，对提高维修人员分析故障的能力是至关重要的。但是，案例繁多，也显得零乱，维修人员无法真正利用案例。所以，我们可以将搜集的维修案例按车型、按系统（例如，上海桑塔纳2000GSi轿车发动机、空调、变速器、制动系统等）或按车型、按故障（例如，上海桑塔纳2000GSi轿车起动困难、怠速不稳、加速无力等）分别编制成案例集锦，供维修人员学习使用。在实际的归类整理时，我们也可以仅按故障现象不分车型进行归类，便于学习各个车型同一故障检测诊断方法的差异。

本章小结

1. 汽车维修资料的类别。
2. 不同汽车维修资料的作用和性质。
3. 汽车维修资料的搜集途径。
4. 汽车维修资料的搜集方法。
5. 常用的搜索引擎。
6. 搜索引擎分类和工作原理。
7. 搜索引擎使用时关键词及关键词的选择技巧。
8. 搜索引擎的运用技巧。
9. 汽车维修技术资料的整理技巧。

复习思考题

1. 汽车维修资料有哪些类型?
2. 简述各种汽车维修资料的作用和性质。
3. 汽车维修资料的搜集途径有哪些?
4. 目前常用的网络搜索引擎主要有哪些?
5. 搜索引擎有哪些类型? 各类搜索引擎各有何特点?
6. 简述全文搜索引擎、目录索引的工作原理。
7. 在选择关键词的时候要掌握哪些技巧?
8. 简述搜索引擎的运用技巧。
9. 如何进行汽车维修技术资料的整理?

第十二章　汽车维修计算机管理系统

第一节　汽车维修计算机管理系统的构成

计算机管理在汽车维修业务中的应用已经普及，日渐完善的汽车维修管理系统主要运用于汽车修理厂和汽车销售服务公司的售后甚至全程业务管理，包括接车登记、估价、派工、检验、完工结算到车辆出厂，汽车配件管理和用户档案管理，以及服务质量分析，操作可简可繁，各种业务票据可直接打印。汽车维修计算机管理系统包含以下几个部分：

(1)计算机硬件系统。即企业计算机管理的硬件平台，可以是由一台服务器和多个终端组成的局域网系统，同时和汽车生产厂家进行远程连接。这种方法是将远程计算机或分公司连接到总公司局域网(LAN)。连接可以是直接物理连接(例如专线和拨入连接)，或是使用虚拟专用网 (VPN) 技术通过 Internet 连接的虚拟连接(图 12-1)。使用这种方法，用户访问总公司的方式就如同在总公司访问一样。这种访问是靠 Internet 来实现的，Internet 就是由许多小的网络构成的国际性大网络，在各个小网络内部使用不同的协议(图 12-2)，正如不同的国家使用不同的语言，使它们之间能进行信息交流，这就要靠网络上的世界语——TCP/IP 协议。

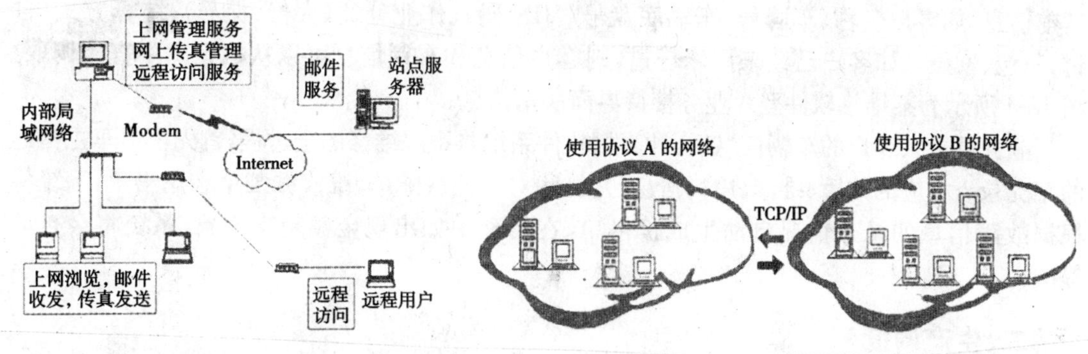

图 12-1　可远程访问的计算机局域网系统

图 12-2　两个可远程交换信息的计算机局域网系统

(2)计算机应用软件。建立在计算机操作系统 WINDOWS 2000 或 WINDOWS XP 基础上的维修管理软件。

(3)计算机系统的管理员和使用人员。

(4)与企业计算机管理系统相对应的规章制度。

计算机流程管理将车辆信息、配件、生产调度、结算管理和用户档案管理等用数据库共享的方式连接在一起,将复杂的管理规范和系统化,实施了全面地数据化管理,以实现物流、信息流、资金流三流一体管理。

第二节 维修业务流程管理

维修管理业务流程主要为业务接待、生产调度、配件管理和客户档案管理及财务结算(图12-3)。

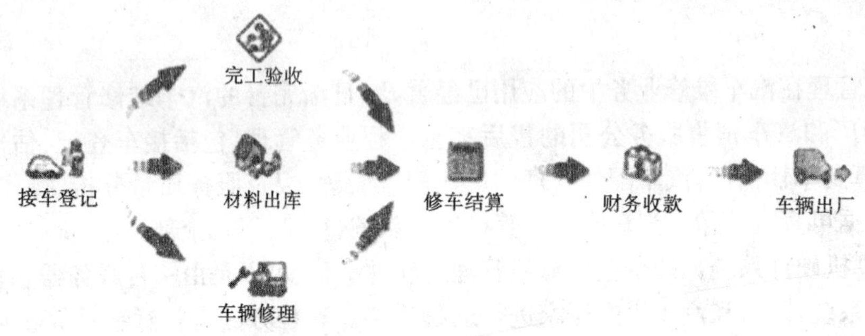

图 12-3 业务流程示意图

一、维修业务接待

客户前来修车,首先是由本厂有经验的业务员根据车主陈述的故障现象,确定车辆是否应该和可以在本厂修理。然后,由客户在接待台的电脑进行基本情况登记和故障现象记录。再与客户磋商,确定计划的修理项目和计划用料。在接车登记模块,业务员需录入客户和车辆的基本信息,如客户名称、车牌号、车辆底盘号(VIN 码)、作业分类(大修、保养)、结算方式(自付、三包、索赔),如客户已经来厂修理过,则客户信息和车辆信息可以从档案库中直接调取。图 12-4 所示为某维修软件登入业务接待界面所示信息。

业务员录入客户的车辆信息后,计算机软件系统将跟踪维修的全过程,首先根据车主描述的车况录入相应的故障、维修、用料信息,并打印对应的故障单、维修派工单和用料单,系统将根据故障信息的录入情况自动生成价格单,在修理中如出现金额超支现象,系统将会自动提醒。

二、生产调度

车辆登记完毕由业务人员引导进入车间修理,客户车辆转入车间后,车间维修技术人员根据派工单确定其故障现象、维修项目及维修中所需的用料信息后,就可进行相应的维修与领料。

1. 维修派工

计算机系统可以支持一个项目派给多个人、多个项目派给一个人等多种派工方式,业绩考核定额、分配比例也可自行确定。计算机系统可以根据管理需要，按人员、按项目、按班组打印派工单(图 12-5)。

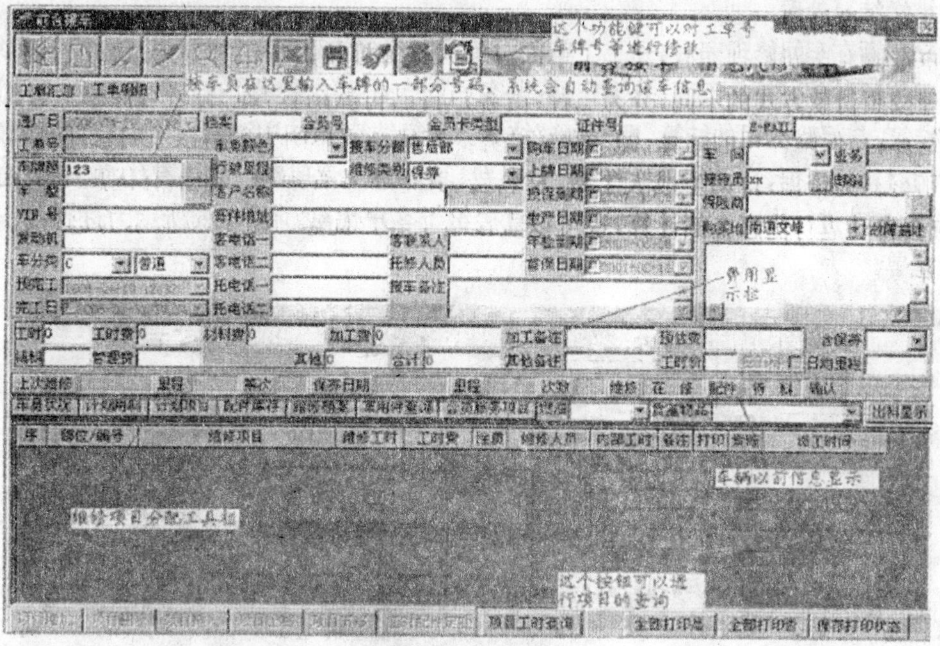

图 12-4　业务接待

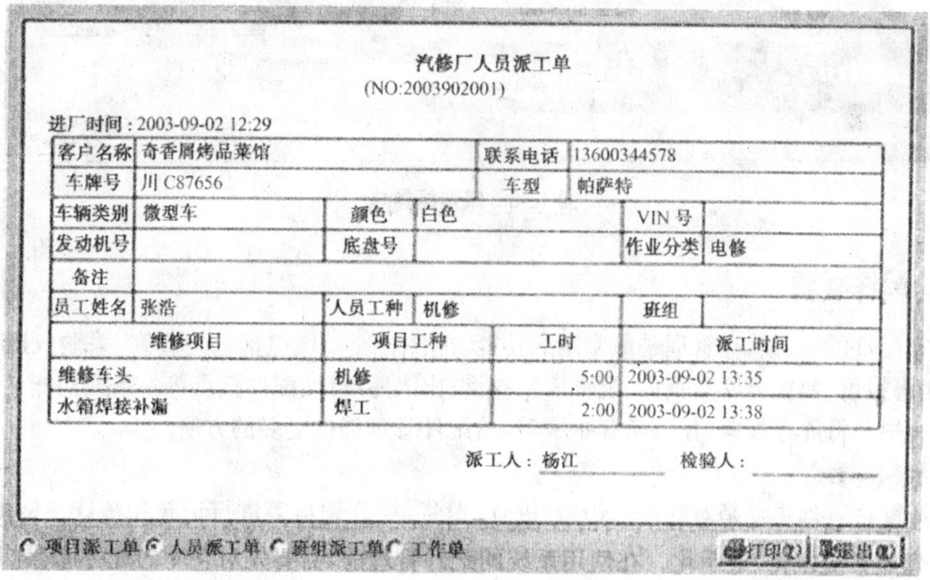

汽修厂人员派工单

(NO:2003902001)

进厂时间：2003-09-02 12:29

客户名称	奇香厨烤品菜馆			联系电话	13600344578
车牌号	川 C87656			车型	帕萨特
车辆类别	微型车	颜色	白色	VIN 号	
发动机号		底盘号		作业分类	电修
备注					
员工姓名	张浩	人员工种	机修	班组	

维修项目	项目工种	工时	派工时间
维修车头	机修	5:00	2003-09-02 13:35
水箱焊接补漏	焊工	2:00	2003-09-02 13:38

派工人：杨江　　检验人：

○ 项目派工单 ● 人员派工单 ○ 班组派工单 ○ 工作单　　打印　退出

图 12-5　维修派工单

修理完毕后，还可在本模块录入项目的验收、完工信息及车辆总检信息，也可根据公司实际情况选择不录入此模块的信息，直接转入结算模块。

2. 领料出库

根据车辆维修用料计划，库房办理配件出库手续。本系统通过计划与实际领用控制，一方面，加强了业务与库房资源的共享；另一方面，有效降低了库房出错概率，同时便于库房提前备货。

3.维修结算处理

客户车辆在车间修理完后，完工工单即可转入结算模块进行结算处理，这就是修车结算。结算处理按照付款方式的不同，分为三种：由客户自己付款结算，即“自付”；保修业务结算，即“三包”结算；与保险公司的结算，即“索赔”结算。车辆结算单的内容是以车间修理时的维修项目和所用材料为依据，自动生成人工费、材料费、其他费及管理费。如果有优惠卡的，输入卡号，系统会自动进行优惠金额计算，也可以直接给予客户优惠。图 12-6 所示为进行汽车维修项目结算单。

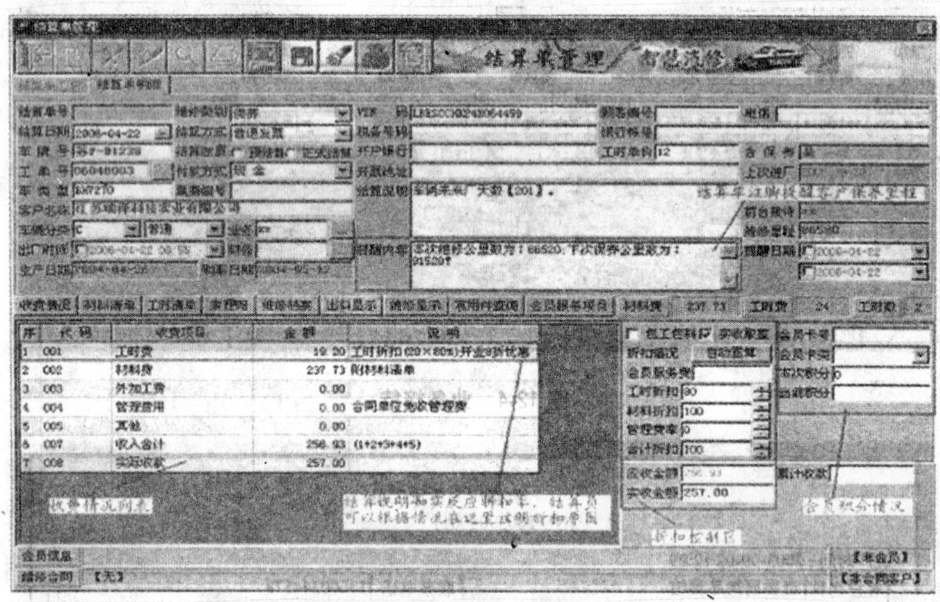

图 12-6　维修结算单

三、配件管理

汽车配件的进、销、存管理是最常用的功能，配件管理模块包括进价查询、采购入库、入库查询、销售报价、销售出库和查询、配件库存查询、出入库统计、配件盘点等一系列功能。同时，模块还提供最低库存报警、积压库存报警等，给配件管理提供更多的方便。

1.期初库存

汽车配件管理主要是对配件的销售、进货、退货、维修领料等进行记录和统计。使烦琐的配件管理业务规范化、透明化。在使用系统的配件管理前，需要先对仓库的配件库存信息进行期初的盘库建档处理，以建立与实际仓库库存相符的真实配件进、销、存管理。

配件的期初盘库建档操作十分简单，只需把汽车配件的名称、数量信息录入相应仓库中即可。

2.入库管理

入库管理包括采购入库、调拨入库、销售退货入库、领料退料、盘盈入库、随进随出入库，录入配件的供应商、配件名称、价格、数量以及所入的仓库信息，复核后自动进行上账处理，财务管理模块中会生成相应的配件收付款记录。

3.出库管理

出库管理包括销售出库、领料出库、采购退货出库、调拨出库、盘亏出库、随进随出出库等，录入配件、价格、数量、仓库及相关信息，复核后系统自动进行下账处理，财务管理模块中会生成相应的配件收付款记录。

4.库存管理

库存管理包括配件库存查询、盘点、报损、辅料耗用登记、配件价格维护、库存警戒线设置及库存报警等功能。管理员可及时通过本系统轻松掌握库存资料，制订相应的进货计划。

5.汽车维修材料查询

材料配件查询(图 12-7)时，可以有模糊查询和精确查询，查询方式可以是配件名称的局部或全名，也可以是配件号的局部和全部，灵活的查询方式使操作简洁，节省时间，是以往手工账无法替代的。

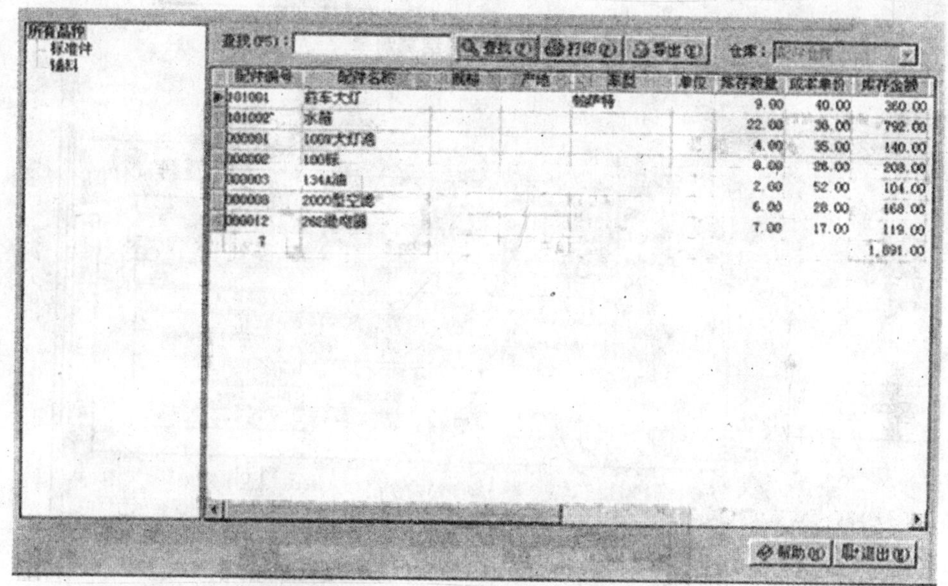

图 12-7 维修配件查询

6.领料出库和维修材料结算

根据车辆维修用料计划，库房办理配件出库手续。本系统通过计划与实际领用控制，一方面，加强了业务与库房资源的共享；另一方面，有效降低了库房出错概率，同时便于库房提前备货，和维修结算前台的数据库信息共享，及时将配件出库结算与维修工时结算同步进行，打印维修材料结算清单(图 12-8)。

四、客户档案管理

1.客户档案

现代企业的经营管理，越来越重视客户服务、客户反馈及客户关怀，留住了客户即是留住了企业的生存线。现有的汽车维修计算机管理系统内的客户关系管理普遍较完整、细致而且功能强大，完全等同于一个专业的客户关系管理系统。

在客户管理中，客户档案(图 12-9)是录入的一个最主要模块，主要信息有客户的姓名、联系方式、车辆，以及生日、联系活动、特殊日期等等，字段设置简洁实用，先进合理，除了在此模块可以查询客户的详细资料，且更方便以后对客户多种数据的统计和查询，便于客户管理工作的展开。

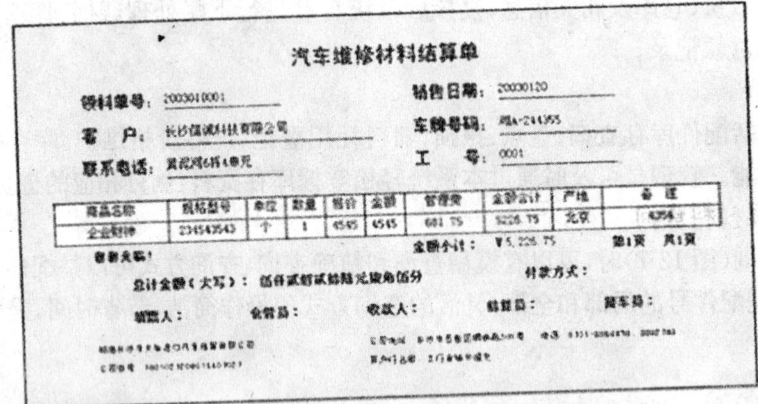

汽车维修材料结算单

领料单号：200301001　　销售日期：20030120

客　户：长沙信诚科技有限公司　　车牌号码：湘A-244355

联系电话：　　工　号：0001

商品名称	规格型号	单位	数量	售价	金额	管理费	金额合计	产地	备注
企业财神	234543543	个	1	4545	4545	681.75	5226.75	北京	[illegible]

金额小计：￥5,226.75　　第1页　共1页

谢谢关顾！

总计金额（大写）：伍仟贰佰贰拾陆元柒角伍分　　付款方式：

销售人：　　仓管员：　　收款人：　　结算员：　　接车员：

图 12-8　维修材料结算清单

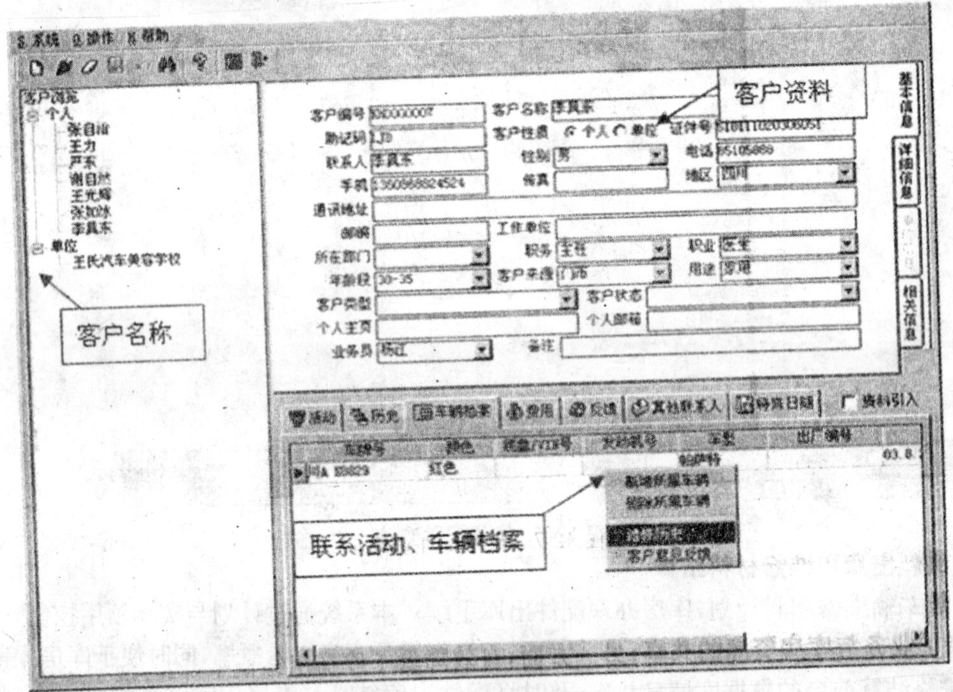

图 12-9　客户档案管理

2. 车辆档案

车辆档案是本系统中相关客户在公司的维修车辆信息，并可随时查询车辆的维修记录与维修详情，便于更好地做好客户服务工作。

3. 客户管理的回访工作

如图 12-10 所示，建立完用户档案后，软件系统可以对需要回访的用户设定回访的规则，如时间间隔、下次回访的预约提醒等。

（1）在客户跟踪管理界面当中，输入一个时间段，点击查询，找到未做回访的客户资料

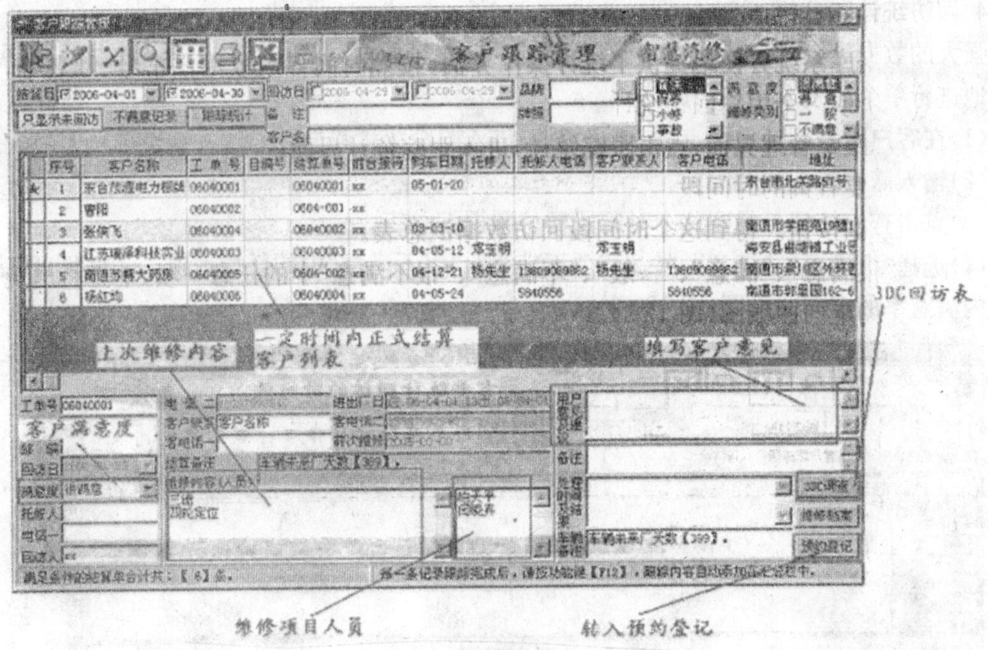

图 12-10　满意度调查

列表。

(2)选中一个客户资料(选中即资料前出现黑五角星)。

(3)根据资料上的电话与客户联系。

(4)询问上次维修的满意程度,并在电脑上进行满意度的记录。

(5)对客户进行调查,调查结束后,保存信息(图 12-11),返回客户跟踪管理界面。

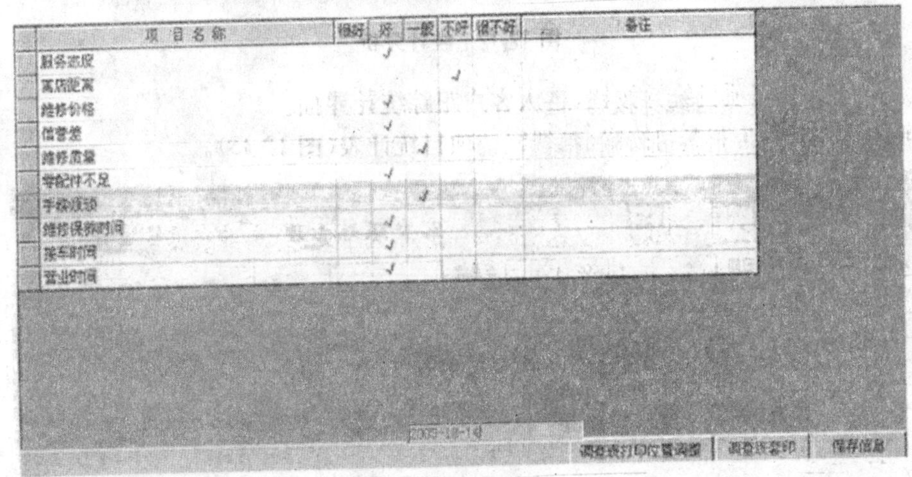

项目名称	很好	好	一般	不好	很不好	备注
服务态度		√				
离店距离				√		
维修价格		√				
信誉度		√				
维修质量			√			
零配件不足		√				
手续烦琐			√			
维修保养时间		√				
接车时间		√				
营业时间		√				

图 12-11　调查统计和分析

(6)在用户意见及建议栏写入客户的意见或建议。

(7)为这次回访填写备注。

(8)保存完成此次回访。

4. 回访统计和分析

强大的数据库系统方便地提供了统计操作界面，按照时间界限或用户车号、姓名等，可以方便地进行单个或多个用户回访统计。

(1)在客户跟踪管理界面，点击跟踪统计，进入跟踪统计界面。

(2)输入需要查询的时间段。

(3)点击查询按钮。得到这个时间段回访数据汇总表。

(4)选择“很满意”、“满意”、“一般”、“不满意”、“很不满意”中的任意一项，下方将出现这个时间内满意率的走向曲线图(图 12-12)。

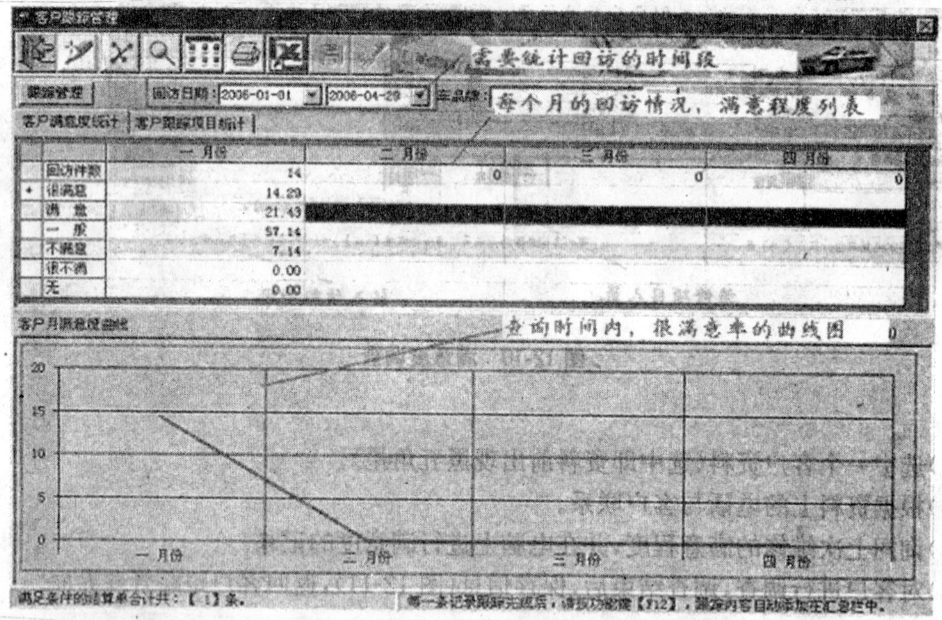

图 12-12　统计分析

(5)点击客户跟踪项目统计按钮，进入客户跟踪统计界面。

(6)输入时间段，点击查询按钮，得到回访项目统计表(图 12-13)。

回访日期：2008-01-01　2008-04-29　车品牌：

项目名称	很好(S1)	好(S2)	一般(S3)	不好(S4)	很不好(S5)	满意率(S1+S2)	S=(S1+S2+S3+S4+S5
服务态度		6	2			75.00	8
接车时间		1				100.00	1
离店距离				1		0.00	1
零配件不足		1				100.00	1
手续烦琐			1			0.00	1
维修保养时间		1				100.00	1
维修价格		1				100.00	1
维修质量		3	5			37.50	8
信誉差		1				100.00	1
营业时间		1				100.00	1

图 12-13　统计查询

五、财务收付款管理

1.财务收款

财务收款信息包括汽修结算后的结算单款项、配件销售出库款项，以及销售出库的应退款项。在汽修模块进行了这些操作后，财务收款模块会自动记录相应的收款信息。进行财务收款操作时，应记录实际收款金额、发票号、收款人、收款日期等数据，以便于之后财务数据的稽核和统计。对于记账客户，应记录承诺付款日期，便于款项催收。

2.应付账款结算

财务中的应付账款主要是配件采购时对供应商的配件款项结算，对应的是采购入库和退货的配件信息，与收款类似，财务付款时也需录入付款金额、付款日期、发票号、付款方式、付款人信息。

3.收付款查询

收付款查询包括对应收应付款查询、已收已付款查询及到期应收款项查询，便于企业及时了解财务状况、资金分布情况。

六、财务核算管理

1.单车成本核算

客户维修结算后，系统可根据维修单和用料单中的维修用料信息，自动计算维修总额、人工成本、材料成本、管理费、税金、业务支出以及修理毛利，方便对修理中的单车成本和毛利进行查询和统计，了解维修利润分布情况，合理进行维修定价，提高企业整体收益。

2.配件成本核算

系统可在客户维修和销售出库后，统计维修中用料的成本价格、领料价格，以及销售出库时的配件成本价和销售价，整体了解维修以及销售时的成本及毛利。

3.维修工时结算

在维修登记中如果进行了项目派工操作，则在系统中可根据派工信息核算维修员工的应结算工时和金额信息，并录入已结信息，简单清晰管理维修员工应结算与已结算的工时数据。

4.员工业绩考核

本模块根据已录入的维修工单和派工单信息，对接车业务员、责任工程师、维修工的业绩进行统计，方便掌握员工的工作及业绩状况。

七、工具管理

在系统中，维修时要使用的工具与配件是分开入库，工具管理主要管理工具的借出、归还，以及报废情况，通过工具台账了解现有工具的入库、借出、报废以及库存数量，方便对维修工具的管理。

第三节　汽车维修企业会员管理模块

汽车维修企业会员管理模块包括有合同管理、会员设置、会员折扣、保养提醒、生日问候、节日关怀、意见反馈等，并统一打印联系客户的信封标签，系统数据库型的管理，大大弥补人工记忆力的不足，改善手工记录的混乱情况，减少手工统计工作的重复和烦琐。

一、制定会员维修合同

(1)在维修合同管理界面点击新增按钮，进入新增界面。

(2)输入客户名称，回车确认。

(3)点击“车辆增加按钮”，将鼠标焦点停留在新增的车辆栏的车牌号栏，回车，系统将此客户的车辆信息写入空白车辆资料栏。

(4)输入客户的会员编号，回车确认。

(5)依次输入“工时价”、“工时折”、“材料折”、“管理费”、“合计折”、“获赠金额”，每次输入后请进行回车确认。

(6)确认输入无误后，点击保存按钮，完成维修合同的制定任务(图 12-14)。

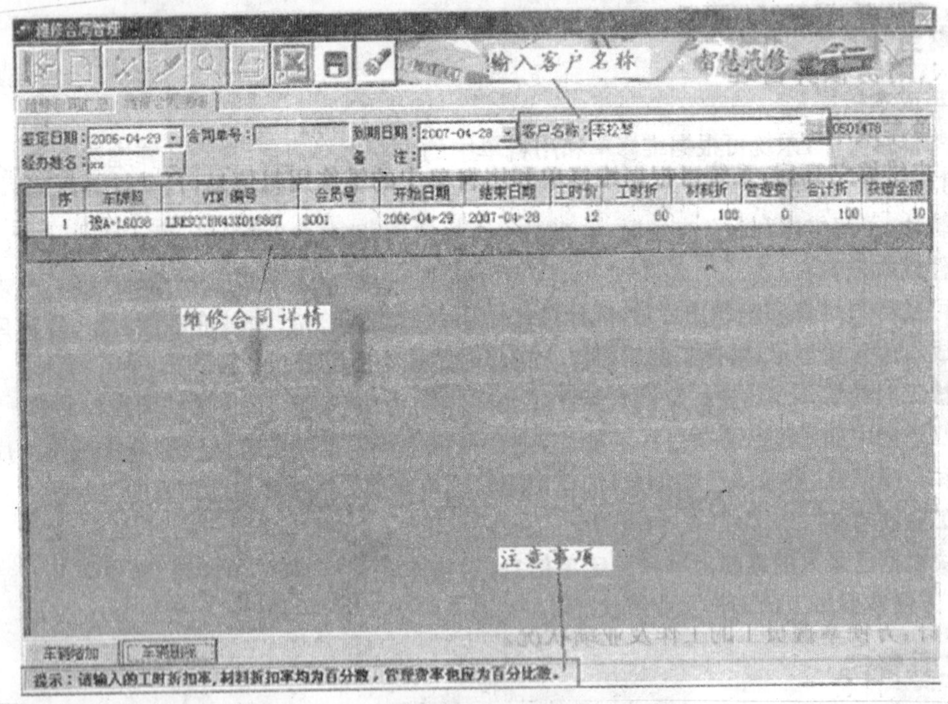

图 12-14　会员维修合同

图 12-14 所示的合同内容，用文字说明可以理解为：会员 3001 号李松琴的车牌号为豫 A-L6038 的车辆，在 2006-04-29 至 2007-04-28 这个时间段内，享有工时单价 12 元，工时折扣 80%，材料折扣为 100%(即不打折)，管理费为 0，合计折扣 100%不打折，能够获得结算金额 10%的回扣。

二、会员积分消费

可以在会员管理模块中进行会员积分管理。

(1)在会员积分管理界面，点击“新增”按钮，进入新增界面(图 12-15)。

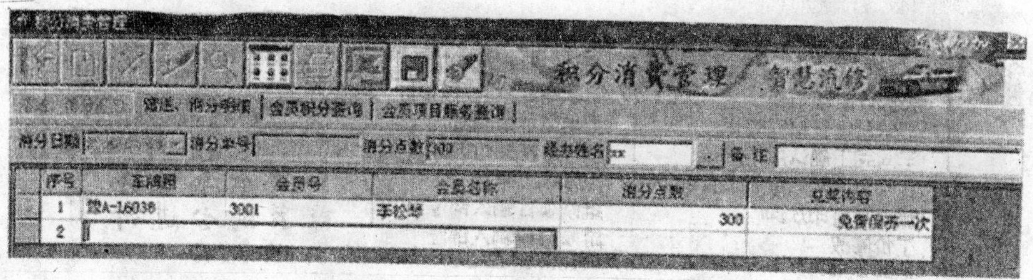

图 12-15　会员积分管理

(2)只须将“车牌号”、“会员号”或“会员名称”填入，系统将相关的会员信息保存。

(3)填入会员消费的积分数。

(4)注明消费的情况，以备查询。

(5)在会员积分管理界面，点击会员积分查询。进入会员积分查询界面。

(6)输入查询条件，点击查询按钮，系统列出查询结果。

(7)选中要查询的会员资料，系统会列出此会员的积分消费明细(图 12-16)。

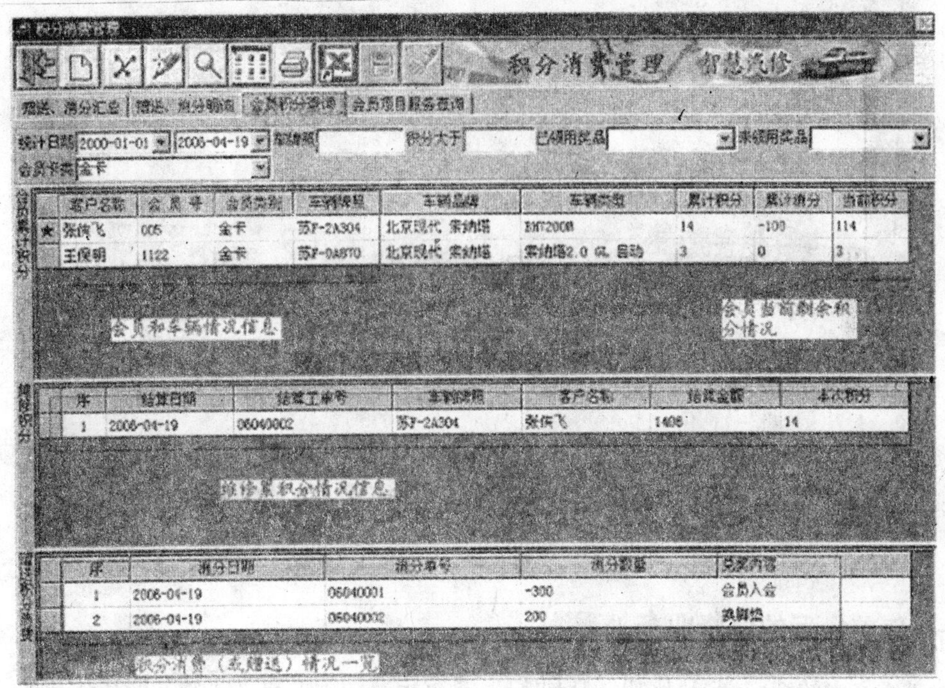

图 12-16　会员积分消费

(8)会员自动积分(图 12-17)是软件提供的又一工具，软件系统将在结算时自动为会员进行积分，以便对积分高的用户进行一定奖励。

三、短信服务

软件与寻呼台的端口数据连接，使管理用户更加方便，在进行会员活动、用户联谊、提醒客户(图 12-18)时操作更简便。

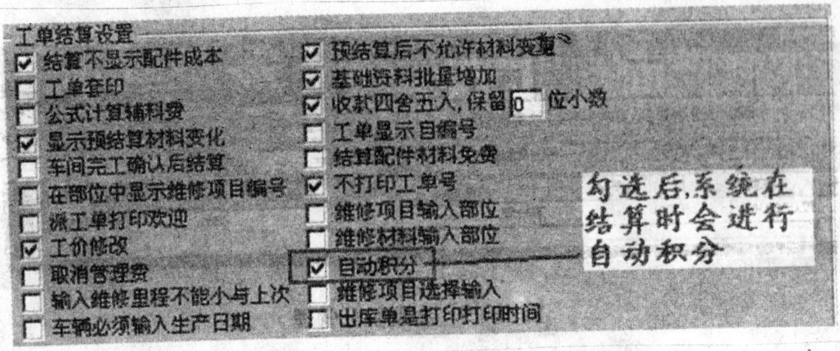

图 12-17　会员自动积分管理设置

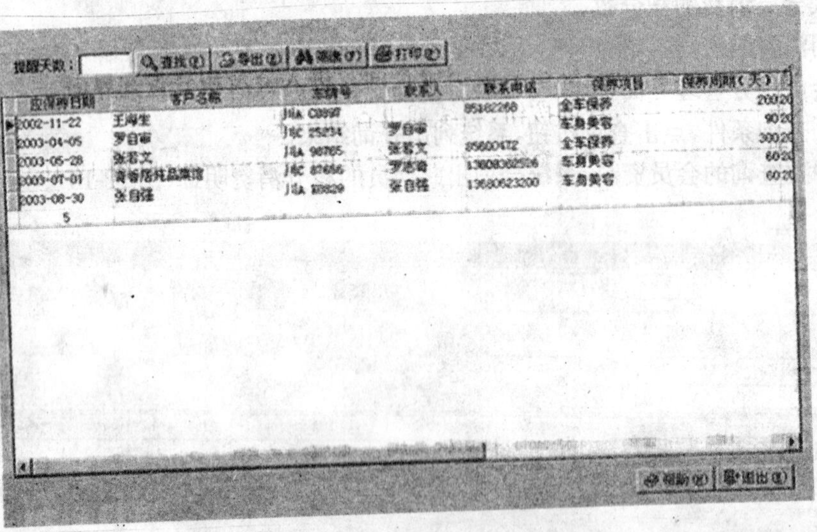

图 12-18　管理模块的提醒统计功能

第四节　保修索赔业务管理

一、售前售后的保修业务处理

对于维修中的特殊情况，比如保修和索赔，系统中专门为此设立了独立的处理方式。

保修的客户需在维修中选择“三包”的结算方式，此时系统会自动根据已设定好的三包单价计算维修中的工时和用料金额，并根据不同品牌输出不同的保修单格式。

二、索赔业务处理

对于保险索赔的维修客户，同样是在维修中选择“索赔”的结算方式，系统会根据已设定好的索赔单价，计算维修中的工时和用料金额。维修结算后，财务收款中生成的是向负责赔偿的保险公司的收款记录。

第五节 汽车维修企业计算机管理员管理

汽车维修企业的计算机系统多数为三台以上的计算机管理系统，组成企业内部局域网，并与 internet 连接。因此，落实责任制度，将计算机管理系统安全防范工作纳入职工的岗位责任制十分重要，应该进行检查考核并定期对相关职工进行技能训练。

汽车维修计算机管理系统指定专人负责本单位内各部门计算机信息系统安全管理和检查，对本单位的主要计算机管理系统的资源配置、技术人员构成进行登记管理。

一、典型管理方式介绍

以下以某公司服务器使用和管理方式实例进行介绍。

1. 服务器开机

打开服务器电源开关，启动服务器，输入登录密码，进入 Windows 2000 server 系统界面或 XP，服务器会陆续启动 SQL server 和配套软件“软件狗”，启动完成后，在任务栏会出现二个图标，表示启动成功。一般服务器启动 5min 后系统就能开始运行。

2. 服务器关机

一天工作结束，关闭所有工作站后，进入服务器单击“开始”→“关机(U)” →“确定”，完成服务器关机操作。

3. 客户端的运行和关闭

服务器运行成功后，各个工作站点双击桌面大智慧汽车管理维修系统图标即可进入系统。

关闭系统步骤：在系统主界面点击退出系统主界面。然后→系统操作→关闭系统。

4. 增加工作人员

(1)必须是管理员或指定权限的相关工作人员进行操作，在任何一个工作站以管理员身份登录系统(图 12-19)。

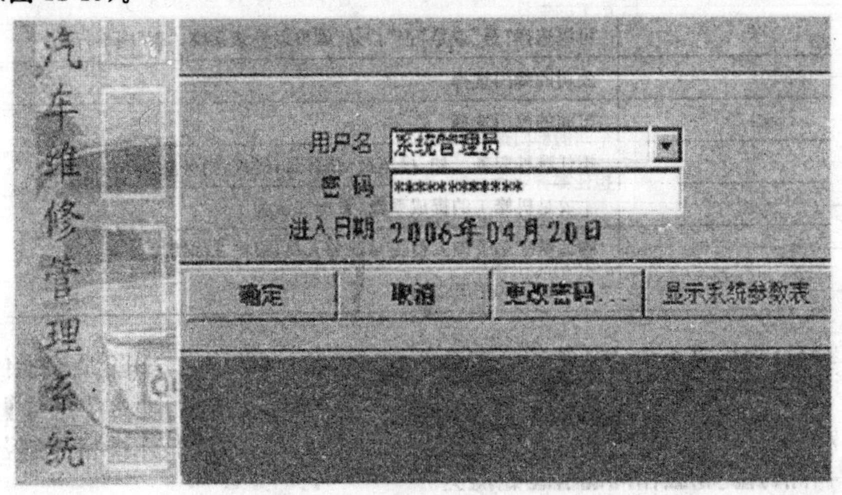

图 12-19 管理员进入管理界面

(2)进入基础资料进行人事资料设定。

(3)点击“新增”按钮→依次填写“代码”→“姓名”→“性别”→选择是否系统用户(选择“是”则可以登录系统,选择“否”则不可以登录)→选择“工作部门”→勾选“工作属性”→点击“保存”按钮完成添加工作人员。

(4)新增加的系统工作人员密码为空,更改密码需要在登陆时点击“更改密码”来实现。

(5)修改密码步骤:输入原密码→填入新密码→重复输入新密码→点击“确认”。

二、汽车维修企业计算机管理员管理注意事项

(1)加强主要岗位工作人员的录用、考核制度,不适宜的人员必须及时调离。对重要岗位计算机系统的安全情况经常进行检查,及时整改不安全隐患。

(2)使用汽车维修计算机系统的工作人员调离时,必须移交全部技术手册及有关资料,并更换计算机的有关口令和密钥。涉及业务核心部分的技术人员调离本系统时,应当确认对本系统安全不会造成危害后方可调离。

(3)对与计算机有关的电源接口、通信接口等设备进行定期检查维护。应当建立计算机主机房的值班及人员出入管理登记等制度。

(4)实行权限分散原则。明确系统管理员、系统操作员、终端操作员权限和操作范围(表12-1)。建立系统运行日志,日志信息长期保存,以备稽查。建立操作人员密码制度,分清各自责任。密码修改要有记录。

表12-1 权限设定

工作人员属性列表	
属性名	对应项目
代码	系统管理员根据公司情况给予员工的编码,自己定义由数字或字母组成
姓名	公司员工的名字
助词码	由系统根据公司员工名字拼音的首字母自动生成
性别	员工的性别
出生年月	员工的生日
系统用户	可以选择“是”或是“否”,“是”则可以登录系统,“否”则不行
部门	公司的部门选择
车间部门	车间的部门选择
职务工种	担任哪种职务。如,接车员,结算员,经理,财务经理
技术等级	主要是机修工的提成系数,系统默认为1
工作属性	确认员工是管理人员还是财务人员,根据具体情况来定义
所属分部	某个部门的下属部门

(5)应当对易受病毒攻击的计算机管理系统,定期进行病毒检查。用介质交换信息要按规定手续管理,并进行病毒预检,防止病毒对系统和数据的破坏。进行业务中的计算机数据处理,应当建立严格的管理措施,以防止各类事故的发生。用软、硬件技术严格控制各级用户对数据信息的访问权限,包括访问的方式和内容。

(6)对重要的数据建立数据备份制度,并做到异地保存。对存有重要数据的故障设备,交

外单位人员修理时，本单位必须派专人在场监督。建立废弃数据、介质的处理制度。

(7)修改业务程序和系统参数，必须履行一定的审批手续，并做好文档资料的相应修改。

(8)业务用机不得用于上网操作，不得含有源程序、编译工具、连接工具等工具软件，不使用与业务无关的任何存储介质。

(9)启用新的应用软件，应当按规定手续交系统维护人员安装到业务系统，并做好日志记录。重要系统应用软件运行过程中出现异常现象，应当立即报告管理员，做好详细记录，经领导同意后，由系统管理人员进行检查、修改、维护。

(10)建立定期的系统和程序备份制度，异地保存两个以上最新的版本及其目录打印清单，以备系统和程序的恢复。

(11)对重要的业务系统及设备，必须制定应急情况处理方案。系统中，每个操作员都必须使用自己的登录名和用户密码来登录系统，用户采用按模块授权的方法，每个用户只能看到已授权的模块信息，严格控制了操作员的管理权限，在配件管理部分，还可以对操作员按仓库授权，用户只能查看到已有权限的仓库信息，每一个报表都进行了权限控制，通过系统控制，有效保证客户数据的安全性。

本章小结

1. 汽车维修计算机业务管理和硬件系统的构成。

2. 汽车维修计算机管理系统中包含的维修业务接待、生产调度、配件管理、客户档案管理、财务收付款和核算管理等多个模块。

3. 汽车维修企业会员管理包括有合同管理、会员设置、会员折扣、保养提醒、生日问候、节日关怀、意见反馈等功能及其对企业业务发展的作用。

4. 汽车维修计算机管理系统的数据安全和管理权限设置。

复习思考题

1. 什么是汽车维修计算机管理？
2. 常用汽车维修计算机管理的硬件系统包含哪些部分？
3. 汽车维修的计算机管理系统模块功能包括哪些？
4. 汽车维修计算机应用软件是基于什么基础上运行的？
5. 汽车维修业务接待采用什么样的流程？
6. 业务接待需要录入哪些信息？
7. 业务接待和生产调度如何衔接？
8. 配件管理在软件系统中功能？
9. 客户档案管理在现代企业管理中有什么样的地位？
10. 车辆档案和客户档案的关系是什么？
11. 如何进行客户回访和分析？
12. 怎样进行汽车维修计算机管理系统收付款操作？
13. 如何在系统中进行成本核算？

14. 会员制管理的意义是什么?

15. 积分管理的作用?

16. 系统的权限设置和实际中的应用?

17. 汽车维修计算机管理系统操作管理有哪些注意事项?

第十三章 制定和组织实施机动车维修工时定额

第一节 汽车维修工时定额概述

劳动定额标准是实现科学管理、降低劳动消耗、提高企业经济效益的依据。汽车维修工时定额是劳动定额中的一部分,定额标准工作是汽车维修企业管理的重要基础工作,在行业管理中起着宏观调控的作用,是评价汽车维修企业管理水平的标志。通过定额标准的制定和贯彻,可以用汽车维修行业社会平均劳动量来引导企业,促进企业管理水平和经济效益的提高。

汽车维修工时定额的实质是对维修工人进行各类不同作业项目制定的劳动定额,工时定额是维修作业所消耗的必要劳动时间,准确地说,是依据经过专业培训的熟练技术工人,在一定的生产技术组织条件下(行业管理部门或汽车生产厂家按一定技术条件规定的维修条件),按标准作业程序操作,合理地使用维修设备、工具,保质保量完成维修工作而规定的一种劳动消耗量标准。

工时定额收费是由某维修项目工时定额乘以工时单价来计算,工时单价必须根据维修企业的投资规模、设施、设备条件、技术水平、服务质量、社会物价和国家有关政策来核定。

因此,工时定额是企业收费的依据,也是企业成本核算的基础,是制订企业生产计划、考核经济效益、实行按劳分配的依据。

根据中华人民共和国交通部 2005 年第 7 号令《机动车维修管理规定》第二十六条规定:机动车维修经营者应当公布机动车维修工时定额和收费标准,合理收取费用。

第二节 汽车维修工时定额与收费标准制定原则

随着经济体制改革的全面深化,对汽车维修定额标准工作提出了更高的要求,特别是劳动定额标准工作纳入国家标准化工作管理后,为了汽车维修企业定额工时标准化,以避免因人为因素所造成的不一致,以统一工时定额的口径,制定、修订标准的工作都要严格按照国家标准化管理的有关要求、程序和方法,科学合理地进行。

汽车维修工时定额的编制按照所在地区区域等条件不同会有差异，执行时也会有区别。

汽车维修工时定额的编制参照标准依据，是按照车型分类方法和车型的结构部件进行制定。

一、车型的分类方法和执行参照标准

车型的分类方法和参照标准，可以用我国汽车分类（汽车分类国标 GB/T3730.1—2001 和 GB/T15089—2001）来执行，一般在编制和计算时参照，用作政府政策管理和编制相关文件的依据。对一些未列出车型、项目的工时定额，可参照相近车型类似项目的工时定额执行。汽车车型参考分类见表 13-1。

表 13-1 车型分类表

汽车车型分类参照表（按技术条件分类）			
车型类别	车型代号	技术条件	参考车型
轿车	1	排量 1 L 以下	夏利 TJ7100（1.0L）、奥拓（0.8L）、铃木（0.7L）、北斗星（1.0L）、雪佛莱 SPARK（0.8L）
	2	排量大于 1.0 L 至 1.6 L 的标准级车型	夏利王（1.3L）、神龙富康（1.36L）、桑塔纳（1.6L）捷达（1.6L）、高尔夫（1.6L）
	3	排量大于 1.0 L 至 1.6 L 的电喷豪华级车型	本田思域 CIVIC（1.6L）、丰田花冠 Corolla（1.6L）、日产阳光 SUNNY（1.6L）
	4	排量大于 1.6 L 至 2.2 L 的标准级车型	奥迪 100（1.8L）、标致 307（2.0L）、红旗 CA7220（2.2L）、桑塔纳 3000（1.8L）、帕萨特 PASSAT（1.8L）
	5	排量大于 1.6 L 至 2.2 L 的电喷豪华级车型	红旗 CA7226L（2.2L）、日产风度 CEFIRO（2.0L）、本田雅阁 ACCORD（2.2L）、丰田凯美瑞 CAMRRY（2.0L）
	6	排量大于 2.2 L 至 3.2 L 的车型	奥迪 A6（2.8L）、丰田皇冠 3.0（3.0L）、公爵 V3.0（CEDRICV6、3.0L）、奔驰 C280（2.8L）、宝马 528i（BMWV6、2.8 L）
	7	排量大于 3.2 L 至 4.0 L 的车型	雷克萨斯 RX300（V8、4.0 L）、奔驰 E320（L6、3.2 L）、宝马 735i（BMWV8、3.5L）
	8	排量大于 4.0 L 的车型	奔驰 S500（V8、5.0 L）、宝马 750i（V12、5.4L）、凯迪拉克（CadillacSTSV8、4.6L）、林肯城市（LincolnV8、4.6L）
吉普车	9	排量小于 3.0 L 的车型	北京 2020（L4、2.5L）、切诺基（L4、2.5L）、三菱帕杰罗（PajeroL4、2.5L）、丰田陆地巡洋舰（LandCruiserL4、2.8L）
	10	排量大于或等于 3.0 L 的车型	三菱帕杰罗（PAJEROV6、3.0L）、丰田陆地巡洋舰（LandCruiserL6、4.5L）、日产侦察兵（PatrolL6、4.2L）
面包车	11	7～12 座的标准级车型	沈阳金杯 SY622B（10 座）、天津三峰 TJ620B（10 座）、南京依维柯（11 座）、丰田海狮（HIACE12 座）、五十铃 WFR（9 座）
	12	7～12 座的豪华级车型	海南马自达（7 座）、三菱太空车（7 座）、五十铃 WFR（Wagon9 座）、丰田普雷维亚（Previa8 座）
中型客车	13	17～26 座国产进口车型	南京依维柯（17 座）、红旗 CA630（19 座）、丰田考斯特（COASTER26 座）

续上表

汽车车型分类参照表(按技术条件分类)			
车型类别	车型代号	技术条件	参考车型
大型客车	14	30座以上国产车型	黄海牌 DD650(46座)、太湖牌 XQ641(37座)、东风牌 GZ660
	15	30座以上国产、进口豪华级车型	西安沃尔沃、沈飞 SFQ6122、北方 BFC6120、凯斯鲍尔、荷兰大富(DAF50座)
轻型货车	16	载质量在0.75～1.75t的国产、进口车型	江铃 NHR542(1.25t)、庆铃 NKR552(1.75t)、解放 CA136L(1.75)、丰田之花(TOYOACE1.25t)
中型货车	17	载质量在2～4t的国产、进口车型	跃进 NJ131(3.0t)、北京 BJ130(2.0t)、五十铃 NPR(2.5t)、丰田戴娜(DYNA3.5t)
大型货车	18	载质量在4～8t的国产、进口车型	解放 CA141(5.0t)、东风 EQ140(5.0t)、五十铃 FSR(5.0t)、日野(HINO6.0t)、三菱 FUSO(8.0t)
	19	载质量8～30t国产、进口车型	解放、东风30t拖头、斯堪尼尔货车、沃尔沃货车

二、汽车总成及其零部件划分

工时定额因车型构造不同而不同,零部件的划分见表13-2。

表13-2 汽车总成及其零部件划分表

序号	总成(系或装置)名称	总成(系或装置)包括的范围	基础零件	主要零部件	其他零件(系或装置)
1	发动机附离合器总成	发动机	汽缸体	汽缸盖、曲轴、凸轮轴、连杆飞轮、飞轮壳、喷油泵、喷油器、油滤器、机油泵	汽缸套、配气机构零件、进排气歧管燃料系(不含燃油箱)、点火系(不含蓄电池)、冷却系(不含散热器)、润滑系等零件
		离合器片及压板	离合器壳	离合器片及压板	离合器内部零件、分离轴承及操纵机构等
		汽缸体	汽缸体	汽缸盖、曲轴	空压机内部零件、空气滤清器及皮带轮
2	变速器附传动轴总成	变速器	变速器壳	变速器盖、一轴、二轴、中间轴、齿轮	换挡机构、锁止机构、同步器及操纵机构等
		分动器	分动器壳	分动器盖、主被动轴、齿轮	轴承、换挡机构
		传动轴		前、后传动轴	传动轴花键、万向节叉、突缘、十字轴、中间支架等
3	前桥附前悬挂及转向器总成	前桥	前轴、前驱动桥壳	转向节、前轮毂、前制动鼓、前驱动半轴等	转向节臂、主销、横直拉杆、前驱动锥齿轮等
		前悬挂		螺旋弹簧、钢板弹簧、减震器	钢板销、销套、吊耳、横向稳定杆等
		转向器	转向器壳	蜗杆、滚轮、转向助力器	转向器轴及管柱、转向摇臂、转向盘转向器侧盖及底盖

续上表

序号	总成(系或装置)名称	总成(系或装置)包括的范围	基础零件	主要零部件	其他零件(系或装置)
4	后桥(包括中桥)附后悬挂总成	后(中)桥	后桥壳	主减速器、差速器、半轴、后轮毂	半轴套管、主减速器壳、轮毂内外轴承、油封等
		后悬挂		螺旋弹簧、钢板弹簧、减振器	钢板销、销套、吊耳、横向导向杆
5	制动系	气压制动储气筒及控制机构		储气筒、制动室	安全阀、制动阀、控制机构零件、连接管路等
		液压制动 制动主缸	缸体	活塞、顶杆	皮碗、止回阀、活塞弹簧等
		液压制动 真空增压器	缸体	柱塞、控制阀	皮碗、回位弹簧及连接管路等
		前、后制动器		制动鼓、制动轮缸	皮碗、制动蹄片、制动凸轮轴、连接管路
		驻车制动器		压板及摩擦片	制动拉杆及支架、操纵机构
6	车架总成	车架	车架	纵梁、横梁、牵引装置	保险杆、备胎架、油箱支架、蓄电池架、脚踏板架、翼子板支架等
7	车身总成	货车车身 车厢	纵、横梁	底板总成	边柱、边板、后板、篷杆、锁、钩等
		货车车身 驾驶室	驾驶室骨架	车门及外蒙皮、窗框、	座椅、靠背、玻璃、门手柄、升降器
		货车车身 车头		发动机罩、翼子板	仪表板架、散热器罩、挂钩
		客车车身	横梁、车身骨架	散热器总成、底板、内、外蒙皮、车门	座椅、仪表板架、左右翼板、货架、发动机罩、散热器罩、玻璃及升降器内部其他零件
8	电器	点火、起动、照明信号、仪表装置、空调、暖风装置		发电机、起动机、调节器、分电器、蓄电池、冷气压缩机	点火线圈、火花塞、各种灯具、喇叭、电气仪表及其连接线路等

第三节　维修工时定额与结算方法

工时定额主要决定于车型构造、作业项目、工艺设备、工人技术熟练程度及管理等因素，因此不同企业之间会稍有差别，编制定额是根据所在地汽车修理企业的规模和技术的综合水平，均衡而定。其常用的工时定额确定按图 13-1 所示方式进行。

图 13-1　工时定额确定流程图

在进行工时测试时，常规操作项目选择不同级别工人进行实际操作，然后进行综合评定；特殊车型或项目除参考实际操作外，还需进行横向比较，即选择同车型现有定额类比确定。

编制定额所涉及各类修理、维护的作业项目内容和技术标准要求按国标、部标、省标和有关地方规定执行。

车型不同，其维修项目和单价会有相对差异，对于轿车、客车、载修汽车分别以发动机排量、载客量、车辆载质量为参数来确定工时定额标准，也即通常车型分类可按结构分类或按技术条件分类。

维修企业根据(GB/T16739.1～16739.2—2004)《汽车维修业开业条件》规定，按企业维修类别分为一类、二类、三类整车维修企业，工时单价按汽车维修企业的类别而定。

维修类别一般分为：全车大修、全车二级维护、总成大修、小修和复合性维护，复合性维护通常可设定如下：发动机大修、其他二级维护或全车二级维护附加小修作业。因此，制定定额时必须对汽车构造认识清晰，通常将汽车总成及其零部件按照汽车构造划分，在制定执行工时定额时作为参考依据：

大修工时定额及工时收费的设定：按照企业维修类别规定的大修工时定额单价收费，工时定额按车型分类标准制定，大修工时定额中包含了机加工费，由于各地机加工费地区差异，和大修工时中基本工时单价不同。计算时，一般独立计算机加工费，然后与基本大修费相加，总成大修的执行参照大修定额和收费标准执行。

二级维护和一级维护工时定额是按照中华人民共和国交通行业标准 JT/T 201－95《汽车维护工艺规范》编制，二级维护定额中包含了人工检验工时，计算与大修方式相同。

经过车型分类方法编制的工时定额中的汽车单项修理工时定额，分为基本工时和单项小修工时，除了特别注明的以外，基本工时是不变的计算量。例如，汽车发动机部分按部位分为多个子项，其中的油底壳内项目、气门室罩盖内项目、拆汽缸盖项目、拆前盖项目、缸体内项目和拆后盖项目等子项设有“基本工时”。对于设有“基本工时”的部分，维修作业工时定额计算方法分为如下几种：

(1)单项小修。工时定额＝基本工时＋单项小修工时；或工时定额＝基本工时＋工时/单个×实际维修(更换)的个数。

(2)对于同一子项内的多项小修。工时定额＝基本工时＋单项小修工时之和。对于跨子项的多项小修作业项目，其工时计算分为两种情况：第一种是多项小修项目只涉及到拆装一个基础件(如汽缸盖)的情况，这种情况下只能计算一次基本工时；在气门室罩内和拆汽缸盖项目两个子块同时出现时，只计入拆汽缸盖子块的基本工时；在油底壳内项目、气门室罩内项目、拆汽缸盖项目和缸体内项目四个子块中只要有缸体内项目出现时，则只计算缸体内项目的基本工时；第二种是多项小修项目涉及到要拆装汽缸盖的情况，这种情况下除了按照第一种情况计算出规定的基本工时以外，还要另加一次拆汽缸盖项目的基本工时。

(3)所有小修项目一般均不包含机加工工时。

(4)少数国外进口汽车的制造厂商，在我国指定或设置维修网点，要求网点或特约维修企业执行其统一制定的汽车维修工时定额和售后服务收费标准。对此类企业，其所实行的工时定额及收费标准须报地方物价部门核准，报地方行业主管部门备案。

维修收费实例：

某事故车维修由钣金和汽车喷漆两部分工时组成，如图 13-2 所示分别为：

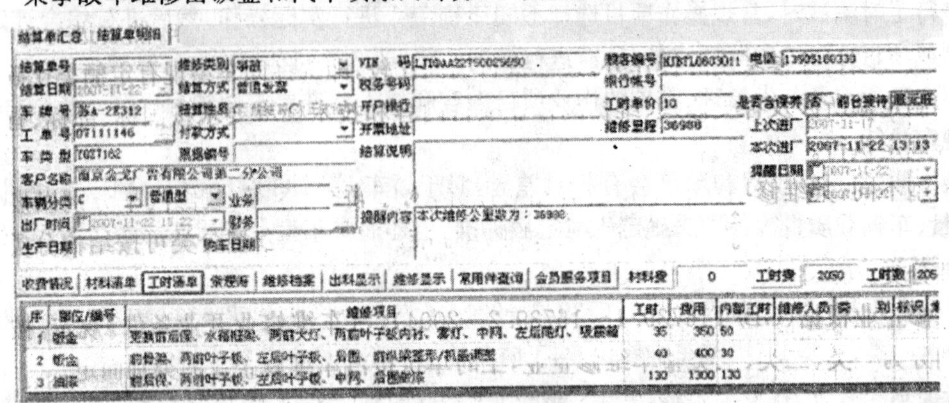

序	部位/编号	维修项目	工时	费用	内部工时
1	钣金	更换前后保、水箱框架、两前大灯、两前叶子板内衬、雾灯、中网、左后尾灯、吸振箱	35	350	50
2	钣金	前骨架、两前叶子板、左后叶子板、后围、前纵梁整形/机盖调整	40	400	30
3	油漆	前后保、两前叶子板、左后叶子板、中网、后围做漆	130	1300	130

图 13-2　汽车维修工时计算实例

第一部分：更换前后保险杠、水箱框架、两前大灯、两前翼子板内衬、雾灯、中网、左尾灯、吸振箱。合计工时 35，每工时收费 10 元，计 350 元整。

第二部分：调整前骨架、两前翼子板、左后翼子板、后围、前纵梁整形，发动机盖整形。

合计工时 40，每工时收费 10 元，计 400 元整。

第三部分：做漆：前后保险杠、两前翼子板、左后翼子板、中网、后围喷烤漆。合计工时 130，每工时收费 10 元，计 1300 元整。

三个项目无优惠折扣，共计工时收费 2050 元整(图 13-3)。

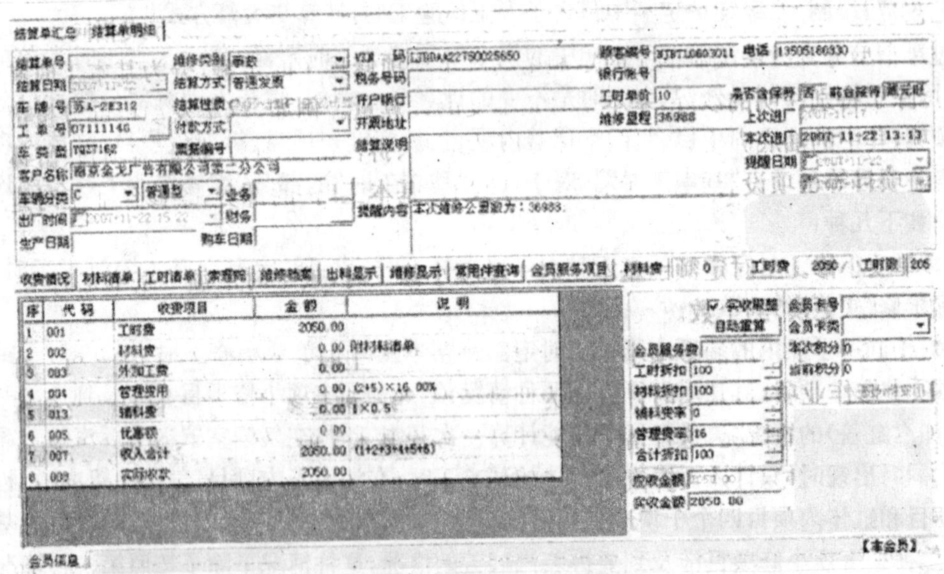

序	代码	收费项目	金额	说明
1	001	工时费	2050.00	
2	002	材料费	0.00	附材料清单
3	003	外加工费	0.00	
4	004	管理费用	0.00	(2+5)×16.00%
5	013	辅料费	0.00	1×0.5
6	005	优惠额	0.00	
7	007	收入合计	2050.00	(1+2+3+4+5+6)
8	009	实际收款	2050.00	

图 13-3　汽车维修工时计算实例

除以上单项修理项目外，汽车维修中还包括专项修理工时定额，液压系统工时定额，篷、垫、套、窗帘加工工时定额，蓄电池修理工时定额，散热器、油箱修理工时定额，轮胎修补工时定额，风窗玻璃安装工时定额，空调、暖风机修理工时定额，高压油泵、喷油器修理工时定额，零件修理加工工时定额,汽车清洗工时定额,汽车钣金油漆工时定额,小轿车美容工时定额等,专项修理工时收费由于涉及专业面广,标准的制定和执行更复杂,需要在工作中不断完善。

第四节　汽车维修工时定额与收费标准的组织落实和实施

工时定额的组织落实和实施,在维修过程中主要为以下几个部分:

(1)组织措施。维修车间技术负责人、业务调度和维修班长负责监督维修工人的施工过程,落实维修工艺,下达维修工时定额。

(2)技术条件保证。维修企业准备必须的操作条件,包括维修场地、设备、工具材料、技术资料。

(3)技术培训。所有维修作业人员必须经过培训考核,持证上岗,做到同一项目统一操作标准,统一操作时间,特殊项目按生产厂家的标准作业规范严格考核,培训合格才能作业。

(4)维修结算标准统一。汽车维修工时定额标准目前存在以下三种方式。

①各地交通部门、物价局和机动车维修行业协会等行业组织统一制定的标准。

②机动车维修经营者报所在地县级以上道路运输管理机构备案后的标准。

③按机动车生产厂家公布的标准(报所在地县级以上道路运输管理机构备案)。

贯彻汽车维修工时定额与收费标准的组织落实时,首先应该公布以上三种收费方式中之一的工时定额和单价,公布方式为在汽车维修企业维修接待区上墙,必须让托修方了解收费的标准和结算方式。

当上述标准不一致时,优先适用各地交通部门、物价局和机动车维修行业协会等行业组织统一制定的标准。

材料结算以承修方公示的价格为准,应明确规定结算中的材料管理费收费标准。

汽车维修收费落实在实际操作中,必须遵循公开守法、诚实守信的原则,遵守国家的法规和政策,自觉维护好汽车维修行业的行为和声誉。

维修收费必须对工时单价、配件进销差价率明码标价,做到项目齐全,维修项目常用配件标价准确、标示清晰。

维修收费计算方式:总费用=(工时×工时单价)+材料×(1+进销差价率)+外加工费

汽车维修工时定额有一定的时效性,对维修工时定额的实施,按汽车技术的改进可以进行修订,使企业有效地走上标准化的管理轨道。在做好工时定额的同时,促进对企业管理的其他方面进行定额管理,从而不断提高企业管理水平。

本章小结

1. 汽车维修工时定额是劳动定额的组成,制定汽车维修工时定额的重要性,以及汽车维修工时定额的收费计算方法。

2. 汽车维修工时定额的编制参照标准依据是按照车型分类方法和车型的结构部件进行制定;按地区和劳动生产条件不同会有相对差异。

3. 工时定额的确定方法和参照依据;维修企业等级和维修类别的常规区分标准。

4. 汽车维修工时定额的组织落实和实施要求。

5. 维修收费必须对工时单价、配件进销差价率明码标价,做到项目齐全,维修项目准确,公开标示清晰。

复习思考题

1. 什么是劳动定额? 什么是汽车维修工时定额?
2. 汽车维修工时定额和劳动定额的关系是什么?
3. 工时定额收费的计算方法?
4. 汽车工时定额编制的依据是什么?
5. 如何进行车型的分类?
6. 车型分类执行的参照标准是什么?
7. 汽车总成件和零部件的划分对汽车工时定额编制的作用是什么?
8. 怎样对汽车总成件和零部件进行划分?
9. 如何进行工时定额的确定?
10. 企业等级划分和维修类别对汽车工时定额的影响?
11. 怎样对汽车单项修理工时定额中基本工时和单项小修工时作区分?
12. 机加工工时是否包含在小修项目内?
13. 专项修理项目的收费方式是什么?
14. 如何组织落实汽车维修工时定额?
15. 汽车维修收费执行的原则是什么?
16. 如何通过对汽车维修工时定额的实施来提高企业管理水平?

第十四章　汽车维修企业的现场管理

第一节　汽车维修企业的现场管理概念

一、现场管理的基本概念

(1)企业生产现场:生产现场就是从事产品生产、制造或提供生产服务的场所,汽车维修企业现场是指车辆维修作业的场所。

(2)企业现场管理:现场管理就是运用科学的管理思想、管理方法和管理手段,对现场的各种生产要素,如人(操作者、管理者)、机(设备)、料(原材料)、法(工艺、检测方法)、环(环境)、资(资金)、能(能源)、信(信息)等,进行合理配置和优化组合,通过计划、组织、控制、协调、激励等管理职能,保证现场按预定的目标,实现优质、高效、低耗、均衡、安全、文明的生产作业。

二、企业现场管理的特点

(1)基础性:现场管理是企业管理的基础,尤其是汽车维修,现场工作是基础。

(2)整体性:汽车维修企业现场是一个整体,工种复杂,管理需要全盘考虑。

(3)群众性:职工是管理的基本,要发动每个员工参与。

(4)规范性:现场管理做到有法可依,有章可寻,规范化操作。

(5)动态性:管理是有时间性的,动态变化的。

三、加强现场管理的必要性

(1)从管理理论上分析。优化现场管理是企业整体优化的重要组成部分,是现代化维修企业不可缺少的重要环节。

(2)从管理实践上分析。需要三个面向:面向群众、面向基层、面向生产;五到现场:生产指挥、思想工作、材料供应、教育培训、生活服务到现场;三老:当老实人、说老实话、办老实事;四严:严格要求、严密组织、严肃态度、严明纪律;四个一样:黑天和白天、坏天气和好天气、领导在场和不在场、有人检查和没有人检查一个样。

(3)加强现场管理是企业技术进步的需要;加强现场管理是提高企业素质,实现企业管理整体优化的需要。

四、现场管理落后的主要表现

(1)现场生产秩序混乱。

(2)现场到处存在浪费现象。

(3)现场环境“脏、乱、差”。

(4)现场人员的素质有待提高。

五、现场管理的任务

(1)全面完成生产计划规定的任务。

(2)消除生产现场的浪费现象。

(3)优化劳动组织,搞好班组建设和民主管理。

(4)加强定额管理,降低物料和能源消耗。

(5)优化专业管理。

(6)组织均衡生产,实行标准化管理。

(7)加强管理基础工作。

(8)治理现场环境。

六、现场管理的原则

现场管理是多方面的综合性管理,既包括现场生产的组织管理工作,又包括落实到现场的各项专业管理和管理基础工作。现场管理必须坚持以下原则:经济效益原则、科学性原则、弹性原则和标准化原则。

第二节　ISO 9000 族质量标准和现场管理的关系

一、现场管理对 ISO 9000 族标准实施的作用

将现场管理作为实施 ISO 9000 族标准的辅助方法,导入实施 ISO 9000 族标准的企业中,可以对 ISO 9000 族标准的实施能起到较好的促进作用,是一种很值得推广的方式。

(1)带动企业整体氛围。企业实施 ISO 9000 族标准,需要营造一种“人人积极参与,事事符合规则”的良好氛围。这往往也是 ISO 9000 族标准咨询工作的重点及难点。推行现场管理可以起到上述作用。这是因为,现场管理各要素所提出的要求都与员工的日常行为息息相关,相对来说比较容易获得共鸣,而且执行起来难度也不大,有利于调动员工的参与感及成就感,从而更容易带动企业的整体氛围。

(2)体现效果,增强信心。实施 ISO 9000 族标准的效果是长期性的,其效果得以体现需要有一定的潜伏期。而现场管理的效果是立竿见影的。在推行 ISO 9000 的过程中导入现场管理,可以通过在短期内获得良好的现场管理效果来增强企业上下的信心。

(3)贯彻现场管理精神是提升品质的必要途径。现场管理倡导从小事做起,做每件事情都

要讲究,而产品质量正是与产品相关各项工作质量的总和。如果每位员工都养成做事讲究的习惯,产品质量自然没有不好的道理。反之,即使 ISO9000 制度再好,没有好的做事风格作保障,维修质量也不一定能够得到很大提升。

二、如何在实施 ISO 9000 族标准的企业中推行现场管理

一般来说,在实施 ISO 9000 族标准的企业中推行现场管理的步骤为:

(1)确定推行组织。这是成败的关键所在。任何一项需要大面积开展的工作,都需要有专人负责组织开展,推行现场管理也绝不例外。实施 ISO9000 的企业内通常会有一个类似于 ISO 9000 族标准领导小组的机构,没有特殊情况的话,给该机构赋予推行现场管理的职能比较恰当。

(2)制定激励措施。激励措施是推动工作的发动机,实施 ISO 9000 族标准的企业往往会有相应的激励措施出台,可以在制定该措施时纳入有关现场管理的激励内容。

(3)制定适合本企业的现场管理指导性文件。按照 ISO 9000 族标准的精神,文件是企业内部的"法律",有了明确的书面文件,员工才知道哪些可以做,哪些不可以做。正如企业实施 ISO 9000 族标准一样,推行现场管理也要编制相应的文件,这些文件可列入 ISO 9000 质量体系文件的第三层文件范畴中。

(4)培训、宣传。培训的对象是全体员工,主要内容是现场管理基本知识,以及本企业的现场管理指导性文件。宣传是起潜移默化的作用,旨在从根本上提升员工的现场管理意识。本阶段可与实施 ISO 9000 族标准的文宣阶段结合起来进行。

(5)全面执行现场管理。这是推行现场管理的实质性阶段。每位员工的不良习惯能否得到改变,能否在企业中建立一个良好的现场管理工作风气,在这个阶段得以体现。本阶段可与 ISO 9000 族质量体系运行阶段结合起来进行。

(6)监督检查。这个阶段的目的是通过不断监督,使本企业的现场管理执行文件在每位员工心中打下"深刻的烙印",并最终形成个人做事的习惯。本阶段可以与 ISO 9000 质量体系中的内部质量审核活动结合起来进行。

由上可见,在实施 ISO 9000 族标准的企业中推行现场管理,既可以充分利用 ISO9000 的原有资源及过程,又可以对 ISO 9000 族标准的实施起到良好的促进作用,是一项事半功倍的工作。

三、现场管理的实际意义

当前,许多企业正在按照 ISO 9000 族标准质量管理体系运行,在这个过程中如何进行有效的管理,很多企业在做法上导入先进的现场管理理念,现场管理理念的导入对整个企业管理是一个新台阶。开展现场管理活动能创造良好的工作环境,提高员工的工作效率,在一个繁忙的汽车维修车间,如果员工每天工作在满地脏污、到处灰尘、空气刺激、灯光昏暗、过道拥挤的环境中,怎能调动员工的积极性呢?而整齐、清洁有序的环境,能给企业及员工带来对质量的认识和对质量认识的提高,获得顾客的信赖和社会的赞誉、提高员工的工作热情、提升企业形象、增强企业竞争力。开展现场管理可得到看不见的丰厚的利润,作为一名企业的管理者,必须懂得隐含在管理中的企业成本。汽车维修企业开展现场管理具有以下八大作用:

(1)亏损为零。生产环境干净整洁,维修质量好,顾客越来越多,知名度高,维修业务得到

发展,当然亏损为零。

(2)不良为零。干净整洁的现场可以提高员工质量意识,自觉按维修标准要求作业,仪器设备的正常使用保养,减少不合格产生,能够逐步消除不良影响。

(3)浪费为零。现场管理能减少库存,排除过剩生产,避免元件、半成品、成品库存过多,避免购置不必要的机器、设备,避免"寻找,等待"等过程动作的浪费。

(4)故障为零。仪器、设备经常擦拭和维护,机器使用率高,工具管理良好,综合效率可把握性高,可以有效消除故障。

(5)切换产品时间为零。工具、用具经过整顿,不须过多寻找时间,维修设备正常运转,作业效率提高,彻底的现场管理,让新人一看就懂,快速上岗。

(6)事故为零。整理、整顿后,通道和休息场所不会被占用,物品放置、搬运方法和堆积高度考虑了安全因素,物流一目了然,人车分流,道路通畅,"危险,注意"等警示明确,员工正确使用保护器具,不违规作业。

(7)投诉为零。员工自觉的执行各项规章制度,去任何岗位都能上岗作业,每天都有所改进,有所进步。

(8)缺勤为零。良好的工作环境使人心情愉快,不会让人厌倦,工作已成为一种乐趣,员工不会无故缺勤和旷工。

总之,通过实施现场管理,企业能够健康稳定、快速成长、快速发展,并且至少达到四个相关方的满意。

(1)投资者满意:通过5S,使企业达到更高的生产和管理境界,投资者可获得更大的利润回报。

(2)客户满意:表现为提高维修质量,降低成本,交车及时,技术水平高,生产弹性高等特点。

(3)雇员满意:效益好,人性化管理,待遇好,员工可获得尊重和成就感。

(4)社会满意:企业热心公益事业,对区域有贡献,有良好的社会形象。

第三节 5S现场管理

目前,在汽车维修企业中应用广泛的是5S现场管理,下面详细介绍5S现场管理相关知识。

一、5S的含义

(1)整理(SEIRI)。区分必需品和非必需品,现场不放置非必需品。整理的目的是腾出空间,防止误用。

(2)整顿(SEITON)。合理布局,将寻找时间为零。整顿的目的是:工作场所一目了然,消除找寻物品的时间,井井有条的工作秩序。

(3)清扫(SEISO)。将岗位保持无垃圾,无灰尘,干净整洁状态。清扫的目的是:保持良好的工作环境,稳定品质,达到零故障,零损耗。

(4)清洁(SEIKETSU)。将整理、整顿清扫进行到底,并且制度化。清洁的目的是:成为惯例和制度,是标准化的基础,企业文化开始形成。

(5)修养(SHITSUKE)。对于规定了的事,大家都要遵守执行。修养的目的是:让员工遵守规章制度,培养良好素质习惯的人才,铸造团队精神。

二、五个S各自的作用及实施方法

(一)整理

1.整理的作用

(1)可以使现场无杂物,行道通畅,增大作业空间,提高工作效率。

(2)减少碰撞,保障生产安全,提高产品质量。

(3)消除混料差错。

(4)有利于减少库存,节约资金。

(5)使员工心情舒畅,工作热情高涨。

2.因缺乏整理而产生的常见浪费

(1)空间的浪费。

(2)零件或产品因过期而不能使用,造成资金浪费。

(3)场所狭窄,物品不断移动的工时浪费。

(4)管理非必需品的场地和人力浪费。

(5)库存管理及盘点,时间的浪费。

3.实施要领

(1)马上要用的,暂时不用的,长期不用的要区分对待。

(2)即便是必需品,也要适量,将必需品的数量降到最低程度。

(3)对于可有可无的物品,不管有多昂贵,也要处理掉。明确什么是必需物品,所谓必需物品是指经常使用的物品,如果没有它,就必须购入替代品,否则,影响正常工作的物品。非必需品则可分为两种,一种是使用周期较长的物品,如1个月,3个月,甚至1年才使用一次的物品;另一种是对目前工作无任何作用的,需要报废的物品,如已不生产的产品的样品、图纸、零配件、设备等。一个月使用一两次的物品不能称之为经常使用物品,而称之为偶尔使用物品。必需品和非必需品的区分和处理见表14-1。

(4)增加场地前必须进行整理,当场地不够时,不要先考虑增加场所,要整理现有的场地,你会发现竟然很阔绰。

4.整理的推进步骤

(1)现场检查。对工作场所进行全面检查,包括看得见和看不见的地方。如文件柜顶部,桌子底下等。

(2)区分必需品和非必需品。管理必需品和清楚非必需品同样重要,先判断出物品的重要性,然后根据其使用频率决定管理方法,对于非必需品区分是需要还是想要是非常关键的。

(3)清理非必需品。清理非必需品的原则是看物品现在有没有使用价值,而不是原来的购买价值。

(4)非必需品的处理,见表14-2。

(5)每天循环整理。现场每天都在变化,昨天的必需品在今天可能是多余的,每天的要求可能有所不同，所以整理贵在天天做，时时做，偶尔突击就失去了意义。

表 14-1　必需品和非必需品的区分和处理

类别	使用频度		处理方法	备注
必需物品	每小时		放工作台上或随身携带	
	每天		现场存放（工作台附近）	
	每周		现场存放	
非必需物品	每月		仓库存储（易于找到）	
	三个月		仓库存储	定期检查
	半年		仓库存储	定期检查
	一年		仓库存储（封存）	定期检查
	未定	有用	仓库存储	定期检查
		不需要用	变卖/废弃	定期清理
	不能用		变卖/废弃	立刻废弃

表 14-2　非必需品处理表

类别	特性	处理方法
无使用价值	——	折价变卖
	转为其他用途	另作他用
		作为训练工具
		展示教育
有使用价值	涉及机密专利	特别处理
	普通废弃物	分类后出售
	影响人身安全、污染环境物品	特别处理

(6)具体实例。下面列出维修企业常见的几种需要整理的项目：①废弃无使用价值的物品，包括不能使用旧手套、破布、砂纸；损坏了的钻头、丝锥、磨石；断了的锤、套筒等工具；精度不准的千分尺、卡尺等测量具；破烂的垃圾桶、包装箱；过时的报表、资料；枯死的花卉；停止使用的标准书；无法修理好的器具设备等；过期变质的物品。②不使用的物品，包括目前已不生产的产品零件或半成品；已无保留价值的试验品或样品；多余的办公桌椅；已切换机种的生产设备；已停产产品的原材料；加工错误无法修复的产品。③销售不出去的产品，包括目前没登记在产品目录上的产品；已过时的，不合潮流的产品；预测失误而造成生产过剩的产品；有致命缺陷的产品；积压的不能流通的特制产品。④造成生产不便的物品，包括取放物品不便的盒子；让人绕道而行的隔墙；为了搬运、传递而经常要打开、关闭的门。⑤占据工场重要位置的闲置设备，包括不使用的旧设备；偶尔使用的设备；没有任何使用价值的设备。⑥减少滞留，谋求物流顺畅。工作岗位上只能摆放当天工作的必需品；工场是否被零件或半成品塞满；工场通道或靠墙的地方，是否摆满了无用品。

(二)整顿

1.整顿的作用

(1)提高工作效率,异常情况能马上发现(丢失、损坏等)。

(2)将寻找时间减少为零。

(3)不同的人去做,结果是一样的(已标准化)。

(4)因没有整顿而产生的浪费。寻找时间的浪费、认为没有而多余购买的浪费、停止和等待的浪费、计划变更而产生的浪费、交货期延迟而产生的浪费。

2.整顿实施要领

(1)彻底地进行整理。彻底进行整理,只留下必需品在工作岗位,只能摆放最低限度的必需品,正确判断是个人所需品还是小组共需品。

(2)确定放置场所。进行布局研究,可制作一个(1/50)的模型,便于规划,经常使用的物品放在最近处,特殊物品、危险品设置专门场所进行保管,物品放置100%定位。

(3)规定摆放方法。产品按机能或种类分区放置,摆放方法各种各样(如架式、箱内、悬吊式等),尽量立体放置,充分利用空间,便于拿取和先进先出,平行、直角在规定区域放置,堆放高度应有限制,一般不超过1.2m,(常用工具、器具)容易损坏的物品要分隔或加防护垫保管,防止碰撞,做好防潮、防尘、防锈措施。

(4)进行标识。采用不同的油漆、胶带、地板砖或栅栏划分区域。通道最低宽度为人行道:1m以上,单向车道:最窄车宽+0.8 m,双向车道:最大车宽×2+1.0 m。一般区分:绿色为通行道/良品;绿线为固定永久设置;黄线为临时/移动设置;红线为不良区/不良品;白线为作业区。在放置场所标明所摆放物品;在摆放物体上进行标识;根据需要灵活采用各种标识方法;标签上要进行标明,一目了然;某些产品要注明储存/搬运注意事项和保管时间/方法;暂放产品应持暂放牌,指明管理者,时间跨度。

3.整顿的推行步骤

(1)分析目前现状。从物品的名称、分类、放置等方面的规范化情况进行调查分析,找出问题所在,对症下药,如不知道物品放在哪里,不知道要取的物品叫什么,存放的地点太远,存放地点太分散,物品太多,难以找到,不知道是否用完或别人正在使用等。

(2)进行物品分类。根据物品各自的特征,把具有相同特点、特性的物品划为一个类别,并制定标准和规范,为物品正确命名,标识物品的名称。

(3)决定储存方法。物品的存放,常采用“定置管理”。定置管理是根据物流运动规律性,按照人的生理、心理,效率,安全的需求,科学地确定物品在工作场所的位置,实现人与物最佳结合的管理方法。

(4)定置管理两种基本形式。一是固定位置,即场所固定,物品存放位置固定,物品的标识固定,即“三固定”。此法适用于那些物流系统中周期性地回归原地,在下一生产活动中重复使用的物品,如“仪器仪表,工艺装备,搬运工具等”,这可使人的行为习惯固定,从而提高工作效率。二是自由位置,即相对地固定一个存放物品的区域,非绝对的存放位置,具体存放的位置,是根据当时生产情况及一定规则决定,与上一种相比,物品存放有一定自由度,称为自由位置。此法适用于物流系统中那些不固定、不重复使用的物品,如原材料、半成品,自由位置的定置标志可采用可移动的牌架,可更换的插牌标识,对不同物品加以区分。

(5)标识与定置管理。引导类标识:引导信息可告诉人们物品放在哪里,便于人与物的结合,如仓库的台账,每类物品都有自己的编号,这种编号是按“四号定位”的原则来编码的,四号即库区架位。确认类标识:是为了避免物品混乱和放错地方所需的信息,各种区域的标志线、标志牌和色彩标志告诉人们“这是什么场所”。废品存放区与合格品存放区的不同标志可避免混淆,各种物品的卡片和悬挂卡片的框、架也是一种确认信息,在卡片上说明物品名称、规格、数量、质量等,相当于物品的核实信息。

(6)良好的定置管理。要求标识达到五个方面的要求,即五种理想状态:场所标识清楚;区域定置有图;位置台账齐全;物品编号有序;全部信息规范。

(7)定置管理要要遵循以下基本要求:简单明了的流向,可视的搬运路线;最优的空间利用,最短的运输距离;最少的装卸次数,切实的安全防护;最大的操作便利,最少的心情不畅;最小的改进费用,最广的统一规范;最佳的灵活弹性,最美的协调布局。

4.实施

按决定的储存方法把物品放在它应放的地方。

(1)工作场所的定置要求。首先要制定标准比例的定置图,工作场地、通道、检查区、物品存放区都要进行规划和显明,明确各区域的管理责任人,零件、半成品,设备垃圾箱,消除设施,易燃的危险品用鲜明、直观的色彩或信息牌显示出,凡与定置图要求不符的现场物品,一律清理撤除。

(2)生产现场各工序、工位的定置要求。首先必须要有各工序、工作定置图,要有相应的图纸、文件的定置硬件,工具、仪表、设备在工序、工位上停放应有明确的定置要求,材料、半成品及各种用具,在工序、工位摆的数量、方式也应有明确要求,附件箱、零件货架的编号必须同账目相一致。

(3)工具箱的定置要求。工具箱应按标准的规定设计定置图。工具摆放要严格遵守定置图,不准随便放,定置图及工具卡片,要贴在工具箱上,工具箱的摆放位置要标准化、规范化和统一化。

(4)仓库的定置要求。首先要设计库房定置图,按指定地点定置,有存储期限要求物品的定置,在库存报表、数据库管理上要有对时间期限的特定信号标志。库存账本应有序号和物品目录,注意账物相符,即实物、标志卡片、账本记录和计算机数据四种信息一致,对于那些易燃易爆,易污染存储存期要求的物品,要按要求实行物别定置。

(5)检查现场的定置要求。首先要检查现场定置图,并对检查现场划分不同的区域,以不同颜色加以标志区分,分为半成品待检区,成品待检区,合格品区,废品区,返修品区,待处理品区等。待检区以白色标志,合格品区用绿色标志,返修品区以红色标志,待处理区以黄色标志,废品区以黑色标志。标识颜色区分口诀:绿色行,红色停,白色没检查,黄色等判定,黑色全是报废品。

整顿遵循以下原则:小就是美,简单最好。如一套文具、文件存放一个地点;储存一份副本;一分钟电话;只开一小时会议;今天的事今天做。

(三)清扫

1.清扫的作用

经过整理、整顿,必需物品处于立即能取出状态,但取出物品还必须完好可用。这是清扫的最大作用。

清扫不仅只是打扫卫生,还要对生产设备仪器,进行点检和保养,维护工作,以利于保持设备良好的状态,及时发现故障隐患。

2.清扫的实施要领

(1)领导以身作则。成功与否的关键在于领导,领导能够坚持这样做十天,大家会很认真对待这件事。

(2)人人参与。公司所有部门,所有人员(含总经理)都应一起来执行这个工作。

(3)一边清扫,一边改善设备状况,把设备的清扫与点检、维护,结合起来。

(4)明确每个人应负责清洁的区域,分配区域时须绝对清楚地划清界限,不能留下没有人负责的区域(即死角)。

(5)寻找并杜绝污染源,建立相应的清扫基准。促进清扫工作的标准化。

3.清扫的推进步骤

(1)准备工作。清扫的准备工作包括以下方面:

①安全教育。对员工做好清扫的安全教育,对可能发生的受伤、事故(触电,碰伤)、坠落、砸伤、灼伤等不安全因素进行警示和预防。

②设备基本常识教育。对为什么老化,出现故障,如何减少损失进行教育,学习设备基本构造,工作原理,使员工对设备有一定了解。

③技术准备。指导及制定相关指导书,明确清扫工具,位置,维护具体步骤等。

(2)从工作岗位扫除一切垃圾灰尘。作业人员动手清扫而非由清洁工代替,清除长期堆积的灰尘、污垢,不留死角。

(3)清扫点检机器设备。仪器、设备本是干干净净的,我们每天都要恢复到原来的状态,这一工作是从清扫开始。不仅设备本身,连带其附属辅助设备也要清扫。一边清理,一边改善设备状况,把设备的清扫与点校、维护、润滑结合起来,清扫就是点检,清扫把污渍、灰尘清除掉,这样松动、变形等设备缺陷就暴露出来,可以采取相应的措施加以弥补。

(4)整修清扫中发现问题。维修凹凸不平的地板,紧固松动的螺栓;维修精度不准的仪器、仪表,更换绝缘层已老化或损坏的电线;清理堵塞的管道,更换破损的水管、气管、油管。

(5)查明污垢发生源,从根本上解决问题。查明污垢的发生源,制定详细的清单,按计划逐步改善,将污垢从根本上灭绝。

(6)实施区域责任制。对于清扫应该进行区域划分,实行区域责任制,责任到人,不可存在卫生死角。

(7)防止碎屑飞散。安装防护罩,或其他挡网。

(8)准备工作具体实例。下面介绍一个准备工具的具体实例。

①清扫工具。抹布和拖把悬挂放置,充分利用空间。随时清理不能使用的拖把、扫帚或抹布,进行数量管理。

②搬送车辆。在叉车或推车的后边装上清扫工具,可一边作业,一边清扫。准备抹布,放在车辆某一处,以便随时清扫其本身的灰尘。

③仪器设备要保持洁净。对设备每天清理能发现细小的异常,清扫后及时维护。

④分类垃圾箱。设立分类垃圾箱,便于垃圾分类回收。垃圾可以分为可再生的(区分塑料、金属)和不可再生的(生活垃圾)。

(四)清洁

1.清洁的作用

(1)维持作用。将5S后取得的作用维持下去,成为公司的制度。

(2)改善作用。对已取得的良好成绩,不断进行持续改善,使之达到更高境界。

2.清洁的实施要领

(1)贯彻5S意识,为了促进改善,必须想出各种激励的办法让全体员工每天保持正在进行5S评价的心情,充分利用各种办法,如5S标语、5S宣传画等,让员工每天都感到新鲜,不厌倦。

(2)一旦开始实施就不能半途而废,否则,公司又很快回到原来情形。

(3)对长时间养成的坏习惯,要花长时间改正。

(4)深刻领会5S的含义,彻底贯彻5S,力图进一步提高。所谓"彻底贯彻5S"就是连续、反复不断地进行整理、整顿、清扫活动。

3.清洁的推进步骤

(1)对推进组织进行教育。人的思维是复杂而多变的,必须统一思想,才能共同朝着同样的目标奋斗,所以必须对5S的基本思想向组员和全体员工进行必要的教育和宣传。

(2)整理。区分工作区的必需品和非必需品。带领组员到现场,将目前所有的物品整理一遍,并调查它们的使用周期,将这些物品记录起来,再区分必需品和非必需品。

(3)向作业者确认说明。只有该岗位的作业者最清楚其岗位要求,才知道我们某些设定的不完善或不适用的地方。所以,在区分必需品与非必需品时,应向作业者询问确认清楚,并说明一些相关的事情。

(4)撤走各岗位的非必需品。迅速撤走各个岗位上的非必需品。

(5)整顿。规定必需品的摆放场所。现场必需品该怎样摆放,是否阻碍交通?是否阻碍作业者操作,拿取方便吗?我们必须根据实际条件、作业者的习惯、作业的要求,合理地规定摆放位置。

(6)规定摆放方法。必须确认一下摆放高度、宽度以及数量,以便于管理,并将这些规定形成文件,便于日后改善,整体推进和总结。

(7)进行标识。我们必须做一些标识,标示规定的位置、规定的高度、规定的宽度和数量,方便员工识别,减少员工的记忆劳动。

(8)将放置方法和识别方法对作业者说明。我们将规定下来的放置方法和识别方法教会作业者,将工作移交给作业者日常维护,但必须说明作业者在实施过程中对认为不对的地方可提出意见,改善规定,但不能擅自取消或更改。

(9)清扫并规划出区域,明确各责任区和责任人。工厂的范围很大,必须在地板上划分责任区和明确责任人,这样才能贯彻下去,不要相信"人是自学的"谎言,人是有惰性的。

4.清洁的流程图

清洁的流程如图14-1所示。

(五)修养

1.修养的作用

(1)重视教育培训,保证人员基本素质。

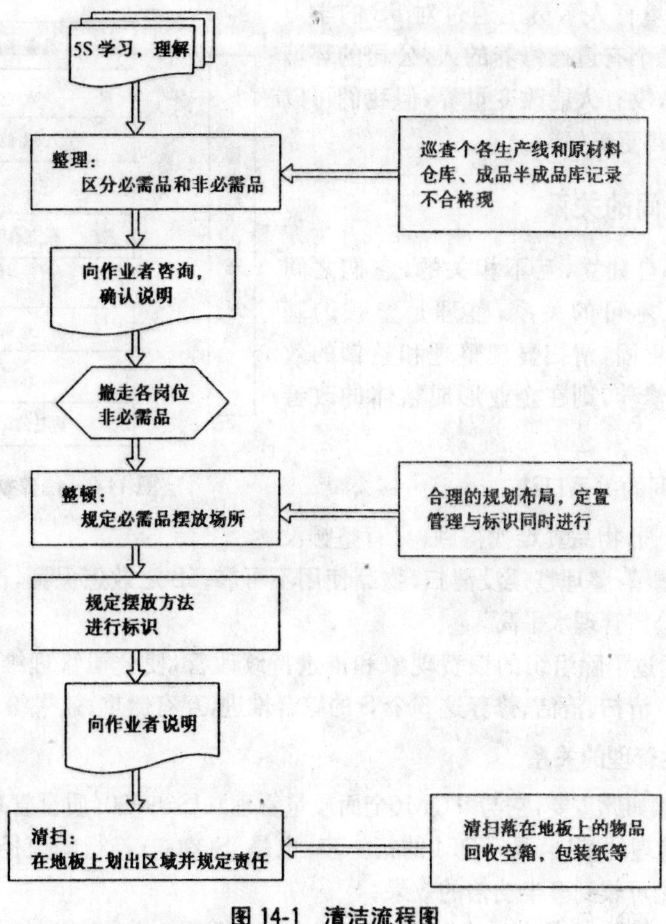

图 14-1　清洁流程图

(2)持续推动 5S,直至成为全员习惯。

(3)使每位员工严守标准,按标准作业。

(4)净化员工心灵,形成温馨的快乐气氛。

(5)培养优秀人才,铸造战斗型团队。

(6)成为企业文化的起点与最终归属。

2.修养的实施要领

(1)持续推动 4S,直至全员成为习惯。通过 4S(整理、整顿、清扫、清洁)的手段,使人们达到工作的最基本要求修养,也可理解为通过推行都能做到的 4S 而达到最终精神上的"清洁"。

(2)制定相关的规章制度。规章制度是员工的行为准则,使人们达成共识,是形成企业文化的基础,制定相应的"语言礼仪"、"电话礼仪"及"员工守则"等能够保证员工达到修养的最低限度的要求。

(3)对员工进行教育、培训是非常必要的。培养员工责任感,激发其热情,需要改变员工的消极的利己思想,培养对公司部门及同事的热情和责任感。

3.修养的推进步骤

修养的推进步骤如图 14-2 所示。

"人造环境，环境育人"，员工通过对5S的学习遵守，使自己成为一个有道德修养的人，公司的环境面貌也会随之改观，没有人能改变世界，但我们可以使他的一小部分变得更美好。

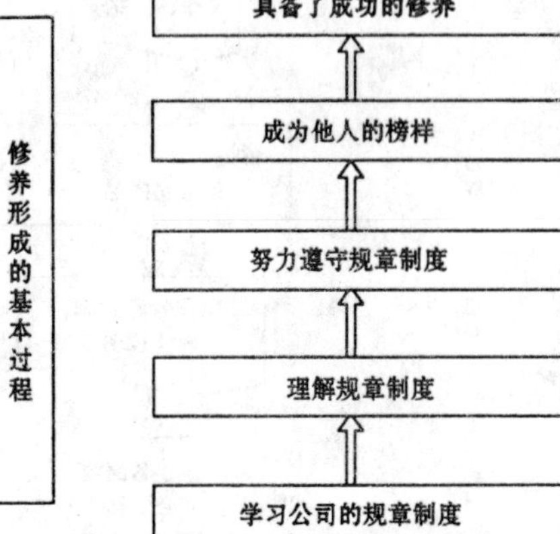

图 14-2 修养推进步骤

三、5个S之间的关系

5个S不是各自独立，互不相关的，它们之间是相辅相成，缺一不可的关系，整理是整顿的基础，整顿是整理的巩固，清扫显现整理和整顿的效果，而通过清洁和修养，则在企业形成整体的改善氛围。

(一)5个S之间的关系口诀

只有整理没整顿，物品真难找得到；只有整顿没整理，无法取舍乱糟糟；整理整顿没清扫，物品使用不可靠；5S之效怎保证，清洁出来献一招；标准作业和修养，公司管理水平高。

5S的目标是通过消除组织的浪费现象和推进持续改善，使公司管理维持在一个理想水平，通过整理、整顿、清扫、清洁、修养这5个S的综合推进，互有侧重，效果纷呈。

(二)5S与其他管理的关系

有人说5S既然如此重要，它与TQM(全面质量管理)、ISO9000(质量管理体系)能不能同时推进呢？5S是管理的基础，是TQM的第一步，也是ISO9000推行的捷径，公司如果5S活动有一定的基础，则可收到事半功倍的效果。

(1)营造整体氛围。5S能营造出"人人积极参与，事事遵守标准"的良好氛围，有利于调动员工的积极性，对ISO、TQM的推进起到良好的促进作用。

(2)体现效果，增强信心。实施ISO、TQM等活动的效果是一时难以显现的，长期的。而5S运动是立竿见影的，在推行其他活动中导入5S，可通过短期内获得效果来增强员工的信心。

5S为相关活动打下坚实基础，5S是现场管理的基础，现场管理水平的高低制约着ISO、TQM等活动能否顺利推行，通过5S活动，从现场管理着手改进，则起到事半功倍的效果。

(三)生产现场五分钟5S活动

(1)检查你的着装状况和清洁度。

(2)检查是否有物品掉在地上，将地上的物品捡起来，如零件、废料等。

(3)用抹布擦净仪表、设备、机器的主要部位及其他重要地方。

(4)擦净洒落或渗漏的水、油或其他脏污。

(5)重新放置那些错位的物品。

(6)将标牌、标签等擦干净，保持字迹清晰。

(7)确保所有工具都放在应放置的位置。

(8)所有非必需品都要处理掉。

本 章 小 结

1. 汽车维修企业现场管理的概念和特点，现场个管理的任务和目标。

2. ISO 9000 族质量标准和现场管理的关系，现场管理和 ISO 9000 族的相互作用和实施过程。

3. 5S 管理的实际意义和在现场管理中的执行。

4. 五个 S 的各自作用和各自执行方法。

5. 从现场管理看 5S 之间的关系。

6. 5S 对 ISO 9000 族和 TQM 全面质量管理的推动和实施环境。

7. 生产现场的 5 分钟 5S 活动。

复习思考题

1. 企业生产现场指的是什么？

2. 什么是企业现场管理？

3. 企业现场管理有什么特点？

4. 维修企业现场管理的重要性和必要性？

5. 现场管理的任务是什么？

6. 现场管理要遵循的原则是什么？

7. 为什么要将实施 ISO 9000 族标准作为现场管理提高的必然途径？

8. 如何在实施 ISO 9000 族标准的企业中推行现场管理？

9. 汽车维修企业开展现场管理的作用和意义？

10. 什么是 5S？

11. 五个“S”各自的作用是什么？

12. 5S 的实施要领有哪几个方面？

13. 5S 和 TQM(全面质量管理)、ISO 9000 族质量管理体系相互之间的关系？

14. 如何在生产现场实施 5S？